한 권으로 끝내는

# 전산응용(CAD) 기계제도

## 기능사 필기

### 이론 · 기출문제

피앤피북

NCS 기반 본 전산응용기계제도기능사 국가기술자격 종목의 필기 수험서는 한국산업인력공단이 주관 및 시행하고 있는 자격시험에 보다 쉽고 빠르게 대비할 수 있도록 구성하였습니다. 필자는 전산응용기계제도기능사 자격을 취득하고자 하는 수험생들을 위하여 이론과 필기문제로 크게 구분하였으며, 다음과 같은 내용에 중점을 두고 이 책을 집필하였습니다.

**1** 한국산업인력공단의 최근 개정된 출제기준과 기출문제 유형 분석을 통하여 핵심적인 이론 내용을 앞부분에 수록하였습니다.

**2** 국가기술자격 출제기준 필기 교과목(기계제도 및 CAD, 기계요소, 기계가공법 및 안전관리, 기계재료)의 이해가 쉽도록 풍부한 삽화 및 일러스트를 사용하였습니다.

**3** 한국산업인력공단이 주관하여 시행한 기출 및 CBT 복원문제를 상세한 해설과 함께 수록함으로써 문제은행방식으로 출제되는 자격시험에 효과적으로 대비할 수 있도록 하였습니다.

끝으로 이 책의 출판을 허락해 주신 피앤피북 대표님과 수고해 주신 직원 여러분께 감사의 말씀을 드립니다.

저자 김화정 金和正

## ① 전산응용기계제도기능사 필기 합격 전략

이론핵심 요약정리 · 과년도 기출문제풀이 · 모의고사 풀이

전산응용기계제도 기능사는 2017년도부터 CBT 방식으로 전환되면서 문제은행에서 문제를 추출하여 시행되므로 반드시 과년도 문제를 많이 풀어봐야 한다. 특히 반복 출제되는 문제는 반드시 숙지하고, 최대한 많은 문제를 눈에 익혀 두는 것이 좋다.

총 60문제 중에서 36문제(60점) 이상 맞으면 합격, 과락 없이 평균 60점 이상만 맞으면 되기 때문에 쉬운 이론부터 정리 · 학습하면 짧은 시간에 합격할 수 있다.

**1과목 : 기계제도 및 CAD** 과목은 KS제도법에 따른 선의 종류와 용도, 단면도의 종류와 특징, 치수기입법, 기하공차 기호 및 용도, 각 요소별 제도법을 숙지하도록 하며, 특히 계산 문제로 끼워 맞춤 공차 계산을 할 수 있도록 한다. 투상도, 산업설비제도 문제도 출제되므로 반드시 준비한다.

제도기능사에서 제도이론은 가장 중요한 이론이다. 절반 이상의 문제가 출제가 되고 문제 난이도도 어렵지 않아 쉽게 맞힐 수 있다.

CAD 과목은 컴퓨터 일반에 대한 이론을 본 교재의 정리된 수준에서 공부하도록 한다. 특히 모델링 중 와이어프레임, 서피스모델링, 솔리드모델링의 특징 문제가 출제되므로 꼭 숙지를 한다.

**2과목 : 기계요소** 과목에서는 각 요소들의 특징과 사용방법을 잘 익혀야 한다. 나사, 키, 축 이음, 기어, 벨트, 스프링 등에서 각 요소의 특징과 종류 등을 숙지한다. 특히 계산식으로 나사의 리드 계산과 기어의 피치원 계산, 스프링상수 계산을 익혀 놓도록 한다. 기계제도 과목에 요소제도와 겹치는 부분도 있다.

**3과목 : 기계가공법 및 안전관리** 과목은 절삭이론, 선반, 밀링, 드릴링, 연삭가공, 그 밖의 기계가공, 측정에서 출제된다. 각 공작기계에 대한 특징과 종류 등 안전관리 문제도 본 교재에 잘 요약 · 정리되어 있으므로 반드시 숙지한다. 계산 문제는 응용하여 풀 수 있도록 관련 문제 등을 공부하고, 집중적으로 과년도 문제를 풀면서 정리하면 된다. 계산기는 시험시간에 활용할 수 있다.

**4과목 : 기계재료** 과목은 암기할 부분이 많다. 본 교재는 기본적으로 알아야 할 최소한의 이론만을 제공하고 있으므로, 책의 내용만은 꼭 숙지하고 시험 준비를 하도록 한다. 그 외의 문제는 과년도 문제를 풀면서 정리하면 된다.

# ② 전산응용기계제도기능사 필기 출제기준

| 직무<br>분야 | 기계 | 중직무<br>분야 | 기계제작 | 자격<br>종목 | 전산응용기계제도기능사 | 적용<br>기간 | 2018.7.1.～2020.12.31 |
|---|---|---|---|---|---|---|---|

○ 직무내용 : CAD 시스템을 이용하여 산업체에서 제품개발, 설계, 생산기술 부문의 기술자들이 기술정보를 표현하고 저장하기<br>　위한 도면, 그래픽 모델 및 파일 등을 산업표준 규격에 준하여 제도하는 업무 등의 직무 수행

| 필기검정방법 | 객관식 | 문제수 | 60 | 시험시간 | 1시간 |
|---|---|---|---|---|---|

| 필기과목명 | 문제수 | 주요항목 | 세부항목 | 세세항목 |
|---|---|---|---|---|
| 기계재료<br>및 요소,<br>기계가공법 및<br>안전관리,<br>기계제도<br>(CAD) | 60 | 1. 기계재료 | 1. 재료의 성질 | 1. 탄성과 소성<br>2. 산화와 부식 |
| | | | 2. 철강재료 | 1. 탄소강<br>2. 합금강<br>3. 주철<br>4. 주강<br>5. 특수강<br>6. 열처리 |
| | | | 3. 비철금속재료 | 1. 구리와 그 합금<br>2. 알루미늄과 그 합금<br>3. 베어링 합금 및 기타 비철금속재료 |
| | | | 4. 비금속 재료 | 1. 합성수지재료<br>2. 기타 비금속재료 |
| | | | 5. 신소재 및 공구재료 | 1. 신소재<br>2. 공구재료 |
| | | 2. 기계요소 | 1. 기계설계 기초 | 1. 기계설계 기초 |
| | | | 2. 재료의 강도와 변형 | 1. 응력과 안전율<br>2. 재료의 강도<br>3. 변형 |
| | | | 3. 결합용 요소 | 1. 나사<br>2. 키<br>3. 핀<br>4. 리벳, 체인 |
| | | | 4. 전달용 기계요소 | 1. 축<br>2. 기어<br>3. 베어링<br>4. 벨트 |
| | | | 5. 제어용 기계요소 | 1. 스프링<br>2. 브레이크 |

| 필기과목명 | 문제수 | 주요항목 | 세부항목 | 세세항목 |
|---|---|---|---|---|
| | | 3. 기계가공법 및 안전관리 | 1. 공작기계 및 절삭제 | 1. 공작기계의 종류 및 용도<br>2. 절삭제, 윤활제 및 절삭공구재료 등 |
| | | | 2. 기계가공 | 1. 선반가공<br>2. 밀링가공<br>3. 연삭가공<br>4. 드릴가공 및 보링가공<br>5. 브로칭, 슬로터가공 및 기어가공<br>6. 정밀입자가공 및 특수가공<br>7. CNC 공작기계 및 기타 기계가공법 등 |
| | | | 3. 측정 및 손다듬질 가공 | 1. 길이 및 각도 측정<br>2. 표면거칠기와 형상위치 정확정밀도 측정<br>3. 윤곽 측정, 나사 및 기어측정<br>4. 손다듬질 가공법 등 |
| | | | 4. 기계안전작업 | 1. 기계가공과 관련되는 안전수칙 |
| | | 4. KS 및 ISO기계제도 통칙 | 1. 제도통칙, 기계제도 규격 | 1. 표준 규격 및 KS 제도 통칙<br>2. 국가별 표준 규격 명칭과 기호 및 KS의 부분별 기호<br>3. 도면의 검사 및 관리 |
| | | | 2. 도면의 크기, 양식, 척도 | 1. 도면의 크기<br>2. 도면의 양식<br>3. 도면의 척도 |
| | | 5. 선의 종류와 용도 | 1. 선의 종류와 용도 | 1. 선의 종류<br>2. 선의 용도 |
| | | | 2. 선 그리기와 문자 | 1. 선의 굵기 및 우선 순위<br>2. 선의 접속 및 선 그리기 방법<br>3. 도면에 사용하는 문자 |
| | | 6. 투상법 | 1. 투상법 | 1. 투상도의 종류<br>  1) 정투상도<br>  2) 등각투상도<br>  3) 사투상도<br>2. 제1각법과 제3각법 |
| | | | 2. 투상도의 종류와 이해 | 1. 투상도의 표시방법<br>2. 투상도의 종류<br>  1) 보조투상도<br>  2) 회전투상도<br>  3) 부분투상도<br>  4) 국부투상도<br>  5) 부분확대도<br>  6) 기타 |

| 필기과목명 | 문제수 | 주요항목 | 세부항목 | 세세항목 |
|---|---|---|---|---|
| | | | 3. 투상도 해독 | 1. 3각법에서 누락된 투상도 완성<br>2. 3각 투상도로 입체도 완성<br>3. 입체도로 3각 투상도 완성<br>4. 정투상도 완성 |
| | | 7. 단면도법 | 1. 단면도의 종류와 이해 | 1. 단면도의 표시방법<br>2. 단면도의 종류<br>　1) 온단면도<br>　2) 한쪽단면도<br>　3) 부분단면도<br>　4) 회전단면도<br>　5) 계단단면도<br>　6) 기타 |
| | | | 2. 기타 도시법 | 1. 대칭 및 반복 도형의 생략법<br>2. 도형의 단축 도시<br>3. 얇은 부분의 단면도<br>4. 길이방향으로 절단하지 않는 부품<br>5. 해칭<br>6. 전개도법의 종류와 용도<br>7. 2개의 면이 만나는 모양그리기<br>8. 평면도시법<br>9. 특수한 가공부분의 표시 등 |
| | | 8. 치수기입법 | 1. 치수기입방법 | 1. 치수의 표시 방법<br>2. 치수기입의 원칙 |
| | | | 2. 치수에 사용되는 기호 | 1. 치수 보조 기호의 종류와 용도<br>2. 치수 보조 기호 기입<br>3. 여러 가지 치수 기입 |
| | | | 3. 표면거칠기 기호<br>　(다듬질 기호) | 1. 표면거칠기 기호의 종류<br>2. 표면거칠기 기호 기입 |
| | | | 4. 면의 지시 기호 | 1. 가공 방법<br>2. 줄무늬 방향 기호와 의미<br>3. 면의 지시 기호 기입 |
| | | 9. 치수공차 | 1. 치수공차와 끼워맞춤 | 1. 치수공차의 용어<br>2. IT 기본 공차<br>3. 끼워맞춤의 종류 |
| | | | 2. 치수공차 기입방법 | 1. 치수공차 기입방법<br>　1) 길이치수의 치수공차<br>　2) 조립상태의 치수공차<br>　3) 각도치수의 치수공차<br>　4) 기타 일반사항 |
| | | | 3. 끼워맞춤 공차 기입방법 | 1. 끼워맞춤 공차 기입방법<br>2. 죔새, 틈새값 계산 |

| 필기과목명 | 문제수 | 주요항목 | 세부항목 | 세세항목 |
|---|---|---|---|---|
| | | 10. 기하공차 | 1. 기하공차의 종류 | 1. 기하공차의 개요<br>2. 기하공차 기호의 종류 |
| | | | 2. 기하공차의 기입방법 | 1. 기하공차 기입방법<br>2. 기하 공차의 해석 |
| | | 11. 기계재료 표시법 | 1. 기계재료 기호의 표시법 및 스케치도 작성법 | 1. 기계재료 표시방법<br>2. 재료 기호의 구성<br>3. 스케치 용구<br>4. 스케치도 그리기 |
| | | 12. 결합용 기계요소 | 1. 나사의 종류와 호칭 | 1. 나사의 종류와 용도<br>2. 나사의 호칭방법 |
| | | | 2. 나사의 도시법 및 볼트, 너트의 종류와 도시법 | 1. 나사의 도시법<br>2. 볼트, 너트의 종류와 용도<br>3. 볼트, 너트의 호칭방법<br>4. 볼트, 너트의 도시법 |
| | | | 3. 키, 핀, 리벳의 종류와 도시법 | 1. 키, 핀, 리벳의 종류와 용도<br>2. 키, 핀, 리벳의 호칭방법<br>3. 키, 핀, 리벳의 도시법<br>4. 기타 결합용 기계요소 |
| | | 13. 전동용 기계요소 | 1. 축용 기계요소 도시법 | 1. 축과 축이음의 종류와 도시법<br>2. 축용 기계요소의 도시법 |
| | | | 2. 베어링의 도시법 | 1. 베어링의 종류와 용도<br>2. 베어링의 호칭 및 도시법 |
| | | | 3. 기어의 종류와 용도 | 1. 기어의 종류와 용도<br>2. 기어 요목표 |
| | | | 4. 기어의 도시법 | 1. 기어의 도시법 |
| | | | 5. 벨트풀리와 스프로킷휠의 종류와 도시법 | 1. 벨트풀리의 종류와 도시법<br>2. 스프로킷휠의 종류와 도시법 |
| | | | 6. 스프링, 래칫, 캠장치 등 | 1. 스프링의 종류와 도시법<br>2. 래칫의 도시법<br>3. 캠의 종류와 도시법<br>4. 기타 전동용 기계요소 |

| 필기과목명 | 문제수 | 주요항목 | 세부항목 | 세세항목 |
|---|---|---|---|---|
| | | 14. 산업설비 제도 | 1. 배관제도 | 1. 배관의 종류와 도시법<br>2. 밸브의 종류와 도시법 |
| | | | 2. 용접이음 제도 | 1. 용접이음의 종류와 자세<br>2. 용접기호 및 도시법 |
| | | 15. CAD 일반 | 1. CAD 입력장치, 출력장치 | 1. CAD 입력장치<br>2. CAD 출력장치 |
| | | | 2. CAD시스템 | 1. 저장장치<br>2. 중앙처리장치<br>3. CAD시스템 일반 등 |
| | | | 3. CAD시스템 좌표계 | 1. CAD시스템의 좌표계<br>2. CAD로 도형 그리기 |
| | | | 4. 3D 형상모델링 | 1. 형상모델링의 개요<br>2. 형상모델링의 특징 등 |

## ③ 한국산업인력공단 CBT 필기시험제도 안내

상시 종목 필기시험에 대해 CBT(Computer Based Test)로 전환·시행함에 따라 세부사항에 대해 다음과 같이 알려드립니다.

※ CBT : 컴퓨터를 이용하여 시험문제를 읽고, 컴퓨터상에 답안을 마킹하는 시험 방법

### 상시 12종목 CBT 시행 관련 안내사항

□ 주요내용

- (로컬 네트워크) 자격시험센터별 문제은행시스템을 구축·시행함으로써 자격검정 CBT 시행의 안정성을 강화하였습니다.
- (평가방법 다양화) 자격의 현장성 제고를 위해 시험문제를 3D, 시뮬레이션 평가, 색상을 이용한 평가 등 다양한 평가요소를 구현하였습니다.
- (자동출제 프로그램 도입) 시험당일 출제범위, 난이도, 문제형태 등을 고려하여 수험자 개개인에게 별도의 시험문제 출제가 가능합니다.

□ 기대효과

- (고객편의 확대) 합격자 발표주기 단축(시험당일 합격자 발표), 환불기간 및 수험자 응시기회 확대를 통한 수요자 중심의 서비스를 제공합니다.
- (자격의 질 제고) 필기시험을 CBT로 시행함으로써 현장중심의 평가요소를 다양하게 활용할 수 있도록 하였습니다.
- (공신력 강화) CBT 필기시험은 시험장소·시험시간별·수험자별 상이한 문제를 출제함에 따라 부정행위 예방 기능을 강화하였습니다.

□ CBT 사용설명 동영상 및 웹체험 안내

- (CBT 사용설명) CBT 시험에 대한 수험자 이해도 증진을 위해 CBT 사용설명 동영상을 제작·보급하고 있사오니, 참고하시기 바랍니다.
- (CBT 웹체험) CBT 시험에 대한 수험자 적응력 제고를 위해 CBT 웹체험프로그램에서 CBT 체험이 가능합니다.
  ※ CBT 사용설명 동영상 및 웹체험 바로가기
  http://www.q-net.or.kr/cbt/index.html

### 한국산업인력공단 이사장

## 3.1 큐넷에서 CBT 필기 자격시험 체험

■ 체험하기 버튼을 누르면 진행된다.

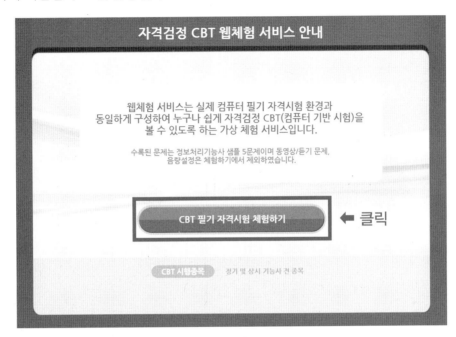

■ 필기시험을 보러 가면 시험 시작 전 신분 확인 절차가 진행된다.
감독위원분께서 컴퓨터에 나온 수험자 정보와 신분증이 일치하는지 확인한다. 그러니 신분증을 챙겨야 한다.

## 1. 안내사항을 가장 먼저 확인

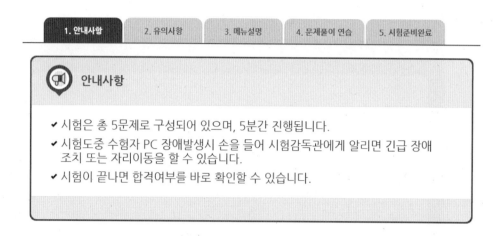

## 2. 유의사항 확인

시험 중 부정행위나 저작권 보호에 대해 나와 있다.

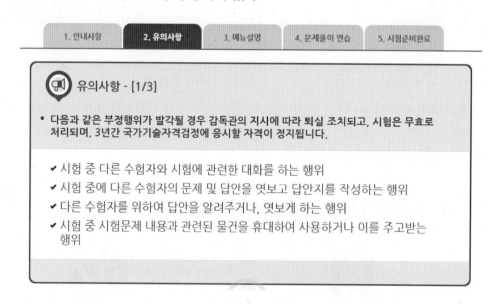

## 3. 메뉴에 대한 설명

글자 크기를 조절할 수 있고 화면배치를 자유롭게 할 수 있다.

오른쪽 상단에 전체 문제수와 안 푼 문제수가 나와 있어 혹시 놓치고 지나간 문제가 없는지 확인할 수 있고 한 번 더 확인하고자 하면 오른쪽 하단에 안 푼 문제 버튼이 있어 누르면 안 푼 문제의 번호가 나온다. 그 번호를 누르면 해당 문제로 이동 가능하다.

필요하다면 계산기 기능도 있기 때문에 활용할 수 있다.

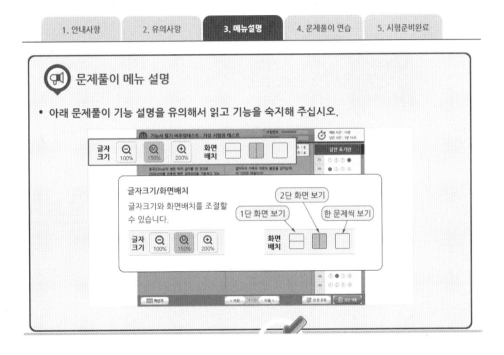

**4. 문제풀이는 객관식 4지 선다형이고 60문제를 60분 동안 풀어야 한다.**

**5. 답안 제출 버튼을 누르면 알림창이 나온다.**

시험을 마치려면 예, 계속하려면 아니오 버튼을 누른다.

만약, 안 푼 문제가 존재한다면 "이 창에서 안 푼 문제가 ○개 존재합니다. 그래도 답안을 제출하시겠습니까?"라고 나온다. 그러면 '아니오' 버튼을 누른 후 다시 문제를 풀면 된다.

답안 제출 버튼을 눌러 '예'를 누르면 다시 한 번 확인하는 창이 나타난다.

정말! 답안을 제출하시겠습니까?

YES – 예 / NO – 아니오 누르면 된다.

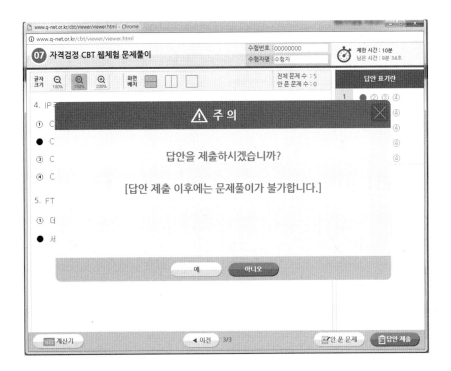

6. 답안 제출 후 조금 기다리면 바로 합격/불합격 여부가 나온다.

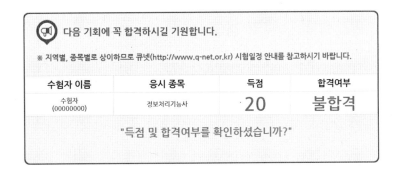

# 기계제도 및 CAD

# CHAPTER 03 투상법

# CHAPTER 04 단면도법

# CHAPTER **11** 산업설비 제도

## CHAPTER **12** CAD일반

# 기계요소

## CHAPTER 01 기계설계 기초

## CHAPTER 02 재료의 강도와 변형

CONTENTS

# 기계공작법 및 안전관리

## CHAPTER 02 기계가공

CHAPTER 04 기계안전작업

# 기계재료

# 기출실전문제

# 모의실전문제

# 01

# 기계제도 및 CAD

## CONTENTS

# 01 KS 및 ISO기계제도 통칙

CRAFTSMAN COMPUTER AIDED MECHANICAL DRAWING

## 01 제도통칙 및 기계제도 규격

한국 산업 규격(KS A 0005)에서 규정하는 것으로, 이 규격은 도면의 크기 및 양식, 도면에 사용하는 선·문자·기호·도형의 표시방법, 치수 기입방법 등이 규정되어 있다.

### 1 표준 규격 및 KS 제도 통칙

#### (1) 제도의 표준 규격

##### (가) 국제 표준

세계 각국에서 생산되는 제품의 호환성을 확보하고 상호 교역을 촉진시키기 위해 각종 규격, 기술, 용어 등에 대해 일정한 기준과 표준 형태를 국제 간 합의를 통해 규정해 놓은 것을 말한다.
ISO의 표준은 그 기구 설립의 취지에 맞게 제정한 자발적인 표준이다.
- 국제간의 원활한 산업 활동 교류와 국가간 공동의 이익을 추구하기 위한 규격
- 국제 표준화 기구(ISO)나 국제 전기 표준 회의(IEC) 등의 규격

##### (나) 국가 규격

국가 표준(National Standard)이란, 한 나라의 국가적인 차원에서 공인된 표준화 기관에 의해 채택되어 일반에게 공개되는 표준이다.
- 한 국가 내에서 적용하는 규격

### (다) 단체 규격

단체 표준은 생산자 모임인 협회, 조합, 학회 등과 같은 각종 단체가 생산 업체와 수요자의 의견을 반영하여 자발적으로 제정하는 규정을 말한다.

- 한국 선급 협회(KR), 미국 자동차 기술 협회(SAE), 영국 로이드 선급 협회(LR), 프랑스 자동차 규격 협회(BNA) 등

### (라) 사내 규격

회사나 공장 등에서 사용하는 재료나 부품, 제품 및 조직, 구매, 제조, 검사, 관리 등의 업무에 적용할 것을 목적으로 하는 표준이다.

## (2) KS 제도 통칙

제도 통칙(KS A 0005)은 공업의 각 분야에서 사용하는 도면을 작성할 때의 요구사항에 대하여 총괄적으로 규정한 것이다.

① 제도 규격은 한국 산업 규격인 KS로 규정
② 1962년 토목 제도 통칙(KS F 1001), 건축 제도 통칙(KS F 1501) 제정
③ 1966년 제도 통칙(KS A 0005) 제정 확정

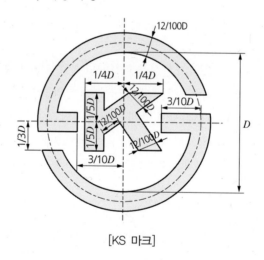

[KS 마크]

## 2 국가별 표준 규격 명칭과 기호 및 KS의 부분별 기호

### (1) 국가별 표준 규격 명칭과 기호

| 국가 | 미국 | 영국 | 독일 | 일본 | 프랑스 | 중국 | 스위스 | 한국 |
|------|------|------|------|------|--------|------|--------|------|
| 기호 | ANSI | BS | DIN | JIS | NF | GB | SNV | KS |

### (2) KS의 부문별 기호

| 분류기호 | KS A | KS B | KS C | KS D | KS E | KS F | KS G | KS H |
|----------|------|------|------|------|------|------|------|------|
| 부문 | 기본 | 기계 | 전기 | 금속 | 광산 | 건설 | 일용품 | 식료품 |

| 분류기호 | KS K | KS L | KS M | KS P | KS R | KS V | KS W | KS X |
|----------|------|------|------|------|------|------|------|------|
| 부문 | 섬유 | 요업 | 화학 | 의료 | 수송기계 | 조선 | 항공우주 | 정보 |

## 3 도면의 검사 및 관리

### (1) 도면의 검사

#### (가) 도면의 중요성

틀린 도면은 제품 불량의 가장 큰 원인이 되며 납기 지연 및 신뢰도 저하 등 막대한 손실을 초래한다. 바르고 정확한 도면이 품질 관리의 최우선이기에 도면이 생산 현장에 출고되기 전에 세밀하게 검사하여 오류를 수정, 보완해야 한다.

#### (나) 도면의 검사

① 도면의 내용은 제품 생산의 목표
② 도면이 생산 현장에 출고되기 전에 세밀하게 검사
③ 도면은 제품의 판매와 수리 및 설계 변경 시 중요한 자료
④ 문제점 발생을 방지하기 위해 도면을 각 항목에 따라 검사
⑤ 도면의 미비한 부분은 수정, 보완

### (다) 도면의 검도 절차

도면의 검사는 도면 작성자가 아닌 다른 사람이 한다.

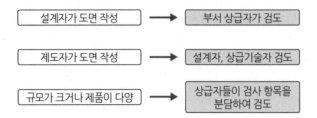

| | | |
|---|---|---|
| 설계자가 도면 작성 | → | 부서 상급자가 검도 |
| 제도자가 도면 작성 | → | 설계자, 상급기술자 검도 |
| 규모가 크거나 제품이 다양 | → | 상급자들이 검사 항목을 분담하여 검도 |

### (라) 도면의 검도 순서

일반적으로 도면의 검도는 회사의 실정과 제품의 특성에 맞게 순서를 재구성하여 능률적이고 면밀한 검도 체계를 갖춘다.

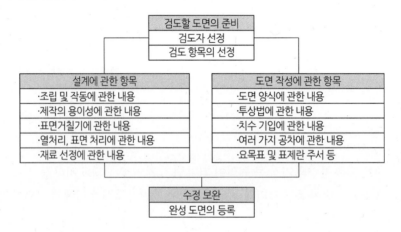

| 검도할 도면의 준비 |
|---|
| 검도자 선정 |
| 검도 항목의 선정 |

| 설계에 관한 항목 | 도면 작성에 관한 항목 |
|---|---|
| ·조립 및 작동에 관한 내용 | ·도면 양식에 관한 내용 |
| ·제작의 용이성에 관한 내용 | ·투상법에 관한 내용 |
| ·표면거칠기에 관한 내용 | ·치수 기입에 관한 내용 |
| ·열처리, 표면 처리에 관한 내용 | ·여러 가지 공차에 관한 내용 |
| ·재료 선정에 관한 내용 | ·요목표 및 표제란 주서 등 |

| 수정 보완 |
|---|
| 완성 도면의 등록 |

## (2) 도면의 관리

도면은 제품과 관련된 기술이 축적된 것이므로, 귀중한 자산적인 가치를 지니고 있다. 표는 일반적인 도면관리 업무절차의 예를 나타낸 것이다.

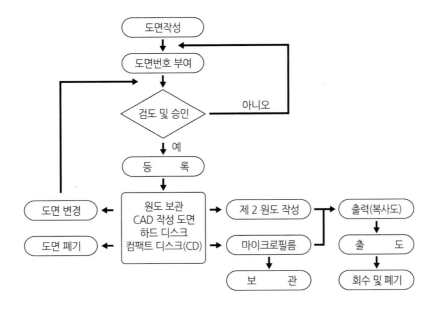

(가) 도면 번호의 필요성

　　도면의 등록, 보관, 출고, 변경 등이 편리하고, 다른 제품의 도면들과 구분하기 쉽다.

(나) 도면 번호 기입 위치

　　표제란의 오른쪽 하단과 도면 왼쪽 상단에 기입하여 접어서 철해두거나 정리할 때 편리하며 어느 한쪽이 파손되더라도 도면 번호를 손쉽게 찾을 수 있다.

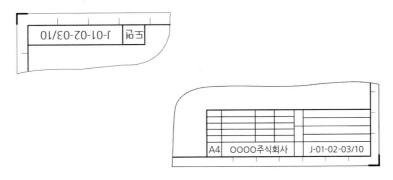

(다) 도면 관리대장

　　도면 작성이 완료되면 도면 대장에 등록한다. 도면 대장에는 등록일, 품명, 도면의 크기별 매수 등을 기재하며, 도면을 폐기하거나 마이크로필름 촬영시는 근거를 기록한다.

| 도면 관리 대장 | | | | | | | | | | | | |
|---|---|---|---|---|---|---|---|---|---|---|---|---|
| 등록 일자 | 도면 명칭 | 도면 크기별 장 수 | | | | | 폐 기 | | 마이크로 필름화 | | 확 인 |
| | | A4 | A3 | A2 | A1 | A0 | 일 자 | 사 유 | 일 자 | 처리자 | |
| | | | | | | | | | | | |
| | | | | | | | | | | | |
| | | | | | | | | | | | |

[도면의 관리 대장 보기]

### (라) 도면 보관

① 원도의 안전한 보관을 위해 방재 처리한 도면 보관함에 보관

② 보관함에 도면번호, 도면, 도면 크기 등을 표시

③ 원도는 도면 변경 이외에는 대출하지 않음

④ 도면의 사용은 복사도를 사용함

⑤ 원도는 승인 받은 사람에 한해 목적과 소재를 명확히 한 후 대출 가능함

원통 정리식

수평면 정리식

수직 정리식

도면 보관함

캐비넷

도면 걸이대

[도면 보관함 종류]

## (3) 컴퓨터를 이용한 도면 관리

CAD 시스템에 의한 도면 작성으로 컴퓨터를 이용한 도면 관리가 보편화 되었으며 도면의 등록, 보관, 배포, 변경 등 도면 관리가 간편하다.

### (가) 마이크로필름과 컴퓨터에 의한 도면 관리
도면을 1/15 ~ 1/30의 일정 크기로 축소 촬영한 것

### (나) 컴퓨터에 의한 도면 관리 구성도

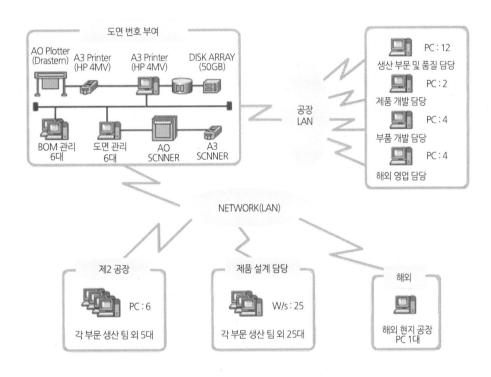

## (4) 도면의 보안

도면 관리보안은 시스템의 보안과 업무의 보안으로 구분하며, 도면의 중요도에 따라 적절한 비밀 등급으로 부여하고, 비밀등급별 도면관리시스템의 접근권한 및 반출승인권자를 차별화하여야 한다.

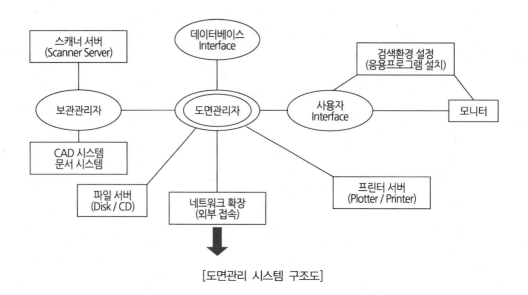

[도면관리 시스템 구조도]

02 도면의 크기, 양식, 척도

### 1 도면의 크기

기계제도에서 사용하는 도면의 크기는 A열 사이즈(A0~A4)를 사용하며, 제도 용지의 세로와 가로의 비는 1 : $\sqrt{2}$, A열 사이즈 제도 용지를 사용한다.

### (1) 도면의 크기와 윤곽선

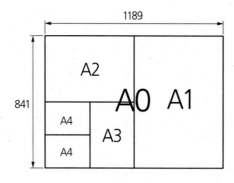
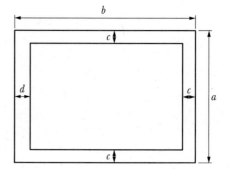

## (2) 도면 크기의 종류 및 윤곽의 치수 (단위 : mm)

| 크기 | | A0 | A1 | A2 | A3 | A4 |
|---|---|---|---|---|---|---|
| a×b | | 841×1189 | 594×841 | 420×594 | 297×420 | 210×297 |
| c(최소) | | 20 | 20 | 10 | 10 | 10 |
| d | 철 안할 때 | 20 | 20 | 10 | 10 | 10 |
| | 철 할 때 | 25 | 25 | 25 | 25 | 25 |

## 2 도면의 양식

### (1) 도면에 반드시 기입해야 할 항목

도면의 윤곽선, 표제란, 중심 마크

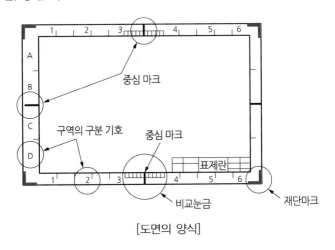

[도면의 양식]

### (가) 윤곽선

왼쪽의 윤곽은 20mm 폭을 가진다. 이것은 철 할 때의 여백으로 사용하기도 한다. 다른 여백은 10mm의 폭을 가진다. 제도 영역을 나타내는 윤곽은 0.7mm 굵기의 실선으로 그린다.

### (나) 중심 마크

도면의 마이크로 사진촬영, 복사 등의 작업을 위하여 도면 테두리 바깥 상하 좌우 가운데에서 중심 마크를 표시한다.

(다) 표제란과 부품란

① 표제란

도면 오른쪽 아래 부분에 표제란을 두어 도면 번호, 도면, 척도, 투상법 등의 도면 작성 정보를 표시한다. 표제란 너비 180mm 이내이며, 동일한 표제란이 모든 용지 크기에 사용된다. 그림 (a)는 일반적인 양식이며, (b)는 전산응용기계제도 기능사 실기 검정 양식이다.

② 부품란

부품란 위치는 표제란 위 쪽이나 오른쪽 상단에 그리면 된다. 표제란과 마찬가지로 일정한 규정은 없다. 품번, 품명, 재질, 수량 등의 정보를 입력한다.

| 소속 |  | 날짜 | 2013. 03. 01. |
|------|------|------|------|
| 성명 |  | 투상 | 3각법 |
| 도명 | KS제도법 | 척도 | 1 : 1 |

(a) 일반적인 양식

| 4 |  |  |  |  |
|---|---|---|---|---|
| 3 |  |  |  |  |
| 2 |  |  |  |  |
| 1 |  |  |  |  |
| 품 번 | 품      명 | 재 질 | 수 량 | 비 고 |
| 작품명 |  |  | 척 도 |  |

(b) 전산응용기계제도 실기 양식

## ❸ 도면의 척도

### (1) 척도(Scale)

도면에 사용되는 척도는 '대상물의 실제 치수'에 대한 '도면에 표시한 대상물'의 비율을 의미한다.

(가) A : B로 표시(A : 도면에 그려지는 크기, B : 실물의 크기)

(나) 도면에 사용한 척도는 도면의 표제란에 기입한다.

(다) 같은 도면에서 다른 척도를 사용할 경우 그림 부위에 기입한다.

(라) 척도의 종류

| 척도의 종류 | 적용 | 척도 값 |
|------|------|------|
| 현척 | 실물과 동일한 크기로 그린다. | 1 : 1 |
| 축척 | 실물보다 작게 그린다. | 1 : 2, 1 : 5, 1 : 10, 1 : 20, 1 : 50 |
| 배척 | 실물보다 크게 그린다. | 2 : 1, 5 : 1, 10 : 1, 20 : 1, 50 : 1 |
| NS | None Scale, 비례척이 아님 | NS |

## (2) 도면 접기

- 원도는 도면을 접지 않고 펼쳐 있는 상태로 보관하는 것이 보통이며, 말아서 보관하는 경우에는 그 안지름을 40mm 이상으로 하는 것이 좋다.
- 큰 도면을 접을 때에는 A4의 크기로 접는 것을 원칙으로 한다.
- 복사도는 접어서 보관 할 경우 A4 크기로 표제란이 표면의 아래쪽에 오도록 접어서 철하거나, 표제란이 보이도록 접어서 보관한다.

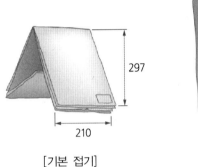

297
210

[기본 접기]

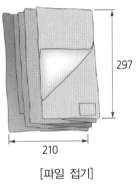

297
210

[파일 접기]

# 02 선의 종류와 용도

CRAFTSMAN COMPUTER AIDED MECHANICAL DRAWING

## 01 선의 종류와 용도

### 1 선의 종류

| 종류 | 모양 | 정의 |
|---|---|---|
| 실선 | —————————— | 연속된 선 |
| 파선 | - - - - - - - - - | 일정한 간격으로 짧은 선의 요소가 규칙적으로 되풀이되는 선 |
| 1점 쇄선 | — - — - — - — - — | 장·단 2종류 길이의 선의 요소가 번갈아가며 되풀이되는 선 |
| 2점 쇄선 | — - - — - - — - - | 장·단 2종류 길이의 선의 요소가 장·단·단·장·단·단의 순으로 되풀이되는 선 |

### 2 선의 용도

| 용도에 의한 명칭 | 선의 종류 | | 용도 |
|---|---|---|---|
| 외형선 | 굵은 실선 | —————— | 대상물의 보이는 부분의 모양을 표시하는 선 |
| 치수선 | 가는 실선 | —————— | (1) 치수를 기입하기 위한 선 |
| 치수보조선 | | | (2) 치수를 기입하기 위하여 도형으로부터 끌어내는 데 쓰는 선 |
| 지시선 | | | (3) 기술, 기호 등을 표시하기 위하여 끌어내는 선 |
| 회전단면선 | | | (4) 도형 내에 그 부분의 끊은 곳을 90° 회전하여 표시하는 선 |
| 중심선 | | | (5) 도형의 중심선을 간략하게 표시하는 선 |
| 수준면선 | | | (6) 수면, 유면 등의 위치를 표시하는 선 |

| 숨은선 | 가는 파선 또는 굵은 파선 | – – – – – – | 대상물의 보이지 않는 부분의 모양을 표시하는 선 |
|---|---|---|---|
| 중심선 | 가는 1점 쇄선 | – – – – – | (1) 도형의 중심을 표시하는 선 |
| | | | (2) 중심이 이동한 궤적을 표시하는 선 |
| 기준선 | | | (3) 위치결정의 근거가 된다는 것을 명시할 때 쓰는 선 |
| 피치선 | | | (4) 되풀이하는 도형의 피치를 취하는 기준을 표시하는 선 |
| 특수지정선 | 굵은 1점 쇄선 | ━ ━ ━ ━ | 특수한 가공을 하는 부분 등 특별한 요구사항을 적용할 수 있는 범위를 표시 |
| 가상선 | 가는 2점 쇄선 | – –– – –– | (1) 인접부분을 참고로 표시하는 선 |
| | | | (2) 공구, 지그 등의 위치를 참고로 나타내는 선 |
| | | | (3) 가동부분을 이동 중의 특정한 위치 또는 이동한계의 위치로 표시 |
| | | | (4) 가공 전 또는 가공 후의 모양을 표시하는 선 |
| | | | (5) 되풀이하는 것을 나타내는 선 |
| | | | (6) 도시된 단면의 앞부분을 표시하는 선 |
| 무게중심선 | | | (7) 단면의 무게중심을 연결한 선을 표시하는 선 |
| 파단선 | 불규칙한 파형의 가는 실선 또는 지그재그선 | 〰〰 | 대상물의 일부를 파단한 경계 또는 일부를 떼어낸 경계를 표시 |
| 절단선 | 가는 1점 쇄선으로 끝부분 및 방향이 변하는 부분을 굵게 한 것 | ━ ┌─┐ ━ | 단면도의 절단된 부분을 나타낸다. |
| 해칭 | 가는 실선으로 규칙적으로 줄을 늘어 놓은 것 | ///// | 도형의 한정된 특정부분을 다른 부분과 구별하기 위하여 사용. 예를 들어 단면도의 절단된 부분 |
| 특수 용도선 | 가는 실선 | ———— | (1) 외형선 및 숨은선의 연장을 표시하는 선 |
| | | | (2) 평면이란 것을 나타내는 선 |
| | | | (3) 위치를 명시하는 선 |
| | 아주 굵은 실선 | ▬▬▬ | 얇은 부분의 단선도시를 명시하는 선 |

## 02 선 그리기와 문자

### 1 선의 굵기 및 우선순위

**(1) 굵기에 따른 선의 종류**

| 선의 종류 | 큰 도면 | 보통 도면 | 작은 도면 |
|---|---|---|---|
| | 굵기 | 굵기 | 굵기 |
| 외형선 | 0.8 | 0.6 | 0.4 |
| 파선 | 0.5 | 0.4 | 0.3 |
| 중심선 | 0.3 | 0.2 | 0.1 |
| 치수선, 치수보조선 | 0.3 | 0.2 | 0.1 |
| 절단선, 가상선 | 0.3 | 0.2 | 0.1 |

가는 실선, 굵은 실선, 아주 굵은 실선 (1 : 2 : 4의 비율을 가진다)

**(2) 겹치는 선의 우선순위**

문자(기호) > ① 외형선 > ② 숨은선 > ③ 절단선 > ④ 중심선 > ⑤ 무게 중심선 > ⑥ 치수 보조선

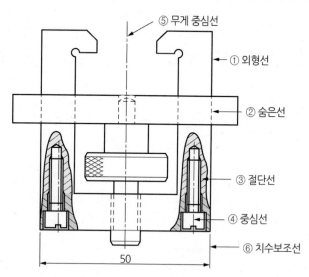

## ② 선의 접속 및 선 그리기 방법

기본 형태의 선은 되도록 선분에서 교차하도록 그린다.

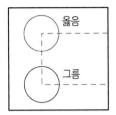

## ③ 도면에 사용하는 문자

### (1) 제도에 사용하는 문자

제도에 사용하는 문자에는 한자, 한글, 숫자, 영자 등이 있다.

문자의 크기는 2.24, 3.15, 4.5, 6.3, 9, 12.5, 18mm 호칭 종류를 사용한다.

#### (가) 영자 · 숫자 서체

숫자는 주로 아라비아 숫자를 사용한다. 영자는 로마자의 대문자를 사용한다.

| | | |
|---|---|---|
| 크기 9 mm | *1234567890* | 1234567890 |
| 크기 4.5 mm | *1234567890* | 1234567890 |
| 크기 6.3 mm | *ABCDEFGHIJ*<br>*abcdefghijklm* | ABCDEFGHIJ<br>abcdefghijklm |
| | (a) J형 서체 | (b) B형 입체 |

#### (나) 한글 서체

도면의 표제란 및 요목표 등에 사용하는 한글의 글자체는 고딕체로 하여 수직 또는 15° 경사로 씀을 원칙으로 한다.

| | | | |
|---|---|---|---|
| 명조체 | 평면도 | 측면도 | 단면도 |
| 그래픽체 | 평면도 | 측면도 | 단면도 |
| 고딕체 | 평면도 | 측면도 | 단면도 |

# 03 투상법

CRAFTSMAN COMPUTER AIDED MECHANICAL DRAWING

## 01 투상도의 종류

(1) 입체적 투상도(회화적 투상도)

(2) 투시도(투시투상도) : 원근감을 갖게 한 그림

(3) 등각투상도 : X, Y, Z축을 서로 120도(수평선상 기준 30°)로 투상한 도면

(4) 부등각투상도 : 등각투상도와 비슷하지만 각을 서로 다르게 하여 나타낸 것

(5) 사투상도 : 정면만을 정확하게 그리고 나머지는 경사시켜 투상하는 방법

### 1 정투상도

네모난 유리상자에 물체를 넣고 바깥쪽에서 들여다보면 물체를 유리판에 투상하여 보고 있는 것과 같다. 이때 투상선이 투상면에 대하여 수직으로 되어 투상하는 것을 정투상법이라 한다. 정투상법은 기계제도 분야에서 가장 많이 사용되는 방법이다.

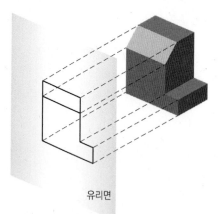

유리면

유리에 투영 된 상

## ② 등각투상도

직육면체의 각 모서리가 꼭지점을 중심으로 서로 120°의 각도를 이룬 상태로 그려진다.

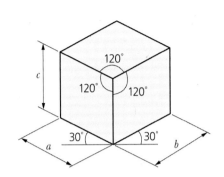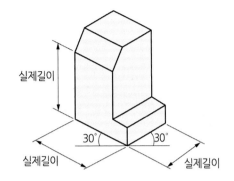

## ③ 사투상도

사투상법에서는 투시선이 투상면과 경사를 이룬다.

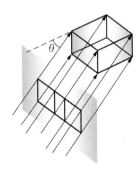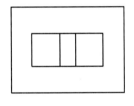

## 02 제1각법과 제3각법

그림과 같이 그 위치에 따라 제1면각, 제2면각, 제3면각, 제4면각이라고 하고, 네 개의 투상면 가운데 어느 한 투상면에 물체를 넣고 투상을 한다. 일반적으로 물체를 제1상한과 제3상한에 놓고 투상하여 표시하며, 전자를 제1각법, 후자를 제3각법이라 한다. 한국산업표준의 제도 통칙은 제3각법을 적용한다. 다만, 전개도나 건축 도면 등 필요한 경우에는 제1각법에 따를 수 있다.

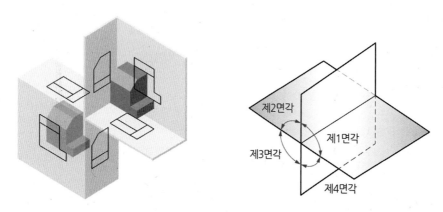

[공간의 구분]

### 1 제3각법 : 눈>투상면>물체

물품을 제3각 내에 두고 투상하는 방식, 투상면의 뒤쪽에 물품을 두는 경우
도면의 배열은 정면도를 중심으로 하여 위쪽에 평면도, 오른쪽에 우측면도를 배열한다.

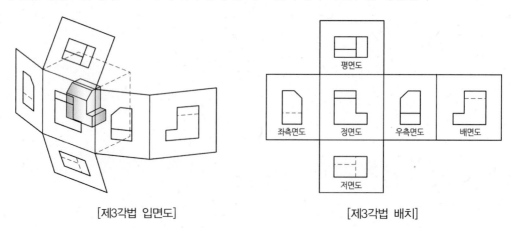

[제3각법 입면도]　　　　　　　[제3각법 배치]

## ② 제1각법 : 눈＞물체＞투상면

물품을 제1각 내에 두고 투상하는 방식, 투상면의 앞쪽에 물품을 두는 경우
도면의 배열은 정면도를 중심으로 하여 아래쪽에 평면도, 왼쪽에 우측면도를 배열한다.

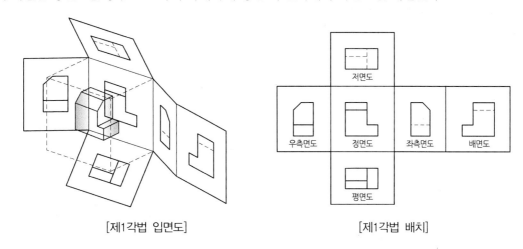

[제1각법 입면도]　　　　　　　　　[제1각법 배치]

## ③ 투상법의 기호

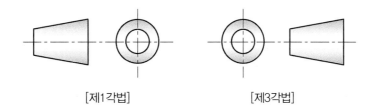

[제1각법]　　　　　　　[제3각법]

[TIP] 3각법과 1각법은 혼용해서 사용하면 안 된다.
[TIP] 3각법과 1각법에서 변하지 않는 위치의 도면은 정면도와 배면도이다.

## 03 투상도의 종류와 이해

### 1 투상도의 표시방법

물체의 모양이나 특징이 가장 잘 나타나는 면을 정면도로 선택하고, 나머지 투상도는 물체의 모양에 따라 투상도의 수나 배열 위치 등이 결정되며, 정면도를 중심으로 평면도, 우측면도, 좌측면도 등을 그린다.

[TIP] 정면도의 선택
① 물체에서 가장 중요한 형상을 가지고 있는 면
② 물체에서 가장 잘 보이는 부분
③ 가공 기준면으로 선정

### 2 투상도의 종류

#### (1) 보조 투상도

경사면부가 있는 대상물체에서 그 경사면의 실제 모양을 표시할 필요가 있는 경우

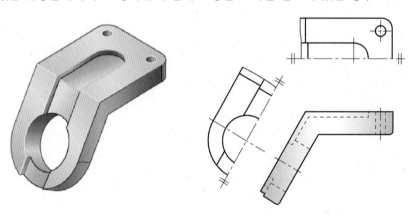

## (2) 회전 투상도

투상면이 어느 정도의 각도를 가지고 있어 실제모양이 나타나지 않을 때 부분을 회전하여 투상하는 것

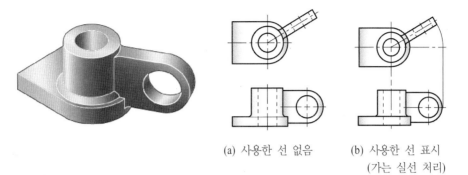

(a) 사용한 선 없음

(b) 사용한 선 표시
(가는 실선 처리)

## (3) 부분 투상도

그림의 일부를 도시하는 것으로도 충분한 경우에는, 필요한 부분만을 투상하여 도시. 이 경우에 생략한 경계를 파단선으로 나타낸다. (대부분 스플라인이 들어가 있다)

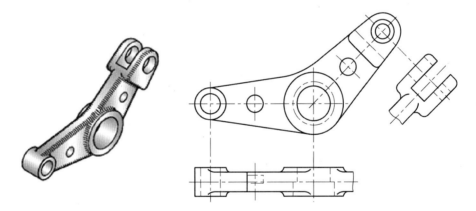

## (4) 국부 투상도

대상물의 구멍, 홈들의 한 국부만의 모양을 표시한 투상도

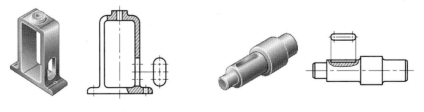

(a) 홈의 국부 투상도

(b) 축의 키 홈 국부 투상도

## (5) 부분 확대도

특정부위의 도면이 작아 치수 기입 등이 곤란할 경우 그 해당 부분을 확대하여 그리고, 표시하는 글자 및 척도를 기입한다. 그림에서 A부는 부분 확대도이다.

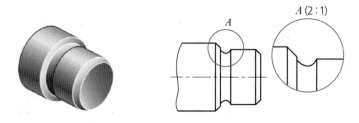

# 04 투상도 해독

## ■ 3각법에서 누락된 투상도 완성

### (1) 3각법에서 누락된 투상도를 선택하시오.

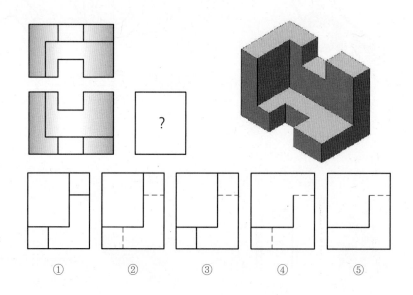

①      ②      ③      ④      ⑤

(2) 3각법에서 우측면도와 평면도를 완성하시오.

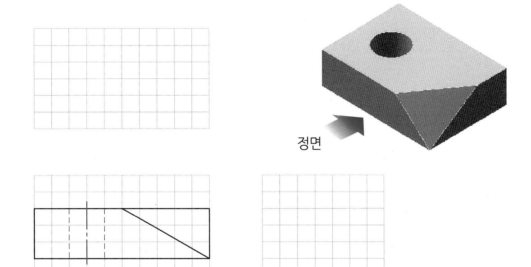

정면

## **2** 3각 투상도로 입체도 완성

(1) 3각 투상도로 입체도를 완성하시오.

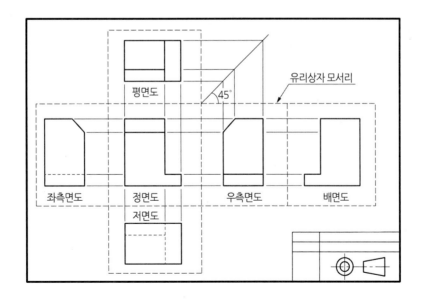

평면도

45°

유리상자 모서리

좌측면도　　정면도　　　우측면도　　배면도

저면도

## ❸ 입체도로 3각 투상도 완성

(1) 입체도로 3각 투상도를 완성하시오.

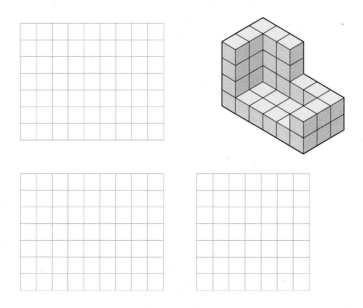

## ❹ 정투상도 완성

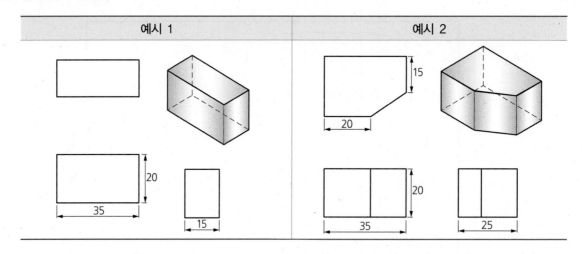

| 예시 1 | 예시 2 |
| --- | --- |

# 04 단면도법

CRAFTSMAN COMPUTER AIDED MECHANICAL DRAWING

## 01 단면도의 종류와 이해

| 종류 | 특징 |
| --- | --- |
| 온단면도(전단면도) | 물체의 1/2 절단 |
| 한쪽 단면도(반단면도) | 물체의 1/4 절단 |
| 부분 단면도 | 필요한 부분만을 절단(스플라인이 들어감) |
| 회전 단면도 | 암, 리브 등을 90° 회전하여 나타냄. 회전도시단면은 가는 실선으로 그린다. |

## 02 단면도의 표시방법

물체가 절단 평면에 의해 절단 되었을 때에는 반드시 그 절단면을 단면하지 않은 면과의 구별을 위하여 가는 평행 경사선(해칭선)으로 표시한다.

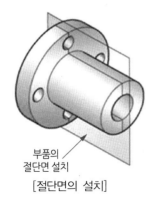

부품의
절단면 설치

[절단면의 설치]

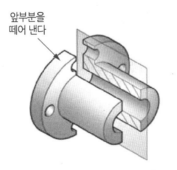

앞부분을
떼어 낸다

[앞부분을 떼어 낸 모양]

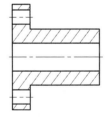

[단면도]

## 03 단면도의 종류

### 1 온단면도

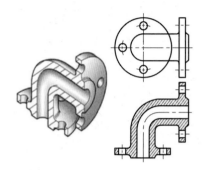

온단면도는 물체의 기본 중심선에서 반으로 절단하여 물체의 기본적인 특징을 가장 잘 나타낼 수 있도록 단면 모양을 그리는 것. 전단면도라고도 한다.

### 2 한쪽단면도

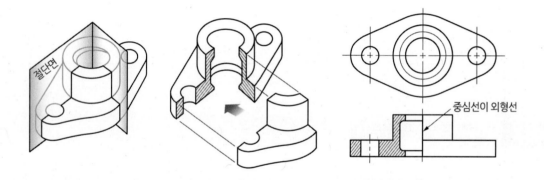

주로 대칭물체에서 1/4을 제거하여 중심선을 기준으로 절반은 단면도로 다른 절반은 외형도로 도시하는 단면. 좌우 또는 상하대칭 시 우측 또는 위쪽을 단면도로 한다. 물체의 내·외부를 동시에 표현이 가능하다는 장점이 있다. (숨은선은 가능한 생략한다.)

## 3 부분단면도

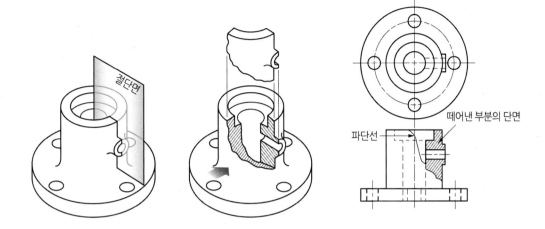

물체에서 단면을 필요로 하는 임의의 부분에서 일부만을 떼어낸 단면이다.
단면의 경계는 파단선을 프리핸드(가는 자유 실선)로 표시하고 다음의 경우에 적용된다.

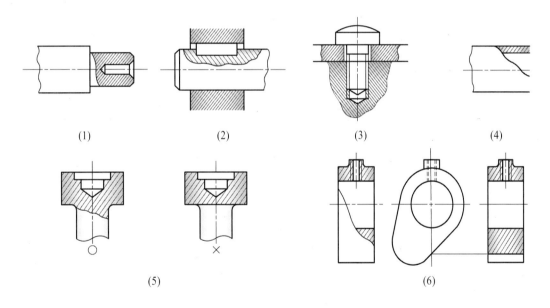

### 4 회전단면도

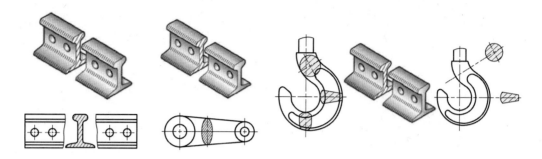

일반 투상법으로 표현하기 어려운 바퀴의 암(arm), 리브(rib), 후크(hook), 축 등의 단면 표시법으로 축방향으로 수직한 단면으로  절단하여 이면에 그려진 그림을 90° 회전하여 그린 그림이다.

### 5 계단단면도

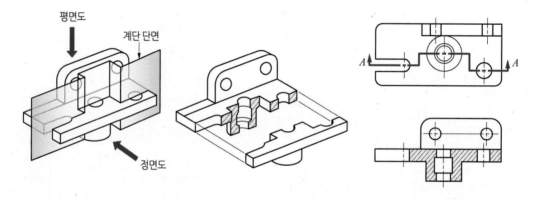

단면도에 표시하고 싶은 부분이 일직선상에 있지 않을 때, 절단면이 투상면에 평행 또는 수직으로 계단 형태로 절단된 것을 계단 단면도라 한다.

－계단경계는 굵은실선으로 짧게 ㄱ,ㄴ 경계선을 긋는다.

## 6 기타

### (1) 조합단면도 예시

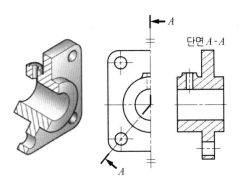

절단면을 여러 개 설치하여 그린 단면도로서 복잡한 물체의 투상도 수를 줄일 목적으로 사용한다. 2개 이상의 절단면에 의한 단면도를 조합하여 행하는 단면도시이다.

### (2) 다수의 단면도 예시

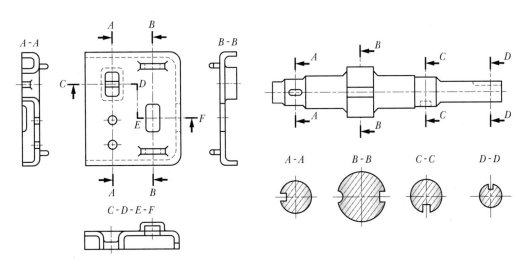

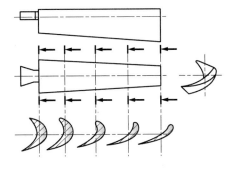

회전단면이 여러 개로 표시되어야 할 때 도면 내에 그릴 여유가 없는 경우 절단 평면의 위치를 명시하고 문자, 기호를 기입한 후 절단선의 연장선 상이나 임의의 위치에 나타낸 단면도(인출회전단면). 연속단면도라 한다.

## 04 기타 도시법

### ❶ 대칭 및 반복 도형의 생략법

### (1) 대칭 도형의 생략법

도형의 모양이 대칭 형식의 경우 대칭 중심선의 한쪽을 생략할 수 있다.

• 대칭 중심선의 한쪽 도형만을 그리고 중심선의 양끝 부분에 짧은 두 개의 나란한 가는선을 그린다.
• 대칭 중심선의 한쪽 도형을 중심선을 조금 넘은 부분까지 그린다.

## (2) 반복 도형의 생략법

같은 종류 또는 모양이 여러 개 규칙적으로 있는 경우 도형을 생략할 수 있다.

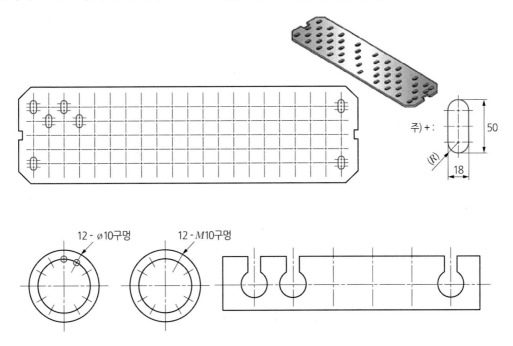

## 2 도형의 단축 도시

물체가 길어서 도면에 나타내기 어려울 때는 중간 부분을 생략 할 수 있다. (긴축, 봉, 관, 형강, 테이퍼 축 등)

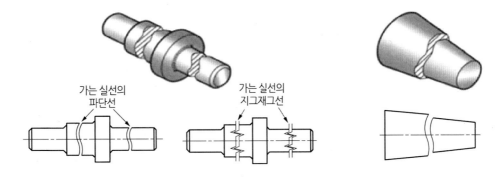

### ③ 얇은 부분의 단면도

가스킷이나 철판 및 형강 제품같이 극히 얇은 제품의 단면은 투상선을 1개의 굵은 실선으로 표시

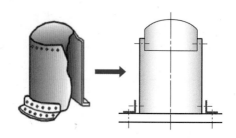

### ④ 길이방향으로 절단하지 않는 부품

축, 핀, 볼트, 너트, 와셔, 작은 나사, 세트스크루, 리벳, 키, 테이퍼 핀, 볼 베어링, 원통롤러, 리브, 웨브, 바퀴의 암, 기어의 이 등의 부품

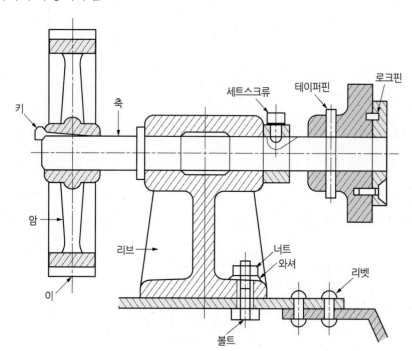

## 5 해칭(Hatching)과 스머징(Smudging) 방법

물체가 절단 평면에 의해 절단되었을 때에는 반드시 그 절단면을 단면하지 않은 면과의 구별을 위하여 가는 평행 경사선(해칭선)으로 표시한다.

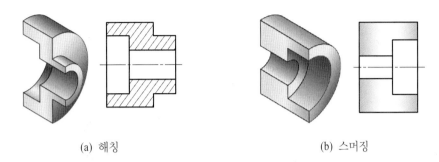

(a) 해칭                                    (b) 스머징

(1) 기본중심선 또는 기선(기준이 되는 선)에 대하여 45°(되도록 오른쪽 위로 올라가는 방향)의 가는 실선(0.2mm 이하)을 2~3mm 등간격으로 긋는다.
다만 물체의 단면부위의 크기에 따라 간격은 임의로 할 수 있다.

(2) 같은 부품의 단면은 단면부위가 멀리 떨어져 있더라도 방향과 간격은 같아야 한다.

(3) 서로 인접한 여러 단면의 해칭은 각도를 30°, 60° 또는 임의의 각도로 바꾸거나 간격을 달리한다.

(4) 45°의 해칭선이 그 단면의 주요 윤곽선에 평행하거나 거의 평행할 때에는 45° 아닌 다른 각도의 경사선을 사용한다.

(5) 면적이 큰 단면은 주변에만 짧게 해칭선을 긋든지 스머징(smudging, 절단면 등을 명시할 목적으로 그 면 위에 색연필 등으로 색칠하는 것)을 하는 것이 좋다.

(6) 가스켓(gasket), 양철판(tin-plate) 또는 형강(形鋼) 같은 극히 얇은 단면은 굵게 실선으로 표시하고 이들 사이의 간격은 0.7mm로 표시한다.

(7) 해칭선의 대용으로 사용되는 단면표시의 방법으로는 색연필(붉은색 또는 푸른색)로 단면의 주위를 엷게 칠하는 방법이 있는데 이것은 해칭보다 간편하여 근래에 가장 많이 사용하고 있다.

(8) 단일부분의 단면도에 있어서 절단면을 동일한 모양으로 해칭하여야 한다.

(9) 해칭선은 그림이나 글자에 대하여 중단될 수 있으며 해칭선은 외형선 밖으로 연장되어서는 안 된다.

(10) 금속의 재질단면이나 비금속재료의 단면에 있어서 특히 재료를 나타낼 필요가 있을 때에는 정해진 무늬의 모양으로 해칭을 해도 좋다. 그러나 부품인 경우에는 재질을 따로 문자로 기입하지 않으면 안된다.

(11) 해칭을 한 부분에는 되도록 은선의 도시를 생략한다.

## 6 전개도법의 종류와 용도

### (1) 전개도법의 종류

#### (가) 평행선법

원기둥, 각기둥과 같이 중심축이 나란히 직선을 표면에 그을 수 있는 물체

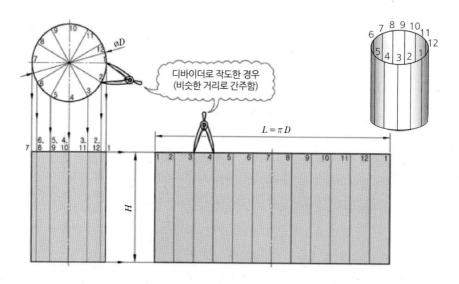

#### (나) 방사선법

원뿔, 각뿔 등과 같이 전개도의 테두리를 꼭지점을 중심으로 전개하는 법

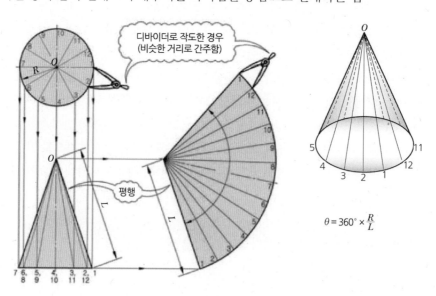

### (다) 삼각형법

입체의 표면을 몇 개의 삼각형으로 나누어 전개하는 방법

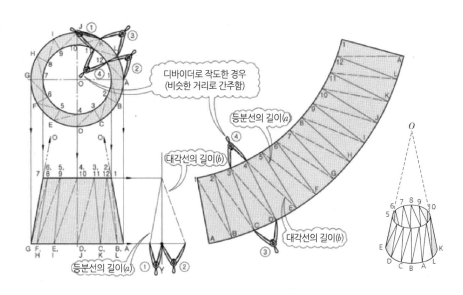

디바이더로 작도한 경우
(비슷한 거리로 간주함)

등분선의 길이(*a*)

대각선의 길이(*b*)

대각선의 길이(*b*)

등분선의 길이(*a*)

## (2) 전개도 표시

판을 구부려서 만드는 대상물이나 면으로 구성되는 대상물의 전개한 모양을 나타낼 필요가 있을 경우

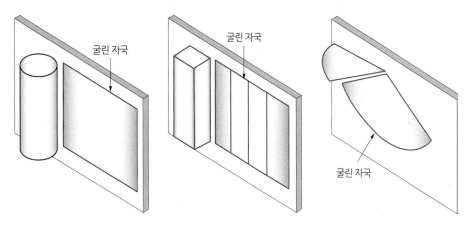

굴린 자국

굴린 자국

굴린 자국

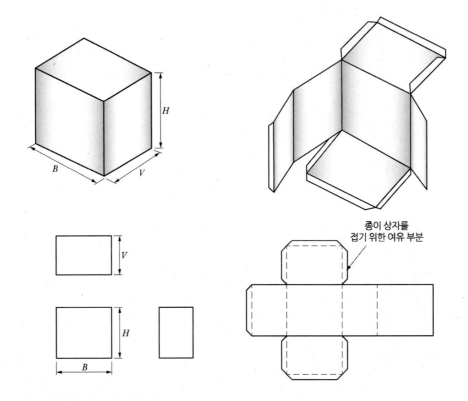

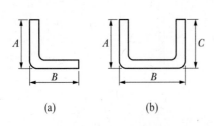

종이 상자를
접기 위한 여유 부분

## (3) 판 두께를 고려한 전개법

### (가) 판 두께를 고려한 90° 굽힘 판뜨기 전개

(단위 : mm)

| 판 두께 | 1.6 | 2.3 | 3.2 | 4.5 | 6 |
|---|---|---|---|---|---|
| 이동량($\alpha$) | 1.4 | 2 | 2.8 | 4 | 5 |

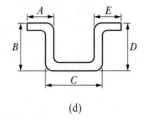

(a)    (b)    (c)    (d)

(a) 전개치수 : $L = A + B - 2\alpha$  (b) 전개치수 : $L = A + B + C - 4\alpha$

(c) 전개치수 : $L = A + B + C - 4\alpha$  (d) 전개치수 : $L = A + B + C + D + E - 8\alpha$

(나) L형 90° 굽힘 판뜨기 전개

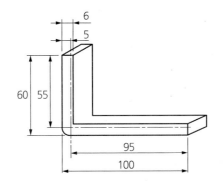

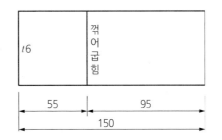

(다) ㄷ형 90° 굽힘 판뜨기 전개

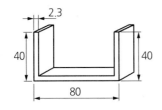

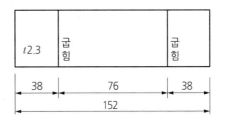

## 7 2개의 면이 만나는 모양 그리기

(1) 대응하는 그림에 둥글기 부분을 표시할 필요가 있을 때는 둥글기 교차선의 위치에 굵은 실선으로
표시

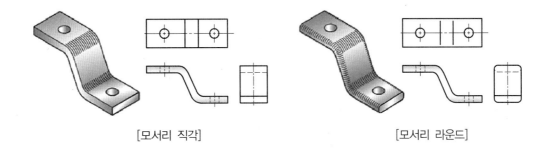

[모서리 직각]                    [모서리 라운드]

## (2) 리브(Rib) 등을 나타내는 투상선의 끝부분 표시

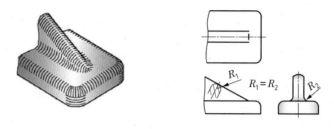

### 8 평면 도시법

도형 내의 특정한 부분이 평면인 것을 표시할 필요가 있을 때는 가는 실선을 대각선으로 긋는다.

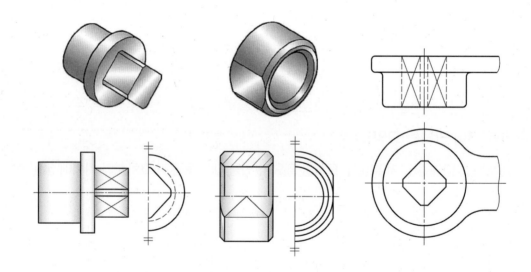

### 9 특수한 가공 부분의 표시 등

## (1) 특수한 가공 부분의 표시

물체의 일부분에 특수가공을 하는 경우 그 범위를 외형선과 평행하게 약간 떼어서 그은 굵은 1점 쇄선으로 표시

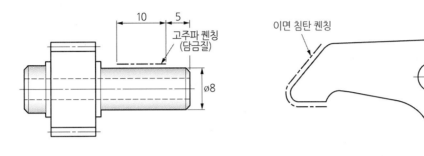

## (2) 특정 모양 부분의 표시

특정한 모양을 갖는 물체는 될 수 있는 대로 그 부분이 도면의 위쪽에 표시 되도록 도시, 특히 작은 나사의 홈은 45° 방향으로 표시

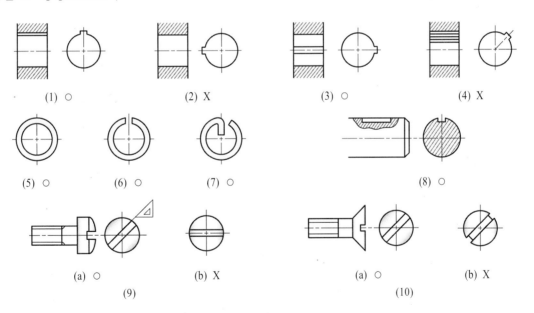

# 05 치수 기입방법

CRAFTSMAN COMPUTER AIDED MECHANICAL DRAWING

## 01 치수 기입방법

치수는 두 개의 점, 두 개의 선, 두 개의 평면 사이 또는 점, 직선, 평면 등 상호간의 거리를 표시하기 위하여 사용하며, 숫자로서 실제 길이를 표시하고 치수선과 치수 보조선으로 치수의 구간을 표시한다.

### 1 치수의 표시방법

#### (1) 치수 기입 요소

치수와 같이 사용되는 숫자와 문자, 치수선과 치수 보조선, 지시선과 인출선, 치수보조 기호, 주서 등을 치수 기입의 요소라고 한다.

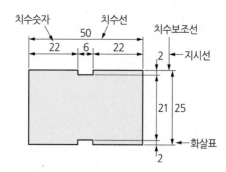

#### (2) 화살표 기입방법

(가) 도면 크기에 따라 화살표의 크기는 약간씩 달라질 수 있으나 같은 도면 내에서는 같은 크기로 한다.

길이와 폭의 비＝3 : 1

치수선의 양쪽 끝에 붙여 수치가 취해진 한계를 명시하는 기호로 화살표를 쓴다.

(나) 화살표의 각도는 약 30°의 직선으로 하며 길이는 치수숫자 높이 정도로, 내부를 칠하는 것(입체형)과 칠하지 않는 것(개산형)이 있다.

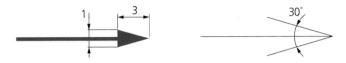

(다) 치수보조선의 사이가 좁아서 화살표를 붙일 여유가 없을 때에는 화살표 대신 작은 흑점을 붙인다.

## (3) 지시선(Leader line) 기입방법

(가) 지시선은 보통 30°, 45° 또는 60°로 경사지게 그린다. 이 중에서 60°가 가장 좋다. 지시선을 여러 개 그리게 될 때, 각 지시선을 평행하게 놓으면 보기가 좋다.

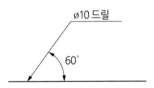

(나) 원으로부터 나오는 지시선은 중심을 향하게 그리며 화살표는 원주에 붙인다.

(다) 가공방법, 주기, 부품번호 등을 기입하기 위하여 지시선은 원칙으로 경사방향으로 끌어낸다. 지시선을 도형의 경계로부터 끌어낼 경우에는 지시선의 끝을 화살표로 하며, 도형의 안쪽에서 끌어낼 때는 지시선의 끝에 검은 둥근 점을 붙인다.

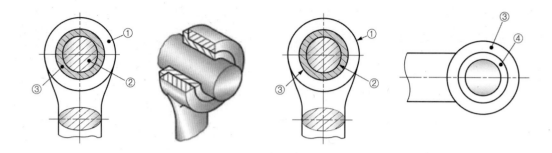

## ② 치수 기입의 원칙

도면에 치수를 기입하는 경우에는 다음 점에 유의하여 적절히 기입한다.

① 대상물의 기능, 제작, 조립 등을 고려하여, 필요하다고 생각되는 치수를 명료하게 도면에 지시한다.

② 치수는 대상물의 크기, 자세 및 위치를 가장 명확하게 표시하는데 필요하고 충분한 것을 기입한다.

③ 도면에 나타내는 치수는 특별히 명시하지 않는 한, 그 도면에 도시한 대상물의 다듬질 치수를 표시한다.

④ 치수에는 기능상(호환성을 포함) 필요한 경우 치수의 허용한계를 지시한다. 다만, 이론적으로 정확한 치수를 제외한다.

⑤ 치수는 되도록 주 투상도에 집중한다.

⑥ 치수는 중복 기입을 피한다.

⑦ 치수는 되도록 계산해서 구할 필요가 없도록 기입한다.

⑧ 치수는 필요에 따라 기준으로 하는 점, 선 또는 면을 기준으로 하여 기입한다.

⑨ 관련되는 치수는 되도록 한 곳에 모아서 기입한다.

⑩ 치수는 되도록 공정마다 배열을 분리하여 기입한다.

⑪ 치수 중 참고 치수에 대하여는 치수 수치에 괄호를 붙인다.

## 1 치수 보조 기호의 종류와 용도

기계 도면에 쓰이는 기호들은 치수 숫자 앞에 덧붙여 그 치수의 의미를 명확히 하는 치수 보조 기호로서, 크기는 치수 숫자와 같게 한다.

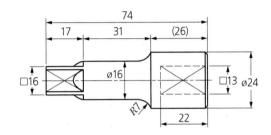

| 구분 | 기호 | 읽기 | 사용법 |
|---|---|---|---|
| 지름 | Ø | 파이 | 지름 치수의 치수 수치 앞에 붙인다. |
| 반지름 | R | 알 | 반지름 치수의 치수 수치 앞에 붙인다. |
| 구의 지름 | SØ | 에스 파이 | 구의 지름 치수의 치수 수치 앞에 붙인다. |
| 구의 반지름 | SR | 에스 알 | 구의 반지름 치수의 치수 수치 앞에 붙인다. |
| 정사각형의 변 | □ | 사각 | 정사각형의 한 변의 치수의 치수 수치 앞에 붙인다. |
| 판의 두께 | t | 티 | 판의 두께 치수의 치수 수치 앞에 붙인다. |
| 원호의 길이 | ⌒ | 원호 | 원호의 길이 치수의 치수 수치 위에 붙인다. |
| 45° 모따기 | C | 시 | 45° 모따기 치수의 치수 수치 앞에 붙인다. |
| 이론적으로 정확한 치수 | ⬚40⬚ | 테두리 | 이론적으로 정확한 치수이 치수 수치를 둘러싼다. |
| 참고 치수 | (40) | 괄호 | 참고 치수의 치수 수치를 둘러싼다. |
| 비례척이 아님 | 40 | 밑줄 | 비례척이 아님 |

## (1) 현, 호의 치수 기입

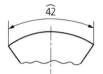

[현의 치수 기입]    [호의 치수 기입]

## (2) 각도의 치수 기입

치수선은 중단하지 않고 그어주며, 수치는 위쪽으로 약간 띄워서 기입 치수선의 중앙에 표시, 또 약 30° 이하의 각도를 이루는 방향에는 치수 기입을 피한다.

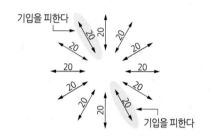

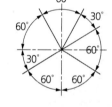

[각도 방향 기입]    [수평 방향 기입]

## (3) 좁은 곳에서의 치수 기입

치수선이 짧아서 기입할 수 없을 때에는 경사선을 긋거나 둥근 점을 사용

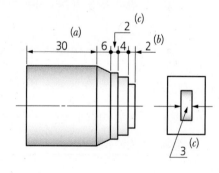

## 2 치수 보조 기호 기입

### (1) 지름 및 반지름 치수 기입

#### (가) 지름의 치수 기입

치수선의 연장선과 화살표를 그리고, 지름의 기호 Ø와 치수기호를 기입한다.

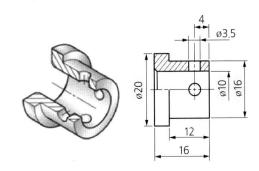

#### (나) 반지름의 치수 기입

화살표나 치수를 기입할 여유가 없을 경우 중심방향으로 치수선을 긋고 화살표를 붙인다.

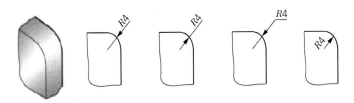

#### (다) 반지름이 큰 경우의 치수 기입

반지름이 커서 그 중심위치까지 치수선을 그을 수 없거나 여백이 없을 경우 화살표를 붙이는 치수선은 반지름의 정확한 중심방향으로 긋고 Z자 형으로 휘어서 표시한다.

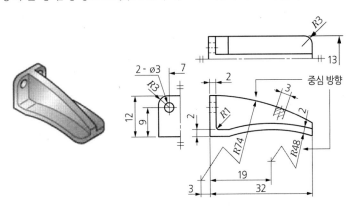

### (2) 구의 지름과 구의 반지름의 치수 기입

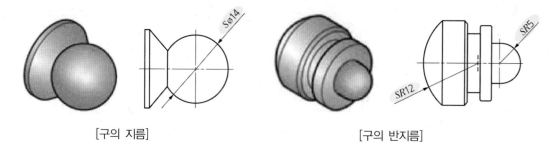

[구의 지름]  [구의 반지름]

### (3) 정사각형 변의 크기 치수 기입

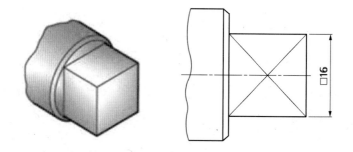

### (4) 두께 치수 기입

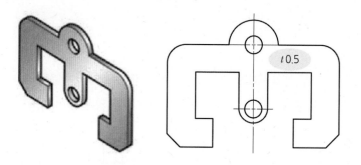

## (5) 구멍 치수 기입

### (가) 가공 방법의 간략표시

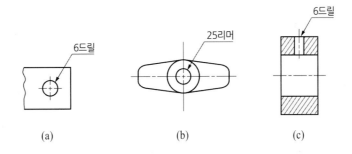

(a)               (b)               (c)

### (나) 구멍의 치수 기입

"10드릴"의 의미는 $\phi$10드릴 관통된 구멍을 의미하며, "5드릴 깊이 15"의 의미는 $\phi$5드릴로 깊이 15mm로 드릴 가공하라는 의미이다.

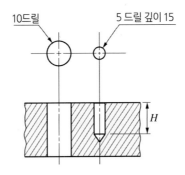

### (다) 탭의 치수 기입

① 'M10'의 의미는 "M10의 탭 구멍의 관통"의 의미이다. 관통 구멍일 때에는 구멍 깊이를 지시하지 않는다.

② 'M5 깊이15'의 의미는 "M5의 탭 구멍의 깊이가 15"라는 의미이다.

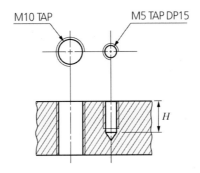

[TIP] 깊이 H는 참고로 표시한 것임. 도면에는 기입하는 것이 아님

(라) 모따기의 치수 기입

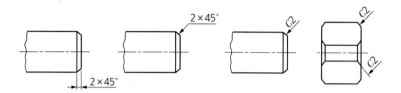

## ❸ 여러 가지 치수 기입

### (1) 구멍 가공의 여러 가지 요소의 치수 기입

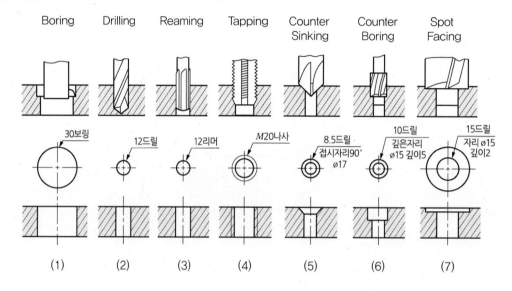

## (2) 키 홈 치수 기입

폴리나 기어 등을 고정하기 위한 축의 키 홈의 나비, 깊이, 길이, 위치 및 끝 부분 등의 치수를 기입

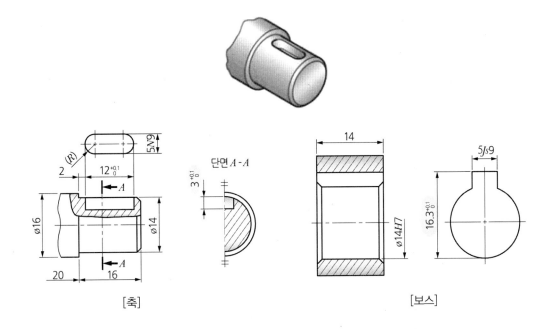

[축]                    [보스]

## (3) 테이퍼와 기울기의 치수 기입

원통 형체의 부품에서 지름이 축방향으로 줄어드는 형체를 테이퍼(taper)라고 하며, (b)에서와 같이 각형 부품에서(또는 고속도로나 철로 등의) 경사면을 기울기 또는 구배가 졌다고 한다. 테이퍼와 기울기(구배)의 치수 기입은 각각 (a)와 (b)와 같이 한다. 테이퍼 또는 기울기(구배)의 정밀도와 방향을 특별하게 지시할 필요가 있을 경우에는 (c)와 같이 경사면에서 지시선을 끌어내어 기입할 수 있다.

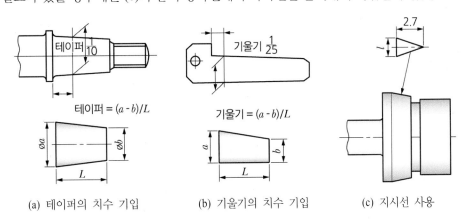

(a) 테이퍼의 치수 기입    (b) 기울기의 치수 기입    (c) 지시선 사용

## (4) 가공 및 조립 기준에 필요한 치수 기입

가공 또는 조립에 필요한 때에는 기준면에 설치한 치수보조선의 양쪽으로 구분하여 기입

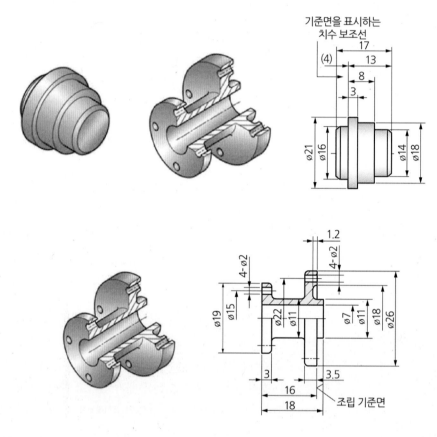

## (5) 특정 부분 치수 기입방법의 예

### (가) 가공하기에 편리한 치수 기입하기

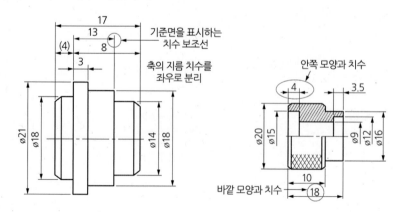

(나) 특별히 강조하고 싶은 내용과 치수 기입하기(조립 기준면)

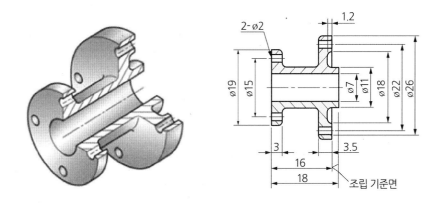

(다) 투상도와 비례하지 않는 치수 기입하기(<u>20</u>)

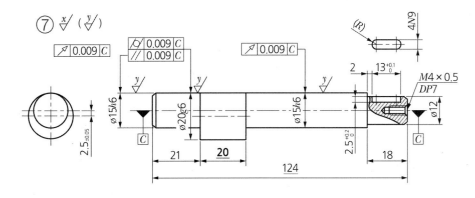

(라) 부품 번호 기입하기

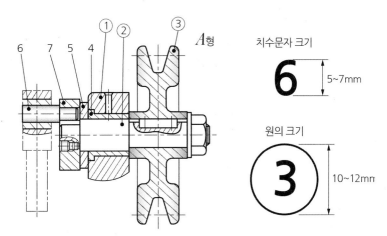

## 03 표면거칠기 기호(다듬질 기호)

표면거칠기(Surface roughness)는 표면조도라고도 하며 단위는 마이크로미터 ($\mu$m, 0.001mm)를 사용한다.

### 1 표면거칠기 기호의 종류

**(1) Ra : 산술 평균 거칠기 (중심선 평균 거칠기)**

표본 부분의 평균선 방향에 X축을, 세로 배율 방향에 Y축을 잡고, 거칠기 곡선을 y = f(x)로 나타내었을 때, 이 중심선 윗부분 면적의 합을 뽑아낸 길이로 나눈 값

**(2) Rz : 10점 평균 거칠기**

단면곡선에서 기준길이를 취한 다음 기준길이 내에서 가장 높은 산 5개와 가장 낮은 골 5개를 취한 각각의 평균값

**(3) Ry : 최대높이 거칠기**

단면곡선에서 기준길이를 취한 다음 기준길이 내에서 가장 높은 산과 가장 낮은 골 간의 거리를 측정한 값

### 2 표면거칠기 기호 기입

**(1) 표면거칠기 기호 지시 사항**

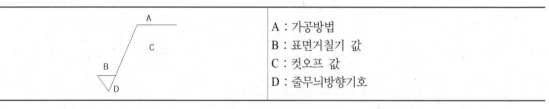

| | |
|---|---|
| | A : 가공방법 |
| | B : 표면거칠기 값 |
| | C : 컷오프 값 |
| | D : 줄무늬방향기호 |

## (2) 표면거칠기 기호 및 거칠기 구분값

| 표면거칠기 기호 | 표면거칠기 구분값 | | |
|:---:|:---:|:---:|:---:|
| | *Ra* | *Ry* | *Rz* |
| $\overset{w}{\bigvee}$ | 25a | 100S | 100Z |
| $\overset{x}{\bigvee}$ | 6.3a | 25S | 25Z |
| $\overset{y}{\bigvee}$ | 1.6a | 6.3S | 6.3Z |
| $\overset{z}{\bigvee}$ | 0.2a | 0.8S | 0.8Z |

| 거칠기 구분치 | | 0.025a | 0.05a | 0.1a | 0.2a | 0.4a | 0.8a | 1.6a | 3.2a | 6.3a | 12.5a | 25a | 50a |
|:---:|:---:|:---:|:---:|:---:|:---:|:---:|:---:|:---:|:---:|:---:|:---:|:---:|:---:|
| 산술 평균 거칠기의 표면거칠기의 범위 ($\mu$m Ra) | 최소치 | 0.02 | 0.04 | 0.08 | 0.17 | 0.33 | 0.66 | 1.3 | 2.7 | 5.2 | 10 | 21 | 42 |
| | 최대치 | 0.03 | 0.06 | 0.11 | 0.22 | 0.45 | 0.90 | 1.3 | 3.6 | 7.1 | 14 | 28 | 56 |
| 거칠기 번호 (표준면 번호) | | N1 | N2 | N3 | N4 | N5 | N6 | N7 | N8 | N9 | N10 | N11 | N12 |

## (3) 표면거칠기 도면 기입방법

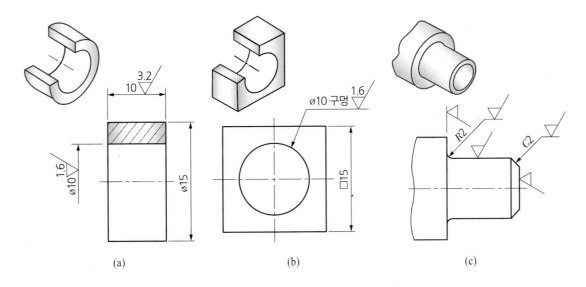

(a)    (b)    (c)

## (가) 표면거칠기 기호 표시방법 예시

① $\bigvee$ 전체는 제거 가공하지 않고 $\overset{w}{\bigvee}$, $\overset{x}{\bigvee}$, $\overset{y}{\bigvee}$ 일반절삭 및 정밀절삭을 한다.

② 거칠기 기호를 기입할 때는 가공방향에 기입한다.

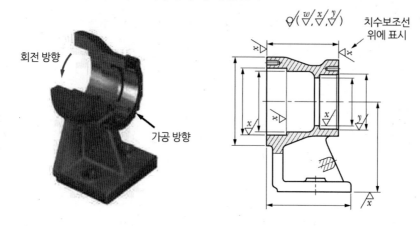

## 04 면의 지시 기호

### 1 가공 방법의 기호

| 가공방법 | 약호 | | 가공방법 | 약호 | |
|---|---|---|---|---|---|
| | I | II | | I | II |
| 선반 가공 | L | 선반 | 래핑 다듬질 | FL | 래핑 |
| 드릴 가공 | D | 드릴 | 줄 다듬질 | FF | 줄 |
| 보링머신 가공 | B | 보링 | 호닝 가공 | GH | 호닝 |
| 밀링 가공 | M | 밀링 | 액체호닝 다듬질 | SPL | 액체호닝 |
| 플레이닝 가공 | P | 평삭 | 배럴연마 가공 | SPBR | 배럴 |
| 셰이핑 가공 | SH | 형삭 | 버프 다듬질 | FB | 버프 |
| 브로치 가공 | BR | 브로칭 | 브러스터 다듬질 | SB | 브러스터 |
| 리머 가공 | FR | 리머 | 스크레이퍼 다듬질 | FS | 스크레이퍼 |
| 연삭 가공 | G | 연삭 | 페이퍼 다듬질 | FCA | 페이퍼 |
| 벨트 샌드 가공 | GB | 포연 | 주조 | C | 주조 |

## 2 줄무늬 방향의 기호와 뜻

### (1) ═ : 평행

가공에 의한 커터의 줄무늬 방향이 기호를 기입한 그림의 투상면에 평행

[보기] 셰이핑면

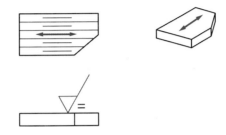

### (2) ⊥ : 직각

가공에 의한 커터의 줄무늬 방향이 기호를 기입한 그림의 투상면에 직각

[보기] 셰이핑면(옆으로부터 보는 상태), 선삭, 원통 연삭면

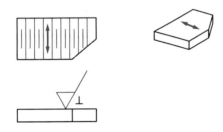

### (3) X : 교차

가공에 의한 커터의 줄무늬 방향이 기호를 기입한 그림의 투상면에 경사지고 두 방향으로 교차

[보기] 호닝 다듬질면

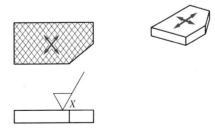

### (4) M : 무방향

가공에 의한 커터의 줄무늬 방향이 여러 방향에서 교차 또는 두방향
[보기] 래핑 다듬질면, 수퍼 피니싱면, 가로 이송을 한 정면 밀링 또는 앤드밀 절삭면

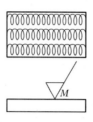

### (5) C : 동심원

가공에 의한 커터의 줄무늬가 기호를 기입한 면의 중심에 대하여 대략 동심원 모양
[보기] 끝면 절삭면

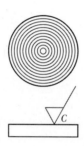

### (6) R : 방사상(레이디얼)

가공에 의한 커터의 줄무늬가 기호를 기입한 면의 중심에 대하여 대략 레이디얼 모양
[보기] 원통 연삭의 측면가공으로 생긴 절삭면

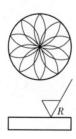

## ③ 면의 지시 기호 기입

### (1) 특수한 요구 사항의 지시 방법

가공 방법의 지시 기호 기입은 가로선의 길이는 가공 방법의 지시 내용과 같게 된다.

 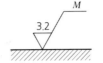

### (2) 도면 기입방법

Ra 값을 기입하는 경우 기호의 방향 및 지시의 보기

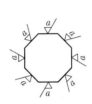 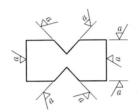

(a) 면에 직접 지시　　　(b) 연장선을 사용한 지시

### (3) 반복 지시의 간략한 방법의 보기

표면의 결 기호를 많은 개소에 반복하여 기입하는 경우 또는 기입하는 공간이 한정되어 있는 경우에는 대상면에 면의 지시 기호와 알파벳의 소문자 부호로 기입하고 그 의미를 주 투상도의 곁, 부품 번호의 곁 또는 표제란의 곁에 기입한다.

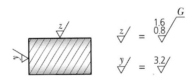

### (4) 대부분 면이 동일한 표면거칠기일 경우

한 개의 부품에서 대부분이 동일한 크기의 표면거칠기이고, 일부분의 면만이 다른 표면거칠기일 경우, 동일한 표면거칠기를 여러 면에 다가 기입하면 도면이 혼잡스럽게 된다.

따라서, 대부분의 도면은 아래 그림과 같이 그린다.

그림 (a)는 $0.8\,\mu$m Ra와 $3.2\,\mu$m Ra 표면거칠기로 지시가 되어있는 면을 제외하고, 모든 면은 $6.3\,\mu$m Ra

표면거칠기로 제거가공을 하라는 뜻이다.

그림 (b)는 모든 면을 6.3 $\mu$m Ra 표면거칠기로 제거가공을 하라는 의미이다.

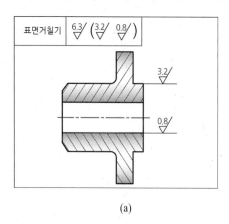

(a)

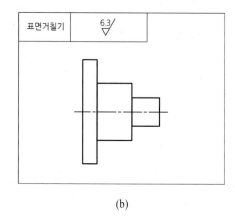

(b)

# 06 치수공차

CRAFTSMAN COMPUTER AIDED MECHANICAL DRAWING

## 01 치수공차와 끼워맞춤

### (1) 치수공차

최대 허용 한계 치수와 최소 허용 한계 치수의 차를 말하며, 공차라고도 한다.

### (2) 끼워맞춤

기계부품을 조립할 때, 구멍과 축이 조립되는 관계를 의미한다.

## 1 치수공차의 용어

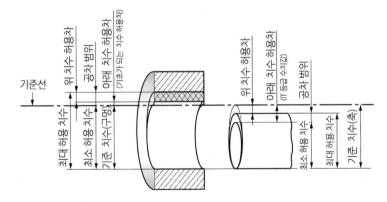

## 2 IT 기본공차

### (1) IT(International Tolerance) 기본공차

IT 기본공차는 치수공차와 끼워맞춤에 있어서 정해진 모든 치수공차를 의미하는 것으로 국제표준화기구(ISO) 공차 방식에 따라 분류하며, IT 01～ IT 18까지 20등급으로 나눈다.

| 구분 | 초정밀 그룹 | 정밀 그룹 | 일반 그룹 |
|---|---|---|---|
| | 게이지 제작 공차 또는 이에 준하는 제품 | 기계가공품 등의 끼워맞춤 부분의 공차 | 일반 공차로 끼워맞춤과 무관한 부분의 공차 |
| 구멍 | IT1~IT5 | IT6~IT10 | IT11~IT18 |
| 축 | IT1~IT4 | IT5~IT9 | IT10~IT18 |
| 가공 방법 | 래핑 | 연삭(정삭) | 황삭 |
| 공차 범위 | 0.001mm | 0.01mm | 0.1mm |

### (2) IT 기본공차의 수치

| 기준 치수의 구분(mm) | | 공차 등급 | | | | | | | | | | | | | | | | | |
|---|---|---|---|---|---|---|---|---|---|---|---|---|---|---|---|---|---|---|---|
| | | 1 | 2 | 3 | 4 | 5 | 6 | 7 | 8 | 9 | 10 | 11 | 12 | 13 | 14 | 15 | 16 | 17 | 18 |
| 초과 | 이하 | 기본공차의 수치($\mu$m) | | | | | | | | | | | 기본공차의 수치(mm) | | | | | | |
| − | 3 | 0.8 | 1.2 | 2 | 3 | 4 | 6 | 10 | 14 | 25 | 40 | 60 | 0.10 | 0.14 | 0.26 | 0.40 | 0.60 | 1.00 | 1.40 |
| 3 | 6 | 1 | 1.5 | 2.5 | 4 | 5 | 8 | 12 | 18 | 30 | 48 | 75 | 0.12 | 0.18 | 0.30 | 0.48 | 0.75 | 1.20 | 1.80 |
| 6 | 10 | 1 | 1.5 | 2.5 | 4 | 6 | 9 | 15 | 22 | 36 | 58 | 90 | 0.15 | 0.22 | 0.36 | 0.58 | 0.90 | 1.50 | 2.20 |
| 10 | 18 | 1.2 | 2 | 3 | 5 | 8 | 11 | 18 | 27 | 43 | 70 | 110 | 0.18 | 0.27 | 0.43 | 0.79 | 1.10 | 1.80 | 2.70 |
| 18 | 30 | 1.5 | 2.5 | 4 | 6 | 9 | 13 | 21 | 33 | 52 | 84 | 130 | 0.21 | 0.33 | 0.52 | 0.84 | 1.30 | 2.10 | 3.30 |
| 30 | 50 | 1.5 | 2.5 | 4 | 7 | 11 | 16 | 25 | 39 | 62 | 100 | 160 | 0.25 | 0.39 | 0.62 | 1.00 | 1.60 | 2.50 | 3.90 |
| 50 | 80 | 2 | 3 | 5 | 8 | 13 | 19 | 30 | 46 | 74 | 120 | 190 | 0.30 | 0.46 | 0.74 | 1.20 | 1.90 | 3.00 | 4.60 |
| 80 | 120 | 2.5 | 4 | 6 | 10 | 15 | 22 | 35 | 54 | 87 | 140 | 220 | 0.35 | 0.54 | 0.87 | 1.40 | 2.20 | 3.50 | 5.40 |
| 120 | 180 | 3.5 | 5 | 8 | 12 | 18 | 25 | 40 | 63 | 100 | 160 | 250 | 0.40 | 0.63 | 1.00 | 1.60 | 2.50 | 4.00 | 6.30 |
| 180 | 250 | 4.5 | 7 | 10 | 14 | 20 | 29 | 46 | 72 | 115 | 185 | 290 | 0.46 | 0.72 | 1.15 | 1.85 | 2.90 | 4.60 | 7.20 |
| 250 | 315 | 6 | 8 | 12 | 16 | 23 | 32 | 52 | 81 | 130 | 210 | 320 | 0.52 | 0.81 | 1.30 | 2.10 | 3.20 | 5.20 | 8.10 |
| 315 | 400 | 7 | 9 | 13 | 18 | 25 | 36 | 57 | 89 | 140 | 230 | 360 | 0.57 | 0.89 | 1.40 | 2.30 | 3.60 | 5.70 | 8.90 |
| 400 | 500 | 8 | 10 | 15 | 20 | 27 | 40 | 63 | 97 | 155 | 250 | 400 | 0.63 | 0.97 | 1.55 | 2.50 | 4.00 | 6.30 | 9.70 |

## ❸ 끼워맞춤의 종류

### (1) 헐거운 끼워맞춤 : 항상 틈새

- 조건 : 구멍의 최소치수 > 축의 최대치수
- 미끄럼 운동, 회전 운동이 필요한 부품에 적용

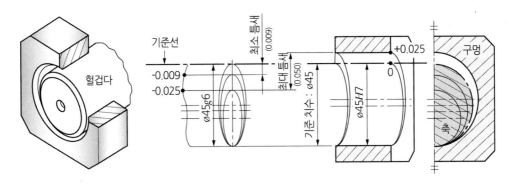

### (2) 중간 끼워맞춤 : 틈새와 죔새가 모두 나타남

- 조건 : 축과 구멍의 공차위치가 중복
- 부품의 기능과 역할에 따라 틈새와 죔새가 생기게 하는 부품에 적용

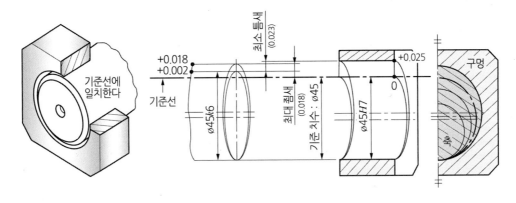

### (3) 억지 끼워맞춤 : 항상 죔새

- 조건 : 축의 최소치수 > 구멍의 최대치수
- 분해와 조립을 하지 않는 부품에 적용

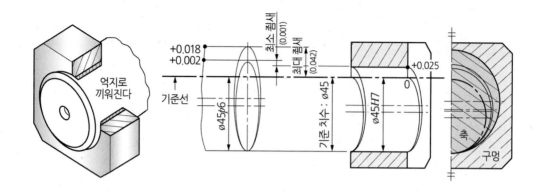

## (4) 방식에 따라 : 구멍 기준식 끼워맞춤, 축 기준식 끼워맞춤

### (가) 구멍 기준식 끼워맞춤

아래 치수 허용차가 0인 H 기호 구멍을 기준 구멍으로 하고, 이에 적합한 축을 선정하여 필요로 하는 죔새나 틈새를 얻는 방식으로 H6~H10의 5가지 구멍을 기준 구멍으로 사용한다.

**구멍 기준식 상용 끼워맞춤(KS B 0401)**

| 기준 구멍 | 축의 공차역 클래스 | | | | | | | | | | | | |
|---|---|---|---|---|---|---|---|---|---|---|---|---|---|
| | 헐거운 끼워맞춤 | | | | 중간 끼워맞춤 | | | 억지 끼워맞춤 | | | | | |
| H6 | | | g5 | h5 | js5 | k5 | m5 | | | | | | |
| | | f6 | g6 | h6 | js6 | k6 | m6 | n6 | p6 | | | | |
| H7 | | | f6 | g6 | h6 | js6 | k6 | m6 | n6 | p6 | r6 | s6 | t6 | u6 | x6 |
| | e7 | f7 | | h7 | js7 | | | | | | | | |
| H8 | | | f7 | | | | | 기계공업에서 널리 사용하는 끼워맞춤으로 구멍 H7 기준으로 **축을 가공**하면서 끼워맞춤을 얻는 방식 | | | | | |
| | | e8 | f8 | | h8 | | | |
| | d9 | e9 | | | | | | |

## (나) 축 기준식 끼워맞춤

위 치수 허용차가 0인 h 기호 축을 기준으로 하고, 이에 적당한 구멍을 선정하여 필요한 죔새나 틈새를 얻는 끼워맞춤으로, h5~h9의 다섯 가지 축을 기준으로 사용한다.

축 기준식 상용 끼워맞춤(KS B 0401)

| 기준<br>구멍 | 구멍의 공차역 클래스 | | | | | | | | | | | | |
|---|---|---|---|---|---|---|---|---|---|---|---|---|---|
| | 헐거운 끼워맞춤 | | | | 중간 끼워맞춤 | | | 억지 끼워맞춤 | | | | | |
| h5 | | | | H6 | Js6 | K6 | M6 | N6 | P6 | | | | |
| h6 | | F6 | G6 | H6 | Js6 | K6 | M6 | N6 | P6 | | | | |
| | | F7 | G7 | H7 | Js7 | K7 | M7 | N7 | P7 | R7 | S7 | T7 | U7 | X7 |
| h7 | | E7 | F7 | | H7 | | | | | | | | |
| | | | F8 | | H8 | | | | | | | | |
| h8 | D8 | E8 | F8 | | H8 | | | | | | | | |
| | D9 | E9 | | | H9 | | | | | | | | |

기계공업에서 널리 사용하는 끼워맞춤으로 축 h6 기준으로 **구멍을 가공**하면서 끼워맞춤을 얻는 방식

# 02 치수공차 기입방법

## 1 치수공차 기입방법

(1) 길이치수의 치수공차

　　(가) 허용 한계를 수치 치수 허용차로 기입

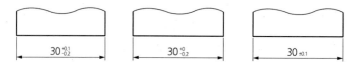

$$30^{+0.1}_{-0.2} \qquad 30^{+0}_{-0.2} \qquad 30_{\pm0.1}$$

　　(나) 허용 한계를 치수로 기입

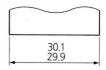

$$\begin{array}{c} 30.1 \\ 29.9 \end{array}$$

　　(다) 허용 한계를 끼워맞춤 공차 기호로 기입

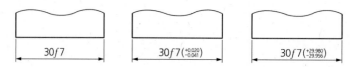

$$30f7 \qquad 30f7\left(^{+0.020}_{-0.041}\right) \qquad 30f7\left(^{+29.980}_{-29.956}\right)$$

　　(라) 허용 한계를 치수 허용차 기호에 의하여 지시

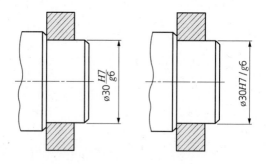

## (2) 조립상태의 치수공차

### (가) 조립 부품을 공차 치수에 의하여 기입하는 경우

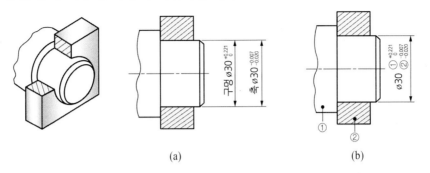

(a)            (b)

### (나) 조립 부품을 치수 허용차 기호에 의하여 기입하는 경우

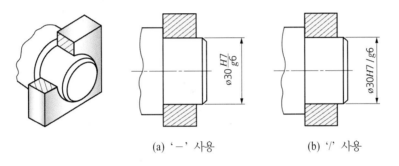

(a) '−' 사용         (b) '/' 사용

## (3) 각도치수의 치수공차

각도치수의 허용한계 기입방법에는 길이치수의 허용한계를 수치에 의하여 지시하는 경우의 기입방법을 적용한다. 치수 허용차에도 반드시 단위 기호를 붙인다.

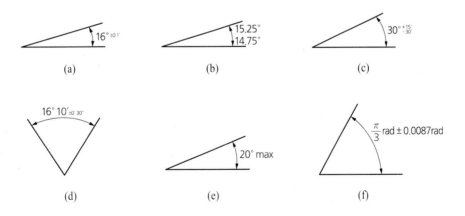

(a)          (b)          (c)

(d)          (e)          (f)

## (4) 기타 일반사항

### (가) 공차치수 기입 사례(동력전달장치 : 축)

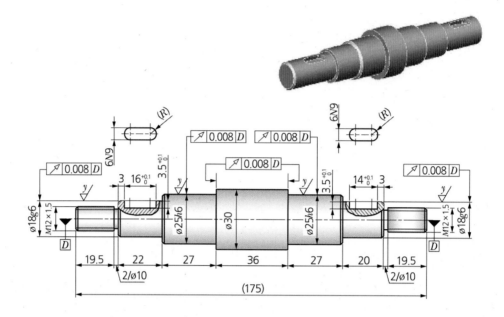

## 1 끼워맞춤 공차 기입방법

### (1) 축과 구멍이 끼워져 있지 않을 때

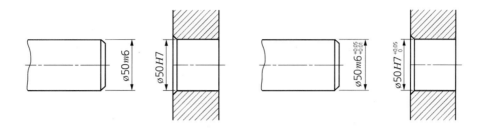

### (2) 축과 구멍이 끼워져 있을 때

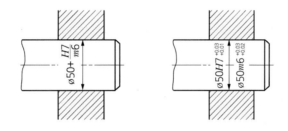

## 2 죔새, 틈새값 계산

### (1) 틈새와 죔새의 계산

표 는 축의 표준 공차 등급에 따른 치수 허용차의 일부를 나타낸 것이다. 단위는 $\mu$m이다.

JS와 js의 치수 허용차는 ±공차/2이다. 단, JS7～JS11과 js7～js11에서 공차가 $\mu$m 단위로 홀수인 경우에는 치수 허용차가 정수가 되도록 ±(공차 − 1)/2를 치수 허용차로 한다.

〈표−1. IT 등급〉

| 기준 치수의 구분(mm) | | 공차 등급 | | | | | | | | | | | | | | | | | |
|---|---|---|---|---|---|---|---|---|---|---|---|---|---|---|---|---|---|---|---|
| | | 1 | 2 | 3 | 4 | 5 | 6 | 7 | 8 | 9 | 10 | 11 | 12 | 13 | 14 | 15 | 16 | 17 | 18 |
| 초과 | 이하 | 기본공차의 수치(μm) | | | | | | | | | | | 기본공차의 수치(mm) | | | | | | |
| − | 3 | 0.8 | 1.2 | 2 | 3 | 4 | 6 | 10 | 14 | 25 | 40 | 60 | 0.10 | 0.14 | 0.26 | 0.40 | 0.60 | 1.00 | 1.40 |
| 3 | 6 | 1 | 1.5 | 2.5 | 4 | 5 | 8 | 12 | 18 | 30 | 48 | 75 | 0.12 | 0.18 | 0.30 | 0.48 | 0.75 | 1.20 | 1.80 |
| 6 | 10 | 1 | 1.5 | 2.5 | 4 | 6 | 9 | 15 | 22 | 36 | 58 | 90 | 0.15 | 0.22 | 0.36 | 0.58 | 0.90 | 1.50 | 2.20 |
| 10 | 18 | 1.2 | 2 | 3 | 5 | 8 | 11 | 18 | 27 | 43 | 70 | 110 | 0.18 | 0.27 | 0.43 | 0.79 | 1.10 | 1.80 | 2.70 |
| 18 | 30 | 1.5 | 2.5 | 4 | 6 | 9 | 13 | 21 | 33 | 52 | 84 | 130 | 0.21 | 0.33 | 0.52 | 0.84 | 1.30 | 2.10 | 3.30 |
| 30 | 50 | 1.5 | 2.5 | 4 | 7 | 11 | 16 | 25 | 39 | 62 | 100 | 160 | 0.25 | 0.39 | 0.62 | 1.00 | 1.60 | 2.50 | 3.90 |

〈표−2. 축의 표준 공차 등급〉

| 기준 치수 (mm) | | 위 치수 허용차(es) | | | | | 아래 치수 허용차(ei) | | | | | | | |
|---|---|---|---|---|---|---|---|---|---|---|---|---|---|---|
| 초과 | 이하 | d | e | f | g | h | j5, j6 | j7 | j8 | k4~k7 | k3 이하 k8 이상 | m | n | p |
| | 3 | −20 | −14 | −6 | −2 | 0 | −2 | −4 | −6 | 0 | 0 | +2 | +4 | +6 |
| 3 | 6 | −30 | −20 | −10 | −4 | 0 | −2 | −4 | | +1 | 0 | +4 | +8 | +12 |
| 6 | 10 | −40 | −25 | −13 | −5 | 0 | −2 | −5 | | +1 | 0 | +6 | +10 | +15 |
| 10 | 18 | −50 | −32 | −16 | −6 | 0 | −3 | −6 | | +1 | 0 | +7 | +12 | +18 |
| 18 | 30 | −65 | −40 | −20 | −7 | 0 | −4 | −8 | | +2 | 0 | +8 | +15 | +22 |
| 30 | 50 | −80 | −50 | −25 | −9 | 0 | −5 | −10 | | +2 | 0 | +9 | +17 | +26 |
| 50 | 80 | −100 | −60 | −30 | −10 | 0 | −7 | −12 | | +2 | 0 | +11 | +20 | +32 |
| 80 | 120 | −120 | −72 | −36 | −12 | 0 | −9 | −15 | | +3 | 0 | +13 | +23 | +37 |
| 120 | 180 | −145 | −85 | −43 | −14 | 0 | −11 | −18 | | +3 | 0 | +15 | +27 | +43 |
| 180 | 250 | −170 | −100 | −50 | −15 | 0 | −13 | −21 | | +4 | 0 | +17 | +31 | +50 |
| 250 | 315 | −190 | −110 | −56 | −17 | 0 | −16 | −26 | | +4 | 0 | +20 | +34 | +56 |
| 315 | 400 | −210 | −125 | −62 | −18 | 0 | −18 | −28 | | +4 | 0 | +21 | +37 | +62 |
| 400 | 500 | −230 | −135 | −68 | −20 | 0 | −20 | −32 | | +5 | 0 | +23 | +40 | +68 |

(가) 구멍 기준 헐거운 끼워맞춤(∅16H7/g6)에서 틈새의 계산

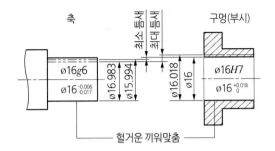

① 표-1에서 구멍의 기준 치수 16, IT 등급 7에 대한 공차 = +0.018(18$\mu$m)
② 구멍의 표준 공차 등급이 H이므로 아래 치수 허용차 = 0
　　따라서 구멍의 최대 허용 치수 = 16.018, 최소 허용 치수 = 16.000
③ 표-1에서 축의 기준 치수 16, IT 등급 6에 대한 공차 = +0.011(11$\mu$m)
④ 축의 표준 공차 등급이 g이므로 표-2에서 위 치수 허용차는 -0.006(-6$\mu$m)
　　따라서 축의 아래 치수 허용차 = -0.006-(+0.011) = -0.017
⑤ 축의 최대 허용 치수 = 15.994, 최소 허용 치수 = 15.983
⑥ 최대 틈새 = 구멍의 최대 허용 치수 - 축의 최소 허용 치수 = 16.018-15.983 = 0.035
⑦ 최소 틈새 = 구멍의 최소 허용 치수 - 축의 최대 허용 치수 = 16.000-15.994 = 0.006

(나) 구멍 기준 억지 끼워맞춤(∅22H7/p6)에서 죔새의 계산

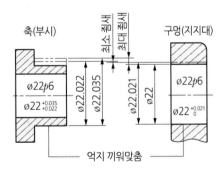

① 표-1에서 구멍의 기준 치수 22, IT 등급 7에 대한 공차 = +0.021(21$\mu$m)
② 구멍의 표준 공차 등급이 H이므로 아래 치수 허용차 = 0
　　따라서 구멍의 최대 허용 치수 = 22.021, 최소 허용 치수 = 22.000
③ 표-1에서 축의 기준 치수 22, IT 등급 6에 대한 공차 = +0.013(13$\mu$m)

④ 축의 표준 공차 등급이 p이므로 표 −2에서 아래 치수 허용차는 $+0.022(+22\mu\text{m})$

따라서 축의 위 치수 허용차 $= (+0.022) + (+0.013) = +0.035$

⑤ 축의 최대 허용 치수 $= 22.035$, 최소 허용 치수 $= 22.022$

⑥ 최대 죔새 = 구멍의 최소 허용 치수 − 축의 최대 허용 치수 $= 22.000 − 22.035 = −0.035$

⑦ 최소 죔새 = 구멍의 최대 허용 치수 − 축의 최소 허용 치수 $= 22.021 − 22.022 = −0.001$

# 07 기하공차

CRAFTSMAN COMPUTER AIDED MECHANICAL DRAWING

## 01 기하공차의 종류

### 1 기하공차의 개요

(1) 기하공차란

부품 제작상 불가피하게 발생하는 모양 변화의 범위를 규제하는 공차를 기하공차라 한다.

### 2 기하공차 기호의 종류

단독으로 형체공차가 정해지는 단독 형체와 데이텀에 관련하여 공차가 정해지는 관련 형체로 나눈다.

| 적용하는 형체 | 공차의 종류 | | 기호 |
|---|---|---|---|
| 단독 형체 | 모양공차 | 진직도 | ——— |
| | | 평면도 | ▱ |
| | | 진원도 | ◯ |
| | | 원통도 | ⌭ |
| 단독 형체 또는 관련 형체 | | 선의 윤곽도 | ⌒ |
| | | 면의 윤곽도 | ⌓ |

| 관련 형체 | 자세공차 | 평행도 | // |
| | | 직각도 | ⊥ |
| | | 경사도 | ∠ |
| | 위치공차 | 위치도 | ⊕ |
| | | 동축도/동심도 | ◎ |
| | | 대칭도 | = |
| | 흔들림공차 | 원주 흔들림 | ↗ |
| | | 온 흔들림 | ↗↗ |

## ❶ 기하공차 기입방법

### (1) 공차의 종류를 나타내는 기호와 공차값

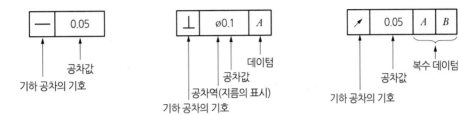

### (2) 데이텀(Datum) 이란

형체의 자세편차, 위치편차, 흔들림 등을 정하기 위해 설정된 이론적으로 정확한 기하학적 기준

### (3) 데이텀을 표시하는 방법

(가) 데이텀이 형체의 선 또는 면일 때

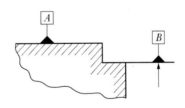

(나) 데이텀이 지정된 축직선 또는 중심 평면이 데이텀인 경우

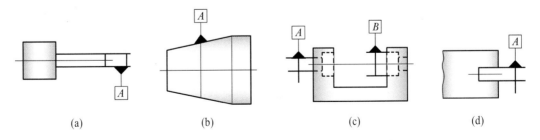

| (a) | (b) | (c) | (d) |

(다) 데이텀 문자를 사용하지 않은 경우의 표시

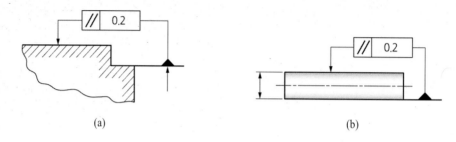

(a)                                                    (b)

(라) 기준직선 또는 기준평면의 도시방법

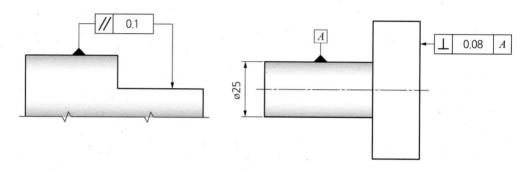

(마) 관련되는 두 부분의 어느 것이나 기준으로 할 수 있을 때

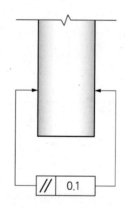

## (4) 기하공차의 기입방법 예시

### (가) 기준직선 또는 기준평면에 부호를 붙이지 않는 예

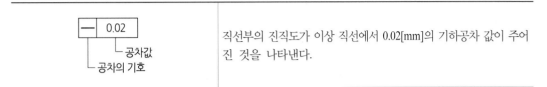

| | |
|---|---|
| ── │ 0.02 │<br>  └ 공차값<br> └ 공차의 기호 | 직선부의 진직도가 이상 직선에서 0.02[mm]의 기하공차 값이 주어진 것을 나타낸다. |

### (나) 기준직선 또는 기준평면을 지정한 예

| | |
|---|---|
| │ // │ 0.1 │ A │ | 평면 또는 직선의 평행도가 기준 A에 대하여 0.1[mm]의 기하공차값인 것을 나타낸다. |

### (다) 진직도의 허용범위가 원통인 예

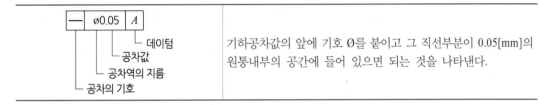

| | |
|---|---|
| ── │ ø0.05 │ A │<br>    └ 데이텀<br>   └ 공차값<br>  └ 공차역의 지름<br> └ 공차의 기호 | 기하공차값의 앞에 기호 Ø를 붙이고 그 직선부분이 0.05[mm]의 원통내부의 공간에 들어 있으면 되는 것을 나타낸다. |

### (라) 기하공차값을 지정 길이 또는 지정 넓이에 대하여 나타낼 때

| | |
|---|---|
| │ // │ 0.05 / 100 │ B │ | 평행도가 기준 B에서 지정길이 100[mm]에 대하여 0.05[mm]의 기하공차값을 가지는 것을 나타낸다. |
| │ // │ 0.01 / 100□ │ B │ | 지정 넓이의 보기이며, 수치의 어깨에 'ㅁ'을 기입하여 임의의 100×100[mm²]에 대하여 평면도가 0.01[mm]인 것을 나타낸다. |

## (5) 기하공차 값의 지시방법

### (가) 실형으로 나타나는 직선 또는 평면의 경우

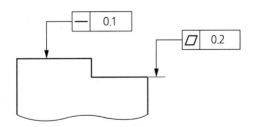

(나) 실제의 축선에 대한 경우

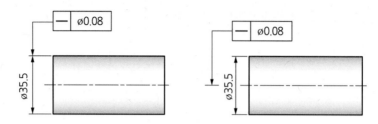

(다) 실제의 일부 축선에 대한 경우

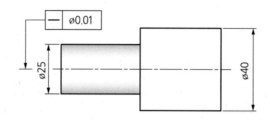

(라) 실제의 공동 축선에 대한 경우

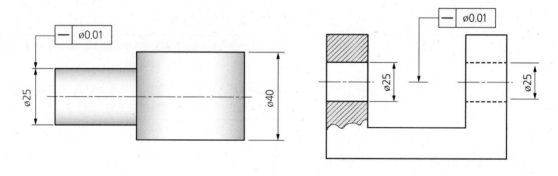

## ② 기하공차의 해석

### (1) 진직도

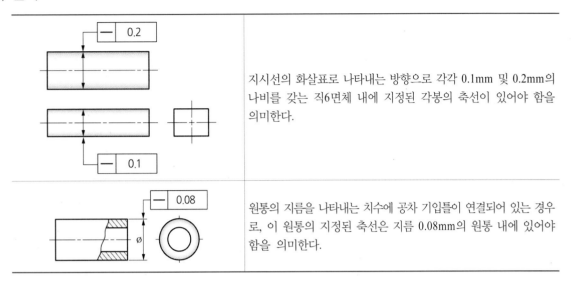

| | |
|---|---|
| | 지시선의 화살표로 나타내는 방향으로 각각 0.1mm 및 0.2mm의 나비를 갖는 직6면체 내에 지정된 각봉의 축선이 있어야 함을 의미한다. |
| | 원통의 지름을 나타내는 치수에 공차 기입틀이 연결되어 있는 경우로, 이 원통의 지정된 축선은 지름 0.08mm의 원통 내에 있어야 함을 의미한다. |

### (2) 평면도

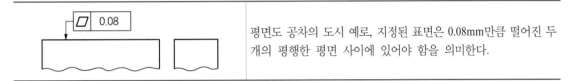

| | |
|---|---|
| | 평면도 공차의 도시 예로, 지정된 표면은 0.08mm만큼 떨어진 두 개의 평행한 평면 사이에 있어야 함을 의미한다. |

## (3) 진원도

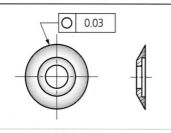

진원도 공차의 도시 예로, 바깥지름 면의 임의의 축직각 단면에 있는 지정된 바깥둘레는 동일 평면 위에서 0.03mm만큼, 떨어진 두 개의 동심원 사이에 있어야 함을 의미한다.

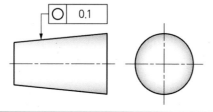

진원도 공차의 도시 예로, 바깥지름 면의 임의의 축직각 단면에 있는 지정된 바깥둘레는 동일 평면 위에서 0.1mm만큼 떨어진 두 개의 동심원 사이에 있어야 함을 의미한다.

## (4) 원통도

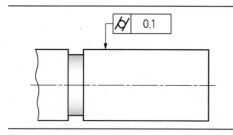

원통도 공차의 도시 예로, 지정된 면은 0.1mm만큼 떨어진 두 개의 동축 원통면 사이에 있어야 함을 의미한다.

## (5) 선의 윤곽도

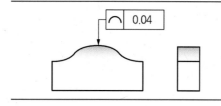

이론적으로 정확한 윤곽을 갖는 선 위에 중심을 두는 지름 0.04mm 의 원이 만드는 두 개의 포락선 사이에 지정된 윤곽이 있어야 함을 의미한다.

## (6) 면의 윤곽도

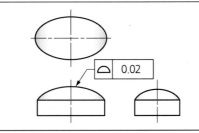

이론적으로 정확한 윤곽을 갖는 면 위에 중심을 두는 지름 0.02mm의 구가 만드는 두 개의 포락선 사이에 지정된 면이 있어야 함을 의미

## (7) 평행도

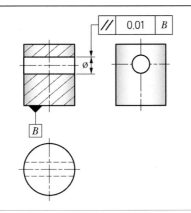

지정된 축선은 DATUM 평면 B에 평행하고, 또한 지시선의 화살표 방향으로 0.01mm만큼 떨어진 두 개의 평면 사이에 있어야 함을 의미한다.

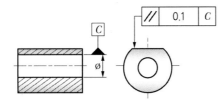

지정된 면은 DATUM 축직선 C에 평행하고, 또한 지시선의 화살표 방향으로 0.1mm만큼 떨어진 두 개의 평면 사이에 있어야 함을 의미한다.

## (8) 직각도

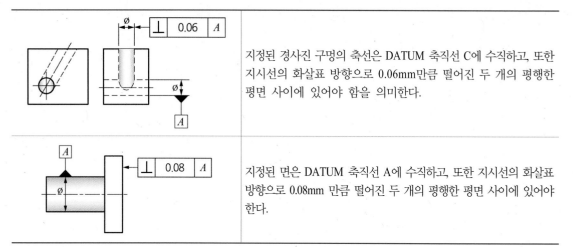

지정된 경사진 구멍의 축선은 DATUM 축직선 C에 수직하고, 또한 지시선의 화살표 방향으로 0.06mm만큼 떨어진 두 개의 평행한 평면 사이에 있어야 함을 의미한다.

지정된 면은 DATUM 축직선 A에 수직하고, 또한 지시선의 화살표 방향으로 0.08mm 만큼 떨어진 두 개의 평행한 평면 사이에 있어야 한다.

## (9) 경사도

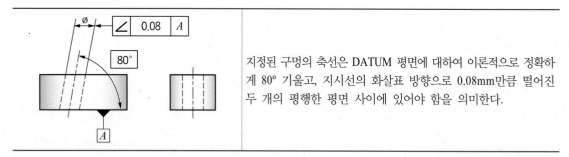

지정된 구멍의 축선은 DATUM 평면에 대하여 이론적으로 정확하게 80° 기울고, 지시선의 화살표 방향으로 0.08mm만큼 떨어진 두 개의 평행한 평면 사이에 있어야 함을 의미한다.

## (10) 위치도

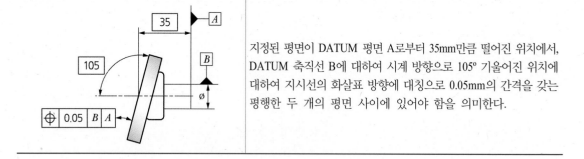

지정된 평면이 DATUM 평면 A로부터 35mm만큼 떨어진 위치에서, DATUM 축직선 B에 대하여 시계 방향으로 105° 기울어진 위치에 대하여 지시선의 화살표 방향에 대칭으로 0.05mm의 간격을 갖는 평행한 두 개의 평면 사이에 있어야 함을 의미한다.

## (11) 동축도 또는 동심도

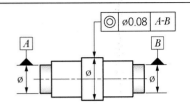

동축도 공차의 도시 지정된 축선은 DATUM 축직선 A−B를 축선으로 하는 지름 0.08mm인 원통 안에 있어야 함을 의미한다.

## (12) 대칭도

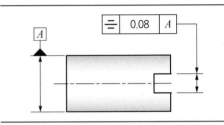

지정된 중심면은 DATUM 중심 평면 A에 대칭으로 0.08mm의 간격을 갖는 평행한 두 개의 평면 사이에 있어야 함을 의미한다.

## (13) 원주 흔들림 공차

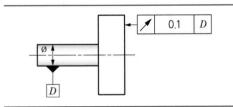

원통을 DATUM 축직선 D를 중심으로 1회전시켰을 때, 임의의 측정위치(원통의 측면)에서 지정된 원통 측면 방향의 흔들림 0.1mm를 초과해서는 안된다는 것을 의미한다.

## (14) 온 흔들림 공차

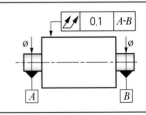

반지름 방향의 온 흔들림 공차의 도시 원통을 DATUM 축직선 A−B를 중심으로 회전시켰을 때, 원통 표면의 전구간에서 측정한 지정된 원통면의 반지름 방향의 온 흔들림은 0.1mm를 초과해서는 안된다.

## (15) 기하공차 해독 방법 예시

(가) A면을 기준으로 기준길이 100mm당 평행도가 0.02를 요한다.

| // | 0.02 / 100 | A |

(나) 구분 구간 100에 대해서는 0.03mm, 전체길이에 대하여는 0.01mm의 대칭을 요한다.

| = | $\dfrac{0.01}{0.03 / 100}$ |

(다) A면을 기준으로 전체의 면이 0.01mm의 수직도를 요한다.

| ⊥ | 0.01 | A |

# 08 기계재료 표시법

CRAFTSMAN COMPUTER AIDED MECHANICAL DRAWING

## 01 기계재료 기호의 표시법 및 스케치도 작성법

### 1 기계재료 표시방법

#### (1) 기계재료의 표시

기계재료를 표시할 때에는 일반적인 재료 명칭 대신 KS D에 정해진 재료 기호를 사용하여 도면에 부품의 재료를 표시한다.

| 2 | 레버 | SCr415 | 2 | |
|---|---|---|---|---|
| 1 | 본체 | ALDC7 | 1 | |
| 품번 | 품명 | 재질 | 수량 | 비고 |

| 제도자 | 학년 반 번 성명 | | | 날짜 | 2018.06.19 |
|---|---|---|---|---|---|
| 도번 | 180619 | 척도 | 1 : 1 | 투상 | ⊕◁ |
| 도명 | 동력 전달 장치 | | | 검도 | |

#### (2) 재료 기호 표시

| 기호 | 명칭 | 해설 |
|---|---|---|
| SM20C | 기계구조용 탄소강 | 20C : 탄소함유량, 0.15~0.25% 사이 값 |
| GC200 | 회주철 | 200 : 최저인장강도 |
| SC37 | 탄소주강품(주강) | |
| SF34 | 탄소단강품(단조강) | |
| SS400 | 일반구조용 압연강제 | 400 : 최저인장강도 |
| BMC 270 | 흑심가단주철 | 270 : 최저인장강도 |

| WMC 330 | 백심가단주철 | 330 : 최저인장강도 |
| STS | 합금공구강 | |
| STC | 탄소공구강 | |
| SKH | 고속도강 | |

① SS 400 (KS D 3503의 일반구조용 압연강재)

    [ S → 강(Steel), S → 일반구조용 압연재, 400 → 최저인장강도 N/mm ]

② SM 45C (KS D 3752의 기계구조용 탄소강재)

    [ S → 강(Steel), M → 기계구조용 탄소강재, 45C → 탄소함유량 C → 0.45% ]

③ GC 200 (KS D 4301 회 주철품)

    [ G → 철 C → 주조품(Casting), 200 → 인장강도 N/mm ]


## 2 재료 기호의 구성

### (1) 재료 기호의 구성

재료의 성분, 제품규격, 강도, 경도, 제조방법을 표시

### (가) 첫 번째 문자 – 재질의 성분을 표시하는 기호

원소기호 또는 영어 머리문자로 표기

| 기호 | 재질 | 기호 | 재질 |
|---|---|---|---|
| AlA | 알루미늄 합금 | NiS | 양은 |
| HBs | 고강도 황동 | GC | 회주철 |
| HMn | 고강도 망간 | SC | 탄소주강 |
| MgA | 마그네슘 합금 | SF | 단조강 |
| MS | 연강 | SNC | 니켈 크롬강 |

**(나) 두 번째 문자 – 제품의 규격을 표시하는 기호**

제품의 형상과 용도를 표시

| 기호 | 재질 | 기호 | 재질 |
|------|------|------|------|
| Au | 자동차용 | KH | 고속도 공구강 |
| BC | 청동주물 | MC | 가단주철품 |
| DC | 다이캐스팅 | SW | 강선 |
| F | 단조품, 박판형 | W | 선(wire) |
| HR | 열간압연 | WR | 선재 |

**(다) 세 번째 문자 – 재료의 최저인장강도, 재질의 종류기호**

① 인장강도의 단위 변경 → (N/mm²) 사용

② 숫자 뒤 기호의 의미

　－A : 연질, B : 반경질, C : 경질

③ 괄호 안에는 단위 길이당 무게 기입

| 기호 | 의미 | 예 | 기호 | 의미 | 예 |
|------|------|------|------|------|------|
| A | A종 | SW－A | 5A | 5종 A | SPS 5A |
| B | B종 | SW－B | 150 | 최저인장강도 150(N/mm²) | GC 150 |
| 1 | 1종 | SHP 1 | 330 | 최저인장강도 330(N/mm²) | SS 330 |
| 2 | 2종 | SHP 2 | 12C | 탄소함유량 (0.10~0.15%) | SM 12C |

**(라) 네 번째 문자 – 제조법을 표시**

| 기본기호 | 기본 가공방법 | 상세기호 | 상세 가공방법 |
|------|------|------|------|
| C | 주조(casting) | CP<br>CD | 정밀주조<br>다이캐스팅 |
| P | 소성가공 | F<br>R | 단조<br>압연 |
| M<br>(기계가공) | C(절삭) | L | 선삭 |
| | G(연삭) | | |
| | SP(특수가공) | | |

(마) 다섯 번째 문자 – 제품의 형상기호를 표시

P : 강판, ● : 둥근강, ◎ : 파이프, ㅁ : 각재, ㄷ : 채널, I : I형 강

## (2) 재료 기호

### (가) 재질의 성분을 나타내는 기호

| 기호 | 재질 | 기호 | 재질 |
|------|------|------|------|
| AlA | 알루미늄 합금 | NiS | 양은 |
| HBs | 고강도 황동 | GC | 회주철 |
| HMn | 고강도 망간 | SC | 탄소주강 |
| MgA | 마그네슘 합금 | SF | 단조강 |
| MS | 연강 | SNC | 니켈 크롬강 |

## (3) 주요 재료의 종류 및 용도

### (가) 철강재료의 종류 및 용도

| KS D | 명칭 | 종별 | 기호 | 용도 |
|------|------|------|------|------|
| 3503 | 일반구조용 압연강 강재 | 1종<br>2종<br>3종 | SS330<br>SS400<br>SS490 | 건축, 교량, 선박, 철도, 차량, 기타구조물 |
| 3708 | 니켈–크롬 강재 | –<br>표면경화용<br>– | SNC236<br>SNC415<br>SNC631 | 볼트, 크랭크축, 기어류 캠축 |
| 3752 | 기계구조용 탄소강재 | | SM10C<br>SM15C | 볼트, 니트, 리벳 |
| | | | SM33C<br>SM45C | 크랭크, 축류, 로드류 방직기, 롤러, 캠, 핀 |
| | | 침탄용 | SM15CK<br>SM20CK | |

## (나) 주철품 재료의 종류 및 용도

| KS D | 명칭 | 종별 | 기호 | 용도 |
|------|------|------|------|------|
| 4301 | 회 주철품 | 1종<br>3종<br>5종 | GC100<br>GC200<br>GC300 | 일반기계 부품<br>약간의 경도가 요구되는 곳<br>실린더 헤드, 공작기계부품 |
| 4302 | 구상흑연주철 | 1종<br>3종<br>5종<br>6종 | GCD400<br>GCD500<br>GCD700<br>GCD800 | 응력 제거를 위해 풀림을 하고,<br>열처리를 할 수 있다. |
| 4302 | 백심 가단주철 | 1종<br>3종<br>5종 | WMC330<br>WMC440<br>WMC540 | 점성을 가지게 하기 위해 표준형은<br>탈탄을, 펄라이트형에는 탈탄 및<br>조직을 조정목적으로 열처리한다. |

## (다) 비철금속 재료의 종류 및 용도

| KS D | 명칭 | 종별 | 기호 | 용도 |
|------|------|------|------|------|
| 5101 | 구리 및<br>구리합금봉 | 쾌삭<br>황동<br>고강도 황동 | C3601<br>C3604<br>C6783 | 볼트, 너트, 시계, 밸브<br>카메라 부품, 작은나사<br>펌프 축, 프로펠러축 |
| 5102 | 인 – 청동, 양백<br>이리듐 – 구리 | 인청동<br><br>양백 | C5101<br>C5212<br>C7451 | 기어, 캠, 이음쇠, 작은나사, 너트,<br>스프링류<br>작은나사, 전기기기 |
| 6002 | 청동주물 | 2종<br>3종 | BC2<br>BC3 | 베어링, 슬리브, 부시 |

## (라) 재료 적용 예시

## (4) 재료의 식별법

### (가) 모양에 따른 식별

① 복잡한 형태, Frame, 다리 : 주철(GC200)

② 축, 크랭크 축, 전동축 등 : 강류(SCM 440)

③ 기어, 풀리, 커버 : 주철(GC200), SC49

④ 기어, 칼라 : 탄소강(SCM415~SCM440)

⑤ 부시 : 황동(BC2)

### (나) 색깔이나 광택에 의한 식별법

① 주철 : 둔한소리, 다듬질면은 거칠고 광택이 없는 회색

② 주강 : 맑은소리, 다듬질면은 탄소강에 가까운 곱고, 광택

③ 강류 : 맑은소리, 다듬질면은 곱고, 고광택

④ 동 : 팥빛

⑤ 청동 : 주황색으로 주석의 양에 따라 풀색으로 변한다.

⑥ 황동 : 청동에 비해 누런빛을 띤다. 6 : 4황동은 금색

### (다) 경도에 의한 식별법

경도계를 이용하여 5개소 정도를 측정하여 평균 값으로 판정

### (라) 불꽃검사에 의한 식별

그라인더에서 재료를 연삭할 때 발생하는 불꽃의 모양에 따라

## ③ 스케치 용구

스케치도를 그리기 위한 용구에는 스케치도를 그리는 데 사용하는 작도 용구, 스케치 대상물의 치수를 측정하기 위한 측정 용구, 기계를 분해하여 스케치하기 위한 분해 용구가 필요하다.

| 작도 용구 | 스케치 용지(모눈종이, 켄트지), 연필, 지우개 |
| --- | --- |
| 측정 용구 | 자(직선자, 줄자), 캘리퍼스(안지름용, 바깥지름용), 버니어 캘리퍼스, 마이크로미터, 각도기, 게이지(깊이, 나사, 반지름, 틈새 등), 정반 등 |
| 분해 용구 | 렌치, 플라이어, 드라이버, 스패너, 해머 등 |

# 4 스케치도 그리기

## (1) 스케치도 그리기

부품의 모양을 그릴 때에는 그 부품의 모양에 따라 프리핸드법, 프린트법, 본뜨기법, 사진촬영법 등을 사용하며, 경우에 따라서는 여러 가지 방법을 함께 사용하기도 한다.

### (가) 프리핸드법

자나 컴퍼스를 사용하지 않고 도형을 그리는 방법으로, 척도는 스케치하는 기계나 부품의 크기에 따라 적당히 정한다.

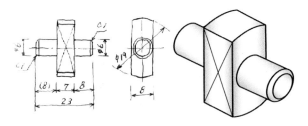 

### (나) 본뜨기법

실제 부품을 용지 위에 놓고 본뜨거나 불규칙한 곡선 부분이 있는 부품은 납선 또는 구리선 등을 윤곽에 따라 굽혀서 그 선의 윤곽을 용지에 대고 본뜨는 것을 말한다.

 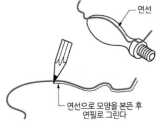 

### (다) 프린트법

평면이면서 복잡한 윤곽을 갖는 부품은 그 평면에 스탬프 잉크를 묻혀 도장을 찍듯이 찍는 것으로, 실제 모양을 얻을 수 있다.

### (라) 사진 촬영법

부품이 너무 크거나 복잡한 기계의 조립 상태는 여러 방향에서 사진을 찍어 제작도를 그리거나 부품을 조립할 때 사용한다. 이때 척도를 알기 위해서 측정용 자를 함께 촬영하면 치수를 추정할 수 있어 편리하다.

## (2) 스케치 순서

물체의 정투상도를 제3각 투상도로 그리는 연습을 해야 하며, 제3각 투상도를 보고 물체의 형상을 구상할 수 있는 능력을 길러야 한다.

프리핸드법에 따른 스케치도를 그리는 순서는 다음과 같다.
① 스케치할 물체의 형상, 작동 등에 대해 세밀하게 검토한다.
② 정투상도로 할 것인지 입체도로 할 것인지를 결정한다.
③ 필요한 투상도를 선택하고 정면도의 위치를 결정한다.
④ 스케치도의 크기와 위치를 결정하고 중심선을 긋는다.
⑤ 가는 실선으로 물체의 기준선을 그린다. (a)
⑥ 물체의 중요한 윤곽선을 그린다. (b)
⑦ 굵은 실선으로 각 투상도의 윤곽을 확실하게 그린다. (c)
⑧ 물체의 자세한 부분을 파선으로 숨은 선을 그린다. (d)

⑨ 치수를 기입할 곳을 결정한 후, 치수 보조선과 치수선을 그린다.

⑩ 측정 기구로 필요한 곳의 치수를 측정하여 도면에 기입한다.

⑪ 여러 가지 기호, 가공 방법, 재질 등의 지시 사항을 기입한다.

⑫ 표제란과 부품표에 필요한 사항을 기입하여 도면을 완성한다.

⑬ 최종적으로 치수 기입의 누락, 도면에 잘못된 곳이 없는지를 검토한다.

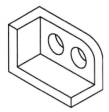
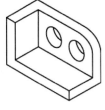
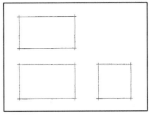

(a) 기준선을 그린다.

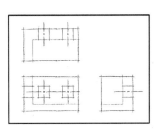

(b) 윤곽선을 그린다.

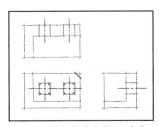

(c) 윤곽을 확실하게 그린다.

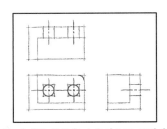

(d) 자세한 부분을 숨은선으로 그린다.

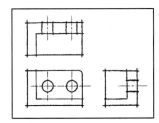

(e) 도면을 완성한다.

# 09 결합용 기계요소

CRAFTSMAN COMPUTER AIDED MECHANICAL DRAWING

## 01 나사의 종류와 용도

### 1 나사의 종류

#### (1) 삼각나사

나사산의 모양이 삼각형인 나사, 체결용을 가장 많이 사용

##### (가) 미터 나사

① M으로 표기한다.(M10)

② 나사산의 각도는 60°이다.

③ 미터가는 나사(M10×1로 표기한다). 여기서 1은 피치를 의미한다.

##### (나) 유니파이나사

ABC 나사라고도 한다. 인치나사

#### (2) 사각나사

매우 큰 힘을 전달하는 프레스 기계에 널리 사용(운동용 나사)

#### (3) 톱니나사

바이스나 잭과 같은 한 방향으로 힘을 전달하는 곳에 사용

## (4) 둥근나사

너클나사라고도 하며, 전구나 소켓 등 먼지가 들어가면 안 되는 곳에 사용

## (5) 볼나사

마찰이 적어 수치제어기계용으로 사용

| 나사의 종류 | | 표시방법 | 보기 |
|---|---|---|---|
| 미터보통나사 | | M | M8 |
| 미터가는나사 | | | M8X1 |
| 유니파이 보통나사 | | UNC | 3/8-16UNC |
| 유니파이 가는나사 | | UNF | No8-36UNF |
| 미터사다리꼴나사 | | Tr | Tr10X2 |
| 관용 테이퍼 나사 | 테이퍼 수나사 | R | R3/4 |
| | 테이퍼 암나사 | Rc | Rc3/4 |
| | 평행 암나사 | Rp | Rp3/4 |
| 관용 평행나사 | | G | G1/2 |
| 30도 사다리꼴나사(미터계) | | TM(Tr) | TM18 |
| 29도 사다리꼴나사(인치계) | | TW | TW20 |

## 2 나사의 호칭방법

### (1) 나사의 호칭

M8            미터보통나사
M8X1          미터가는나사
3/8 − 16 UNC    유니파이 보통나사
No.8 − 36 UNF   유니파이 가는나사

### (2) 나사의 표시방법

나사는 나사산의 감김 방향, 나사산의 줄 수, 나사의 호칭 및 나사의 등급 등으로 다음과 같이 미터 나사, 유니파이나사, 관용 평행나사로 표시한다.

| | | | 나사산의 감는 방향 |
| --- | --- | --- | --- |
| | | | 나사산의 줄 수 |
| | | | 나사의 호칭 |
| | | | 나사의 등급 |

| 좌 | 2줄 | M50×2 | – | 6H | : 좌 2줄 미터가는나사(M50×2) 암나사 등급6, 공차 H |
| 좌 | | M10 | – | 6H / 6g | : 좌 1줄 미터보통나사(M10), 암나사 6H와 수나사 6g의 조합 |
| | | No.4-40UNC | – | 2A | : 우 1줄 유니파이보통나사(No.4-40UNC) 2A급 |
| | | G 1/2 | | A | : 관용 평행수나사(G 1/2) A급 |
| | | Rp 1/2/R 1/2 | | | : 관용 평행암나사(Rp 1/2)와 관용 테이퍼 수나사(R 1/2)의 조합 |

### (가) 미터 나사

M5 × 0.75

여기서, M : 나사의 호칭, 5 : 호칭 지름 mm, 0.75 : 피치mm

### (나) 유니파이 나사

$$\frac{1}{4} - 20\,UNC$$

여기서, $\frac{1}{4}$ : 나사의 지름, 20 : 1인치당 나사의 산 수, UNC : 나사의 호칭

## (3) 나사의 각부 명칭

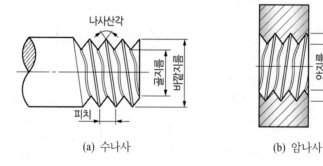

(a) 수나사              (b) 암나사

$l = np$

여기서, 피치($p$) : 서로 인접한 나사산 사이의 축방향 거리
리드($l$) : 나사가 1회전할 때 축방향으로 이동한 거리
$n$ : 나사의 줄 수

# 02 나사의 도시법 및 볼트, 너트의 종류와 도시법

## 1 나사의 도시법

### (1) 나사의 도시방법

| 구분 | 도형 | 선의 굵기 |
|---|---|---|
| 수나사 | 불완전 나사부    완전 나사부 | • 바깥지름−굵은 실선<br>• 골지름−가는 실선<br>• 불안전 나사부 경계선−굵은 실선<br>• 측면도 골 지름−3/4 가는 실선 원호 |
| 암나사 | 골지름 - 가는실선<br>안지름 - 굵은실선<br>완전 나사부<br>불완전 나사부 | • 안지름−굵은 실선<br>• 골 지름−가는 실선<br>• 불안전 나사부 경계선−굵은 실선<br>• 불안전 나사부−가는 실선 30°<br>• 측면도 골 지름−3/4 가는 실선 원호<br>• 드릴 끝 각은 120°가 되도록 한다. |

- 수나사 : 바깥지름(굵은 실선), 골지름(가는 실선)
- 암나사 : 안지름(굵은 실선), 골지름(가는 실선)
- 완전나사부와 불완전나사부의 경계는 굵은 실선으로 도시한다.
- 완전나사부와 불완전나사부의 경계에 축선에 대하여 30°의 선을 긋는다.

## (2) 나사의 치수 기입방법

치수는 수나사의 바깥지름을 기준으로 기입한다.

| 치수 기입방법 | 도형 |
|---|---|
| 직접 치수 기입 | M8<br>16 20<br>ø6.5 |
| 평면도에 기입 | M8나사, 깊이16<br>암나사 내기 구멍 ø6.5<br>깊이20 |
| 단면도에 기입 | M8나사, 깊이16<br>암나사 내기 구멍 ø6.5<br>깊이20<br>60° |

## 2 볼트, 너트의 종류와 용도

### (1) 볼트의 종류와 용도

① 관통 볼트 : 고정할 2개의 부품을 관통시켜서 고정

   • 뚫린 구멍을 머리 달린 볼트와 너트로 연결한다.

② 탭 볼트 : 고정할 상대방에 암나사를 만들어 고정

③ 스터드 볼트(stud bolt) : 나사 없는 볼트를 암나사가 삽입된 반대편에 넣은 다음 너트로 체결한다.(기계를 분해하기 쉽게 볼트의 머리 부분을 너트로 만든 것)

④ 리머 볼트(reamer bolt) : 볼트에 전단력이 작용하는 곳에 사용하며, 억지로 끼워맞춤을 통해 체결한다.

⑤ 아이 볼트 : 무거운 부품을 들어올 때 사용

⑥ 스테이 볼트 : 부품의 간격 유지에 사용

⑦ 기초 볼트 : 기계 구조물을 콘크리트 바닥 등에 고정할 때 사용

⑧ 양 너트 볼트(double nuted bolt) : 볼트의 양 끝에 각각 너트를 사용하여 조임

## (2) 볼트 머리 모양에 따른 분류

① 육각 볼트 : 머리 모양이 정육각형, M3~M12의 범위에서 작은나사와 중복

② 소형 육각 볼트 : 육각 볼트보다 약간 소형, 크기는 M8~M39 , 조임력이 육각 볼트보다 작다.

③ 사각 볼트 : 머리 모양이 정사각형, T홈붙이 테이블의 T홈에 끼워 맞추는 경우 사용, 고착시킨 상태에서 볼트를 빼기가 쉽다.

④ 육각 구멍붙이 볼트 : 머리에 정육각형의 구멍, 재질로는 합금 담금질강에 담금질, 뜨임을 한다, 조임력은 스패너에 의한 것보다 작다.

## (3) 너트의 종류와 용도

① 와셔붙이 너트(washer based nut)
- 접촉면적을 크게 하여 접촉압력을 줄임
- 너트 하나로 와셔의 역할을 겸함

② 캡 너트(cap nut)
- 너트의 한쪽은 관통되지 않도록 제작
- 볼트의 한쪽 끝이 막혀 있어 오염을 방지

③ 홈붙이 둥근 너트(grooved ring nut)
- 너트의 두께가 얇고 균형이 잘 잡혀 있음
- 구름 베어링의 부속품

④ 둥근 너트(circular nut)
너트를 외부에 노출시키지 않을 때 사용

⑤ 스프링 판 너트
스프링 판을 굽혀서 만든다.

## 3 볼트, 너트의 호칭방법

## (1) 볼트의 호칭법

[KS B 1002 육각볼트 A M12X80 - 8.8 SM25C - 둥근끝]

## (2) 너트의 호칭법

규격번호　종류　형식　부품등급　나사부호칭 - 강도구분　재료 - 지정사항

[KS B 1012 육각너트 스타일1 A M12－8 S20C]

## (3) 볼트의 규격 치수

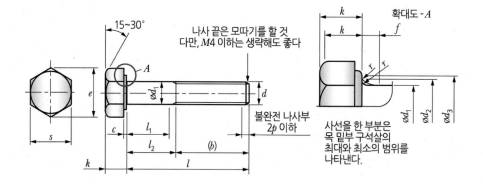

15~30°

나사 끝은 모따기를 할 것 다만, M4 이하는 생략해도 좋다

불완전 나사부 2p 이하

확대도 - A

사선을 한 부분은 목 밑부 구석살의 최대와 최소의 범위를 나타낸다.

(단위 : mm)

| 나사 호칭 $d$ | 피치 $p$ | $b$(참고) | | $c$ | | $d_a$ | $d_c$ | | $d_w$ | $e$ | $f$ | $k$ | | | $k'$ | $r$ | $s$ | | 길이 $l$ |
|---|---|---|---|---|---|---|---|---|---|---|---|---|---|---|---|---|---|---|---|
| | | (20) | (21) | 최소 | 최대 | 최대 | 최대 | 최소 | 최소 | 최소 | 최대 | 호칭 | 최소 | 최대 | 최소 | 최소 | 최대 | 최소 | |
| M10 | 1.5 | 26 | — | 0.15 | 0.6 | 11.2 | 10 | 9.78 | 14.6 | 17.77 | 2 | 6.4 | 6.22 | 6.58 | 4.28 | 00.4 | 16 | 15.73 | 40－100 |
| M12 | 1.75 | 30 | — | | | 13.7 | 12 | 11.73 | 16.6 | 20.03 | 3 | 7.5 | 7.32 | 7.68 | 5.05 | 0.6 | 18 | 17.73 | 45－120 |

## (4) 너트의 규격 치수

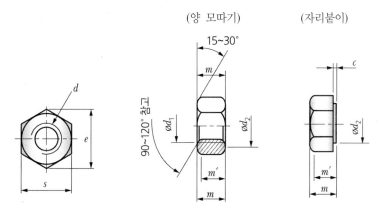

(양 모따기)　(자리붙이)

(단위 : mm)

| 나사의 호칭 $d$ | 피치 $p$ | $c$ | | $d_a$ | | $d_w$ | $e$ | $m$ | | $m'$ | $s$ | |
|---|---|---|---|---|---|---|---|---|---|---|---|---|
| | | 최대 | 최소 | 최소 | 최대 | 최소 | 최소 | 최대 | 최소 | 최소 | 최대 | 최소 |
| M10 | 1.5 | 0.6 | 0.15 | 10 | 10.8 | 14.6 | 17.77 | 8.48 | 8.04 | 6.437 | 16 | 15.73 |
| M12 | 1.75 | | | 12 | 13 | 16.6 | 20.03 | 10.83 | 10.37 | 8.3 | 18 | 17.73 |

## 4 볼트, 너트의 도시법

볼트 너트 간략도 그리는 순서

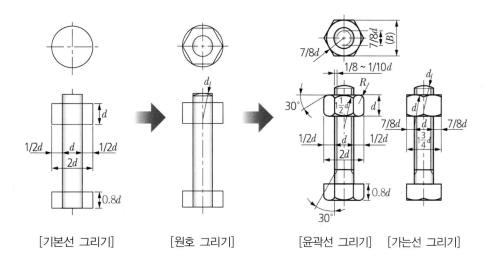

[기본선 그리기]　　[원호 그리기]　　[윤곽선 그리기]　[가는선 그리기]

## (1) 볼트와 너트의 표시법

볼트 머리부나 너트의 모양은 실제의 모양대로 그리면 복잡하므로 제도의 능률을 위해 약도 또는 간략도 (간략한 약도)로 그린다.

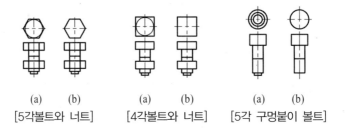

|  (a)      (b)  |  (a)      (b)  |  (a)      (b)  |
| [5각볼트와 너트] | [4각볼트와 너트] | [5각 구멍붙이 볼트] |

## (2) 작은 나사 등의 도시방법

작은 나사는 머리 형상에 따라 냄비, 납작, 둥근 접시, 접시 등으로 구분하고, 멈춤 나사는 홈 붙이와 6각 구멍 붙이 나사로 구분한다.

|  납작 둥근접시 접시  |  납작 둥근접시 접시  |  홈붙이 6각 구멍붙이  |
| [홈붙이 작은 나사] | [+자 구멍붙이 작은 나사] | [멈춤나사 및 나사못] |

---

## 03  키, 핀, 리벳의 종류와 도시법

### ▇ 키, 핀, 리벳의 종류와 용도

## (1) 키의 종류와 용도

### (가) 성크키

① 축과 보스 양쪽에 키 홈이 있는 키로 가장 많이 사용

② 키 윗면은 기울기가 $\dfrac{1}{100}$, 평행선 긋기, 기울기가 없다.

**(나) 안장키**

축은 가공하지 않고 보스에만 키 홈을 만들어 마찰력으로 회전력을 전달하는 것으로, 큰 힘에는 적당하지 않다.

**(다) 평키**

보스의 구배는 $\dfrac{1}{100}$

**(라) 페더키**

기어나 풀리를 축방향으로 이동할 경우에 사용, 키를 축이나 보스에 고정

**(마) 접선키**

큰 동력을 전달하는 데 적당한 키. 키 홈을 축의 접선 방향에 만든다. 역전하는 축에서는 120℃ 각도로 두 곳에 키 설치

**(바) 반달키**

① 반달모양으로 판 것으로 키를 끼운 후에 보스를 끼운다.
② 축과 보스를 끼웠을 때, 위치가 자동 조정
③ 데이퍼 축에 사용이 용이, 60mm 이하에 작은 축에 사용

**(사) 핀키**

회전력이 극히 작은 곳에 사용

**(아) 스플라인 축**

축 주위에 피치가 같은 평행한 키 홈을 4~20개 만든 것, 보스가 축 방향으로 이동

**(자) 세레이션**

자동차의 핸들, 전동기, 발전기의 축에 이용

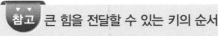 큰 힘을 전달할 수 있는 키의 순서

세레이션 > 스플라인 > 접선키 > 묻힘키

## (2) 핀의 종류와 용도

### (가) 핀의 종류

① 평행 핀 : 기계 부품을 조립할 경우나 안내 위치를 결정할 경우에 사용

② 테이터 핀 : 원추형 핀으로 $\dfrac{1}{50}$의 테이퍼로 되어 있으며 주축을 보스에 고정할 때 사용

③ 분할 핀 : 너트의 풀림 방지나 바퀴가 축에서 빠지는 것을 방지하기 위하여 사용

④ 스프링 핀 : 탄성을 이용하여 물체를 고정시킬 때 사용

⑤ 슬롯 테이퍼 핀 : 테이퍼 핀과 같은 핀이 세로 방향으로 쪼개어져 있다.

• 테이퍼 핀 : 작은 쪽 지름을 호칭 지름으로 사용한다. (1/50의 테이퍼 값을 가진다)

• 분할 핀 : 핀 구멍의 지름을 호칭 지름으로 사용한다. (테이퍼가 없다)

[TIP] 일반적인 핀이나 키는 1/100의 테이퍼 값을 가지고 있다.

## (3) 리벳의 종류와 용도

### (가) 제조방법에 따라

① 냉간리벳은 냉간성형되며 호칭 지름이 1~10mm

② 열간리벳은 열간성형되며 호칭 지름이 10~44mm

### (나) 머리형상에 따라

둥근머리, 접시머리, 납작머리, 둥근 접시머리 등

### (다) 용도에 따라

① 구조용 리벳 : 강도가 목적이며 철골구조물, 교량에 이용

② 저압용 리벳 : 기밀, 수밀이 목적이며 물탱크 등 저압용 탱크에 이용

③ 보일러용 리벳 : 강도와 기밀이 목적이며 보일러, 고압용 탱크에 이용

(라) 리벳 이음의 종류

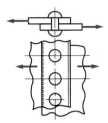

(a) 1줄 리벳 겹치기 이음

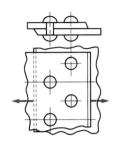

(b) 지그재그형 2줄 리벳 겹치기 이음

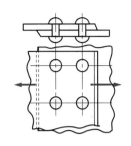

(c) 평행형 2줄 리벳 겹치기 이음

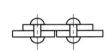

(d) 한쪽 덮개판 1줄 리벳 맞대기 이음

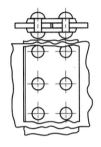

(e) 양쪽 덮개판 1줄 리벳 맞대기 이음

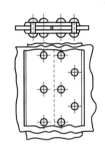

(f) 양쪽 덮개판 2줄 리벳 맞대기 이음

## ❷ 키, 핀, 리벳의 호칭방법

### (1) 키(Key)의 호칭방법

키(key)는 축에 기어, 풀리, 커플링, 플라이 휠 등의 회전체를 단단히 고정시켜서 축과 회전체를 일체로 하여 회전력을 전달시키는 기계요소이다.

### (가) 키의 호칭법

| 규격번호 | 종류 및 호칭 치수 × | 길이 | 끝 모양의 특별 지정 | 재료 |
|---|---|---|---|---|
| KS B 1311 | 평행 키 10×8 | 25 | 양끝 둥글기 | SM45C |

규격번호 또는 명칭 / 호칭치수 × 길이 / 끝모양의 특별지점 / 재료

**예** 묻힘키 1종 / 12×8 × 50 / 양끝 둥근 / SM45C

## (2) 핀의 호칭방법

핀의 크기는 지름으로 표시하며 테이퍼 핀은 작은 쪽의 지름으로 한다.

| 명칭 | 호칭방법 | 보기 |
|---|---|---|
| 평행 핀<br>(KS B 1320) | 규격 번호 또는 명칭, 종류, 형식,<br>호칭 지름×길이, 재료 | • KS B 1320m6A − 6×45SB41<br>• 평행 핀 h7B − 5×32SM45C |
| 테이퍼 핀<br>(KS B 1322) | 명칭, 등급, $d×l$, 재료 | • 테이퍼 핀 1급 2×10SM50C |
| 슬롯 테이퍼 핀<br>(KS B 1323) | 명칭, $d×l$, 재료, 지정 사항 | • 슬롯 테이퍼 핀 6×70SM35C<br>• 핀 갈라짐의 길이 10 |
| 분할 핀<br>(KS B 1321) | 규격 번호 또는 명칭, 호칭 지름×길이,<br>재료 | • 분할 핀 3×40SWRM12 |

## (3) 리벳의 호칭방법

목 밑으로 부터 리벳자루 길이의 1/4되는 곳에서 측정하는 호칭 지름으로 크기 표시

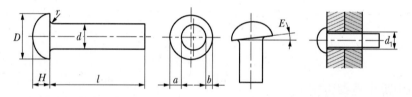

$D, H$ : 머리부 바깥지름 및 높이
$d$ : 축지름, $l$ : 길이
$r$ : 머리밑 둥글기, $a, b$ : 머리부 치우침
$E$ : 자리면 기울기, $d_1$ : 구멍지름

### (가) 리벳의 호칭 지름($d$)

자리면으로부터 $\dfrac{1}{4}d$인 곳에서 측정

### (나) 호칭길이($l$)

자리면으로부터 몸체 끝부분까지로 표시

### (다) 리벳의 호칭법(종류)

호칭 지름 $d$ × 길이 $\ell$ × 재료

## 🔳 키, 핀, 리벳의 도시법

### (1) 키의 도시법

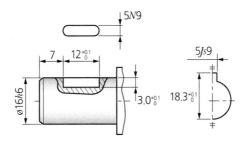

### (2) 핀의 도시법

| 종류 | 도시 | 재질 |
|---|---|---|
| 평행 핀 | | SB42<br>SM45C |
| 테이퍼 핀 | | SM50C<br>SM20C |
| 슬롯 테이퍼 핀 | | SM35C |
| 분할 핀 | | SWRM12<br>SWRM15 |

## (3) 리벳의 도시법

### (가) 머리 형상에 따른 리벳의 도시법

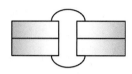

리벳의 단면 도시법 : 리벳은 절대 단면하지 않는다.

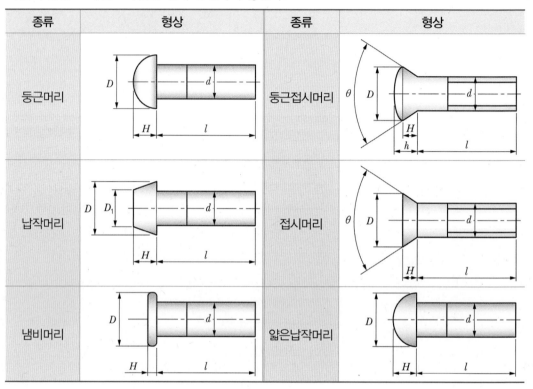

| 종류 | 형상 | 종류 | 형상 |
|---|---|---|---|
| 둥근머리 | | 둥근접시머리 | |
| 납작머리 | | 접시머리 | |
| 냄비머리 | | 얇은납작머리 | |

### (나) 리벳의 도시법

① 리벳을 크게 도시할 필요가 없을 때에는 리벳 구멍을 약도로 표시한다.

② 리벳의 위치만을 도시할 때는 중심선만 도시한다.

③ 얇은 판이나 형강 들의 단면을 굵은 실선으로 도시한다.

④ 리벳은 길이 방향으로 단면하지 않는다.

⑤ 구조물에 사용되는 리벳은 기호로 표시한다.

⑥ 여러 겹의 판이 겹쳐 있을 때 판의 파단선은 서로 어긋나게 외형선을 긋는다.

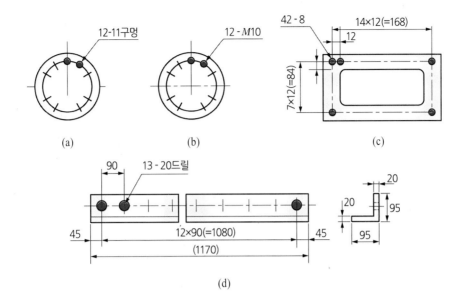

(a)      (b)      (c)

(d)

## 4 기타 결합용 기계요소

### (1) 와셔(Washer) 용도와 종류

(가) 와셔는 볼트머리의 밑면에 끼우는 것

결합체의 구멍 가공 후 버(Bur)가 있을 경우 볼트머리나 너트가 손상되는 것을 보호하며 이 Bur는 높은 하중이 결합체에 작용했을 경우 볼트를 파손시키는 원인이 되기도 함

(나) 일반적인 와셔는 볼트머리 부분의 압력을 분산시킴

스트레스를 분산시켜 주는 역할을 하며, 특히 주물이나 알루미늄 같이 강성이 약한 재질의 경우 아주 중요함

(다) 갈퀴 붙이 와셔는 물체를 고정시키는 역할

(라) 스프링와셔는 진동에 의한 풀림을 줄이는 역할

체결된 대상 중 하나가 돌아간다 하더라도 볼트나 너트가 회전되어 풀리는 현상을 막아줌

## (2) 와셔의 종류

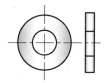

(a) 둥근머리

(b) 스프링와셔

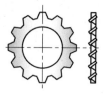

(c) 이붙이 와셔

(d) 4각 와셔

(e) 갈퀴붙이 와셔

(f) 혀붙이 와셔

(g) 양쪽 혀붙이 와셔

(h) 스프링와셔

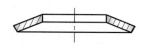

(i) 접시 와셔

# 10 전동용 기계요소

CRAFTSMAN COMPUTER AIDED MECHANICAL DRAWING

## 01 축용 기계요소 도시법

### 1 축과 축이음의 종류와 도시법

#### (1) 축의 종류

| 분류 기준 | 회전 여부 | 단면 모양 | 외형 | 적용하중 | 겉모양 |
|---|---|---|---|---|---|
| 축의 종류 | 회전축<br>정지축 | 원형축<br>각축 | 직선축<br>경사축<br>크랭크축<br>유연축 | 차축<br>스핀들<br>전동축 | 직선축<br>테이퍼축<br>크랭크축<br>플렉시블 축 |

#### (2) 축이음의 종류

##### (가) 커플링

운전 중에 두 축의 연결을 끊을 수 없는 영구 축이음

##### (나) 클러치

운전 중에 두 축을 연결 또는 끊을 수 있는 축이음

#### (3) 커플링의 이음의 종류

##### (가) 플랜지 커플링

설치분해가 쉽다. 축 지름과 전달 동력이 작은 이음에 사용

(나) 분할 원통 커플링

　　설치분해가 쉽다. 긴 전동축에 사용, 진동이 없는 축에 사용

(다) 슬리브 커플링

　　주철제 원통 속에서 두 축을 맞대어 키로 고정, 축 지름과 전달 동력이 작은 이음에 사용

(라) 마찰 원통 커플링

　　설치분해가 쉽다. 긴 전동축에 사용, 진동이 없는 축에 사용

### (4) 축의 도시법

① 축은 길이방향으로 단면 도시하지 않는다.

② 긴 축은 중간을 파단하여 짧게 그리되 실제 길이로 나타내야 한다.

③ 모따기 및 평면표시는 치수 기입법에 따른다.(보통 1mm로 모따기 한다.)

④ 축에 널링을 도시할 때 빗줄인 경우는 축선에 대하여 30°로 엇갈리게 그린다.

⑤ 축을 가공하기 위한 센터의 도시를 한다.

## 2 축용 기계요소의 도시법

### (1) 축이음의 도시방법(커플링)

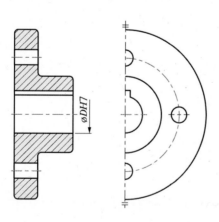

**플랜지 이음의 각 부분 치수**

| 축이음 치수공차 기호 | |
|---|---|
| 축이음 구멍 | |
| H7 | |
| 축이음 바깥지름 | |
| | g7 |
| 끼움부 | |
| H7 | g7 |
| 볼트 구멍과 볼트 | |
| H7 | h7 |

## (2) 플랜지 커플링의 도시법(KS B 1551)

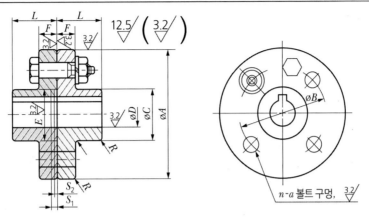

| A | D | | L | C | B | F | n | a | 참고 | | | | | | |
|---|---|---|---|---|---|---|---|---|---|---|---|---|---|---|---|
| | | | | | | | | | 끼움부 | | | Rc | Ra | 모따기 C | 볼트 뽑기 여유 |
| | 최대 축 구멍 지름 | 최소 축 구멍 지름 | | | | | | | E | S1 | S2 | | | | |
| 112 | 28 | 16 | 40 | 50 | 75 | 16 | 4 | 10 | 40 | 3 | 2 | 2 | 1 | 1 | 70 |
| 125 | 32 | 18 | 45 | 56 | 85 | 18 | 4 | 14 | 45 | 3 | 2 | 2 | 1 | 1 | 81 |
| 140 | 38 | 20 | 50 | 71 | 100 | 18 | 6 | 14 | 56 | 3 | 2 | 2 | 1 | 1 | 81 |
| 160 | 45 | 25 | 56 | 80 | 115 | 18 | 8 | 14 | 71 | 3 | 2 | 3 | 1 | 1 | 81 |
| 180 | 50 | 28 | 63 | 90 | 132 | 18 | 8 | 14 | 80 | 3 | 2 | 3 | 1 | 1 | 81 |
| 200 | 56 | 32 | 71 | 100 | 145 | 22.4 | 8 | 16 | 90 | 4 | 3 | 3 | 2 | 1 | 103 |

## 02 베어링의 도시법

### 1 베어링의 종류와 용도

회전축을 지지하는 축용 기계요소를 베어링이라 한다. 베어링과 접촉되는 축 부분을 저널이라 한다.

### (1) 베어링의 종류

(가) 미끄럼 베어링(Sliding bearing)

축과 베어링 면이 직접 접촉하여 미끄럼 운동을 하는 베어링이다.

(나) 구름 베어링(Rolling bearing)

　　축과 베어링 면 사이에 볼이나 롤러를 넣어서 점이나 선 접촉을 하는 베어링이다.

(다) 저널 베어링(Journal bearing)

　　래이디얼(Radial bearing)이라고도 하며 하중이 축에 수직방향으로 작용할 때 사용한다.

(라) 트러스트 베어링(Thrust bearing)

　　하중이 축방향으로 작용할 때 사용된다.

## 2 베어링의 호칭 및 도시법

### (1) 베어링의 호칭

| 기본 기호 | | | | 보조 기호 | | | | | |
|---|---|---|---|---|---|---|---|---|---|
| 형식 기호 | 치수 계열 기호 | 안지름 번호 | 접촉각 기호 | 내부 치수 | 실 · 실드 | 궤도륜 모양 | 베어링의 조합 | 레이디얼 내부 틈새 | 정밀도 등급 |

베어링 계열 기호
형식 기호
치수 계열 기호
나비(또는 높이)계열 기호
지름 계열 기호
안지름 번호
접촉각 기호

### (2) 베어링의 안지름 번호

(KS B 2012) (mm)

| 안지름 번호 | 00 | 01 | 02 | 03 | 04 | 05 | 06 | 07 | 08 | 09 | 10 | 11 |
|---|---|---|---|---|---|---|---|---|---|---|---|---|
| 호칭 안지름 | 10 | 12 | 15 | 17 | 20 | 25 | 30 | 35 | 40 | 45 | 50 | 55 |

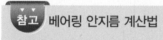 참고 베어링 안지름 계산법

04부터는 곱하기 5를 하면 안지름을 구할 수 있다.

(3) 구름 베어링의 호칭 번호 사용 예

| 호칭 번호 | 608 C2 P6 | 608 C2 P6 |
|---|---|---|
| 해독 | 60 : 베어링 계열 기호<br>　　　(6 : 단열 깊은 홈 볼 베어링, 0 : 치수 계열 10)<br>8 : 베어링 안지름 번호(베어링 안지름 8mm)<br>C2 : 틈새 기호<br>P6 : 등급 기호(6급) | 60 : 베어링 계열 기호<br>　　　(6 : 단열 깊은 홈 볼 베어링, 0 : 치수 계열 10)<br>8 : 베어링 안지름 번호(베어링 안지름 8mm)<br>C2 : 틈새 기호<br>P6 : 등급 기호(6급) |

(4) 베어링의 도시법

베어링을 제도하는 방법에는 다음과 같이 약도, 간략도, 기호도 3가지 방법이 있다.

| 구분 | 구름 베어링 | | | 깊은 홈 볼 베어링 | | |
|---|---|---|---|---|---|---|
| | 약도 | 간략도 | 기호도 | 약도 | 간략도 | 기호도 |
| 도시법 |  |  | 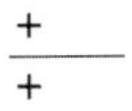 | 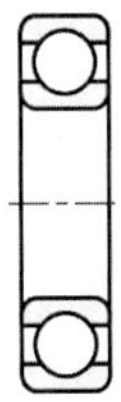 |  |  |

(5) 베어링의 호칭 번호 기입방법

| 구름 베어링의<br>호칭번호를<br>기입하고자 할 때 | 그림과 같이 인출선을 사용하여 화살표는 베어링의 윤곽에 대고, 호칭 번호는 다른 끝에 수평선을 그어 그 위에 기입한다. | 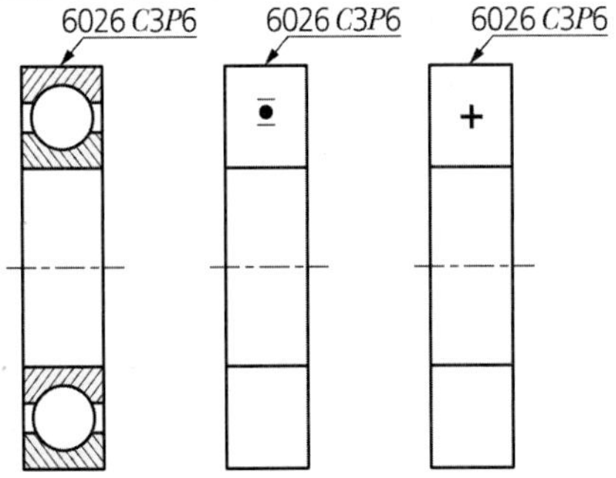 |
|---|---|---|

| 베어링의 계열을 표시하는 계통도 | 그림과 같이 베어링의 윤곽은 그리지 않고 형식을 나타내는 기호만으로 도시한다. | 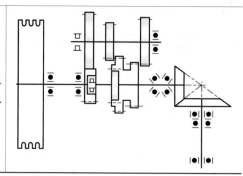 |
| --- | --- | --- |

## (6) 베어링의 끼워맞춤 기입방법

베어링은 호칭 번호를 기준으로 하여 베어링과 결합되는 기계 요소의 치수가 결정된다. 축과 베어링의 조립도를 보고 베어링의 호칭 번호가 6202일 때 축의 저널 치수와 하우징의 폭 및 안지름 치수를 찾아보면 다음과 같다.

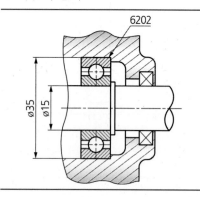

① 깊은 홈 볼 베어링에서 베어링의 호칭 번호 6202를 찾는다.
② 베어링의 안지름 d=15, 바깥지름 D=35, 폭 B=11, 최소 허용 치수 r=0.6을 찾는다.

### (가) 축의 저널 치수

베어링 안지름에 축의 저널이 끼워 맞추어진다.

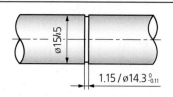

베어링 안지름 치수가 15mm이므로 축의 저널 치수도 15mm이다. 끼워맞춤을 고려하여 축의 저널에 공차 등급 h5를 부여하여 Ø15h5 라고 기입하면 된다.

## (나) 하우징의 폭과 안지름 치수

베어링 바깥지름이 하우징의 구멍에 끼워 맞추어진다.

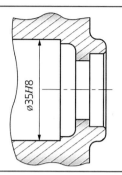

- 베어링 바깥지름 치수가 35mm이므로 하우징의 구멍 치수도 35mm이다.
- 끼워맞춤을 고려하여 하우징의 구멍에 공차 등급 H8을 부여하여 Ø35H8이라고 기입하면 된다.
- 베어링의 폭이 11mm이므로 베어링과 접촉하는 하우징의 폭도 11mm이다.

## 03 기어의 종류와 용도

### 1 기어의 종류와 용도

기어는 사용 목적 및 두 축의 상대적 위치, 회전 방향 등에 따라 여러 가지 종류가 있다.

(a) 스퍼 기어　(b) 헬리컬 기어　(c) 베벨 기어　(d) 랙과 피니언　(e) 웜과 웜 기어　(f) 내접 기어

### (1) 기어의 종류와 용도

| 기어의 종류 | 모양 | 특징 |
|---|---|---|
| 스퍼 기어 |  | • 기어의 이가 축에 평행한 원통 기어<br>• 정확한 속도비로 동력을 전달한다.<br>• 제작이 용이하고 동력전달용으로 사용 |
| 헬리컬 기어 |  | • 스퍼기어의 이를 비틀어 놓은 형상이다.<br>• 이가 부드럽게 맞물리기 때문에 소음이 감소한다.<br>• 큰 힘을 전달할 수 있으나, 추력이 발생한다. |
| 베벨 기어 |  | • 두 축이 90°로 만나는 기어<br>• 이 줄기가 원주면에 일치한다.<br>• 이 줄기가 나선으로 된 베벨기어는 스파이럴 베벨기어라 부르고 고속회전 시 진동을 감소시킨다. |
| 웜 기어 |  | • 서로 교차하지 않는 직각축 간의 운동 전달<br>• 큰 감속비를 얻을 수 있다.<br>• 기어효율이 비교적 낮다.<br>• 감속장치, 대형 덤프트럭에서 파워 스티어링 |
| 래크와 피니언 |  | • 스퍼 기어의 지름을 무한대로한 경우를 래크, 이것과 물리는 기어를 피니언이라고 한다.<br>• 래크와 피니언은 회전운동을 왕복운동으로 바꾸어 주거나 왕복운동을 회전운동으로 바꾸어 준다. |

## (2) 기어의 각부 명칭

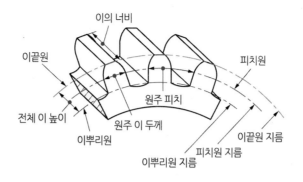

## (3) 기어의 계산법

기어 이의 크기를 나타내는 방법에는 모듈, 원주 피치, 지름 피치 등 3가지 방법이 있다.

### (가) 모듈(Module)

모듈(M)은 피치원 지름(D)을 기어의 잇수(Z)로 나눈 값이다.

$$모듈(M) = \frac{피치원\ 지름(D)}{기어의\ 잇수(Z)} = \frac{D}{Z}(\text{mm})$$

### (나) 원주 피치(Circular pitch)

피치원의 원주($\pi D$)를 기어의 잇수(Z)로 나눈 값이다.

$$원주\ 피치(p) = \frac{피치원의\ 원주(\pi D)}{기어의\ 잇수(Z)} = \frac{\pi D}{Z}(\text{mm})$$

### (다) 지름 피치(Diametral pitch)

기어의 잇수($z$)를 인치로 나타낸 피치원의 지름[$d(\text{in})$]으로 나눈 값이다.

$$지름\ 피치(dp) = \frac{기어의\ 잇수(z)}{피치원의\ 지름[d(\text{in})]}(l/\text{in})$$

### (라) 피치원(P.C.D)

모듈(M) × 잇수(Z)

### (마) 바깥지름(O.D)

P.C.D × 2M

(바) 이 높이

$$2.25 \times M$$

## ② 기어 요목표

| 스퍼 기어 요목표 | | |
|---|---|---|
| 기어 치형 | | 표준 |
| 공구 | 모듈 | □ |
| | 치형 | 보통이 |
| | 압력각 | 20° |
| 전체 이높이 | | □ |
| 피치원 지름 | | □ |
| 잇수 | | □ |
| 다듬질 방법 | | 호브 절삭 |
| 정밀도 | | KS B ISO 1328 − 1, 4급 |

| 베벨 기어 요목표 | |
|---|---|
| 기어 치형 | 글리슨 식 |
| 모듈 | □ |
| 치형 | 보통이 |
| 압력각 | 20° |
| 축각 | 90° |
| 전체 이높이 | □ |
| 피치원 지름 | □ |
| 피치원 추각 | □ |
| 잇수 | □ |
| 다듬질 방법 | 절삭 |
| 정밀도 | KS B 1412, 4급 |

| 헬리컬 기어 요목표 | | |
|---|---|---|
| 기어 치형 | | 표준 |
| 공구 | 모듈 | □ |
| | 치형 | 보통이 |
| | 압력각 | 20° |
| 전체 이높이 | | □ |
| 치형 기준면 | | 치직각 |
| 피치원 지름 | | □ |
| 잇수 | | □ |
| 리드 | | □ |
| 방향 | | □ |
| 비틀림 각 | | 15° |
| 다듬질 방법 | | 호브 절삭 |
| 정밀도 | | KS B ISO 1328 − 1, 4급 |

| 웜과 웜휠 요목표 | | |
|---|---|---|
| 구분 ＼ 품번 | ① (웜) | ② (웜휠) |
| 원주 피치 | − | □ |
| 리드 | □ | − |
| 피치 원경 | □ | □ |
| 잇수 | − | □ |
| 치형 기준 단면 | 축직각 | |
| 줄 수, 방향 | □ | |
| 압력각 | 20° | |
| 진행각 | □ | |
| 모듈 | □ | |
| 다듬질 방법 | 호브 절삭 | 연삭 |

## ❸ 기어의 도시법

## (1) 스퍼 기어의 도시법

기어는 약도로 나타내며 축에 직각인 방향에서 본 것을 정면도, 축방향에서 본 것을 측면도로 하여 그린다.

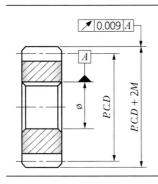

| 스퍼 기어 요목표 | |
|---|---|
| 기어 치형 | 표준 |
| 공구 치형 | 보통이 |
| 공구 모듈(M) | 2 |
| 공구 압력각 | 20° |
| 공구 잇수 | 32 |
| P.C.D | 64 |
| 전체 이높이 | 4.5 |
| 다듬질 방법 | 호브 절삭 |
| 정밀도 | KS B 1405, 5급 |

① 이끝원은 굵은 실선으로 그린다.
② 피치원은 가는 1점쇄선으로 그린다. 특히, 피치원의 지름을 기입할 때에는 치수 숫자 앞에 P.C.D.(Pitch Circular Diameter)를 기입한다.
③ 이뿌리원은 가는 실선으로 그린다. 단, 축에 직각 방향으로 단면 투상할 경우에는 굵은 실선으로 그린다.
④ 스퍼 기어의 요목표를 작성한다.

## (2) 헬리컬 기어 그리기

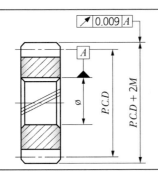

헬리컬 기어의 이의 모양이 비틀려 있다. 이때 이 줄의 방향은 3개의 가는 실선으로 그리면, 단면을 하였을 경우에는 가는 2점 쇄선으로 그리며 치수와 상관없이 30도로 표시한다.

## (3) 베벨 기어 그리기

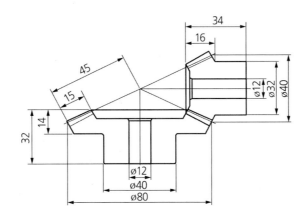

## 04 벨트풀리와 스프로킷 휠의 종류와 도시법

### ① 벨트풀리의 종류와 도시법

#### (1) 벨트풀리의 종류

| 종류 | 모양 | 특징 |
|------|------|------|
| 평 벨트 | | • 정확한 속도비를 얻지 못함<br>• 갑자기 하중이 커질 때 미끄럼으로 무리한 전동 방지 |
| 타이밍 벨트 | | • 미끄럼이 없어 정확한 속도가 요구되는 곳에 사용<br>• 자동차 엔진의 크랭크 축과 캠 축에 사용 |
| V 벨트 | | • 평 벨트에 비하여 운전이 조용하고 충격 완화 작용을 한다.(단면의 크기 : M<A<B<C<D<E형) |

#### (2) 벨트풀리의 도시법

##### (가) 평 벨트풀리 형태와 도시법

| 구분 | C형 풀리 | F형 풀리 | R 계산식 |
|------|----------|----------|----------|
| 도시 | | | $R = \dfrac{B^2}{8h}$ |

① 벨트풀리는 축 직각 방향의 투상을 정면도로 한다.

② 대칭형인 것은 일부분만을 도시한다.

③ 암과 같은 방사형의 것은 수직 중심선 또는 수평 중심선까지 회전 투상한다.

④ 암은 길이 방향으로 절단하여 단면의 도시를 하지 않는다.

⑤ 암의 단면형은 도형의 안이나 밖에 회전 단면을 도시한다.

⑥ 암의 테이퍼 부분의 치수를 기입할 때 치수 보조선은 경사선으로 긋는다.

## (나) 벨트풀리의 도시법

V벨트풀리 홈 부분의 모양 및 치수

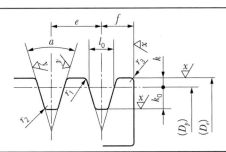

주(1) M형은 원칙적으로 한 줄만 걸친다.
각 표 중의 호칭 지름이란 피치원 $D_p$의 기준 치수이며, 회전비 등의 계산에도 이를 사용한다.
$d_p$는 홈의 나비가 $l_0$인 곳의 지름이다.

(단위 : mm)

| V벨트의 종류 | 호칭 지름 | $a(°)$ | $l_0$ | $k$ | $k_0$ | $e$ | $f$ | $r_1$ | $r_2$ | $r_3$ | V벨트의 두께(참고) |
|---|---|---|---|---|---|---|---|---|---|---|---|
| M | 50 이상 71 이하<br>71 초과 90 이하<br>90 초과 | 34<br>36<br>38 | 8.0 | 2.7 | 6.3 | $-(^1)$ | 9.5 | 0.2~<br>0.5 | 0.5~<br>1.0 | 1~2 | 5.5 |
| A | 71 이상 100 이하<br>100 초과 125 이하<br>200 초과 | 34<br>36<br>38 | 9.2 | 4.5 | 8.0 | 15.0 | 10.0 | 0.2~<br>0.5 | 0.5~<br>1.0 | 1~2 | 9 |
| B | 125 이상 169 이하<br>169 초과 200 이하<br>200 초과 | 34<br>36<br>38 | 12.5 | 5.5 | 9.5 | 19.0 | 12.5 | 0.2~<br>0.5 | 0.5~<br>1.0 | 1~2 | 11 |
| C | 200 이상 250 이하<br>250 초과 315 이하<br>315 초과 | 34<br>36<br>38 | 16.9 | 7.0 | 12.0 | 25.5 | 17.0 | 0.2~<br>0.5 | 1.0~<br>1.6 | 2~3 | 14 |
| D | 355 이상 450 이하<br>450 초과 | 36<br>38 | 24.6 | 9.5 | 15.5 | 37.0 | 24.0 | 0.2~<br>0.5 | 1.6~<br>2.0 | 3~4 | 19 |
| E | 500 이상 630 이하<br>630 초과 | 36<br>38 | 28.7 | 12.7 | 19.3 | 44.5 | 29.0 | 0.2~<br>0.5 | 1.6~<br>2.0 | 4~5 | 25.5 |

## (다) 풀리 그리기 주의시항

① 벨트풀리는 축 직각 방향의 투상을 정면도로 한다.

② 모양이 대칭인 벨트풀리는 그 일부분만을 도시한다.

③ 방사형으로 되어 있는 암(arm)은 수직 중심선 또는 수평 중심선까지 회전하여 투상한다.

④ 암은 길이 방향으로 절단하여 도시하지 않는다.

⑤ 암의 단면형은 도형의 안이나 밖에 회전단면을 도시한다.

## ② 스프로킷 휠의 종류와 도시법

### (1) 체인과 스프로킷 휠의 종류

#### (가) 체인의 종류

| 단열 체인 | 복열 체인 |
|---|---|
|  |  |

#### (나) 스프로킷 휠의 종류

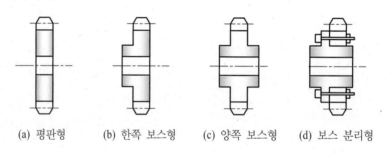

(a) 평판형　　(b) 한쪽 보스형　　(c) 양쪽 보스형　　(d) 보스 분리형

### (2) 스프로킷 휠의 도시법

- 이끝원(바깥지름) : 굵은 실선
- 피치원 : 가는 1점 쇄선
- 이뿌리원 : 가는 실선 (단, 단면을 할 경우 굵은 실선)
- 헬리컬 기어 : 잇줄 방향 표시를 3개의 가는 실선으로 표시(단, 단면 시 3개의 가는 2점쇄선으로 표시한다)

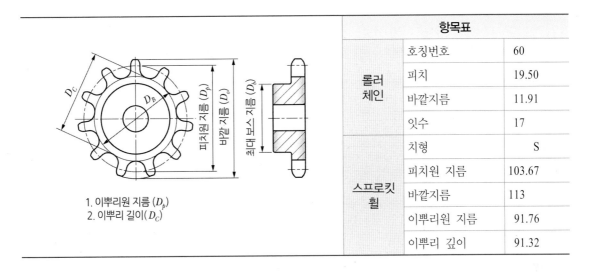

1. 이뿌리원 지름 ($D_p$)
2. 이뿌리 길이 ($D_C$)

| 항목표 | | |
|---|---|---|
| 롤러 체인 | 호칭번호 | 60 |
| | 피치 | 19.50 |
| | 바깥지름 | 11.91 |
| | 잇수 | 17 |
| 스프로킷 휠 | 치형 | S |
| | 피치원 지름 | 103.67 |
| | 바깥지름 | 113 |
| | 이뿌리원 지름 | 91.76 |
| | 이뿌리 깊이 | 91.32 |

스프로킷 휠의 도시 방법은 다음과 같다.

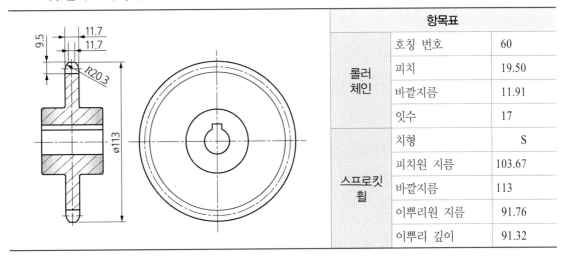

| 항목표 | | |
|---|---|---|
| 롤러 체인 | 호칭 번호 | 60 |
| | 피치 | 19.50 |
| | 바깥지름 | 11.91 |
| | 잇수 | 17 |
| 스프로킷 휠 | 치형 | S |
| | 피치원 지름 | 103.67 |
| | 바깥지름 | 113 |
| | 이뿌리원 지름 | 91.76 |
| | 이뿌리 깊이 | 91.32 |

- 바깥지름은 굵은 실선, 피치원은 가는 1점쇄선, 이뿌리원은 가는 실선 또는 굵은 파선으로 그린다.
- 축에 직각 방향에서 본 그림을 단면으로 도시할 때에는 톱니를 단면으로 표시하지 않고, 이뿌리선을 굵은 실선으로 그린다.
- 도면에는 주로 스프로킷 소재를 제작하는 데 필요한 치수를 기입한다.
- 표에는 원칙적으로 이의 특성을 나타내는 사항과 이의 절삭에 필요한 치수를 기입한다.

# 05 스프링, 래칫, 캠장치 등

## 1 스프링의 종류와 도시법

### (1) 스프링의 종류

| 종류 | 압축 코일 스프링 | 인장 코일 스프링 | 비틀림 코일 스프링 | 원뿔형 코일 스프링 |
|---|---|---|---|---|
| | | | | |
| | 장구형 코일 스프링 | 판 스프링 | 벌류트 스프링 | 스파이럴 스프링 |
| | | | | |

### (2) 스프링의 도시법

#### (가) 도시법

① 스프링의 제도는 일반적으로 간략도로 도시하고, 필요 사항은 요목표에 기입한다.

② 스프링은 원칙적으로 무하중으로 그린다.(겹판 스프링은 상용하중으로 그린다.)

③ 특별한 단선이 없으면 오른쪽 감기이고, 왼쪽 감기를 할 경우 감긴 방향을 왼쪽이라 명시한다.

④ 스프링의 종류와 모양만을 도시할 경우에는 굵은 실선으로 도시한다.

⑤ 중심선을 생략할 경우에는 가는 1점이나 가는 2점 쇄선으로 작도한다.

## (나) 스프링 그리기

### 압축 코일 스프링 요목표

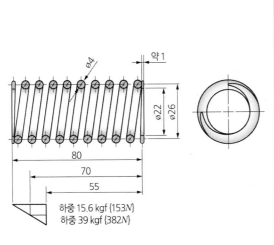

하중 15.6 kgf {153*N*}
하중 39 kgf {382*N*}

| 요목표 | | |
|---|---|---|
| 재료 | | PWR2A |
| 재료 지름(mm) | | 4 |
| 코일 평균 지름(mm) | | 26 |
| 코일 안지름(mm) | | 22±0.4 |
| 유효 감김 수 | | 9.5 |
| 총 감김 수 | | 11.5 |
| 감김 방향 | | 오른쪽 |
| 자유 높이(mm) | | 80 |
| 부착 시 | 하중(kgf)(N) | 15.6±10%(153±10%) |
| | 높이(mm) | 70 |
| 최대 하중 시 | 하중(kgf)(N) | 39(382) |
| | 높이(mm) | 55 |
| 스프링 상수(kgf/mm)(N/mm) | | 1.56(15.3) |
| 표면 처리 | 성형 후의 표면 가공 | 쇼트 피닝 |
| | 방청 처리 | 방청유 도포 |

## (3) 스프링 그리기(코일 스프링)

| 간략도 | 그리는 법 |
|---|---|
| 굵은 실선 | • 하중이 없는 상태로 그린다.<br>• 간략도는 굵은 실선으로 그린다.<br>• 하중과 길이, 휨은 요목표에 나타낸다. |
| 직선으로 도시 | • 특별한 단서가 없을 때는 오른쪽 감기로 도시한다.<br>• 피치와 각도가 연속적으로 변하는 것은 직선으로 도시한다. |
| 가는 2점 쇄선 | • 코일의 중간 부분을 생략할 때는 2점 쇄선으로 도시한다.<br>• 스프링의 종류와 모양만을 도시할 때는 재료 중심선 만을 굵은 실선으로 그린다. |

## ❷ 래칫 휠(Ratchet wheel) 도시법

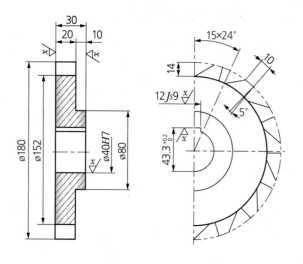

| 래칫 휠 요목표 | |
|---|---|
| 구분＼품번 | |
| 잇수 | 15 |
| 원주피치 | 37.68 |
| 이높이 | 14 |
| 이뿌리 지름 | $\phi$152 |

## ❸ 캠의 종류와 도시법

### (1) 캠의 종류

| 구분 | 판 캠 | 정면 캠 | 직선운동 캠 | 삼각 캠 |
|---|---|---|---|---|
| 평면 캠 | | | | |

| 구분 | 원통 캠 | 원뿔 캠 | 구형 캠 | 빗판 캠 |
|---|---|---|---|---|
| 입체 캠 | | | | |

## (2) 캠 선도 그리기

등속 운동의 조건에 따라 캠 선도를 작성한다. 그림 (a)와 같이 직교 좌표의 세로축에 등분점 a, b, c, …, g를 잡아 종동절의 변위를 정한다.

그림 (b)와 같이 종동절의 끝이 뾰족하면 피치 곡선은 캠의 윤곽과 같고, 종동절이 롤러이면 그림 (c)와 같이 롤러의 반지름만큼 작아진 곡선으로 나타난다.

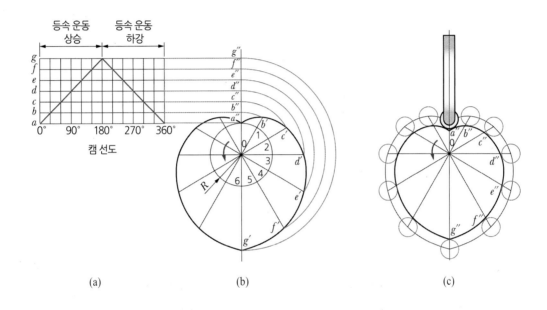

(a)            (b)            (c)

# 11 산업설비 제도

CRAFTSMAN COMPUTER AIDED MECHANICAL DRAWING

## 01 배관제도

### 1 배관의 종류와 도시법

(1) 배관도의 종류

(가) 용도에 따른 종류

① 계통도 : 관이 지름, 부속품, 흐름 방향 등을 명시하고, 장치, 기기 등의 접속 계통을 간단하고 알기 쉽게 표시한 도면

② 장치도 : 장치와 배관의 실제 배치를 나타내는 것이 주 목적이므로 장치는 가는 실선으로 간략하게 도시하고, 배관은 굵은 실선으로 도시한다.

(나) 형식에 따른 분류

① 평면 배관도(Piping plan drawing)

배관 장치를 위에서 내려다보고 그린 도면

② 입면 배관도(Piping side drawing)

배관도를 측면 즉, 입면(단면)으로 그리는 것을 말하며, 평면도에 단면도를 그릴 위치표시(단면위치)를 해주고 해당 부분의 입면도를 그린다.

③ 입체 배관도(Piping isometric drawing)

배관도를 X, Y, Z 방향으로 나누어 입체적 형상(등각도)으로 표현한 도면을 말한다.

④ 부분 배관도(Piping spool drawing)

전체 배관라인 중 현장의 공장(field shop)에서 부분 배관을 제작하기 위하여 그려지는 배관도로 대부분 입체배관도로 작도된다.

(2) 배관의 도시법

(가) 관의 표시방법

관은 원칙적으로 1줄의 실선으로 도시하고, 동일 도면 내에서는 같은 굵기의 선을 사용한다. 다만 관의 계통, 상태, 목적을 표시하기 위하여 선의 종류(실선, 파선, 쇄선, 2줄의 평행선 등 및 그 틀의 굵기)를 바꾸어서 도시하여도 좋다. 이 경우, 각각의 선 종류의 뜻을 도면상의 보기 쉬운 위치에 명기한다.

(나) 관 접속상태의 표시방법

| 접속상태 | 접속하고 있지 않을 시 | | 분기상태 시 | 교차상태 시 |
|---|---|---|---|---|
| 기호 | ┼   ┼ 또는 ┤├ | | ● | ● |

(다) 관 결합방식의 표시방법

| 이음 종류 | 연결 방법 | 도시 기호 | 이음 종류 | 연결 방법 | 도시 기호 |
|---|---|---|---|---|---|
| 관이음 | 나사형 | —┼— | 신축이음 | 루프형 | ⨅ |
| | 용접형 | —✕—○— | | 슬리브형 | ⊐⊏ |
| | 플랜지형 | —╢├— | | 벨로스형 | ⋀⋀⋀ |
| | 턱걸이형 | —⊂— | | 스위블형 | ⤡ |
| | 납땜형 | —○— | | | |
| | 유니언형 | —╫— | | | |

(라) 치수의 표시방법

① 일반 원칙 : 치수는 원칙적으로 KS A 0113(제도에 있어서 치수의 기입방법)에 따라 기입한다.
② 관 치수의 표시방법 : 간략 도시한 관에 관한 치수의 표시방법은 다음에 따른다.
관과 관의 간격[그림(a)], 구부러진 관의 구부러진 점으로부터 구부러진 점까지의 길이[그림(b)] 및 구부러진 반지름. 각도 [그림 (c)]는 특히 지시가 없는 한, 관의 중심에서의 치수를 표시한다.

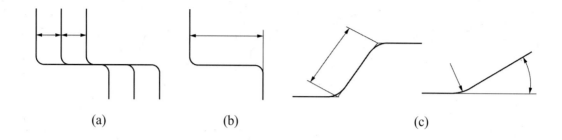

(a)  (b)  (c)

(마) 결합부 및 끝부분의 위치

| 종류 | 그림 기호 | 치수가 표시하는 위치 |
|---|---|---|
| 결합부 일반 | | 결합부의 중심 |
| 용접식 | | 용접부의 중심 |
| 플랜지식 | | 플랜지면 |
| 관의 끝 | | 관의 끝면 |
| 막힌 플랜지 | | 관의 플랜지면 |
| 나사 끼움식 캡 및 나사 끼움식 플러그 | | 관의 끝면 |
| 용접식 캡 | | 관의 끝면 |

(바) 배관 라인 번호

배관 라인 번호를 결정할 때는 배관도를 신속하고 명확하게 작도하는 효과적인 수단이 되도록 하는 점에 유의하고, 작도 후에도 배관에 필요한 재료의 집계나 배관의 부분 제작 시 현장조립, 보전 시까지 일관성이 지속될 수 있도록 하는 것이 바람직하다.

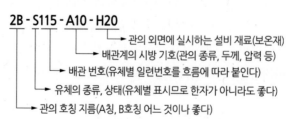

2B - S115 - A10 - H20
└─ 관의 외면에 실시하는 설비 재료(보온재)
└─ 배관계의 시방 기호(관의 종류, 두께, 압력 등)
└─ 배관 번호(유체별 일련번호를 흐름에 따라 붙인다)
└─ 유체의 종류, 상태(유체별 표시므로 한자가 아니라도 좋다)
└─ 관의 호칭 지름(A칭, B호칭 어느 것이나 좋다)

(사) 파이프 내에 흐르는 유체의 종류와 글자 기호

    공기 : A / 가스 : G / 유류 : O / 수증기 : S / 물 : W / 증기 : V

(아) 계기표시기호

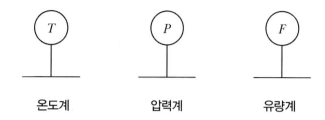

      온도계            압력계            유량계

## ② 밸브의 종류와 도시법

### (1) 밸브 및 콕 몸체의 표시방법

| 명칭 | 그림 기호 | 명칭 | 그림 기호 | 명칭 | 그림 기호 |
|---|---|---|---|---|---|
| 밸브 일반 | ▷◁ | 버터플라이 밸브 | ▷◁ 또는 | 안전 밸브 | (기호) |
| 슬루스 밸브 | ▷◁ | 앵글 밸브 | (기호) | | (기호) |
| 글로브 밸브 | ▶●◀ | 삼방 밸브 | (기호) | | |
| 체크 밸브 | ▷▶ 또는 | 콕 일반 | ▷○◁ | 볼 밸브 | ▷⊗◁ |

## 02 용접이음 제도

### ■ 용접이음의 종류와 자세

#### (1) 용접이음의 종류

용접이음은 일반적으로 용접할 부분의 결합 위치에 따라 다음과 같이 크게 나누어진다.

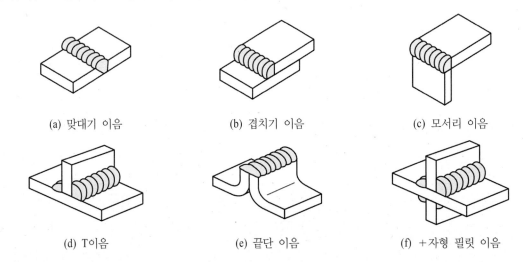

(a) 맞대기 이음     (b) 겹치기 이음     (c) 모서리 이음

(d) T이음     (e) 끝단 이음     (f) +자형 필릿 이음

### ② 용접기호 및 도시법

#### (1) 이음형상의 기본 명칭, 도시 및 기호

| 번호 | 명칭 | 도시 | 기호 |
|---|---|---|---|
| 1 | 양면 플랜지형 맞대기 이음 용접 | | 八 |
| 2 | 평면형 I형 맞대기 이음 용접 | | ‖ |
| 3 | 한쪽면 V형 맞대기 이음 용접 | | V |

| 4 | 부분 용입 한쪽면 V형 맞대기 이음 용접 | | |
|---|---|---|---|
| 5 | 부분 용입 양면 V형 맞대기 이음 용접 | | |
| 6 | 양면 V형 맞대기 이음 용접(X형 맞대기 용접) | | |
| 7 | 한쪽면 K형 맞대기 이음 용접(V형 맞대기 용접) | | |
| 8 | 양면 V형 맞대기 이음 용접(K형 맞대기 용접) | | |
| 9 | 부분 용입 한쪽면 K형 맞대기 이음 용접 | | |
| 10 | 부분 용입 양면 V형 맞대기 용접(부분 용입 K형 맞대기 용접) | | |
| 11 | 한쪽면 U형 맞대기 용접 | | |
| 12 | 양면 U형 맞대기 용접(H형 맞대기 용접) | | |
| 13 | 한쪽면 J형 맞대기 용접 | | |
| 14 | 뒷(이)면 용접 | | |
| 15 | 급경사면(스팁 플랭크) 한쪽면 V형 맞대기 용접 | | |
| 16 | 급경사면 한쪽면 K형 맞대기 용접 | | |

| 17 | 가장자리(변두리) 용접 | | |
|---|---|---|---|
| 18 | 필릿(Fillet) 용접 | | |
| 19 | 스폿(Spot 점) 용접 | | |
| 20 | 심(Seam) 용접 | | |

## (2) 용접부의 기호 표시방법

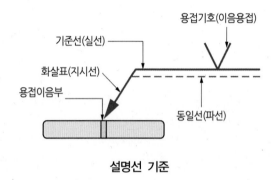

**설명선 기준**

① 하나의 이음에 하나의 화살표

② 하나는 실선, 하나는 파선인 2개의 기준선

③ 정확한 숫자와 기호

④ 화살표(지시선)과 60°의 경사 직선

⑤ 기준선 또는 파선의 위쪽 또는 아래쪽에 용접이음부 형상을 표시하는 기호를 붙임

⑥ 기준선은 도면의 이음부와 평행

## (3) 기준선에 따른 기호의 위치

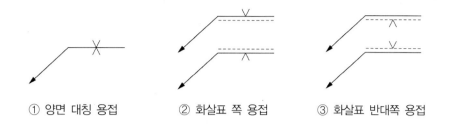

① 양면 대칭 용접       ② 화살표 쪽 용접       ③ 화살표 반대쪽 용접

## (4) 보조표시

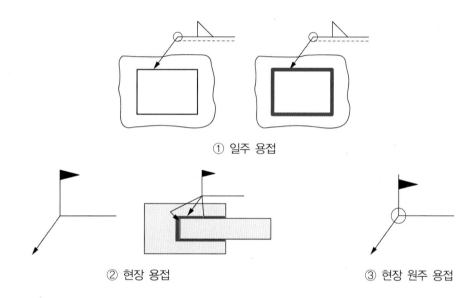

① 일주 용접

② 현장 용접            ③ 현장 원주 용접

## (5) 용접부의 다듬질 방법

치핑 : C / 연삭 : G / 절삭 : M / 지정하지 않음 : F

# 12 CAD일반

CRAFTSMAN COMPUTER AIDED MECHANICAL DRAWING

## 01 컴퓨터의 분류

### (1) 세대별 구분

① 1세대 – 진공관(음극선관, CRT(Cathode Ray Tube))

② 2세대 – 트랜지스터(TR) 주기억장치 : 자기코어 보조기억장치 : 자기 드럼

③ 3세대 – 집적회로(IC) 시분할시스템

④ 4세대 – 고밀도 집적회로(LSI)

> **참고 진공관**
>
> 1개의 진공관에 1bit 기억

> **참고 자기 코어**
>
> • 페라이트(ferrite) 자성 물질의 기억소자
> • 코어 중심을 통과하는 도선에 전류로 흐르게 하여 도선주위에 발생하는 자기장에 의해 코어가 자화되는 성질 이용
> • 자기 코어 하나가 1bit 기억

### (2) 동작별 분류

① Digital 컴퓨터 : 비연속적인 수의 형태로 표현

② Analog 컴퓨터 : 연속적인 양의 형태로 표현

③ Hybrid 컴퓨터 : digital 컴퓨터와 analog 컴퓨터의 복합적인 컴퓨터

## (3) 기타 컴퓨터의 분류

① 사용목적에 의한 분류 : 범용 컴퓨터, 특수 컴퓨터
② 용량에 따른 분류 : 대형, 중형, 소형, 초소형 컴퓨터

## 02 컴퓨터의 기능과 구성

## (1) 전자계산기의 5대 기능

① 입력기능 : 외부로부터 처리하고자 하는 내용을 읽어들이는 기능
② 기억기능 : 입력기능을 통하여 받아들인 자료와 프로그램을 보관하며, 자료의 처리과정에서 얻어진 중간결과 및 최종결과를 기억하는 기능
③ 연산기능 : 기억장치에 기억된 자료와 프로그램을 이용하여 제어장치의 통제하에 산술 연산 및 비교, 판단등의 논리연산을 행하는 기능
④ 제어기능 : 컴퓨터의 각 기능들을 유기적으로 작동되도록 명령하고 통제하는 기능
⑤ 출력기능 : 프로그램에 의해 처리된 결과를 외부로 출력하는 기능

## (2) 하드웨어와 소프트웨어

① 하드웨어(hardware) : 전자계산기를 구성하고 있는 기계장치로, 본체와 주변장치로 나누며 그 자체로서는 논리적인 처리를 할 수 없다.
• 본체 : 주기억장치, 중앙처리장치 등
• 주변장치 : 보조기억장치, 입력장치, 출력장치 등

| 하드웨어 | 본체<br>− 중앙처리장치(CPU) | 주기억장치(RAM, ROM) |
| | | 연산장치 |
| | | 제어장치 |
| | 주변장치 | 입력장치(마우스, 키보드, 탬블릿, 라이트펜) |
| | | 출력장치(모니터, 프린터, 플로터, 하드카피) |
| | | 보조기억장치(자기 테이프, 자기 디스크) |
| | | 기타 장치 |

② 소프트웨어(software) : 전자계산기를 운영할 수 있도록 하는 프로그램

🔲 운영체제(OS), 언어처리 프로그램, 응용 프로그램

| 소프트웨어 | 시스템소프트웨어 | 운영체제 | 감독 프로그램 |
|---|---|---|---|
| | | | 작업관리 프로그램 |
| | | | 데이터 관리 프로그램 |
| | | 언어 번역프로그램 | 어셈블리 |
| | | | 컴파일러 |
| | | | 인터프리터 |
| | | 유틸리티 프로그램 | |
| | 응용 프로그램 | 사용자 프로그램 | |
| | | 패키지 프로그램 | 데이터베이스 |
| | | | 위드프로세서 |
| | | | 스프레드시트 |
| | | | AUTO CAD |

## (3) 컴퓨터의 기본 구성

| 입력장치 | 주기억장치<br>연산장치<br>제어장치 | 출력장치 |
|---|---|---|

보조기억장치

## (4) 컴퓨터의 처리시간 단위

- milli초 : $10^{-3}$
- micro초 : $10^{-6}$
- nano초 : $10^{-9}$
- pico초 : $10^{-12}$
- femto초 : $10^{-15}$

## 03 CAD 입력장치, 출력장치

### (1) CAD의 개요

#### (가) 기본 용어

① CAD(Computer Aided Design) : 컴퓨터의 신속한 계산 능력, 많은 기억 능력, 해석 능력, 도형 처리 능력 등을 이용해서 설계 작업을 하거나 제도 작업을 하는 것

② CAM(Computer Aided Manufacturing) : 생산 계획, 제품의 생산 등 생산에 관련된 일련의 작업을 컴퓨터를 통하여 직·간접으로 제어

③ CAE(Computer Aided Engineering) : 컴퓨터를 통하여 엔지니어링 부분, 즉 기본설계, 상세 설계에 대한 해석, 시뮬레이션 등을 하는 것

④ CIM(Computer Inmtegrated Manufacturing ) : 제품·개념 시방의 입력만으로 최종 제품이 완성되는 자동화 시스템의 CAD/CAM/CAE에 관리 업무를 합한 통합 시스템

⑤ FMS(Flexible Manufacturing System) : 다품종 소량 생산을 실현하기 위하여 생산 시스템을 모듈화하여 처리하는 지능화된 생산관리 시스템

⑥ FA(Factory Automation) : 생산 시스템과 로봇, 반송 기기, 자동 창고 등을 컴퓨터에 의해 집중 관리하는 공장 전체의 자동화, 무인화 등을 하는 것

#### (나) CAD 시스템의 도입 효과

① 품질 향상
② 원가 절감
③ 납기 단축
④ 신뢰성 향상
⑤ 표준화(모듈화)
⑥ 경쟁력 강화

#### (다) CAD 시스템 선정 시 유의사항

① 시스템의 이면성
② 시스템의 기능과 효과
③ 전체 기술 시스템에 대한 위치 부여
④ 용이성

⑤ 응답성

⑥ 조작성

⑧ 신뢰성

⑨ 데이터베이스 기능

⑩ 확장성

⑪ 생산성과 경제성

⑫ 국내외 공급자의 판매 실적과 지원 능력, 유사 업종의 이용 사례

⑬ 가격 및 자금의 융통성

## 1 CAD 입력장치

### (1) CAD 시스템의 입력장치

#### (가) 물리적인 입력장치

① 키보드 : 데이터의 입력 또는 명령어 입력에 주로 사용 알파뉴메릭 키, 기능키, 키패드 부분으로 구성

② 마우스 : 도형의 인식, 메뉴의 선택, 그래픽적인 좌표 입력에 주로 사용. 디스플레이 화면의 커서를 제어하고 메뉴를 선택(볼과 센서마우스가 있다)

③ 스캐너 : 기존의 그려진 모형을 그대로 입력하는 장치

④ 태블릿 : 메뉴의 선택, 커서의 제어에 사용하며 50cm 이하의 소형(대형 : 디지타이저)
  - 성능표시 : 사용가능한 액티브 영역(active area)과 해상도(resolution)
  - 테블릿에 정한 액티브 영역과 그래픽스크린을 대응시켜 태블릿에서의 커서의 움직임이 화면상에 커서의 움직임으로 나타난다.
  - 입력기기 : 스타일러스 펜, 퍽
  - 종류 : 전자유도식, 유도전압식, 전자수수식, 자계위상식, 메가롤식, 자외식 등이며 전자유도식이 널리 사용

⑤ 라이트 펜 : 스크린 상의 특정 위치나 물체를 지정하거나 자유로운 스케치, 스크린 상의 메뉴를 통한 명령어나 데이터를 입력하는 데 사용되는 장치 라이트 펜은 리프레시형에만 사용할 수 있고, 스토리지형(DVST 방식)에는 사용할 수 없다.

⑥ 그 밖의 입력장치 : 조이스틱, 트랙볼, 컨트롤 다이얼, 썸휠

(나) 논리적인 입력장치

① 셀렉터(selector) : 스크린 상의 특정 물체를 선택(**예** 라이트 펜)

② 로케이터(locater) : 커서 제어의 역할을 하는 장치(**예** 디지타이저/태블릿, 조이스틱, 트랙볼, 마우스 )

③ 밸류에이터(valuator) : 스크린 상에서 물체를 평행이동 및 회전, 이동등 변위량을 조정(**예** 포텐세이터(potentiometer) )

④ 버튼(button) : 키보드와 조합된 형태로 각 버튼마다 정의된 기능에 의해 실행

## ❷ CAD 출력장치

### (1) CAD 시스템의 출력장치

| 그래픽 디스플레이 | CRT 사용 | 리프레시형 | 랜덤 스캔형 |
| --- | --- | --- | --- |
| | | | 래스터 스캔형 |
| | | 스토리지형 | |
| | CRT 이외 | 액정식 | |
| | | 플라스마(plasma)식 | |
| | | LED(발광다이오드)식 | |
| | | 레이저 스크린식 | |

### (가) 일시적 표현장치

① 랜덤 스캔용(벡터 스캔형, 다이렉트빔형, 라인 드로윙형)

- 3종류의 디스플레이 중 가장 먼저 개발
- 가격이 고가
- 고정밀도의 화면 표시
- 애니메이션 가능 · 화상의 부분 소거 가능
- 회화성이 우수 · 플리커(깜박거림) 발생 (초당 30회 이상의 리프레시 필요 )
- 라이트 펜 사용 가능
- 도형 표시량의 한계

② 스토리지 튜브방식(DVST방식)

- 1970년대 급속도로 보급
- 리프레시 없이 2~3시간 동안 화면 유지 가능

- 소형의 형상은 CRT에 저장(storage) 가능
- 도형의 양에 관계없이 디스플레이
- 플리커가 없다.
- 저 콘트라스트(contrast)이다.
- 동화(애니메이션) 표시 불가능
- 부분 삭제가 불가능
- 흑백(단색)이다.

③ 래스터 스캔용(TV주사방식)

- 1970년대 후반에 개발
- 일반적으로 사용
- 도형의 양에 관계없이 디스플레이
- 가격이 저렴 · 플리커 프리
- 고정밀의 표현이 어렵다.
- 표시속도가 느리다.
- 컬러 표시가 가능

### (나) 영구적 표현장치

일반적으로 플로터나 프린터 사용

| 영구적인 표현장치 | 플로터 : 래스터식, 펜식, 광전식 |
| --- | --- |
| | 프린터 : 임팩트(impact), 논 임팩트식(nonimpact) |
| | 하드 카피 장치 |
| | COM 장치 |

① 프린터

　㉠ 인쇄방식에 대한 분류

| 프린터 | 임팩트 방식 | 활자 임팩트 | |
|---|---|---|---|
| | | 도트 임팩트 | |
| | | 팬스트로크 임팩트 | |
| | 논 임팩트 방식 | 열의 이용 | 감열 |
| | | | 통전 감열 |
| | | | 열전사 |
| | | 유체의 이용 | 인젝터 |
| | | 전기의 이용 | 정전 |
| | | | 전해 |
| | | | 방전 |
| | | 광의 이용 | 화학사진 |
| | | | 전자사진 |
| | | 자기의 이용 | 자기기록 |

　㉡ 인쇄 형태에 의한 분류
- 시리얼 프린터 : 활자를 한자식 인쇄
- 라인 프린터 : 1행씩 인쇄
- 페이지 프린터 : 한 페이지씩 인쇄

　㉢ 프린터 인자 속도
- PPM(Page Per Minute) : 분당 인쇄 페이지의 수
- LPM(Line Per Minute) : 분당 인쇄 줄 수
- CPS(Character Per Second) : 초당 인쇄 활자 수

② 플로터

　㉠ 플랫 베드형(flat bed type) : 편평한 테이블(table) 전정기를 일으켜 종이를 밀착시키고 상단과 하단의 가이드 레일이 좌우로 움직여, 수직 가이드 레일에 펜헤드가 상하로 움직이며 도형을 그리는 형태
- 고정밀도의 작화 가능
- 작화 중 모니터가 용이

- 설치면적이 크다.

- 용지의 선정이 자유롭다.

- 테이블과 용지의 밀착성이 요구

ⓒ 드럼형(drum type) : 플랫 베드형의 편평한 테이블 대신 원통 (drum)형으로 만들어 원통이 앞뒤로 회전하며 종이를 상하 운동을 시키고 드럼 상단의 프레임에 펜헤드가 부착되어 좌우로 움직이며 도형을 작화

- 기구가 비교적 간단하다.

- 설치면적이 좁다.

- 고속작화가 가능하다.

- 용지의 제한이 없다.

- 플랫 베드형에 비교해 정밀도가 떨어진다.

ⓒ 벨트형(belt type) : 플랫 베드형과 드럼형의 복합적인 형태, 구조적으로 설치 면적이 작고, 긴용지나 규격용지 사용 가능

ⓔ 리니어 모터형(linear motor type) : 플랫 베드형과 드럼형의 경우 2개씩의 회전모터의 사용과는 달리 한 개의 리니어 모터로 2차 좌표설정하여 작화

- 가동 부분이 경량이다.

- 고정밀도이다.

- 작화속도가 빠르다.

- 설치면적이 넓다.

- 작화 중 모니터가 어렵다.

ⓜ 퍼스널 플로터(personal plotter) : 이전의 플로터는 초고속, 고정밀도의 형태로 개발된 것과는 달리 어디서든 쉽게 사용하는 개인용 플로터

ⓑ 잉크 제트식(inkjet type) : 그래픽 디스플레이에 나타난 화상을 그대로 도면으로 표현하는 기기. 잉크를 품어 내는 노즐(nozzle)을 갖고 있는 헤드(head)가 좌우로 일정한 위치에서 잉크를 불어내어 도형 작화

⑦ 정전식 래스터형으로 종이에 음전하를 발생시키고 양전하를 띤 검은색의 토너를 흘려서 그림을 그린다.

ⓐ 작화속도가 빠르다.

ⓒ 펜플로터용 작화 데이터를 그대로 사용

ⓒ 자동 레이아웃 (lay out) 기능, 용지의 자동 절단

ⓔ 고화질, 저소음이다.

ⓜ 토너와 기록용지의 호환성이 작다.

ⓗ 벡터 데이터를 래스터 데이터로 변환해 주어야 한다.

⑧ 열전사식 필름에 도표한 잉크를 발열 저항체로 배열한 서멀헤드로 녹여 기록지에 전사하는 방식

⑨ 광전식 플로터 프린터 기관용 패턴 필름(pattern – film)을 작성할 때 사용

⑩ 레이저 빔식 플로터

    ㉠ 고품질의 도면을 얻을 수 있다.

    ㉡ 보통의 종이를 사용할 수 있어 사용 중의 가격이 싸다.

    ㉢ 작화속도가 빠르다.

    ㉣ $A_2$ 이상의 용지 불가능

    ㉤ 광학계의 기구가 복잡하다.

    ㉥ 벡터 데이터를 래스터 데이터로 변환해 주어야 한다.

## 04 CAD 시스템

### ◤1◢ 저장장치

주기억 장치엔 기억용량이 한정되어 있고, 전원 차단 시 저장된 내용이 모두 지워지므로 주기억 장치에서의 자료의 영구 보존은 불가능하므로 보조기억장치에 기록

#### (1) 자기 테이프

① 폴리에스테르 필름 표면에 자성 물질을 입힌 보조기억장치

② 자료를 판독하거나 기록할 자기 헤드, 테이프를 구동시키는 회전장치

#### (2) 자기 디스크 장치

① 레코드판과 비슷한 금속판에 자성 물질을 입힌 보조기억장치

② 처리속도가 빠름, 기억용량이 크고, 직접 접근이 가능한 회전장치

③ 디스크 팩 6~11매를 하나의 축에 고정 또는 디스크 볼륨이라 함

④ 트랙 회전축을 중심으로 이루어진 200~400개의 동상원

⑤ 섹터 : 하나의 트랙을 8~23개의 구역으로 나눈 것

⑥ 실린더 : 동일한 트랙의 모임

### (3) 플로피디스크 장치

① 자기 디스크의 일종, 금속판 대신 플라스틱 판 사용

② 처리속도가 느림, 직접 접근이 가능, 가격이 싸고, 사용에 편리

③ 8, 5.25, 3.5인치로 구분

### (4) CD – ROM(Compact Disc Read Only Memory)

① 디스크에 데이터를 저장해 놓고 읽을 수만 있는 매체

② 음반 CD는 아날로그 형태, CD – ROM 디지털 형태로 저장

③ 650MB의 용량 (1.2MB 2HD의 600장 분량 저장)

### (5) 자기테이프, 자기드럼, 자기디스크 등

## 2 중앙처리장치

### (1) 중앙처리장치(CPU)

① 제어장치

② 연산장치

③ 주기억장치(RAM, ROM, 자기코어)

  ㉠ ROM

   • 읽기는 하나 기록할 수 없는 기록 매체

   • 전원이 차단되도 기록이 지워지지 않는다.

   • 마스크롬(mask ROM), 피롬(Program ROM), 이피롬(Erasable PROM)

  ㉡ RAM

   • 사용자가 읽기도 하고 기록도 할 수 있는 매체

   • 전원 차단 시 기록이 모두 지워지므로 보조기억장치 필요

   • 정적 램(SRAM), 동적 램(DRAM)

### (2) 하드웨어 시스템 중앙처리장치(CPU)

주기억장치, 연산장치, 제어장치로 구성

## (가) 레지스터

일시적으로 자료를 보관하는 장소

> **참고**
> • 레지스터의 기능 : 자료의 저장, 자료의 송신(전송), 자료의 수신
> • 레지스터의 종류 : 기억, 누산, 명령, 번지, 데이터, 상태, 시프트 레지스터

- 명령 계수기(instruction counter) : 다음에 수행할 명령이 기억되어 있는 주기억장치 내에 주소를 계산하여 번지 레지스터에 제공한다.
- 번지 레지스터(memory address register) : 주기억장치 내에 명령이나 자료가 기억되어 있는 주소를 보관한다.
- 기억 레지스터(memory buffer register) : 번지 레지스터가 보관하고 있는 주기억장치 내에 주소에 기억된 명령이나 자료를 읽어 들여 보관한다.
- 명령 레지스터(instruction register) : 실행할 명령을 기억 레지스터로부터 받아 임시 보관하며, 명령부와 주소부로 구성되어 있다.
- 명령 해독기(instruction decoder) : 명령 레지스터의 명령부에 보관된 명령을 해독하고 필요한 장치에 신호를 보내어 동작하도록 한다.

## (나) 어큐뮬레이터

연산수를 지정해두고 다른 연산수를 받아 이것을 먼저 있는 수에 더하거나 빼주는 기능을 가진 레지스터

## (다) 가산기

두 개의 수를 가산하기 위한 회로로서 전가산기가 사용된다.

## (라) 플립 – 플롭(Flip flop) 회로

펄스의 상태를 다음 단계로 전송되기까지 유지시켜준다.

## (마) 캐시(Cache) 기억장치

- 주기억장치보다 용량은 작으나 처리속도가 대단히 빨라 고속의 기억장치로 고속의 컴퓨터에 존재
- 주기억장치로부터 자료나 프로그램을 미리 입력받아 중앙처리장치에 끊임없이 제공하여 주기억장치의 대기시간을 최소화함

## ❸ CAD 시스템 일반 등

캐드 시스템의 구성과 그들의 상관관계

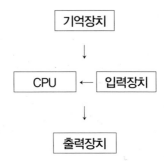

## ❹ CAD 시스템에 의한 도형처리

### (1) 수의 체계

#### (가) 데이터의 표현

① 자료의 표현 : 2진수인 '0' 또는 '1'의 비트의 모임으로 이루어진다. 또 이들의 모임으로 코드화 하여 자료를 표시하는데, n개의 비트는 총 $2^n$개의 자료를 나타낼 수 있다.

㉠ 비트(bit) : 정보의 최소단위로서 '0' 또는 '1'로 나타낸다.

㉡ 바이트(byte) : 의미의 최소단위로서 8비트가 모여 하나의 문자를 나타낸다.

㉢ 워드(word) : 1개의 명령이나 데이터를 나타내는 정보의 크기로 몇 개의 바이트가 모여서 구성된다.

㉣ 자료의 크기

- 8 bit = 1 byte = 28 = 256
- 16 비트 = 216 = 65536 = 64Kbyte
- 32 비트 = 232 = 4295×$10^6$ = 4Gbyte
- 1 half word = 2 byte
- 1 full word = 4 byte

### (2) 자료의 표현

#### (가) 수의 체계

① 2진법 : 0과 1로 모든 수 표현

② 8진법 : 0에서 7까지의 수로 모든 수를 표현

③ 10진법 : 0에서 9까지의 수로 모든 수를 표현

④ 16진법 : 0에서 9까지, A∼F까지의 총 16개의 수와 기호로 모든 수를 표현

(나) 2진수와 10진수의 변환

① 2진수에서의 10진수 변환

$$1100 = 1*2^3 + 1*2^2 + 0*2^1 + 0*2^0 = 8 + 4 + 0 + 0 = 12 \rightarrow (10진수)$$

② 10진수에서 2진수의 변환

```
2 | 12
2 |  6    -  0
2 |  3    -  0                1100으로 변환
      1   -  1
```

(다) 문자 자료의 표현

• 컴퓨터는 2진수인 0과 1(비트 : Bit)로 모든 자료를 표현

• 이런 비트의 규칙을 코드라 한다.

• 문자코드는 6∼8비트로 구성

• 문자코드 중 왼쪽 2∼4개는 문자의 성격을 나타내는 존 비트 (zone bit) 오른쪽 4개는 문자를 구분하는 디지트 비트 (digit bit)

① BCD(6비트 2진화 10진 코드)

• 10진수를 2진수로 알기 쉽게 10진수의 각 자리를 4자리의 2진수로 나타낸 것으로 zone과 digit로 이루어진 6개의 비트로 나타내는 코드

• 64( = 26) 종류의 문자표현

② ASCII(아스키 코드)

• 7개의 비트로 구성되는 2진코드로 주로 통신용으로 많이 쓰이며 패리티비트를 1비트 더 추가하여 8비트로 쓰기도 한다.(표준코드로 사용)

• 미국 표준화 협회(ASA) 제정

• 128( = $2^7$) 종류의 문자 표현 통신용, 개인 컴퓨터에 사용

③ EBCDIC(확장 2진화 10진 코드)

- 존(zone)비트 4개와 디지트(digit)비트 4개의 8개 비트로 구성되며, 나타낼 수 있는 문자의 수는 256개이다.
- 256($=2^8$) 종류의 문자 표현
- 대형 컴퓨터에 사용

## (3) 논리대수

### (가) 기본 논리회로

① 논리합 회로(OR gate)

두 개의 입력 조건 중 하나면 ON(1)의 결과도 ON(1)이 되는 회로

(2진수에서 1의 보수로 구하는 게이트)

| 입력 | | 출력 |
|---|---|---|
| A | B | Y |
| 0 | 0 | 0 |
| 0 | 1 | 1 |
| 1 | 0 | 1 |
| 1 | 1 | 1 |

② 논리곱 회로(AND gate)

두 개의 입력 조건이 ON(1)일 때 결과가 ON(1)로 표시

| 입력 | | 출력 |
|---|---|---|
| A | B | Y |
| 0 | 0 | 0 |
| 0 | 1 | 0 |
| 1 | 0 | 0 |
| 1 | 1 | 1 |

③ NOR gate (NOT + OR)

| 입력 | | 출력 |
|---|---|---|
| A | B | Y |
| 0 | 0 | 1 |
| 0 | 1 | 0 |
| 1 | 0 | 0 |
| 1 | 1 | 0 |

④ NAND gate (NOT + AND)

| 입력 | | 출력 |
|---|---|---|
| A | B | Y |
| 0 | 0 | 1 |
| 0 | 1 | 1 |
| 1 | 0 | 1 |
| 1 | 1 | 0 |

## 05 CAD 시스템 좌표계

### ❶ CAD 시스템의 좌표계

#### (1) 좌표변환 행렬

##### (가) 동차 좌표에 의한 표현

① 동차 좌표 (HC)에 의한 표현을 n차원(시간, 길이, 부피 등처럼 양으로 표현할 수 있는 것)의 벡터를 (n+1) 차원의 벡터로 표현

2차원 좌표계 $[X\ Y\ H] = [x\ y\ l] \begin{bmatrix} a & b & p \\ c & d & q \\ m & n & s \end{bmatrix}$

3차원 좌표계 $[X\ Y\ Z\ H] = [x\ y\ z\ l] \begin{bmatrix} a & b & c & p \\ d & e & f & q \\ l & m & n & s \end{bmatrix}$

② 2차원 동좌표의 일반적인 행렬은 3×3 변환 행렬이다.

$$T_H \begin{bmatrix} a & b & p \\ c & d & q \\ x & y & s \end{bmatrix} = \begin{bmatrix} & & 2 \\ & & \times \\ 2\times 2 & & 1 \\ 1\times 2 & 1\times 1 & \end{bmatrix}$$

$$a, \ b, \ c, \ d \text{는} \begin{bmatrix} \text{스케일링}\,(scaling) \\ \text{회전}\,(rotation) \\ \text{전단}\,(shearing) \end{bmatrix} \Rightarrow 2\times 2$$

- $x, \ y$는 이동(translation) $\Rightarrow 1\times 2$
- $p, \ q$는 투사(projection) $\Rightarrow 2\times 1$
- $s$는 전체적인 스케일링(over all scaling) $\Rightarrow 1\times 1$

## (나) 동차 좌표에 의한 2차원 좌표 행렬의 변환

① 이동(translation) 변환

$$[\,x^+\,y^+\,1\,] = [\,x \ \ y \ \ 1\,] \begin{bmatrix} 1 & 0 & 0 \\ 0 & 1 & 0 \\ m & n & 1 \end{bmatrix}$$

② 스케일링(scaling) 변환

$$[\,x^+\,y^+\,1\,] = [\,x \ \ y \ \ 1\,] \begin{bmatrix} S_x & O & O \\ O & S_y & O \\ O & O & 1 \end{bmatrix}$$

③ 반전(reflection) 또는 대칭 변환

$x$축 대칭, $y$값이 반대

$$[\,x^+\,y^+\,1\,] = [\,x \ \ y \ \ 1\,] \begin{bmatrix} 1 & 0 & 0 \\ 0 & -1 & 0 \\ 0 & 0 & 1 \end{bmatrix}$$

$y$축 대칭 $x$값이 반대

$$[\,x^+\,y^+\,1\,] = [\,x \ \ y \ \ 1\,] \begin{bmatrix} -1 & 0 & 0 \\ 0 & 1 & 0 \\ 0 & 0 & 1 \end{bmatrix}$$

④ 회전(rotation) 변환

$$[x^+\ y^+\ 1] = [x\ y\ 1]\begin{bmatrix} \cos\alpha & \sin\alpha & 0 \\ -\sin\alpha & \cos\alpha & 0 \\ 0 & 0 & 1 \end{bmatrix}$$

$$= [x\cos\alpha\ -\ y\sin\alpha\ \ x\sin\alpha\ +\ y\cos\alpha]$$

⑤ 역변환(inverse of transformation)
  - 이동 행렬은 이용성분(원, 원소)의 부호를 반대로 하면 역행렬
  - 회전 행렬은 회전하는 각도의 부호를 반대로 하면 역행렬

$$T_1 \cdot T_2 = \begin{bmatrix} 1 & 0 & 0 \\ 0 & 1 & 0 \\ x & y & 1 \end{bmatrix}\begin{bmatrix} 1 & 0 & 0 \\ 0 & 1 & 0 \\ -x & -y & 1 \end{bmatrix}$$

(다) 동차좌표에 의한 3차원 좌표 행렬
  ① 3차원은 2차원에서 높이(Z축)를 추가한 개념으로 기본 행렬의 형태는 4×4의 변환 행렬이다.

$$[X\ Y\ Z\ W] = [x\ y\ z\ 1]\begin{bmatrix} a & d & g & o \\ b & e & h & o \\ c & f & i & o \\ j & k & l & s \end{bmatrix}$$ 영구적인

  - $a,\ b,\ c,\ d,\ f,\ g,\ h,\ i$ : 회전과 국부적인 스케일링
  - $j,\ k,\ l$ : $x$축, $y$축, $z$축으로의 평행 이동
  - $s$ : 전체적인 스케일링

(라) 동차좌표에 의한 3차원 좌표 변환 행렬
  ① 평행 이동(translation)

$$[X\ Y\ Z\ H] = [x\ y\ z\ 1]\begin{bmatrix} 1 & 0 & 0 & 0 \\ 0 & 1 & 0 & 0 \\ 0 & 0 & 1 & 0 \\ j & k & l & 1 \end{bmatrix}$$

$$= [(x+j)(y+k)(z+k)\ 1]$$

② 스케일링(scaling)

• 국부적인 스케일링

$$[X \ Y \ Z \ H] = [x \ y \ z \ 1] \begin{bmatrix} a & 0 & 0 & 0 \\ 0 & e & 0 & 0 \\ 0 & 0 & 1 & 0 \\ 0 & 0 & 0 & 1 \end{bmatrix}$$

• 전체적인 스케일링 변화

$$[X \ Y \ Z \ H] = [x \ y \ z \ 1] \begin{bmatrix} 1 & 0 & 0 & 0 \\ 0 & 1 & 0 & 0 \\ 0 & 0 & 1 & 0 \\ 0 & 0 & 0 & S \end{bmatrix}$$

$$= [x \ y \ z \ S] = \left[ \frac{x}{S} \ \frac{y}{S} \ \frac{z}{S} \ 1 \right]$$

③ 전단(shearing)

$$[X \ Y \ Z \ H] = [x \ y \ z \ 1] \begin{bmatrix} 1 & d & g & 1 \\ b & 1 & h & 1 \\ c & f & 1 & 1 \\ 0 & 0 & 0 & 1 \end{bmatrix}$$

④ 반전(reflection)

3차원 공간상에서 물체의 반전을 동차 좌표로는 xy평면, yz평면, xz평면에 대한 변환 행렬로 나타난다.

$$T_{xy} = \begin{bmatrix} 1 & 0 & 0 & 0 \\ 0 & 1 & 0 & 0 \\ 0 & 0 & -1 & 0 \\ 0 & 0 & 0 & 1 \end{bmatrix} \quad T_{xz} = \begin{bmatrix} -1 & 0 & 0 & 0 \\ 0 & 1 & 0 & 0 \\ 0 & 0 & 1 & 0 \\ 0 & 0 & 0 & 1 \end{bmatrix} \quad T_{yz} = \begin{bmatrix} 1 & 0 & 0 & 0 \\ 0 & -1 & 0 & 0 \\ 0 & 0 & 1 & 0 \\ 0 & 0 & 0 & 1 \end{bmatrix}$$

⑤ 회전(rotation)

회전각 $\alpha$는 양($+$)의 x축상의 한 점에서 원점을 볼 때 반시계 방향(counter clock wise) : 증가, $+$값 시계방향(clock wise) : 감소, $-$값으로 표시하면 변환행렬로 나타난다.

$$T_x = \begin{bmatrix} 1 & 0 & 0 & 0 \\ 0 & \cos\alpha & \sin\alpha & 0 \\ 0 & -\sin\alpha & \cos\alpha & 0 \\ 0 & 0 & 0 & 1 \end{bmatrix}$$

$$T_y = \begin{bmatrix} \cos\alpha & 0 & -\sin\alpha & 0 \\ 0 & 1 & 0 & 0 \\ \sin\alpha & 0 & \cos\alpha & 0 \\ 0 & 0 & 0 & 1 \end{bmatrix}$$

$$T_z = \begin{bmatrix} \cos\alpha & \sin\alpha & 0 & 0 \\ -\sin\alpha & \cos\alpha & 0 & 0 \\ 0 & 0 & 1 & 0 \\ 0 & 0 & 0 & 1 \end{bmatrix}$$

(2) CAD 프로그램의 좌표에 사용되는 좌표계

(가) 절대좌표

원점을(0,0) 기준으로 좌표값 적용(사용법 : X,Y , 예 8,5)

(나) 상대좌표

현재(임의의 지점) 좌표값이 원점과 같은 역할을 함(사용법 : @X,Y , 예 @8,5)

(다) 상대극좌표

현재(임의의 지점) 좌표값이 원점과 같은 역할을 하나 각도를 사용함(사용법 : @거리<각도)

## 2 CAD로 도형 그리기

1. CAD 프로그램 명령어

2. LINE ( L ) : 선 그리기

3. RECTANGLE ( REC ) : 사각형 그리기

4. XLINE ( XL ) : 양방향 무한선 그리기

5. CIRCLE ( C ) : 원 그리기

6. ARC ( A ) : 호 그리기

7. POLYLINE ( PLINE , PL ) : 두께를 가진 연결선 그리기

8. POLYGON ( POL ) : 다각형 그리기

9. DONUT( DO ) : 도넛 그리기

10. SPLINE ( SPL ) : 자유곡선 그리기

11. ELLIPSE ( EL ) : 타원 그리기

12. HATCH ( H ) : 해칭하기

13. TRACE(단축명령 없음) : 두께선

14. SOLID ( SO ) : 삼각형 사각형 속 채우기

15. MTEXT ( MT, T ) : 문자 쓰기

16. DTEXT ( DT ) : 동적 문자쓰기

17. LAYER ( LA ) : 층

18. ROTATE : 객체회전

19. SCALE : 축척

20. BREAK : 끊기

21. FILLET : 객체의 모서리를 둥글게 하거나 모깎기 함

22. ZOOM : 줌, 화면의 확대나 축소를 함

23. LAYER : 층 생성

24. EXTEND : 연장하기

25. LTSCALE ( LTS ) : 선간격 조절

26. UNDO( U ) : 취소 명령( 되돌리기 )

27. GRID ( F7 ) : 모 눈

28. SNAP ( F9 ) : 스냅

# 06 3D 형상모델링

## 1 형상모델링의 개요

3D 모델링에는 일반적으로 와이어프레임(wireframe) 모델링, 서피스(surface) 모델링, 솔리드(solid) 모델링이 있다. 각 모델링별 기능은 다음과 같다.

### (1) Wireframe 모델링

점, 직선, 원과 호 등의 기본적인 기하학적인 요소로 마치 철사를 연결한 구조물과 같이 모델링을 한다. 소요 시간이 적게 들고 메모리의 용량이 적어도 모델링이 가능하여 주로 2차원의 도면 출력을 위한 용도와 평면 가공에 적합한 모델링 방식 AutoCAD가 대표적인 프로그램이라고 할 수 있다.

### (2) Surface 모델링

물체의 경계면을 구성하는 요소를 기초로 만든 것으로, 흔히 경계면 모델링(boundary surface modeling)이라고 한다. 겉 표면만이 존재하는 모델링 기법으로 인식되며 컴퓨터의 속도와 메모리의 용량을 적게 쓴다. 면을 중심으로 하여 물체를 표현하는 방법으로 물체에 실제감을 높이기 위한 방법으로 은선과 은면 제거, 자유 곡면(free - from surface)을 나타내기 위한 방법으로 많이 사용한다.

### (3) Solid 모델링

모델링에서 가장 진보적인 방식이다. 와이어프레임이나 표면 모델링과 흡사하나 3차원으로 형상화된 물체의 내부를 공학적으로 분석할 수 있는 방식이다. 물체를 가공하기 전에 가공 상태를 미리 예측하거나 부피, 무게 등의 다양한 정보를 제공할 수 있다.

## 2 형상모델링의 특징

### (1) 와이어프레임 모델링(등각투상도)

① 데이터의 구성이 간단하다.
② 모델 작성을 쉽게 할 수 있다.
③ 처리 속도가 빠르다.
④ 3면 투시도의 작성이 용이하다.

⑤ 은선 제거가 불가능하다.

⑥ 단면도 작성이 불가능하다.

⑦ 물리적 성질의 계산이 불가능하다(물성치 없음).

## (2) 서피스모델링

① 단면도를 작성할 수 있다.

② 복잡한 형상 표현이 가능하다.

③ 2개의 면의 교선을 구할 수 있다.

④ NC 가공 정보를 얻을 수 있다.

⑤ 물리적 성질을 계산하기 불가하다(물성치 없음).

⑥ 물성이 없으므로 해석용으로 사용하지 못한다.

## (3) 솔리드모델링

① 은선 제거가 가능하다.

② 물리적 성질 등의 계산이 가능하다.

③ 간섭 체크가 용이하다.

④ BOOLEAN 연산(합, 차, 적)을 통하여 복잡한 형상 표현도 가능하다.

⑤ 컴퓨터 메모리 량이 많아진다.

⑥ 데이터의 처리가 많아진다.

⑦ 전산 해석(FEM)을 위한 메시 자동 분할이 가능하다.

**01** 기본 설계 단계로부터 상세 설계 및 도면 작성에 이르는 설계 전체의 과정을 컴퓨터를 이용하여 설계하는 방식?

정답 캐드

**02** CAD 시스템의 구성과 그들의 상관관계?

정답

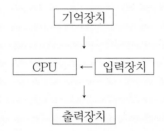

**03** 컴퓨터에서 중앙처리장치의 기능 구성?

정답 제어장치, 연산장치

**04** CAD 시스템의 기본적인 하드웨어 구성?

정답 입력장치, 중앙처리장치, 출력장치

**05** 플로터의 출력속도?

정답 IPS

**06** 작성된 도면을 화면상에서 어떤 범위만큼 움직일 때의 명령?

**정답** PAN

**07** 스크린상의 특정 물체를 지정하거나 데이터를 입력할 때 사용하며 광선 감지기를 사용하는 입력장치?

**정답** 라이트 펜

**08** CAD 시스템의 입력장치?

**정답** 조이스틱, 마우스, 키보드

**09** CAD 입력장치 중 십자마크를 이동시켜 좌표 지정하는 장치가 아닌 것?

**정답** 라이트 펜

**10** 십자마크를 이동시켜 좌표 지정하는 장치?

**정답** 마우스, 조이스틱, 트랙볼

**11** CAD 시스템의 출력장치?

**정답** 플로터, 프린터, 디스플레이

**12** CAD 프로그램의 좌표에 사용되는 좌표계?

**정답** 직교좌표, 상대좌표, 극좌표

**13** CAD 시스템에서 형상을 구성하는 도면요소?

정답 점, 원호, 선

**14** 표준화와 규격화를 하면 어떤 부분이 부족할 수 있는가?

정답 자유로운 설계

**15** CAD 제도에 사용하는 선 중 모양에 따른 선의 종류?

정답 실선, 파선, 1점 쇄선

**16** CAD 시스템에서 마지막 점에서 다음 점까지의 각도와 거리를 입력하여 선긋기 하는 입력방법?

정답 상대극좌표 입력방법

**17** 기존의 오브젝트를 어느 한 기점을 기준으로 비율에 따라 축소 또는 확대할 수 있는 도형변환 요소?

정답 스케일

**18** 컬러디스플레이에서 표현할 수 있는 색은 3가지 색의 혼합비에 의해 정해지는데 그 3가지 색은?

정답 빨강, 파랑, 초록

**19** 한정된 공간에서 여러 대의 컴퓨터, 단말기, 프린터 등을 서로 연결하여 데이터의 공유 부하의 분산 및 신뢰성을 향상시킬 목적으로 설치하는 것?

정답 LAN

**20** 퍼스널 컴퓨터를 이용한 CAD 시스템에 필수적으로 장착되는 것으로 계산에 관한 작업만을 실행함으로써 데이터의 정확성과 자료의 처리범위 및 자료의 처리속도를 빨리 할 수 있는 것?

정답 Coprocessor(보조처리기)

# 02

# 기계요소

## CONTENTS

# 01 기계설계 기초

CRAFTSMAN COMPUTER AIDED MECHANICAL DRAWING

## 01 기계와 기계설계

### 1 기계의 정의

① 기계란 구성하고 있는 부분품으로 조립이 끝난 뒤에 외부로부터 에너지를 받아 한정된 상대운동을 하면서 사람에게 유용한 일을 한다. 이것들은 대부분 그 설계법이 확립되어 있다.

② 기계설계에 필요한 지식

* 기초지식 : 기구학(운동), 기계역학(운동과 힘), 재료역학($\sigma$와 $\varepsilon$)

  기계재료(재료특성), 기계요소(부품) 기계공작(가공조립)

* 전문지식 : 유체역학(윤활류의 점성), 유압공학(파스칼의 원리), 전기와 전자(제어) 등

    **[TIP]** 위의 각 지식에서 역학식, 경험식, 실험식 등을 이용하여 각 요소의 치수를 결정하고 이것으로 KS에 준하는 도면을 완성하는 과정을 말한다.

### 2 기계설계 시 유의해야 할 사항

① 알맞는 기구의 선택 ⇒ 운동방법

② 작용하중에 따라 경제적인 재료와 크기를 결정 ⇒ 강도와 강성

③ 가공, 조립, 수리, 조작이 용이하도록

④ 표준화, 호환성 및 생산비를 저렴하게

⑤ 모양, 색채 ⇒ 산뜻한 멋

### 3 기계설계의 분류

**(1) 기능설계**

제품생산을 위한 기본계획을 결정하는 것으로 명세서, 견적서, 기본계획도 등이 참고가 된다.

**(2) 생산설계**

생산수량, 크기, 설비 등을 가장 경제적으로 하기 위해 생산방법을 결정하는 것이다.

**(3) 인간공학적 설계**

기계가 인간에게 편리하여야 하고 친환경적, 미적, 시각적인 효율이 최대가 되도록 한다.

### 4 기계요소

**(1) 결합요소**

볼트, 너트, 나사, 리벳, 용접, 키 등

**(2) 동력요소**

축, 축이음, 베어링, 동력전달요소(기어, 벨트, 체인, 로프 등)

**(3) 동력제어요소**

클러치, 브레이크, 스프링 등

**(4) 유체의 이송**

관, 파이프, 밸브 등

# 02 재료의 강도와 변형

CRAFTSMAN COMPUTER AIDED MECHANICAL DRAWING

## 01 응력과 안전율

### 1 응력(Stress)

응력은 내부에 생기는 저항력으로 단위 면적당 크기로 표시한다. 단위는 $N/m^2(Pa)$를 사용한다. 응력의 종류는 다음과 같다.

[TIP] MPa(메가파스칼) = $10^3$kPa(킬로파스칼) = $10^6$kPa(파스칼)

### (1) 인장 응력(Tensile stress) = 정응력(Positive stress)

인장력 $P_t(N)$, 하중에 직각인 단면적을 $A[cm^2]$라 하면, 인장 응력 $\sigma_t$는 $\sigma_t = \dfrac{P_t}{A}[N/m^2(Pa)]$

### (2) 압축 응력(Compression stress) = 부( - )응력(Negative stress)

압축 응력 $\sigma_c$는 $\sigma_c = \dfrac{P_c}{A}[N/m^2(Pa)]$

### (3) 전단 응력(Shearing stress)

전단력 $P_s$가 작용했을 때, 전단응력 $\tau$는 $\tau = \dfrac{P_s}{A}[N/m^2(Pa)]$

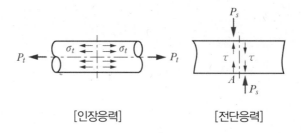

[인장응력]          [전단응력]

## ❷ 안전율

재료의 파괴강도($\sigma_b$)와 허용응력($\sigma_a$)과의 비

$$S = \frac{\sigma_B}{\sigma_A}$$

## ❸ 응력 – 변형률 선도

연강의 시험편을 인장시험기에 설치하여 하중을 작용시켜 시험편이 파괴될 때까지의 하중과 변형량의 관계를 나타내면 다음 선도와 같다.

① 비례한도(A점) : 응력을 변형률에 비례하여 증가하는 점
② 탄성한도(B점) : 응력을 제거하면 변형이 없어지는 한도점
③ 항복점(C, D점) : 응력이 증가하지 않아도 변형률이 갑자기 증가하는 점
④ 극한강도(인장강도 E점) : 최대 응력점
⑤ 파괴점(F점)

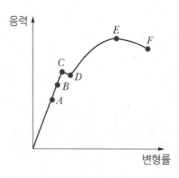

[응력 – 변형률 선도]

**01** 다음 중 응력의 단위를 옳게 표시한 것은?

① kN/cm

② kN/m²[kPa]

③ kN · m

④ kN

**정답** ②

**02** 지름 5cm인 단면에 35kN의 힘이 작용할 때, 발생하는 응력을 구하면?

① 16.8MPa

② 17.8MPa

③ 168MPa

④ 178MPa

**해설** $\sigma = \dfrac{P}{A} = \dfrac{P}{\dfrac{\pi d^2}{4}} = \dfrac{35}{\dfrac{3.14 \times (0.05)^2}{4}} = 17,834 \text{kPa}$

**정답** ②

## 02 재료의 강도

### ① 강도

재료가 얼마나 큰 응력을 받을 수 있는가를 판단하는 고유한 물성값

### ② 하중의 종류

외부로부터 에너지를 받아 일을 할 때 기계의 각 부분은 여러 가지 형태의 힘을 받게 되는데 이 힘을 하중이라 한다.

### (1) 하중이 작용하는 방향에 따른 분류

① 인장하중 : 재료를 축선 방향으로 늘어나게 하려는 하중(못을 뺄 때)
② 압축하중 : 재료를 누르는 하중(못을 박을 때)
③ 전단하중 : 축을 절단하려는 하중
④ 굽힘하중 : 축을 휘게 하는 하중
⑤ 비틀림하중 : 축을 비틀려고 하는 하중

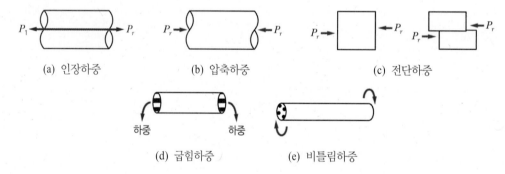

(a) 인장하중          (b) 압축하중          (c) 전단하중

(d) 굽힘하중      (e) 비틀림하중

### (2) 분포상태에 따라 분류

① 집중하중 : 일정지점에 작용하는 하중
② 분포하중 : 물체의 여러 부분에 분포하여 작용하는 하중

## (3) 작용시간에 따라 분류

① 정하중 : 시간에 따라 변하지 않는 하중

② 동하중 : 시간에 따라 변하는 하중

　ㄱ 변동하중 : 불규칙적인 하중으로 진폭과 주기가 모두 변한다.

　ㄴ 반복하중 : 인장과 제로 사이를 반복하는 하중

　ㄷ 교번하중 : 인장과 압축이 반복적으로 작용(양진)

　ㄹ 충격하중 : 짧은 시간에 빠르게 작용

　ㅁ 이동하중 : 물체 위를 이동하며 작용

## 03 변형

### 1 변형률(Strain)

단위 길이당 변형. 물체가 응력(힘)에 반응한 상태에서 변형량(deformation)에 의하여 측정된다.

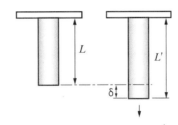

[변형률(Strain), 변형량(Deformation) 공식]

$$\varepsilon = \frac{\delta}{L} = \frac{L' - L}{L}$$

여기서, $\varepsilon$ : 변형률(Strain)

　　　　$\delta$ : 변형량(Deformation)

　　　　$L$ : 처음 길이

　　　　$L'$ : 나중 길이

**예·상·문·제**

**01** 높이 30mm의 둥근 봉이 압축되어 0.0003의 변형률이 생겼다면, 변형 후의 길이는 얼마인가?

① 30.991mm

② 29.991mm

③ 28.991mm

④ 27.991mm

**해설** 변형률$= \dfrac{l-l'}{l}$ 에서  $0.0003 = \dfrac{30-l'}{30}$

$l' = 30 - 0.009 = 29.991\,\text{mm}$

**정답** ②

## 2 변형률의 종류

변형률은 실제 실험을 통하여 측정된다.

① 인장변형률(tensile strain 또는 normal strain) : 단위 길이당 신장량

② 압축변형률(compressive strain) : 단위 길이당 줄음양

③ 전단변형률(shear strain) : 각 뒤틀림(변형 전에 서로 수직인 두 미소 선분 사이의 각 변화)

④ 탄성변형률(elastic strain) : 비례한계 내에서 응력에 의해 생긴 변형률

## 3 재료의 파괴

연성파괴, 메짐파괴, 피로파괴의 세 가지가 있다.

## 04 기계의 안전설계

### 1 피로(Fatigue)

재료가 정하중보다 작은 반복 하중이나 교번 하중에 파단되는 현상을 피로라고 한다.

#### (1) 피로한도

재료가 어느 한도까지는 아무리 반복해도 피로 파괴 현상이 생기지 않는다. 이 응력의 한도를 피로한도라고 한다.

#### (2) 반복횟수

$\sigma - N$곡선(응력 – 회수 곡선)에서 강철은 공기 중에서 $10^6 \sim 10^7$ 정도, 경합금은 $10^8$ 정도 반복하여 하중을 작용시킨다.

#### (3) 피로 현상에 영향을 미치는 요소

노치(Notch)부는 응력 집중 현상으로 쉽게 피로 파괴가 생기며, 그 밖에 치수, 표면, 온도와 관계가 있다.

### 2 크리프(Creep)

재료에 일정한 하중이 작용했을 때, 일정한 시간이 경과하면 변형이 커지는 현상을 말한다. 대개 $10^4$ 시간 후의 변형량이 1%일 때를 크리프 한도라고 하며, 특히 고온에서 더욱 고려되어야 한다.

### 3 허용 응력(Allowable stress) : $\sigma_a$

기계나 구조물에 실제로 사용하는 응력을 사용 응력(working stress)이라고 하며, 재료를 사용할 때 허용할 수 있는 최대 응력을 허용 응력(allowable stress)이라고 한다.

극한 강도$(\sigma_u) >$ 허용 응력$(\sigma_a) \geq$사용 응력$(\sigma_w)$

### 4 안전율(Safety factor) : $S_f$

재료의 극한 강도 $\sigma_u$와 허용 응력 $\sigma_a$와의 비를 안전율$(S_f)$이라고 한다.

$$S_f = \frac{\sigma_u}{\sigma_a} = \frac{극한\ 강도}{허용\ 응력}$$

# 03 | 결합용 요소

CRAFTSMAN COMPUTER AIDED MECHANICAL DRAWING

## 01 나사

### 1 나사의 기본사항

부품 조립 시에 사용되는 기계요소로 체결용과 운동용이 있다.

### (1) 나사의 나선곡선

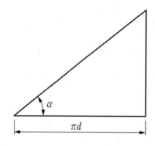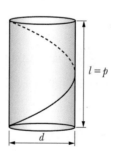

① 피치(pitch) : 나사산에서 산까지
② 리드(lead) : 나사 1회전의 진전거리
   • 1줄나사 : 1줄 나사(피치＝리드)
   • 2줄나사 : 2줄 나사(리드＝2피치)

$$\tan\alpha = \frac{\ell}{2\pi r} = \frac{p}{\pi d_2}$$

## (2) 피치와 리드

서로 인접한 나사산과 나사산 사이의 거리를 피치(pitch)라 하며, 나사를 1회전시킬 때 축방향으로 이동한 거리를 리드라 한다. 피치와 리드 사이에는 다음과 같은 관계가 있다.

$$리드(L) = 줄수(n) \times 피치(p)$$

한 줄 나사에서 리드는 피치와 같고 두 줄 이상 다줄 나사에서 리드는 피치보다 크다는 것을 알 수 있다.

## (3) 나사의 명칭

① 리드(Lead) : 나사를 축 주위로 1회전 할 때 축방향으로 이동한 거리

② 피치(Pitch) : 서로 이웃한 나사산 사이의 거리

③ 리드($L$) = 줄수($n$)×피치($p$), 나사가 1회전 할 때 축방향으로 움직인 거리

④ 골지름($d_1$) : 수나사의 골에 접하는 가상 원통의 지름

⑤ 유효반지름($d_2$) : 나사산의 홈폭이 산폭과 같도록 가상하는 원통의 지름

⑥ 바깥지름($d$) : 수나사의 산마루에 접하는 원통의 지름

⑦ 나사산 각($\alpha$) : 나사산의 벌어진 각

⑧ 다줄 나사 : 회전수를 적게 하고 빨리 죄고 싶을 때 적합

⑨ 유효지름 : 나사산의 두께와 골의 간격이 같은 가상 원통 지름

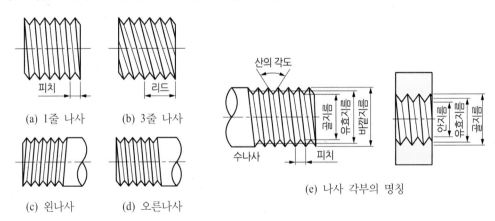

| (a) 1줄 나사 | (b) 3줄 나사 |
| (c) 왼나사 | (d) 오른나사 |

(e) 나사 각부의 명칭

## (4) 나사의 종류와 용도

### (가) 3각 나사

3각 나사의 효율은 4각 나사보다 작기 때문에, 3각 나사는 체결용으로 사용된다.

① 미터 나사

호칭치수는 바깥지름을 mm로 표시하며, 나사산의 각도는 60°이고 피치는 mm로 표시한다.

② 유니파이 나사

미국, 영국, 캐나다 3국의 협정에 의해 정한 규격으로 나사산의 각이 60°이며, ISO에서 채택되고 있고, 25.4mm(1인치)당 나사산의 수로 표시한다.

③ 관용나사

가스관을 잇는 나사로 나사산 각은 55°로 테이퍼된 형태로 주로 사용된다.

## (나) 전동용 나사

힘을 전달할 때 사용

① 사다리꼴 나사

4각 및 사다리꼴 나사는 동력 전달용으로 사용된다. 사다리꼴 나사는 나사산의 강도가 크며 나사산 각이 30°인 경우(피치를 mm로 표시)와 29°인 경우 1인치(25.4mm당 산 수)가 있다.

② 4각 나사

• 큰 축 하중을 받고 운동하는 경우에 사용되며, 효율은 좋으나 고가이다.

• 볼 부분이 두꺼워서 강도가 크고 가공 및 제작이 쉽다. 동작기계에 이송용으로 사용

③ 톱니 나사

추력이 한쪽 방향으로 크게 작용하는 곳에 적합하고 힘을 받지 않는 나사산의 면은 30°의 각도로 경사지고, 힘을 받는 면은 축에 거의 직각이다. 바이스, 프레스에 사용

## (다) 나사의 용도 분류

| 용도 | 분류 |
|---|---|
| 체결용 나사 | • 미터 나사(metric thread)<br>• 유니파이 나사(unified screw thread)<br>• 관용 나사(pipe thread) |
| 운동용 나사 | • 사각 나사(square thread)<br>• 사다리꼴 나사(trapezoidal screw thread)<br>• 톱니 나사(buttless screw thread)<br>• 둥근 나사(round thread)<br>• 볼 나사(ball thread) |
| 위치조정용 나사 | • 멈춤 나사(set screw)<br>• 작은 나사(screw) |

### (라) 한 줄 나사와 다줄 나사

나사산이 한 줄인 것을 한 줄 나사, 두 줄 이상인 것을 다줄 나사라 하며, 다줄 나사는 회전수는 적게 하여 빨리 풀거나 빨리 죌 수 있으나, 풀리기 쉬운 단점이 있다.

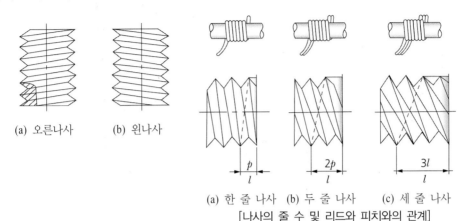

(a) 오른나사    (b) 왼나사

(a) 한 줄 나사  (b) 두 줄 나사  (c) 세 줄 나사
[나사의 줄 수 및 리드와 피치와의 관계]

### (마) 나사의 분류

| 산의 모양 | 삼각, 사다리꼴, 사각, 둥근 나사 |
|---|---|
| 피치와 나사지름 | 보통나사, 가는 나사 |
| 사용단위계 | 미터계 나사, 인치계 나사 |
| 접촉상태 | 미끄럼 나사, 구름 나사 |
| 사용목적 | 결합용 나사, 운동용 나사 |
| 사용되는 장치 | 일반 나사, 태핑 나사, 작은 나사, 관용 나사 |
| 나사산의 위치 | 숫나사, 암나사 |
| 회전방향 | 오른 나사, 왼 나사 |
| 용도 | 체결용 나사, 운동용 나사, 위치조정용 나사 |

## ② 볼트의 설계

### (1) 축방향의 정하중을 받는 경우

예 아이볼트(eye bolt), 훅볼트(hook bolt)

$$Q = \sigma_a \cdot A = \sigma_a \cdot \frac{\pi d_1^2}{4} = \sigma_a \frac{\pi \cdot (0.8d)}{4}$$

또 $d_1 = (0.8\,d)$ 이므로

$$* \; d = \sqrt{\frac{2Q}{\sigma_a}}$$

## (2) 축방향의 하중과 비틀림이 동시에 받는 경우

**예** 나사 프레스, 가스가 통과하는 파이프에 뚜껑을 달 때

축방향($Q$)과 비틀림($\frac{Q}{3}$)을 감안($\frac{4Q}{3}$) 하중이 작용하는 것으로 간주

$$* \; d = \sqrt{\frac{8Q}{3\sigma_a}}$$

## (3) 전단력을 받는 경우

**예** 압력용기

$$Q = \tau_a \cdot A = \tau_a \cdot \frac{\pi\,d^2}{4}$$

$$* \; d = \sqrt{\frac{4Q}{\pi\tau_a}}$$

## (4) 볼트의 강도

### (가) 단순히 인장하중을 받을 경우

$$d = \sqrt{\frac{2W}{\delta t}}$$

### (나) 전단하중이 작용할 때

$$W = \frac{\pi}{4}d^2\tau$$

$$d = \sqrt{\frac{4W}{\pi\tau}}$$

(다) 나사로 체결하는 경우

스패너(spanner)의 길이 : $\ell$, 가하는 힘 : $F$, 나사의 축방향 힘 : $Q$이라면 외부모멘트 : $T = F\ell$이 되고

나사부의 토크 : $T_1 = P\dfrac{d_2}{2} = Q\dfrac{d_2}{2}\tan(\alpha + \rho)$ ······················· ①

너트 자리면의 마찰계수 : $\mu_n$이라 하면 이곳의 $T_2$는

$T_2 = Q(\dfrac{d_n}{2})\mu_n$ ·································································· ②

$\therefore\ T = T_1 + T_2 = Q\,\dfrac{d_2}{2}\tan(\alpha + \rho) + Q\,(\dfrac{d_n}{2})\mu_n = F\ell$

## ❸ 너트의 설계

$H = np$

단, $n$ : 산수, $p$ : 피치

산1개당 허용면압력 : $q_m$이라면

$Q = \dfrac{\pi(d^2 - d_1^2)}{4} \cdot q_m \cdot n$

$= \pi\, d_2\, h\, q_m\, n$

$\therefore\ H = \dfrac{Q\,p}{\pi\, q_m\, h\, d_2}$

너트 높이$(h) = hp$

나사줄 수×높이 = 너트 높이

자립조건의 한계 $\alpha \leq \rho$

## 4 나사의 효율

나사의 효율은 마찰을 고려한 것과 고려하지 않은 것을 서로 비교한 것이다.

$$즉, \eta\Delta = \frac{\tan\alpha}{\tan(\alpha + \rho')}$$

만약 자립조건인 $\alpha = \rho'$이라면

$$\eta\Delta = \frac{\tan\alpha}{\tan(2\alpha)} = \frac{1}{2} - \frac{1}{2}\tan^2\alpha < 0.5$$

- 자립상태에서의 효율은 50% 이하이다.
- 나사의 자립 조건 : 나사가 스스로 풀리지 않는 한계

## 5 볼트(Bolt)와 너트(Nut)

볼트는 둥근 막대의 한 끝에 머리가 달린 수나사, 이것에 짝이 되는 암나사를 너트라 한다.

나사부의 산의 높이는 볼트의 직경에 대해 $\frac{1}{8}d \sim \frac{1}{10}d$이다.

## (1) 용도에 의한 볼트의 분류

### (가) 관통 볼트(Through bolt)

조이려는 부분을 관통하여 볼트 지름보다 큰 구멍을 뚫고, 볼트를 삽입한 후 너트를 채움

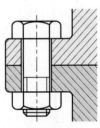

### (나) 탭 볼트(Tap bolt)

체결부분에 암나사를 만들어 볼트로 조임

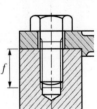

(다) 스터드 볼트(Stud bolt)

관통하는 구멍을 뚫을 수 없는 경우 사용

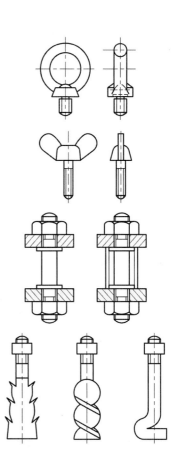

(라) 양너트 볼트(Double nuted bolt)

볼트의 양 끝에 각각 너트를 사용하여 조임

(마) 리머 볼트(Reamer bolt)

볼트에 전단력이 작용하는 곳에 사용

(2) 특수 볼트

(가) 아이 볼트(Eye bolt)

① 볼트의 머리부에 핀을 끼우거나 훅을 걸 수 있다.

② 자주 탈착하는 뚜껑의 체결에 사용

③ 고리볼트(lifting bolt)는 물체를 달아 올리는 용도

(나) 나비 볼트(Fly bolt)

① 머리모양이 나비모양

② 스패너 없이 손으로 조일 수 있다.

(다) 간격유지 볼트

① 스테이 볼트(stay bolt)라고도 한다.

② 두 물체 사이의 간격을 일정하게 유지

(라) 기초 볼트(Foundation bolt)

기계, 구조물 등을 바닥에 고정

(마) T볼트(T-bolt)

    ① 공작기계 테이블 또는 정반에서 사용

    ② 다른 물체를 용이하게 고정시키도록 T자형 홈

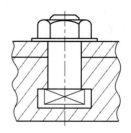

(3) 특수 너트

(가) 와셔 붙이 너트(Washer based nut)

    ① 접촉면적을 크게 하여 접촉압력을 줄임

    ② 너트 하나로 와셔의 역할을 겸함

(나) 캡 너트(Cap nut)

    ① 너트의 한쪽은 관통되지 않도록 제작

    ② 볼트의 한쪽 끝이 막혀 있어 오염을 방지

(다) 홈붙이 둥근 너트(Grooved ring nut)

    ① 너트의 두께가 얇고 균형이 잘 잡혀있음

    ② 구름 베어링의 부속품

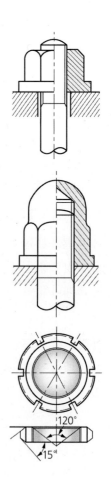

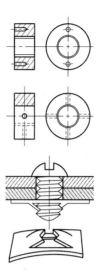

(라) 둥근 너트(Circular nut)

    너트를 외부에 노출시키지 않을 때 사용

(마) 스프링판 너트

    스프링 판을 굽혀서 만든다.

(4) 너트의 풀림방지법

    ① 와셔에 의한 방법(스프링와셔의 사용)

    ② 핀 또는 작은 나사에 의한 방법

    ③ 로크 너트에 의한 방법(2중 너트의 사용)

    ④ 철사로 묶는 방법

    ⑤ 자동 죔 너트에 의한 방법

    ⑥ 세트 스크루에 의한 방법(작은 나사로 너트를 밀어 넣음)

    ⑦ 스플릿 핀의 사용

    ⑧ 너트 멈추개의 사용

    ⑨ 너트의 회전 방향에 의한 방법(선풍기, 자동차 바퀴)

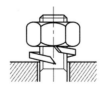

[탄성 와셔 이용법]

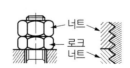

[로크 너트 이용법]

## (5) 기타 나사

### (가) 작은 나사

힘이 별로 걸리지 않는 곳에 사용 호칭 지름 8mm 이하의 나사

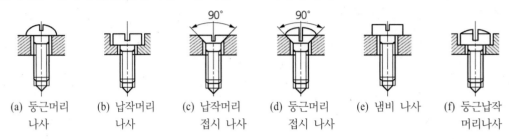

(a) 둥근머리 나사  (b) 납작머리 나사  (c) 납작머리 접시 나사  (d) 둥근머리 접시 나사  (e) 냄비 나사  (f) 둥근납작 머리나사

### (나) 세트 스크루

나사의 끝을 이용하여 축과 보스를 고정시키거나 키 대신 사용하여 기계 부품의 위치조절을 하며, 움직이는 것을 방지

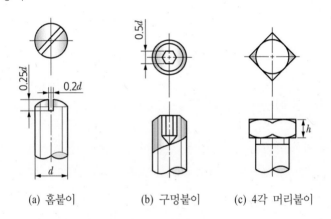

(a) 홈붙이  (b) 구멍붙이  (c) 4각 머리붙이

### (다) 태핑 나사

미리 구멍을 뚫고 수나사를 그 구멍에 돌려 끼우면 암나사가 만들어지며 고정되는 수나사

## 6 와셔(Washer)

### (1) 와셔의 사용 목적

① 구멍이 볼트의 지름보다 클 때

② 너트의 풀림을 방지할 때

③ 볼트 닿는 자리가 거칠 때

④ 부품의 재질이 연하여 볼트가 파고 들어갈 염려가 있을 때

　㉠ 볼트 구멍이 볼트 머리 지름보다 클 때

　㉡ 고무나 나무같이 내압력이 작을 때

　㉢ 볼트 머리 접촉 부분이 거칠 때

　㉣ 자리면이 기울어져 있을 때

　㉤ 가스켓을 조일 때

　㉥ 너트가 재료를 파고 들어갈 염려가 있을 때

### (2) 와셔의 용도

① 와셔는 볼트 머리의 밑면에 끼우는 것

결합체의 구멍 가공 후 버(bur)가 있을 경우 볼트 머리나 너트가 손상되는 것을 보호하며 이 Bur는 높은 하중이 결합체에 작용했을 경우 볼트를 파손시키는 원인이 되기도 함

② 일반적인 와셔는 볼트 머리 부분의 압력을 분산시킴

스트레스를 분산 시켜 주는 역할을 하며, 특히 주물이나 알루미늄 같이 강성이 약한 재질의 경우 아주 중요함

③ 갈퀴 붙이 와셔는 물체를 고정시키는 역할

④ 스프링와셔는 진동에 의한 풀림을 줄이는 역할

체결된 대상 중 하나가 돌아간다 하더라도 볼트나 너트가 회전되어 풀리는 현상을 막아줌

### (3) 와셔의 종류

평 와셔　　　　　　스프링 와셔　　　　　이붙이 와셔

(a) 둥근 와셔　　　　　　(b) 4각 와셔　　　　　　(c) 갈퀴붙이 와셔

(d) 혀붙이 와셔　　(e) 양쪽 혀붙이 와셔　　(f) 스프링 와셔　　　(g) 접시 와셔

## 02 　키

키(key) : 기어나 풀리 등을 축에 고정하여 회전력을 전달하는 장치

### 1 키의 종류와 용도

| 종류 | 형상 | 특징 및 용도 |
|---|---|---|
| 묻힘키 | 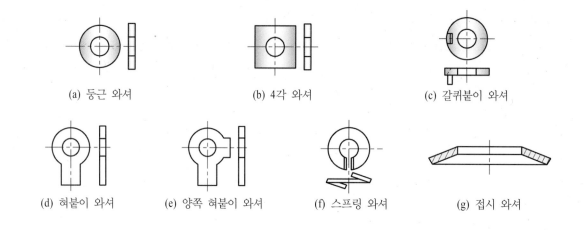 | • 축과 보스 양쪽에 키 홈이 있다.<br>• 가장 많이 사용<br>• 드라이빙 키, 세트 키 |
| 평키 | 기울기 $\frac{1}{100}$ | • 축에 키 폭만큼 가공<br>• 안장 키보다 큰 힘 전달<br>• 축의 강도를 유지 |

| 안장키 | 기울기 $\frac{1}{100}$  보스 키 | • 보스에만 키 홈을 만듦<br>• 작은 동력에 적당하다.<br>• 축과 보스의 마찰력으로 동력을 전달한다. |
|---|---|---|
| 접선키 | | • 접선 방향으로 2개의 키를 한 쌍으로 설치<br>• 전달 토크가 큰 키에 사용<br>• 120° 2쌍을 설치 |
| 미끄럼키 | | • 보스 방향으로 이동 가능<br>• 작은 나사로 고정<br>• 기울기가 없고 평행하다.<br>• 키를 축 또는 보스에 고정한다. |
| 반달키 | 기어  키  키 홈 | • 축을 약하게 한다.<br>• 60cm 이하의 축에 사용<br>• 키가 축과 보스에서 쉽게 자리 잡는다.<br>• 자동차, 공작기계에 사용 |
| 스플라인 | 보스  축 | • 축과 보스를 맞추기 쉽다.<br>• 보스를 축방향으로 이동한다.<br>• 큰 토크를 전달할 수 있으며 내구력이 있다. |
| 세레이션 | 보스  축 | • 축과 보스 위치 조절이 쉽다.<br>• 축압 강도가 커서 큰 토크를 전달할 수 있다.<br>• 자동차 핸들, 라디오의 다이얼 축에 사용 |

## ② 키의 강도 계산

### (1) 키의 전단

$$W = bl\tau = \frac{T}{d/2}$$

여기서, $W$ : 키에 사용하는 접선력(kg)
$b$ : 키의 나비(mm)
$l$ : 키의 길이(mm)
$d$ : 축의 지름(mm)

### (2) 키의 압축강도

$$\sigma_c = \frac{W}{A} = \frac{W}{tl} = \frac{2W}{hl} \qquad \therefore Z_p(극단면계수) = \frac{\pi d^3}{16}$$

$$T = W \cdot \frac{d}{2} = \frac{d}{2} \cdot tl\sigma_c = \tau \cdot Z_p = \tau \cdot \frac{\pi d^3}{16}$$

$$\sigma_c = \frac{\pi d^2 \tau}{8tl} = \frac{\pi d^2 \tau}{16hl}$$

## 03 코터와 핀

### ① 코터(Cotter)

코터는 일종의 쐐기로 축방향의 인장력 또는 압축력을 전달하여 피스톤 로드, 크로스 헤드의 결합에 사용된다. 코터의 재질은 축보다 약간 강도가 높은 것을 사용한다.

• 축 방향으로 인장 혹은 압축이 작용하는 두 축을 연결하는 것으로 분해할 경우에 사용한다.
• 코터는 힘을 전달하기 위한 것
• 봉의 결합에 사용되는 구배가 있는 납작한 쇠

## (1) 코터의 구조

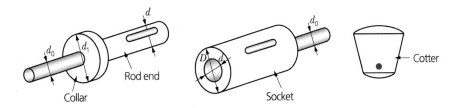

일반적인 코터의 기울기는 $\dfrac{1}{20}$ 반영구적인 것 $\dfrac{1}{100}$ 분해하기 쉽게 할 것

## (2) 코터의 접촉 압력식

$$p = W/t(D-d)$$

<자립조건>

① 한쪽 기울기의 코터 $\alpha \leq 2p$

② 양쪽 기울기의 코터 $\alpha \leq p$

여기서, $\alpha$ : 경사각, $p$ : 마찰각

## (3) 코터의 강도

### (가) 코터의 전단강도

$$\tau = \frac{W}{A} = \frac{W}{2bh}$$

여기서, $b$ : 코터의 두께, $h$ : 코터의 나비

### (나) 코터의 접촉 압력

$$q' = \frac{W}{bd}$$

$$q' = \frac{W}{b(D-d)}$$

여기서, $D$ : 소켓의 바깥지름, $d$ : 로드의 지름

## 2 핀(Pin)

### (1) 핀의 종류와 용도

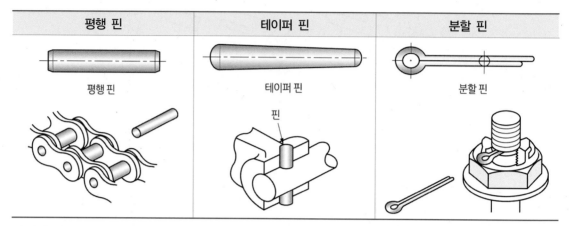

| 평행 핀 | 테이퍼 핀 | 분할 핀 |
|---|---|---|
| 평행 핀 | 테이퍼 핀 | 분할 핀 |
| | 핀 | |

테이퍼 핀 : 작은 쪽 지름을 호칭 지름으로 사용한다. (1/50의 테이퍼 값을 가진다)

### (2) 특징 및 용도

① 작은 하중이 작용하는 곳에 사용한다.
② 기계의 부품을 고정
③ 기계부품의 위치를 결정
④ 접촉면의 미끄럼 방지
⑤ 나사의 풀림 방지

## 04 리벳(Rivet)

- 강판 등을 연결할 때 사용, 영구적인 결합 방법
- 리벳 이음은 판을 겹쳐서 영구적으로 결합하는 것으로 생산성이 높고 응용 범위가 넓어 철골구조, 항공기 기체, 보일러, 압력용기에 사용된다.(조립하면 분해가 필요 없는 경우 사용한다)
- 리벳의 호칭법(종류)

    (호칭 지름 $d$)×(길이 $l$) (재료)

# 1 리벳의 종류와 용도

## (1) 제조방법에 따라

① 냉간리벳은 냉간성형되며 호칭 지름이 1~10mm
② 열간리벳은 열간성형되며 호칭 지름이 10~44mm

## (2) 머리형상에 따라

둥근머리, 접시머리, 납작머리, 둥근 접시머리 등

## (3) 용도에 따라

① 구조용 리벳 : 강도가 목적이며 철골구조물, 교량에 이용
② 저압용 리벳 : 기밀, 수밀이 목적이며 물탱크 등 저압용 탱크에 이용
③ 보일러용 리벳 : 강도와 기밀이 목적이며 보일러, 고압용 탱크에 이용

## (4) 리벳 이음의 종류

① 겹침 이음 : 2개의 판을 겹쳐서 리베팅하는 방법으로 1줄, 2줄, 3줄이 있다.
② 맞대기 이음 : 겹판을 대고 리베팅하는 방법이다.

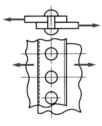
(a) 1줄 리벳
겹치기 이음

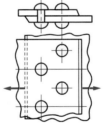
(b) 지그재그형 2줄
리벳 겹치기 이음

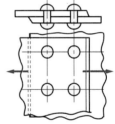
(c) 평행형 2줄
리벳 겹치기 이음

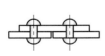
(d) 한쪽 덮개판 1줄
리벳 맞대기 이음

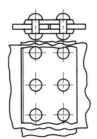
(e) 양쪽 덮개판 1줄
리벳 맞대기 이음

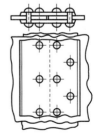
(f) 양쪽 덮개판 2줄
리벳 맞대기 이음

## ② 리벳 이음의 강도설계

### (1) 리벳 이음의 강도설계

#### (가) 리벳 이음의 전단

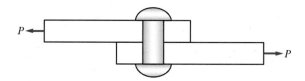

전단력은 $P = \dfrac{\pi d^2}{4}\,\tau_r$

#### (나) 모재판 끝의 전단

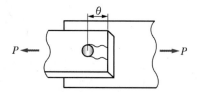

$$P = 2\,e\,t\,\tau_a$$

### (2) 리벳 이음의 효율

#### (가) 판의 효율

구멍이 있는 판과 없는 판의 인장강도비

$$\eta_p = \frac{(p-d)t\sigma_t}{pt\sigma_t} = 1 - \frac{d}{p}$$

#### (나) 리벳의 효율

구멍이 없는 판의 인장강도와 리벳의 전단강도비

$$\eta_r = \frac{n\dfrac{\pi d^2}{4}\tau_r}{pt\sigma_t} = \frac{n\,\pi\,d^2\,\tau_r}{4\,p\,t\,\sigma_t}$$

## 3 리벳 작업

- 보일러, 압력용기 등에서 안과 밖의 기밀을 유지할 때
- 5mm 이하의 판에서는 코킹을 하지 않는다.

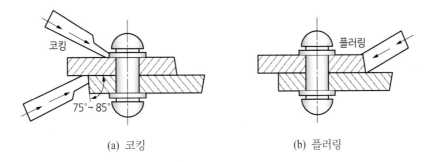

(a) 코킹          (b) 플러링

**(가) 코킹(Caulking)**

리벳 머리의 둘레와 강판의 가장자리를 정과 같은 공구로 때리는 것

**(나) 플러링(Fullering)**

기밀을 더 좋게 하기 위해 강판과 같은 두께의 플러링 공구로 때려 붙이는 것

## 4 리벳 이음의 파괴

① 리벳이 전단에 의한 파괴
② 강판이 인장에 의한 파괴
③ 리벳 또는 리벳 구멍이 압축에 의한 파괴
④ 강판 가장자리가 리벳 폭으로 파괴
⑤ 강판 가장자리가 굽힘에 의한 파괴

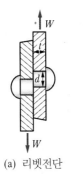  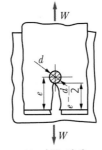 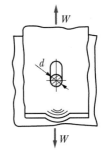

(a) 리벳전단          (b) 판의 전단          (c) 판끝 절개          (d) 판재 압축파괴

## 05 체인(Chain)

- 원리 : 체인을 스프로킷의 이에 하나씩 물리게 하여 동력을 전달한다.
- 용도 : 두 축 사이의 거리가 멀고, 확실한 동력전달이 필요한 곳에 쓰인다.
- 사용 장소 : 두 축 사이의 거리가 비교적 멀고, 확실한 전동을 필요로 하는 곳에 사용한다.

### 1 체인 전동장치의 특징

① 미끄럼없이 일정한 속도비
② 접촉각이 90° 이상이면 전동 가능
③ 내열, 내유, 내수성이 크다.
④ 큰 동력 전달 효율이 95% 이상
⑤ 체인의 탄성으로 어느 정도 충격 하중을 흡수
⑥ 고속 회전에 부적당, 저속, 대마력에 적당
⑦ 축간 거리는 짧아도 된다.(자유로이 조정)
⑧ 충격에 대해 강하다.
⑨ 유지보수가 용이하다.
⑩ 초 장력이 필요 없으므로 베어링의 마찰 손실이 적음
⑪ 진동, 소음이 생기기 쉬움

### 2 체인의 종류

| 단열 체인 | 복열 체인 |
|---|---|
| | |

### (1) 롤러 체인

롤러 체인은 롤러(roller), 핀(pin), 부시(bush), 링크(link)를 이용하여 연속적으로 엇갈리게 연결한 체인이다. 잇수가 적으면 회전이 원활하지 못하기 때문에 잇수는 17개 이상이 되어야 한다.

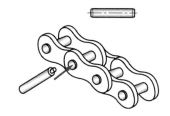

## (2) 사일런트 체인

링크를 부시에 끼우고 바깥쪽에 안내링크를 결합시켜 핀으로 연결하여 만든다. 롤러체인보다 소음과 진동이 적고 고속회전에 적당하다.

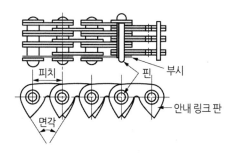

## 3 체인의 속도

| 구분 \ 종류 | 롤러 체인 | 사일런트 체인 |
|---|---|---|
| 체인의 최대 속도 | 7m/sec | 10m/sec |
| 사용 속도 | 5m/sec | 7m/sec |
| 2축간 중심거리 | 피치의 40~50배 | 피치의 30~50배 |

## 4 스프로킷 휠의 종류(단열 스프로킷 휠)

| 평판형 | 한쪽 보스형 | 양쪽 보스형 | 보스 분리형 |
|---|---|---|---|
|  |  |  |  |

# 04 전달용 기계요소

CRAFTSMAN COMPUTER AIDED MECHANICAL DRAWING

## 01 축(Shaft)

### 1 축(Shaft)의 분류

| 분류 기준 | 회전 여부 | 단면 모양 | 외형 | 적용하중 | 겉모양 |
|---|---|---|---|---|---|
| 축의 종류 | 회전축<br>정지축 | 원형축<br>각축 | 직선축<br>경사축<br>크랭크 축<br>유연축 | 차축<br>스핀들<br>전동축 | 직선축<br>테이퍼 축<br>크랭크 축<br>플렉시블 축 |

### 2 모양에 따른 축의 종류

① 직선축 : 일반적인 보통의 축

② 크랭크 축 : 직선 운동을 회전운동으로 바꾸는 왕복 운동기관에 사용

③ 플랙시블 축 : 축의 굽힘이 비교적 자유로운 축으로 철사를 코일 모양으로 이중 삼중으로 감아서 만든 것

### 3 작용하는 힘에 의한 분류

① 차축(axle) : 차량의 축과 같이 주로 굽힘을 받는 회전 또는 정지축

② 스핀들 축(spindle shaft) : 공작기계의 주축에 사용하여 치수가 정밀하고 변형이 적으며 주로 비틀림을 받는다.

③ 전동축(transmission shaft) : 동력 전달을 목적으로 주로 비틀림과 힘을 동시에 받는다.

④ 샤프트(shaft) : 굽힘작용과 인장, 압축하중을 받고 토크도 전달한다.(프로펠러 축)

## 4 축의 설계에서 고려할 사항

① 강도(strength) : 하중 조건이나 운전 조건에 따라 파괴되지 않도록 충분한 강도를 가져야 한다.
② 강성(rigidity) : 하중에 대한 변형이 어느 한도 이하가 되도록 한다. 굽힘하중을 받는 축은 처짐이, 비틀림하중을 받는 축은 비틀림 각이 어느 한도를 넘게 되면 진동이 발생한다.
③ 진동(vibration) : 고속회전축에서는 공진에 의한 축의 파괴가 일어날 수 있으므로 축의 고유진동수가 공진을 회피할 수 있도록 설계해야 한다.

## 5 축이음(Coupling)

- 두 개의 축을 결합하여 구동측으로부터 피동측으로 동력을 전달하기 위해서는 축을 분리하고 결합해야 하는 부분이 필요하게 된다. 이를 축이음 또는 커플링이라 한다.
- 반영구적으로 두 축을 고정하는 기계요소

### (1) 축이음의 종류

| 종류 | 모양 | 특징 |
| --- | --- | --- |
| 커플링 | <br>리머 볼트<br>단붙임 부분 | 운전 중에 두 축의 연결을 끊을 수 없는 영구 축이음 |
| 클러치 | | 운전 중에 두 축을 연결 또는 끊을 수 있는 축이음 |

## (2) 커플링 이음의 종류

| 종류 | 모양 | 특징 |
|---|---|---|
| 플랜지 커플링 | | • 설치분해가 쉽다.<br>• 축 지름과 전달 동력이 작은 이음에 사용<br>• 가장 많이 사용, 축은 키로 고정하고 양쪽을 볼트로 조인다. |
| 분할 원통 커플링 | | • 설치분해가 쉽다.<br>• 긴 전동축에 사용<br>• 진동이 없는 축에 사용 |
| 슬리브 커플링 | | • 주철제 원통 속에서 두 축을 맞대어 키로 고정<br>• 축 지름과 전달 동력이 작은 이음에 사용 |
| 마찰 원통 커플링 | | • 설치분해가 쉽다.<br>• 긴 전동축에 사용<br>• 진동이 없는 축에 사용 |

### (가) 두 축이 일직선 상에 있는 경우

① 슬리브 커플링 : 고정축 이음으로 주철제 원통 안에 두 축을 맞추어 키로 고정한 것

머프 커플링, 반중첩 커플링, 분할원통 커플링, 셀러 커플링

② 플랜지 커플링 : 가장 많이 사용하는 축이음으로 주철제 또는 주강제의 플랜지를 양축에 고정시킨후 볼트로 고정한 것

큰 지름에 사용하고 분해질 조립에 용이한 이음

③ 플렉시블 커플링 : 두 축이 정확히 일치하지 않는 경우 완충 작용과 전기 절연 작용함
(고무, 가죽, 강철 판, 스프링)

**(나) 반중첩 커플링**

축단을 약간 크게 하여 경사지게 중첩시켜 공통의 키로써 고정한 커플링

**(다) 유니버설 조인트**

두 축이 만나는 각이 수시로 변화하는 경우에 사용되는 커플링, 공작기계, 자동차의 축이음에 사용

**(라) 올덤 커플링**

두 축이 평행하며 약간 어긋나는 경우에 사용, 진동이나 마찰저항이 커서 고속회전에는 적당하지 않다.

**(마) 특수용도의 경우**

① 안전 커플링 : 제한 하중 이상이 되면 자동적으로 연결이 끊어지는 커플링
② 유체 커플링 : 유체를 이용한 커플링으로 자동차에 사용

## 6 축이음 설계 시 필요한 조건

### (1) 필요한 조건

① 토크의 전달에 충분한 강도를 가질 것　② 충분한 강도를 가질 것
③ 축의 중심선이 완전하게 일치할 것　④ 회전할 때 평형이 양호할 것
⑤ 진동에 대한 저항이 강할 것　⑥ 분해 및 결합이 용이할 것
⑦ 부식 및 열응력에 강할 것

### (2) 휨을 받는 축의 지름

둥근 축의 경우

$$M = \sigma_b \cdot Z = \sigma_b \cdot \frac{\pi d^3}{32} \fallingdotseq \frac{\sigma_b d^3}{10}$$

## (3) 축의 설계

$$H = \frac{2\pi\,TN}{75 \times 60 \times 1,000}$$

## (4) 연강축의 지름

$$d = \sqrt[3]{\frac{16\,T}{\pi\tau}}$$

여기서, $\tau$ : 비틀림 응력, $T$ : 비틀림 모멘트

## 02 기어(Gear)

기어는 한 쌍의 회전원통의 둘레에 서로 맞물리는 요철을 만들어 미끄러짐 없이 일정한 회전속도비를 유지하며 동력을 전달하는 기계요소이다.

### 1 기어의 종류

(a) 스퍼 기어　　(b) 헬리컬 기어　　(c) 래크　　(d) 베벨 기어　　(e) 웜 기어

① 스퍼 기어(spur gear) : 이가 축에 평행하고, 이의 선이 직선이다.
② 헬리컬 기어(helical gear) : 이를 축방향으로 경사시킨 것으로 하중이 이의 면에 넓게 분산되어 강도가 높아 큰 동력의 전달에 많이 사용된다.
③ 웜 기어(worm gear) : 서로 직각을 이루며 같은 평면 위에 있지 않은 2축 사이의 회전을 전달하는 기어이다.
④ 래크와 피니언(rack & pinion) : 이가 축에 평행하고 래크는 직선운동을 한다.

## ❷ 각종 기어의 종류

### (1) 두 축이 평행한 기어

① 스퍼 기어 : 이기 축에 평행

② 헬리컬 기어 : 이를 축에 경사시킨 것으로 물림이 순조롭고 축에 스러스트가 발생함

③ 더블 헬리컬 기어 : 방향이 반대인 헬리컬 기어를 같은 축에 고정시킨 것

④ 인터널 기어 : 맞물린 2개의 기어의 회전 방향이 같음

### (2) 두 축이 교차하는 기어

① 베벨기어 : 원뿔면에 이를 만든 것으로 이가 직선인 것을 직선 베벨기어라고 함

② 헬리컬 베벨기어 : 이가 원뿔면의 모선에 경사진 기어

③ 스파이럴 베벨기어 : 이가 구부러진 기어

### (3) 두 축이 평행하지도 교차하지도 않는 기어

① 하이포이드 기어 : 스파이럴 베벨기어와 같은 형상이고 축만 엇갈린 기어

② 스크루 기어 : 비틀림각이 서로 다른 헬리컬 기어를 엇갈리는 축에 조합시킨 것 , 미끄럼 전동을 하여 마멸이 많은 결점

③ 웜 기어 : 웜과 같은 웜 기어를 한 쌍으로 사용하며 큰 감속비를 얻음

## ❸ 기어전동의 특징

① 큰 동력을 일정한 속도비로 전할 수 있다.

② 사용 범위가 넓다.

③ 전동 효율이 좋고 감속비가 크다.

④ 충격에 약하고 소음과 진동이 발생

ⓐ 전동 효율이 높고 감속비가 크다.

ⓑ 강력한 동력을 일정한 속도비로 전달할 수 있다.

ⓒ 공작기계, 시계, 자동차, 항공기 등 적용 범위가 넓다.

ⓓ 단점 : 충격에 약하고, 소음 진동이 발생한다.

## 4 기어 각부의 명칭

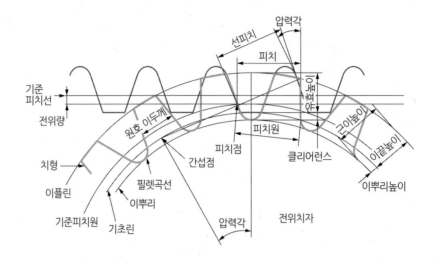

① 피치원 : 피치면의 수직으로 단면상의 원
② 원주 피치 : 피치원 위에서 측정한 2개의 이웃에 대응하는 부분 간의 거리
③ 이끝원 : 이의 끝을 지나는 원
④ 이뿌리원 : 이 밑을 지나는 원
⑤ 이폭 : 축 단면에서 이의 길이
⑥ 이의 두께 : 피치상에서 잰 이의 두께
⑦ 이의 높이 : 이끝 높이와 이뿌리의 높이의 합
⑧ 이끝 높이 : 피치원에서 이끝원까지의 거리
⑨ 이뿌리 높이 : 피치원에서 이뿌리원까지 거리
⑩ 압력각(pressure angle) : 피치원상의 치형의 접선과 반경 방향 직선의 사잇각으로 KS에서는 14.5°, 20°를 규정하고 있다.

## 5 기어의 계산식

기어에서 이의 크기를 표시하는데 다음의 3가지 기본 수식을 사용하고 있다.

## (1) 원주피치(Circular pitch)

피치원의 원주를 잇수로 나눈 값

원주피치 $P = \dfrac{\text{피치원의 둘레}(\mathrm{mm})}{\text{잇수}} = \dfrac{\pi D}{Z}$

$$\therefore \; P = \pi M$$

여기서 원주피치가 클수록 이는 커지고 잇수는 적어진다.

## (2) 모듈(Module)

피치원의 지름을 잇수로 나눈 값

$$모듈 \; M = \dfrac{\text{피치원의 지름}(\mathrm{mm})}{\text{잇수}} = \dfrac{D}{Z}$$

$$\therefore \; D = M \cdot Z, \; Z = \dfrac{D}{Z}$$

여기서 모듈이 클수록 이는 커지고 잇수는 적어진다.

## (3) 지름 피치(Diametral pitch)

잇수를 피치원의 지름으로 나눈 값(인치식)

$$지름피치 \; DP = \dfrac{\text{잇수}}{\text{피치원의 지름}(\in)} = \dfrac{Z}{D} = \dfrac{25.4Z}{D}$$

$$\therefore \; DP = \dfrac{25.4}{M}$$

여기서 지름 피치가 클수록 이는 적어지고 잇수는 많아진다.

$$바깥지름 \; De = D + 2M = M(Z+2)$$

## 6 기어열

기어의 속도비가 6 : 1 이상되면 전동 능력이 저하되므로 원동차와 피동차 사이에 1개 이상의 기어를 넣는 것

### 7 치형 곡선

(1) 인벌류트 곡선 : 원기둥에 감은 실을 풀 때, 실의 1점이 그리는 원의 일부를 곡선으로 한 것
(2) 사이클로이드 곡선 : 기준원 위에 원판을 굴릴 때, 원판상의 1점이 그리는 궤적으로 외전 및 내전 사이클로이드 곡선이 있음

### 8 이의 간섭을 방지하는 방법

① 압력각을 20° 이상으로 증가시킨다.
② 이의 높이를 표준보다 낮게 한다.
③ 간섭을 일으키는 이끝 부분을 후퇴시켜 이를 깎는다.(전위 기어)

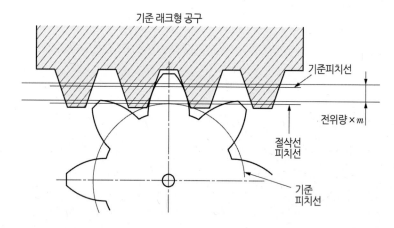

### 9 전위 기어

기준 래크의 기준 피치선이 기어의 기준 피치원과 접하지 않도록 하여 제작한 기어
① 중심거리를 변화시키려고 할 때 사용
② 언더컷을 피하려고 할 때
③ 이의 강도를 개선하려고 할 때

### 10 기어가공의 방법

① 형판에 의한 법
② 총형공구에 의한 방법
③ 창성법

## 03 베어링(Bearing)

회전축을 지지하는 축용 기계요소를 베어링이라 한다. 베어링과 접촉되는 축 부분을 저널이라 한다.

### 1 베어링 종류

#### (1) 하중의 작용에 따른 분류

① 레이디얼 베어링(radial bearing) : 하중을 축의 중심에 대하여 직각으로 받는다.

② 스러스트 베어링(thrust bearing) : 축의 방향으로 하중을 받는다.

③ 원뿔 베어링(cone bearing) : 합성 베어링이라고도 하며, 하중의 받는 방향이 축 방향과 축의 직각 방향의 합성으로 받는다.

#### (2) 접촉면에 따른 분류

① 미끄럼 베어링(sliding bearing) : 저널 부분과 베어링이 미끄럼 접촉을 하는 것으로 슬라이딩 베어링이라고도 한다.

② 구름 베어링(rolling bearing) : 저널과 베어링 사이에 볼이나 롤러를 넣어서 구름 마찰을 하게 한 베어링으로 롤링 베어링이라고도 한다.

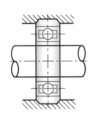 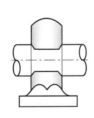 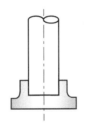 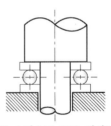

(a) 레이디얼 구름 베어링　(b) 레이디얼 미끄럼 베어링　(c) 스러스트 미끄럼 베어링　(d) 스러스트 구름 베어링

[베어링의 종류]

## 2 베어링 분류

### (1) 작용하는 하중의 방향에 따른 분류

| 종류 | 모양 | 특징 |
|---|---|---|
| 레이디얼 베어링 | | 축선에 직각 방향으로 작용하는 하중을 지지하는 베어링 |
| 스러스트 베어링 | | 축선과 같은 방향으로 작용하는 하중을 지지하는 베어링 |
| 테이퍼 베어링 | | 축선에 직각 방향으로 작용하는 하중과 축선과 같은 방향으로 작용하는 하중을 모두 지지하는 베어링 |

### (2) 접촉하는 상태에 따른 분류

축에 작용하는 하중을 주로 유막의 압력에 의하여 받쳐 주면서 미끄럼 접촉을 하는 미끄럼 베어링(sliding bearing)과 볼(ball) 또는 롤러(roller)의 접촉 압력에 의하여 하중을 받쳐 주면서 구름 접촉을 하는 구름 베어링(rolling bearing)이 있다.

### (3) 회전체의 종류에 따른 분류

구름 베어링에 사용되는 회전체의 모양이 볼이면 볼 베어링(ball bearing), 롤러이면 롤러 베어링(roller bearing)이라고 한다.

### (4) 니들 롤러 베어링

① 롤러가 매우 가늘며 마찰 저항이 크며, 충격 하중이 강하다.
② 중하중용에 사용된다.

## ③ 미끄럼 베어링과 구름 베어링 비교

| 구분 | 미끄럼 베어링 | 구름 베어링 |
|---|---|---|
| 마찰 | 크다. | 작다. |
| 하중 | 트러스트, 레이디얼 하중을 1개의 베어링으로는 받을 수 없다. | • 두 개의 하중을 1개의 베어링으로 받는다.<br>• 충격하중으로 전동체와 내외륜의 접촉부에 자국이 생기기 쉽다. |
| 음향 | 정숙 | 전동체, 궤도면의 정밀도에 따라 소음이 생기기 쉽다. |
| 설치 | 간단 | 내외륜 끼워맞춤에 주의가 필요하다. |
| 윤활 | • 윤활장치가 필요하다.<br>• 윤활유 선택에 주의해야 한다. | • 그리스 윤활의 경우 윤활장치가 필요 없다.<br>• 점도의 영향을 받지 않는다. |
| 가격 | 저렴 | 고가 |
| 미끄럼 | 베어링 | |
| 구금 | 베어링 | |
| 수명 | 길다. | 재료의 피로와 마모에 따라 결정된다. |
| 장점 | • 충격하중에 견딘다.<br>• 정숙운전, 초고속에 알맞다.<br>• 고하중에 마찰이 작다.<br>• 내식처리가 용이하다.<br>• 소형 베어링으로 만들 수 있다. 비교적 먼지에 예민하지 않다.<br>• 구조가 간단하고 값이 싸다. | • 시동마찰이 작다.<br>• 중하중 이하에서 마찰이 작다.<br>• 베어링의 폭이 작다.<br>• 교환하기 쉽다.<br>• 윤활법과 보수가 용이하다. |

## ④ 구름 베어링의 장단점

| 장점 | 단점 |
|---|---|
| • 마찰저항이 작고 동력이 절약된다.<br>• 마멸이 적고 정밀도가 높다.<br>• 고속 회전 가능<br>• 제품이 규격화되어 있다.<br>• 기계를 소형화시킬 수 있다. | • 충격에 약하다.<br>• 소음이 발생한다.<br>• 외경이 커지기 쉽다.<br>• 수명이 짧다.<br>• 가격이 비싸다. |

## 5 베어링이 갖추어야 할 특성

① 마찰저항이 작아야 한다.
② 강도가 커야 한다.
③ 마모가 적어야 한다.
④ 마찰면에 먼지나 금속입자가 침입하지 않아야 한다.
⑤ 방열작용이 충분해야 한다.

## 6 구름 베어링

### (1) 구조

안쪽 레이스와 바깥쪽 레이스 사이에 볼이나 롤러 등의 전동체를 넣고 전동체의 간격을 일정하게 유지하기 위하여 리테이너가 있다

• 구름 베어링에서 볼 또는 롤러의 간격을 유지하는 부속품＝리테이너

### (2) 구름 베어링의 종류

| 분류방법 | 종류 |
|---|---|
| 전동체의 모양에 따라서 | 볼 베어링, 롤러 베어링, 니들 베어링 |
| 하중이 걸리는 방향에 따라서 | 레이디얼 베어링, 스러스트 베어링 |
| 전동체의 배열 방법에 따라서 | 단열형, 복열형 |

### (3) 구름 베어링의 호칭치수

① 형식번호
② 지름기호
③ 안지름 번호 : 안지름 호칭 번호 × 5
　　　　　안지름 번호 : 안지름 치수 ÷ 5
④ 등급기호 : 무기호… 보통급
　　　　H…상급, P…정밀급, SP…초정밀급

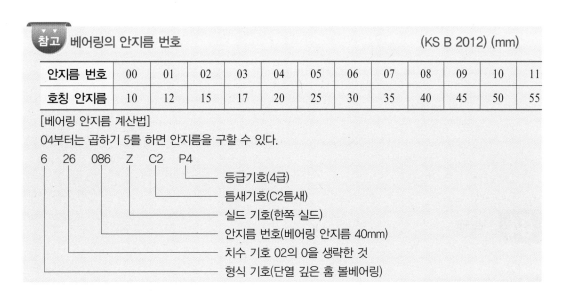

**참고** 베어링의 안지름 번호                       (KS B 2012) (mm)

| 안지름 번호 | 00 | 01 | 02 | 03 | 04 | 05 | 06 | 07 | 08 | 09 | 10 | 11 |
|---|---|---|---|---|---|---|---|---|---|---|---|---|
| 호칭 안지름 | 10 | 12 | 15 | 17 | 20 | 25 | 30 | 35 | 40 | 45 | 50 | 55 |

[베어링 안지름 계산법]

04부터는 곱하기 5를 하면 안지름을 구할 수 있다.

```
6  26  086  Z  C2  P4
```
- 등급기호(4급)
- 틈새기호(C2틈새)
- 실드 기호(한쪽 실드)
- 안지름 번호(베어링 안지름 40mm)
- 치수 기호 02의 0을 생략한 것
- 형식 기호(단열 깊은 홈 볼베어링)

## (4) 레이디얼 베어링의 계산

$$P = \frac{W}{dl} (\text{kg}/\text{mm}^2), \ l = (1 \sim 2)d$$

## 7 볼 베어링과 롤러 베어링의 특징

| | 볼 베어링 | 롤러 베어링 |
|---|---|---|
| 하중 | 비교적 소하중 | 비교적 대하중 |
| 회전수 | 고속 회전용 | 비교적 저속 회전용 |
| 충격성 | 약하다 | 볼 베어링에 대해 큼 |
| 마찰 | 작다 | 비교적 크다 |

## 8 각종 베어링의 특성과 용도

① 부시 : 경하중, 저속회전, 레이디얼용

② 메탈 베어링 : 마모 조절 용이, 레이디얼용

③ 원추 베어링 : 합성 하중용, 마모 조절 가능. 공작기계에 많이 사용

④ 컬러 스러스트 메탈 베어링 : 가로형, 스러스트, 중하중용

⑤ 피벗 베어링 : 정밀 계측기용

⑥ 나이프 에너지 : 정밀 천평 계량기의 지점용

⑦ 오일리스 베어링 : 윤활유 염려 불필요

## 04 벨트

### 1 벨트풀리의 종류

| 종류 | 모양 | 특징 |
|---|---|---|
| 평 벨트 | | • 정확한 속도비를 얻지 못함<br>• 갑자기 하중이 커질 때 미끄럼으로 무리한 전동 방지 |
| 타이밍 벨트 | | • 미끄럼이 없어 정확한 속도가 요구되는 곳에 사용<br>• 자동차 엔진의 크랭크축과 캠 축에 사용 |
| V벨트 | | • 평 벨트에 비하여 운전이 조용하고 충격 완화 작용한다.<br>(단면의 크기 : M < A < B < C < D < E형) |

## 2 벨트(Belt) 전동의 특징

① 정확한 속도비를 얻을 수 없다.

② 충격 하중을 흡수하여 진동을 감소시킨다.

③ 안전장치 역할(갑자기 큰 하중시 미끄러짐으로 인한 무리한 전동 방지)

④ 구조가 간단하고 제작비 저렴하다.

### (1) 평벨트 전동(Belt drive)의 특징

① 벨트에 사용되는 재료는 가죽, 직물, 고무, 강 등이 있다.

② 두 축 사이의 중심거리가 큰 경우에 사용된다.

③ 효율이 96~98% 정도로 높다.

④ 변속비를 1 : 15까지 높게 할 수 있다.

⑤ 기구가 간단하고 가격이 싸다.

⑥ 미끄러짐이 발생한다.

## 3 V벨트

V벨트의 형상은 밀착성을 높이기 위해 사다리꼴로 되어 있다.

### (1) V벨트의 종류

M, A, B, C, D, E의 여섯 가지이며 M형이 가장 작다.

### (2) V벨트 전동 장치의 특징

① 속도비는 1 : 7이다.

② 풀리의 홈 각도는 (34도, 36도, 38도이다) − 벨트의 단면은 40도이다.

③ 중심거리가 짧은 곳에 사용(5m 이하)

④ 운전이 조용하고 진동 흡수 효과가 있다.

⑤ 전동 효율이 90~95%로 높다.

⑥ 초기 장력을 주기 위한 중심거리 조정장치 필요

### (3) V벨트 전동의 특성

① 속도비가 크다.

② 장력이 작아 베어링의 부하가 작다.

③ 정숙한 고속운전이 가능하다.

④ 벨트에 가해지는 강도가 균일하다.

⑤ 미끄러짐이 적다.

### (4) V벨트의 호칭번호

$$호칭번호 = \frac{벨트의 \; 유효둘레(mm)}{25.4}$$

### (5) V벨트의 전달 동력

V벨트의 전달 동력(kW)은 다음 식으로 구한다.

$$P = Z \cdot \frac{P_e v}{102}[kW], \; P = Z \cdot \frac{P_e v}{75}[PS]$$

여기서, $Z$ : 사용 V벨트의 수
$P_e$ : 유효전달력($P_e = T_1 - T_2$) $N$

**참고** V벨트의 표준치수

| 단면형 | 형의 종류 | 폭(a) | 높이(b) | 단면적 |
|---|---|---|---|---|
| 40° $a$ $b$ | M | 10.0mm | 5.5mm | 40.4mm² |
| | A | 12.5mm | 9.0mm | 83.0mm² |
| | B | 16.5mm | 11.0mm | 137.5mm² |
| | C | 22.0mm | 14.0mm | 236.7mm² |
| | D | 31.5mm | 19.0mm | 461.1mm² |
| | E | 38.0mm | 25.5mm | 732.3mm² |

직포
고무층
항장체
고무층

[V벨트의 형상]

# 05 제어용 기계요소

CRAFTSMAN COMPUTER AIDED MECHANICAL DRAWING

## 01 스프링(Spring)

스프링은 탄성을 이용하는 기계요소로 하중과 변형과의 관계, 탄성에너지의 흡수 및 축적, 고유진동의 성질, 진동의 절연 및 충격의 완화 역할을 한다.
- 저장한 에너지의 이용 : 계기용 스프링, 시계용 스프링, 완구용 스프링
- 진동의 절연과 충격완화 : 자동차용 현가 스프링, 차체의 프레임

### ▌1 스프링의 종류

#### (1) 형상에 따른 분류

① 코일(coil) 스프링 : 제작비가 저가이고 스프링으로서의 성능이 확실하고 경량소형으로 제조할 수 있는 특징을 가지고 있다.

② 판(leaf) 스프링 : 부착방법이 간단하고 에너지 흡수능력이 크며, 구조용 부재로의 성능도 겸할 수 있다. 제조가공이 비교적 용이 하다.

③ 토션 바(tortion bar) : 스프링에 축적하는 에너지가 크다. 경량으로 간단한 모양을 가지고 있으나 부착부의 가공이 복잡하기 때문에 고가이다.

④ 스파이럴(spiral) 스프링 : 제작이 용이하고 한정된 장소에 비교적 큰 에너지를 축적할 수 있다.

⑤ 볼루트(volute) 스프링 : 제작이 용이하고 코일 사이의 마찰에 의한 내부감속을 가지며 비선형 특성을 가지고 있다.

⑥ 접시(disk) 스프링 : 하중에 비교적 작은 용적으로 지지할 수 있어 큰 부하용량을 가지고 있다.

## (2) 재료에 의한 분류

① 금속 스프링 : 강 스프링(탄소강 또는 합금강), 비철 금속 스프링(동합금 또는 니켈 합금)

② 비 금속 스프링 : 고무 스프링, 유체 스프링, 합성수지 스프링

## (3) 모양에 따른 분류

코일 스프링, 토션 스프링, 인벌류트 스프링, 스톱링, 판 스프링, 스프링와셔 등등

## (4) 용도에 따른 분류

완충 스프링, 가압 스프링, 측정 스프링, 동력 스프링

## (5) 하중에 따른 분류

인장 스프링, 압축 스프링, 토션 스프링

## 2 스프링 계산식

① 스프링 지수 : 코일의 평균 지름과 소선 지름의 비

$$\text{스프링 지수 } C = \frac{\text{코일의 평균지름}}{\text{소선의 지름}} = \frac{D}{d}$$

② 스프링 상수 : 스프링의 억센 정도

$$\text{스프링 상수 (K)} = \frac{W(\text{하중})}{\delta(\text{변위량})}$$

③ 스프링 상수 (K)가 직렬연결 또는 병렬연결일 경우 틀려진다.

$$\text{병렬연결 } K = K_1 + K_2 + K_3 \cdots$$

$$\text{직렬연결 } \frac{1}{K} = \frac{1}{K_1} + \frac{1}{K_2} + \frac{1}{K_3} \cdots$$

④ 스프링의 강도 (전단응력)

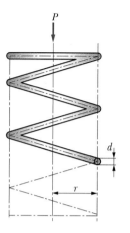

$$T = P\,r = \tau_a Z_p = \tau_a \frac{\pi d^3}{16}$$

$\tau_a = \dfrac{16Pr}{\pi d^3}$ 만약 $c = \dfrac{D}{d}$ 라면 (대개 4~10 이하)

$\tau_a = \dfrac{8c^3 P}{\pi D^2}$ 로 되나 spring은 너무 복잡한 응력

분포를 가지므로

$$※\ \tau_a = K \frac{8c^3 P}{\pi D^2}$$

단, $K = \dfrac{4c-1}{4c-4} + \dfrac{0.615}{c}$ (Wahl의 수정계수)

## 02  브레이크(Brake)

### 1 브레이크의 종류

① 반경 방향 브레이크 : 외부 수축식 브레이크 – 블록 브레이크 내부 확장식 브레이크, 밴드 브레이크
② 축 방향 브레이크 : 원판 브레이크, 원추 브레이크

### 2 제동장치의 종류와 제동력

#### (1) 블록 브레이크(Block brake)

블록 브레이크는 회전하는 브레이크 드럼(brake drum)을 브레이크 블록으로 누르게 한 것으로, 블록의
수에 따라 단식 블록 브레이크(single block brake)와 복식 블록 브레이크(double block brake)로 나눈다.
브레이크 드럼은 보통 주철 또는 주강제이나, 브레이크 블록은 주철에 직물, 펠로우드 등을 붙여 쓰고
있으며, 나무를 이용할 경우도 있다. 용도는 차량, 기중기 등에 많이 사용한다.

### (가) 단식 블록 브레이크

아래 그림에서와 같이 단식 블록 브레이크는 1개의 브레이크 블록으로 회전하는 브레이크 드럼을 누르는 장치이다. 이때, 브레이크 드럼의 축에 휨 모멘트가 작용하므로, 큰 제동 토크가 필요한 경우에는 적합하지 않다.

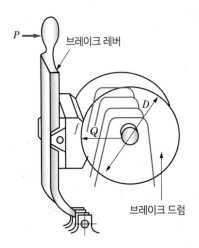

### (나) 복식 블록 브레이크

그림과 같이 브레이크 드럼에 대하여 2개의 블록 브레이크가 배치된 경우를 말한다. 축방향 힘이 양쪽으로 작용하므로 베어링에 추가되는 하중이 없다. 따라서, 큰 하중이 걸리는 경우에도 사용할 수 있어 전동 원치, 크레인 등에 많이 사용된다.

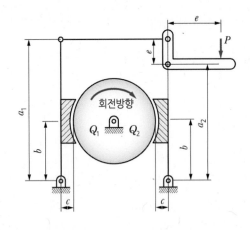

## (2) 드럼 브레이크(Drum brake)

내부 확장식 브레이크(internal expansion brake) 또는 내확 브레이크라고도 한다. 회전운동을 하는 드럼(drum)이 바깥쪽에 있고, 두 개의 브레이크 블록이 드럼의 안쪽에서 대칭으로 드럼에 접촉하여 제동한다.

## (3) 축압 브레이크(원판 브레이크 : Disk brake)

그림과 같이 회전 운동을 하는 드럼이 안쪽에 있고 바깥에서 양쪽 대칭으로 드럼을 밀어붙여 마찰력이 발생하도록 한 장치이다. 자동차의 앞바퀴, 자전거의 바퀴 등의 제동에 쓰인다. 아래의 그림은 캘리퍼형 원판 브레이크(caliper disk brake)를 나타낸 것이다.

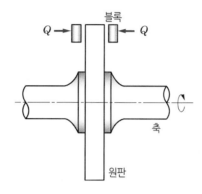

## (4) 밴드 브레이크(Band brake)

레버를 사용하여 브레이크 드럼의 바깥에 감겨있는 밴드에 장력을 주면 밴드와 브레이크 드럼 사이에 마찰력이 발생한다. 이 마찰력에 의해 제동하는 것을 밴드 브레이크라 한다.

밴드의 안쪽에 가죽, 석면 등을 붙여 마찰력을 크게 한다. 브레이크 밴드를 레버에 부착하는 위치에 따라 단동식, 차동식, 합동식으로 분류한다. 드럼의 방향과 반대 방향에 있는 밴드가 긴장측이 되고, 드럼의 회전과 같은 방향에 있는 밴드가 이완측이 된다.

### (가) 단동식 밴드 브레이크

밴드의 한쪽 끝이 레버의 회전중심에 부착된 경우를 말한다.

### (나) 차동식 밴드 브레이크

밴드의 양끝이 레버의 회전중심에서 각각 반대쪽에 부착된 경우를 말한다.

### (다) 합동식 밴드 브레이크

밴드의 양끝이 레버의 같은 위치에 부착된 경우를 말한다.

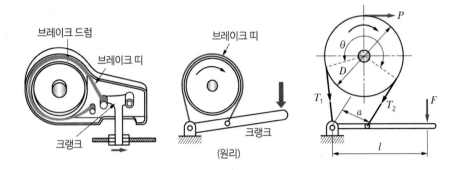

브레이크 드럼
브레이크 띠
크랭크

브레이크 띠
크랭크
(원리)

## (5) 자동 하중 브레이크

윈치(winch), 크레인(crane) 등으로 하물(荷物)을 올릴 때는 제동 작용은 하지 않고 클러치 작용을 하며, 하물을 아래로 내릴 때는 하물 자중에 의한 제동 작용으로 하물의 속도를 조절하거나 정지시킨다.

### (가) 웜 브레이크(Worm brake)

그림과 같이 웜 기어에 의해 구동되는 기계에서 하중에 의해 생긴 웜 기어의 원주 상의 힘은 웜축을 축 방향으로 누른다. 이 스러스트는 하중에 비례하므로 이 힘을 이용하여 마찰 저항을 얻도록 하면 브레이크로 쓸 수 있다.

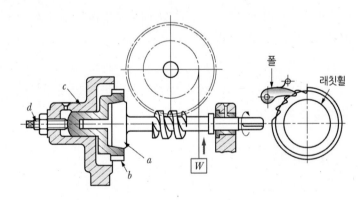

폴
래칫휠
W

### (나) 나사 브레이크(Screw brake)

아래의 그림은 나사 브레이크로 웜 브레이크의 웜 대신에 나사를 사용한 것이다. 그림에서 a기어는 내측에 암나사(왼나사)가, 축에는 수나사가 왼나사로 깎여져 있다. b는 래칫 휠로 안쪽에 미끄럼 베어링을 사용하여 축 위를 자유롭게 회전하도록 되어 있으며, 원판 c는 축과 키로 결합되어 있다.

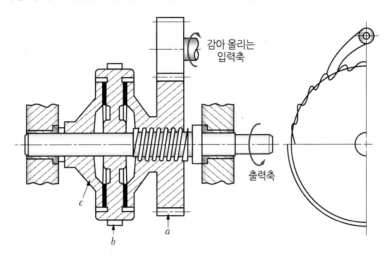

### (다) 원심 브레이크(Centrifugal brake)

그림과 같이 원심 브레이크는 정지시키기 위한 제동은 없고, 오로지 물체를 들어 올릴 때 속도를 일정하게 유지시키기 위한 것이다.

a는 케이스로 브레이크 드럼에 해당하며 고정되어 있다. b는 원심력에 의해 작동하는 브레이크 슈이다. 물체의 낙하속도가 증가하여 b의 원심력이 스프링의 인장력보다 커지면 회전핀을 축으로 하여, 바깥쪽으로 벌어져 케이스 a의 안쪽에 밀착하여 마찰력이 생기므로 축을 제동하게 된다. 속도가 감소되면 b는 스프링의 힘으로 안쪽으로 되돌려지고, 따라서 제동력이 감소되어 하물의 낙하 속도는 증가한다.

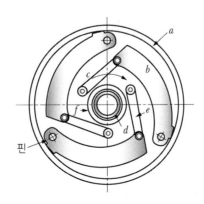

<br>

### (라) 전자 브레이크(Magnetic brake)

전자 브레이크는 2장의 마찰 원판을 사용하여 두 원판의 탈착조작(脫着操作)이 전자력에 의해 이루어져 브레이크 작용을 하는 것이다. 복잡한 조작 기구를 필요로 하지 않고 원격조작이 용이하며, 다판식으로 하면 소형으로도 큰 제동 토크를 얻을 수 있어 전자 클러치와 같이 다방면에 널리 사용되고 있다.

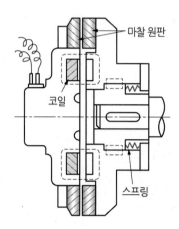

PART

# 03

# 기계공작법 및
# 안전관리

CONTENTS

# 01 공작기계 및 절삭제

CRAFTSMAN COMPUTER AIDED MECHANICAL DRAWING

## 01 공작기계의 종류 및 용도

### 1 기계공작법의 분류

| 기계공작법 | 비절삭가공 | 주조 | | 주조, 특수주조, 플라스틱 몰딩 |
|---|---|---|---|---|
| | | 소성가공 | | 단조, 압연, 프레스가공, 드로잉, 압출, 판금가공 |
| | | 용접 | | 납땜, 경납 땜(Brazing), 단접, 전기용접, 가스용접, 테르밋용접 |
| | | 특수 비절삭가공 | | 전조, 전해연마, 방전가공, 초음파가공, 버니싱 |
| | 절삭가공 | 절삭공구가공 | 고정공구 | 선삭, 편삭, 형삭, 브로칭, 줄 작업 |
| | | | 회전공구 | 밀링, 드릴링, 보링, 호빙, 소잉 |
| | | 연삭공구가공 | 고정입자 | 연삭, 호닝, 버핑, 슈퍼피니싱, 샌더링 |
| | | | 분말입자 | 래핑, 액체호닝, 배럴가공 |

### 2 공작기계의 분류

(1) 범용 공작기계(General purpose machine tool)

일반적으로 널리 사용되고 있는 공작기계로 드릴링 머신, 선반, 밀링 머신, 세이퍼, 플레이너, 슬로터 등
이 있다. 이러한 기계들은 일감의 크기, 재질 등에 따라 여러 가지의 가공을 할 수 있으며 가공할 수 있는
공정의 종류도 많고, 절삭 및 이송속도의 범위도 크다.

## (2) 전용 공작기계(Special purpose machine tool)

같은 종류의 제품을 대량생산하기 위한 공작기계로서, 절삭속도와 이송속도가 일정하게 제한되어 있다.

## (3) 단능 공작기계(Single purpose machine tool)

한 공정의 가공만을 할 수 있는 구조로, 같은 종류를 대량 생산하는데 적합하지만, 다른 종류의 것을 가공하는 데에는 융통성이 없다.

## (4) 만능 공작기계(Universal machine tool)

선반, 드릴링 머신, 밀링 머신 등의 기능을 조합하여 한 대의 기계로 제작한 것이다. 이와 같은 기계는 대량 생산 체제에는 적합하지 않으나, 소규모의 공장이나 보수를 목적으로 하는 공작실, 금형 공장 등에서 사용된다.

## ❸ 기계가공의 종류

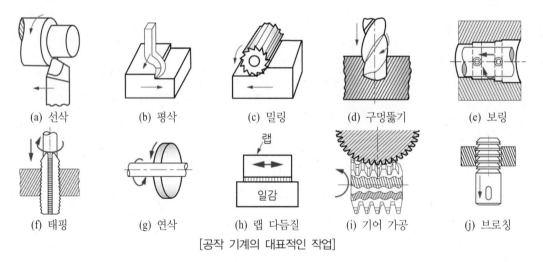

(a) 선삭    (b) 평삭    (c) 밀링    (d) 구멍뚫기    (e) 보링

(f) 태핑    (g) 연삭    (h) 랩 다듬질    (i) 기어 가공    (j) 브로칭

[공작 기계의 대표적인 작업]

## 4 공구와 일감(공작물) 사이의 상대적인 운동에 따른 분류

### (1) 회전운동과 직선운동의 결합

- 선반 : 공작물회전
- 밀링, 드릴링 : 공구회전

### (2) 직선운동과 직선운동의 결합

세이퍼, 플레이너, 슬로터 = 급속귀환장치

$$세이퍼행정길이(L) = \frac{1000kv}{n}$$

- 세이퍼 = 작은 평면절삭
- 플레이너 = 넓은 평면절삭
- 슬로터 = 직립세이퍼, 키홈 또는 내접기어, 스플라인

> **참고 위 세 가지 가공방법의 크기 표시**
> - 램의 최대 행정(슬로터)
> - 테이블의 크기
> - 테이블의 이송거리
> - 테이블의 중량 또는 두께와는 상관없다.

### (3) 회전운동과 회전운동의 결합

연삭가공, 호빙머신, 기어 절삭기계

## 5 공작기계의 구비 조건

① 절삭가공 능력이 좋을 것
② 동력 손실이 적은 것
③ 제품의 외관 및 치수 정밀도가 높을 것
④ 사용법이 간단하고 안정성이 있을 것
⑤ 기계의 강성이 높을 것 (튼튼한 것)

## ⑥ 공작기계의 3대 기본 운동

① 절삭운동 : 공구와 일감이 접촉하여 칩을 내는 운동으로 회전 또는 직선 운동이 있다.

② 이송 운동 : 절삭공구와 일감을 이동시키는 운동

③ 위치조정운동 : 위치 결정 운동. 공구와 일감 사이의 거리나 공구가 대기하고 있는 위치조절

## ⑦ 칩의 종류와 형태

| 유동형 | 전단형 | 열단형 | 균열형 |
| --- | --- | --- | --- |

### (1) 유동형 칩

윗면 경사각이 클 때, 절삭깊이가 작을 때, 절삭속도가 큰 경우에 발생(가장 우수한 형태의 칩)

① 연강과 같이 연하고 인성이 큰 재질

② 윗면 경사각이 큰 경우

③ 절삭 깊이는 적은 경우

④ 절삭 속도는 빠른 경우

### (2) 전단형 칩

윗면 경사각이 작을 때, 일정간격으로 전단되어 나오는 칩

• 연한 재료를 작은 윗면 경사각으로 절삭할 경우

### (3) 열단형 칩

윗면 경사각이 작을 때, 절삭깊이가 클 때, 일감이 점성이 있고 공구에 점착하기 쉬울 때 발생하며, 가공면이 제일 거칠며 좋지 않다.

① 점성이 큰 재질을 사용할 경우

② 저속 절삭시

③ 윗면 경사각이 작을 경우

## (4) 균열형 칩

주철과 같은 메진 재료를 저속에서 절삭하는 경우에 발생

• 주철과 메짐(취성)이 큰 재료를 절삭 시

## 8 구성인선(Built – up edge)

공구의 절삭날 부분에 칩이 용착하여 날을 무디게 만드는 것

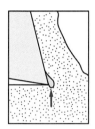 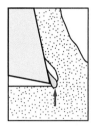 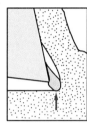 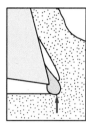 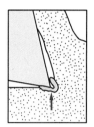

## (1) 구성인선의 발생 과정

발생 > 성장 > 분열 > 탈락(이 과정을 반복한다)

## (2) 발생 원인

① 절삭 깊이를 깊게 한 경우

② 공구의 윗면 경사각을 작게 한 경우

③ 절삭속도는 느리게 한 경우

④ 절삭유 미사용 시

## (3) 해결 방법

발생 원인의 반대로만 한다.(유동형 칩의 경우)

## (4) 구성인선의 방지법(유동형 칩의 발생조건과 동일)

① 30° 이상 바이트의 전면 경사각을 크게 한다.

② 120m/min 이상 절삭 속도를 크게 한다(임계속도).

③ 윤활성이 좋은 윤활제를 사용한다.

④ 절삭 속도를 극히 낮게 한다.

⑤ 절삭 깊이를 줄인다.

⑥ 이송 속도를 줄인다.

## 9 절삭저항의 3 분력

① 주분력(Fc, tangential force):수직하방으로 작용하는 힘, 3가지 분력 중 가장 큼, 대략적인 동력계산에서는 이것만 고려

② 배분력(Ft, radial force):공작물의 반경방향으로 작용하는 힘

③ 이송분력(Fa, axial force):공작물의 축방향으로 작용하는 힘

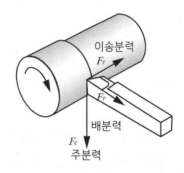

참고 절삭저항 분력의 상대적인 크기

주분력(Fc) : 배분력(Ft) : 이송분력(Fa) = 10 : 2~4 : 1~2

## 10 절삭공구

### (1) 공구재료의 구비조건

① 일감보다 굳고, 인성이 있을 것

② 내마멸성이 높을 것

③ 성형하기 쉬울 것(만들기 쉬울 것)

④ 온도상승에 따른 경도저하가 적을 것

⑤ 값이 저렴할 것

## (2) 공구의 마멸

### (가) 크레이터 마모(Crater wear)

크레이터 마모는 칩이 경사면 위를 그림의 (a)와 같이 칩이 미끄러져(slide) 나갈 때, 마찰력에 의하여 그림의 (b)와 같이 경사면이 오목하게 파여지므로 발생하는 현상이다. 크레이터 마모는 유동형 칩(flow type chip)에서 가장 뚜렷이 나타나며, 크레이터 마모가 커지면서 공구 인선이 약화되어 파손될 수 있다.

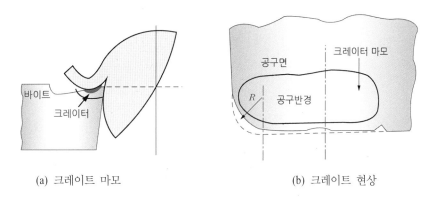

(a) 크레이트 마모                         (b) 크레이트 현상

크레이터 마모를 줄이기 위한 방법으로는

- 절삭공구 경사면 위의 압력을 감소시킨다.(경사각을 크게)
- 절삭공구 경사면 위의 마찰계수를 감소시킨다.(경사면의 표면 거칠기를 양호하게 또는 윤활성이 좋은 냉각제 사용 등)

### (나) 플랭크 마모(Flank wear)

절삭공구의 절삭면에 평행하게 마모되는 것을 의미하며, 측면(flank)과 절삭 면과의 마찰에 의하여 발생한다. 주철과 같이 메진 재료를 절삭할 때나 분말상 칩이 발생할 때는 다른 재료를 절삭하는 경우 보다 뚜렷하게 나타난다. 그림과 같이 절삭공구의 플랭크(flank)면과 가공물의 마찰에 의하여 플랭크 면이 평행하게 마모되는 것을 의미한다.

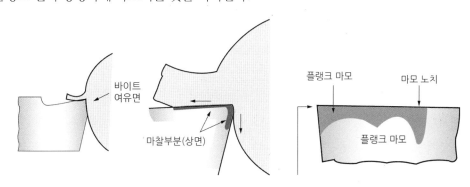

### (다) 치핑(Chipping)

그림과 같이 절삭공구 인선의 일부가 미세하게 탈락되는 현상을 치핑이라 한다.

치핑은 단속절삭과 같이 절삭공구 인선에 충격을 받거나 도 충격에 약한 절삭공구를 사용 할때, 공작기계의 진동 등에 의해 절삭공구 인선에 가해지는 절삭저항의 변화가 큰 경우에 많이 발생한다.

연삭숫돌로 연삭된 절삭공구의 인선은 고르지 못하고, 이러한 절삭 날에 절삭력이 작용하면 절삭속도에 관계없이 고르지 못한 인선이 파손된다.

초경공구, 세라믹(ceramic)공구 등에 발생하기 쉽고, 고속도강 같이 점성이 큰 재질의 절삭공구에는 비교적 적게 발생한다.

크레이터 마모나 플랭크 마모는 서서히 진행되는 마모인데 비하여, 치핑은 충격적인 힘을 받을 때, 발생하는 현상이다.

### (라) 온도파손(Temperature failure)

그림 과 같이 절삭공구의 경도, 강도는 절삭온도에 따라 변화한다.

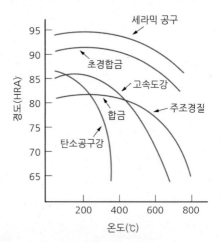

절삭할 때, 절삭속도가 증가하면 절삭온도는 상승하고, 마모가 증가한다.

마모가 증가하면 절삭공구에 압력 에너지가 증가하고, 절삭공구 날이 약해져서 결국 파손이 발생한다. 이런 현상은 마고가 발생한 절삭공구로 절삭을 계속할 때, 불꽃(spark)이 발생하는 것으로 쉽게 알 수 있다. 절삭온도의 상승은 절삭공구의 수명을 감소시키는 원인이 되며, 마모가 발생하면 절삭 저항이 증가한다.

## 11 절삭속도와 회전수

### (1) 절삭속도

$$V = \frac{\pi d n}{1,000} \, (\text{m/min})$$

여기서, $V$ : 절삭속도(m/min)
$d$ : 공작물 지름(mm)
$n$ : 주축 회전수(rpm)]

### (2) 회전속도

$$N = \frac{1,000 \, V}{\pi d} \, (\text{rpm})$$

# 02 절삭제, 윤활제 및 절삭공구재료 등

## 1 절삭유

### (1) 절삭유의 분류

① 수용성 절삭유 : 유화유(에멀션유), 솔루션
② 불수용성 절삭유 : 광물성유, 동식물성유, 극압유(윤활이 주목적), 혼합유
　　　　**[TIP]** 주철로 된 일감이나 세라믹 공구는 절삭유를 사용하지 않는다.

### (2) 절삭유의 3대 작용

냉각(가장 큰 역할), 세척, 윤활

### (3) 절삭유의 구비조건

① 인화점, 발화점이 높아야 한다.
② 가격이 저렴하고 구하기 쉬어야 한다.
③ 냉각작용이 우수해야 한다.
④ 화학적으로 안정되어야 한다.
⑤ 칩과 분리가 용이하며 회수가 쉬어야 한다.

## 2 윤활제의 목적(그리스)

① 윤활 작용　　　② 냉각 작용
③ 청정 작용　　　④ 밀폐 작용

## 3 공구재료

### (1) 탄소공구강(STC)

① 탄소량 0.6~1.5% 정도이며, 탄소량에 따라 1~7종으로 분류되고, 1.0~1.3% C를 함유한 것이 많이 쓰임
② 열처리가 쉽고 값이 싸나 경도가 떨어져 고속절삭용으로는 부적당

③ 용도는 바이트, 줄, 펀치, 청 등에 쓰임

## (2) 합금공구강(STS)

① 탄소강에 합금성분인 W, Cr, W − Cr 등을 1종 또는 2종을 첨가한 것으로 STS3, STS5, STS11 종이 많이 사용된다.

② 700~850℃에서 급랭 담금질하고 200℃ 정도에서 뜨임하여 취성을 방지하여 내절삭성과 내마멸성이 좋다.

③ 용도는 바이트, 줄, 인발, 다이스, 띠톱, 탭 등에 쓰임

## (3) 고속도강(SKH)

① 대표적인 것으로 W18%, Cr4%, V1%가 있고, 표준 고속도강(H.S.S ; 하이스)이라고도 하며, 600℃ 정도에서 경도 변화가 있다.

② 담금질 온도는 1,250~1,300℃에서, 유냉 560~660℃에서 뜨임하여 사용

③ 용도는 강력 절삭 바이트, 밀링 커터, 드릴 등에 쓰임

## (4) 주조경질합금

① C − Co − Cr − W을 주성분으로 하여 스텔라이트 stellite라고도 함

② 800℃에서도 경도 변화가 없고 주용도는 Al합금, 청동, 황동, 주철, 주강의 절삭에 쓰임

③ 용융 상태에서 주형에 주입하여 성형한 것으로, 고속도강 몇 배의 절삭 속도를 가지며 열처리가 필요 없다.

## (5) 초경합금

① W, Ti, Ta, Mo, Co가 주성분이며 고온에서 경도 저하가 없고 고속도강의 4배 절삭 속도를 낼 수 있어 고속 절삭에 널리 쓰임

② 초경 바이트 스로어웨이 타입의 특징

　㉠ 재연삭이 필요 없으나 공구비가 비싸다.

　㉡ 공장 관리가 쉽다.

　㉢ 취급이 간단하고 가동률이 향상된다.

　㉣ 절삭성이 향상된다.

## PART 03

## (6) 세라믹

- 알루미나($Al_2O_3$)가 주성분이며 소결합금
- 세라믹 공구는 무기질의 비금속 재료를 고온에서 소결한 것으로 최근 그 사용이 급증하고 있다. 세라믹 공구로 절삭할 때는 선반에 진동이 없어야 하며, 고속 경절삭에 적당하다.

### (가) 세라믹의 특징

① 경도는 1,200℃까지 거의 변화가 없다(초경합금의 2~3배 절삭)

② 내마모성이 풍부하여 경사면 마모가 적다.

③ 금속과 친화력이 적고 구성 인선이 생기지 않는다.(절삭면이 양호)

④ 원료가 풍부하여 다량 생산이 가능하다.

### (나) 세라믹의 결점

① 인성이 작아 충격에 약하다.

② 팁의 땜질이 곤란

③ 열 전도율이 낮아 내열 충격에 약하다.

④ 냉각제를 사용하면 쉽게 파손한다.

## (7) 다이아몬드(Diamond)

다이아몬드는 내마모성이 뛰어나 거의 모든 재료 절삭에 사용된다. 그 중에서도 경금속 절삭에 매우 좋으며, 시계, 카메라, 정밀기계, 부품 완성에 많이 사용된다.

### 다이아몬드의 장단점

① 장점

- 경도가 크고 열에 강하며, 고속 절삭용으로 적당하고 수명이 길다.
- 잔류응력이 적고 절삭면에 녹이 생기지 않는다.
- 구성 인선이 생기지 않기 때문에 가공면이 아름답다.

② 단점

- 바이트가 비싸다.
- 대단히 부서지기 쉬우므로, 날끝이 손상되기 쉽다.
- 기계 진동이 없어야 하므로 기계 설치비가 많이 든다.
- 전문적인 공장이 아니면 바이트의 재연마가 곤란하다.

# 02 기계가공

CRAFTSMAN COMPUTER AIDED MECHANICAL DRAWING

## 01 선반(Lathe)가공

### 1 선반의 종류

① 주축의 수에 따라 : 단축선반, 다축선반
② 주축의 설치방향에 따라 : 수평선반, 수직선반
③ 구조 및 용도에 따라 : 보통선반, 정면선반, 다인선반, 모방선반, 차축선반, 자동선반, 수치제어선반
    ㉠ 정면선반 : 지름이 크고 길이가 짧은 공작물 가공에 사용
    ㉡ 터릿선반 : 소형 제품의 대량생산을 주목적으로 하는 선반
    ㉢ 자동선반 : 볼트, 핀, 자동차 부품 등을 능률적으로 대량생산하는 데 적합
    ㉣ 모방선반 : 형판과 같은 모양의 제품을 가공할 수 있는 선반
    ㉤ 공구선반 : 고정밀도의 가공을 목적으로 각종 공구 종류나 테이퍼 게이지, 나사 게이지 등을 만들기
        위한 것으로 테이퍼 깎기 장치나 릴리빙 장치가 있다.
        **[TIP]** 릴리빙 : 공구의 여유각 깎기 작업

### 2 선반의 구조

#### (1) 기본적인 요소

    베드, 주축대, 스핀들, 심압대, 왕복대

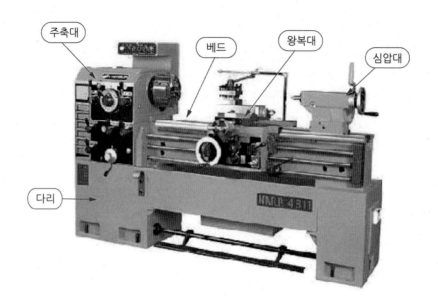

① 주축대 : 공작물을 지지, 회전 및 동력전달을 하는 부분
② 심압대 : 주축의 반대쪽에 있으며, 정지센터가 끼워지는 부분이다.
      **[TIP]** 주축대나 심압대축은 모르스테이퍼 (1/20) 로 되어 있다.

③ 왕복대 : 베드 위에서 공구를 가로 및 세로 방향으로 이송시키는 부분
    ㉠ 에이프런 : 새들의 앞쪽에 있으며, 자동이송장치, 나사깎기 장치 등이 내장
    ㉡ 새들 : H 자로 되어 있으며, 베드면과 미끄럼 접촉을 한다.
    ㉢ 복식공구대 : 공구를 고정하는 부분으로 회전시켜 테이퍼 절삭을 할 수 있다.
④ 베드 : 왕복대, 심압대의 이동에 안내 역할을 한다.
    ㉠ 영식 베드 : 안내면은 평면, 면적이 커서 강력절삭을 요하는 대형 선반에 사용
    ㉡ 미식 베드 : 안내면은 산형, 운동정밀도가 좋고 정밀절삭, 중소형 선반에 사용

## (2) 부속장치

센터, 돌리개와 돌리개판, 면판, 척, 맨드릴, 방진구

## (3) 작업의 종류

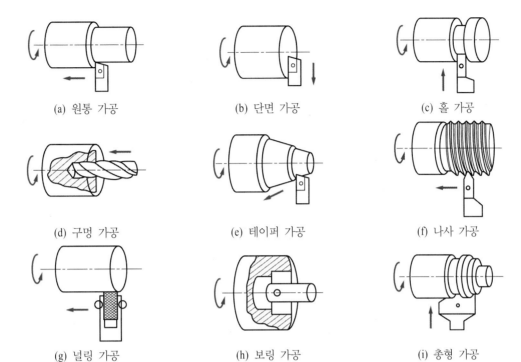

(a) 원통 가공  (b) 단면 가공  (c) 홈 가공

(d) 구멍 가공  (e) 테이퍼 가공  (f) 나사 가공

(g) 널링 가공  (h) 보링 가공  (i) 총형 가공

## ❸ 선반의 크기 표시

① 베드 위의 스윙
② 왕복대 위의 스윙
③ 양 센터 사이의 최대 거리
④ 베드의 길이

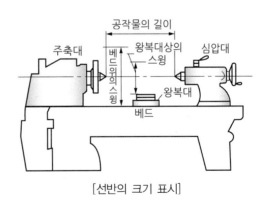

[선반의 크기 표시]

## ❹ 선반의 부속품

(가) 센터(Center)

주축대와 심압대축에 삽입되어 공작물을 지지하는 것

**[TIP]** 보통일감 : 60°, 중량물 지지 : 75°, 90°

(a) 보통 센터

(b) 하프 센터

(c) 베어링 센터

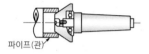
파이프(관)

(d) 파이프 센터

[센터]

① 회전 센터 : 주축에 삽입되어 회전하는 센터로 재질은 연강

② 정지 센터 : 심압대에 끼워져 회전하지 않는 센터로 윤활유를 주입해야 한다.

③ 베어링 센터 : 고속회전에 사용

④ 하프 센터 : 끝면(단면) 절삭에 사용

**(나) 척(Chuck)**

공작물을 지지하고 회전시키는 부품으로 주축에 설치한다.

① 단동척 : 4개의 조오가 단독으로 움직여, 불규칙한 모양의 일감을 고정, 강한 체결력

② 연동척 : 조오 3개가 동시에 움직여, 원형, 정삼각형의 일감을 고정하는 데 편리

③ 마그네틱척 : 두께가 얇은 일감을 변형시키지 않고 고정시킬 수 있다.

④ 콜릿척 : 가는 지름 또는 환봉재의 고정에 편리(대량 생산에 적합, 터릿선반에 사용)

> **참고** 척의 크기 표시
>
> • 척의 바깥지름 : 단동척, 연동척, 복동척, 마그네틱척, 압축공기척
> • 물릴 수 있는 공작물의 지름 : 콜릿 척, 벨 척

**(다) 면판**

척 작업이 곤란한 큰 공작물이나 복잡한 형상의 공작물을 볼트나 앵글 플레이트로 고정시킬 때, 사용한다.

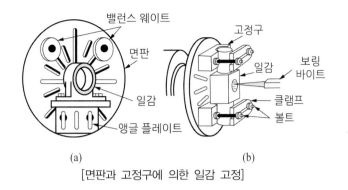

[면판과 고정구에 의한 일감 고정]

(라) 돌림판과 돌리개

양 센터 작업 시에 돌리개로 공작물을 지지하고, 돌림판에 돌리개를 걸어 돌림판의 회전이 돌리개를 거쳐 공작물에 회전을 준다.

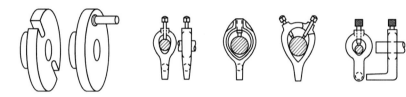

[회전판]

(a) 곧은 돌리개(직선)　(b) 굽힌 돌리개(곡형)

[각종 돌리개]

(마) 맨드릴(심봉)

중공의 공작물의 외면가공 시 구멍에 끼워 사용하는 것으로 내면과 외면이 동심원이 되도록 가공하는 것이 주목적

(바) 방진구

지름에 비해 길이가 긴 재료를 가공 시 자중이나 절삭력에 의해 휘는 것을 방지

① 고정방진구 : 베드 위에 고정하며 절삭범위에 제한을 받는다.(조오 3개, 120° 간격)

② 이동방진구 : 왕복대의 새들에 공정되며, 절삭범위에 제한 없이 가공(조오 2개)

## 5 선반에서 테이퍼를 절삭하는 방법

① 심악대 편위 방법

② 복식공구대 선회방법

③ 테이퍼 절삭장치에 의한 방법

## 6 심압대 편위량 계산식

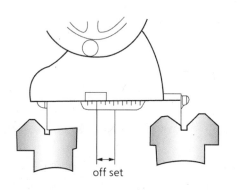

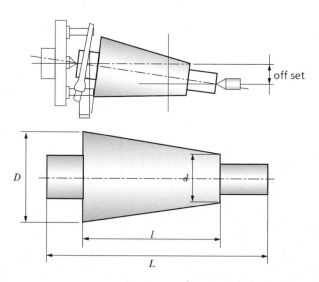

① 전체가 테이퍼일 경우 : $e = \dfrac{D-d}{l}$ [mm]

② 일부 테이퍼일 경우 : $e = \dfrac{L(D-d)}{2l}$ [mm]

여기서, $e$ : 심압대 편위량[mm]

$D$ : 큰 지름[mm]

$d$ : 작은 지름[mm]

$l$ : 테이퍼의 길이[mm]

$L$ : 전체길이[mm]

**7 복식공구대 회전각도**

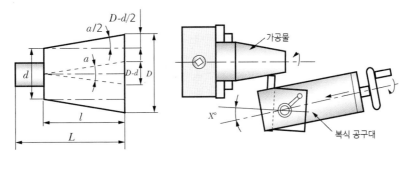

$$\tan \theta = \frac{D-d}{2L}$$

여기서, $D$ : 큰 지름[mm]
$\qquad\quad d$ : 작은 지름[mm]
$\qquad\quad L$ : 전체길이[mm]

**8 선반의 표면거칠기[H]**

표면거칠기를 적게 하려면, 일반적으로 공구인선의 반지름을 크게 하고 이송을 적게 하는 것이 좋다. 반면, 인선의 반지름을 너무 크게 하면 절삭저항이 증가하여 바이트와 공작물간에 떨림이 발생할 수 있다.

$$H = \frac{S^2}{8r}, \quad S = \sqrt{8rH}\,[\mu\mathrm{m}]$$

여기서, $H$ : 표면거칠기[$\mu$m]
$\qquad\quad r$ : 공구인선반경[mm]
$\qquad\quad S$ : 이송속도[mm/rev]

## 02 밀링 가공

### 1 밀링 머신

회전하는 다인공구(밀링커터와 같이 날이 여러 개인 공구)를 사용하여 일감 표면을 정밀하게 깎아내는 공작기계

### (1) 밀링 머신의 종류

① 니형 밀링 머신 : 수평, 수직, 만능 밀링 머신
② 플레이너형 밀링 머신(플레노 밀러)
③ 특수 밀링 머신

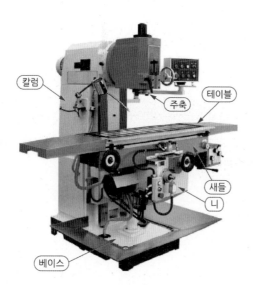

[수직 밀링 머신의 구조와 명칭]

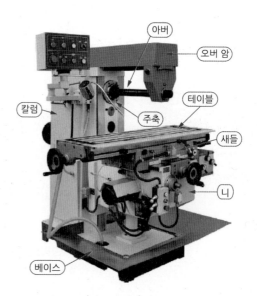

[수평 밀링 머신의 구조와 명칭]

### (2) 밀링 머신의 주요한 구조

① 칼럼 : 기계의 본체로 베드와 일체로 되어 있고, 내부에 주 전동기 및 속도변환 장치가 들어 있다.
② 니 : 칼럼 전방에 설치되어 상하로 움직임
    **[TIP]** 새들 : 니 위에 있으며 전후 이동
                테이블 : 새들 위에 있으며 좌우 이동

③ 아버 : 스핀들 앞쪽에 있는 것으로 절삭공구를 고정

④ 스핀들 : 주동력이 전달되는 축으로 여러 가지 절삭공구나 아버를 끼워서 사용하며 중공축으로 앞쪽은 내셔널 테이퍼(7/24)로 되어 있다.

⑤ 테이블 : 새드 위에 미끄럼면에 따라 좌우 이동하는 부분

## 2 밀링 머신으로 작업할 수 있는 것

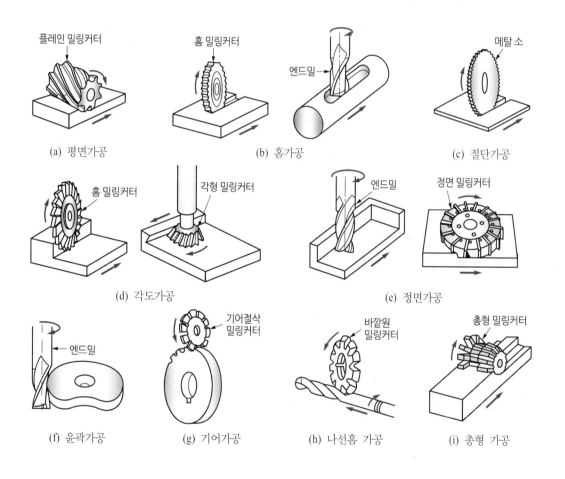

(a) 평면가공　　　　　(b) 홈가공　　　　　(c) 절단가공

(d) 각도가공　　　　　　　(e) 정면가공

(f) 윤곽가공　　(g) 기어가공　　(h) 나선홈 가공　　(i) 총형 가공

## ❸ 밀링 머신의 크기

### (1) 크기의 표시방법

① 주축의 중심선에서 테이블면까지의 최대 거리
② 테이블의 최대 이동거리(좌우 × 전후 × 상하)
③ 테이블면의 크기

### (2) 테이블의 최대 이동(좌우×전후×상하) 거리

| 번호 | 0 | | | 1 | | | 2 | | | 3 | | | 4 | | |
|---|---|---|---|---|---|---|---|---|---|---|---|---|---|---|---|
| 테이블의 이동 | 좌 우 | 전 후 | 상 하 | 좌 우 | 전 후 | 상 하 | 좌 우 | 전 후 | 상 하 | 좌 우 | 전 후 | 상 하 | 좌 우 | 전 후 | 상 하 |
| 이동량 | 450×150×300 | | | 550×200×400 | | | 700×250×400 | | | 850×300×450 | | | 1,050×350×450 | | |

## ❹ 상향 절삭 및 하향 절삭

[상향 절삭]　　　　　[하향 절삭]

① 상향 절삭 : 공작물의 이송방향과 공구의 회전방향이 반대인 절삭
② 하향 절삭 : 공작물의 회전방향과 공구의 회전방향이 같은 절삭
③ 상향 절삭 및 하향 절삭 장단점

| 상향 절삭 | 하향 절삭 |
|---|---|
| ① 백래시 장치가 필요없다. | ① 백래시 제거장치가 필요하다. |
| ② 커터의 수명이 짧다. | ② 커터의 마모가 적고 수명이 길다. |
| ③ 동력소비가 크다. | ③ 동력 소비가 적다. |
| ④ 가공면이 거칠다. | ④ 가공면이 깨끗하다. |
| ⑤ 공작물을 확실히 고정해야 한다. | ⑤ 커터가 공작물을 자동적으로 고정 |
| ⑥ 칩이 잘 배출된다. | ⑥ 절삭된 칩이 절삭을 방해한다. |

## 5 절삭속도와 이송

### (1) 절삭속도

$$v = \frac{\pi d n}{1,000} \text{ m/min}$$

여기서, $n$ : 회전수[rpm]
$d$ : 밀링 커터의 지름[mm]

※ 선반, 드릴, 연삭 등의 절삭속도를 선정하는 식과 동일하다.

### (2) 이송(Feed)

$$F = f_z \times Z \times N = n \times f_r \text{ mm/min}$$

여기서, $F$ : 테이블 이송[mm/min]
$f_z$ : 1개의 날당 이송[mm]
$Z$ : 커터의 날 수
$N$ : 커터의 회전수(rpm)
$f_r$ : 회전당 이송$= f_z \times Z$

## 6 분할법

① 인덱스 크랭크 1회전시 스핀들은 1/40 회전하게 된다.
② 분할법의 종류
　㉠ 직접 분할법 : 24의 인수인 2, 3, 4, 6, 8, 12, 24 의 7종 분할만 가능
　㉡ 단식 분할법 : 직접 분할로 분할할 수 없는 수

$$n = \frac{40}{N}$$

여기서, $n$ : 분할 크랭크의 회전수
$N$ : 분할수

　㉢ 차동 분할법 : 단식분할로 되지 않는 모든 수를 분할, 1008 등분 까지 가능

[예제1] 브라운 샤프형 21 구멍판을 써서 원주를 7등분하라.

$n = \dfrac{40}{n} = \dfrac{40}{7} = 5\dfrac{5}{7}$ 에서 분모를 구멍판 구멍열과 맞춘다.

$5\dfrac{5 \times 3}{7 \times 3} = 5\dfrac{15}{21}$

브라운 샤프형 21 구멍판을 인덱스 크랭크를 5회전과 15구멍을 가면 원주를 7등분 할 수 있다. 각도 분할에서는 분할 크랭크가 1회전하면 스핀들 360°/40 = 9° 회전한다. 분할각을 도로 표시할 때는 다음과 같다.

$n = \dfrac{D^\circ}{9} = \dfrac{D'}{540}, 1^\circ = 60', 1' = 60''$

[예제2] 20° 를 분할하라.

$n = \dfrac{20}{9} = 2\dfrac{2}{9}$ 에서 분모를 분할판 구멍수에 맞춘다.

$2\dfrac{2 \times 2}{9 \times 2} = 2\dfrac{4}{18}$

브라운 샤프분할대의 18구멍을 써서 2회전과 4구멍씩 가면 원주를 20°로 분할 할 수 있다.

• 단식분할법으로 분할할 수 있는 수는 2~60까지의 모든 수, 60~120까지는 2와 5의 배수, 120 이상은 N으로 하였을 때 40N에서 분모가 분할판의 구멍 수가 되는 수 등이다.

### 1 연삭가공의 종류

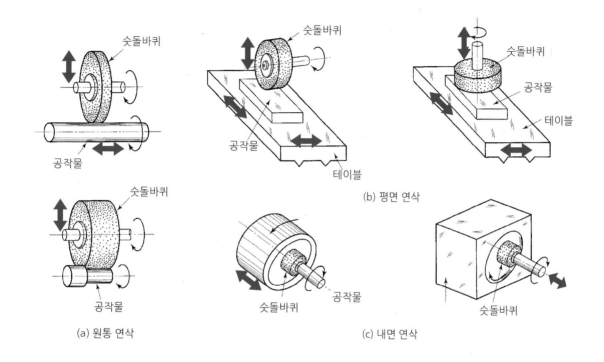

숫돌바퀴
공작물

(a) 원통 연삭

숫돌바퀴
공작물
테이블

(b) 평면 연삭

숫돌바퀴
공작물
테이블

숫돌바퀴
공작물

숫돌바퀴

(c) 내면 연삭

### (1) 원통 연삭기

원통의 외경을 연삭하는 연삭기로 주축대와 심압대, 숫돌대로 되어 있다.

### (2) 만능 연삭기

원통 연삭기와 유사하나 공작물 주축대와 숫돌대가 회전하고, 테이블 자체의 선회 각도가 크며 내면 연삭장치를 구비하고 있다.

### (3) 평면 연삭기

테이블 왕복형과 테이블 회전형이 있으며 주로 공작물의 평면 연삭에 쓰인다.

## ② 외경 원통 연삭방식

### (1) 트래버스(Traverse cut) 연삭방식

① 테이블 왕복형 : 숫돌은 회전만 공작물이 회전 및 왕복운동

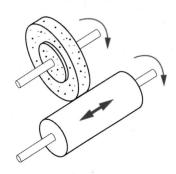

② 숫돌대 왕복형 : 공작물은 회전만 숫돌이 회전 및 왕복운동

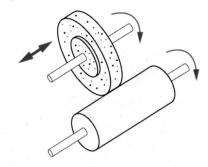

### (2) 플런지 컷(Plunged cut) 연삭방식

숫돌을 테이블과 직각으로 이동시켜 연삭(전체길이를 동시가공)

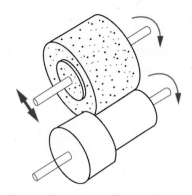

## ❸ 센터리스 연삭기(Centerless grinding)

센터나 척을 사용하지 않고 공작물의 바깥지름을 연삭하는 기계로 가늘고 긴 일감을 연삭한다.

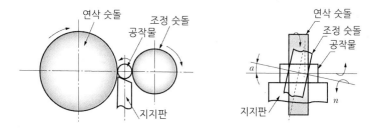

[센터리스 연삭기의 기본운동 구조]

### (1) 장점

① 센터 구멍을 뚫을 필요가 없다.

② 중공의 원통을 연삭하는 데 편리하다.

③ 가늘고 긴 공작물 연삭에 적합

④ 연속작업을 할 수 있어 대량생산에 적합

⑤ 가공이 쉽고 작업자의 숙련이 필요없다.

### (2) 단점

① 대형 중량물은 연삭할 수 없다.

② 긴 홈이 있는 일감은 연삭할 수 없다.

③ 연삭숫돌의 바퀴의 나비보다 긴 일감은 전후이송법으로 연삭할 수 없다.

**[TIP]** 조정 숫돌의 역할 : 일감(공작물)의 회전과 이송

## ❹ 연삭숫돌

### (1) 연삭숫돌의 3요소

숫돌입자, 기공, 결합제

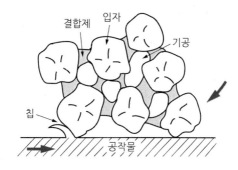

## (2) 연삭숫돌의 5요소

숫돌입자, 입도, 결합도, 조직, 결합제

### (가) 숫돌입자

① 산화알루미늄계 : A(갈색), WA(백색)

② 탄화규소계 : C(흑색), GC(녹색)

 **[TIP]** 용도

 G : 초경합금, 유리 등의 연삭

 C : 주철, 자석 등 비철금속의 다듬질

 A : 일반 강재의 다듬질

 WA : 담금질강의 다듬질

 **[TIP]** 경도순 : GC – C – WA – A

### (나) 입도

숫돌입자의 크기로 번호(메시)로 표시하며, 번호가 클수록 곱다.

### (다) 결합도

숫돌의 경도

| 결합도 | EFG | HIJK | LMNO | PQRS | TUVWXYZ |
|---|---|---|---|---|---|
| 호칭 | 매우 연한 것 | 연한 것 | 중간 것 | 단단한 것 | 매우 단단한 것 |

### (라) 조직

숫돌의 단위체적당 입자의 양(입자의 조밀상태)

① 조밀한 것 : 0, 1, 2, 3

② 중간 : 4, 5

③ 거친 것 : 7, 8, 9, 10, 11, 12

### (마) 결합제

숫돌입자를 결합하여 숫돌을 형성하는 재료

① 무기질 결합제 : 비트리 파이드(V), 실리 게이트(S)

② 유기질 결합제 : 셀락(E), 고무(R), 레지노이드(B), 폴리 비닐 알코올(PVA)

③ 금속 결합제 : 메탈(M)

[TIP] WA60KmV

      WA = 숫돌입자, 60 = 입도, K = 결합도, m = 조직, V = 결합제

## 5 연삭숫돌의 결함

        (a) 눈탈락                (b) 눈무딤              (c) 눈메움

**(가) 자생작용**

    ① 바이트나 커터와 같이 갈지 않아도 항상 새로운 입자가 나오는 현상

    ② 마멸된 숫돌입자가 탈락 ➜ 새 날이 생기는 현상

**(나) 글레이징(Glazing, 눈무딤)**

    ① 자생작용이 안되어 입자가 납작해지는 현상

    ② 자생작용의 부족으로 입자의 표면이 평탄해지는 상태

**(다) 로딩(Loading, 눈메움)**

    ① 숫돌의 표면이나 기공에 칩이 끼어 연삭성이 나빠지는 현상

    ② 연성재료 연삭시 가공면이 쇳밥으로 메워지는 현상

**(라) 드레싱(Dressing)**

    ① 글레이징이나 로우딩이 생겼을 경우 드레서로 새로운 입자가 나오도록 갈아 주는 작업으로 다

       이아몬드로 된 드레서를 사용한다.

    ② 드레서(dresser) : 다이아몬드 드레서가 널리 사용

**(마) 트루잉(Truing)**

    ① 숫돌의 모양을 수정할 경우 드레서로 성형시켜주는 작업

    ② 변형된 연삭 숫돌바퀴를 정확한 모양으로 수정

    ③ 트루잉 작업시 동시에 드레싱도 이루어짐

## 04 드릴 가공 및 보링 가공

### 1 드릴 가공

#### (1) 드릴링 머신의 가공법

① 드릴링(D) : 드릴로 구멍을 뚫는 작업

② 보링(B) : 뚫린 구멍이나 주조한 구멍을 넓히는 작업

③ 리밍(FR) : 뚫린 구멍을 리머로 정밀하게 다듬질하는 작업

④ 태핑(TAP) : 탭 이라는 공구를 사용하여 암나사를 가공하는 작업

⑤ 카운터 보링(DCB) : 작은나사나 볼트머리가 묻히도록 깊은 자리를 파는 작업

⑥ 스폿페이싱(DS) : 너트가 닿는 부분을 절삭하여 평평하게 자리를 만드는 작업

⑦ 카운터 싱킹(DCS) : 접시머리 볼트가 묻히도록 원뿔자리를 파는 작업

#### (2) 드릴링 머신의 종류

① 직립 드릴링 머신

지름 50mm 정도까지의 드릴 가공을 할 수 있고, 구동과 변속은 단차 또는 기어를 사용한다.

② 레이디얼 드릴링 머신

대형의 일감을 움직이지 않고, 드릴헤드를 움직여 구멍을 뚫을 수 있다.

③ 다축 드릴링 머신

같은 평면 안에 다수의 구멍을 동시에 드릴 가공

④ 다두 드릴링 머신

1대의 기계에 여러 개의 스핀들이 있어 각 스핀들에 여러 가지 공구를 꽂아 순서에 따라 연속작업을 할 수 있다.

⑤ 탁상 드릴링 머신

비교적 작은 공작물에 13mm 이하의 구멍을 뚫는 데 편리

⑥ 심공 드릴링 머신

지름에 비해서 비교적 깊은 구멍을 능률적으로 정확히 가공

#### (3) 드릴 가공

① 드릴의 종류

㉠ 곧은 자루 : 지름 13mm 이하의 드릴

## 05 브로칭, 슬로터 가공 및 기어 가공

### 1 브로칭 가공

가늘고 긴 일정한 다면 모양을 가진 공구면을 많은 날을 가진 브로치라는 절삭공구를 사용하여 공작물의 내면이나 외경에 필요한 형상의 부품을 가공하는 절삭 방법

### (1) 브로치의 특징

① 브로치를 1회 통과시켜 제품 완성
② 브로치의 제작에 시간이 걸리며 비싸다.
③ 대량생산에 적합하다.
④ 제품에 따라 브로치를 만들어야 한다.

### (2) 가공분야

각 구멍, 키홈, 스플라인, 세레이션, 특수한 모양의 면

### (3) 구조

자루부, 절삭부, 평행부, 후단부로 크게 나누며 구조는 다음 그림과 같다.

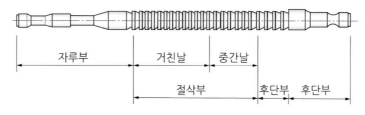

[브로치의 구조]

[TIP] 브로치는 급속귀환장치가 달려있다.

## ② 급속귀환장치(셰이퍼, 슬로터, 플레이너)

| 특징 \ 종류 | 셰이퍼 | 슬로터 | 플레이너 |
|---|---|---|---|
| 왕복 운동 | 공구(램) | 공구(램) | 공작물(테이블) |
| 크기 표시 | 램의 최대 행정 | 램의 최대 행정 | 테이블의 최대행정 |
| 가공 분야 | 평면, 곡면, 홈절삭 | 키홈, 평면, 각구멍, 곡면, 특수형상 가공 | 셰이퍼에서 못하는 대형 공작물의 가공 |

$$절삭속도 \ V = \frac{L\,n}{1,000\,k}$$

여기서, $V$ : 셰이퍼의 절삭속도

$L$ : 행정[mm]

$n$ : 분당 왕복횟수[stroke/min]

$k$ : 바이트 절삭 행정시간과 1회 왕복하는 시간의 비(보통 0.6)

**[TIP]** 슬로터는 원형 테이블을 설치하여 분할작업(indexing)도 할 수 있다.

## ③ 기어 가공

### (1) 기어 절삭법의 종류

**(가) 총형 공구에 의한 법(＝성형법)**

① 기어 치형에 맞는 공구를 사용하여 기어를 깎는 방법

② 소규모 업체에서만 사용

**(나) 형판에 의한 법(＝모방 절삭법)**

① 형판을 따라서 공구가 안내되어 절삭하는 방법

② 대형 기어절삭에 사용

**(다) 창성법**

① 인벌류트 곡선을 그리는 성질을 응용하여 기어를 깎는 방법

② 가장 많이 사용되고 있다.

　㉠ 창성법 : 인벌류트 곡선을 그리는 성질을 이용하여 기어를 깎는 방법

　　• 래크커터에 의한 방법 : 마그식 기어셰이퍼

- 피니언커터에 의한 방법 : 펠로즈식 기어셰이퍼
- 호브에 의한 절삭 : 호빙머신

**[TIP]** 기어 셰이빙 머신
기어를 열처리하기 전에 이의 모양이나 피치를 수정하여 한층 더 정밀도가 높은 것으로 완성 가공하는 공작기계

ⓛ 성형법
- 총형 커터에 의한 방법 : 밀링에서 인벌류트 커터를 이용하여 깎는 방법
- 형판에 의한 방법 : 형판을 사용해서 치형을 깎는 방법

## (2) 기어 절삭기의 종류

### (가) 호빙 머신
래크 커터를 변형시킨 호브를 하용하여 창성법의 원리로 기어를 절삭하는 가공기로 스퍼기어, 헬리컬기어, 웜 휠 스프로킷, 스플라인 축 등을 가공할 수 있다.

### (나) 기어 셰이퍼
① 피니언 커터에 의한 창성법
② 래크 커터에 의한 청성법

### (다) 베벨기어 절삭기
대표적으로 글리슨 베벨 기어 절삭기가 있다.(직선 베벨 기어 절삭기)

### (라) 기어 셰이빙 머신(Gear tooth M/C)
기어를 열처리하기 전에 이의 모양이나 피치를 수정하여 한층 더 정밀도가 높은 것으로 완성 가공하는 공작기계이다.

## 06 정밀입자가공 및 특수가공

### 1 정밀입자가공

#### (1) 호닝(GH)

막대 모양의 가는 입자 숫돌을 방사형으로 배치한 혼(hone)을 회전시킴과 동시에 왕복운동을 주어 보링, 리밍, 연삭가공을 끝낸 원통의 내면을 정밀하게 다듬질하는 방법이다.

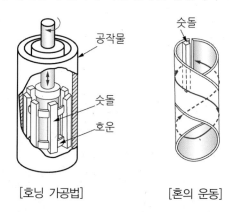

[호닝 가공법]　　　　[혼의 운동]

##### (가) 혼의 운동

회전운동 + 직선 왕복운동

##### (나) 호닝 속도

① 숫돌의 원주속도 : 40~70 m/min

② 왕복운동속도 : 원주속도의 1/2~1/5

##### (다) 치수정밀도

3~10μ

## (2) 슈퍼피니싱

입도가 적고 연한 숫돌을 적은 압력으로 공작물에 피드를 주고, 또 숫돌을 진동시키면서 가공물을 완성 가공하는 다듬질

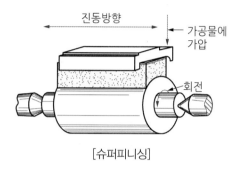

[슈퍼피니싱]

### (가) 숫돌과 공작물의 운동

① 숫돌 : 직선 왕복운동(진동수는 매분 500~2000회)
② 공작물 : 회전운동

### (나) 특징

① 가공 시간이 짧다.
② 방향성이 없는 다듬질면을 얻을 수 있다.
③ 전가공의 변질층을 제거한다.
④ 내마멸성, 내부식성이 높은 다듬질면을 얻을 수 있다.

### (다) 치수 정밀도

$0.1$~$0.3\mu$, 가공여유 : $0.002$~$0.01$mm

## (3) 래핑(FL)

랩 공구와 공작물의 다듬질할 면 사이에 적당한 연삭 입자를 넣고, 공작물과 적당한 압력으로 닿게 하고 상대운동을 시킴으로써 입자가 공작물의 표면에서 아주 작은 양을 깎아내어 표면을 매끈하게 다듬는 가공(치수 정밀도 : $0.0125$~$0.025\mu$)

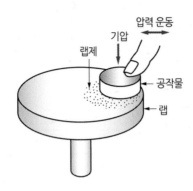

#### (가) 래핑의 종류

① 습식법 : 다듬질면은 광택이 적으므로 거친 래핑에 적당
② 건식법 : 광택있는 아름다운 다듬질 면을 얻을 수 있다.(예 블록게이지)

#### (나) 랩제의 종류

주철, 구리, 연강 등을 사용하며, 주로 주철을 사용
**[TIP]** 랩제는 공작물의 재료보다 경도가 낮은 것을 사용한다.

### (4) 초음파가공

물이나 경유 등에 연삭 입자를 혼합한 가공액을 공구의 진동면과 일감 사이에 주입시켜며 초음파에 의한 상하 진동 운동으로 표면을 다듬는 작업

#### (가) 특징

① 방전가공과 달리 부도체도 가공한다.
② 깨지기 쉬운 유리에 눈금이나 무늬 문자 등 가공이 가능
③ 보석류, 세라믹 등의 미세한 구멍과 절단을 한다.
④ 초음파가공의 연삭 입자 : 탄화붕소

## 2 특수가공

### (1) 방전가공

불꽃 방전에 의해 재료를 미소량씩 용해시켜 금속의 절단, 연마 등을 하는 가공법

#### (가) 방전가공의 특징

① 경도가 높은 재료를 쉽게 경제적으로 가공한다.
② 가공 변질층이 적고 내마멸성이 높은 표면을 얻을 수 있다.
③ 복잡한 가공을 할 수 있다.
④ 작은 구멍, 좁고 깊은 홈 등을 가공할 수 있다.

#### (나) 전극재질

텅스텐, 흑연, 구리합금(황동)

### (2) 전해연마

전해액에 공작물을 넣고 직류전류를 보내어 양극의 용출을 이용, 표면을 다듬질

#### (가) 전해액의 종류

인산, 황산, 과염소산

#### (나) 전해연마의 특징

① 가는 선이나 박 등의 표면 가공(주사침, 미싱바늘, 메리야스 바늘)
② 스케일 제거와 표면처리
③ 반사경, 식기, 장식품 등의 광택과 내식성 증가
④ 가공면에 방향성이 없다.

### (3) 텀블링(배럴연마)

배럴 속에 가공물과 미디어, 컴파운드 공작액을 넣고, 이것에 회전 또는 진동을 주어 공작물과 미디어가
충돌이 반복되는 사이에 그 표면에 있는 요철이 떨어져 매끈한 다듬면이 얻어지는 가공법

### (4) 버니싱

원통 내면을 다듬질하는 경우로 내경보다 약간 지름이 큰 버니시를 압입하여 내면에 소성변형을 주어 정밀도가 높은 면을 얻는 가공법

### (5) 와이어 컷 방전가공

가느다란 금속 와이어를 전극으로 사용하고 공작물과 와이어 사이에 방전을 발생시켜 가공하는 방법이다. 와이어 컷 방전가공은 경도가 높은 초경합금, 열처리강, 스테인리스강 등 전기가 통하는 모든 공작물을 가공할 수 있다. 또한 펀치나 프레스 다이 등의 금형 제작, 방전가공용 전극 제작, 압출 다이 제작 등 복잡한 형상의 가공도 쉽게 할 수 있다.

### (6) 초음파가공

공구와 공작물 사이에 연삭 입자와 섞은 가공액을 넣고 공구에 초음파 진동을 주면, 공구는 입자에 반복적으로 충격을 가하면서 공작물을 미세하게 가공하는 가공법이다.
초음파가공법은 금속 및 비금속 등 재료의 종류에 상관없이 가공할 수 있으며, 가공에 의한 치핑, 크랙의 발생이 적고 가공에 의한 변질층 깊이가 작다.

### (7) 레이저 가공

레이저 광선을 렌즈나 반사경으로 모아 공작물의 일부를 가열, 용융, 증발시키는 가공 방법이다.
레이저 가공은 재료의 강성이나 경도에 관계없이 가공이 가능하고 고속으로 가열하여 가공하므로 뒤틀림이나 열 변형층이 작다. 비접촉식 가공으로 공구의 마모, 가공 소음 등이 발생하지 않고 복잡한 모양의 부품을 미세하게 가공할 수 있으며, 가공 속도가 빨라 다품종 소량 생산에 유리하다.

## 🔟 수치 제어의 개요

수치 제어(NC)란 Numerical Control의 약자로서 공작물에 대한 공구의 위치를 그에 대응하는 수치 정보에 지령하는 제어를 말한다. 제품을 가공하기 위해서 범용 공작기계는 공구의 위치를 사람이 손으로 직접 제어하지만, 수치 제어 공작기계는 가공에 필요한 공구의 경로와 가공 조건을 수치와 기호로 구성된 프로그램에 입력하면 자동으로 제품이 가공되는 원리이다.

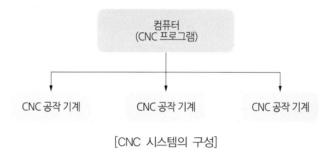

[CNC 시스템의 구성]

## 2️⃣ 수치 제어 장치

수치 제어 공작기계는 프로그램으로 작성된 각종 지령 정보를 처리할 수 있는 사람의 두뇌와 같은 정보 처리부(컴퓨터)와 손과 팔의 역할을 하는 구동부(서보 기구)로 구성된다.

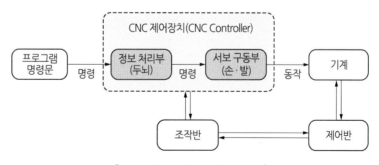

[수치 제어 장치의 기본 구성도]

## ❸ CNC 공작기계의 종류

CNC 공작기계에는 CNC 선반, 머시닝 센터, 방전가공기, 레이저 가공기, CNC 조각기 등이 있다. 높은 주축 회전수와 고속 이송이 가능한 고속 가공기가 실용화되어 생산성 향상 및 고정밀 가공에 크게 기여하고 있다.

(a) CNC 선반

(b) 수직 머시닝 센터

(c) CNC 조작기

(d) 방전가공기

(e) CNC 레이저 가공기

(f) 고속 가공기

## ❹ NC 가공의 장점

① 생산성 향상
② 생산 제품의 균일화
③ 다량 생산에 용이
④ 제조원가 및 인건비 절감
⑤ 공구 관리비 절감
⑥ 공장의 자동화 라인을 쉽게 구축
⑦ 무인 가공이 가능

## 5 NC공작기계의 3가지 기본동작

① 위치정하기
② 직선절삭
③ 원호절삭

## 6 NC공작기계 발전 4단계

① 제1단계 : NC(Numerical Control) 수치제어
② 제2단계 : CNC(Computer Numerical Control) 컴퓨터 수치제어
③ 제3단계 : DNC(Direct Numerical Control) 군관리 시스템
④ 제4단계 : FMS(Flexible Manufacturing System) 컴퓨터를 이용한 공장전체를 자동화한 시스템
　　　　　　(유연생산 시스템), 다품종 소량생산

## 7 서보기구의 종류

① 개방회로방식(open loop system) : feed back 無, 정밀도가 낮아 NC에서 사용치 않음
② 폐쇄회로방식(closed loop system) : 위치 검출하여 feed back함, 높은 정밀도를 요구하는 공작기계
　　나 대형의 기계에 사용
③ 반폐쇄회로방식(semi - closed loop system) : 위치 및 속도의 검출을 서보모터의 축이나 볼나사의
　　회전 각도로 검출, NC공작기계에서 가장 많이 사용
④ 하이브리드 서보방식(hybrid servo system) : 반폐쇄 + 폐쇄 높은 정밀도가 요구되는 곳 및 기계의
　　강성을 높이기 어려운 경우에 사용

## 8 NC에 사용되는 Address의 구성

　　N___　　G___　X___　Y___　Z___　F___　S___　T___　M___　　;
　전개번호 준비기능　　좌표어(X,Y,Z)　　　이송기능 주축기능 공구기능 보조기능　EOB
　　　**[TIP]** 좌표어 : 절대좌표(X,Y,Z), 증분방식(U,V,W)

## 9 CNC 선반의 준비기능 Code

G00 : 위치결정(급속이송), 전원이 ON되면 기본값으로 정해짐

G01 : 직선가공(절삭이송)

G02 : 원호가공(CW : 시계방향)

G03 : 원호가공(CCW : 반시계방향)

G04 : 일시정지(휴지 : dwell)

G50 : 공작물 좌표계 설정(주축 최고회전수 설정)

G96 : 원주속도 일정제어(m/min)

G97 : 원주속도 일정제어 취소(회전수 일정제어) rpm

---

**참고 보조기능**

M03 : 주축속도 정회전
M04 : 주축속도 역회전
M05 : 주축정지
M08 : 절삭유 주유
M09 : 절삭유 공급정지

---

**예제** 회전수 G96, G97, G50일 때

① G96 S150 M03; 의 의미는?  $v = 150$ m/min

② G97 S150 M03; 의 의미는?  $n = 150$ rpm

③ G50 S2000;  G96 S130에서 d = 60mm일 때 주축 회전수는?  $n = 690$ rpm

## 10 용어정리

① CNC 시스템에서 리졸버 : 기계적 신호를 전기적 신호로 바꾸는 장치

② MPG : 핸들을 돌려 펄스를 발생시켜서 CNC기계의 각 축을 이동시킬 때 사용하는 모드 스위치

③ 볼 스크루

- 서보모터에 연결되어 있어 서보모터의 회전운동을 받아 NC기계의 테이블을 직선 운동시키는 일종의 나사이다
- NC 공작기계에서 백래시를 줄이고, 마찰 저항을 적게 하는 이송 기구

④ EOB : NC 프로그램에서 한 개의 지령단위인 블록의 구별을 나타내는 것

# 03 측정 및 손다듬질 가공

CRAFTSMAN COMPUTER AIDED MECHANICAL DRAWING

## 01 길이 및 각도 측정

### 1 블록 게이지

표준 게이지의 대표적인 것으로 건식 래핑 가공으로 만들어진다.

① 기준게이지의 대표적인 것으로 면과 면, 선과 선 사이의 길이의 기준을 정하는 데 사용

② 연구용, 참조용(AA등급), 표준용(A등급), 검사용(B등급), 공작용(C등급)

### 2 한계 게이지

허용한계를 측정하는 게이지(통과측과 제지측이 있다.)

① 구멍용 : 플러그 게이지, 평 게이지, 봉 게이지

② 축용 : 링 게이지, 스냅 게이지

### 3 다이얼 게이지

평면도나 진원도, 축의 흔들림 정도의 검사나 측정에 사용

### 4 하이트 게이지

높이 측정, 금긋기에 사용

　　　[TIP] 종류 : HM형, HT형, HB형

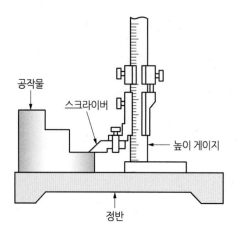

공작물

스크라이버

높이 게이지

정반

**5** 버니어 캘리퍼스 : 바깥지름, 안지름, 깊이 등을 측정

① 종류 : M(1/20)형, CB(1/50)형, CM(1/50)형

② 대표적인 길이 측정기이다.

③ 최소눈금을 구하는 식 = 어미자눈금을 등분수로 나눈다.

### (1) 버니어 캘리퍼스의 각부 명칭

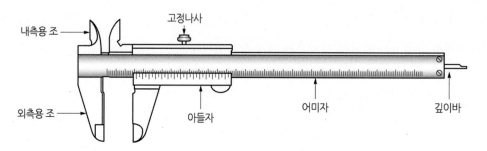

내측용 조

고정나사

외측용 조

아들자

어미자

깊이바

### (2) 버니어 캘리퍼스 측정값 읽기

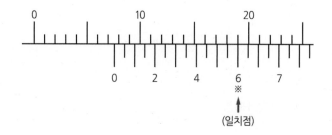

(일치점)

$$측정값 = 어미자 눈금 + 아들자의 눈금$$
$$= 7mm + (0.05 \times 12) = 7.60mm$$

## 6 마이크로미터

### (1) 외측 마이크로미터의 구조와 명칭

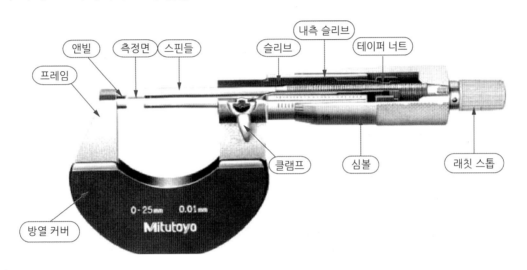

### (2) 외측 마이크로미터의 눈금 읽는 방법

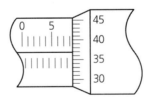

$$측정값 = 8mm + 0.37mm = 8.37mm$$

## 7 각도 측정기

① 사인 바 : 직각 삼각형의 2변의 길이로 삼각함수에 의해 각도를 구한다.

사인바(sine bar)는 삼각함수 sine을 이용하여 각도를 측정하거나 또는 임의의 각도를 설정하기 위한 것이다.

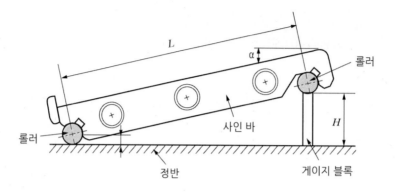

$$\sin\alpha = \frac{H-h}{L}$$

② 수준기

　수준기는 수평이나 직각도를 간단히 측정하는 것으로 기포가 관내에서 항상 최고 위치에 있는 성질을
이용한 것이다. 주로 기계의 조립 및 설치 등에서 수평이나 수직 정도를 확인하는 데 사용한다.

③ 오토콜레미터

　마이크로미터 측정면의 평면도 검사

④ 콤비네이션 세트 등

## 02 　나사의 유효지름 측정

　유효지름의 측정은 나사 마이크로미터, 삼침법, 공구 현미경 등의 광학적 측정기로 하는 방법이 있다.
삼침법 측정방법은 $d_2 = M - 3d + 0.86603p$이다.

### (1) 삼침법

　나사 게이지 등과 같이 정밀도가 높은 나사의 유효지름 측정에 3침법(3선법)이 쓰이며, 지름이 같은 3개
의 핀 게이지를 나사산의 골에 끼운 상태에서 바깥지름을 마이크로미터 등으로 측정하여 계산하며, 유효
지름을 측정하는 가장 정밀한 방법이다.

## (2) 나사 마이크로미터에 의한 방법

엔빌 측에 V홈 측정자를 스핀들 측에 원뿔형 측정자를 사용하여 유효지름 값을 직접 읽을 수 있다.

## (3) 광학적인 방법

투영기, 공구현미경 등의 광학적 측정기에서 나사축 선과 직각으로 움직이는 전후이동 마이크로미터 헤드의 읽음 값으로 구할 수 있다.

## 03 기타 측정기

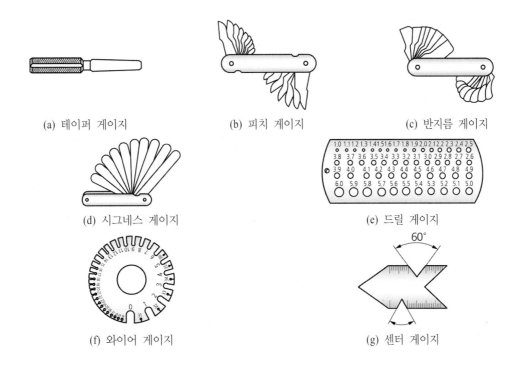

(a) 테이퍼 게이지

(b) 피치 게이지

(c) 반지름 게이지

(d) 시그네스 게이지

(e) 드릴 게이지

(f) 와이어 게이지

(g) 센터 게이지

① 테이퍼 게이지 : 모르 테이퍼(1/20), 브라운 샤프 테이퍼(1/24), 내셔널 테이퍼(7/24)를 측정한다.
② 피치 게이지 : 나사의 피치를 측정한다.

③ 반지름(radian) 게이지 : 주물 제품 등의 라운드를 측정한다.

④ 시그네스 게이지(틈새 게이지) : 부품 사이의 틈새나 좁은 홈 등을 측정하는데 쓰인다.

⑤ 드릴 게이지 : 드릴의 지름을 판정

⑥ 와이어 게이지 : 철강선(와이어)의 굵기 및 얇은 강판의 두께 측정에 쓰인다.

⑦ 센터 게이지 : 선반 작업시 나사깎기 바이트의 각도를 검사하는 데 사용

## 04 손다듬질 가공법 등

### 1 정작업

① 정의 재질 : 탄소 공구강의 날끝을 약 10mm 가량 열처리하고 뜨임하여 사용

② 정의 종류 : 평정(평면 따내기), 캡정(평면 및 키홈파기), 홈정(기름홈 파기)

③ 평정의 공구각

연강 : 45~55°, 주철 : 55~60°, 경강 : 60~70°

### 2 줄작업(FF)

일감의 평면이나 곡면을 다듬는 작업

① 줄의 종류

평줄, 반원줄, 사각줄, 삼각줄, 둥근줄

② 줄작업의 종류

㉠ 직진법 : 좁은 곳의 최종 다듬질

㉡ 사진법 : 거친 다듬질에 이용(황삭, 모파기)

㉢ 횡진법(병진법) : 강재의 흑피제거 및 다듬질

③ 줄의 크기 : 손잡이를 끼우는 자루 부분을 제외한 전체의 길이

㉠ 쇠톱, 정, 줄의 재질 : 탄소공구강(0.6~1.5%C)

㉡ 손다듬질 순서 : 쇠톱 → 정 → 줄 → 스크레이퍼

## ③ 리머 작업(FR)

드릴로 뚫은 구멍의 내면을 더욱 정밀하게 다듬질

• 좋은 가공면을 얻으려면 낮은 절삭속도로 이송을 크게 한다.
• 리머의 날은 채터링을 방지하기 위해 부등간격으로 배치해야 한다.

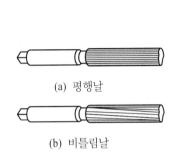

(a) 평행날

(b) 비틀림날

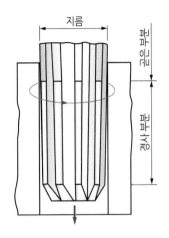

## ④ 탭 및 다이스 작업

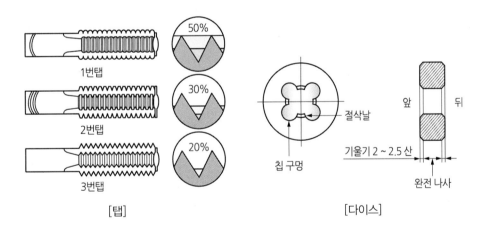

[탭]　　　　　　　[다이스]

## (1) 탭(Tap)

나사부와 자루부로 되어 있으며, 암나사를 내는 공구로 3개가 1조로 되어 있다.

- 가공률 : 1번 탭(55%), 2번 탭(25%), 3번 탭(20%)
- 탭 작업 시 드릴로 뚫을 구멍의 지름

$$d = D - P$$

여기서, $d$ : 드릴의 지름[mm]
$D$ : 나사의 호칭 지름[mm]
$P$ : 나사의 피치[mm]

### (가) 탭 작업 시 주의사항

① 공작물을 수평으로 단단히 고정시킬 것

② 탭 핸들에 무리한 힘을 가하지 말고 수평을 유지할 것

③ 탭을 한쪽 방향으로만 돌리지 말고 가끔 역회전하여 칩을 배출시킬 것

④ 기름을 충분히 넣을 것

### (나) 탭이 부러지는 원인

① 구멍이 작을 때(구멍이 바르지 못할 때)

② 칩 배출이 원활하지 못할 때

③ 핸들에 무리한 힘을 주었을 때

④ 탭이 구멍 바닥에 부딪혔을 때

## (2) 다이스(Dies) 작업

다이스는 수나사를 깎는 공구로서 수나사를 깎는 작업을 다이스 작업이라 한다.

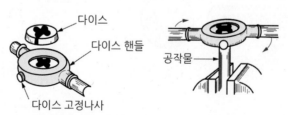

[수나사 깎기 작업]

## 5 톱작업

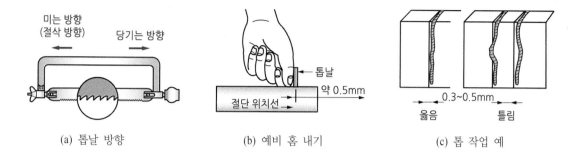

(a) 톱날 방향          (b) 예비 홈 내기          (c) 톱 작업 예

### (1) 작업요령(밀 때 자르도록 한다.)

① 각재의 절단 : 절단 각도를 작게 하여 절단

② 파이프 및 환봉의 절단 : 파이프는 힘을 가감하면서 약간씩 파이프를 돌려가면서 절단하고 환봉은 적당한 깊이로 절단한 후 방향을 바꾸어 절단하면 능률적이다.

③ 박판(얇은 판)의 절단 : 얇은 판은 목재 사이에 끼워 틈을 30° 정도 경사시켜 절단한다.

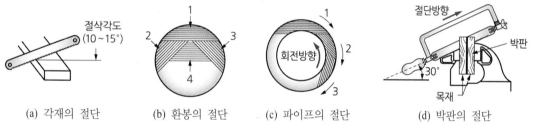

(a) 각재의 절단     (b) 환봉의 절단     (c) 파이프의 절단     (d) 박판의 절단

(b) 작업순서 : 1 → 2 → 3 → 4
(c) 작업순서 : 1 → 2 → 3

# 04 기계안전작업

CRAFTSMAN COMPUTER AIDED MECHANICAL DRAWING

## 01 기계가공과 관련되는 안전수칙

### 1 안전관리

#### (1) 안전표지의 색채

- 적색 : 방화금지, 방향표시, 고도의 위험
- 오렌지색 : 위험, 일반위험
- 황색 : 충돌. 장애물 등의 주의 표시
- 녹색 : 안전지대, 위생, 대피소, 구호소 위치
- 청색 : 주의, 수리 중, 송전 중 표시
- 진한 보라색 : 방사능 위험 표시
- 흑색 : 방향표시, 글씨
- 파란색 : 출입금지
- 백색 : 글씨 및 보조색
- 주황 : 해상안전, 항만표시

### 2 화제등급

- A등급 : 일반화재(보통화재)
- B등급 : 유류화재
- C등급 : 전기화재
- D등급 : 금속화재
- E등급 : 가스화재

## 3 공작기계 안전수칙

### (1) 연삭 작업 시 안전 사항

① 숫돌은 반드시 시운전에 지정된 사람이 설치해야 한다.

② 숫돌차의 표면이 심하게 변형된 것은 반드시 수정해야 한다.

③ 숫돌차의 교환은 지정된 공구를 사용한다.

④ 나무 해머로 가볍게 두들겨 보아 맑은 음이 나는가 확인한다.

⑤ 숫돌은 3분 이상, 작업 개시 전에는 1분 이상 시운전한다.

⑥ 숫돌과 받침대의 간격은 항상 3mm 이하로 유지한다.

⑦ 공작물은 받침대로 확실하게 지지한다.

⑧ 숫돌의 커버를 벗겨 놓은 채 사용해서는 안 된다.

### (2) 선반 작업 시 안전 수칙

① 돌리개는 적당한 크기의 것을 선택하고 심압대 스핀들이 지나치게 나오지 않도록 한다.

② 칩을 제거 시는 브러시나 긁기봉을 사용한다.

③ 유동길이가 긴 칩이 발생할 때는 기계를 정지시키고 제거한 후 다시 가공

④ 편심된 가공물의 가공시 균형추를 부착시킨다.

⑤ 척 핸들은 반드시 척에서 분리한다.

⑥ 바이트는 기계를 정지시킨 다음에 설치한다.

⑦ 바이트나 절삭속도를 적절히 선정하여 길이가 긴 칩의 발생이 가능하면 적게 한다.

### (3) 밀링 작업의 안전

① 정면 커터 작업 시에는 칩이 튀어 나오므로 칩 커버를 설치하고 커터 날 끝과 같은 높이에서 절삭 상태를 관찰하여서는 안 된다.

② 주축 회전 중 밀링 커터 주위에 손을 대거나 브러시를 사용해 칩을 제거해서는 안 된다.

③ 가공 중에 기계에 얼굴을 가까이 가지 않도록 한다.

④ 테이블 위에 측정기나 공구류를 올려 놓지 않으며, 절삭공구나 공작물을 설치할 때 시동 레버가 접촉되기 쉬우므로 전원을 끄고 작업한다.

### (4) 드릴 작업 시 주의 사항

① 얇은 일감 드릴 작업 시 일감 밑에 나무 등을 놓고 작업

② 드릴 작업 시 장갑을 끼지 않는다.

③ 회전을 정지시킨 후 드릴을 고정

④ 작은 물건은 바이스나 고정구로 고정하고 직접 손으로 잡지 말아야 한다.

⑤ 드릴이나 소켓 등을 뽑을 때는 드릴 뽑게를 사용하며, 해머 등으로 두들겨 뽑지 않도록 한다.

## (5) 줄 작업 시 주의 사항

① 줄에 담금질 균열이 있는 것은 사용 중에 부러질 우려가 있으므로 잘 점검한다.

② 줄을 밀 때, 체중을 몸에 가하여 줄을 민다.

③ 눈은 항상 가공물을 보면서 작업한다.

④ 줄을 당길 때는 가공물에 압력을 주지 않는다.

⑤ 자루를 단단히 끼우고 사용한다.


## 4 기타 안전사항

### (1) 작업별 조명도

① 초정밀작업 : 750Lux    ② 정밀작업 : 300Lux

③ 보통작업 : 150Lux    ④ 기타작업 : 75Lux


### (2) 소음

① 안락한계 : 45~65[dB]

② 불쾌한계 : 65~120[dB]

③ 허용한계 : 85~95[dB]


### (3) 소화기의 용도

① 보통화재(A급) : 포말소화기(가장 적합), 분말소화기, $CO_2$ 소화기

② 기름화재(B급) : 포말소화기(적합), 분말소화기(적합), $CO_2$ 소화기

③ 전기화재(C급) : $CO_2$ 소화기(가장 적합), 분말소화기


### (4) 화상

① 1도 화상 : 홍반성으로 피부가 붉게 되고 따끔따끔 아프다. 냉찜질 또는 습포질을 한다.

② 2도 화상 : 수포성으로 피부가 붉게 되고 물집이 생긴다. 냉찜질을 하고 물집은 터트리지 않는다.

③ 3도 화상 : 괴사성으로 피하조직이 죽어서 회백색, 흑갈색으로 변한다. 전문의사에게 치료를 받아야 한다.

## (5) 감전

일반적으로 1.2[mA] 전후의 전기가 인체에 흐르면 무감각하고 정도를 넘으면 근육에 경련을 일으켜 심신이 자유를 잃어 호흡곤란, 호흡정지, 인사불성, 심장 장애를 일으킨다.

[응급조치]

① 전원을 끊는다.

② 환자를 안정시킨다.

③ 전신마사지를 한다.

④ 체온을 유지시킨다.

## (6) 재해 발생률

① 연천인율 $= \dfrac{\text{산업재해 건수}}{\text{근로자 수}} \times 1,000$

② 도수율 $= \dfrac{\text{재해발생 건수}}{\text{연근로 시간수}} \times 1,000,000(\text{시간})$

③ 강도율 $= \dfrac{\text{노동손실 건수}}{\text{연근로 시간수}} \times 1,000(\text{시간})$

## (7) 작업 환경의 측정단위

① 조명 : Lux(룩스)

② 오염도 : ppm(피피엠)

③ 소음 : Db, Phone(데시벨, 폰)

④ 분진 : mg/m²(밀리그램)

PART

# 04

# 기계재료

CONTENTS

# 01 재료의 성질

CRAFTSMAN COMPUTER AIDED MECHANICAL DRAWING

## 01 기계재료 특성

### ❶ 금속의 일반적 성질

① 경도 및 내마모성이 우수하다.
② 강도가 높다.
③ 전연성이 풍부하며 가공 변형이 쉽다.
④ 일반적으로 열, 전기의 양도체(良導體)이며 이온화하면 양이온(+)이 된다.
⑤ 대부분 주조성이 좋으며 합금과 회수가 가능하다.
⑥ 고광택을 지니며 열과 빛을 반사한다.
⑦ 내구성이 우수하다.
⑧ 상온에서 대부분 고체이다.
⑨ 고유의 비중을 가지며 대체적으로 무겁다.
⑩ 공기, 물 중에서 산화되며 화학약품 등에 부식되기 쉽다.
⑪ 색상이 한정되어 있다.
⑫ 가공시간, 설비 및 비용이 많이 든다.

### ❷ 금속의 기계적 성질

(1) 경도(Hardness)

외부압력에 대한 재료의 단단한 정도로 마멸, 절삭에 대한 저항도

## (2) 전성(Malleability – 라틴어 Hammer)

부서짐 없이 넓게 늘어나며 퍼지는 성질

금(Au) > 은(Ag) > 알루미늄(Al) > 구리(Cu) > 주석(Sn) > 백금(Pt) > 납(Pb) > 아연(Zn) > 철(Fe)

## (3) 연성(Ductility)

끊어지지 않고 길게 선으로 뽑힐 수 있는 성질

금(Au) > 은(Ag) > 백금(Pt) > 철(Fe) > 구리(Cu) > 알루미늄(Al) > 니켈(Ni) > 아연(Zn) > 주석(Sn) > 납(Pb)

## (4) 인장강도(Tensile strength)

형태의 길이 방향으로 압력을 가하거나 잡아 당겨도 부서지지 않는 힘

철(Fe) > 구리(Cu) > 백금(Pt) > 은(Ag) > 아연(Zn) > 금(Au) > 알루미늄(Al) > 주석(Sn) > 납(Pb)

## (5) 탄성(Elasticity)

압축, 절곡 등의 변형시 원래의 형태로 돌아오려는 성질

## (6) 인성(Toughness)

휘거나 비틀거나 구부렸을 때 버티는 힘

## (7) 취성(Brittless – 메짐성)

금속의 약한 정도로, 변형되지 않고 쉽게 분열되는 성질

## (8) 피로

작은 힘의 반복 작용에 의해 재료가 파괴되는 현상

## (9) 크리프(Creep)

재료를 고온으로 가열하였을 때의 인장강도, 경도 등을 말한다.

## 🔢 금속의 물리적 성질

### (1) 밀도

단위 부피당 재료의 무게로, 물의 밀도에 상대적으로 표현하면 비중이 된다. 금속의 밀도는 원자량, 원자 반경, 조밀도에 따라 결정되며 합금원소는 일반적으로 큰 영향을 미치지 못한다.

### (2) 융점(Melting point)

녹는 온도. 순금속은 일정한 융점을 가지나, 합금은 조성에 따라 다양한 융점을 가진다. 금속의 재결정 온도와 밀접한 관계를 가지므로 풀림 등의 열처리 공정, 주조공정에 중요한 영향을 준다.

### (3) 열전도도(Heat conduction)

재료를 통해 열을 얼마나 잘 전달하는가를 나타내는 것

 은이 백금보다 6배 정도 높다.

Ag > Cu > Au > Al > Ni > Fe, Pt > Sn > Pb > Zn > Ti

> **참고** 전기전도도(Electrical conduction)
>
> 재료를 통해 전기가 얼마나 잘 흐르는가를 나타내는 것
> Ag>Cu>Au>Zn>Ni>Fe>Pt>Sn>Pb 크롬(Cr)은 전기가 거의 흐르지 않는다.

### (4) 열팽창

대부분의 금속은 열을 가하면 팽창하며 온도가 낮아지며 수축한다. 금속마다 팽창의 크기가 다르며 이는 열팽창 계수로 측정한다.

> **참고** 열팽창 계수
>
> 일정한 온도로 가열했을 때의 금속의 팽창 정도

### (5) 열풀림 온도

열풀림이란 냉간가공 또는 열처리된 금속에 원래의 성질을 되찾게 하는 공정으로 연성를 증가시키며 경도와 힘을 줄이며 미세조직을 정하고 잔류응력을 제거하기도 한다. 열풀림 온도는 금속에 따라 다르다.

### (6) 비중

똑같은 부피를 갖는 물과 물체와의 비

### (7) 용융온도

고체가 액체로 연화하는 온도. 녹는점

### (8) 선팽창계수

물체의 단위 길이에 대하여 온도가 1도 상승하였을 때 팽창된 길이와 원래 길이의 비

### (9) 자기적 성질

자석에 의해 자석화되는 성질, 강자성체(철, 니켈, 코발트)


## 4 금속의 화학적 성질

- 내식성 : 부식에 대한 저항력
- 내열성 : 열에 견디는 성질


### (1) 공기, 물에 대한 반응 – 산화(Oxidation)

① 금(Au) : 가열하여도 변하지 않음

- 합금의 경우 동(Cu) 성분으로 검게 산화
- 공기, 물 : 변하지 않음

② 은(Ag) : 공기 – 대기 중의 가스(황산 함유)와 만나면 변함 → 황화은($Ag_2SO_4$)

- 물 : 변하지 않음

③ 구리(Cu) : 건조할 때 – 붉게 변한다.

- 습기, 염분 공기 : 녹청막을 형성. $CuSO_4$, $CuCl_2$ 막 형성
- 가열 : 검은색($Cu_2O$), 붉은막(CuO) 형성

④ 철(Fe) : 건조한 공기 – 변하지 않음

- 습한 공기 : 갈색 녹($Fe(OH)_3$, $2Fe_2O_3$) 형성. 녹 형성 후에도 계속 부식
- 가열 : 퍼석퍼석한 검은색의 산화철($Fe_3O_4$) 형성 – 포목기법에 이용

⑤ 수은(Hg) : 상온에서는 안정

　　• 산소와 접합하면 증발

　　• 항상 밀봉하여 보관(황가루를 뿌려주면 중화되어 증발하지 않음)

## (2) 산에 대한 반응 – 부식(Corrosion)

① 금(Au) 단순산(염산, 황산, 질산) – 반응하지 않음

② 은(Ag) 염산 이외의 산 특히 질산에 녹음 → 질산은($AgNO_3$)

③ 구리(Cu) 질산에 녹음 → $Cu(NO_3)_2$

④ 철(Fe) 염산에서 염화철($FeCl_2$) 형성

## 5 금속의 제작상 성질

① 주조성(가주성)

② 소성 가공성(가단성)

③ 용접성

④ 절삭성

## 6 금속의 분류

비중 5를 기준으로 하여 비중이 5 이하인 것을 경금속이라 하고, 5 이상인 것을 중금속이라 한다.

## (1) 경금속(Light metal)

Al(알루미늄), Mg(마그네슘), Be(베릴륨), Ca(칼슘), Ti(티탄), Li(리튬 : 비중 0.53으로 금속 중 가장 가벼움) 등

## (2) 중금속(Heavy metal)

Fe(철 : 비중 7.87), Cu(구리), Cr(크롬), Ni(니켈), Bi(비스무트), Cd(카드뮴), Ce(세륨), Co(코발트), Mo(몰리브덴), Pb(납), Zn(아연), Ir(이리듐 : 비중 22.5로 가장 무거움) 등

## 02 재료의 시험 및 검사

### 1 인장 시험(Tensile test)

(1) 인장강도($\sigma_t$)

$$\text{인장강도} = \frac{\text{하중}(W)}{\text{단면적}(A)} = \frac{P_{\max}}{A_0} \, \text{MPa(N/mm}^2\text{)}$$

- 사각단면(블록)의 단면적 계산법 : 가로×세로

- 원(볼트, 환봉)의 단면적 계산법 : $\dfrac{\pi D^2}{4}$

(2) 연신율($\varepsilon$)

$$\text{연신율} = \frac{\text{늘어난 길이} - \text{원래길이}}{\text{원래길이}} \times 100$$

$$\varepsilon = \frac{\ell - \ell_0}{\ell_0} \times 100 (\%)$$

(3) 단면수축률($\phi$)

$$\phi = \frac{A_0 - A}{A_0} \times 100 (\%)$$

### 2 경도 시험(Hardness test)

(1) 압입자 하중에 의한 경도시험

① 브리넬 경도(HB) : 고탄소강 강구 $\text{HB} = P/A = P/\pi Dt \,(\text{kg/mm}^2)$

② 비커스 경도(Hv) : 대면각 136° $\text{HV} = 1.8544 P/d2 \,(\text{kg/mm}^2)$

③ 로크웰 경도(HR)

- B 스케일 : 1/16" 강구 $\Rightarrow \text{HRB} = 130 - 500h$
- C 스케일 : 120° 원추 $\Rightarrow \text{HRC} = 100 - 500h$

② 반발 높이에 의한 방법(탄성 변형에 대한 저항으로 강도를 표시)
  • 쇼어 경도 : HS = 10000/65 × h/h0

## 3 충격 시험(Impact test)

인성과 메짐을 알아보는 시험

① 방법 : 샤르피식(단순보), 아이조드식(내다지보)

② 충격값 : $U$ (kg·m/cm²)

$$U = \frac{E}{A} = \frac{WR(\cos\beta - \cos\alpha)}{A} \text{ (kg·m/cm²)}$$

여기서, E : 시험편을 절단하는데 흡수된 에너지(kg·m)
A : 노치부의 단면적(cm²)

> **참고** **재료의 경도 시험법**
>
> • 브리넬 경도 : HB
> • 비커스 경도 : Hv
> • 로크웰 경도 : HR
> • 쇼어 경도 : Hs
> ※ 쇼어 경도는 다른 경도 시험법과 다르다. 쇼어 경도는 자유낙하 후 튀어 올라온 거리 측정

## 4 비파괴 검사와 조직 시험

### (1) 비파괴 검사

시간 단축, 재료 절약 및 완성 제품의 검사

① 타진법

② 자분탐상법

③ 침투탐상법, 형광검사법

④ 초음파탐상법(주파수 1~25MHz)

⑤ 방사선탐상법(X − 선, $\gamma$ − 선)

## (2) 조직 검사

### (가) 매크로 시험(육안검사)

- 종류
  - 파단면법
  - 매크로 부식법
  - 설퍼 프린트법 : 황에 묽은 산을 혼합해 표면에 묻히고 이것을 인화지에 묻혀서 조직 검사

### (나) 현미경 조직 시험

시료 채취 → 연마(가공) → 부식 → 세척 → 검사

- 부식제
  - 철강류 : 피크린산 알코올 용액, 질산 알코올 용액, 피크린산 가성소다 용액
  - 구리 및 구리합금 : 염화 제2철 용액
  - 알루미늄합금 : 불화(플루오르화)수소 용액, 수산화나트륨 용액

## 5 재료역학

## (1) 하중이 작용하는 방향에 따른 분류

① 인장하중 : 재료를 양쪽에서 잡아당기는 힘
② 압축하중 : 재료를 양쪽에서 서로 미는 힘
③ 전단하중 : 재료를 가위로 자르려는 힘
④ 비틀림하중 : 재료를 비트는 하중
⑤ 굽힘하중 : 재료를 구부려 휘게 하는 하중

## (2) 하중의 시간적인 작용에 따른 분류

① 정하중 : 시간에 따라서 크기가 변하지 않거나 변화를 무시할 수 있는 하중
② 동하중 : 하중의 크기와 방향이 시간에 따라 변화하는 하중
  - 반복하중 : 힘이 반복적으로 작용하는 하중, 방향은 변하지 않는다.
  - 교번하중 : 힘이 반복적으로 크기와 방향이 주기적으로 바뀌는 하중
  - 충격하중 : 순간적으로 짧은 시간에 적용하는 하중

### (3) 분포에 따른 하중

① 집중하중 : 재료의 한 부분에 집중적으로 작용하는 하중

② 분포하중 : 재료 표면에 분포되어 작용하는 하중

### (4) 응력

외력에 견디는 내부의 힘 (단위 : N/mm²)

$$응력(\sigma) = \frac{W(하중)}{A(단면적)}$$

단면적은 블록으로 문제가 나올 경우 가로×세로이므로 간단하게 대입이 가능하다.

그러나 볼트 또는 환봉으로 문제가 나올 경우 원의 면적을 구하여야 한다.

따라서 $\frac{\pi D^2}{4}$ ($D$ = 지름)으로 대입하여야 한다.

### (5) 안전율

재료의 파괴강도와 허용응력과의 비를 안전율이라 한다.

$$안전율(S) = \frac{파괴강도}{허용응력}$$

### (6) 항복점

어느 재료의 탄성한도가 끝나는 지점

### (7) 훅의 법칙

탄성 한도 내에서는 물체에 작용하는 힘 $F$와 이것에 의하여 생기는 변형 $x$는 비례한다.

### (8) 푸아송의 비

축 방향으로의 신장이 있으면 가로방향으로는 수축이 있게 된다.

그 신장과 수축의 비를 Poisson 비 라고 합니다.

$$\mu = -\frac{가로변형률}{축 변형률} = -\frac{\varepsilon'}{\varepsilon}$$

가로변형률과 축 변형률은 서로 반대 부호라서 앞에 −를 붙여준다.

## 03 금속의 결정

### ① 금속 원자 결정

① 체심입방격자 (BCC) : Cr, W, Mo, V, Li, Na, Ta, K, $\alpha-$Fe, $\delta-$Fe
② 면심입방격자(FCC) : Al, Ag, Au, Cu, Ni, Pb, Ca, Co, $\gamma-$Fe
③ 조밀육방격자(HCP) : Mg, Zn, Cd, Ti, Be, Zr, Ce

### ② 금속의 변태

> **참고** 변태(Transformation)
>
> 고체 → 액체(액체 → 고체)로 결정격자의 변화가 생기는 것

변태점 측정법 : 열분석법, 시차열분석법, 비열법, 전기저항법, 열팽창법, 자기분석법, X선분석법

> **참고** 동소체(Allotropy)
>
> $\alpha$, $\gamma$, $\delta$ 고용체

#### (1) 동소변태

고체 내에서 원자 배열이 변화함으로써 변화
Fe(A3 : 912℃, A4 : 1400℃), Co(480℃), Ti(883℃), Sn(18℃)

**예** 순철의 변태

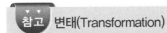

$\alpha-$Fe $\Leftrightarrow$ $\gamma-$Fe $\Leftrightarrow$ $\delta-$Fe $\Leftrightarrow$ 융체

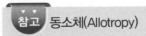

(BCC)　A3　(FCC)　A4　(BCC)

(912℃)　　(1400℃)

#### (2) 자기변태(Curie point)

자기의 세기가 768℃(A2점) 부근에서 급격히 변화
자기변태를 일으키는 금속으로 Fe : 768℃, Ni : 360℃, Co : 1120℃ 등이 있다.

# 04 금속가공

## 1 소성 변형

금속에 외력을 가하면 변형되는데, 외력을 제거해도 변형된 상태로 있는 성질

## 2 소성 변형 원리

① 슬립(slip) : 결정 내의 일정면이 미끄럼 변화를 일으켜 이동하여 변형하는 것
② 쌍정(twin) : 결정의 위치가 어떤 면을 경계로 대칭으로 변형하는 것
③ 전위(dislocation) : 결정 내의 결함이 있는 곳으로부터 변형이 시작하는 것

## 3 가공경화

① 재료에 외력을 가하여 변형시키면 굳어지는 현상(결정결함수의 증가)
② 가공도의 증가에 따라 내부응력이 증가되어 강도와 경도가 커지고 연신율이 작아지는 현상

## 4 시효경화

가공이 끝난 후 시간이 지남에 따라 단단해지는 현상

## 5 냉간가공 시 기계적 성질

제품의 치수가 정확하고 가공면이 아름답다. 기계적 성질 개선, 강도 및 경도 증가, 연신율 감소
① 재결정 온도 : 열간(고온)가공과 냉간(상온)가공이 구분되는 온도(구결정 → 신결정)

Fe : 400℃, W : 1200℃, Ni : 600℃, Pt : 450℃, Au,Ag,Cu : 200℃

② 가공도 大, 재결정 온도 ↓

# 02 철강재료

CRAFTSMAN COMPUTER AIDED MECHANICAL DRAWING

## 01 철강재료의 개요

### 1 철강재료 구분

① 순철 : 탄소 함유량이 0.03% 이하

② 강 : 탄소 함유량이 0.03~2.11% 이하(기계재료)

③ 주철 : 탄소 함유량이 2.11~6.68% 이하를 말한다.(주물재료 : 보통 2.0~4.5%C 사용)

### 2 철강재료의 5대 원소

C(강에 가장 큰 영향), S < 0.05%, P < 0.04%, Si < 0.1~0.4%, Mn < 0.2~0.8%

〈탄소강에 함유된 원소의 영향〉

| 원소명 | 영향 |
|---|---|
| C(탄소) | 강도·경도 증가, 인성·전성·충격값 감소, 담금질 효과 커짐, 냉간 가동성 저하 |
| Si(규소) | 강도·경도·주조성 증가, 연성·충격치 감소, 냉각 가공성 저하, 탄성한도 증가 |
| Mn(망간) | 강도·경도·인성·점성 증가, 연성 감소 억제, 황(S)의 해를 감소, 적열메짐 예방, 주조성, 담금질성 효과 증가 |
| P(인) | 강도·경도 증가, 연신율 감소, 편석 발생, 냉간가공성 저하, 저온메짐 원인 |
| S(황) | 강도·경도·연성·절삭성 증가, 충격치 저하, 용접성 저하, 적열메짐의 원인 |
| H₂(수소) | 헤어크랙(백점)의 발생 |

- 헤어크랙(hair crack) : H₂의 영향으로 금속 내부에 머리카락 같은 균열이 발생하는 현상
- Cu : 인장강도·탄성한도·내식성 증가, 압연시 균열 원인

### ❸ 강괴(Steel ingot)

① 림드강(rimmed steel) : Fe – Mn으로 약하게 탈산시킨 것(기공 및 내부에 편석 발생)
② 킬드강(killed steel) : Fe – Si, Al로 충분히 탈산시킨 것(상부에 수축관 생김)
③ 세미킬드강(semi – killed steel) : 약탈산강, 용접 구조물에 사용

## 02 순철(Pure iron)

### ❶ 순철의 성질

① 비중 : 7.87, 용융점 : 1,538℃
② 항자력이 낮고 투자율이 높아 전기재료(변압기, 발전기용 박판)로 사용
③ 단접성, 용접성 양호하며 유동성 및 열처리성 불량
④ 상온에서 전연성 풍부. 항복점, 인장강도 낮고 연신율, 단면 수축률, 충격값, 인성은 높다.
⑤ 순철의 종류로는 아암코 철, 전해철, 카보닐 철 등이 있다.
⑥ 인장강도 : 18~25 kg/mm², HB : 60~70 kg/mm²

### ❷ 순철의 변태

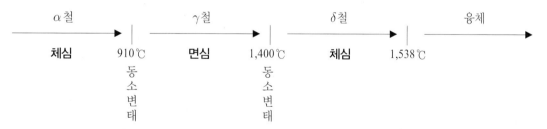

① 동소변태 : 순철이 고체 내에서 원자의 배열이 변화하여 $\alpha$철 – $\gamma$철 – $\delta$철로 변하는 것을 말한다. A3변태점 (912℃), A4변태점(1,400℃)
② 자기변태 : 순철이 768℃에서 순철이 급격히 상자성체로 되는데 이를 순철의 자기변태라 한다. 이것을 A2변태점이라 한다.
   • 가열할 때에는 Ac2점에서 자성이 급히 감소하며 Ac3점에서 체적이 수축한다. 이것은 면심입방격자가 체심입방격자보다 조밀한 까닭이다.
   Ac4점에서는 체적이 팽창한다. → 물리적 성질

- 고온에서는 산화작용이 심하며, 습기와 산소가 있으면 상온에서도 부식하고 바닷물, 화약약품 등에서 내식력이 작다. 또, 강산과 약산에는 침식되나 알칼리에는 침식되지 않는다. → 화학적 성질

## 03 탄소강(Carbon steel)

### 1 Fe‑C계 평형 상태도

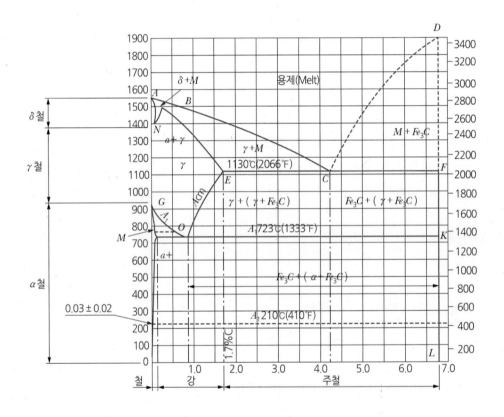

### (1) 변태점

① A0 (210℃) : 시멘타이트의 자기변태점

② A1 (723℃) : 순철에는 없고, 강에서만 일어나는 특유한 변태

③ A2 (768℃) : 자기변태(Fe, Ni, Co)

④ A3 (912℃) : 동소변태, A4 (1400℃) : 동소변태

## (2) 강의 표준조직(Normal structure)

① $\alpha$고용체 : Ferrite (강자성체로 극히 연하고 전성과 연성이 크다. HB＝90)

② $\gamma$고용체 : Austenite (A1점에서 안정된 조직, 상자성체이고 인성이 크다. HB＝155)

③ $Fe_3C$ : Cementite (경도가 높고 취성이 크며, 백색으로 상온에서 강자성체. HB＝820)

④ $\alpha + Fe_3C$ : Pearlite (오스테나이트가 페라이트와 시멘타이트의 층상으로 된 조직)

⑤ $\gamma + Fe_3C$ : Ledeburite(상온에서 불안정하고 $Fe_3C$는 흑연과 지철(地鐵)로 분해한다.)

## (3) 탄소함량에 따른 분류

① 공석강 : 0.77%C (펄라이트)

② 아공석강 : 0.025~ 0.77%C (페라이트＋펄라이트)

③ 과공석강 : 0.77~2.0%C (펄라이트＋시멘타이트)

④ 공정주철 : 4.3%C (레데뷰라이트)

⑤ 아공정주철 : 2.0~4.3%C (오스테나이트＋레데뷰라이트)

⑥ 과공정주철 : 4.3~6.67%C (레데뷰라이트＋시멘타이트)

## ② 탄소강에 함유된 성분

5대원소 － 탄소, 규소, 인, 황, 망간

① 탄소[C] : 강도, 경도 증가하고 인성, 전성, 충격값은 감소, 담금질 효과 커짐, 냉간가공성 저하

② 규소[Si] : 강도, 경도, 탄성한계 증가, 연신율, 충격값 낮고, 단접성 불량, 유동성 우수

③ 망간[Mn] : 고온 가공이 용이, 강도, 경도, 인성이 크며, 담금질 효과가 크다.
　　　　　　　　황과 화합하여 적열취성방지(MnS)

④ 인[P] : 강도, 경도 증가, 연신율 감소, 상온 취성(편석 및 균열) 원인($Fe_3P$)

⑤ 황[S] (0.08~0.35%) : 강도, 연신율, 충격치 저하, 용접성 및 유동성을 해친다. 적열메짐 원인

 구리[Cu]

내식성 증가, 압연시 균열 원인

## 3 탄소강의 기계적 성질

탄소량이 증가할 때(아공석강일 때)

① 기계적 성질 : 인장강도 및 경도 증가, 열처리성 양호, 연성 및 인성 감소, 용접성 불량
② 물리적 성질 : 결정입자 조밀, 비중, 용융점 및 열전도율, 전기전도도 감소, 전기저항 증가
  **[TIP]** 공석점 부근에서 인장강도와 경도가 최대

## 4 탄소강의 용도

① 극연강(0.03~0.12%) : 강판, 강선, 못, 파이프, 와이어
② 연강(0.13~0.20%) : 관, 교량, 강철봉, 철골, 철교, 볼트, 리벳 (SM15C)
③ 반연강(0.20~0.30%) : 기어, 레버, 강철판, 볼트, 너트, 파이프
④ 반경강(0.30~0.40%) : 철골, 강철판, 차축
⑤ 경강(0.40~0.50%) : 차축, 크랭크축, 기어, 캠, 레일 (SM45C)
⑥ 최경강(0.50~0.70%) : 공구강, 핀, 차바퀴, 레일, 스프링
  **[TIP]** 0.60~1.5%C : 탄소공구강

## 5 취성(메짐)의 종류

① 적열취성 : 900℃ 이상에서의 S에 의한 강의 메짐
② 상온취성 : P이 많은 강에서 발생
③ 청열취성 : 200~300℃의 강에서 강도는 크지만, 연신율이 대단히 작아져 취성이 발생
④ $H_2$ : Hair crack 또는 백점(白點)의 원인(철을 여리게 하고 산이나 알칼리에 약함)

## 6 주강(Cast steel)

탄소량 1% 이하의 용해강을 주형에 주입하여 제작하는 주물이며 주철은 강도와 인성이 부족하고 강은 단조가 곤란한 경우에 사용된다. 주강은 수축량이 크고 내부응력이 크며 조직이 복잡하므로 완전소둔이 필요하다. 또 Si, Mn 첨가량을 많이 하며 그 탈산작용에 의해 주조 시에 생기는 기포를 제거했다. 주강에는 탄소주강과 합금주강이 있다. 주강의 특성을 열거하면 다음과 같다.

## (1) 장점

① 강의 강도를 유지하면서 임의 모양을 만들 수 있다.

② 조직이 균일하며 기계적 성질과 방향성이 좋다.

③ 용접이 용이하다.

④ 성분 조정 및 열처리에 의하여 광범위한 기계적 제성질을 부여할 수 있다.

⑤ 설계변경을 신속히 할 수 있다.

## (2) 단점

① 수축률이 크므로 큰 압탕(押湯)이 필요하다.

② 용해 및 주입온도가 높으므로 내구성과 주형재료를 고려해야 한다.

③ 열처리가 필요하며 작업관리가 정확하지 않으면 주조결함이 생기기 쉽다.

[TIP] 형상이 복잡하여 단조로서는 만들기가 곤란하고 또 주철로서는 강도가 부족할 경우에 사용

## 7 강재의 KS 기호

① SM30C : 기계구조용 탄소강재 (0.25~0.35% 탄소량)

② SS41(SS400) : 일반구조용 압연강재(최저인장강도 : $41kgf/mm^2 = 400MPa$)

③ SC49(SC480) : 탄소강 주조품(최저인장강도 : $49kgf/mm^2 = 480MPa$)

④ SF360 : 탄소강 단조품(최저인장강도 : 360MPa)

⑤ SWS500 : 용접구조용 압연강재(최저인장강도 : 500MPa)

⑥ STC1 : 탄소공구강(1종)

⑦ STS1 : 합금공구강(절삭용)

⑧ STD : 합금공구강(다이스용)

⑨ SKH2 : 고속도강

## 8 탄소강의 메짐

| 취성 | 온도 | 특성 |
|---|---|---|
| 저온메짐 | 상온 이하 | 온도가 내려가면 강은 잘 깨지는 성질이 나타난다. |
| 상온메짐 | 상온 | 인(P)의 영향으로 충격값 감소, 냉간가공시 균열 발생 |
| 청열메짐 | 200~300℃ | 강이 200~300℃에서 깨지는 성질이 나타난다. |
| 적열메짐 | 900℃ 이상 | • 황(S)의 영향으로 단조 압연시 균열이 발생<br>• Mn을 첨가하여 방지한다. |
| 뜨임메짐 | 500~650℃ | • 담금질한 뒤 뜨임하면 충격값이 극히 감소하는 현상<br>• Mo(몰리브덴)을 첨가하여 방지한다. |

## 04 합금강(Alloyed steel) = 특수강

• 탄소강에 다양한 종류의 금속원소를 소량 첨가한 것으로 제각기 특이한 성질을 지닌다.
• 니켈, 크롬, 망간, 규소 등을 소량 섞어 여러 가지 성질을 개선한다.

## 1 합금강의 특성

① 기계적 성질 우수
② 내식, 내마멸성 우수
③ 고온에서의 기계적 성질 저하 방지
④ 담금질성 우수
⑤ 단접 및 용접성 우수
⑥ 전·자기적 성질 우수
⑦ 결정 입자의 성장 방지 (미립화)

## 2 첨가 원소의 영향

① Ni(니켈) : 강인성, 내식성, 내산성, 내마멸성 증가
② Si(규소) : 내열성 증가, 전자기적 특성

③ Mn(망간) : Ni과 비슷, 내마멸성 증가, 황(S)의 메짐 방지

④ Co(코발트) : 고온경도, 고온강도 증가

⑤ Cr(크롬) : 탄화물 생성(경화능력 향상), 내식성, 내마멸성, 강도, 경도 증가

⑥ W(텅스텐) : Cr과 비슷, 고온강도, 경도 증가

⑦ Mo(몰리브덴) : W효과의 2배, 뜨임메짐 방지, 담금질 깊이 증가

⑧ V(바나듐) : Mo과 비슷, 경화성 증가, 단독으로 사용하지 않음

## ❸ 구조용 특수강

### (1) 강인강

탄소강에 강하고 질긴 성질을 가지게 하기 위해 Cr, Ni, Mo, Mn 등의 원소를 첨가한 강

① Ni강 : 질량효과가 적고 자경성 있다. 인장강도, 항복점, 경도, 충격값 증가, 페라이트의 안정화, 흑연화 촉진제 등

② Cr강 : 자경성이 있어 경도를 크게 한다. 내마모성, 내식성, 내열성 우수

③ Ni - Cr강(SNC) : 가장 널리 쓰이는 구조용강
  • 850~880℃에서 담금질하고 600℃에서 뜨임하여 소르바이트 조직 얻음
  • 550~580℃에서 뜨임메짐 발생 (방지제 : Mo 첨가)

④ Ni - Cr - Mo강 : 가장 우수한 구조용강. 뜨임메짐 방지하고 내열성, 열처리 효과가 크다.

⑤ Cr - Mo강 : SNC의 대용품, 열간가공이 쉽고, 다듬질 표면이 깨끗하고, 용접성 우수, 고온강도 큼

⑥ 저Mn강(1~2%) : 펄라이트 Mn강, 듀콜강, 고력강도강, 구조용으로 사용
  고Mn강(10~14%) : 오스테나이트 Mn강, Hard field강, 수인강
  용도로는 각종 광산기계, 기차 레일의 교차점 등의 내마멸성이 요구되는 곳에 사용

### (2) 표면 경화강

① 침탄용강 : Ni, Cr, Mo 함유강(SM09CK, SCr415, SCM415, SNC415, SNCM21)

② 질화용강 : Al, Cr, Mo 함유강(Al : 질화층의 경도 증가, Cr : 질화층의 깊이 증가)

### (3) 스프링강

탄성한계, 항복점, 충격치, 피로한도↑

① Si - Mn강, Mn - Cr강(겹판·코일·비틀림 막대 스프링용 : SPS 2,3,5,5A)

② Cr - V강(코일·비틀림 막대 스프링용 : SPS 6)

### (4) 쾌삭강

강의 피삭성을 증가시켜 절삭가공을 쉽게 하기 위하여 S, Pb 등을 첨가한 강

① 황쾌삭강 : MnS, 정밀나사

② 납쾌삭강 : Pb(0.1~0.3%) 함유로 절삭성을 향상시킨 강

## 4 특수 목적용 특수강

### (1) 스테인리스강(STS : Stainless steel)

강에 Cr, Ni 등을 첨가하여 내식성을 갖게 한 강으로 대기중, 수중, 산 등에 강하다.

> [TIP] 스테인리스강
> 철(Fe)에 크롬(Cr)이나 니켈(Ni)을 다량 첨가하여 녹이 슬지 않도록 내식성을 향상시킨 합금강

① 13Cr : 페라이트계 스테인리스강으로 열처리하면 마텐자이트계 스테인리스강이 된다.

② 18Cr－8Ni : 오스테나이트계(18－8형 : 표준형), 담금질 안 됨, 용접성이 우수, 비자성체, 내식성 및 내충격성이 크다. 600~800℃에서 입계부식 발생(방지제 : Ti).

### (2) 규소강

① 자기감응도가 크고 잔류 자기 및 항자력이 작다.

② 주로 변압기 철심이나 교류 기계의 철심 등에 사용

③ 규소량에 따른 용도

   • Si 0.5~1.5% : 연속적으로 운전하지 않는 발전기 및 전동기 철심

   • Si 3.5~4.5% : 변압기 철심 및 전화기용에 사용

### (3) 불변강(고 Ni강)

비자성강 : Ni 26%에서 오스테나이트 조직을 갖는다.

① 인바(invar) : Fe－Ni 36%, 길이 불변이며, 미터기준봉, 표준자, 지진계, 바이메탈

   • 정밀 기계부품으로 사용(줄자, 표준자, 시계추에 사용)

② 초인바(super invar) : Fe－Ni 29~40%, Co 5% 이하

③ 엘린바(elinvar) : Fe－Ni 36%－Cr 12%, 탄성 불변이며, 저울의 스프링, 시계 부품

   • 정밀계측기 부품으로 사용(지진계 및 정밀기계에 사용)

④ 코엘린바(coelinvar) : 엘린바에 Co첨가, 탄성률의 변화가 극히 적고 공기층이나 수중에서 부식되지

않는다. 태엽, 기상관측용 기구의 부품에 사용된다.

⑤ 퍼멀로이(permalloy) : Ni 75~80%, 해저전선의 장하코일용

⑥ 플래티나이트(platinite) : Fe − Ni 42~46%, 전구나 진공관의 도입선(봉입선)

　• 열팽창계수가 유리나 백금과 같다.

## (4) 베어링 강

① 강도, 경도, 내구성이 필요하여 C 1.0~Cr 1.2%의 고탄소 크롬강이 사용된다.

② 베어링 강은 담금질 후에 반드시 뜨임하여야 한다.

## (5) 게이지 강

① 정밀기계, 기구, 게이지 등에 사용된다.

② 내마멸성, 내식성이 좋고 열처리에 의한 신축 및 담금질에 의한 균열이 적고 영구적인 치수 변화가 없어야 한다.

③ 치수변화 방지를 위해 시효처리하여 200℃ 이상의 온도에서 장기간 뜨임해서 사용한다.

## 05　주철(Cast iron)

### 1 주철의 장점

① 용융점(1,110~1,250℃) 및 비중(7.1~7.3)이 낮고, 유동성(주조성)이 우수하다.

② 단위 무게당 값이 싸고 복잡한 형상도 쉽게 제작할 수 있다.

③ 녹이 잘 생기지 않으며 전·연성이 작고 가공이 안 된다.

④ 마찰 저항 및 절삭성이 우수하다.

⑤ 인장 강도, 휨 강도 및 충격값이 작으나 압축 강도는 크다.

⑥ 열처리의 경우 담금질, 뜨임이 안되나 주조응력 제거의 목적으로 풀림 처리를 한다.(500~600℃, 6~10시간)

⑦ 자연시효(시즈닝) : 주조 후 장시간(1년 이상) 외기에 방치하여 주조응력을 없어지는 현상

## ❷ 주철의 단점

① 충격값이 작다.

② 메짐이 크고, 소성변형이 어렵다.

③ 단련, 담금질, 뜨임이 불가능하다.


## ❸ 주철의 첨가원소의 영향

① 흑연화 촉진제 : Si, Ni, Ti, Al

② 흑연화 방지제 : Mo, S, Cr, V, Mn


## ❹ 주철의 종류

주철을 함유한 탄소의 상태와 파면에 따라 분류하면

① 회주철(grey cast iron) : 탄소가 흑연 상태로 존재(Si多)

② 백주철(white cast iron) : 탄소가 시멘타이트로 존재(Si小)

③ 반주철(mottled cast iron) : 회주철과 백주철의 중간

이 외에 고급 주철, 합금 주철, 구상흑연주철, 가단주철, 칠드 주철이 있다.

**[TIP]** 전탄소(Total carbon) : 유리탄소＋화합탄소


### (1) 회주철(GC)

탄소가 흑연 상태로 존재하며 파단면이 회색을 띤다.


#### (가) 보통 주철(회주철 : GC 1~3종) → GC100~GC200

① 인장강도 : 10~20kg/mm²

② 조직 : 페라이트＋흑연(편상)

③ 용도 : 주물 및 일반기계부품, 농기구, 공작기계의 베드, 프레임 및 기계구조물의 몸체(기계 가공성이 좋고 값이 싸다)


#### (나) 고급 주철(회주철 : GC 4~6종) → GC250~GC350

내마멸성이 요구되는 주철로 펄라이트 주철이라고 한다.

① 인장강도 : 25kg/mm² 이상

② 조직 : 펄라이트＋흑연

③ 용도 : 강도를 요하는 기계 부품

## (2) 특수 합금 주철

### (가) 합금 주철

보통 주철보다 기계적 성질을 향상시키거나 내식성, 내열성, 내마멸성, 내충격성 등의 특성을 가지도록 한 주철

① 내열 주철 : 고크롬 주철(Cr 34~40%) : 내산화성(1000℃)

오스테나이트 주철 : 니크로시랄(Ni－Cr－Si 주철) : 강도가 높고 열충격이 높다.(950℃)

니레지스트(Ni－Cr－Cu 주철) : 500~600℃

② 내산 주철 : 고규소 주철(Si 14~18%)이라고도 하며, 절삭가공이 곤란하여 그라인더로 가공. 화학성분에 따라 듀리런, 코로실론

### (나) 특수 용도 주철

① 구상흑연주철(GCD) : 일명 노듈러 주철, 덕타일 주철이라고도 한다.

- 용융상태에서 Mg, Ce, Ca 등을 첨가 처리하여 흑연을 구상화로 석출시킨 것
- 내마멸성, 내열성, 내식성 등이 우수하며, 소형 자동차의 크랭크축, 캠축, 브레이크 드럼 등의 자동차 주물, 잉곳 상자 및 특수 기계부품용 재료로 사용

㉠ 기계적 성질

- 주조상태 : 인장강도 50~70kg/mm²
- 풀림상태 : 인장강도 45~55kg/mm²

㉡ 조직 : 시멘타이트형(Mg 다량), 페라이트형(bull's eye 조직), 펄라이트형

㉢ 특성 : 풀림 열처리 가능, 내마멸성, 내열성이 우수

② 칠드(냉경) 주철

㉠ 주조 시 Si가 적은 용선에 Mn을 첨가하고, 용융상태에서 금형에 주입하여 접촉면을 백주철(Fe₃C)로 만든 것

㉡ 칠의 깊이는 10~25mm이며 용도로는 각종 용도의 롤러, 기차바퀴 등에 사용

③ 가단주철

㉠ 백주철을 장시간 열처리하여 탄소의 상태를 분해 또는 소실시켜 인성 또는 연성을 증가시킨 주철

㉡ 주조성과 피삭성이 좋고, 대량 생산에 적합하므로 자동차 부품, 관이음쇠 등의 대량 생산에

많이 이용되는 주철이다.

- 백심가단주철(WMC) : 탈탄(40~100시간)이 주목적
- 흑심가단주철(BMC) : $Fe_3C$의 흑연화가 목적
  - 제1단계 흑연화 과정

    유리 시멘타이트를 850~950℃에서 30~40시간 유지
  - 제2단계 흑연화 과정

    A1이하에서 30~40시간 유지하여 펄라이트 중의 시멘타이트를 흑연화

  ㉢ 고력(펄라이트)가단주철(PMC) : 인성은 약간 떨어지나 강력하고 내마멸성이 좋다.

### (3) 백주철(WC)

탄소가 시멘타이트 상태로 존재한다.

### (4) 칠드 주철

① 용융 상태에서의 금형에 주입하여 표면을 급랭에 의해 경화시킨 백주철로 만든 것
② 표면은 시멘타이트 상태에서 경도 및 내마열성이 크고, 기차바퀴, 롤러, 분쇄기 등에 사용

### (5) 가단주철

백주철을 풀림처리하여 인성 또는 연성을 부여하여 단조가 가능하게 한 주철
① 흑심가단주철 : BMC, 탈탄이 주목적
② 백심가단주철 : WMC, 백주철의 흑연화가 주목적

### (6) 구상흑연주철

① 마그네슘(Mg), 세륨(Ce), 칼슘(Ca) 등을 첨가 처리하여 흑연을 구상화(동그랗게 모여있는 것) 한 것
② 크랭크 축, 캠 축, 브레이크, 드럼 등의 재료로 사용된다.

### (7) 미하나이트 주철

① 흑연을 미세화 하여 강도를 높인 것, 인성과 연성이 대단히 크며 두께 차이에 의한 성질의 변화가 적다.
② 피스톤 링에 가장 적합하다.

## 06 강의 열처리

참고 **열처리(Heat treatment)**

금속재료를 사용목적에 따라 가열 및 냉각방법을 조절하여 금속의 조직을 변화시키는 방법으로 재질을 연하게 하고, 균등한 조직을 만드는 열풀림(annealing), 가열 후에 공기 중에서 서서히 냉각시키는 표준화(normalizing), 가열 후에 물, 기름과 같은 매제(quenching mediums)를 이용하여 급랭시켜 재질의 강도를 경화시키는 담금질(quenching), 담금질한 것을 다시 질긴 인성을 부여하는 뜨임(tempering) 등이 있다.

### 1 일반 열처리

### (1) 담금질(Quenching or Hardening)

- 강도와 경도 증가목적, 가열 후 급랭
- 경도 증가, 급랭

### (가) 담금질 조직 : 마텐자이트 – 트루스타이트 – 소르바이트

① 목적 : 강의 강도 및 경도 증대(단단하게 하기 위함)

② 담금질액(냉각제)
- 기름, 비눗물, 보통물(담금질 효과↑), 소금물(NaCl : 1.96, 냉각 효과 큼)
- 냉각 효과가 가장 큰 냉각제는 NaOH(2.06)이다.

③ 담금질 조직(냉각 속도에 따라서)
- 수중 냉각 : 마텐자이트(M)
- 기름 냉각 : 트루스타이트(T)
- 공기 중 냉각 : 소르바이트(S)
- 노중 냉각 : 펄라이트(P)

참고 **마텐자이트가 큰 경도를 갖는 원인**

내부응력의 증가, 초격자, 무확산 변태에 의한 체적 변화

- 각 조직의 경도 순서

  C(HB 800) > M(600) > T(400) > S(230) > P(200) > A(150) > F(100)

참고 심랭(Sub – zero)처리

담금질 직후 잔류 오스테나이트를 마텐자이트화 하기 위하여 0℃ 이하로 처리하는 것

## (2) 뜨임(Tempering ; 소려)

- 담금질로 인한 취성을 감소시키고 인성을 증가할 목적으로 공기 중에서 냉각(공랭)
- 담금질한 재료에 인성 부여, 저온뜨임, 고온뜨임

① 목표 : 내부 응력 제거, 인성 개선

② 종류 : 저온뜨임 : 400℃, 경도 (M → T), 고온뜨임 : 600℃ 강인성 (T → S)

③ 가열 온도는 뜨임색으로 판정

④ 열처리 조직변화순서

- A → M → T → S → P
- A → M (Ar"변태), A → T (Ar'변태)

## (3) 풀림(Annealing ; 소둔)

- 강의 조직 개선 및 재질의 연화 (노내에서 서냉)
- 가공경화된 금속을 연화, 서냉

① 목표 : 내부 응력 제거, 재질 연화, 노냉

② 종류

- 완전 풀림 : A3~A1점 보다 30~50℃ 높은 온도에서 실시
- 저온 풀림 : A1점 이하(500~650℃), 내부응력 제거, 재질 연화 목적

## (4) 불림(Normalizing ; 소준)

- 결정 조직의 균일화, 내부응력을 제거할 목적, 공기 중에서 냉각
- 결정 조직 균일화로 기계적 성질 개선, 서냉
- A3, Acm점보다 30~50℃ 높게 가열 후 공기 중에서 냉각하면 미세하고 균일한 조직을 얻는 방법
- 가공재료의 내부응력을 제거하고 결정조직을 미세화(균일화)시킬 목적으로 실시

## ☑ 항온 열처리

- 항온 변태 곡선(TTT곡선, S곡선, C곡선)을 이용하여 열처리하는 것
- 균열방지 및 변형 감소의 효과(담금질 + 뜨임을 동시에)

### (1) 오스템퍼(Austemper)

① 담글질 온도에서 염욕 중에 넣어 항온 변태를 끝낸 것
② 하부 베이나이트(B), 뜨임할 필요가 없고 강인성이 크며, 담금질 변형 및 균열방지

### (2) 마템퍼(Martemper)

① 항온염욕 중에 담금질하여 냉각하면 마텐자이트와 베이나이트 혼합조직이 된다.
② 베이나이트(B)와 마텐자이트(M)의 혼합조직

### (3) 마퀜칭(Marquenching)

담금질시 균열이나 변형을 적게 하는 방법의 하나. 마템퍼라고도 불리운다. 강을 마르텐사이트가 생기기 시작하는 온도(Ms)보다 적은 위의 온도로 유지한 기름 또는 염욕에 담금질, 강의 내부와 외부의 온도가 같아질 때까지 등온유지한 후 욕(浴)에서 취출하여 공랭한다.

## ☑ 표면경화법

### (1) 화학적 표면경화법

① 침탄법
- 탄소를 침투하여 경도 증가를 목적으로 한다.
- 고체(목탄, 코크스), 가스($CO$, $CO_2$, 메탄, 에탄, 프로판), 침탄깊이 0.5~2mm
② 시안화법
KCN, NaCN (청화법)
③ 질화법
- $NH_3$(암모니아가스)를 이용하여 한다.
- 암모니아를 고온으로 분해하여 질소(N)와 수소(H)를 분해한다.
- 질소(N)와 철(Fe)이 반응을 일으켜 질화층을 만들며 표면경화된다.

## (2) 물리적 표면경화법

① 화염경화법
- 산소 – 아세틸렌 화염으로 표면을 경화하는 법
- 대형 가공물에 사용(선반의 베드, 공작기계의 스핀들)

② 고주파경화법 : 고주파 전류로 강의 표면을 가열하여 담금질

③ 숏피닝 : 소재 표면에 강철의 작은 입자를 분사시켜 가공경화하는 법

## 4 금속침투법(시멘테이션에 의한 방법)

① Cr(크로마이징) : 내식성, 내산성, 내마멸성 증가(공구재료에 사용)

② Al(칼로라이징) : 내스케일성 증가 및 고온산화에 견딘다.

③ Si(실리코나이징) : 내식성, 내산성 증가

④ B(보로나이징) : 내마모성 증가

⑤ Zn(세라다이징) : 고온산화에 강하다.

> **참고 금속조직의 경도 순서**
>
> 시멘타이트 > 마텐자이트 > 트루스타이트 > 소르바이트 > 펄라이트 > 오스테나이트 > 페라이트

> **참고 금속의 질량효과**
>
> 재료의 크기에 따라 내.외부의 냉각(또는 가열) 속도가 달라 경도의 차가 나는 것

> **참고 강의 표면경화법의 종류**
>
> 침탄법, 질화법, 화염경화법, 고주파경화법
> 그 밖의 경화법 – 금속용사법, 하드페이싱, 숏피닝, 금속침투법 등

# 03 비철금속재료

CRAFTSMAN COMPUTER AIDED MECHANICAL DRAWING

## 01 구리와 그 합금

### 1 구리(Cu)의 특징

① 비중은 8.96, 용융점 1,083℃이며, 변태점이 없다.

② 비자성체이며, 전기 및 열의 양도체이다.(전기전도율을 해치는 원소 : Al, Mn, P, Ti, Fe, Si, As)

③ 전연성이 풍부하며, 가공 경화로 경도↑ (600~700℃에서 30분간 풀림하여 연화)

④ 황산, 질산, 염산에 용해, 습기, 탄산가스, 해수에 녹 발생. 공기 중에서 산화피막 형성

⑤ 수소병 : $H_2$가 동중에 확산 침투하여 균열(hair crack)이 발생

### 2 구리의 성질

① 물리적 성질 : 전기/열 전도율 높다.

② 기계적 성질 : 가공성이 풍부

③ 화학적 성질 : 암모니아, 염소에 부식된다.

 침식 속도

소금물>염산, 묽은 황산>공기 중>맑은 물

> **참고** Cu의 성질
>
> ① 비중 : 8.96
> ② 용융점 : 1,083℃
> ③ 전기 및 열전도율이 높다.
>    ※ 전기전도율을 해치는 원소 : Ti, P, Fe, Si, As, Mn, Al 등
> ④ 공기 중에는 내식성이 우수하다.
> ⑤ 우연하고 절연성이 좋으므로 가공이 용이하다.

## 3 구리와 합금

### (1) 황동(Cu – Zn)

#### (가) 황동의 성질

가공성, 주조성, 내식성, 기계적 성질, 광택이 우수, 압연과 단조가 가능하다.

① 7.3황동 : 구리70 – 아연30, 연신율 최대, 가공성을 목적
② 6.4황동 : 구리60 – 아연40, 인장강도 최대, 강도 목적(일명 문쯔메탈)

#### (나) 종류

① 톰백(tom bac) : 8~20% Zn 함유, 색상이 황금빛이며, 연성이 크다. 금대용품, 장식품(불상, 악기, 금박)에 사용
② 연황동(lead brass : 쾌삭 황동) : 6·4황동에 Pb 1.5~3.0%를 첨가
③ 주석 황동 : 내식성 및 내해수성 개량(Zn의 산화, 탈아연 방지)
 • 애드미럴티 황동(admiralty brass) : 7·3황동＋Sn 1%
 • 네이벌 황동(naval brass) : 6·4황동＋Sn 1%
④ 델타메탈(delta metal : 철 황동) : 6·4황동에 Fe 1~2% 첨가
⑤ 강력 황동 : 6·4황동에 Mn, Al, Fe, Ni, Sn
⑥ 알루미늄 황동 : 7·3황동에 Al첨가 (알부락)
⑦ 양은(nikel silver) : 7·3황동에 Ni 15~20% 첨가. 전기 저항선, 스프링 재료, 바이메탈용에 사용
⑧ 니켈 황동 : 식기, 장식품으로 쓰이는 양은에 해당

#### (다) α황동

저온 풀림 경화 – 냉간가공한 후 재결정 온도 이하로 풀림하여 가공 상태 보다 단단하게 만드는 열처리

(라) 황동의 응력 부식 균열방지법

① 칠(Paint)을 하는 방법, 도금을 하는 방법

② 응력 제거 풀림 처리, Sn 또는 Si를 소량 첨가

(마) 톰백 중 Low brass

80%(Cu)와 20%(Zn)의 합금에 Pb를 첨가 금박 대용으로 사용

## (2) 청동(Cu - Sn)

고대의 가구, 장신구, 무기, 불상, 종을 만들었던 구리 합금

(가) 청동의 성질

① 주조성, 강도, 내마멸성이 좋다.

② Cu + Sn 4% : 연신율 최대

Cu + Sn 15~17(20)% : 강도, 경도 급격히 증가

(나) 인청동

Cu + Sn 9% + P 0.35%(탈산제), 스프링제(경년변화가 없다), 베어링, 밸브시트 등에 사용

(다) 베어링용 청동

Cu + Sn 13~15%

(라) 납 청동

Cu + Sn 10% + Pb 4~16%

(마) 켈밋(Kelmet)

Cu + Pb 30~40%, 고속 고하중용 베어링에 사용

(바) 콜슨 합금(탄소 합금)

Cu + Ni 4% + Si 1%, 인장강도 105kg/mm²

(사) 오일리스 베어링(Oilless bearing)

Cu + Sn + 흑연분말을 소결시킨 것. 기름 급유가 곤란한 곳의 베어링용으로 사용. 주로 큰하중 및 고속회전부에는 부적당하고, 가전제품, 식품기계, 인쇄기 등에 사용

(아) 베릴륨 청동(Be − bronze)

   Cu + Be 2~3%, 베어링, 고급스프링 등에 이용

(자) 포금

   주석 10% 함유, 유연성 및 내식 내수압성이 좋다.

## 02 알루미늄과 그 합금

### 1 알루미늄(Al)의 성질

① Al은 보크사이트($Al_2O_3$, $2SiO_2$, $2H_2O$)로부터 제련하여 사용한다.

② 비중 : 2.7, 용융점 : 660℃

③ 주조가 쉽고 금속과 잘 합금되며 냉간 및 열간 가공이 쉽다.

④ 대기 중에서 내식력이 강하고 전기와 열의 좋은 양도체여서 송전선에 사용된다.

⑤ 판, 선, 박, 분말의 형태로 사용된다.

⑥ 가벼워서 자동차 공업에 많이 사용된다.

⑦ 압연 압출은 400~500℃에서 한다. 유동성이 작고, 수축률이 크며 가스의 흡수와 발산이 많다.

⑧ 주조성을 좋게 하기 위하여 구리, 아연 등의 합금으로 사용한다.

⑨ 공기나 깨끗한 물속에서는 거의 침식이 안되며 염산이나 황산 등의 무기산에는 약하며 바닷물에는 심하게 침식된다.

### 2 알루미늄 합금의 장점과 단점

#### (1) 장점

① 경량성　　　② 우수한 성형성

③ 가공성　　　④ 취성파괴의 염려가 없고

⑤ 미관이 우수

⑥ 내식성이 좋다.(그러나 강, 동, 니켈 등의 중금속과 접촉하면 전해부식을 일으키고 또 콘크리트 등의 알칼리성 물질과 접촉해도 부식하므로 취급에 주의를 요함)

## (2) 단점

　　① 영계수가 작기 때문에 처짐, 진동 등 정직 및 동적 변위가 일반적으로 크며

　　② 좌굴하중이 작다.


## ❸ 알루미늄 합금

### (1) 특징

　　Cu, Si, Mg 등과 고용체를 형성하며 열처리로 석출 경화, 시효 경화시켜 성질 개선

　　① 시효 경화 : 시효 현상으로 강도와 경도가 증가

　　② 석출 경화 : Al의 열처리법. 급랭으로 얻은 과포화 고용체에서 과포화된 용해물을 석출


### (2) 주조용 알루미늄 합금

　　모래형, 금형 주조와 다이캐스트용 재료로 사용

　　① 실루민 : Al − Si계, 개량처리(Na; 가장 널리 사용, NaOH, F), 10~13%의 규소가 함유된 실용 합금,
　　　Al + Si 의 합금 주조성은 좋으나 절삭성이 나쁘다.

　　② 라우탈 : Al − Cu − Si계, 피스톤, 기계부품, 시효경화성이 있다.

　　③ Y합금(내열합금) : Al − Cu 4% − Ni 2% − Mg 1.5%, 내연기관의 실린더, 피스톤 *알구니마*

　　④ 로우엑스 : Al − Si − Mg계, 열팽창 계수가 적고 내열성, 내마멸성이 우수

　　⑤ 하이드로날륨 : Al − Mg계, 내식성이 가장 우수하다.


### (3) 단조용 알루미늄 합금

　　① 두랄루민 : Al + Cu + Mg + Mn의 합금, 고온에서 물에 급랭하여 시효 경화시킨 것. 항공기 재료용을
　　　사용된다.

　　② 초두랄루민 : 두랄루민에 Mg을 증가, Si를 감소시킨 것


### (4) 내식용 Al 합금

　　① 하이드로날륨(hydronalium) : Al − Mg계, 내식성이 가장 우수

　　② 알민(almin) : Al − Mn계

　　③ 알드레(aldrey) : Al − Mg − Si계

　　④ 알클래드(alclad) : 내식 알루미늄 조각을 피복한 것

**참고** 알루미늄 분말소결체(SAP : Sintered Aluminum Powder)

고도로 산화된 Al분말을 만들고, 이것을 가압, 성형, 소결한 후 압출한 소결체

## 03 베어링용 합금

화이트 메탈(white metal) : Sn＋Cu＋Sb＋Zn의 합금, 저속기관의 베어링
• 주석계 화이트 메탈 : 배빗 메탈(babbitt metal : Sn－Sb－Cu계)이라고 하며, 우수한 베어링 합금
• 납계 화이트 메탈 : Pb－Sn－Sb계
• 아연계 합금 : Zn－Cu－Sn계

## 04 기타 비철금속재료

### 1 마그네슘과 그 합금

#### (1) Mg의 성질

① 실용 금속 중 비중이 가장 작다(비중 1.74, 용융점 650℃).
② 조밀육방격자이며, 고온에서 발화하기 쉽다.
③ 대기 중에서 내식성이 양호하나 산 및 바닷물에 침식되기 쉽다.
④ 알칼리성에 거의 부식되지 않는다.
⑤ Al합금용(비행기, 자동차 부품), 구상흑연주철재료, Ti제련용, 사진용 플래시 등

#### (2) Mg 합금의 종류

① Mg－Al계 합금(Al 4~6% 첨가)
도우메탈(dow metal)이 대표적이다. Al 6%(인장강도 최대), Al 4%(연신율 최대)
② Mg－Al－Zn계 합금(Mg, Al 3~7%, Zn 2~4%)
일렉트론(electron)이 대표, 주로 주물용 재료

## 2 니켈 및 그 외의 금속 및 합금

### (1) 니켈의 성질

① 비중 8.9, 용융점 1,455℃이며, 전기 저항이 크다.

② 상온에서 강자성체(360℃에서 자성 잃음 : 자기변태)

③ 연성이 크고 냉간 및 열간 가공이 쉽다.

④ 풀림 상태의 인장강도 40~50kg/mm²

⑤ 내식성과 내열성이 우수하며, 질산, 염산에 약하고 알칼리성에 우수, 황산에 잘 부식되지 않는다.

⑥ 용도로는 화학 및 식품공업, 진공관, 화폐, 도금용에 사용된다.

### (2) 니켈 합금

① Ni – Cu계 합금

- 콘스탄탄(constantan) : Cu – Ni 40~45%, 열전대용 재료
- 어드밴스(advance) : Cu – Ni 44%, Mn 1%
- 모넬메탈(monel metal) : Cu – Ni 65~70%, Cu, Fe 1~3% (화학공업용)

  종류로는 KR모넬, K모넬, R모넬, H모넬, S모넬 등이 있다.

### (3) 티탄(Ti)

① 성질 : 비중 4.5, 인장강도 50kg/mm², 강도↑, 고온강도, 내식성, 내열성 우수, 절삭성↑

② 용도 : 초음속 항공기외판, 송풍기의 프로펠러

### (4) 저용융점 합금

① 3원합금 : Bi – Pb – Sn계, 종류로는 로즈 합금, 비스므트 합금, 뉴톤 합금 등이 있다.

② 4원합금 : Bi – Pb – Sn – Cd계, 종류로는 우드메탈, 리포위즈, 디아세트 등이 있다.

### (5) 전자기용 금속(반도체)

반도체 원소는 Si(실리콘), Ge(게르마늄), Se(셀레늄), Te(테루르)이 반도체 전자소자에 널리 쓰이고 있다.

## ❸ 그 밖의 비철 금속 재료

### (1) 티탄(Ti)

비중은 4.5, 용융점은 1,736℃이며 순수한 Ti은 50kg/mm² 정도의 강도와 내식성이 좋으며 해수에 대해서는 18 – 8 스테인리스강보다 좋고 내열성도 500℃ 정도는 스테인리스강보다 좋다.

### (2) 아연(Zn)

① 비중 : 7.1, 용융점 : 419℃
② 칠판, 철강재, 철기 및 철선의 도금에 사용되며 Cu, Ni, Al 등과 합금된다.
③ 4%의 Al을 포함하는 Zama가(자마크)계 합금이 널리 사용된다.

### (3) 주석(Sn)

① 18℃ 이상은 백주석, 18℃ 이하는 회주석으로 변화하는 변태점이 있다.
② 백주석은 2~4kg/mm²의 강도이며 연신율은 35~40% 정도이다.
③ 내식성이 커서 철에 도금하여 양철제작에 사용된다.

### (4) 납(Pb)

① 전성이 크고 연하고 무거운 금속이며 공기 중에서는 거의 부식이 안 된다.
② 유독한 금속이나 수돗물로는 안전한 피막이 되므로 수도관으로 사용된다.
③ 질산 및 진한 염산에는 침식이 되나 다른 산에는 저항이 커서 내산용 기구로 사용된다.
④ 방사선 차단효과가 커서 방사선 방어에도 이용된다.

### (5) 베어링용 합금

① 화이트 메탈 : 주석, 안티몬, 아연, 구리의 합금으로 저속기관의 베어링용
② 베빗 메탈 : 주석을 기조로한 화이트 메탈, 우수한 베어링 합금으로 연해서 연강, 청동을 얇게 붙여 사용된다.

### (6) 저용융점 합금

① 주석보다 용융점(231.9℃)이 더 낮은 합금을 총칭한다.
② 비스무트 – 납 – 주석의 3원 합금이 사용된다.
③ 비스무트 – 납 – 주석 – 카드뮴의 4원 합금도 사용된다.

# 04 비금속재료

CRAFTSMAN COMPUTER AIDED MECHANICAL DRAWING

## 01 합성수지재료

### 1 개요

고분자 유기재료에는 천연재료와 합성재료로 나눌 수 있는데 천연 유기재료는 동물이나 식물의 몸속에서 자연적으로 만들어지나, 합성 고분자 재료는 분자량이 작은 분자를 인위적으로 결합시켜 만든다.
합성 고분자 재료를 총칭하여 흔히 Plastic이라고 하며 열경화성 수지 및 열가소성 수지로 구분한다.

### 2 종류

| 구분 | 특징 | 종류 |
|---|---|---|
| 열경화성 수지 | • 가열하면서 가압 및 성형하면 다시 가열해도 용융되지 않음<br>• 기계적 강도가 크고 내열성이 좋아서 기계재료로서 기어, 핸들, 소형 기구 프레임 등에 사용 | 페놀수지, 요소수지<br>멜라민 수지<br>실리콘 수지<br>Polyester Resin |
| 열가소성 수지 | • 성형 후에도 가열하면 연해지고 냉각하면 다시 본래의 상태로 굳어짐 | 염화비닐, Styrene<br>Resin, Polyethylene<br>Acrylic Resin,<br>Polyamid Resin |

### (1) 플라스틱의 종류

플라스틱은 고분자 화합물의 구조에 따라 분류되는 방법이 있지만 공업적으로 열을 가했을 때 발생되는 유동(流動)에 따라 크게 두 개의 타입으로 분류된다. 하나는 열가소성(熱加塑性) 플라스틱이며 또 하나는 열경화성(熱硬化性) 플라스틱이다. 열가소성 플라스틱은 시장규모, 내열성, 기계적 성질, 경제성 등에 의해 범용 플라스틱과 엔지니어링 플라스틱으로 구분되며, 엔프라도 범용 엔프라와 슈퍼엔프라로 나눠진다.

## (가) 열가소성 플라스틱

열을 가할 때마다 녹거나 유연하게 되지만, 냉각되면 다시 단단하게 굳어지는 플라스틱이다.

㉠ 열을 가하면 부드러워지고 녹아 흐름

㉡ 분자 구조 : 선 모양, 나뭇가지 모양

| 종류 | | 용도 |
|---|---|---|
| 열가소성 수지 | 아크릴 수지 | 섬유, 간판, 광학 렌즈, 전등 케이스 등 |
| | 폴리스티렌 수지(PS) | 스티로폼, 고주파 전기 절연재, 포장재 등 |
| | 폴리염화비닐 수지(PVDC) | 전선 피복, 관, 필름, 비닐 장판, 호스, 인조 가죽, 병 등 |
| | 폴리에틸렌 수지(PE) | 포장용 필름, 코팅 재료, 주방용기, 전기 절연재료, 장난감 등 |
| | 폴리프로필렌 수지(PP) | 카드 파일, 수화물 상자, 주방용기, 포장재료, 화장품갑 등 |
| | 나일론 | 섬유, 베어링, 기어, 제도용 자 등 |

## (나) 열경화성 플라스틱

열에 의해 한 번 굳어지면 다시 열을 가해도 녹거나 유동성이 있는 물질로 되돌아가지 않는 플라스틱이다.

㉠ 한 번 가열하여 굳어지면 다시 녹지 않음

㉡ 분자 구조 : 수세미 모양, 사다리 모양

| 종류 | | 용도 |
|---|---|---|
| 열경화성 수지 | 페놀 수지(PF) | 전화기, 전기 배전판, 공구함, 목재 접착제 등 |
| | 멜라민 수지(MF) | 고급 기계나 식기류, 건축용 장식판 등 |
| | 실리콘 수지 | 장난감, 접착제 등 |
| | 요소 수지 | 단추, 일용품 재료, 접착제 등 |
| | 에폭시 수지(EP) | 금속 · 유리 접착제, 건물 방수재료, 도료 등 |
| 기타 | 의학용 | 손, 발, 장기 등의 인공기관 |

## 02 플라스틱 종류와 특징

### 1 ABS(아크릴로니트릴 부타디엔 스티렌)

ABS는 재활용이 간편하며, 순수한 ABS는 리멜팅 후 내충격성을 상실할 수 있으므로 PC와 혼합하여 PC + ABS(재활용 후)를 형성할 수 있다.

### 2 PMMA(폴리메틸 메타크릴레이트)

① 플렉시글라스로 잘 알려져 있다.
② 주로 조명 및 계기의 커버로 사용된다.
③ 재활용이 쉽다.

### 3 PC(폴리카보네이트)

Scania에서는 PC를 원형 그대로는 거의 사용하지 않고 흔히 PBT 또는 ABS와 조합하여 사용한다.

### 4 PE(폴리에틸렌)

① 밀도에 따라 다음과 같이 다양하게 지칭된다.
② 일부 연료 탱크 등에 사용된다. 폴리에틸렌은 세계적으로 가장 많이 재활용되는 재질이다. 이 재질은 연료를 흡수하므로 나중에 재활용되는 경우에 냄새가 난다. 따라서 연료 탱크에 사용된 재질은 특수 처리를 거쳐 에너지 회수용으로 사용된다.

### 5 PVC(폴리비닐 클로라이드)

① 케이블 절연재 등으로 사용된다.
② 이 재질은 불순물에 민감하여 재활용이 어렵다.
③ 연소 시 염산이 생성된다.

# 05 신소재 및 공구재료

CRAFTSMAN COMPUTER AIDED MECHANICAL DRAWING

## 01 신소재(新素材, Advanced materials)

금속·무기(無機)·유기 원료 및 이들을 조합한 원료를 새로운 제조기술로 제조하여 종래에 없던 새로운 성능·용도를 가지게 된 소재

① 형상기억합금, 초전도재료 등의 신금속재료

② 파인세라믹, 광섬유 등의 비금속무기재료

③ 엔지니어링 플라스틱 등의 신고분자재료

④ 탄소섬유강화플라스틱, 섬유강화금속 등의 복합재료

## 02 공구재료

### 1 공구강 및 공구재료

(1) 공구강의 구비 조건

　　① 상온 및 고온에서 경도가 클 것

　　② 가열에 의한 경도 변화가 적을 것

　　③ 인성과 마멸에 저항이 클 것

　　④ 가공이 쉽고 열처리 변형이 적을 것

　　⑤ 가격이 쌀 것

## ❷ 공구강의 종류

### (1) 탄소공구강

① 0.6~1.5%C, 300℃ 이상에서 사용할 수 없음

② 주로 줄, 정, 펀치, 쇠톱날, 끌 등의 재료에 사용

### (2) 합금공구강(STS)

① 0.6~1.5%C , Cr, W, Mn, Ni, V 등을 첨가하여 성질을 개선

② Cr, W, Mn, V 첨가. 담금질 효과, 고온경도 개선

③ 종류로는 절삭용(절삭공구), 내충격용(정, 펀치, 끌), 열간 금형용(단조용 공구, 다이스)

### (3) 고속도강(SKH)

① 일명 "HSS – 하이스", Taylor가 발명

② W계 고속도강 : 0.8%C, W(18) – Cr(4) – V(1%) 표준형, 600℃까지 경도저하 안 됨

③ 예열 : 800~900℃, 담금질 : 1250~1300℃, 뜨임 : 550~580℃(목적 : 경도 증가)

④ 표준형 고속도강 (W18 – Cr4 – V1)

　　**[TIP]** 표준 고속도강의 기본 성분 : 0.8 – 1.5%C 탄소강에 18% W, 4% Cr, 1% V 함유

### (4) 주조경질합금(Stellite)

① W – Cr – Co – C, 절삭속도 SKH의 2배. 열처리를 하지 않고 주조한 후 연삭하여 사용

② 내구력이 작고 경도, 내마모성, 고온저항이 크다.

### (5) 초경합금

① 금속 탄화물의 분말형 금속원소를 프레스로 성형한 다음 이것을 소결하여 만든 합금이다.

② 절삭공구, 다이, 내열, 내마멸성이 요구되는 부품에 많이 사용된다.

③ 탄화물의 종류 Wc, Tic, Tac이다.

④ 소결 경질 합금은 Wc, Tic, Tac 등의 분말에 코발트 분말을 결합재로 하여 혼합한 다음 금형에 넣고 가압, 성형한 것을 800~1,000℃에서 예비 소결 후 희망하는 모양으로 가공하고 이것을 수소 기류 중에서 1,400~1,500℃에서 소결시키는 분말 야금법으로 제조한다.

### (6) 세라믹(Ceramic)

① Ceramic이란 '도기'라는 뜻으로 점토를 소결한 것이다. 알루미나($Al_2O_3$) 주성분으로 거의 결합재를 사용하지 않고 소결한 공구로 고속도 및 고온 절삭에 사용된다.

② 성분의 대부분은 알루미나, 금속 첨가물은 구리, 니켈, 망간 등이다.

③ 열을 흡수하지 않아 과열의 염려가 없으며 철과 친화력이 없어 구성인선이 안 생기며 고속 정밀가공에 적합하다.

④ 내부식성과 내산화성이 있다.

⑤ 비자성체, 비전도체이며 항자력이 초경합금에 비해 1/2배이다.

### (7) 다이어몬드 공구

다이아몬드는 내마모성이 뛰어나 거의 모든 재료 절삭에 사용된다. 그 중에서도 경금속 절삭에 매우 좋으며 시계, 카메라, 정밀기계, 부품완성에 많이 사용된다.

#### (가) 장점

㉠ 경도가 크고 열에 강하며, 고속 절삭용으로 적당하고 수명이 길다.

㉡ 잔류응력이 적고 절삭면에 녹이 생기지 않는다.

㉢ 구성 인선이 생기지 않기 때문에 가공 면이 아름답다.

#### (나) 단점

㉠ 바이트가 비싸다.

㉡ 대단히 부서지기 쉬우므로, 날 끝이 손상되기 쉽다.

㉢ 기계 진동이 없어야 하므로 기계 설치비가 많이 든다.

㉣ 전문적인 공장이 아니면 바이트의 재연마가 곤란하다.

전산응용기계제도기능사
# 기출실전문제

# 01 기출실전문제

전산응용기계제도기능사 [2011년 10월 9일]

CRAFTSMAN COMPUTER AIDED MECHANICAL DRAWING

## 1과목 기계재료 및 요소

**01** 표준 평기어에서 피치원지름이 600mm, 모듈이 10인 경우 기어의 잇수는 몇 개인가?

㉮ 50
㉯ 60
㉰ 100
㉱ 120

**해설** 잇수$(Z) = \dfrac{\text{피치원지름}(D)}{\text{모듈}(M)} = \dfrac{600}{10} = 60$

**02** 다음 금속재료 중 고유저항이 가장 작은 것은 어느 것인가?

㉮ 은(Ag)
㉯ 구리(Cu)
㉰ 금(Au)
㉱ 알루미늄(Al)

**해설** 고유저항이 작다는 것은 전기가 잘 통한다는 것으로, 단위길이(m)와 단위면적(mm²)을 가진 도체의 전기저항을 그 물체의 고유저항이라고 한다. 은(Ag)1.62 > 구리(Cu)1.69 > 금(Au)2.40 > 알루미늄(Al)2.62 순으로 고유저항 값이 작다.

**03** 너비가 5mm이고 단면의 높이가 8mm, 길이가 40mm인 키에 작용하는 전단력은? (단, 키의 허용전단응력은 2MPa이다.)

㉮ 200 N
㉯ 400 N
㉰ 800 N
㉱ 4000 N

**해설** 허용전단응력$(T_a) = \dfrac{F}{A}$,

$F = T_a \times A = 2 \times 10^6 \times (5 \times 40)$
$\quad = 2 \times 10^6 \times (0.005 \times 0.04) = 400\text{N}$

**04** 6각의 대각선거리보다 큰 지름의 자리면이 달린 너트로서 볼트 구멍이 클 때, 접촉면을 거칠게 다듬질 했을 때 또는 큰 면압을 피하려고 할 때 쓰이는 너트는?

㉮ 둥근 너트
㉯ 플랜지 너트
㉰ 아이 너트
㉱ 홈붙이 너트

**해설** 플랜지 너트(Flange nut)
너트 바닥면에 둥근 테가 붙은 모양의 와셔 겸용의 너트를 가리킨다.

**정답** 1. ㉯ 2. ㉮ 3. ㉯ 4. ㉯

**05** 강도와 경도를 높이는 열처리 방법은?

㉮ 뜨임　　　　㉯ 담금질
㉰ 풀림　　　　㉱ 불림

해설 • 담금질 : 재료의 경도를 높인다.
• 뜨임 : 담금질로 인한 취성을 제거한다.
• 불림 : 결정 조직을 균일하게 한다.
• 풀림 : 재질을 연하게 한다.

**06** 다음 체인 전동의 특성 중 틀린 것은?

㉮ 정확한 속도비를 얻을 수 있다.
㉯ 벨트에 의해 소음과 진동이 심하다.
㉰ 2축이 평행한 경우에만 전동이 가능하다.
㉱ 축간 거리는 10~15m가 적합하다.

해설 체인 전동의 특성
① 큰 감속비를 얻을 수 있다.(일반적으로는1 : 7 까지)
② 긴 축간 거리(통상은 4m 이하)가 된다. 축간 거리에 자유도가 높은 것도 특징이다.
③ 체인의 양면 모두 사용 가능하므로 다축 구동이 가능하다.
④ 설치교체가 용이하다.(접착, 탈착이 용이)
⑤ 짧은 축간 거리에서 체인을 지지하는 구조라면 축이 수직으로도 구동 사용 가능하다.
⑥ 벨트 구동보다 동일 토크로 스프라켓 경을 작게 할 수 있다.
⑦ 힘의 전달이 많은 치수에서 이루어지므로, 스프라켓의 치아 마모는 기어보다는 유리하다.
⑧ 기어와 비교해 높은 충격흡수 능력을 갖는다.

**07** 테이퍼 핀에 대한 설명으로 옳은 것은?

㉮ 보통 1/50의 테이퍼를 가지며 호칭지름은 작은 쪽의 지름으로 표시한다.

㉯ 보통 1/200의 테이퍼를 가지며 호칭지름은 작은 쪽의 지름으로 표시한다.
㉰ 보통 1/50의 테이퍼를 가지며 호칭지름은 큰 쪽의 지름으로 표시한다.
㉱ 보통 1/100의 테이퍼를 가지며 호칭지름은 가운데 부분의 지름으로 표시한다.

해설

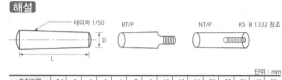

| 호칭지름 | 2.5 | 3 | 4 | 5 | 6 | 7 | 8 | 10 | 13 | 16 | 20 | 25 | 30 | 40 | 50 |
|---|---|---|---|---|---|---|---|---|---|---|---|---|---|---|---|
| d | 2.5 | 3 | 4 | 5 | 6 | 7 | 8 | 10 | 13 | 16 | 20 | 25 | 30 | 40 | 50 |
| L | 20~40 | 20~40 | 25~60 | 25~70 | 30~80 | 40~90 | 35~100 | 50~120 | 50~120 | △ | △ | △ | △ | △ | △ |

단위 : mm

**08** 원형 봉에 비틀림 모멘트를 가하면 비틀림이 생기는 원리를 이용한 스프링은?

㉮ 코일 스프링　　㉯ 벌류트 스프링
㉰ 접시 스프링　　㉱ 토션 바

해설 토션 바
비틀림 탄성을 이용하여 완충작용을 하는 스프링. 스프링 강으로 만든 가늘고 긴 막대 모양이다.

**09** 마우러 조직도를 바르게 설명한 것은?

㉮ 탄소와 규소량에 따른 주철의 조직 관계를 표시한 것
㉯ 탄소와 흑연량에 따른 주철의 조직 관계를 표시한 것
㉰ 규소와 망간량에 따른 주철의 조직 관계를 표시한 것
㉱ 규소와 $Fe_3C$량에 따른 주철의 조직 관계를 표시한 것

마우러 조직도

주철의 조직을 지배하는 요소인 C와 Si의 함유량 및 냉각속도에 따른 주철의 조직관계를 나타내는 조직도를 Maurer's diagram라 한다.

**10** 관의 양단이 고정되어 있으면 온도에 의하여 관의 길이가 변화되어 열응력이 생기고 관이 길 때에는 늘어난 양도 커져 관뿐만 아니라 부속장치에도 악영향을 주는데, 이를 개선하기 위해 사용하는 관 이음은?

㉮ 소켓 및 니플 이음
㉯ 신축 이음
㉰ 플렌지 이음
㉱ 용접 및 납땜 이음

해설 신축 이음은 팽창 이음이라고도 하며, 노통(爐筒), 관 등의 팽창에 의한 열응력을 피하기 위해 사용된다.

## 2과목  기계가공법 및 안전관리

**11** 기계구조용 탄소강의 기호가 SM40C라 표현되어 있다. 여기에서 "40"이란 숫자가 나타내는 뜻은?

㉮ 인장강도의 평균치
㉯ 탄소함유량의 평균치
㉰ 가공도의 평균치
㉱ 경도의 평균치

해설 KS D 3752 SM40C는 JIS G 4051 S40C와 동일한 기계구조용 탄소강 강재로서 인장강도는 62, 항복강도는 45kg/mm²이다.

**12** 스프링용 강의 조직으로 적합한 것은?

㉮ 페라이트
㉯ 시멘타이트
㉰ 소르바이트
㉱ 레데뷰라이트

해설 스프링용 강의 피아노선은 탄소함유량이 0.55~0.95% 정도의 대단히 강인한 탄소강 선으로서, 인발 중에 열처리하여 소르바이트(sorbite) 조직으로 만든 것이다.

**13** 재료시험에서 인성 또는 취성을 측정하기 위한 시험방법은?

㉮ 경도시험
㉯ 압축시험
㉰ 충격시험
㉱ 비틀림시험

해설 충격시험은 충격에 대해 재료가 저항하는 성질을 인성이라고 하며, 인성을 알아보는 시험이다.

**14** 고탄소 주철로서 회주철과 같이 주조성이 우수한 백선주물을 만들고 열처리함으로써 강인한 조직으로 하여 단조를 가능하게 한 주철은?

㉮ 회주철
㉯ 가단주철
㉰ 칠드주철
㉱ 합금주철

해설

| 가단 주철 | • 백심 가단주철(WMC) 탈탄이 주목적 산화철을 가하여 950에서 70~100시간 가열<br>• 흑심 가단주철(BMC) Fe₃C의 흑연화가 목적 1단계(850~950 풀림) 유리 Fe₃C 흑연화 2단계(680~730 풀림) Pearlite 중에 Fe₃C 흑연화<br>• 고력 펄라이트 가단주철(PMC) 흑심 가단주철에 2단계를 생략할 것<br>• 가단주철의 탈탄제 : 철광석, 밀 스케일, 헤어 스케일 등의 사화철을 사용 |
|---|---|

PART 05

**15** 구름 베어링의 호칭번호가 "6208"일 때 안지름(d)은 얼마인가?

㉮ 10mm  
㉯ 20mm  
㉰ 30mm  
㉱ 40mm

해설 안지름(d) = 8 × 4 = 40

**16** CAD/CAM 시스템과 CNC 기계들을 근거리 통신망으로 연결하여 1대의 컴퓨터에서 여러 대의 CNC 공작기계에 데이터를 분배하여 전송함으로써 동시에 여러 대의 기계를 운전할 수 있는 시스템은?

㉮ DNC  
㉯ ATC  
㉰ FMC  
㉱ CIMS

해설
- CAM(Computer Aided Manufacturing) : '컴퓨터의 지원에 의한 제조'를 말한다. 즉 CAM 은 컴퓨터를 이용하여 제조공정의 생산성 향상을 꾀하는 것이다.
- DNC(Direct Numerical Control) : 중앙제어로 다수의 CNC 공작기계를 통제하는 시스템이다.
- FMS(Flexible Manufacturing System) : 공장자동화의 기반이 되는 시스템 기술로서 생산 라인의 유연성이 핵심적인 장점이다.
- CIMS(Computer Integrated Manufacturing System) : 통합제조정보시스템으로 최근 제조기술
- ATC : 자동공구교환장치

**17** CNC 프로그램에서 "주축기능"을 나타내는 기호는?

㉮ G  
㉯ F  
㉰ S  
㉱ T

해설 G : 준비기능, F : 이송기능  
S : 주축기능, T : 공구기능

**18** 선반 바이트의 칩 브레이커의 주된 기능은?

㉮ 가공조도의 향상  
㉯ 공구수명의 연장  
㉰ 절삭속도의 향상  
㉱ 절삭 칩의 인위적 절단

해설 절삭가공에서 절삭분 처리를 쉽게 하기 위해 긴 절삭분을 짧게 절단하거나 둥지기 위하여 공구 경사면에 설치한 홈이나 단이다.
선반 가공에서 칩(절삭분)이 길어지게 되면 회전하고 있는 공작물에 감겨 들어가서 가공이 어려워질 뿐 아니라 작업이 아주 위험해진다. 칩 브레이커는 가공할 때 나오는 칩을 잘라낼 목적으로 바이트의 날끝 부분에 마련된다. 최근 스로어웨이 바이트에 사용되는 칩은 칩 브레이커의 기능을 발휘할 수 있도록 날끝 부분의 모양을 여러 가지로 고안한 것이 많다.

**19** 미터나사에서 지름이 14mm, 피치가 2mm의 나사를 태핑하기 위한 드릴 구멍의 지름은 보통 몇 mm로 하는가?

㉮ 16  
㉯ 14  
㉰ 12  
㉱ 10

해설 태핑(Tapping) : 공작물 내부에 암나사 가공, 태핑을 위한 드릴가공은 나사의 외경 − 피치로 한다.  
태핑 드릴 구멍(d) = 나사호칭(D) − 피치(p)  
$$= 14 - 2 = 12mm$$

**20** 게이지 블록의 측정면을 정밀가공하기에 적당한 방법은?

㉮ 래핑  
㉯ 버니싱  
㉰ 버핑  
㉱ 호닝

**해설** 래핑(lapping)

손으로 작업하는 것을 핸드 래핑, 래핑 머신을 사용하는 것을 기계 래핑이라고 한다. 또 랩제에 윤활유를 가하는 경우를 습식 래핑, 가하지 않는 경우를 건식 래핑이라고 한다.

**21** 드릴 작업의 안전수칙에 위반되는 것은?

㉮ 큰 구멍을 뚫을 때에는 먼저 작은 구멍을 뚫는다.

㉯ 드릴 작업시 장갑은 착용하지 않는다.

㉰ 일감은 반드시 바이스에 물리고 드릴링 한다.

㉱ 얇은 판을 드릴링 할 때에는 손으로 잡고 한다.

**해설** 장갑 착용은 회전체에 감김 안전사고를 방지하기 위하여 드릴 작업시에는 착용하지 않는다.

**22** 치공구의 주 기능이라 할 수 없는 것은?

㉮ 위치결정　　㉯ 고정

㉰ 커터 안내　　㉱ 공구수명 연장

**해설** 치공구의 3요소

① 위치결정면 : 가공품의 직선, 회전 운동을 제한하기 위해 설치하는 면, 일반적으로 6면 중 3면

② 위치결정구 : 가공품의 회전 방지나 자세 유지를 위해 치공구면이나 구멍에 설치하는 위치결정핀

③ 클램프(clamp) : 가공품의 움직임을 제한하기 위해 위치결정구 반대 방향에 사용하는 고정장치(휨, 변형, 흠이 없도록 주의)

**23** 연삭숫돌의 검사항목에 해당하지 않는 것은?

㉮ 음향검사　　㉯ 회전검사

㉰ 균형검사　　㉱ 자생검사

**해설** 연삭숫돌의 검사

음향검사, 회전검사, 균형검사

**24** 바이트의 경사면이 칩과의 마찰에 의하여 오목하게 파여지는 현상은?

㉮ 크레이터 마모　　㉯ 플랭크 마모

㉰ 치핑　　　　　　㉱ 브레이킹

**해설** ① 크레이터(crater) 마모 : 공구면을 따라 유동하는 칩으로부터 생기며 분화구(크레이터, crater)를 형성시킴

• 칩 – 공구 접촉면적에 제한되어 발생

• 고속가공에서는 열연화(thermal softening)로 마모 속도가 증가함

② 플랭크(flank) 마모 : 새로운 가공면과 공구의 여유면 사이의 마찰작용으로 발생

• 마모 랜드(wear land; 마모 영역)의 폭을 마모의 크기로 봄

**25** 다음 중 각도를 측정할 수 있는 측정기는?

㉮ 버니어 캘리퍼스

㉯ 옵티컬 플랫

㉰ 사인 바

㉱ 하이트 게이지

**해설** 사인 바(sine bar)

삼각함수 sine을 이용하여 각도를 측정하거나 또는 임의의 각도를 설정하기 위한 것이다.

PART
**05**

## 3과목 기계제도

**26** 정투상 방법으로 물체를 투상하여 정면도를 기준으로 배열할 때 제1각 방법 또는 제3각 방법에 관계없이 배열의 위치가 같은 투상도는?

㉮ 저면도      ㉯ 좌측면도
㉰ 평면도      ㉱ 배면도

해설

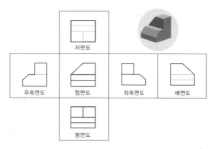

제1각법

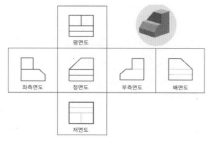

제3각법

**27** 보조 투상도의 설명 중 옳은 것은?

㉮ 물체의 홈, 구멍 등 투상도의 일부를 나타낸 투상도
㉯ 그림의 특정 부분만을 확대하여 그린 그림
㉰ 복잡한 물체를 절단하여 투상한 것
㉱ 물체의 경사면의 대향하는 위치에 그린 투상도

해설 보조 투상도
주투상도에서 물체의 경사면의 형상이 명확하게 구분되지 않을 경우, 경사면에 평행하면서 주투상도의 시점과 수직인 보조 투상도를 그린다.

**28** 위 치수 허용차와 아래 치수 허용차의 차이 값은?

㉮ 치수 공차      ㉯ 기준 치수
㉰ 치수 허용차      ㉱ 허용 한계 치수

해설 치수 공차＝위 치수 허용차－아래 치수 허용차

**29** 다음 중 2종류 이상의 선이 같은 장소에 겹칠 때 가장 우선되는 선은?

㉮ 무게 중심선      ㉯ 치수선
㉰ 외형선      ㉱ 치수 보조선

해설 겹치는 선의 우선 순위
문자(기호)＞①외형선＞②숨은선＞③절단선＞④중심선＞⑤무게 중심선＞⑥치수 보조선

**30** 특수한 가공을 표시하는 부분의 범위를 표시하는 선은?

㉮ 굵은 실선      ㉯ 굵은 1점 쇄선
㉰ 가는 실선      ㉱ 가는 1점 쇄선

해설

| 명칭 | 선의 종류 | | 용도 |
|---|---|---|---|
| 특수지 정선 | 굵은 1점 쇄선 | ▬ ▬ ▬ ▬ | 특수한 가공을 하는 부분 등 특별한 요구사항을 적용할 수 있는 범위를 표시 |

정답 26. ㉱ 27. ㉱ 28. ㉮ 29. ㉰ 30. ㉯

**31** 다음 중 도면에 반드시 마련해야 하는 양식에 해당하는 것은?

㉮ 중심 마크     ㉯ 비교 눈금

㉰ 도면의 구역     ㉱ 재단 마크

 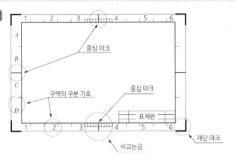

**32** 도면이 구비해야 할 기본 요건을 잘못 설명한 것은?

㉮ 대상물의 도형과 함께 필요로 하는 구조, 조립 상태, 치수, 가공방법 등의 정보를 포함하여야 한다.

㉯ 애매한 해석이 생기지 않도록 표현상 명확한 뜻을 가져야 한다.

㉰ 무역 및 기술의 국제교류의 입장에서 국제성을 가져야 한다.

㉱ 제품의 가격 정보를 항상 포함하여야 한다.

**해설** 제품의 가격 정보는 포함하지 않는다.

**33** 제3각 방법으로 투상한 그림과 같은 도면에서 누락된 평면도인 것은?

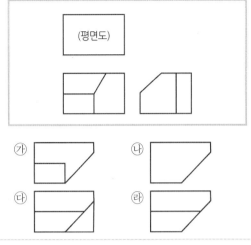

**해설** 정면도와 우측면도를 기준으로 보기의 평면투상을 선택한다.

**34** 다음은 스퍼기어를 나타낸 것이다. 이 끝부분에는 어떤 기하공차가 가장 적당한가?

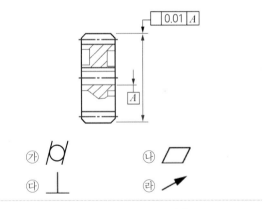

**해설** 원주 흔들림 : ⟋ , 원통도 : ⌀
평면도 : ▱ , 직각도 : ⊥

**정답** **31.** ㉮ **32.** ㉱ **33.** ㉱ **34.** ㉱

**35** 다음 제3각 방법의 경우 정투상도 중 틀린 것은?

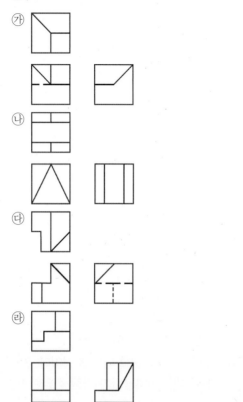

㉮

㉯

㉰

㉱

**해설** 정면도와 우측면도, 평면도를 기준으로 등각투상을 해보면 ㉮가 틀리다.

**36** 치수기입에 관한 설명 중 잘못된 것은?

㉮ 치수는 필요에 따라 기준하는 점, 선, 면을 기초로 하여 기입한다.

㉯ 관련 치수는 되도록 한 곳에 모아서 기입한다.

㉰ 치수는 3면도에 골고루 기입한다.

㉱ 치수는 계산하여 읽을 필요가 없도록 기입한다.

**해설** 치수는 되도록 주투상도(정면도)에 기입한다.

**37** IT 기본공자의 등급 수는 몇 가지인가?

㉮ 16 ㉯ 18

㉰ 20 ㉱ 22

**해설** IT 기본 공차는 치수 공차와 끼워맞춤에 있어서 정해진 모든 치수 공차를 의미하는 것으로 국제표준화기구(ISO) 공차 방식에 따라 분류하며, IT 01 ~IT 18까지 20등급으로 나눈다.

**38** 줄무늬 방향 기호 "R"이 뜻하는 것은?

㉮ 투상면에 평행임을 표시

㉯ 투상면에 직각임을 표시

㉰ 여러 방향으로 교차 또는 무방향임을 표시

㉱ 면의 중심에 대하여 대략 레이디얼 모양임을 표시

**해설** 면의 중심에 대하여 대략 레이디얼 모양임을 "R"로 표기 한다.

C : 동심원, M : 교차/무방향

R : 방사상, X : 교차

**39** 다음의 표면거칠기 기호에서 25가 의미하는 거칠기 값의 종류는?

$$\overset{W}{\bigtriangledown} = \overset{25}{\bigtriangledown}$$

㉮ 산술 평균거칠기  ㉯ 최대 높이 거칠기
㉰ 10점 평균거칠기  ㉱ 최소 높이 거칠기

**해설** Ra : 산술 평균거칠기(중심선 평균거칠기)
Rz : 10점 평균거칠기
Ry : 최대 높이 거칠기

**40** 구멍의 치수가 축의 치수보다 작은 경우 생기는 구멍과 축의 끼워맞춤 관계를 무엇이라 하는가?

㉮ 틈새      ㉯ 공차
㉰ 허용차     ㉱ 죔새

**해설** 구멍치수 < 축 치수 – 항상 죔새 발생
구멍치수 > 축 치수 – 항상 틈새 발생

**41** 모양 공차 중 원통도를 나타내는 공차 기호는?

㉮ ⌀      ㉯ ○
㉰ ◎      ㉱ ⊕

**해설** 모양 공차의 ⌀ : 원통도, ○ : 진원도
위치 공차의 ◎ : 동심도, ⊕ : 위치도

**42** 다음 그림과 같이 테이퍼 1/200로 표시되어 있는 경우 "X" 부분의 치수는?

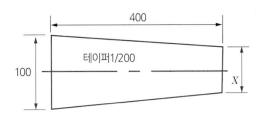

㉮ 89      ㉯ 92
㉰ 96      ㉱ 98

**해설** 심압대 편위량
$$x = \frac{D-d}{2L} = \frac{100-96}{2 \times 400} = 0.005$$

**43** 대칭형 물체를 기본중심에서 1/2 절단하여 그림과 같이 단면한 것은?

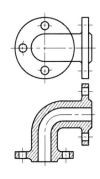

㉮ 한쪽 단면도     ㉯ 온 단면도
㉰ 부분 단면도     ㉱ 회전 단면도

**해설**

| 종류 | 특징 |
|---|---|
| 온단면도(전단면도) | 물체의 1/2 절단 |
| 한쪽 단면도(반단면도) | 물체의 1/4 절단 |
| 부분 단면도 | 필요한 부분만을 절단(스플라인이 들어감) |
| 회전 단면도 | 암, 리브 등을 90도 회전하여 나타냄<br>회전도시단면은 가는 실선으로 그린다. |

**44** 가는 실선의 용도로 적합하지 않는 것은?

㉮ 공구, 지그 등의 위치를 참고로 나타내는 데 사용한다.
㉯ 치수를 기입하기 위하여 쓰인다.

㉓ 기술, 기호 등을 표시하기 위하여 끌어내는데 쓰인다.

㉔ 수면, 유면 등의 위치를 표시하는데 쓰인다.

**해설** 공구, 지그 등의 위치를 참고로 나타내는 선은 가상선(이점쇄선)이다.

**45** 다음에 제시된 재료 기호 중 "200"이 의미하는 것은?

$$GC \quad 200$$

㉮ 재질 등급

㉯ 열처리 온도

㉰ 탄소 함유량

㉱ 최저 인장강도

**해설** GC200 회주철의 인장강도

**46** 축의 도시방법에 대한 설명으로 잘못된 것은?

㉮ 축은 길이 방향으로 절단하여 온단면도로 도시해야 한다.

㉯ 축의 단면이 균일하고 길이가 길 때는 중간을 파단해서 짧게 도시할 수 있다.

㉰ 축의 특정 부분을 부분단면 할 수 있다.

㉱ 축의 끝 부분은 모따기를 할 수 있다.

**해설** 축은 길이방향으로 절단하여 단면도시하지 않는다.

• 길이방향으로 절단하지 않는 부품 : 축, 핀, 볼트, 너트, 와셔, 작은 나사, 세트스크루, 리벳, 키, 테이퍼 핀, 볼 베어링, 원통롤러, 리브, 웨브, 바퀴의 암, 기어의 이 등의 부품

**47** 일반용 스퍼기어의 요목표에서 "Ⓐ, Ⓑ"에 알맞은 것은?

| 스퍼기어 요목표 | | |
|---|---|---|
| 기준래크 | 치형 | 보통이 |
| | 모듈 | 2 |
| | 압력각 | 20° |
| 잇수 | | 45 |
| 피치원 지름 | | Ⓐ |
| 전체 이높이 | | Ⓑ |
| 다듬질방법 | | 호브 절삭 |

㉮ Ⓐ = 5, Ⓑ = 90    ㉯ Ⓐ = 90, Ⓑ = 4.5

㉰ Ⓐ = 40, Ⓑ = 5    ㉱ Ⓐ = 40, Ⓑ = 90

**해설**
$$PCD(피치원지름) = M(모듈) \times Z(잇수)$$
$$= 2 \times 45 = 90$$
$$H(전체이높이) = M(모듈) \times 2.25$$
$$= 2 \times 2.25 = 4.5$$

**48** 유체를 한 방향으로 흐르게 하여 역류를 방지하는데 사용되는 밸브의 도시 기호는?

㉮ ▷◁

㉯ ─|◁

㉰ ▷◁

㉱ ▷◁

**해설** 체크 밸브 : 유체를 일정한 방향으로만 흐르게 하고, 역류를 방지하는 목적으로 사용한다.

게이트 밸브 ▷◁ , 체크 밸브 ─|◁

일반 밸브 ▷◁ , 안전 밸브

**49** 평벨트 풀리의 제도방법으로 설명한 것 중 틀린 것은?

㉮ 암은 길이 방향으로 절단하여 단면도를 도시한다.

㉯ 벨트 풀리는 대칭형이므로 그 일부분만을 도시할 수 있다.

㉰ 암의 테이퍼 부분 치수를 기입할 때 치수보조선은 경사선으로 긋는다.

㉱ 암의 단면 모양은 도형의 안이나 밖에 회전 단면을 도시한다.

> **해설** 암은 길이 방향으로 절단하여 단면도를 도시하지 않는다.

**50** 그림과 같은 리벳 이음의 명칭은?

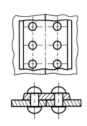

㉮ 1줄 겹치기 리벳이음

㉯ 1줄 맞대기 리벳이음

㉰ 2줄 겹치기 리벳이음

㉱ 2줄 맞대기 리벳이음

> **해설**
>
>
>
> (a) 1줄 리벳 겹치기 이음   (b) 지그재그형 2줄 리벳 겹치기 이음   (c) 평행형 2줄 리벳 겹치기 이음

(d) 한쪽 덮개판 1줄 리벳 맞대기 이음   (e) 양쪽 덮개판 1줄 리벳 맞대기 이음   (f) 양쪽 덮개판 2줄 리벳 맞대기 이음

**51** 다음 그림과 같은 베어링의 명칭은 무엇인가?

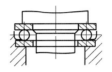

㉮ 깊은 홈 볼 베어링

㉯ 구름 베어링 유닛용 볼 베어링

㉰ 앵귤러 볼 베어링

㉱ 평면자리 스러스트 볼 베어링

> **해설** 스러스트 볼 베어링(Thrust ball bearing) 축(軸) 방향으로 작용하는 스러스트를 지지하는 볼 베어링. 단식, 복식, 단식 와셔붙이 등이 있다.

**52** ISO 표준에 있는 일반용으로 관용 테이퍼 암나사의 호칭 기호는?

㉮ R          ㉯ Rc

㉰ Rp         ㉱ G

> **해설** R 관용-테이퍼 수나사, Rc 관용-테이퍼 암나사 Rp 관용-테이퍼 평행암나사, G 관용 팽행나사

PART **05**

**53** 용접의 기본 기호와 명칭의 연결이 틀린 것은?

㉮ ╱ : 필릿 용접

㉯ ⊔ : 플러그 용접

㉰ ◯ : 점용접

㉱ ◠ : 뒷면 용접

**해설**  : 필릿 용접, 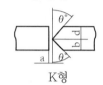 : L형 용접

L형    K형

**54** 다음 스프링 제도에 관한 것이다. 잘못 설명한 것은?

㉮ 코일스프링 및 벌류트 스프링은 일반적으로 무하중상태에서 그린다.

㉯ 겹판스프링은 일반적으로 스프링 판이 수평인 상태에서 그린다.

㉰ 요목표에 별도의 지정사항이 없는 코일스프링은 모두 오른쪽으로 감긴 것으로 나타낸다.

㉱ 스프링을 간략도로 나타낼 때에는 스프링 재료의 중심선만을 가는 실선으로 그린다.

**해설** 스프링 도시법

• 스프링은 무하중상태에서 도시

• 특별한 도시가 없는 이상 모두 오른쪽으로 감긴 것을 나타내고, 왼쪽으로 감긴 것은 '감긴 방향 왼쪽'이라 표시

• 코일스프링의 중간일부를 생략 시 가는 1점 쇄선 또는 가는 2점 쇄선으로 표시

• 스프링종류 및 모양만을 간략히 그릴 때는 중심선을 굵은 실선으로 표시

**55** 서로 맞물리는 한 쌍의 기어 도시에서 맞물림부의 이끝원은 모두 무슨 선으로 그리는가?

㉮ 굵은 실선    ㉯ 가는 1점 쇄선

㉰ 파단선    ㉱ 굵은 1점 쇄선

**해설** • 맞물리는 한 쌍의 스퍼기어를 그릴 때

• 측면도의 이끝원은 항상 굵은 실선

• 정면도를 단면도로 나타날 때는 물리는 부분의 한쪽 이끝원을 (파선)으로 그린다.

**56** 다음의 나사 제도에 대한 설명 중 틀린 것은?

㉮ 완전 나사부와 불안전 나사부의 경계는 굵은 실선으로 그린다.

㉯ 수나사의 바깥지름과 암나사의 안지름은 굵은 실선으로 그린다.

㉰ 나사부분의 단면표시에 해칭을 할 경우에는 산봉우리 부분까지 미치게 한다.

㉱ 수나사와 암나사의 측면도시에서 골 지름은 굵은 실선으로 그린다.

**해설**

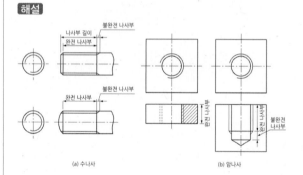

(a) 수나사    (b) 암나사

**57** 그림과 같은 정원 뿔을 단면선을 따라 평면으로 절단시킨 경우 구성되는 단면 형태는?

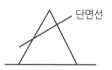

- ㉮ 쌍곡선
- ㉯ 포물선
- ㉰ 타원
- ㉱ 원

**해설** 타원의 중심과 두 초점을 지나는 유일한 선분을 긴지름이라고 한다.

**58** 다음 중 중앙처리장치(CPU)에 속하지 않는 것은?

- ㉮ 제어장치
- ㉯ 기억장치
- ㉰ 연산논리장치
- ㉱ 출력장치

**해설** 중앙처리장치(CPU)
제어장치, 기억장치, 연산논리장치

**59** 다음 CAD 시스템의 입·출력의 장치 중 출력장치에 해당하는 것은?

- ㉮ 마우스(mouse)
- ㉯ 스캐너(scanner)
- ㉰ 플로터(plotter)
- ㉱ 라이트 펜(light pen)

**해설** • 출력장치 : 플로터
출력장치는 사람이 읽을 수 있는 빛, 소리, 인쇄 등의 방식으로 컴퓨터의 결과물을 출력하는 장치이다
• 입력장치 : 마우스, 라이트 펜, 스캐너

**60** 와이어프레임 모델의 일반적인 특징에 대한 설명으로 틀린 것은?

- ㉮ 3면 투시도의 작성이 용이하다.
- ㉯ 은선 제거가 가능하다.
- ㉰ 처리 속도가 빠르다.
- ㉱ 단면도 작성이 불가능하다.

**해설** 와이어프레임(wire frame)은 물체의 외곽을 선들로만 연결시켜 놓은 상태의 모델을 말한다.
• 와이어프레임 모델링의 일반적인 특징 처리속도가 빠르다.
• 은선 제거가 가능하다는 솔리드 모델링의 특징이다.

# 02 기출실전문제

전산응용기계제도기능사 [2012년 2월 12일]

CRAFTSMAN COMPUTER AIDED MECHANICAL DRAWING

## 1과목 기계재료 및 요소

**01** Al - Si 계 합금인 실루민의 주조 조직에 나타나는 Si의 거친 결정을 미세화 시키고 강도를 개선하기 위하여 개량처리를 하는데 사용되는 것은?

㉮ Na      ㉯ Mg
㉰ Al      ㉱ Mn

**해설** Si의 결정을 미세화하기 위하여 특수 원소를 첨가시키는 처리를 계량처리라고 하며, Na 첨가법이 제일 많이 사용된다.

**02** 금속을 상온에서 소성변형 시켰을 때, 재질이 경화되고 연신율이 감소하는 현상은?

㉮ 재결정      ㉯ 가공경화
㉰ 고용강화      ㉱ 열변형

**해설** 가공 경화(加工硬化, Work hardening, Strain hardening) 현상은 소형 변형으로 금속이나 고분자가 단단해지는 현상을 말한다. 물질의 결정 구조 내에서 전위적 이동과 전위적 생성으로 인해 발생한다.

**03** 강을 충분히 가열한 후 물이나 기름 속에 급랭시켜 조직변태에 의한 재질의 경화를 주목적으로 하는 것은?

㉮ 담금질      ㉯ 뜨임
㉰ 풀림      ㉱ 불림

**해설**
• 담금질 : 재료의 경도를 높인다.
• 뜨임 : 담금질로 인한 취성을 제거한다.
• 불림 : 결정 조직을 균일하게 한다.
• 풀림 : 재질을 연하게 한다.

**04** 공구강의 구비조건 중 틀린 것은?

㉮ 강인성이 클 것
㉯ 내마모성이 작을 것
㉰ 고온에서 경도가 클 것
㉱ 열처리가 쉬울 것

**해설** 공구 재료의 구비조건
• 충분한 경도를 가지며 또한 인성이 있을 것.
• 가공 중에 발생하는 절삭저항, 진동, 충격에 견딜 수 있는 강도
• 절삭 열에 의해 경도가 저하되지 않아야 하며 고온에서도 고온경도 유지
• 열처리성이 좋아야 하며 공구의 성형성 및 재연삭성이 좋아야 함

---

**정답** 1. ㉮ 2. ㉯ 3. ㉮ 4. ㉯

- 내마모성이 좋고 수명이 길어야 함
- 공작물과 친화성이 적어야 함

**05** 황동의 자연균열 방지책이 아닌 것은?

㉮ 수은　　　　　㉯ 아연 도금
㉰ 도료　　　　　㉱ 저온풀림

[해설] 황동(Brass) 자연균열
- 응력부식 균열로 잔류응력에 기인되는 현상이며, 자연 균열을 일으키는 원소는 수은, 암모니아, 산소, 탄산가스
- 방지책 : 도료 및 Zn 도금 잔류응력제거

**06** 다음 합성수지 중 일명 EP라고 하며, 현재 이용되고 있는 수지 중 가장 우수한 특성을 지닌 것으로 널리 이용되는 것은?

㉮ 페놀 수지　　　㉯ 폴리에스테르 수지
㉰ 에폭시 수지　　㉱ 멜라민 수지

[해설] 에폭시(EP : Epoxy)
에폭시 수지는 도료, 접착제 같이 성형가공을 필요로 하지 않는 것이 많이 사용되지만, 주형품, 적층품, 성형품도 사용된다.

**07** 스테라이트계 주조경질합금에 대한 설명으로 틀린 것은?

㉮ 주성분이 Co 이다.
㉯ 단조품이 많이 쓰인다.
㉰ 800℃까지의 고온에서도 경도가 유지된다.
㉱ 열처리가 불필요하다.

[해설] C-Co-Cr-W을 주성분으로 하며, 스테라이트(stellite)라고도 한다.

800℃에서도 경도 변화가 없고, 주용도는 Al 합금, 청동, 주철, 주강 절삭에 쓰인다.
용융 상태에서 주형에 주입 성형한 것으로, 고속도강 몇 배의 절삭 속도를 가지며 열처리가 필요 없다.

**08** 기계요소 부품 중에서 직접 전동용 기계요소에 속하는 것은?

㉮ 벨트　　　　　㉯ 기어
㉰ 로프　　　　　㉱ 체인

[해설]
- 직접 전동장치 : 마찰차 전동, 기어 전동 등
- 간접 전동장치 : 체인 전동, 벨트 전동 등

**09** 수나사의 호칭치수는 무엇을 표시하는가?

㉮ 골지름　　　　㉯ 바깥지름
㉰ 평균지름　　　㉱ 유효지름

[해설] 수나사의 호칭치수 표시 : 바깥지름

**10** 다음 나사 중 백래시를 작게 할 수 있고 높은 정밀도를 오래 유지할 수 있으며 효율이 가장 좋은 것은?

㉮ 사각 나사　　　㉯ 톱니 나사
㉰ 볼 나사　　　　㉱ 둥근 나사

[해설] 볼 나사(Ball thread)
수나사와 암나사의 홈을 서로 맞붙여 나선형의 홈에 강구를 넣은 나사
- 특징 : 마찰이 작고 효율이 높다.
- 용도 : 공작기계의 수치제어에 의한 위치 결정이나, 자동차용 스티어링 기어 등 운동용 나사로써 사용된다.

PART
05

정답　5. ㉮　6. ㉰　7. ㉯　8. ㉯　9. ㉯　10. ㉰

**2과목** 기계가공법 및 안전관리

**11** 다음 중 핀(Pin)의 용도가 아닌 것은?

㉮ 핸들과 축의 고정
㉯ 너트의 풀림 방지
㉰ 볼트의 마모 방지
㉱ 분해 조립할 때 조립할 부품의 위치결정

**해설** 핀은 볼트의 마모 방지와 관련이 없다.
핀은 리머 구멍에 박아서 위치를 결정하는 용도로 사용된다.

**12** 다음 스프링 중 나비가 좁고 얇은 긴 보의 형태로 하중을 지지하는 것은?

㉮ 원판 스프링
㉯ 겹판 스프링
㉰ 인장 코일 스프링
㉱ 압축 코일 스프링

**해설** 판 스프링(Plate spring)
한 개 또는 길이가 각각 다른 몇 개의 박판 또는 사다리꼴 형태의 판재를 겹쳐 만든 스프링. 판스프링은 판의 휨 변형을 이용한 스프링으로 구조가 간단하고 진동에 대한 억제 작용의 힘이 큰 반면, 작은 진동은 흡수하지 못하는 편이다.

**13** 지름이 6cm인 원형 단면 봉에 500kN의 인장 하중이 작용할 때 이 봉에 발생되는 응력은 약 몇 N/mm²인가?

㉮ 170.8
㉯ 176.8
㉰ 180.8
㉱ 200.8

**해설** $\sigma = \dfrac{하중}{단면적} \dfrac{W}{A} = \dfrac{500 \times 10^3}{30 \times 30 \times \pi} = 176.83 \text{N/mm}^2$

**14** 평벨트 풀리의 구조에서 벨트와 직접 접촉하여 동력을 전달하는 부분은?

㉮ 림
㉯ 암
㉰ 보스
㉱ 리브

**해설** 벨트와 벨트 풀리는 접촉면은 평 풀리의 림에 접촉된다.
벨트와 벨트 풀리는 림의 접촉면에 마찰력을 이용하여 동력을 전달하는 기계요소

**15** 회전하고 있는 원동 마찰차의 지름이 250mm 이고 종동차의 지름이 400mm일 때 최대 토크는 몇 N·m인가? (단, 마찰차의 마찰계수는 0.2 이고 서로 밀어 붙이는 힘은 2kN이다.)

㉮ 20
㉯ 40
㉰ 80
㉱ 160

**해설** 마찰력$(Q) = \mu p = 마찰계수 \times 힘$
　　　　　$= 0.2 \times 2,000 = 40 \text{N}$
$T = \dfrac{QD}{2} = \dfrac{400 \times 0.4}{2} = 80$

**16** 바이트에서 칩 브레이커를 만드는 이유는?

㉮ 선반에서 바이트의 강도를 높이기 위하여
㉯ 작업자 안전을 위해 칩을 짧게 끊기 위하여
㉰ 바이트와 공작물의 마찰을 적게 하기 위하여
㉱ 절삭 속도를 빠르게 하기 위하여

**해설** 절삭가공에서 절삭분 처리를 쉽게 하기 위해 긴 절삭분을 짧게 절단하거나 둥치기 위하여 공구 경사면에 설치한 홈이나 단이다.
선반 가공에서 칩(절삭분)이 길어지게 되면 회전하고 있는 공작물에 감겨 들어가서 가공이 어려워질 뿐 아니라 작업이 아주 위험하게 된다. 칩 브레

이커는 가공할 때 나오는 칩을 잘라낼 목적으로 바이트의 날끝 부분에 마련된다. 최근 스로어웨이 바이트에 사용되는 칩은 칩 브레이커의 기능을 발휘할 수 있도록 날끝 부분의 모양을 여러 가지로 고안한 것이 많다.

**17** 보링머신에 의한 작업으로 적합하지 않은 것은?

㉮ 리밍      ㉯ 태핑
㉰ 드릴링      ㉱ 기어 가공

[해설] 기어 가공＝호빙 머신

**18** 다음 중 윤활제의 구비조건이 아닌 것은?

㉮ 온도 변화에 따른 점도의 변화가 클 것
㉯ 한계 윤활상태에서 견딜 수 있는 유성이 있는 것
㉰ 산화나 열에 대하여 안정성이 높을 것
㉱ 화학적으로 불활성이며 깨끗하고 균질할 것

[해설] 온도 변화에 따른 점도의 변화가 적을 것
윤활유의 구비조건
① 적당한 점성을 가질 것
② 유성이 양호할 것
③ 온도 변화에 따른 점성 변화가 적을 것
④ 열이나 산에 강할 것
⑤ 슬러지 형성이 적을 것
⑥ 금속의 부식성이 적을 것
⑦ 내하중성이 크고 기포발생이 없을 것

**19** 밀링 분할법의 종류에 해당되지 않은 것은?

㉮ 직접 분할법      ㉯ 단식 분할법
㉰ 차동 분할법      ㉱ 미분 분할법

[해설] 밀링 분할법
직접 분할법, 단식 분할법, 차동 분할법

**20** 해머작업을 할 때의 안전사항 중 틀린 것은?

㉮ 손을 보호하기 위하여 장갑을 낀다.
㉯ 파편이 튀지 않도록 칸막이를 한다.
㉰ 보호안경을 착용한다.
㉱ 해머의 끝 부분이 빠지지 않도록 쐐기를 한다.

[해설] 해머작업을 할 때 장갑을 착용하지 않는다.

**21** CNC 공작기계의 서보기구 중 서보모터에서 위치와 속도를 검출하여 피드백 시키는 방식으로 일반적인 CNC 공작기계에 가장 많이 사용되는 방식은?

㉮ 개방회로 방식
㉯ 반폐쇄회로 방식
㉰ 폐쇄회로 방식
㉱ 복합회로 서보 방식

[해설] 반폐쇄회로 방식 그림

정답 **17.** ㉱ **18.** ㉮ **19.** ㉱ **20.** ㉮ **21.** ㉯

**22** 다음 중 센터리스 연삭기는 어느 종류에 속하는가?

㉮ 나사 연삭기    ㉯ 평면 연삭기
㉰ 외경 연삭기    ㉱ 성형 연삭기

해설 센터리스 연삭기
- 센터가 필요 없고 중공의 원통을 연삭
- 연속 작업이 가능하여 대량 생산에 용이
- 긴 축 재료 연삭 가능, 연삭 여유가 적어도 됨
- 숫돌바퀴의 나비가 크므로 지름의 마멸이 작고 수명이 김
- 기계의 조정이 끝나면 가공이 쉽고 작업자의 숙련이 필요 없음
- 긴 홈이 있는 일감의 연삭 곤란
- 대형 중량물 연삭 곤란

**23** 그림과 같은 사인 바(Sine bar)를 이용한 각도 측정에 대한 설명으로 틀린 것은?

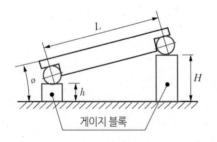
게이지 블록

㉮ 게이지 블록 등을 병용하고 3각함수 사인 (sine)을 이용하여 각도를 측정하는 기구이다.
㉯ 사인 바는 롤러의 중심거리가 보통 100mm 또는 200mm로 제작한다.
㉰ 45° 보다 큰 각을 측정할 때에는 오차가 적어진다.
㉱ 정반 위에서 정반면과 사인봉과 이루는 각을 표시하면 $\sin\phi = (H-h)/L$ 식이 성립한다.

해설 사인 바(sine bar) 45° 이하의 각으로 측정할 때에는 오차가 적어진다.

**24** 나사를 조일 때 드라이버를 안전하게 사용하는 방법으로 틀린 것은?

㉮ 날 끝이 홈의 나비와 길이보다 작은 것을 사용한다.
㉯ 날 끝은 이가 빠지거나 동그랗게 된 것을 사용하지 않는다.
㉰ 나사를 조일 때 나사 탭 구멍에 수직으로 대고 한 손으로 가볍게 잡고 작업한다.
㉱ 용도 외에 다른 목적으로 사용하지 않는다.

해설 드라이버는 날 끝이 홈의 나비와 길이가 동일한 것을 사용한다.

**25** 일반적으로 슈퍼 피니싱의 가공액으로 사용되지 않는 것은?

㉮ 경유    ㉯ 스핀들유
㉰ 동물성유    ㉱ 기계유

해설 슈퍼 피니싱의 가공액은 일반적으로 석유가 많이 사용되고 있으며, 경유와 머신유의 혼합유도 사용한다.

정답 **22.** ㉰ **23.** ㉰ **24.** ㉮ **25.** ㉰

## 3과목 기계제도

**26** 다음 기계요소 중 길이 방향으로 단면할 수 있는 부품으로 묶은 것은?

㉮ 리브, 바퀴의 암, 기어의 이
㉯ 볼트, 너트, 작은 나사
㉰ 축, 핀, 리벳, 키
㉱ 부시, 칼라, 베어링

**해설** 길이방향으로 절단하지 않는 부품 : 축, 핀, 볼트, 너트, 와셔, 작은 나사, 세트스크루, 리벳, 키, 테이퍼 핀, 볼 베어링, 원통 롤러, 리브, 웨브, 바퀴의 암, 기어의 이 등의 부품

**27** 다음과 같이 기하 공차가 기입되었을 때 설명으로 틀린 것은?

| // | 0.01 | A |
|----|------|---|

㉮ 0.01은 공차값이다.
㉯ //은 모양 공차이다.
㉰ //은 공차의 종류 기호이다.
㉱ A는 데이텀을 지시하는 문자 기호이다.

**해설** 평행도(//)는 자세 공차이다.

**28** 부분 확대도의 도시방법으로 틀린 것은?

㉮ 특정한 부분의 도형이 작아서 그 부분을 확대하여 나타내는 표현 방법이다.
㉯ 확대할 부분을 굵은 실선으로 에워싸고 한글이나 알파벳 대문자로 표시한다.
㉰ 확대도에는 치수기입과 표면거칠기를 표시할 수 있다.
㉱ 확대한 투상도 위에 확대를 표시하는 문자 기호화 척도를 기입한다.

**해설** 부분 확대도
• 특정한 부분의 도형이 작아서 그 부분을 자세하게 나타낼 수 없거나 치수 기입을 할 수 없을 때에는 그 해당 부분을 확대하여 나타낸다.
• 확대할 부분을 가는 실선으로 에워싸고 한글이나 알파벳 대문자로 표시한다.

**29** 다음 그림에서 부품 ①의 공차와 부품 ②의 공차가 순서대로 바르게 나열된 것은?

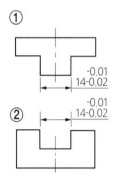

㉮ 0.01, 0.02   ㉯ 0.01, 0.03
㉰ 0.03, 0.03   ㉱ 0.03, 0.07

**해설** 치수공차 = 최대 허용치수 - 최소허용치수
① (-0.01) - (-0.02) = 0.01
② 0.05 - 0.02 = 0.03

**30** 끼워맞춤 방식에서 축의 지름이 구멍의 지름보다 큰 경우 조립 전 두 지름의 차를 무엇이라고 하는가?

㉮ 죔새        ㉯ 틈새
㉰ 공차        ㉱ 허용차

**정답** **26.** ㉱ **27.** ㉯ **28.** ㉯ **29.** ㉯ **30.** ㉮

**해설** 죔쇄(interference) : 축이 구멍보다 클 때 생기는 치수 차(간섭)이다.

틈새(clearance) : 축이 구멍보다 작을 때 생기는 치수 차(틈)이다.

**31** IT 기본 공차에 대한 설명으로 틀린 것은?

㉮ IT 기본 공차는 치수 공차와 끼워맞춤에 있어서 정해진 모든 치수 공차를 의미한다.

㉯ IT 기본 공차의 등급은 IT01부터 IT18까지 20등급으로 구분되어 있다.

㉰ IT 공차 적용시 제작의 난이도를 고려하여 구멍에는 ITn – 1, 축에는 ITn 을 부여한다.

㉱ 끼워맞춤 공차를 적용할 때 구멍일 경우 IT6~IT10이고, 축일 때에는 IT5~IT9 이다.

**해설** IT공차를 구멍과 축의 제작공차로 적용할 때 제작의 난이도를 고려하여 구멍에는 ITn, 축에는 ITn –1을 부여한다.

**32** 제3각법으로 표시된 다음 정면도와 측면도를 보고 평면도에 해당하는 것은?

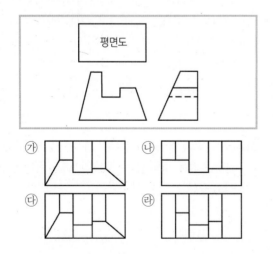

**33** 다음 설명 중 반지름 치수 기입방법으로 옳은 것은?

㉮ 반지름 치수를 표시할 때에는 치수선의 양쪽에 화살표를 모두 붙인다.

㉯ 화살표나 치수를 기입할 여유가 없을 경우에는 중심 방향으로 치수선을 연장하여 긋고 화살표를 붙인다.

㉰ 반지름이 커서 그 중심 위치까지 치수선을 그을 수 없을 때에는 자유 실선을 원호 쪽에 사용하여 치수를 표기 한다.

㉱ 반지름 치수는 중심을 반드시 표시하여 기입해야 한다.

**해설** 반지름을 나타낼 때에는 "R"의 기호를 치수숫자 앞에 기입한다. 다만 반지름을 표시하는 치수선이 그 원호의 중심까지 그어졌을 때에는 기호를 생략해도 무방하다.

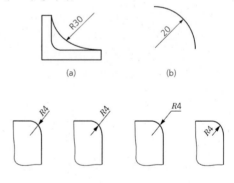

**34** 다음 등각도를 제3각법으로 투상할 때 평면도로 맞는 것은?

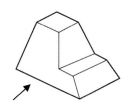

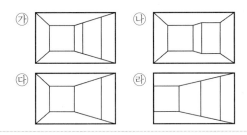

㉮　㉯

㉱　㉰

해설 등각투상 상부에서 내려 보는 투상으로 일치하는 투상은 ㉯이다.

**35** 도면을 접어서 사용하거나 보관하고자 할 때 앞부분에 나타내어 보이도록 하는 부분은?

㉮ 부품 번호가 있는 부분
㉯ 표제란이 있는 부분
㉱ 조립도가 있는 부분
㉰ 도면이 그려지지 않은 뒷면

해설 도면을 접을 때에는 도면의 표제란이 제일 앞면의 오른쪽 아래에 위치하여 읽을 수 있도록 해야 하는데, 접는 순서는 특별히 정해진 방법이 없다.
표제란은 도면의 특정한 사항(도번<도면 번호>, 도명<도면 이름>, 척도, 투상법, 작성자명 및 일자 등)을 기입하는 곳

**36** 스케치를 할 물체의 표면에 광명단을 얇게 칠하고 그 위에 종이를 대고 눌러서 실제의 모양을 뜨는 스케치 방법은?

㉮ 프린트법　㉯ 모양 뜨기 방법
㉱ 프리핸드법　㉰ 사진법

해설 스케치도는 프리핸드법, 프린트법, 본뜨기법, 사진 촬영법 등을 사용하여 그린다.
프린트법 : 평면이면서 복잡한 윤곽을 갖는 부품은 그 평면에 스탬프 잉크를 묻혀 도장을 찍듯이 찍는 것으로, 실제 모양을 얻을 수 있다.

**37** 제거가공 또는 다른 방법으로 얻어진 가공 전의 상태를 그대로 남겨두는 것만을 지시하기 위한 기호는?

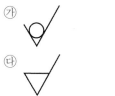

㉮　㉯

㉱　㉰

해설 ▽○ : 제거 가공을 허락하지 않는 것

$\overset{W}{\nabla}$ : 거친다듬질, $\overset{X}{\nabla}$ : 보통다듬질

$\overset{Y}{\nabla}$ : 정밀다듬질, $\overset{Z}{\nabla}$ : 연마다듬질

**38** 치수 보조 기호의 "SØ"는 무엇을 나타내는가?

㉮ 표면　㉯ 구의 반지름
㉱ 피치　㉰ 구의 지름

해설 SØ : 구의 지름, SR : 구의 반지름

PART
**05**

**39** KS B 0001에 규정된 도면의 크기에 해당하는 A열 사이즈의 호칭에 해당 되지 않는 것은?

㉮ A0       ㉯ A3

㉰ A5       ㉱ A1

**해설** 제도 용지는 A열 사이즈(A0~A4)를 사용한다.

| A0 | A1 | A2 | A3 | A4 |
|---|---|---|---|---|
| 841×1189 | 594×841 | 420×594 | 297×420 | 210×297 |

**40** 다음 그림은 표면거칠기의 지시이다. 면의 지시기호에 대한 지시사항에서 "D"의 위치에 나타내는 것은?

㉮ 표면 파상도

㉯ 줄무늬 방향 기호

㉰ 다듬질 여유 기입

㉱ 중심선 평균거칠기 값

**해설** 줄무늬 방향기호
- C : 커터로 둥근 형태
- X : 줄무늬 경사, 교차
- = : 줄무늬 투상면에 평행
- M : 여러 방향 무방향
- ⊥ : 투상면에 직각
- R : 레이디얼 모양

**41** 가는 실선을 사용하는 선의 용도에 해당하지 않는 것은?

㉮ 기호 및 지시사항을 기입하기 위하여 끌어내는데 쓰인다.

㉯ 도형의 중심선을 간략하게 표시하는데 쓰인다.

㉰ 수면, 유면 등의 위치를 명시하는데 쓰인다.

㉱ 도시된 단면의 앞쪽에 있는 부분을 표시하는데 쓰인다.

**해설** 회전 단면의 한 부분의 윤곽을 나타내는 선, 회전도시단면은 가는 실선으로 그린다.

**42** 다음 선의 용도에 의한 명칭 중 선의 굵기가 다른 것은?

㉮ 치수선       ㉯ 지시선

㉰ 외형선       ㉱ 치수보조선

**해설** 가는 실선, 굵은 실선, 아주굵은 실선 (1 : 2 : 4의 비율을 가진다)

**43** 다음 도면에서 표현된 단면도로 모두 맞는 것은?

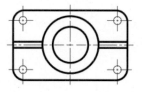
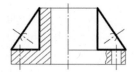

㉮ 전단면도, 한쪽 단면도, 부분 단면도

㉯ 한쪽 단면도, 부분 단면도, 회전도시 단면도

㉰ 부분 단면도, 회전도시 단면도, 계단 단면도

㉱ 전단면도, 한쪽 단면도, 회전도시 단면도

• 한쪽 단면도 : 물체의 1/4 절단
• 부분 단면도 : 필요한 부분만을 절단(스플라인이 들어감)
• 회전도시 단면도 : 암, 리브 등을 90° 회전하여 나타냄, 회전도시단면은 가는 실선으로 그린다.

**44** 정면, 평면, 측면을 하나의 투상면 위에서 동시에 볼 수 있도록 그린 도법은?

㉮ 보조 투상도  ㉯ 단면도
㉰ 등각 투상도  ㉱ 전개도

등각 투상도
물체의 정면, 평면, 측면이 하나의 투상도에 나타나게 그린 도면으로, 좌표계의 세 축이 120°이다.

**45** 모양, 자세, 위치의 정밀도를 나타내는 종류와 기호를 바르게 나타낸 것은?

㉮ 진원도 : ⌀  ㉯ 동축도 : ⊕
㉰ 원통도 : ○  ㉱ 직각도 : ⊥

| 공차의 종류 | | 기호 |
|---|---|---|
| 모양공차 | 진원도 | ○ |
| | 원통도 | ⌀ |
| 자세공차 | 직각도 | ⊥ |
| 위치공차 | 위치도 | ⊕ |
| | 동심도(동축도) | ◎ |

**46** 스프로킷 휠의 도시법에 대한 설명으로 틀린 것은?

㉮ 바깥지름은 굵은 실선, 피치원은 가는 1점

쇄선으로 도시한다.
㉯ 이뿌리원을 축에 직각인 방향에서 단면 도시할 경우에는 가는 실선으로 도시한다.
㉰ 이뿌리원은 가는 실선으로 도시하나 기입을 생략해도 좋다.
㉱ 항목표에는 원칙적으로 이의 특성에 관한 사항과 이의 절삭에 필요한 치수를 기입한다.

이뿌리원
가는 실선 (단, 단면을 할 경우 굵은 실선)

**47** 나사의 각 부를 표시하는 선에 대한 설명으로 틀린 것은?

㉮ 수나사의 바깥지름과 암나사의 안지름은 굵은 실선으로 그린다.
㉯ 수나사와 암나사의 골을 표시하는 선은 굵은 실선으로 그린다.
㉰ 완전나사부와 불완전나사부의 경계선은 굵은 실선으로 그린다.
㉱ 가려서 보이지 않는 나사부는 파선으로 그린다.

수나사와 암나사의 골을 표시하는 선은 가는 실선으로 도시한다.

**48** 나사의 종류를 나타내는 기호 중 틀린 것은?

㉮ R : 관용 테이퍼 수나사
㉯ S : 미니추어 나사
㉰ UNC : 유니파이 보통나사
㉱ TM : 29° 사다리꼴나사

미터계 사다리꼴나사(TM 또는 Tr) : 30°
인치계 사다리꼴나사(TW) : 29°

정답 44. ㉰ 45. ㉱ 46. ㉯ 47. ㉯ 48. ㉱

**49** 배관도의 치수기입 요령으로 틀린 것은?

㉮ 치수는 관, 관 이음, 밸브의 입구 중심에서 중심까지의 길이로 표시한다.

㉯ 관이나 밸브 등의 호칭지름은 관선 밖으로 지시선을 끌어내어 표시한다.

㉰ 설치 이유가 중요한 장치에서는 단선 도시 방법을 이용한다.

㉱ 관의 끝 부분에 왼나사를 필요로 할 때에는 지시선으로 나타내어 표시한다.

**해설** 배관도에서 설치 이유가 중요한 장치는 복선 도시 방법으로 배관도를 그린다.

**50** 스퍼기어를 축 방향으로 단면 투상할 경우 도 시방법으로 틀린 것은?

㉮ 이끝원은 굵은 실선으로 그린다.

㉯ 피치원은 가는 1점 쇄선으로 그린다.

㉰ 이뿌리원은 파선으로 그린다.

㉱ 맞물리는 한 쌍의 기어의 이끝원은 굵은 실선으로 그린다.

**해설** 스퍼기어의 도시법

① 잇봉우리원은 굵은 실선으로 표시한다.

② 피치원은 가는 1점 쇄선으로 표시한다.

③ 이골원은 가는 실선으로 표시한다. 다만, 주투상도를 단면으로 도시 할 때에는 굵은 실선으로 도시한다. 또한, 이골원은 생략할 수 있다.

**51** 맞물리는 한 쌍의 평기어에서 모듈이 2 이고 잇수가 각각 20, 30일 때 두 기어의 중심거리 는?

㉮ 30mm  　㉯ 40mm

㉰ 50mm  　㉱ 60mm

**해설** 중심거리 $(C) = \frac{1}{2}(D_1 + D_2) = \frac{1}{2}m(Z_1 + Z_2)$

중심거리 $= \frac{1}{2}2(20_1 + 30_2) = 50mm$

**52** 테이퍼 핀의 호칭지름은 표시하는 부분은?

㉮ 핀의 큰 쪽 지름

㉯ 핀의 작은 쪽 지름

㉰ 핀의 중간 부분 지름

㉱ 핀의 작은쪽 지름에서 전체의 1/3 되는 부분

**해설** 테이퍼 핀의 호칭지름은 가는 쪽의 지름으로 나타낸다.

**53** 코일 스프링의 제도방법 중 맞는 것은?

㉮ 원칙적으로 하중이 걸린 상태로 그린다.

㉯ 그림 안에 기입하기 힘든 사항은 일괄하여 요목표에 표시한다.

㉰ 코일 스프링의 중간부분을 생략할 때는 생략부분을 파단선으로 긋는다.

㉱ 특별한 단서가 없는 한 모두 왼쪽 감기로 도시한다.

**해설** 스프링 도시법

• 스프링은 무하중인 상태에서 도시

• 특별한 도시가 없는 이상 모두 오른쪽으로 감긴 것을 나타내고, 왼쪽으로 감긴 것은 '감긴 방향 왼쪽'이라 표시

• 코일스프링의 중간일부를 생략시 가는 1점 쇄선 또는 가는 2점 쇄선으로 표시

• 스프링 종류 및 모양만을 간략히 그릴 때는 중심선을 굵은 실선으로 표시

코일 스프링의 일반적인 도시방법

• 스프링은 원칙적으로 무하중인 상태로 그린다.

**정답** 49. ㉰ 50. ㉰ 51. ㉰ 52. ㉯ 53. ㉯

- 하중이 설린 상태에서 그릴 때에는 그때의 치수와 하중을 기입한다.
- 그림 안에 기입하기 힘든 사항은 일괄하여 요목표에 표시한다.

**54** 다음 그림에서 "(가)" 부의 용접은 어떤 자세로 작업하는가?

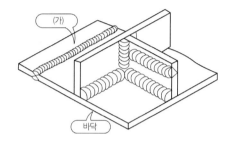

㉮ 수평 자세  ㉯ 수직 자세
㉰ 아래보기 자세  ㉱ 위보기 자세

해설

| | |
|---|---|
| 상향자세 | |
| 수평자세 | |
| 수직자세 | |
| 하향자세 | |

**55** 축을 제도하는 방법을 설명한 것이다. 틀린 것은?

㉮ 긴 축은 단축하여 그릴 수 있고 길이는 실제 길이를 기입한다.
㉯ 축은 일반적으로 길이 방향으로 절단하여 단면을 표시 한다.

㉰ 구석 라운드 가공부는 필요에 따라 확대하여 기입 할 수 있다.
㉱ 필요에 따라 부분 단면은 가능하다.

해설 축은 길이 방향으로 단면도시를 하지 않는다. 단, 부분단면은 허용한다.

**56** 베어링의 호칭 번호 6203Z에서 "Z"가 뜻하는 것은?

㉮ 한쪽 실드
㉯ 리테이너 없음
㉰ 보통 틈새
㉱ 등급 표시

해설 한쪽 실드 : Z, 양쪽 실드 : ZZ

**57** 일반적인 CAD시스템에서 사용되는 좌표계가 아닌 것은?

㉮ 직교좌표계
㉯ 타원 좌표계
㉰ 극좌표계
㉱ 구면 좌표계

해설 좌표계

| 구분 | 입력방법 | 해설 |
|---|---|---|
| 절대좌표 | X, Y | 원점(0,0)에서 해당 축 방향으로 이동한 거리 |
| 상대극좌표 | @거리<방향 | 먼저 지정된 점과 지정된 점까지의 직선거리 방향은 각도계와 일치 |
| 상대좌표 | @X, Y | 먼저 지정된 점으로부터 해당 축 방향으로 이동한 거리 |

**58** 3차원 물체를 외부형상 뿐만 아니라 내부구조의 정보까지도 표현하여 물리적 성질 등의 계산까지 가능한 모델은?

㉮ 와이어프레임 모델

㉯ 서피스 모델

㉰ 솔리드 모델

㉱ 엔티티 모델

**[해설]** 솔리드 모델링 방식
- 은선 제거가능
- 물리적 성질계산 가능
- 간섭 체크가 용이
- Boolean 연산(합, 차, 적)을 통해 복잡한 형상 표현가능
- 형상을 절단한 단면도 작성이 용이
- 컴퓨터의 메모리량이 많아짐
- 데이터의 처리량이 많아짐
- 이동·회전 등을 통한 정확한 형상파악
- FEM을 위한 메시 자동 분할이 가능하다.

**59** CAD시스템의 출력장치가 아닌 것은?

㉮ 스캐너　　　　㉯ 그래픽 디스플레이

㉰ 프린터　　　　㉱ 플로터

**[해설]** 스캐너는 입력장치이다.

**60** 컴퓨터 시스템의 중앙처리장치 구성요소가 아닌 것은?

㉮ 보조기억장치　　㉯ 제어장치

㉰ 연산장치　　　　㉱ 주기억장치

**[해설]** 중앙 처리장치(CPU) 구성요소
주기억장치(RAM, ROM), 연산 장치, 제어 장치

정답 **58.** ㉰ **59.** ㉮ **60.** ㉮

# 03 기출실전문제

전산응용기계제도기능사 [2012년 4월 8일]

CRAFTSMAN COMPUTER AIDED MECHANICAL DRAWING

## 1과목 기계재료 및 요소

**01** 다음 중 황동에 납(pb)을 첨가한 합금은?

㉮ 델타메탈     ㉯ 쾌삭황동
㉰ 문쯔메탈     ㉱ 고강도 황동

**해설** ① 델타메탈 : 6-4 황동에 1~2 Fe(철)을 함유 강
도, 내식성 증가, 광산기계, 선반, 화학기계용
② 쾌삭황동 : 연황동(6 : 4 황동 + 1 - 3%Pb) :
쾌삭성, 피삭성 부여
③ 문쯔메탈 : 4-6 황동 Cu + Zn 구리 60% + 아
연 40%를 첨가한 합금으로 볼트, 너트, 열간단
조품 등에 쓰이는 것
④ 고강도 황동 : 4-6 황동에 3.5% 정도의 Mn
을 첨가하면 기계적 강도는 현저하게 개선되
고, 고온가공이 용이하게 되며, 인장력
50~60kg/mm², 연신율 20~40%로 된다. 용
도로서는 터빈 날개, 밸브에 붙은 밸브봉 등에
사용된다.

**02** 스프링강의 특성에 대한 설명으로 틀린 것은?

㉮ 항복강도와 크리프 저항이 커야 한다.
㉯ 반복하중에 잘 견딜 수 있는 성질이 요구
된다.

㉰ 냉간가공방법으로만 제조된다.
㉱ 일반적으로 열처리를 하여 사용한다.

**해설** 스프링강
• 냉간가공한 재료는 철사스프링이나 얇은 판스
프링에 사용
• 열간가공한 재료는 판스프링이나 코일스프링에
사용

**03** 자기 감응도가 크고, 잔류자기 및 항자력이 작
아 변압기 철심이나 교류기계의 철심 등에 쓰
이는 강은?

㉮ 자석강     ㉯ 규소강
㉰ 고 니켈강     ㉱ 고 크롬강

**해설** • 자석강 : 항자력이 크고, 자기강도의 변화가 적
은 강(변압기 철심용)
• 규소강 : 내열성이 크고 전자기적 특성이 우수
하여 변압기용 박판에 사용

**04** 다음 중 청동의 주성분 구성은?

㉮ Cu - Zn 합금     ㉯ Cu - Pb 합금
㉰ Cu - Sn 합금     ㉱ Cu - Ni 합금

**해설** 황동 : Cu + Zn, 청동 : Cu + Sn

**정답** 1. ㉯ 2. ㉯ 3. ㉰ 4. ㉮

**05** 다음 중 내식용 알루미늄 합금이 아닌 것은?

㉮ 알민      ㉯ 알드레이

㉰ 하이드로날륨      ㉱ 라우탈

**해설** 주조용 AL 합금
- 실루민(Al+Si 10~14%) : 주조성은 좋으나 절삭성 불량, 재질(개량) 처리 효과가 큼
- 라우탈(Al+Cu 3~8%+Si 3~8%) : 주조성이 좋고, 시효경화성이 있음. Si첨가로 주조성 개선, Cu 첨가로 실루민의 결점인 절삭성 향상 (예) 피스톤, 기계부속품 등
- 하이드로날륨(Al+Mg 4~7%) : 내식성이 매우 우수 (예) 선박용품, 건축용 재료 등
- Y합금(Al+Cu 4%+Ni 2%+Mg 1.5%) : 고온 강도가 큼 (예) 내연기관의 실린더, 피스톤 등
- 로엑스(Al, Si 11~14% Mg 1%, Ni, Cu, Fe) : 열팽창계수가 적고 내열, 내마멸성이 우수 (예) 금형에 주조되는 피스톤용

내식용 AL 합금
- 하이드로날륨(Al−Mg계) : 해수, 알칼리성에 대한 내식성이 강하며, 용접성 양호
- 알민(Al−Mn 1~1.5%) : 내식성 우수, 용접성 우수 (예) 저장탱크, 기름탱크 등
- 알드리(Al−Mg−Si계) : 강도와 인성이 있고 큰 가공변형에도 잘 견딤 (예) 송전선
- 알클래드 : 강력 AL 합금 표면에 순수 AL 또는 내식 AL 합금을 피복한 것. 내식성과 강도 증가의 목적

**06** 황(S)이 함유된 탄소강의 적열취성을 감소시키기 위해 첨가하는 원소는?

㉮ 망간      ㉯ 규소

㉰ 구리      ㉱ 인

**해설** ① 황은 적열취성의 원인이 되며 이것을 감소시키기 위해 망간을 첨가한다.

② 철의 5대 원소는 탄소(C), 규소(Si), 망간(Mn), 인(P), 황(S)이다.
- C : 철 또는 강에 있어 탄소의 역할은 아주 중요하다.
  - 탄소는 철의 성질을 결정하는 중요한 역할을 하는 원소로 철이나 강에서 경도를 결정하는 역할을 한다.
  - 탄소의 함량이 적으면 다음 공정처리를 어떻게 하던지 경도가 낮게 나오고 탄소의 함량이 높으면 경도가 높게 나오는데, 경도는 철강제품의 수명을 결정하는 요소이다. 탄소가 증가하면 항복점, 인장강도, 경도가 증가하며 탄소가 감소하면 연신율과 연성이 커진다.
- Mn : 망간의 증가에 따라 철의 강도는 급격히 상승한다. 탄소의 특성상 탄소가 증가하면 강도는 증가하지만 충격에 약해지는데 이의 보완책으로 충격에 대한 저항성을 높이기 위해 망간량을 증가시켜 탄소의 특성을 보완한다.
- Si : 항복점, 인장강도가 규소량에 따라 증가한다.
  - 철에 규소의 함유량이 0.2~0.4%일 때 연신율과 수축률이 많이 증가하고 2% 이상 첨가 시에는 인성이 저하되며 소성가공성을 해치기 때문에 사용에 제한이 있다.
- P : 내후성은 향상되나 용접성 냉간가공성, 충격저항을 감소시키므로 일반적으로 강에 해로운 원소로 취급한다.
- S : 망간, 아연, 티탄, 몰리브덴과 결합해 피삭성을 개선시킨다.

**07** 불스 아이(bull's eye) 조직은 어느 주철에 나타나는가?

㉮ 가단주철      ㉯ 미하나이트주철

㉰ 칠드주철      ㉱ 구상흑연주철

**정답** 5. ㉰ 6. ㉱ 7. ㉱

**해설** 구상흑연 주위에 페라이트 조직으로 되어 있는 조직을 불스 아이 조직이라 한다.

특수 주철의 종류

| 종류 | 특징 |
|------|------|
| 미하나이트 주철 | • 흑연의 형상을 미세 균일하게 하기 위하여 Si, Si−Ca 분말을 첨가하여 흑연의 핵 형성을 촉진한다.<br>• 인장강도 : 35~45kg/mm²<br>• 조직 : 펄라이트+흑연(미세)<br>• 담금질이 가능하다.<br>• 고강도 내마멸, 내열성 주철<br>• 공작 기계 안내면, 내연 기관 실린더 등에 사용 |
| 특수 합금 주철 | • 특수 원소 첨가하여 강도, 내열성, 내마모성 개선<br>• 내열주철(크롬 주철) : austenite 주철로 비자성 니크로실날<br>• 내산 주철(규소 주철) : 절삭이 안 되므로 연삭 가공에 의하여 사용<br>• 고력 합금주철 : 보통 주철+Ni(0.5~2.0)+Cr +Mo의 에시큘러 주철이 있다. |
| 칠드 주철 | • 용융 상태에서 금형에 주의하여 접촉면을 백주철로 만든 것<br>• 각종의 롤러 기차 바퀴에 사용한다.<br>• Si가 적은 용선에 망간을 첨가하여 금형에 주입한다. |
| 구상흑연 주철<br>(노듈러 주철)<br>(덕터일 주철) | • 용융 상태에서 Mg, Ce, Mg−Cu 등을 첨가하여 흑연을 편상에서 구상화로 석출시킨다.<br>• 기계적 성질 인장강도는 50+70kg/mm²(주조상태), 풀림 상태에서는 45~55 kg/mm²이다. 연신율은 12~20% 정도로 강과 비슷하다.<br>• 조직은 cementite형(Mg첨가량이 많고 C, Si다 적고 냉각 속도가 빠를 때 pearlite형, cementite와 ferrite의 중간), ferrite형(Mg양이 적당, C 및 특히 Si가 많고, 냉각속도 느릴 때)이 만들어진다.<br>• 성장도 적으며, 산화되기 어렵다.<br>• 가열할 때 발생하는 산화 및 균열 성장을 방지할 수 있다. |
| 가단주철 | • 백심 가단주철(WMC) 탈탄이 주목적 산화철을 가하여 950에서 70~100시간 가열<br>• 흑심 가단주철(BMC) Fe3C의 흑연화가 목적 |

　　　　−1단계(850~950 풀림) : 유리 Fe₃C 흑연화
　　　　−2단계(680~730 풀림) : Pearlite중에 Fe₃C 흑연화
　• 고력 펄라이트 가단주철 (PMC) 흑심 가단주철에 2단계를 생략할 것
　• 가단주철의 탈탄제 : 철광석, 밀 스케일, 헤어 스케일 등의 사화철을 사용

**08** 코터이음에서 코터의 너비가 10mm, 평균 높이가 50mm인 코터의 허용전단응력이 20 N/mm²일 때, 이 코터이음에 가할 수 있는 최대 하중(kN)은?

㉮ 10　　　　　　㉯ 20
㉰ 100　　　　　㉱ 200

**해설** 코터는 축 방향의 인장력 또는 압축력을 받는 2개의 봉의 연결에 이용한다.
코터의 전단응력
$\tau = \dfrac{W}{2bh} = \dfrac{W}{2 \times 10 \times 15} = 20(\mathrm{N/mm^2})$에서
하중 $W = 2,000(\mathrm{N}) = 20(\mathrm{kN})$

**09** 다음 중 나사의 피치가 일정할 때 리드가 가장 큰 것은?

㉮ 4줄 나사　　　㉯ 3줄 나사
㉰ 2줄 나사　　　㉱ 1줄 나사

**해설** 리드(L)=줄 수(n)×피치(p)

**10** 베어링의 호칭번호가 "608"일 때, 이 베어링의 안지름은 몇 mm인가?

㉮ 8　　　　　　㉯ 12
㉰ 15　　　　　㉱ 40

**해설** • 60 : 베어링 계열기호, 단열 깊은 볼베어링 6, 치수계열 10
• 8 : 안지름 번호(베어링 안지름 8mm)
베어링 번호가 세 자리인 경우는 세 번째에 있는 숫자가 안지름이다.(8mm)

## 2과목 기계가공법 및 안전관리

**11** 표준스퍼기어의 잇수가 400개, 모듈이 3인 소재의 바깥지름(mm)은?

㉮ 120      ㉯ 126
㉰ 184      ㉱ 204

**해설** 외경＝(잇수＋2)×모듈＝(40＋2)×3＝126mm

**12** 가위로 물체를 자르거나 전단기로 철판을 절단할 때 생기는 가장 큰 응력은?

㉮ 인장응력      ㉯ 압축응력
㉰ 전단응력      ㉱ 집중응력

**해설** 응력＝$\dfrac{\text{무게}}{\text{무게가 걸리는 면적}}$

$\sigma_t = \dfrac{W}{A}$,   $\sigma_c = \dfrac{W}{A}$(kgf/cm²)

$\sigma_t$ : 인장응력
$\sigma_c$ : 압축응력
$W$(kgf) : 현재하중
$A$(cm²) : 하중이 작용하는 단면적

**13** 기계 부분의 운동 에너지를 열에너지나 전기에너지 등으로 바꾸어 흡수함으로써 운동속도를 감소시키거나 정지시키는 장치는?

㉮ 브레이크      ㉯ 커플링
㉰ 캠      ㉱ 마찰차

**해설** • 브레이크 : 기계 운동부분의 운동 에너지를 다른 형태의 에너지로 바꾸는데, 즉 운동부분의 속도를 감소 및 정지시키는 장치
• 커플링 : 축과 축을 연결하기 위하여 사용되는 요소부품

**14** 다음 중 마찰차를 활용하기에 적합하지 않은 것은?

㉮ 속도비가 중요하지 않을 때
㉯ 전달할 힘이 클 때
㉰ 회전속도가 클 때
㉱ 두 축 사이를 단속할 필요가 있을 때

**해설** 마찰차
접촉면의 마찰력에 의하여 동력을 전달하는 바퀴, 전달하여야 할 힘이 크지 않고 속도비가 중요시되지 않는 경우에 사용한다.

**15** 다음 중 공작물과 절삭공구가 직선상대 운동을 반복하여 주로 평면을 절삭하는 공작기계에 해당하지 않는 것은?

㉮ 플레이너
㉯ 셰이퍼
㉰ 그라인더
㉱ 슬로터

**정답** 11. ㉯ 12. ㉰ 13. ㉮ 14. ㉯ 15. ㉰

| 기계종류 | 공작물 | 공구 |
|---|---|---|
| 선반 | 회전운동 | 고정 |
| 드릴링 머신 | 고정 | 회전운동(이송) |
| 밀링 머신 | 직선왕복운동(이송) | 회전운동 |
| 셰이퍼, 슬로터 | 고정(이송) | 직선왕복운동 |
| 플레이너 | 직선왕복운동 | 고정(이송) |
| 브로칭 머신 | 고정 | 직선왕복운동 |
| 호빙 머신 | 회전운동 | 회전운동 |
| 원통연삭 | 회전운동 | 회전운동 |
| 평면연삭 | 직선왕복운동 | 회전운동 |

**16** 드릴 날을 연삭하여 사용할 경우 드릴 웨브
(web)의 두께가 두꺼워져 절삭성이 저하된다.
절삭성을 좋게 하기 위하여 웨브의 두께를 얇
게 연삭해 주는 작업은?

㉮ 그라인딩(grinding)

㉯ 드레싱(dressing)

㉰ 씨닝(thinning)

㉱ 트루잉(truing)

해설

| | 웨브(Web) |
|---|---|
| 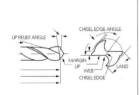 | • 중심의 두께가 두꺼울수록 강도는 좋아지지만 홈깊이는 얕아지고 넓이는 넓어짐<br>• 구부러짐과 파손을 방지하기 위하여 웨브에 테이퍼 적용하기도 함<br>• 중심두께가 큰 경우에는 적합한 씨닝(thinning)을 하여 절삭저항을 감소시킴 |
| | 씨닝(thinning) |
| 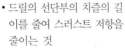 | • 드릴의 선단부의 치즐의 길이를 줄여 스러스트 저항을 줄이는 것<br>• 중심을 얇게 만든다는 의미 |

**17** 연삭 작업에 대한 설명으로 맞는 것은?

㉮ 필요에 따라 규정 이상의 속도로 연삭한다.

㉯ 연삭숫돌 측면에 연삭하지 않는다.

㉰ 숫돌과 받침대는 항상 6mm 이내로 조정
해야 한다.

㉱ 숫돌의 측면에는 안전커버가 필요 없다.

해설 숫돌과 받침대는 항상 3mm 이내로 조정해야 한다.

**18** 다음 나사 중 먼지, 모래 등이 들어가기 쉬운
곳에 사용되는 것은?

㉮ 둥근 나사　　㉯ 사다리꼴나사

㉰ 톱니 나사　　㉱ 볼 나사

해설 둥근 나사 (round thread) 나사산과 골이 같은
반지름의 원호로 이은 모양이 둥글게 되어 있어,
둥근 나사 또는 너클 나사 (knuckle thread) 라고
도 한다.

**19** 작업 중 정전이 되었을 때 취해야 할 사항 중
적당하지 않은 것은?

㉮ 절삭 공구를 가공물에서 떼어낸다.

㉯ 기계의 스위치를 끈다.

㉰ 그대로 전기가 올 때까지 기다린다.

㉱ 필요에 따라 메인 스위치도 끈다.

해설 작업 중 정전이 되었을 때는 기계의 전원을 끈다.

**20** 선반가공에서 내경이 큰 파이프의 바깥 원통면
을 절삭할 때 사용되는 가장 적합한 맨드릴은?

㉮ 팽창식 맨드릴　　㉯ 조립식 맨드릴

㉰ 표준 맨드릴　　　㉱ 테이퍼 맨드릴

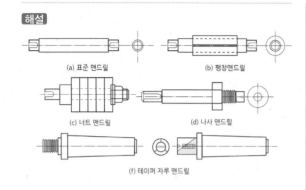

(a) 표준 맨드릴      (b) 팽창맨드릴

(c) 너트 맨드릴      (d) 나사 맨드릴

(f) 테이퍼 자루 맨드릴

**21** 밀링에서 밀링커터의 회전방향과 가공물의 이송방향이 반대인 절삭방법은?

㉮ 회전절삭      ㉯ 섭동절삭
㉰ 하향절삭      ㉱ 상향절삭

해설 상향절삭(올려깎기)
공작물의 이송방향과 공구의 회전방향이 반대인 절삭
• 칩이 잘 빠져 나와 절삭을 방해하지 않는다.
• 백래시가 자연히 제거된다.
• 공작물이 날에 의하여 끌려 올라오므로 확실히 고정해야 한다.
• 커터의 수명이 짧다.
• 동력 소비가 크다.
• 가공면이 거칠다.

**22** 탭(tab) 작업 시 탭이 부러지는 원인이 아닌 것은?

㉮ 핸들에 무리한 힘을 가할 때
㉯ 구멍이 클 때
㉰ 탭이 구멍 바닥에 부딪혔을 때
㉱ 탭이 경사지게 들어갔을 때

해설 탭은 구멍이 작을 때 탭이 부러질 수 있다.

**23** 가늘고 긴 일정한 단면 모양을 가진 많은 날을 가진 절삭공구를 사용하여 1회 공정으로 가공이 완성되는 공작기계는?

㉮ 밀링      ㉯ 선반
㉰ 브로칭 머신      ㉱ 셰이퍼

해설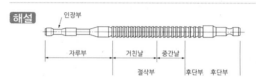

인장부

자루부    거친날    중간날

절삭부    후단부   후단부

**24** N.P.L식 각도 게이지에 대한 설명과 관계가 없는 것은?

㉮ 쐐기형의 열처리된 블록이다.
㉯ 12개의 게이지를 한조로 한다.
㉰ 조합 후 정밀도는 2~3초 정도이다.
㉱ 2개의 각도게이지를 조합할 때에는 홀더가 필요하다.

해설 N.P.L. 식은 Joanson식 각도 게이지 조합에 너무 많은 각도 블록이 필요한 단점을 개선해, 주로 많이 사용하는 각도 범위(0~99°, 0~102°, 0~90°) 내에서만 적은 수의 각도 블록으로 조합을 만든다.

**25** 다음 중 한계 게이지가 아닌 것은?

㉮ 게이지 블록      ㉯ 봉 게이지
㉰ 플러그 게이지      ㉱ 링 게이지

해설 블록 게이지(게이지 블록)

정답 **21.** ㉱ **22.** ㉯ **23.** ㉰ **24.** ㉱ **25.** ㉮

**26** 다음 중 한 도면에서 두 종류 이상의 선이 같은 장소에 겹치는 경우 가장 우선적으로 그려야 할 선은?

㉮ 숨은선      ㉯ 무게 중심선
㉰ 절단선      ㉱ 중심선

**해설** 겹치는 선의 우선 순위
문자(기호) > ①외형선 > ②숨은선 > ③절단선 > ④중심선 > ⑤무게 중심선 > ⑥치수 보조선

**27** 다음 중 위 치수 허용차가 "0"이 되는 IT 공차는?

㉮ js7      ㉯ g7
㉰ h7      ㉱ k7

**해설** h7 축기준 공차로 위 치수 허용차가 0

**28** 제거 가공을 허락하지 않는 면의 지시 기호는?

㉮       ㉯

㉰       ㉱

**해설** ⦹ : 제거 가공을 허락하지 않는 것,
ᵂ▽ : 거친다듬질, ˣ▽ : 보통다듬질
ʸ▽ : 정밀다듬질, ᶻ▽ : 연마다듬질

**29** 다음 중 KS에서 기계부문을 나타내는 기호는?

㉮ KS A      ㉯ KS B
㉰ KS M      ㉱ KS X

**해설**

| 분류기호 | KS A | KS B | KS C | KS D | KS M | KS X |
|---|---|---|---|---|---|---|
| 부문 | 기본 | 기계 | 전기 | 금속 | 화학 | 정보 산업 |

**30** 다음 중 도형의 스케치 방법과 관계가 먼 것은?

㉮ 프린트법      ㉯ 모양뜨기법
㉰ 프리핸드법      ㉱ 기호도시법

**해설** 스케치도 그리는 방법
부품의 모양을 그릴 때에는 그 부품의 모양에 따라 프리핸드법, 프린트법, 본뜨기법, 사진 촬영법 등을 사용한다.

**31** 그림과 같은 면의 지시 기호에 대한 각 지시 사항의 기입 위치에 대한 설명으로 틀린 것은?

㉮ a : 표면거칠기(Ra) 값
㉯ b : 줄무늬 방향의 기호
㉰ g : 표면 파상도
㉱ c : 가공방법

**해설** c : 컷 오프법

**32** 그림의 일부를 도시하는 것으로도 충분한 경우 필요한 부분마을 투상하여 그리는 그림과 같은 투상도는?

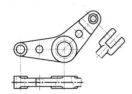

㉮ 특수 투상도     ㉯ 부분 투상도
㉰ 회전 투상도     ㉭ 국부 투상도

해설 부분 투상도
주투상도 외에 물체의 일부분만을 나타내어도 충분할 때 그린다.

**33** 다음 축척의 종류 중 우선적으로 사용되는 척도가 아닌 것은?

㉮ 1 : 2     ㉯ 1 : 3
㉰ 1 : 5     ㉭ 1 : 10

해설 정수로 치수가 확대 축소되도록 한다(1 : 3 은 척도로 사용하지 않는다).

**34** 45° 모따기(chamfering)의 기호로 사용되는 것은?

㉮ H     ㉯ F
㉰ M     ㉭ C

해설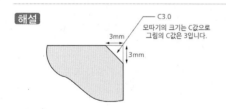

**35** 정투상법의 제1각법에 의한 투상도의 배치에서 정면도의 위쪽에 놓이는 것은?

㉮ 우측면도     ㉯ 평면도
㉰ 배면도     ㉭ 저면도

해설 제1각법에 의한 투상도의 배치는 정면도의 위쪽에 저면도, 아래쪽에 평면도를 투상한다.

**36** 치수기입의 원칙에 대한 설명으로 틀린 것은?

㉮ 치수는 되도록 주투상도에 집중한다.
㉯ 치수는 중복 기입을 할 수 있고 각 투상도에 고르게 치수를 기입한다.
㉰ 관련되는 치수는 되도록 한 곳에 모아서 기입한다.
㉭ 치수는 되도록 공정마다 배열을 분리하여 기입한다.

해설 치수는 될 수 있는 대로 주투상도(정면도)에 기입한다.

**37** 끼워맞춤 공차가 "∅50H7/m6"일 때 끼워맞춤의 상태로 알맞은 것은?

㉮ 구멍 기준식 중간 끼워맞춤
㉯ 구멍 기준식 억지 끼워맞춤
㉰ 구멍 기준식 헐거운 끼워맞춤
㉭ 축 기준식 억지 끼워맞춤

해설

| 구분 | 축 기준 | 구멍 기준 |
|------|---------|-----------|
| 헐거움 | G, H | g, h |
| 중간 | JS, K, M | js, k, m |
| 억지 | P, R | p, r |

**38** 기하공차 기호에서 ◎은 무엇을 나타내는가?

㉮ 진원도
㉯ 동축도
㉰ 위치도
㉱ 원통도

해설

| 모양공차 | 진원도 | 동심도 | 위치도 | 원통도 |
|---|---|---|---|---|
| 기호 | ○ | ◎ | ⊕ | ⌀ |

**39** 어떤 물체를 제3각법으로 투상했을 때 평면도로 올바른 것은?

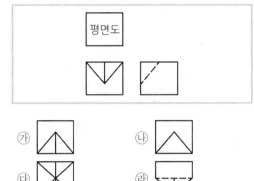

**40** 길이 방향으로 단면하여 나타낼 수 있는 것은?

㉮ 기어(gear)의 이
㉯ 볼트(bolt)
㉰ 강구(steel ball)
㉱ 파이프(pipe)

해설 길이방향으로 절단하지 않는 부품
축, 핀, 볼트, 너트, 와셔, 작은 나사, 세트스크루, 리벳, 키, 테이퍼 핀, 볼 베어링, 원통롤러, 리브, 웨브, 바퀴의 암, 기어의 이 등의 부품

**41** 다음 입체도에서 화살표 방향을 정면도로 했을 때 제3각법에 맞는 3면도는?

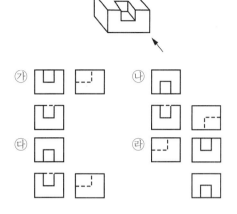

**42** 가상선의 용도로 맞지 않는 것은?

㉮ 인접부분을 참고로 표시하는데 사용
㉯ 도형의 중심을 표시하는데 사용
㉰ 가공 전 또는 가공 후의 모양을 표시하는데 사용
㉱ 도시된 단면의 앞쪽에 있는 부분을 표시하는데 사용

해설 가는 2점 쇄선의 용도(가상선, 무게 중심선)
• 인접 부품의 윤곽을 나타내는 선
• 움직이는 부품의 가동 중의 특정 위치 또는 최대 위치를 나타내는 물체의 윤곽선(가상선)
• 그림의 중심을 이어서 나타내는 선
• 가공 전 물체의 윤곽을 나타내는 선
• 절단면의 앞에 위치하는 부품의 윤곽을 나타내는 선

정답 38. ㉯ 39. ㉮ 40. ㉱ 41. ㉰ 42. ㉯

**43** 다음과 같은 치수가 있을 경우 끼워맞춤의 종류로 맞는 것은?

|  | 구멍 | 축 |
|---|---|---|
| 최대 허용치수 | 50.025 | 49.975 |
| 최소 허용치수 | 50.000 | 49.950 |

㉮ 절대 끼워맞춤    ㉯ 억지 끼워맞춤
㉰ 헐거운 끼워맞춤    ㉭ 중간 끼워맞춤

해설 헐거운 끼워맞춤
구멍의 최소 치수가 축의 최대 치수 보다 큰 경우

**44** 다음 그림에서 기하공차 기호 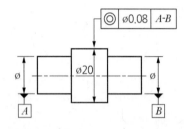 의 설명으로 옳은 것은?

㉮ 데이텀 A－B를 기준으로 흔들림 공차가 지름 0.08mm의 원통 안에 있어야 한다.
㉯ 데이텀 A－B를 기준으로 동심도 공차가 지름 0.08mm의 두 평면 안에 있어야 한다.
㉰ 데이텀 A－B를 기준으로 동심도 공차가 지름 0.08mm의 원통 안에 있어야 한다.
㉭ 데이텀 A－B를 기준으로 원통도 공차가 지름 0.08mm의 두 평면 안에 있어야 한다.

해설 데이텀 A－B를 기준으로 동심도 공차가 지름 0.08mm의 원통 안에 있어야 한다.

**45** 다음의 두 투상도에 사용된 단면도의 종류는?

㉮ 부분 단면도
㉯ 한쪽 단면도
㉰ 온 단면도
㉭ 회전도시 단면도

해설 회전 단면도
암, 리브 등을 90도 회전하여 나타냄. 회전도시단면은 가는 실선으로 그린다.

**46** 다음 중 평벨트 풀리의 도시방법으로 잘못 설명된 것은?

㉮ 풀리는 축 직각 방향의 투상을 주투상도로 할 수 있다.
㉯ 벨트 풀리는 모양이 대칭형이므로 그 일부분만을 도시할 수 있다.
㉰ 방사형으로 되어 있는 암은 수직 중심선 또는 수평 중심선 까지 회전하여 투상할 수 있다.
㉭ 암은 길이 방향으로 절단하여 단면을 도시한다.

해설 길이방향으로 절단하지 않는 부품 : 축, 핀, 볼트, 너트, 와셔, 작은 나사, 세트스크루, 리벳, 키, 테이퍼 핀, 볼 베어링, 원통롤러, 리브, 웨브, 바퀴의 암, 기어의 이 등의 부품.

**47** 코일 스프링의 일반적인 도시방법으로 틀린 것은?

㉮ 스프링은 원칙적으로 무하중인 상태로 그린다.

㉯ 하중이 걸린 상태에서 그릴 때에는 그때의 치수와 하중을 기입한다.

㉰ 특별한 단서가 없는 한 모두 왼쪽 감기로 도시하고, 오른쪽 감기로 도시할 때에는 "감긴 방향 오른쪽"이라고 표시한다.

㉱ 그림 안에 기입하기 힘든 사항은 일괄하여 요목표에 표시한다.

**해설** 스프링 도시법
- 스프링은 무하중상태에서 도시
- 특별한 도시가 없는 이상 모두 오른쪽으로 감긴 것을 나타내고, 왼쪽으로 감긴 것은 '감긴 방향 왼쪽'이라 표시
- 코일 스프링의 중간 일부를 생략시 가는 1점 쇄선 또는 가는 2점 쇄선으로 표시
- 스프링 종류 및 모양만을 간략히 그릴 때는 중심선을 굵은 실선으로 표시

**48** 용접부의 실제 모양이 그림과 같을 때 용접 기호 표시로 맞는 것은?

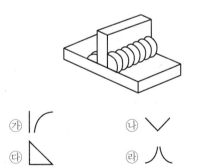

㉮ ⌐ ㉯ ∨

㉰ ◿ ㉱ ⋀

**해설** ◿ : 필릿 용접

**49** 축의 도시법에서 잘못된 것은?

㉮ 축의 구석 홈 가공부는 확대하여 상세 치수를 기입할 수 있다.

㉯ 길이가 긴 축의 중간 부분을 생략하여 도시하였을 때 치수는 실제길이를 기입한다.

㉰ 축은 일반적으로 길이 방향으로 절단하지 않는다.

㉱ 축은 일반적으로 축 중심선을 수직방향으로 놓고 그린다.

**해설** 축은 일반적으로 축 중심선을 수평방향으로 놓고 그린다.

**50** 볼 베어링의 KS호칭번호가 "6026 P6"일 때 "P6"이 나타내는 것은?

㉮ 등급 기호

㉯ 틈새 기호

㉰ 실드 기호

㉱ 복합 표시 기호

**해설** P6 : 등급 기호

**51** "M20×2"는 미터 가는 나사의 호칭 보기이다. 여기서 "2"는 무엇을 나타내는가?

㉮ 나사의 피치

㉯ 나사의 호칭지름

㉰ 나사의 등급

㉱ 나사의 경도

**해설** 나사의 피치

**정답** 47. ㉰ 48. ㉰ 49. ㉱ 50. ㉮ 51. ㉮

**52** 다음 그림은 어떤 기어(gear)를 간략 도시한 것인가?

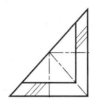

㉮ 베벨 기어  ㉯ 스파이럴 베벨 기어
㉰ 헬리컬 기어  ㉱ 웜과 웜 기어

**해설** 그림은 스파이럴 베벨 기어의 생략도이다. 기어의 이 모양이 직선인 경우는 스큐어 베벨 기어이다.

**53** 다음 표는 스퍼기어의 요목표이다. 빈칸 (A), (B)에 적합한 숫자로 맞는 것은?

| 스퍼기어 | | |
|---|---|---|
| 기어치형 | | 표준 |
| 공구 | 치형 | 보통이 |
| | 모듈 | 2 |
| | 압력각 | 20° |
| 잇수 | | 45 |
| 피치원 지름 | | ( A ) |
| 전체 이 높이 | | ( B ) |
| 다듬질방법 | | 호브 절삭 |

㉮ A : ∅90, B : 4.5
㉯ A : ∅45, B : 4.5
㉰ A : ∅90, B : 4.0
㉱ A : ∅45, B : 4.0

**해설** $PCD$(피치원지름) $= M$(모듈) $\times Z$(잇수)
$\qquad = 2 \times 45 = 90$
$H$(전체이높이) $= M$(모듈) $\times 2.25$
$\qquad = 2 \times 2.25 = 4.5$

**54** 테이퍼 핀의 호칭지름을 표시하는 부분은?

㉮ 가는 부분의 지름
㉯ 굵은 부분의 지름
㉰ 가는 쪽에서 전체길이의 1/3이 되는 부분의 지름
㉱ 굵은 쪽에서 전체길이의 1/3이 되는 부분의 지름

**해설** 테이퍼 핀의 호칭지름은 가는 쪽의 지름으로 나타낸다.

**55** 다음 밸브 그림 기호 설명 중 맞는 것은?

㉮ ⋈ : 밸브 일반
㉯ ⋈ : 앵글 밸브
㉰ ⊗ : 안전 밸브
㉱ ⋌ : 체크 밸브

**해설** ⋈ : 게이트 밸브
⋈ : 3방향 밸브
⊗ : 볼 밸브

**56** 나사의 도시방법에서 골 지름을 표시하는 선의 종류는?

㉮ 굵은 실선  ㉯ 굵은 1점 쇄선
㉰ 가는 실선  ㉱ 가는 1점 쇄선

**해설** 나사의 도시방법에서 골 지름은 가는 실선, 안지름과 바깥지름, 불완전나사부 경계선은 굵은 실선으로 도시한다.

**정답** 52. ㉯ 53. ㉮ 54. ㉮ 55. ㉱ 56. ㉰

**57** 컬러 디스플레이의 기본 색상이 아닌 것은?

㉮ 빨강 : R  　㉯ 파랑 : B

㉰ 노랑 : Y  　㉱ 초록 : G

해설 RGB

**58** 다음 중 솔리드 모델링의 특징에 해당하지 않는 것은?

㉮ 복잡한 형상의 표현이 가능하다.

㉯ 체적 관성모멘트 등의 계산이 가능하다.

㉰ 부품 상호간이 간섭을 체크할 수 있다.

㉱ 다른 모델링에 비해 데이터의 양이적다.

해설 솔리드 모델링 방식
• 은선 제거가능
• 물리적 성질계산 가능
• 간섭 체크가 용이
• Boolean 연산(합, 차, 적)을 통해 복잡한 형상 표현가능
• 형상을 절단한 단면도 작성이 용이
• 컴퓨터의 메모리량이 많아짐
• 데이터의 처리량이 많아짐
• 이동 · 회전 등을 통한 정확한 형상파악
• FEM을 위한 메시 자동 분할이 가능

**59** CAD 시스템에서 마지막 입력점을 기준으로 다음 점까지의 직선거리와 기준 직교축과 그 직선이 이루는 각도로 입력하는 좌표계는?

㉮ 절대좌표계  　㉯ 구면 좌표계

㉰ 원통좌표계  　㉱ 상대 극좌표계

해설 CAD/CAM 시스템 좌표계
직교좌표계, 극좌표계, 원통좌표계, 구면 좌표계

**60** CPU(중앙처리장치)의 기능이라고 할 수 없는 것은?

㉮ 제어 기능  　㉯ 연산 기능

㉰ 대화 기능  　㉱ 기억 기능

해설 중앙처리장치는 주기억장치, 제어장치, 연산장치를 말한다.

PART
05

정답 57. ㉰ 58. ㉱ 59. ㉱ 60. ㉰

# 04 기출실전문제

## 전산응용기계제도기능사 [2012년 7월 22일]

CRAFTSMAN COMPUTER AIDED MECHANICAL DRAWING

### 1과목 기계재료 및 요소

**01** 구리의 원자기호와 비중과의 관계가 옳은 것은? (단, 비중은 20℃, 무산소동이다.)

㉮ Al – 6.86

㉯ Ag – 6.96

㉰ Mg – 9.86

㉱ Cu – 8.96

**해설** 알루미늄(Al) 2.71, 은(Ag) 10.5, 마그네슘(Mg) 1.74, 철(Fe) 7.8

**02** 탄소 공구강의 구비 조건으로 틀린 것은?

㉮ 내마모성이 클 것

㉯ 가공 및 열처리성이 양호할 것

㉰ 저온에서의 경도가 클 것

㉱ 강인성 및 내충격성이 우수할 것

**해설** 공구강의 구비조건으로 상온 및 고온에서 경도가 높을 것

**03** 인장강도가 255~340MPa로 Ca – Si나 Fe – Si 등의 접종제로 접종 처리한 것으로 바탕조직은 펄라이트이며 내마멸성이 요구되는 공작기계의 안내면이나 강도를 요하는 기관의 실린더 등에 사용되는 주철은?

㉮ 칠드 주철

㉯ 미하나이트 주철

㉰ 흑심가단주철

㉱ 구상흑연 주철

| 해설 | |
|---|---|
| 미하나이트 주철 | • 흑연의 형상을 미세 균일하게 하기 위하여 Si, Si–Ca분말을 첨가하여 흑연의 핵형성을 촉진한다.<br>• 인장강도 35~45kg/mm²<br>• 조직 : 펄라이트＋흑연(미세)<br>• 담금질이 가능하다.<br>• 고강도 내마멸, 내열성 주철<br>• 공작 기계 안내면, 내연 기관 실린더 등에 사용 |

**04** 황동은 어떤 원소의 2원 합금인가?

㉮ 구리와 주석

㉯ 구리와 망간

㉰ 구리와 납

㉱ 구리와 아연

**해설** 황동과 청동의 구분

① 황동＝구리＋아연(구리 70%, 아연 30%－7.3 황동)

② 청동＝구리＋주석 (주석 비율이 12%이다.)

**정답** 1. ㉱ 2. ㉰ 3. ㉯ 4. ㉱

**05** 담금질 응력제거, 치수의 경년변화 방지, 내마모성 향상 등을 목적으로 100~200℃에서 마텐자이트 조직을 얻도록 조작을 하는 열처리 방법은?

㉮ 저온뜨임　　　㉯ 고온뜨임
㉰ 항온풀림　　　㉱ 저온풀림

**해설** 뜨임

담금질한 재료는 경도는 좋으나 인성이 부족하여 깨지므로 인성을 증가시키기 위한 방법으로 담금질한 금속을 재가열한 후 공기 중에서 서서히 냉각시키는 방법이다
- 장점 : 충격에 강한 인성을 갖는다.

**06** 강재의 KS 규격 기호 중 틀린 것은?

㉮ SKH – 고속도 공구강 강재
㉯ SM – 기계 구조용 탄소 강재
㉰ SS – 일반 구조용 압연 강재
㉱ STS – 탄소 공구강 강재

**해설** STS : 합금공구강, STC : 탄소 공구강

**07** 복합 재료 중에서 섬유강화플라스틱의 장점으로 틀린 것은?

㉮ 비강도가 크므로 가볍고 강하다.
㉯ 성형성이 양호하여 의장설계상의 자유도가 크다.
㉰ 내약품성이나 내열성이 우수하다.
㉱ 전기 절연성이 없고 전파를 투과한다.

**해설**
- 전기 절연성이 있고 전파를 투과한다.
- 재료, 성형법 등의 선택에 의해 투광성을 갖게 할 수 있다.
- 섬유강화복합재료 FRP : Fiber Reinforced

Plastic)로 최초로 실용화된 FRP이자 현재까지도 주로 사용된다.)

**08** 볼트를 결합시킬 때 너트를 2회전하면 축 방향으로 10mm, 나사산 수는 4산이 진행한다. 이와 같은 나사의 조건은?

㉮ 피치 2.5mm, 리드 5mm
㉯ 피치 5mm, 리드 5mm
㉰ 피치 5mm, 리드10mm
㉱ 피치 2.5mm, 리드 10mm

**해설** 리드란 나사를 1회전하여 진행한 거리를 뜻한다. (리드＝줄 수×피치)

$$리드(L) = \frac{l}{n} = \frac{10}{2} = 5, \ 피치(p) = \frac{5}{2} = 2.5$$

**09** 다음 중 후크의 법칙에서 늘어난 길이를 구하는 공식은? (단, $\lambda$ : 변형량, W : 인장하중, A : 단면적, E : 탄성계수, $l$ : 길이 이다.)

㉮ $\lambda = \dfrac{Wl}{AE}$　　　㉯ $\lambda = \dfrac{AE}{W}$

㉰ $\lambda = \dfrac{AE}{Wl}$　　　㉱ $\lambda = \dfrac{Wl}{AE}$

**해설** 훅 법칙(Hooke's law)은 용수철과 같이 탄성이 있는 물체가 외력에 의해 늘어나거나 줄어드는 등 변형되었을 때, 자신의 원래 모습으로 돌아오려고 저항하는 복원력의 크기와 변형 정도의 관계를 나타내는 물리 법칙이다.

**10** 기어, 풀리, 커플링 등의 회전체를 축에 고정시켜서 회전운동을 전달시키는 기계요소는?

㉮ 나사　　　㉯ 리벳
㉰ 핀　　　　㉱ 키

**해설** 키(key) 두 개 이상의 부품을 결합하는 데 쓰이는 결합용 기계요소 부품이다.

## 2과목  기계가공법 및 안전관리

**11** 코일 스프링의 전체 평균직경이 50mm, 소선의 직경이 6mm일 때 스프링 지수는 약 얼마인가?

㉮ 1.4
㉯ 2.5
㉰ 4.3
㉱ 8.3

**해설** 스프링 지수 : 코일의 평균 지름(D)과 재료의 지름(d)의 비

스프링 지수(C) $= \dfrac{D}{d} = \dfrac{50}{6} = 8.333$ (보통 4~10)

**12** 직선운동을 회전운동으로 변환하거나, 회전운동을 직선운동으로 변환하는데 사용되는 기어는?

㉮ 스퍼기어
㉯ 베벨 기어
㉰ 헬리컬 기어
㉱ 랙과 피니언

**해설**

피니언
래크

**13** 엔드 저널로서 지름이 50mm의 전동축을 받치고 허용 최대 베어링 압력을 6N/m², 저널길이를 80mm라 할 때 최대 베어링 하중은 몇 kN인가?

㉮ 3.64kN
㉯ 6.4kN
㉰ 24kN
㉱ 30kN

**해설** 하중$(P) = \dfrac{W}{A}$

$\qquad = \dfrac{하중}{단면적} = \dfrac{W}{50 \times 50} = 6\,(\mathrm{N/mm^2})$

$W = 24{,}000\,(\mathrm{N}) = 24\,(\mathrm{kN})$

**14** 축 이음 중 두 축이 평행하고 각 속도의 변동 없이 토크를 전달하는 데 가장 적합한 것은?

㉮ 올덤 커플링
㉯ 플렉시블 커플링
㉰ 유니버설 커플링
㉱ 플랜지 커플링

**해설** 커플링의 종류
① 고정 커플링(Rigid coupling) : 두 축이 동일 선상에 있는 것
② 플렉시블 커플링(Flexible coupling) : 두 축이 가끔 동일 선상에 있는 것
③ 올덤 커플링(Oldham's coupling) : 두 축이 평행하고 조금 처져 있는 것
④ 유니버설 이음 커플링(Universal joint coupling) : 두 축이 어떤 각도로 교차하는 것

**15** 나사의 끝을 이용하여 축에 바퀴를 고정시키거나 위치를 조정할 때 사용되는 나사는?

㉮ 태핑 나사
㉯ 사각 나사
㉰ 볼 나사
㉱ 멈춤 나사

**해설** 멈춤 나사(set screw)

**정답** 11. ㉱ 12. ㉱ 13. ㉰ 14. ㉮ 15. ㉱

개요 멈춤 나사를 죄어 박음으로써 나사 끝에 발생하는 마찰저항으로 두 물체 사이에 회전이나 미끄럼이 생기지 않도록 사용한다.

**16** 절삭공구 인선의 마모에 해당되지 않는 것은?

㉮ 크레이터(crater)  ㉯ 플랭크(flank)
㉰ 치핑(chipping)  ㉱ 드레싱(dressing)

[해설] 드레싱(dressing)
• 눈메움이나 무딤에 의한 숫돌입자 제거
• 드레서(dresser) : 다이아몬드 드레서가 널리 사용

**17** 길이 측정에 적합하지 않은 것은?

㉮ 버니어 캘리퍼스
㉯ 마이크로미터
㉰ 하이트게이지
㉱ 수준기

[해설] 수준기 : 수평 측정

**18** 절삭공구 재료의 구비 조건으로 틀린 것은?

㉮ 일감보다 단단하고 강인성이 필요하다.
㉯ 절삭할 때 마찰계수가 커야 한다.
㉰ 형상을 만들기가 쉽고 가격이 저렴해야 한다.
㉱ 높은 온도에서도 경도가 필요하다.

[해설] 절삭할 때 마찰계수가 적어야 한다. 마찰계수가 크면 공구 저항이 커져서 파손될 수 있다.

**19** 구성인선(Built - up edge)에 대한 일반적인 방지대책으로 옳은 것은?

㉮ 마찰계수가 큰 절삭공구를 사용한다.
㉯ 공구의 윗면 경사각을 크게 한다.
㉰ 절삭 속도를 작게 한다.
㉱ 절삭 깊이를 크게 한다.

[해설] 구성인선(Built - up edge) 감소 방법
• 고속절삭(120m/min 이상)을 한다.
• 윗면 경사각을 크게 한다.
• 충분한 절삭유를 공급한다.
• 고온가공(재결정 온도 이상)을 한다.
• 절삭 깊이를 적게 한다.

**20** 새들 위에 선회대가 있어 테이블을 일정한 각도로 회전시키거나 테이블 상하로 경사시킬 수 있는 밀링 머신은?

㉮ 수직 밀링 머신  ㉯ 수평 밀링 머신
㉰ 만능 밀링 머신  ㉱ 램형 밀링 머신

[해설] 만능(Universal) 밀링 머신
• 주축의 구조는 수평밀링과 같다.
• 테이블이 일정 각도 선회(전후, 상하)
• 헬리컬 기어, 비틀림 홈 등 가공(헬리컬 절삭장치 부착)

**21** 래핑의 설명으로 옳은 것은?

㉮ 건식은 랩과 일감 사이에 랩제와 래핑 액을 공급하며 가공하는 방식이다.
㉯ 건식래핑 뒤에 습식 래핑을 한다.
㉰ 일감은 랩 재질 보다 연해야 한다.
㉱ 랩제로는 탄화규소(SiC), 산화알루미나($Al_2O_3$)가 주로 쓰인다.

[해설] 래핑은 공작물의 표면과 랩제[(주철, 연강, 구리 등의 부드러운 금속 : c입자, 산화철.., 강 : A 또

는 WA입자, 정밀다듬질 : 산화크롬)와 공작액(경유, 스핀들유 등)]을 가하여 공작물과 랩과의 상대운동을 시키면 랩제의 작용에 의해서 공작물의 표면으로부터 극히 미량의 칩을 제거하여 치수 정도를 정확하고 평활한 다듬질면을 얻는 방법

**22** M10×1.5 탭을 가공하기 위한 드릴링 작업 기초구멍으로 다음 중 가장 적합한 것은?

㉮ 6.0mm  ㉯ 7.5mm
㉰ 8.5mm  ㉱ 9.0mm

**해설** 드릴지름＝호칭－피치,
$d = 10 - 1.5 = 8.5$

**23** 선반작업에서 주축의 회전수(rpm)를 구하는 공식으로 맞는 것은?

㉮ $\dfrac{절삭속도(m/min)}{원주율 \times 공작물의\ 지름(m)}$
㉯ $\dfrac{절삭속도(m/min) \times 원주율}{공작물의\ 지름(m)} \times 1,000$
㉰ $\dfrac{공작물의\ 지름(m) \times 원주율}{절삭속도(m/min)}$
㉱ $\dfrac{공작물의\ 지름(m)}{절삭속도(m/min) \times 원주율} \times 1,000$

**해설** 회전수$(N) = \dfrac{1,000V}{\pi D}(rpm)$

**24** 보호구의 구비조건으로 틀린 것은?

㉮ 착용 및 작업하기가 쉬워야 한다.
㉯ 자기 몸에 맞아야 한다.
㉰ 전기가 잘 통해야 된다.
㉱ 유해 위험물에 대하여 완전한 방호가 되어야 한다.

**해설** 보호구는 전기가 통하지 않는 절연제로 되어 있어야 한다.

**25** 연삭가공의 특징을 설명한 내용으로 올바르지 않은 것은?

㉮ 단단한 재료는 가공이 곤란하다.
㉯ 정밀도가 높고 표면거칠기가 우수하다.
㉰ 연삭 압력 및 연삭 저항이 적어 마그네틱 척으로도 가공물을 고정할 수 있다.
㉱ 연삭점의 온도가 높다.

**해설** 단단한 재료를 연삭으로 정밀가공을 할 수 있다.

**3과목 기계제도**

**26** 입체도를 화살표(↘) 방향에서 보았을 때 제1각법의 좌측면도로 옳은 것은?

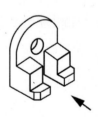

㉮   ㉯

**정답** 22. ㉰ 23. ㉮ 24. ㉰ 25. ㉮ 26. ㉮

제1각법의 좌측면도는 ㉮

**27** 그림의 도면의 양식에 대한 명칭이 틀린 것은?

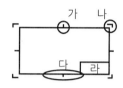

㉮ [가] : 중심 마크 ㉯ [나] : 재단 마크
㉰ [다] : 비교 눈금 ㉱ [라] : 부품란

해설 도면에는 도면 및 설계자에 대한 정보와 도면 관리에 필요한 것들을 표시할 수 있도록 일정한 양식이 마련되어 있다. 반드시 그려야 할 양식은 윤곽선, 중심 마크, 표제란 등이며, 도면 구역, 재단 마크, 비교 눈금 등은 필요에 따라 그리는 것이 바람직하다.

**28** 아래와 같은 그림의 일부를 도시하는 것으로도 충분한 경우에 그리는 투상도는?

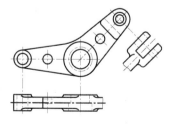

㉮ 국부 투상도 ㉯ 부분 투상도
㉰ 회전 투상도 ㉱ 부분 확대도

해설 부분 투상도
주투상도 외에 물체의 일부분만을 나타내어도 충분할 때 그린다.

**29** 그림의 "C" 부분에 들어갈 기하 공차 기호로 가장 알맞은 것은?

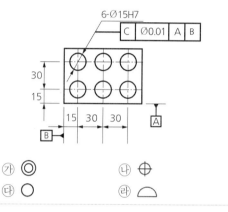

㉮ ◎ ㉯ ⊕
㉰ ○ ㉱ ⌒

해설 "C" 부분에 들어갈 기하공차 기호 ⊕위치도이다.

**30** 기하공차의 종류에서 위치공차에 해당하는 것은?

㉮ 평면도 ㉯ 원통도
㉰ 동심도 ㉱ 직각도

해설

| | 위치도 | ⊕ |
|---|---|---|
| 위치공차 | 동축도와 동심도 | ◎ |
| | 대칭도 | = |

27. ㉱ 28. ㉯ 29. ㉯ 30. ㉰

**31** 다음 끼워맞춤 공차 중 틈새가 가장 큰 것은?

㉮ H7/p6  ㉯ H7/m6

㉰ H7/h6  ㉱ H7/f6

**해설** 최대 틈새=구멍의 최대 허용치수－축의 최소 허용치수

**32** 다음 해칭에 대한 설명 중 틀린 것은?

㉮ 해칭선은 수직 또는 수평의 중심선에 대하여 45°로 경사지게 긋는 것이 좋다.

㉯ 인접한 단면의 해칭은 선의 방향 또는 각도를 변경 하거나 해칭 간격을 달리하여 긋는다.

㉰ 단면 면적이 넓은 경우에는 그 외형선에 따라 적절한 범위에 해칭 또는 스머징을 한다.

㉱ 해칭 또는 스머징 하는 부분 안에 문자나 기호를 절대로 기입해서는 안 된다.

**해설** 해칭 또는 스머징 하는 부분 안에 문자나 기호를 기입할 수 있다.

**33** 다음 기계가공 중 일반적으로 표면을 가장 매끄럽게(표면거칠기 값이 작게) 가공할 수 있는 것은?

㉮ 연삭기  ㉯ 드릴링 머신

㉰ 선반  ㉱ 밀링

**해설** 연삭기(grinding machine)는 단단하고 미세한 입자를 결합하여 제작한 연삭숫돌을 고속으로 회전시켜, 가공물의 원통면이나, 평면을 극히 소량씩 가공하는 정밀 가공방법

**34** 치수 보조 기호와 의미가 잘못 연결된 것은?

㉮ R－반지름

㉯ C－45° 모따기

㉰ SR－구의 반지름

㉱ (50)－이론적으로 정확한 치수

**해설** (50)－참고치수

• 이론적으로 정확한 치수는 ⏢ 50 ⏢

**35** 가공 전 또는 가공 후의 모양을 표시하기 위해 사용하는 선의 종류는?

㉮ 가는 1점 쇄선  ㉯ 가는 파선

㉰ 가는 2점 쇄선  ㉱ 굵은 1점 쇄선

**해설** 가는 2점 쇄선

움직이는 부품의 가동 중의 특정 위치 또는 최대 위치를 나타내는 물체의 윤곽선(가상선)

**36** 다음 그림은 제 3 각법으로 나타낸 투상도이다. 평면도에 누락된 선을 완성한 것은?

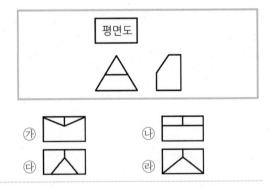

**해설** 평면도에 누락된 선을 도시하면 ⬔ 이다.

**37** 최대 허용 한계치수와 최소 허용 한계치수와의 차이값을 무엇이라고 하는가?

㉮ 공차  
㉯ 기준차수  
㉰ 최대 틈새  
㉱ 위 치수 허용차  

해설 치수공차＝최대 허용치수－최소허용치수

**38** 축용 게이지 제작에 사용되는 IT 기본 공차의 등급은?

㉮ IT 01 ～ IT 4  
㉯ IT 5 ～ IT 8  
㉰ IT 8 ～ IT 12  
㉱ IT 11 ～ IT 18  

해설

|  | 초정밀 그룹 | 정밀 그룹 | 일반 그룹 |
|---|---|---|---|
| 구 분 | 게이지제작 공차 또는 이에 준하는 제품 | 기계가공품 등의 끼워맞춤 부분의 공차 | 일반 공차로 끼워맞춤과 무관한 부분의 공차 |
| 구멍 | IT1~IT5 | IT6~IT10 | IT11~IT18 |
| 축 | IT1~IT4 | IT5~IT9 | IT10~IT18 |
| 가공 방법 | 래핑 | 연삭(정삭) | 황삭 |
| 공차 범위 | 0.001mm | 0.01mm | 0.1mm |

**39** 도면에 사용되는 선, 문자가 겹치는 경우에 투상선의 우선 적용되는 순위로 맞는 것은?

㉮ 문자 → 외형선 → 중심선 → 치수선  
㉯ 외형선 → 문자 → 중심선 → 숨은선  
㉰ 문자 → 숨은선 → 외형선 → 중심선  
㉱ 중심선 → 파단선 → 문자 → 치수보조선  

해설 겹치는 선의 우선순위  
문자(기호)＞①외형선＞②숨은선＞③절단선＞④중심선＞⑤무게 중심선＞⑥치수보조선

**40** 제3각법과 제1각법의 표준 배치에서 서로 반대 위치에 있는 투상도의 명칭은?

㉮ 평면도와 저면도  
㉯ 배면도와 평면도  
㉰ 정면도와 저면도  
㉱ 정면도와 우측면도  

해설 평면도와 저면도, 좌측면도와 우측면도

**41** 표면거칠기 기호를 간략하게 기입한 것으로 옳은 것은?

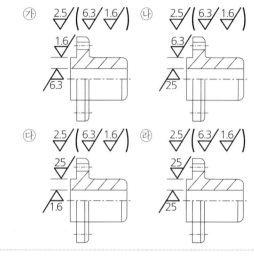

해설 표면거칠기 기호의 ( ) 안에 거칠기 기호는 도형에 기입되어야 한다.

**42** 다음 그림은 어느 단면도에 해당하는가?

㉮ 온 단면도  
㉯ 한쪽 단면도  
㉰ 회전도시 단면도  
㉱ 부분 단면도

**해설** 부분 단면도

필요한 부분만을 절단(스플라인이 들어감)

**43** 스케치할 물체의 표면에 광명단 또는 스탬프 잉크를 칠한 다음 용지에 찍어 실형을 뜨는 스케치법은?

㉮ 사진 촬영법　　㉯ 프린트법
㉰ 프리핸드법　　㉱ 본뜨기법

**해설** 스케치도는 프리핸드법, 프린트법, 본뜨기법, 사진 촬영법 등을 사용하여 그린다.
 • 프린트법 : 평면이면서 복잡한 윤곽을 갖는 부품은 그 평면에 스탬프 잉크를 묻혀 도장을 찍듯이 찍는 것으로, 실제 모양을 얻을 수 있다.

**44** KS표준 중 기계 부문에 해당 되는 분류기호는?

㉮ KS A　　㉯ KS B
㉰ KS C　　㉱ KS D

**해설** 기본 : KS A, 기계 : KS B
전기 : KS C, 금속 : KS D

**45** 치수기입의 원칙에 대한 설명으로 틀린 것은?

㉮ 필요한 치수를 명료하게 도면에 기입한다.
㉯ 가능한한 주요 투상도에 집중하여 기입한다.
㉰ 가능한 한 계산하여 구할 필요가 없도록 기입한다.
㉱ 잘 알 수 있도록 중복하여 기입한다.

**해설** • 관련된 치수는 가능하면 한곳에 모아서 기입한다.
 • 각 형체의 치수는 하나의 도면에서 한 번만 기입한다.

**46** ISO 표준에 있는 미터 사다리꼴나사를 표시하는 기호는?

㉮ TM　　㉯ Tr
㉰ TW　　㉱ PT

**해설** • UNC : 유니파이 보통나사,
 • UNF : 유니파이 가는 나사
 • Tr : 미터계(30°) 사다리꼴나사,
 • TW : 인치계(29°) 사다리꼴나사
 • PS : 관용 테이퍼 나사

**47** 코일 스프링의 제도방법 중 틀린 것은?

㉮ 스프링은 원칙적으로 무하중인 상태로 그린다.
㉯ 하중과 높이 또는 처짐과의 관계를 표시할 필요가 있을 때에는 선도 또는 표로 표시한다.
㉰ 특별한 단서가 없는 한 모두 오른쪽 감기로 도시하고 왼쪽 감기로 도시할 때에는 "감김 방향 왼쪽"이라고 표시한다.
㉱ 코일 스프링의 중간 부분을 생략할 때에는 생략하는 부분을 선지름의 중심선을 굵은 실선으로 그린다.

**해설** 스프링 도시법
 • 스프링은 무하중상태에서 도시
 • 특별한 도시가 없는 이상 모두 오른쪽으로 감긴 것을 나타내고, 왼쪽으로 감긴 것은 '감긴 방향 왼쪽'이라 표시
 • 코일스프링의 중간일부를 생략시 가는 1점 쇄선 또는 가는 2점 쇄선으로 표시
 • 스프링종류 및 모양만을 간략히 그릴 때는 중심선을 굵은 실선으로 표시

**정답** 43. ㉯　44. ㉯　45. ㉱　46. ㉯　47. ㉱

**48** 그림과 같은 용접을 하고자 한다. 기호 표시로 옳은 것은?

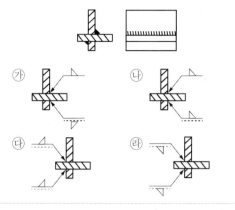

화살표가 지시한 부분에서 용접 한 곳을 표시할 때는 지시선의 실선 부분에 기호를 기입한다. 반대쪽에 용접한 경우는 지시선의 숨은선 부위에 용접기호를 기입한다.

**49** 다음 중 체크밸브의 그림 기호는?

㉮ ◁▷    ㉯ 앵글밸브기호

㉰ ─◁▷─    ㉱ 게이트밸브기호

해설 ◁▷ : 일반 밸브, ⟋ : 앵글 밸브, ─◁▷─ : 체크 밸브, ◁◁▷ : 게이트 밸브

**50** "6008C2P6"는 베어링 호칭 번호의 보기이다. "08"의 의미는 무엇인가?

㉮ 베어링 계열번호    ㉯ 안지름 번호
㉰ 틈새기호    ㉱ 등급기호

해설 안지름 번호이며 안지름 치수는 $08 \times 5 = 40\text{mm}$ 이다.

**51** 나사 제도시 수나사와 암나사의 골지름을 표시하는 선은?

㉮ 굵은 실선    ㉯ 일점쇄선
㉰ 가는 실선    ㉱ 이점쇄선

해설 나사의 도시방법

| 구분 | 도형 | 선의 굵기 |
|---|---|---|
| 수나사 | 불완전 나사부　완전 나사부 | • 바깥지름 – 굵은 실선<br>• 골 지름 – 가는 실선<br>• 불안전 나사부 경계선 – 굵은 실선<br>• 측면도 골 지름 – ¾ 가는 실선 원호 |
| 암나사 | 골지름 – 가는실선<br>안지름 – 굵은선<br>완전 나사부<br>불완전 나사부 | • 안지름 – 굵은 실선<br>• 골 지름 – 가는 실선<br>• 불안전 나사부 경계선 – 굵은 실선<br>• 불안전 나사부 – 가는 실선 30°<br>• 측면도 골 지름 – ¾ 가는 실선 원호<br>• 드릴 끝 각은 120°가 되도록 한다. |

**52** 스퍼기어(spur gear)에서 모듈(m)이 4, 피치원 지름(D)이 72mm일 때 전체 이높이(H)는?

㉮ 4.0mm    ㉯ 7.5mm
㉰ 9.0mm    ㉱ 10.5mm

해설 $H(\text{전체이높이}) = M(\text{모듈}) \times 2.25 = 4 \times 2.25 = 9$

**53** 다음 중 리벳의 호칭 방법으로 올바른 것은?

㉮ 규격 번호, 종류, 호칭지름×길이, 재료
㉯ 규격 번호, 길이×호칭지름, 종류, 재료
㉰ 재료, 종류, 호칭지름×길이, 규격 번호
㉱ 종류, 길이×호칭지름, 재료, 규격 번호

해설 리벳에 대한 호칭법 및 도시법
① 리벳의 호칭방법은 규격번호, 종류, 호칭지름
× 길이, 재료
② 둥근머리 리벳의 길이는 머리부분을 제외한다.
③ 리벳은 길이 방향으로 단면하여 도시하지 않는다.

**54** 래크와 기어의 이가 서로 완전히 접하도록 겹쳐 놓았을 때, 기어의 기준 원통과 기준 래크의 기준면 사이를 공통 법선을 다라 측정한 거리를 무엇이라 하는가?

㉮ 공칭 피치　　㉯ 전위량
㉰ 법선 피치　　㉱ 오버핀 치수

해설 기어에 있어서 전위 기어를 작성하기 위하여 기준 렉(rack) 형 공구의 기준 피치선을 기어 소재의 기준 피치원으로부터 반지름 방향으로 이동하는 거리를 전위량이라고 한다.

**55** 다음 설명과 관련된 V - 벨트의 종류는?

• 한 줄 걸기를 원칙으로 한다.
• 단면 치수가 가장 적다.

㉮ A형　　㉯ B형
㉰ E형　　㉱ M형

해설 V벨트의 표준 치수는 M, A, B, C, D, E의 6종류가 있으며, M에서 E쪽으로 가면 단면이 커진다.
• 벨트의 단면적 : M (40.4mm²), A (80.3mm²), B (137.5mm²), C (236.7mm²), D (461.1mm²), E (732.3mm²)

**56** 축의 제도에 대한 설명으로 옳은 것은?

㉮ 축은 가공 방향에 관계없이 도시 할수 있다.
㉯ 축은 길이 방향으로 절단하여 전단면도로 그린다.
㉰ 긴 축 이라도 중간 부분을 절단해서 그릴 수 없다.
㉱ 축에 빗줄 널링을 표시 할 경우에는 축선에 대하여 30°로 엇갈리게 표현한다.

해설 축의 도시방법
• 축은 길이 방향으로 단면도시를 하지 않는다. 단, 부분단면은 허용한다.
• 긴축은 중간을 파단하여 짧게 그릴 수 있으며 실제치수를 기입한다.
• 축 끝에는 모따기 및 라운딩을 할 수 있다.
• 축에 있는 널링의 도시는 빗줄인 경우는 축선에 대하여 30°로 엇갈리게 그린다.

**57** 사진 또는 그림과 같이 종이 위의 도형의 정보를 그래픽 형태로 읽어 들여 컴퓨터에 전달하는 입력장치는?

㉮ 트랙볼(track ball)
㉯ 라이트 펜(light pen)
㉰ 스캐너(scanner)
㉱ 디지타이저(digitizer)

해설 스캐너(scanner, 문화어 : 주사장치, 화상입력장치)는 그림이나 사진을 읽는 컴퓨터 입력장치를 말한다.

**58** CAD시스템에서 데이터 저장장치가 아닌 것은?

㉮ USB메모리　　㉯ HDD
㉰ light pen　　㉱ CD - ROM

**해설** 라이트펜(light pen)

화면에서 나오는 전자빔을 인식하여 화면의 위치를 파악하거나, 빛을 화면에 직접 보내서 자료를 입력할 수 있는 기능을 가진 펜 모양의 입력장치.

- 형상을 절단한 단면도 작성이 용이
- 컴퓨터의 메모리량이 많아짐
- 데이터의 처리량이 많아짐
- 이동·회전 등을 통한 정확한 형상파악
- FEM을 위한 메시 자동 분할이 가능하다.

**59** CAD시스템에서 도면상 임의의 점을 입력할 때 변하지 않는 원점(0, 0)을 기준으로 정한 좌표계는?

㉮ 상대좌표계  ㉯ 상승 좌표계
㉰ 증분 좌표계  ㉱ 절대좌표계

**해설** 좌표계

| 구분 | 입력방법 | 해설 |
|------|----------|------|
| 절대좌표 | X, Y | 원점(0,0)에서 해당 축 방향으로 이동한 거리 |
| 상대극좌표 | @거리<방향 | 먼저 지정된 점과 지정된 점까지의 직선거리 방향은 각도계와 일치 |
| 상대좌표 | @X, Y | 먼저 지정된 점으로부터 해당 축 방향으로 이동한 거리 |

**60** 솔리드 모델링의 특징을 열거한 것 중 틀린 것은?

㉮ 은선 제거가 불가능하다.
㉯ 간섭 체크가 용이하다.
㉰ 물리적 성질 등의 계산이 가능하다.
㉱ 형상을 절단하여 단면도 작성이 용이하다.

**해설** 솔리드 모델링 방식
- 은선 제거가능
- 물리적 성질계산 가능
- 간섭 체크가 용이
- Boolean 연산(합, 차, 적)을 통해 복잡한 형상 표현가능

# 05 기출실전문제

전산응용기계제도기능사 [2012년 10월 20일]

CRAFTSMAN COMPUTER AIDED MECHANICAL DRAWING

**1과목** 기계재료 및 요소

**01** 베어링으로 사용되는 구리계 합금이 아닌 것은?

㉮ 문쯔메탈(muntz metal)
㉯ 켈밋(kelmet)
㉰ 연청동(lead bronze)
㉱ 알루미늄 청동

**해설** 문쯔메탈(6.4 황동)
구리60 − 아연40, 인장강도 최대, 강도 목적

**02** 비중이 2.7로써 가볍고 은백색의 금속으로 내식성이 좋으며, 전기전도율이 구리의 60% 이상인 금속은?

㉮ 알루미늄(Al)    ㉯ 마그네슘(Mg)
㉰ 바나듐(V)    ㉱ 안티몬(Sb)

**해설** 비중 4.5를 기준으로 이하를 경금속, 이상을 중금속이라고 한다.
(알루미늄 2.7, 마그네슘 1.74, 베릴륨 1.85, 주석 7.3)

**03** 초경합금의 특성에 대한 설명 중 올바른 것은?

㉮ 고온경도 및 내마멸성이 우수하다.
㉯ 내마모성 및 압축강도가 낮다.
㉰ 고온에서 변형이 많다.
㉱ 상온의 경도가 고온에서 크게 저하된다.

**해설** 초경합금
경도가 매우 높은 탄화텅스텐, 탄화티탄 등의 화합물의 분말과 코발트 등의 금속 분말을 결합제로 사용해 고압으로 압축하고 금속이 용해되지 않을 정도의 고온으로 가열하여 소결, 형성시킨 초고경도의 합금을 말한다.

**04** 특수강을 제조하는 목적으로 적합하지 않는 것은?

㉮ 기계적 성질을 향상시키기 위하여
㉯ 내마멸성을 증대시키기 위하여
㉰ 취성을 증가시키기 위하여
㉱ 내식성을 증대시키기 위하여

**해설** 취성(깨지는 성질) 증가는 특수강 제조 목적이 되지 않는다.

정답 **1.** ㉮ **2.** ㉮ **3.** ㉮ **4.** ㉰

**05** 주철에 대한 설명 중 틀린 것은?

㉮ 강에 비하여 인장강도가 낮다.

㉯ 강에 비하여 연신율이 작고, 메짐이 있어서 충격에 약하다.

㉰ 상온에서 소성 면형이 잘된다.

㉱ 절삭가공이 가능하며 주조성이 우수하다.

**해설** 주철의 장단점

용융점이 낮고 유동성이 좋다. 주조성이 양호하다. 마찰 저항이 좋다. 가격이 저렴하다. 절삭성이 우수하다. 압축강도가 크다(인장강도의 3~4배). 인장강도가 작다. 충격값이 작다. 소성 가공이 안된다.

**06** 탄소강에 함유된 원소 중 백점이나 헤어 크랙의 원인이 되는 원소는?

㉮ 황(S)  ㉯ 인(P)

㉰ 수소(H)  ㉱ 구리(Cu)

**해설** 수소($H_2$)는 강을 여리게 하고, 산, 알칼리에 약하며, 헤어 크랙(hair crack)과 백점(flakes)의 원인이 된다.

**07** WC를 주성분으로 TiC 등의 고융점 경질탄화물 분말과 Co, Ni 등의 인성이 우수한 분말을 결합재로 하여 소결 성형한 절삭 공구는?

㉮ 세라믹  ㉯ 서멧

㉰ 주조경질합금  ㉱ 소결초경합금

**해설** 소결경질합금(초경합금) : W, Ti, Ta, Mo, Zr(탄화물 분말)에 Co, Ni(금속 결합제) 첨가하여 가압 성형한 후 소결 – 분말야금 – 경도 높아 연마 불가 – 완성제품

절삭공구 재료의 종류

• 탄소공구강 : 줄, 탭, 다이스, 톱날, 드릴 등

• 합금공구강 : 드로잉용 다이스, 드릴, 띠톱 등

• 고속도강 : 드릴, 에드밀, 호브, 브로치 등

• 주조경질합금 : 대표종은 스테라이트로 현재는 사용 안함

• 초경합금 : 고속절삭용, 선반 바이트, 밀링 커터 팁

• 서멧 : Ceramics과 Metal의 합성

• 세라믹 : $Al_2O_3$, $SiO_3$, 등을 Tic, Tin 결합제로 소결

• 입방정 질화붕소(CBN) : 난삭재 고속도강, 주절 등 가공

• 다이아몬드 : 공구 중 경도가 최고(취성이 크고, 가공 곤란)

**08** 전위기어의 사용 목적으로 가장 옳은 것은?

㉮ 베어링 압력을 증대시키기 위함

㉯ 속도비를 크게 하기 위함

㉰ 언더컷을 방지하기 위함

㉱ 전동 효율을 높이기 위함

**해설** 전위기어의 사용 목적은 언더컷을 방지하기 위함이다.

**09** 홈붙이 육각너트의 윗면에 파여진 홈의 개수는?

㉮ 2개  ㉯ 4개

㉰ 6개  ㉱ 8개

**해설**

**10** 전단하중 W(N)를 받는 볼트에 생기는 전단응력 T(N/mm²)를 구하는 식으로 옳은 것은? (단, 볼트 전단면적을 A mm²이라고 한다.)

㉮ $T=\dfrac{\pi A^2/4}{W}$   ㉯ $T=\dfrac{A}{W}$

㉰ $T=\dfrac{W}{\pi A^2/4}$   ㉱ $T=\dfrac{W}{A}$

해설 전단응력(Shear stress) : 재료면(단면)에 접선 방향으로 작용하는 응력
전단응력은 물체의 한 단면을 인접한 단면에 대해 미끄러지도록 할 때 발생
전단응력$(T)=\dfrac{W}{A}=\dfrac{\text{전단력}}{\text{단면적}}$

## 2과목 기계가공법 및 안전관리

**11** 보스와 축의 둘레에 여러 개의 같은 키(key)를 깎아 붙인 모양으로 큰 동력을 전달할 수 있고 내구력이 크며, 축과 보스의 중심을 정확하게 맞출 수 있는 특징을 가지는 것은?

㉮ 반달 키
㉯ 새들 키
㉰ 원뿔 키
㉱ 스플라인

해설 스플라인(spline)
축으로부터 직접 여러 줄의 키(key)를 절삭하여, 축과 보스(boss)가 슬립 운동을 할 수 있도록 한 것

**12** 다음 제동장치 중 회전하는 브레이크 드럼을 브레이크 블록으로 누르게 한 것은?

㉮ 밴드 브레이크   ㉯ 원판 브레이크
㉰ 블록 브레이크   ㉱ 원추 브레이크

해설 브레이크
기계 운동부분의 운동에너지를 다른 형태의 에너지로 바꾸는데, 즉 운동부분의 속도를 감소 및 정지시키는 장치

**13** 축방향으로만 정하중을 받는 경우 50kN을 지탱할 수 있는 훅 나사부의 바깥지름은 약 몇 mm인가? (단, 허용인장응력 $\sigma_a=50$Mpa)

㉮ 40mm   ㉯ 45mm
㉰ 50mm   ㉱ 55mm

해설 볼트 지름$(d)=\sqrt{\dfrac{2W}{\sigma_a}}$
$=\sqrt{\dfrac{2\times50\times1,000}{50}}=44.72\,\text{mm}$

**14** 지름 5mm 이하의 바늘 모양의 롤러를 사용하는 베어링은?

㉮ 니들 롤러 베어링
㉯ 원통 롤러 베어링
㉰ 자동 조심형 롤러 베어링
㉱ 테이퍼 롤러 베어링

해설 니들 롤러 베어링
바늘과 같이 가늘고 긴 원통형 롤러를 사용한 베어링을 말한다.

정답 10. ㉱ 11. ㉱ 12. ㉰ 13. ㉯ 14. ㉮

**15** 모듈이 30이고 잇수가 30과 90인 한 쌍의 표준 평기어의 중심 거리는?

㉮ 150mm      ㉯ 180mm

㉰ 200mm      ㉳ 250mm

해설 중심거리$(C) = \dfrac{D_1 + D_2}{2} = \dfrac{90 + 270}{2} = 180\text{mm}$

**16** 광물섬유 또는 혼합유의 극압 첨가제로 쓰이는 것은?

㉮ 염소      ㉯ 수소

㉰ 니켈      ㉳ 크롬

해설 극압류 : 공구가 고온 고압상태에서 마찰을 받을 때 사용하며 윤활작용이 주목적이다.
황, 연소, 납, 인 등의 화합물로 절삭공구의 고온 고압상태에서 마찰을 받을 때 윤활 목적으로 첨가한다.

**17** 화재를 연소 물질에 따라 분류할 때 D급 화재에 속하는 것은?

㉮ 일반 화재      ㉯ 금속 화재

㉰ 전기 화재      ㉳ 유류 화재

해설 화재는 연소 특성에 따라 일반가연물 화재(A급 화재), 유류 및 가스화재(B급 화재), 전기화재(C급 화재), 금속화재(D급 화재) 4종류로 분류한다.

**18** 밀링 부속장치 중 주축의 회전운동을 왕복운동으로 변환시키고 바이트를 사용해서 스플라인, 세레이션, 내경 키(key) 홈 등을 가공하는 부속장치는?

㉮ 수직 밀링 장치      ㉯ 슬로팅 장치

㉰ 래크 절삭 장치      ㉳ 회전 테이블

해설 슬로팅 장치 : 니이형 밀링 머신의 컬럼을 설치하여 회전운동을 직선 왕복운동으로 바꾸는데 사용한다.
랙 절삭 장치 : 만능식 밀링 머신에 사용되며 긴 랙을 절삭하는 장치이다.
회전 테이블 : 수동 또는 테이블 자동 이송으로 원판, 원형 홈 및 윤곽가공을 할 수 있으며, 간단한 분할도 가능하다.

**19** 선반에 부착된 체이싱 다이얼(chasing dial)의 용도는?

㉮ 드릴링 할 때 사용한다.

㉯ 널링 작업을 할 때 사용한다.

㉰ 나사 절삭을 할 때 사용한다.

㉳ 모방 절삭을 할 때 사용한다.

해설 체이싱 다이얼(chasing dial)의 용도는 나사 절삭을 할 때 하프너트를 넣는 시기를 알려준다.

**20** 절삭작업에서 충격에 의해 급속히 공구인선이 파손되는 현상은?

㉮ 치핑      ㉯ 플랭크 마모

㉰ 크레이터 마모      ㉳ 온도에 의한 파손

해설 크레이터(crater) 마모 : 공구면을 따라 유동하는 칩으로부터 생기며 분화구(크레이터, crater)를 형성시킴
• 칩 − 공구 접촉면적에 제한되어 발생
• 고속가공에서는 열연화(thermal softening)로 마모 속도가 증가함
플랭크(flank) 마모 : 새로운 가공면과 공구의 여유면 사이의 마찰작용으로 발생
• 마모 랜드(wear land; 마모 영역)의 폭을 마모의 크기로 봄

**21** 선반에서 고속절삭을 할 때의 장점이 아닌 것은?

㉮ 구성인선이 억제된다.
㉯ 절삭 능률이 향상된다.
㉰ 표면 조도가 감소된다.
㉱ 가공 변질층이 감소된다.

해설 고속절삭을 하면 표면 조도(가공면)가 향상된다.

**22** 양두 연삭기에서 작업할 때의 주의사항으로 맞는 것은?

㉮ 숫돌 차의 회전을 규정이상으로 하여서는 안 된다.
㉯ 숫돌 차의 안전커버가 작업에 방해가 될 때에는 떼어 놓고 작업한다.
㉰ 소형 숫돌 작업은 항상 숫돌차 외주의 정면에서 한다.
㉱ 숫돌 차 외주와 일감 받침대와의 간격은 6mm 이상으로 조절한다.

해설 숫돌 차의 회전을 규정을 준수하고, 숫돌 차 외주와 일감 받침대와의 간격은 3mm 이하로 조정한다.

**23** 절삭유제의 3가지 주된 작용에 속하지 않는 것은?

㉮ 냉각작용
㉯ 세척작용
㉰ 윤활작용
㉱ 마모작용

해설 절삭유제의 작용
냉각작용, 윤활작용, 방청작용, 칩 처리(세척) 작용

**24** 버니어 캘리퍼스의 크기를 나타낼 때 기준이 되는 것은?

㉮ 아들자의 크기
㉯ 어미자의 크기
㉰ 고정나사의 피치
㉱ 측정 가능한 치수의 최대 크기

해설 측정 가능한 치수의 최대 크기(공작물의 크기)

**25** 호닝에서 금속가공시 가공액으로 사용하는 것은?

㉮ 등유
㉯ 휘발유
㉰ 수용성 절삭유
㉱ 유화유

해설 금속가공 시 가공액은 등유를 사용한다.
호닝(honing) : 호닝은 원통 내면의 정밀 다듬질의 일종이고 보링 또는 연삭기 등으로 내면 연삭한 것을 진원도, 진직도 및 표면 조도를 향상시키기 위한 것이다.

**3과목 기계제도**

**26** 다음 구멍과 축의 끼워맞춤 조합에서 헐거운 끼워맞춤은?

㉮ ∅40 H7/g6
㉯ ∅50 H7/k6
㉰ ∅60 H7/p6
㉱ ∅40 H7/s6

해설 헐거운 끼워맞춤
항상 틈새만 존재하는 끼워맞춤
자주 사용하는 끼워맞춤

| 기준<br>구멍 | 축의 공차 범위 클래스 | | | | | | | | | | | | | | | | |
|---|---|---|---|---|---|---|---|---|---|---|---|---|---|---|---|---|---|
| | 헐거운 끼워맞춤 | | | 중간 끼워맞춤 | | | | | 억지 끼워맞춤 | | | | | | | | |
| H6 | | | | g5 | h5 | js5 | k5 | m5 | | | | | | | | | |
| | | | f6 | g6 | h6 | js6 | k6 | m6 | n6 | p6 | | | | | | | |
| H7 | | | f6 | g6 | h6 | js6 | k6 | m6 | n6 | p6 | r6 | s6 | t6 | u6 | x6 | | |
| | e7 | f7 | | | h7 | js7 | | | | | | | | | | | |
| | | f7 | | | | | | 기계공업에서 널리 사용하는<br>끼워맞춤으로 구멍 H7 기준으로<br>**축을 가공**하면서 끼워맞춤을 얻는 방식 | | | | | | | | | |
| H8 | | e8 | f8 | | h8 | | | | | | | | | | | | |
| | d9 | e9 | | | | | | | | | | | | | | | |

## 27 KS규격에서 정한 척도 중 우선적으로 사용되지 않는 축척은?

- ㉮ 1 : 2
- ㉯ 1 : 3
- ㉰ 1 : 5
- ㉱ 1 : 10

**해설** 제도에 사용할 척도(축척이나 배척은 치수가 정수로 떨어지게 한다)

| 종류 | 척도 | | | 종류 |
|---|---|---|---|---|
| 배척 | 50:1 20:1 10:1 5:1 2:1 | | | 실물 크기보다 크게 |
| 현척 | 1:1 | | | 실물 크기와 같게 |
| 축척 | 1:2<br>1:20<br>1:200<br>1:2000 | 1:5<br>1:50<br>1:500<br>1:5000 | 1:10<br>1:100<br>1:1000<br>1:10000 | 실물 크기보다 작게 |

## 28 다음 중 스프링의 재료로써 가장 적당한 것은?

- ㉮ SPS 7
- ㉯ SCr 420
- ㉰ GC 20
- ㉱ SF 50

**해설** 스프링 재료

스프링강 강재(KS D 3701) : SPS 4, 피아노선(KS D 3556) : PW 스프링용 스테인리스강선(KS D 3535) : STS 302등이 있다.
SCr 420 : 크롬강재, GC 20 : 회주철, SF 50 : 단강품

## 29 경사면부가 있는 대상물에서 그 경사면의 실형을 표시할 필요가 있는 경우에 사용하는 그림과 같은 투상도의 명칭은?

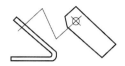

- ㉮ 부분 투상도
- ㉯ 보조 투상도
- ㉰ 국부 투상도
- ㉱ 회전 투상도

**해설** 보조 투상도

주투상도에서 물체의 경사면의 형상이 명확하게 구분되지 않을 경우, 경사면에 평행하면서 주투상도의 시점과 수직인 보조 투상도를 그린다.

## 30 다음과 같은 기하 공차를 기입하는 틀의 지시사항에 해당하지 않는 것은?

| ⊥ | 0.01 | A |
|---|---|---|

- ㉮ 데이텀 문자기호
- ㉯ 공차값
- ㉰ 물체의 등급
- ㉱ 기하공차의 종류 기호

**해설** 공차의 종류를 나타내는 기호와 공차값

## 31 제거 가공을 하지 않는다는 것을 지시할 때 사용하는 표면거칠기의 기호로 맞는 것은?

✔ : 제거 가공을 허락하지 않는 것

W ∇ : 거친다듬질,    X ∇ : 보통다듬질

Y ∇ : 정밀다듬질,    Z ∇ : 연마다듬질

**32** ∅60G7의 공차값을 나타낸 것이다. 치수공차를 바르게 나타낸 것은?(단, ∅60의 IT7급의 공차값은 0.03이며 ∅60G7의 기초가 되는 치수 허용차에서 아래치수 허용차는 +0.01이다)

㉮ $\phi 60^{+\,0.03}_{+\,0.01}$     ㉯ $\phi 60^{+\,0.04}_{+\,0.03}$

㉰ $\phi 60^{+\,0.04}_{+\,0.01}$     ㉱ $\phi 60^{+\,0.02}_{+\,0.01}$

해설 아래 치수허용차 +0.01, 공차값 0.03이면 위 치수허용공차는 +0.04

∅$60^{+\,0.04}_{+\,0.01}$

**33** 그림의 투상에서 우측면도가 될 수 없는 것은?

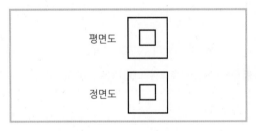

평면도

정면도

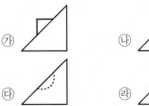

㉮    ㉯    ㉰    ㉱

해설 ㉰항 보기는 원형 형상은 정면도와 평면도에서 사각으로 투상되지 않는다.

**34** 치수기입 "SR30"에서 "SR" 기호의 의미는?

㉮ 구의 직경     ㉯ 전개 반지름

㉰ 구의 반지름   ㉱ 원의 호

해설 SR : 구의 반지름, S∅ : 구의 지름

**35** 두 개의 옆면 모서리가 수평선과 30° 되게 기울여 하나의 그림으로 정육면체의 세 개의 면을 나타낼 수 있으며 주로 기계 부품의 조립이나 분해를 설명하는 정비지침서 등에 사용하는 투상법은?

㉮ 투시투상법   ㉯ 등각투상법

㉰ 사투상법     ㉱ 정투상법

해설 등각 투상도
물체의 정면, 평면, 측면이 하나의 투상도에 나타나게 그린 도면으로, 좌표계의 세 축이 120°이다.

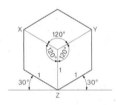

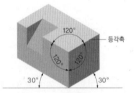

**36** 다음 등각투상도의 화살표 방향이 정면도일 때 평면도를 올바르게 표시한 것은? (단, 제3각법의 경우에 해당한다.)

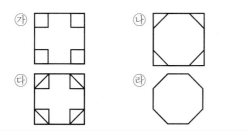

해설 평면으로 투시하여 보면 4개의 3각 모서리가 보이는대로 평면도를 그린다.

**37** 한국산업표준(KS)의 부문별 분류기호 연결로 틀린 것은?

㉮ KS A : 기본   ㉯ KS B : 기계
㉰ KS C : 광산   ㉱ KS D : 금속

해설 KS C : 전기, KS E : 광산

**38** 다음 기하공차의 종류 중 단독 모양에 적용하는 것은?

㉮ 신원도   ㉯ 평행도
㉰ 위치도   ㉱ 원주흔들림

해설

| 사용하는 형체 | 기하공차의 종류 | | 기호 |
|---|---|---|---|
| 단독 형체 | 모양공차 | 진직도 | — |
| | | 평면도 | ▱ |
| | | 진원도 | ○ |
| | | 원통도 | ⌀ |
| 단독 형체 또는 관련 형체 | | 선의 윤곽도 | ⌒ |
| | | 면의 윤곽도 | ⌓ |

**39** 대상물의 일부를 떼어낸 경계를 표시하는 데 사용하는 선의 명칭은?

㉮ 외형선   ㉯ 파단선
㉰ 기준선   ㉱ 가상선

해설 파단선
불규칙한 파형의 가는 실선 또는 지그재그선, 대상물의 일부를 파단한 경계 또는 일부를 떼어낸 경계를 표시

**40** 다음 중 치수 공차를 올바르게 나타낸 것은?

㉮ 최대 허용 한계치수 − 최소 허용 한계치수
㉯ 기준치수 − 최소 허용 한계치수
㉰ 최대 허용 한계치수 − 기춘치수
㉱ (최소 허용 한계치수 − 최대 허용 한계치수) / 2

해설 치수 공차 = 최대 허용 한계치수 − 최소 허용 한계치수

**41** 대칭 도형을 생략하는 경우 대칭 그림의 기호를 바르게 나타낸 것은?

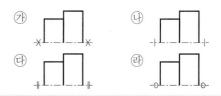

해설 대칭 도형은 전체 중에서 일부만을 그릴 수 있다. 이 때, 대칭선의 양 끝에 직교하여 2개의 평행한 가는 실선을 그어 대칭임을 표시한다.

**42** 도면에서 2종류 이상의 선이 같은 장소에서 중복될 경우 우선순위에 따라 선을 그리는 순서로 맞는 것은?

㉮ 외형선, 절단선, 숨은선, 중심선
㉯ 외형선, 숨은선, 절단선, 중심선
㉰ 외형선, 무게중심선, 중심선, 치수보조선
㉱ 외형선, 중심선, 절단선, 치수보조선

해설 선우선 순위
문자기호 > 외형선 > 숨은선 > 절단선 > 중심선 > 치수보조선

**43** 회전도시 단면도에 대한 설명으로 틀린 것은?

㉮ 회전도시 단면도는 핸들, 벨트 풀리, 기어 등과 같은 바퀴의 암, 림, 리브 등의 절단한 단면의 모양을 90°로 회전하여 표시한 것이다.
㉯ 회전도시 단면도는 투상도의 안이나 밖에 그릴 수 있다.
㉰ 회전도시 단면도를 투상의 절단한 곳과 겹쳐서 그릴 때에는 가는 2점 쇄선으로 그린다.
㉱ 회전도시 단면도를 절단할 곳의 전후를 파단하여 그 사이에 그릴 경우에는 굵은 실선으로 그린다.

해설 회전도시 단면도를 투상의 절단한 곳과 겹쳐서 그릴 때에는 가는 실선으로 그린다.

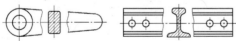

**44** 가공에 의한 커터의 줄무늬가 여러 방향으로 교차 또는 무방향을 나타내는 줄무늬 방향 기호는?

㉮ (X)   ㉯ (M)
㉰ (C)   ㉱ (R)

해설 C : 동심원,  M : 교차/무방향
R : 방사상,  X : 교차

**45** 치수는 물체의 모양을 잘 알아볼 수 는 곳에 기입하고 그곳에 나타낼 수 없는 것만 다른 투상도에 기입하여야 하는데 주로 치수를 기입하여야 하는 치수 기입 장소는?

㉮ 우측면도        ㉯ 평면도
㉰ 좌측면도        ㉱ 정면도

해설 치수는 될 수 있는 대로 주투상도(정면도)에 기입한다.

**46** 스프로킷 휠의 도시방법에서 바깥지름은 어떤 선으로 표시하는가?

㉮ 가는 실선        ㉯ 굵은 실선
㉰ 가는 1점 쇄선    ㉱ 굵은 1점 쇄선

해설 스프라킷 휠 도시방법
① 스퍼기어와 같은 방법으로 바깥지름은 굵은 실선, 피치원은 가는 1점 쇄선, 이뿌리원은 가는 실선 또는 굵은 파선으로 표시한다.
② 축에 직각 방향으로 본 그림을 단면으로 도시할 때에는 톱니를 단면으로 하지 않고, 이뿌리의 위치에서 절단하여 이뿌리선은 굵은 실선으로 한다.

정답 42. ㉯ 43. ㉰ 44. ㉯ 45. ㉱ 46. ㉯

**47** 그림과 같은 대칭적인 용접부의 기호와 보조기호 설명으로 올바른 것은?

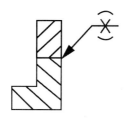

㉮ 양면 V형 맞대기 용접, 블록형
㉯ 양면 필릿 용접, 블록형
㉰ 양면 V형 맞대기 용접, 오목형
㉱ 양면 필릿 용접, 오목형

해설 양면 V형 맞대기 용접, 블록형을 나타낸 용접 작업지시.

**48** 그림과 같은 단선도시법이 나타내는 것으로 맞는 것은?

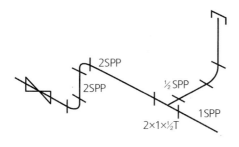

㉮ 스케치 배관도    ㉯ 투상 배관도
㉰ 평면 배관도    ㉱ 등각 배관도

해설 등각 배관도

**49** 다음 축의 도시방법으로 적당하지 않은 것은?

㉮ 축은 길이 방향으로 단면 도시를 하지 않는다.

㉯ 널링 도시시 빗줄인 경우 축선에 대하여 45° 엇갈리게 그린다.
㉰ 단면 모양이 같은 긴축은 중간을 파단하여 짧게 그릴 수 있다.
㉱ 축의 끝에는 주로 모따기를 하고, 모따기 치수를 기입한다.

해설 축에 있는 널링의 도시는 빗줄인 경우는 축선에 대하여 30°로 엇갈리게 그린다.

**50** 다음과 같은 평행 키(key)의 호칭 설명으로 틀린 것은?

KS B 1311 P – A 25 × 14 × 90

㉮ P : 모양이 나사용 구멍 없음
㉯ A : 끝부가 한쪽 둥근 형
㉰ 25 : 키의 너비
㉱ 14 : 키의 높이

해설 평행 키의 형식은 끝면의 모양은 P : 나사용 구멍 없는 평행 키, PS : 나사용 구멍 부착 평행 키, T : 머리 없는 경사키, TG : 머리붙이 경사키, 평행 키의 끝부가 둥근 것은 B, 납작한 것은 A로 표기한다.

**51** 구름 베어링의 호칭번호에 대한 설명으로 틀린 것은?

㉮ 안지름의 치수가 1mm~9mm인 경우는 안지름 치수를 그대로 안지름 번호로 사용한다.
㉯ 안지름 치수가 11, 13, 15, 17mm인 경우 안지름 번호는 각각 00, 01, 02, 03으로 표현한다.
㉰ 안지름 치수가 20mm이상 480mm이하인 경우에는 5로 나눈 값을 안지름 번호로 사

용한다.

㉣ 안지름 치수가 500mm 이상인 경우에는 안지름 치수를 그대로 안지름 번호로 사용한다.

**해설** 베어링의 안지름 번호(KS B 2012)(mm)

| 안지름 번호 | 00 | 01 | 02 | 03 | 04 | 05 | 06 | 07 | 08 | 09 | 10 | 11 |
|---|---|---|---|---|---|---|---|---|---|---|---|---|
| 호칭 안지름 | 10 | 12 | 15 | 17 | 20 | 25 | 30 | 35 | 40 | 45 | 50 | 55 |

베어링 안지름 계산법 : 04부터는 곱하기 5를 하면 안지름을 구할 수 있다.

**52** 입체 캠의 종류에 해당하지 않는 것은?

㉠ 원통 캠  ㉡ 정면 캠
㉢ 빗판 캠  ㉣ 원뿔 캠

**해설** 평면 캠 : 판 캠, 정면 캠, 직선운동 캠, 삼각 캠
입체 캠 : 원통 캠, 원뿔 캠, 구형 캠, 빗판 캠

**53** 모듈 6, 잇수가 20개인 스퍼기어의 피치원 지름은?

㉠ 20mm  ㉡ 30mm
㉢ 60mm  ㉣ 120mm

**해설** $PCD$(피치원지름) $= M$(모듈)$\times Z$(잇수)
$$= 6 \times 20 = 120$$

**54** 어떤 나사의 표시가 "좌2줄 M10 – 7H/6g"이다. 이에 대한 설명으로 틀린 것은?

㉠ 왼나사  ㉡ 2줄 나사
㉢ 미터 보통나사  ㉣ 암나사 등급 6g

**해설** 7H/6g : 암나사 등급 7H / 수나사 등급6g이다.

**55** 나사를 제도하는 방법을 설명한 것 중 틀린 것은?

㉠ 수나사의 바깥지름과 암나사의 안지름을 나타내는 선은 굵은 실선으로 그린다.
㉡ 수나사와 암나사의 골을 표시하는 선은 가는 실선으로 그린다.
㉢ 완전나사부와 불완전 나사부와의 경계를 나타내는 선은 가는 실선으로 그린다.
㉣ 불완전 나사부의 골밑을 나타내는 선은 축선에 대하여 30°의 경사진 가는 실선으로 그린다.

**해설** 완전나사부와 불완전 나사부와의 경계를 나타내는 선은 굵은 실선으로 그린다.

**56** 기어의 도시방법을 설명한 것 중 틀린 것은?

㉠ 피치원은 굵은 실선으로 그린다.
㉡ 잇봉우리원은 굵은 실선으로 그린다.
㉢ 이골원은 가는 실선으로 그린다.
㉣ 잇줄 방향은 보통 3개의 가는 실선으로 그린다.

**해설** 피치원은 가는 1점 쇄선으로 그린다.

**57** 컴퓨터의 구성에서 중앙처리장치에 해당하지 않는 것은?

㉠ 연산장치  ㉡ 제어장치
㉢ 주기억장치  ㉣ 출력장치

**해설** 중앙처리장치는 주기억장치, 제어장치, 연산장치를 말한다.

---

**정답** 52. ㉡ 53. ㉣ 54. ㉣ 55. ㉢ 56. ㉠ 57. ㉣

**58** 출력하는 도면이 많거나 도면의 크기가 크지 않을 경우 도면이나 문자 등을 마이크로필름 화하는 장치는?

㉮ COM 장치 ㉯ CAE 장치
㉰ CIM 장치 ㉱ CAT 장치

해설 COM 장치 : 마이크로 필름이 컴퓨터의 출력매체 로서 주목되게 된 것은 출력속도의 고속성, 저렴 한 값, 검색의 용이함 등 때문이다.

**59** 모델링 방법 중 와이어프레임(wire frame) 모 델링에 대한 설명으로 틀린 것은?

㉮ 처리 속도가 빠르다.
㉯ 물리적 성질의 계산이 가능하다.
㉰ 데이터 구성이 간단하다.
㉱ 모델 작성이 쉽다.

해설 와이어프레임(wire frame)은 물체의 외곽을 선 들로만 연결시켜 놓은 상태의 모델로 처리속도가 빠르다.

**60** 일반적인 CAD시스템에서 사용되는 좌표계의 종류가 아닌 것은?

㉮ 극좌표계 ㉯ 원통좌표계
㉰ 회전 좌표계 ㉱ 직교좌표계

해설 좌표계

| 구분 | 입력방법 | 해설 |
|------|----------|------|
| 절대좌표 | X, Y | 원점(0,0)에서 해당 축 방향으로 이동한 거리 |
| 상대극좌표 | @거리<방향 | 먼저 지정된 점과 지정된 점까지의 직선거리 방향은 각도계와 일치 |
| 상대좌표 | @X, Y | 먼저 지정된 점으로부터 해당 축 방향으로 이동한 거리 |

정답 **58.** ㉮ **59.** ㉯ **60.** ㉰

# 06 기출실전문제
### 전산응용기계제도기능사 [2013년 1월 27일]

CRAFTSMAN COMPUTER AIDED MECHANICAL DRAWING

## 1과목 기계재료 및 요소

**01** 황동의 자연균열 방지책이 아닌 것은?

㉮ 온도 180~260℃에서 응력제거 풀림처리
㉯ 도료나 안료를 이용하여 표면처리
㉰ Zn 도금으로 표면처리
㉱ 물에 침전처리

**해설** 자연균열 : 냉간가공에 의한 내부 응력이 공기 중의 $NH_3$(암모니아), 염류로 인하여 입간부식을 일으켜 균열이 발생하는 현상
• 방지책 : 도금법, 저온풀림(200~300℃, 20~30분간)
• 탈아연현상 : 해수에 침식되어 Zn이 용해 부식되는 현상, $ZnCl$이 원인(방지책 : Zn편을 연결)
• 경년 변화 : 상온가공한 황동 스프링이 사용 시간의 경과와 더불어 스프링 특성을 잃는 현상

**02** 열처리방법 중에서 표면경화법에 속하지 않는 것은?

㉮ 침탄법
㉯ 질화법
㉰ 고주파경화법
㉱ 항온열처리법

**해설** • **침탄법** : 강의 표면에 탄소를 침투시켜 표면을

고탄소강으로 만들어 표면만 경화시키는 방법
• **질화법** : 합금강을 암모니아($NH3$)가스 중에서 장시간 가열하면 질소를 흡수하여 강의 표면에 질화물 형성되며 확산되어 경화하는 방법
• **고주파경화법** : 열에너지는 표면만 급속히 가열되며 냉각액으로 급랭시켜 표면 경화
• **항온열처리법** : 변태점 이상으로 가열한 재료를 연속적으로 냉각하지 않고 어느 일정한 온도의 염욕 중에 냉각하여 그 온도에서 일정한 시간 동안유지시킨 뒤 냉각시켜 담금질과 뜨임을 동시에 할 수 있는 방법

**03** 주철의 성장원인이 아닌 것은?

㉮ 흡수한 가스에 의한 팽창
㉯ $Fe_3C$의 흑연화에 의한 팽창
㉰ 고용 원소인 Sn의 산화에 의한 팽창
㉱ 불균일한 가열에 의해 생기는 파열 팽창

**해설** **주철의 성장**
주철에 나타내는 $Fe_3C$는 불안정하여 가열하면 Fe와 흑연으로 되고 부피가 커진다. 그러므로 A1(723℃)점 상하(650~950℃)로 가열과 냉각을 반복하면 부피가 늘어나는 현상이 발생하는데 이것을 주철의 성장이라 한다.
① 성장 원인
• 시멘타이트($Fe_3C$) 분해에 의한 팽창

**정답** 1. ㉱ 2. ㉱ 3. ㉰

- A1 변태에 의한 부피의 팽창
- 산화에 의한 팽창(Si 산화)
- 고르지 못한 가열로 갈림(균열)이 생기는 팽창

② 성장 방지법

- Cr과 같은 C와 결합하기 쉬운 원소를 첨가(시멘타이트의 분해를 방지)할 것
- 산화하기 쉬운 Si를 적게 쓰고 대신 Ni를 첨가할 것

## 04 일반적으로 경금속과 중금속을 구분하는 비중의 경계는?

㉮ 1.6 ㉯ 2.6
㉰ 3.6 ㉱ 4.6

**해설** 비중 4.5를 기준으로 이하를 경금속, 이상을 중금속이라고 한다.(알루미늄 2.7, 마그네슘 1.74, 베릴륨 1.85, 주석 7.3)

## 05 강을 절삭할 때 쇳밥(chip)을 잘게 하고 피삭성을 좋게 하기 위해 황, 납 등의 특수원소를 첨가하는 강은?

㉮ 레일강 ㉯ 쾌삭강
㉰ 다이스강 ㉱ 스테인리스강

**해설** 쾌삭강이란 성분 속의 황 · 인의 양을 일부러 늘려서 절삭성이라고 불리는 강재의 피삭성(machinability)을 고도로 향상시킨 강을 의미한다.

## 06 스프링을 사용하는 목적이 아닌 것은?

㉮ 힘 축적 ㉯ 진동 흡수
㉰ 동력 전달 ㉱ 충격 완화

**해설** 스프링은 완충용, 힘축적, 복원성, 하중조절용으로 쓴다.

## 07 시편의 표준거리가 40mm이고 지름이 15mm일 때 최대하중이 6kN에서 시편이 파단 되었다면 연신율은 몇 %인가? (단, 연산된 길이는 10mm이다.)

㉮ 10 ㉯ 12.5
㉰ 25 ㉱ 30

**해설** $연신율=\dfrac{늘어난길이-원래길이}{원래길이}\times 100$

## 08 저널 베이링에서 저널의 지름이 30mm, 길이가 40mm, 베어링의 하중이 2,400N일 때 베어링의 압력[N/㎟]은?

㉮ 1 ㉯ 2
㉰ 3 ㉱ 4

**해설** $베어링\ 압력(P)=\dfrac{베어링하중(W)}{지름(d)\times 길이(l)}$

$$=\frac{2,400}{30\times 40}=2$$

## 09 열경화성 수지가 아닌 것은?

㉮ 아크릴수지 ㉯ 멜라민수지
㉰ 페놀수지 ㉱ 규소수지

**해설** 열경화성 플라스틱
성형한 제품은 다시 가열해도 연화하지 않는 플라스틱. 아크릴수지, 스티렌수지, 폴리에틸렌은 열가소성 수지이다.

## 10 알루미늄의 특성에 대한 설명 중 틀린 것은?

㉮ 내식성이 좋다.
㉯ 열전도성이 좋다.

PART 05

정답 4. ㉱ 5. ㉯ 6. ㉰ 7. ㉰ 8. ㉯ 9. ㉮ 10. ㉰

㉰ 순도가 높을수록 강하다.
㉱ 가볍고 전연성이 우수하다.

해설 알루미늄은 순도가 높을수록 연하다.

## 2과목 기계가공법 및 안전관리

**11** 웜 기어에서 웜이 3줄이고 웜휠의 잇수가 60개일 때의 속도 비는?

㉮ 1/10 ㉯ 1/20
㉰ 1/30 ㉱ 1/60

해설 $속도비(i) = \frac{Z_w}{Z_q} = \frac{3}{60} = \frac{1}{20}$

여기서, $i$ : 속도비, $Z_w$ : 웜의 줄 수
$Z_q$ : 웜기어의 잇수

**12** 부품의 위치결정 또는 고정시에 사용되는 체결요소가 아닌 것은?

㉮ 핀(pin) ㉯ 너트(nut)
㉰ 볼트(bolt) ㉱ 기어(gear)

해설 기어(gear)는 둘레에 톱니가 박혀 있는 바퀴. 이와 이가 서로 맞물려 돌아감으로써 동력을 전달하는 동력전달 기계요소 부품이다.

**13** 비틀림 모멘트를 받는 회전축으로 치수가 정밀하고 변형량이 적어 주로 공작기계의 주축에 사용하는 축은?

㉮ 차축 ㉯ 스핀들
㉰ 플랙시블축 ㉱ 크랭크축

해설 차축 : 축은 고정되고 바퀴만 회전하면서 주로 휨 작용만을 받는 축
크랭크축 : 직선운동을 회전운동으로 바꾸는 데 사용 하는 축
플렉시블 축 : 전동축에 휨성을 주어서 축의 방향을 자유롭게 변경할 수 있는 축

**14** 보링 머신에서 할 수 없는 작업은?

㉮ 태핑 ㉯ 구멍 뚫기
㉰ 기어 가공 ㉱ 나사 깎기

해설 기어 가공은 호빙 머신(hobbing machine)으로 스퍼기어, 헬리컬 기어, 웜 기어를 깎을 수 있다.

**15** 축에 키(key) 홈을 파지 않고 축과 키 사이의 마찰력만으로 회전력을 전달하는 키는?

㉮ 새들 키 ㉯ 성크 키
㉰ 반달 키 ㉱ 둥근 키

해설 새들 키(saddle key, 안장 키)
축은 그대로 두고 보스에만 키홈은 파서 키를 박아 마찰에 회전력을 전달함으로 큰 힘의 전달에는 부적합

**16** 나사를 기능상으로 분류했을 때 나사에 속하지 않는 것은?

㉮ 볼나사 ㉯ 관용나사
㉰ 둥근나사 ㉱ 사다리꼴나사

해설 관용나사 : 밀폐용 나사

정답 11. ㉯ 12. ㉱ 13. ㉯ 14. ㉰ 15. ㉮ 16. ㉯

**17** 브로칭 머신을 설치 시 면적을 많이 차지하지만 기계의 조작이 쉽고, 가동 및 안전성이 우수한 브로칭 머신은?

㉮ 수평 브로칭 머신
㉯ 자동형 브로칭 머신
㉰ 수동형 브로칭 머신
㉱ 직립형 브로칭 머신

해설 브로칭 가공법은 호환성을 필요로 하는 부품의 대량 생산에 매우 효과적이며, 특히 자동차나 전기부품의 소형 기재 정밀 가공에 적합하다. 급속 귀환 장치가 있다.
브로칭 머신의 크기는 최대 인장응력과 행정으로서 표시하며, 가공 방식으로는 인발식과 삽입식이 있다.

**18** 측정자의 직선 또는 원호 운동을 기계적으로 확대하여 그 움직임을 지침의 회전 변위로 변환시켜 눈금을 읽을 수 있는 측정기는?

㉮ 다이얼게이지
㉯ 마이크로미터
㉰ 만능 투영기
㉱ 3차원 측정기

해설 각 부의 명칭

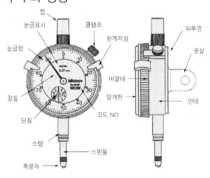

**19** 숫돌입자와 공작물이 접촉하여 가공하는 연삭작용과 전해작용을 동시에 이용하는 특수가공법은?

㉮ 전주 연삭
㉯ 전해 연삭
㉰ 모방 연삭
㉱ 방전 가공

해설 전해연마
연마하려는 금속을 양극으로 하고, 전해액 속에서 전해하면 금속 표면을 연마할 수 있다.

**20** 절삭가공 시 절삭에 직접적인 영향을 주지 않는 것은?

㉮ 절삭열
㉯ 가공물의 재질
㉰ 절삭공구의 재질
㉱ 측정기의 정밀도

해설 측정기의 정밀도는 공작물 측정에 영향을 준다.

**21** 선반 심압대 축 구멍의 테이퍼 형태는?

㉮ 쟈르노 테이퍼
㉯ 브라노샤프형 테이퍼
㉰ 쟈급스 테이퍼
㉱ 모스 테이퍼

해설 스핀들(주축, Spindle)
선반 : 모스 테이퍼(1/20)
밀링 : 내셔널 테이퍼(1/24)

**22** 신시내티 밀링 분할대로 13등분을 단식 분할할 경우는?

㉮ 26구멍줄에서 크랭크가 3회전하고 2구멍씩 이동시킨다.
㉯ 39구멍줄에서 크랭크가 3회전하고 3구멍

씩 이동시킨다.
ⓒ 52구멍줄에서 크랭크가 3회전하고 4구멍
씩 이동시킨다.
ⓓ 75구멍줄에서 크랭크가 3회전하고 5구멍
씩 이동시킨다.

**해설** $n = \dfrac{40}{N} = \dfrac{R}{N}$

$\dfrac{40}{13} = 3\dfrac{1}{13} = 3\dfrac{3}{39}$

∴ 3회전+39구멍줄+3구멍

**23** 연삭숫돌의 단위 체적당 연삭 입자의 수, 즉 입자의 조밀정도를 무엇이라 하는가?

㉮ 입도    ㉯ 결합도
㉰ 조직    ㉱ 입자

**해설** 숫돌 입자 : 숫돌바퀴의 날을 구성하는 부분으로 공작물보다 단단해야 하고 인성이 있어야 함
입도 : 숫돌 입자의 크기를 숫자로 나타내는 데, #8~220까지 체로 분류하여 메시(mesh)번호로 나타냄
결합도 : 연삭입자를 결합하고 있는 결합제의 세기를 표시한 것임
조직 : 숫돌의 단위 체적당 입자의 밀도로 표시함
결합제 : 숫돌입자를 결합시켜서 숫돌의 모양을 만드는 재료임

**24** CNC 선반의 준비 기능 중 직선 보간에 속하는 것은?

㉮ G00    ㉯ G01
㉰ G02    ㉱ G03

**해설** G00 : 급속 이동, G01 : 직선 보간
G02 : 원호 가공(시계방향)
G03 : 원호 가공(반시계 방향)

**25** 선반의 이송 단위 중에서 1회전당 이송량의 단위는?

㉮ mm/rev    ㉯ mm/min
㉰ mm/stroke    ㉱ mm/s

**해설** 이송량의 단위
• mm/rev (회전당 이송) : 선반, 드릴
• m/mim (분당 이송) : 밀링
• mm/stroke (왕복당 이송) : 평삭기(셰이퍼, 플레이너)

## 3과목  기계제도

**26** 제3각법에 대한 설명으로 틀린 것은?

㉮ 투상 원리는 눈 → 투상면 → 물체의 관계이다.
㉯ 투상면 앞쪽에 물체를 놓는다.
㉰ 배면도는 우측면도의 오른쪽에 놓는다.
㉱ 좌측면도는 정면도의 좌측에 놓는다.

**해설** 투상면 앞쪽에 물체를 놓는 투상은 1각법이고, 투상면 뒤쪽에 물체를 놓는 투상은 3각법이다.

**27** 대상물의 일부를 떼어 낸 경계를 표시하는데 사용하는 선은?

㉮ 외형선    ㉯ 숨은선
㉰ 가상선    ㉱ 파단선

**해설** 일부를 절개하여 단면으로 도시할 때 가는 실선으로 프리하게 파단선을 그린다.

**28** 표면거칠기 값(6.3)만을 직접 면에 지시하는 경우 표시방향이 잘못된 것은?

㉮ ①　　　　　　㉯ ②
㉰ ③　　　　　　㉱ ④

**해설** Ra 값을 기입하는 경우 기호의 방향으로 잘못 표기된 것은 ③이다.

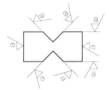

(a) 직접 면에 지시　　(b) 연장선을 사용한 지시

**29** 특수한 가공의 하는 부분 등 특별한 요구사항을 적용할 수 있는 범위를 표시하는데 사용하는 선의 종류는?

㉮ 가는 1점 쇄선　　㉯ 굵은 1점 쇄선
㉰ 가는 2점 쇄선　　㉱ 굵은 2점 쇄선

**해설** 굵은 1점 쇄선은 특수한 가공을 실시하는 부분을 표시하는 선이다.

**30** 다음 중 모양 공차에 속하지 않는 것은?

㉮ 평면도 공차　　㉯ 원통도 공차
㉰ 면의 윤곽도 공차　㉱ 평행도 공차

**해설** 모양 공차
진직도, 평면도, 진원도, 원통도, 선의 윤곽도, 면의 윤관도

**31** 표면의 결인 줄무늬 방향의 지시기호 "C"의 설명으로 맞는 것은?

㉮ 가공에 의한 커터의 줄무늬 방향이 기호로 기입한 그림의 투상면에 경사지고 두 방향으로 교차
㉯ 가공에 의한 커터의 줄무늬 방향이 여러 방향으로 교차 또는 두 방향
㉰ 가공에 의한 커터의 줄무늬가 기호를 기입한 면의 중심에 대하여 거의 동심원 모양
㉱ 가공에 의한 커터의 줄무늬가 기호를 기입한 면의 중심에 대하여 대략 레이디얼 모양

**해설** C : 커터로 둥근 형태
C : 동심원, M : 교차/무방향
R : 방사상, X : 교차

**32** 다음 그림의 치수 기입에 대한 설명으로 틀린 것은?

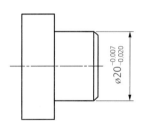

㉮ 기준 치수는 지름 20이다.
㉯ 공차는 0.013 이다.
㉰ 최대 허용치수는 19.93 이다.
㉱ 최소 허용치수는 19.98 이다.

**해설** 최대 허용치수는 19.993 이다.
$(20-0.007=19.993)$

**33** 그림과 같이 축의 홈이나 구멍 등과 같이 부분적인 모양을 도시하는 것으로 충분한 경우의 투상도는?

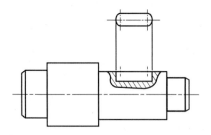

㉮ 회전 투상도　　　㉯ 부분 확대도
㉰ 국부 투상도　　　㉱ 보조 투상도

해설 • 보조 투상도 : 경사부가 있는 물체는 그 경사면의 보이는 부분의 실제모양을 전체 또는 일부분을 나타낸다.
• 회전 투상도 : 대상물의 일부분을 회전해서 실제 모양을 나타낸다.
• 부분 확대도 : 특정한 부분의 도형이 작아서 그 부분을 자세하게 나타낼 수 없거나 치수 기입을 할 수 없을 때에는 그 해당 부분을 확대하여 나타낸다.

**34** 다음과 같이 도면에 기하공차가 표시되어 있다. 이에 대한 설명으로 틀린 것은?

| // | 0.05/100 | A |

㉮ 기하공차 허용값은 0.05mm이다.
㉯ 기하공차 기호는 평행도를 나타낸다.
㉰ 관령형체로 데이텀은 A이다.
㉱ 기하공차 전체길이에 적용된다.

해설 기하공차 지정길이 100mm에 허용 값은 0.05mm이다.

**35** ⌀50H7/p6와 같은 끼워맞춤에서 H7의 공차값은 $^{+0.025}_{0}$이고, p6의 공차값은 $^{+0.042}_{+0.026}$이다. 최대 죔새는?

㉮ 0.001　　　㉯ 0.027
㉰ 0.042　　　㉱ 0.067

해설 최대 죔새＝축의 최대 허용치수－구멍의 최소허용치수＝0.042－0＝0.042

**36** 제3각법으로 그린 투상도에서 우측면도로 옳은 것은?

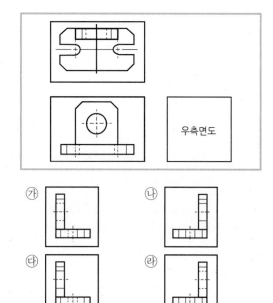

㉮
㉯
㉰
㉱

**37** 치수의 위치와 기입 방향에 대한 설명 중 틀린 것은?

㉮ 치수는 투상도와 모양 및 치수의 대조 비교가 쉽도록 관련 투상도 쪽으로 기입한다.

㉯ 하나의 투상도인 경우, 길이 치수 위치는 수평 방향의 치수선에 대해서는 투상도의 위쪽에서 수직 방향의 치수선에 대해서는 투상도의 오른쪽에서 읽을 수 있도록 기입한다.

㉰ 각도치수는 기울어진 각도 방향에 관계없이 읽기 쉽게 수평 방향으로만 기입한다.

㉱ 치수는 수평 방향의 치수선에는 위쪽, 수직 방향의 치수선에는 왼쪽으로 약 0.5mm 정도 띄어서 중앙에 치수를 기입한다.

해설 각도치수는 기울어진 각도 120° 방향에 치수 기입을 피한다.

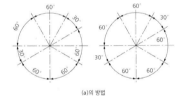 

(a)의 방법          (b)의 방법

**38** 다음 재료 기호 중 기계구조용 탄소강재는?

㉮ SM 45C      ㉯ SPS 1
㉰ STC 3       ㉱ SKH 2

해설 SPS 1 : 스프링 강재
STC 3 : 탄소 공구강
SKH 2 : 고속도 공구강

**39** 척도 기입방법에 대한 설명으로 틀린 것은?

㉮ 척도는 표제란에 기입하는 것이 원칙이다.
㉯ 같은 도면에서는 서로 다른 척도를 사용할 수 없다.
㉰ 표제란이 없는 경우에는 도명이나 품번 가까운 곳에 기입한다.
㉱ 현척의 척도 값은 1 : 1이다.

해설 같은 도면에서는 서로 다른 척도를 사용할 수 있으며, 도형에 표기 한다.

**40** 제3각법으로 그린 정투상도 중 잘못 그려진 투상이 있는 것은?

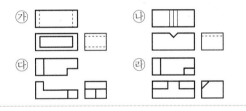

해설 ㉱ 정면도와 평면도의 투상선이 일치하지 않는 투상도이다.

**41** 한국 산업 표준에서 정한 도면의 크기에 대한 내용으로 틀린 것은?

㉮ 제도용지 A2의 크기는 420×594mm이다.
㉯ 제도용지 세로와 가로의 비는 1 : 루트 2이다.
㉰ 복사한 도면을 접을 때는 A4크기로 접는 것을 원칙으로 한다.
㉱ 도면을 철할 때 윤곽선은 용지 가장자리에서 10mm 간격을 둔다.

해설 도면을 철할 때 윤곽선은 최소 25mm 정도 여백을 주고 하지 않을 때는 최소 10mm 정도 여백을 준다.

**42** IT 공차에 대한 설명으로 옳은 것은?

㉮ IT 01부터 IT 18까지 20등급으로 구분되어 있다.

㉯ IT 01~IT 4는 구멍 기준공차에서 게이지 제작공차이다.

㉰ IT 6~IT 10은 축 기준공차에서 끼워맞춤 공차이다.

㉱ IT 10~IT 18은 구멍 기준공차에서 끼워맞춤 이외의 공차이다.

**해설**

| 구분 | 초정밀 그룹 | 정밀 그룹 | 일반 그룹 |
|---|---|---|---|
| | 게이지 제작 공차 또는 이에 준하는 제품 | 기계가공품 등의 끼워맞춤 부분의 공차 | 일반 공차로 끼워맞춤과 무관한 부분의 공차 |
| 구멍 | IT1~IT5 | IT6~IT10 | IT11~IT18 |
| 축 | IT1~IT4 | IT5~IT9 | IT10~IT18 |
| 가공 방법 | 래핑 | 연삭(정삭) | 황삭 |
| 공차 범위 | 0.001mm | 0.01mm | 0.1mm |

**43** 제작 도면으로 완성된 도면에서 문자, 선 등이 겹칠 때 우선순위로 맞는 것은?

㉮ 외형선→숨은선→중심선→숫자, 문자

㉯ 숫자, 문자→외형선→숨은선→중심선

㉰ 외형선→숫자, 문자→중심선→숨은선

㉱ 숫자, 문자→숨은선→외형선→중심선

**해설** 선의 사용 우선순위

두 종류 이상의 선이 겹칠 경우에는 다음의 우선순위에 따라 그린다.

① 외형선(굵은 실선)

② 숨은선(파선)

③ 절단선(가는 1점 쇄선, 절단부 및 방향이 변한 부분을 굵게 한 것)

④ 중심선, 대칭선(가는 1점 쇄선)

⑤ 중심을 이은 선(가는 2점 쇄선)

⑥ 투상을 설명하는 선(가는 실선)

**44** 그림과 같이 V벨트 풀리의 일부분을 잘라내고 필요한 내부 모양을 나타내기 위한 단면도는?

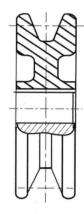

㉮ 온 단면도　　　㉯ 한쪽 단면도

㉰ 부분 단면도　　㉱ 회전도시 단면도

**해설** 한쪽 단면도는 상하 또는 좌우가 대칭인 물체의 1/4을 절단 제거하여 반을 외형을 반은 단면으로 내부가 나타나도록 그린 단면도이다. 외형을 그린 부분에 숨은선은 그리지 않는다.

• 부분 단면도 : 필요한 부분만을 절단(스플라인이 들어감)

**45** 이론적으로 정확한 치수를 나타내는 치수 보조 기호는?

㉮ 50　　　　　㉯ 50

㉰ 50　　　　　㉱ (50)

해설 30 : 이론적으로 정확한 치수, 30 : 비례척이 아님, (30) : 참고치수

---

**46** 다음은 계기의 도시기호를 나타낸 것이다. 압력계를 나타낸 것은?

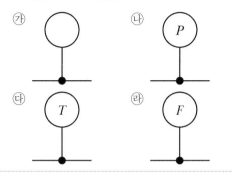

㉮

㉯

㉰

㉱

해설 P : 압력, T : 온도, ：유량 W :

---

**47** 모듈 6, 잇수 $Z_1 = 45$, $Z_2 = 85$, 압력각 14.5°의 한 쌍의 표준기어를 그리려고 할 때, 기어의 바깥지름 $D_1$, $D_2$를 얼마로 그리면 되는가?

㉮ 282mm, 522mm  ㉯ 270mm, 510mm
㉰ 382mm, 622mm  ㉱ 280mm, 610mm

해설 이끝원의 지름($D$)
$M \times (Z+2) = D + 2m$
$D_1 = 6(45+2) = 282$, $D_2 = 6(85+2) = 522$

---

**48** 외접 헬리컬 기어를 축에 직각인 방향에서 본 단면으로 도시할 때, 잇줄 방향의 표시 방법은?

㉮ 1개의 가는 실선
㉯ 3개의 가는 실선
㉰ 1개의 가는 2점 쇄선
㉱ 3개의 가는 2점 쇄선

---

해설 헬리컬 기어의 잇줄 방향은 3개의 가는 실선으로 기울기 30°, 단면시 가는 이점쇄선

---

**49** V벨트 풀리에 대한 설명으로 올바른 것은?

㉮ A형은 원칙적으로 한 줄만 걸친다.
㉯ 암은 길이 방향으로 절단하여 도시한다.
㉰ V벨트 풀리는 축 직각 방향의 투상을 정면도로 한다.
㉱ V벨트 풀리의 홈의 각도는 35°, 38°, 40°, 42° 4종류가 있다.

해설 V 벨트 풀리의 KS 규격에서 기준이 되는 횡 치수는 V 벨트의 형별(M, A, B, C, D, E)과 호칭지름(dp)가 된다. 일반적으로 도면에서는 형별을 표기해주는데 형별 표기가 없는 경우 조립도에서 호칭지름(dp)과 α°의 각도를 재서 작도하면 된다.

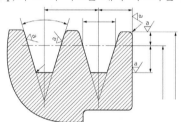

---

**50** 다음 용접이음의 기본 기호 중에서 잘못 도시된 것은?

㉮ V형 맞대기 용접 : ∨
㉯ 필릿 용접 : ◸
㉰ 플러그 용접 : ⊓
㉱ 심 용접 : ○

해설 ∨ : V형 맞대기 용접, ◸ : 필릿 용접
⊓ : 플러그 용접, ○ : 점 용접
⊖ : 심 용접, ‖ : 맞대기 용접

---

PART 05

**51** 다음 나사의 도시방법으로 틀린 것은?

㉮ 암나사의 안지름은 굵은 실선으로 그린다.

㉯ 완전 나사부와 불완전 나사부의 경계선은 굵은 실선으로 그린다.

㉰ 수나사의 바깥지름은 굵은 실선으로 그린다.

㉱ 수나사와 암나사의 측면도시에서 골지름은 굵은 실선으로 그린다.

**해설** 수나사와 암나사의 측면도시에서 골지름은 가는 실선으로 그린다.

**52** 다음 나사의 종류와 기호 표시로 틀린 것은?

㉮ 미터보통 나사 : M

㉯ 관용평행 나사 : G

㉰ 미니추어 나사 : S

㉱ 전구 나사 : R

**해설** E : 전구 나사, R : 관용 테이퍼 수나사

**53** 구름 베어링의 호칭번호가 "6203 ZZ"이면 이 베어링의 안지름은 몇 mm인가?

㉮ 15   ㉯ 17

㉰ 60   ㉱ 62

**해설** 베어링의 안지름 번호(KS B 2012)(mm)

| 안지름 번호 | 00 | 01 | 02 | 03 | 04 | 05 | 06 | 07 | 08 | 09 | 10 | 11 |
|---|---|---|---|---|---|---|---|---|---|---|---|---|
| 호칭 안지름 | 10 | 12 | 15 | 17 | 20 | 25 | 30 | 35 | 40 | 45 | 50 | 55 |

베어링 안지름 계산법 : 04부터는 곱하기 5를 하면 안지름을 구할 수 있다.

**54** 스플릿 테이퍼 핀의 테이퍼 값은?

㉮ 1/20   ㉯ 1/25

㉰ 1/50   ㉱ 1/100

**해설** 스플릿 테이퍼 핀(Taper pin with split) - KS B 1323

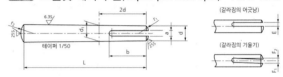

**55** 스프링의 제도에 있어서 틀린 것은?

㉮ 코일 스프링은 원칙적으로 무하중 상태로 그린다.

㉯ 하중과 높이 등의 관계를 표시할 필요가 있을 때에는 선도 또는 요목표에 표시한다.

㉰ 특별한 단서가 없는 한 모두 왼쪽으로 감은 것을 나타낸다.

㉱ 종류와 모양만을 간략도로 나타내는 경우 재료의 중심선만을 굵은 실선으로 그린다.

**해설** 스프링 도시법

• 스프링은 무하중 상태에서 도시

• 특별한 도시가 없는 이상 모두 오른쪽으로 감긴 것을 나타내고, 왼쪽으로 감긴 것은 '감긴 방향 왼쪽'이라 표시

• 코일스프링의 중간일부를 생략시 가는 1점 쇄선 또는 가는 2점 쇄선으로 표시

• 스프링 종류 및 모양만을 간략히 그릴 때는 중심선을 굵은 실선으로 표시

**56** 다음 표기는 무엇을 나타낸 것인가?

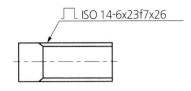

ⓖ 사다리꼴나사   ⓝ 스플라인
ⓓ 사각나사      ⓡ 세레이션

**해설** 스플라인을 약식으로 도시하여 치수를 기입하였다. ISO 14−6×23 f 7×26 을 상세히 설명하면
ISO 14 : 규격번호, 6 : 스플라인 잇수, 23f7 : 작은 지름과 공차, 26 : 큰 지름
• 스플라인(spline) : 축으로부터 직접 여러 줄의 키(key)를 절삭하여, 축과 보스(boss)가 슬립 운동을 할 수 있도록 한 것

**57** 도형의 좌표변환 행렬과 관계가 먼 것은?

ⓖ 미러(mirror)   ⓝ 회전(rotate)
ⓓ 스케일(scale)  ⓡ 트림(trim)

**해설** 도형의 좌표변환과 상관없이 트림(trim)은 자르기 명령어다.

**58** CAD시스템의 입력장치가 아닌 것은?

ⓖ 키보드        ⓝ 라이트 펜
ⓓ 플로터        ⓡ 마우스

**해설** 플로터는 출력장치이다.

**59** 컴퓨터의 중앙처리장치(CPU)를 구성하는 요소가 아닌 것은?

ⓖ 제어장치       ⓝ 주기억장치
ⓓ 보조기억장치   ⓡ 연산논리장치

**해설** 중앙처리장치는 주기억장치, 제어장치, 연산장치를 말한다.

**60** 다음 중 서피스 모델링의 특징으로 틀린 것은?

ⓖ NC 가공정보를 얻기가 용이하다.
ⓝ 복잡한 형상표현이 가능하다.
ⓓ 구성된 형상에 대한 중량계산이 용이하다.
ⓡ 은선 제거가 가능하다.

**해설** 구성된 형상에 대한 중량계산은 솔리드 모델링이 용이하다. 물리적 성질계산 가능

# 07 기출실전문제
전산응용기계제도기능사 [2013년 4월 14일]

CRAFTSMAN COMPUTER AIDED MECHANICAL DRAWING

## 1과목 기계재료 및 요소

**01** 주조경질합금의 대표적인 스테라이트의 주성분을 올바르게 나타낸 것은?

㉮ 몰리브덴 – 크롬 – 바나듐 – 탄소 – 티탄
㉯ 크롬 – 타소 – 니켈 – 마그네슘
㉰ 탄소 – 텅스텐 – 크롬 – 알루미늄
㉱ 코발트 – 크롬 – 텅스텐 – 탄소

**해설** 주조경질합금(스테라이트)는 Co – Cr – W(Mo)을 금형에 주조한 합금
① 대표적인 주조경질합금 – 스테라이트 : Co – Cr – W, Co가 주성분 40%
② 특성 : 열처리 불필요, 절삭속도 SKH의 2배, 800도까지 경도유지, SKH 보자 인성, 내구력 적다.
③ 용도 : 강철 주철 스테인리스강의 절삭용

**02** 설계도면에 "SM40C"로 표시된 부품이 있다. 어떤 재료를 사용해야 하는가?

㉮ 인장강도가 40MPa인 일반구조용 탄소강
㉯ 인장강도가 40MPa인 기계구조용 탄소강
㉰ 탄소를 0.37%~0.43% 함유한 일반구조용 탄소강
㉱ 탄소를 0.37%~0.43% 함유한 기계구조용 탄소강

**해설** 기계구조용 탄소강재로 탄소를 0.37%~0.43% 함유한 소재

**03** Cr 10~11%, Co 26~58%, Ni 10~16% 함유하는 철합금으로 온도변화에 대한 탄성율의 변화가 극히 적고 공기 중이나 수중에서 부식되지 않고, 스프링, 태엽 기상관측용 기구의 부품에 사용되는 불변강은?

㉮ 인바(invar)
㉯ 코엘린바(coelinvar)
㉰ 퍼멀로이(permalloy)
㉱ 플래티나이트(platinite)

**해설** • 인바 : Ni 36%, Fe의 합금. 길이 불변, 측량용 테이프, 미터 표준봉, 지진계, 바이메탈
• 엘린바 : Ni 36%, Cr 12%, Fe의 합금, 탄성불변, 각종 시계의 스프링, 정밀기계부품.
• 퍼멀로이(permalloy) : Ni 75~80%, Co 0.5% 함유, 약한 자장으로 큰 투자율을 가지므로 해저전선의 장하 코일용으로 사용되고 있다.
• 플래티나이트(platinite) : Ni 40~50%, 나머

정답 **1.** ㉱ **2.** ㉱ **3.** ㉯

지 Fe이고, 전구의 도입선과 같은유리와 금속의 봉착용으로 쓰이는 Fe-Ni계 합금으로페르니코(Fe 54%, Ni 28%, Co 18%), 코바르(Fe 54% Ni 29%, Co 17%)라는 것도 있다.

**04** 강괴를 탈산정도에 따라 분류할 때 이에 속하지 않는 것은?

㉮ 림드강  ㉯ 세미 림드강
㉰ 킬드강  ㉱ 세미 킬드강

**해설** 탈산 방법에 의한 강은 킬드, 세미킬드, 림드의 세 종류로 분류된다.

**05** 주철의 흑연화를 촉진시키는 원소가 아닌 것은?

㉮ Al  ㉯ Mn
㉰ Ni  ㉱ Si

**해설** 흑연화 촉진 원소 : Ni, Al, Si, Ti,
흑연화 방지 원소 : Cr, Mo, V,

**06** 철강 재료에 관한 올바른 설명은?

㉮ 용광로에서 생산된 철은 강이다.
㉯ 탄소강은 탄소함유량이 3.0~4.3% 정도이다.
㉰ 합금강은 탄소강에 필요한 합금 원소를 첨가한 것이다.
㉱ 탄소강의 기계적 성질에 가장 큰 영향을 끼치는 원소는 규소(Si)이다.

**해설** 용광로에서 생산된 철은 선철이고, 탄소강은 0.15% 이하의 저탄소강, 0.6% 이상의 고탄소강으로 구분한다. 탄소강은 탄소가 가장 큰 영향을 끼친다.

**07** 담금질한 탄소강을 뜨임 처리하면 어떤 성질이 증가되는가?

㉮ 강도  ㉯ 경도
㉰ 인성  ㉱ 취성

**해설**
• 취성 : 금속에 힘을 가했을 때 재료가 부스러지는 정도
• 경도 : 국부적인 소성변형에 대한 재료의 저항성을 표시
• 강도 : 금속재료가 외부의 작용력에 대한 저항력
• 인성 : 재료가 파괴될 때까지의 에너지 흡수 능력

**08** 나사 및 너트의 이완을 방지하기 위하여 주로 사용되는 핀은?

㉮ 테이퍼 핀  ㉯ 평행 핀
㉰ 스프링 핀  ㉱ 분할 핀

**해설** 너트의 풀림 방지로 분할 핀을 사용한다.

**09** 나사결합부에 진동하중이 작용하든가 심한 하중변화가 있으면 어느 순간에 너트는 풀리기 쉽다. 너트의 풀림 방지법으로 사용하지 않는 것은?

㉮ 나비 너트  ㉯ 분할 핀
㉰ 로크 너트  ㉱ 스프링 와셔

**해설** 너트의 풀림 방지법
• 탄성 와셔에 의한 법 : 주로 스프링 와셔가 쓰이며, 와셔의 탄성에 의한다.
• 로크너트에 의한 법 : 가장 많이 사용되는 방법으로서 2개의 너트를 조인 후에 아래의 너트를 약간 풀어서 마찰저항면을 엇갈리게 하는 것
• 핀 또는 작은 나사를 쓰는 법 : 볼트, 홈붙이 너트에 핀이나 작은 나사를 넣은 것으로 가장 확실

정답 4. ㉯ 5. ㉯ 6. ㉰ 7. ㉰ 8. ㉱ 9. ㉮

한 고정 방법이다.

• 철사에 의한 법 : 철사로 잡아맨다.
• 자동 죔 너트에 의한 법
• 세트스크루에 의한 법

**10** 체인 전동의 특징으로 잘못된 것은?

㉮ 고속 회전의 전동에 적합하다.
㉯ 내열성, 내유성, 내습성이 있다.
㉰ 큰 동력 전달이 가능하고 전동 효율이 높다.
㉱ 미끄럼이 없고 정확한 속도비가 얻을 수 있다.

[해설] 체인과 스프로킷의 특징
• 동력을 전달하는 두 축 사이의 거리가 비교적 멀어 기어 전동이 불가능한 곳에 사용함
• 미끄럼 없이 큰 동력을 확실하고 효율적으로 전달할 수 있음
• 소음과 진동이 커서 고속 회전에는 부적합하므로 지속적으로 큰 힘을 전달할 때 주로 사용함
• 체인의 떨림으로 인해 진동과 소음이 생기기 쉽다.

**2과목** 기계가공법 및 안전관리

**11** 구름베어링 중에서 볼베어링의 구성요소와 관련이 없는 것은?

㉮ 외륜          ㉯ 내륜
㉰ 니들          ㉱ 리테이너

[해설]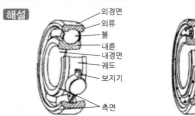

**12** 그림에서 응력집중 현상이 일어나지 않는 것은?

① 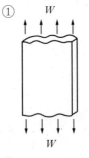  ㉯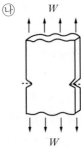

㉰   ㉱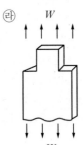

[정답] **10.** ㉮ **11.** ㉰ **12.** ㉮

응력집중이란 구조물 부재에 단면형상 등의 급격한 변화(구멍, 홈, 노치, 키 홈 등)가 있는 경우, 이곳에 외력이 작용하면 그 부근에서의 응력 분포에 응력이 상승하는 현상이다. 이것을 응력 집중이라고 한다.

**13** 평기어에서 피치원의 지름이 132mm, 잇수가 44개인 기어의 모듈은?

㉮ 1  ㉯ 3
㉰ 4  ㉱ 6

$M = \dfrac{D}{Z} = \dfrac{132}{44} = 3$

**14** 압축코일 스프링에서 코일의 평균지름(D)이 50mm, 감김 수가 10회, 스프링 지수(C)가 5.0일 때 스프링 재료의 지름은 약 몇 mm인가?

㉮ 5  ㉯ 10
㉰ 15  ㉱ 20

스프링 지수$(C) = \dfrac{\text{평균지름}(D)}{\text{소선의 직경}(d)}$,

소선의 직경 $d$값을 도출해야 하기 때문에

$d = \dfrac{\text{평균지름}(D)}{\text{스프링 지수}(C)} = \dfrac{50}{5.0} = 10$이 된다.

**15** 나사에 관한 설명으로 옳은 것은?

㉮ 1줄 나사와 2줄 나사의 리드(lead)는 같다.
㉯ 나사의 리드각과 비틀림 각의 합은 90°이다.
㉰ 수나사의 바깥지름은 암나사의 안지름과 같다.
㉱ 나사의 크기는 수나사의 골지름으로 나타낸다.

1줄 나사 보다 2줄 나사의 리드(lead)가 2배 크며, 수나사의 바깥지름은 암나사의 골지름과 같고, 나사의 크기는 수나사의 바깥지름으로 호칭을 나타낸다.

**16** 드릴가공의 불량 또는 파손원인이 아닌 것은?

㉮ 구멍에서 절삭 칩이 배출되지 못하고 가득 차 있을 때
㉯ 이송이 너무 커서 절삭저항이 증가할 때
㉰ 씨닝(thinning)이 너무 커서 드릴이 약해졌을 때
㉱ 드릴의 날 끝 각도가 표준으로 되어 있을 때

드릴의 표준 날 끝 각도는 118°이다.

**17** 드릴의 홈, 나사의 골지름, 곡면 형상의 두께를 측정하는 마이크로미터는?

㉮ 외경 마이크로미터
㉯ 캘리퍼형 마이크로미터
㉰ 나사 마이크로미터
㉱ 포인트 마이크로미터

포인트 마이크로미터는 스핀들과 앤빌의 끝이 뾰족하여 드릴의 웹(web) 두께, 작은 홈, 키홈 측정 시 사용

**18** 연삭숫돌의 3요소가 아닌 것은?

㉮ 숫돌입자  ㉯ 입도
㉰ 결합제  ㉱ 기공

• 연삭숫돌 구성의 3요소
  입자(숫돌입자), 결합제, 기공
• 숫돌입자 구성 5요소
  숫돌입자, 입도, 결합도, 조직, 결합제

**13.** ㉯ **14.** ㉯ **15.** ㉯ **16.** ㉱ **17.** ㉱ **18.** ㉯

**19** 초경합금의 주성분은?

㉮ W, Cr, V     ㉯ WC, Co

㉰ TiC, TiN     ㉱ $Al_2O_3$

해설 초경합금. 초경합금은 특수강의 종류로 보시면 됩니다 (텅스텐,코발트 합금 w : 80%~ co : 20~ 비중으로

**20** 바이트의 날끝 반지름이 1.2mm인 바이트로 이송을 0.05mm/rev로 깎을 때 이론상의 최대 높이 거칠기는 몇 $\mu$m인가?

㉮ 0.57     ㉯ 0.45

㉰ 0.33     ㉱ 0.26

해설 표면거칠기($H_{max}$)

$$\frac{s^2}{8r} = \frac{0.05^2}{8 \times 1.2} = \frac{0.0025}{9.6}$$
$$= 0.00026 \text{mm} \times 1,000 = 0.260 \mu m$$

**21** 다음 중 밀링머신에서 할 수 없는 작업은?

㉮ 널링 가공     ㉯ T홈 가공

㉰ 베벨기어 가공     ㉱ 나선 홈 가공

해설 널링 가공은 선반작업 공정이다.

**22** 각형 구멍, 키(key) 홈, 스플라인 홈 등을 가공하는데 사용되는 공작기계로 제품 형상에 맞는 단면모양과 동일한 공구를 통과시켜 필요한 부품을 가공하는 기계는?

㉮ 호빙 머신     ㉯ 기어 셰이퍼

㉰ 보링 머신     ㉱ 브로칭 머신

해설 브로치(Broaching)
- 브로칭 머신은 다수의 절삭날을 일직선상에 배치한 브로치라는 공구를 사용해서, 공작물 구멍의 내면이나 표면을 여러 가지 모양으로 절삭하는 공작기계를 말한다.
- 브로칭 가공법은 호환성을 필요로 하는 부품의 대량 생산에 매우 효과적이며, 특히 자동차나 전기 부품의 소형 기재 정밀 가공에 적합하다.

**23** CNC 선반에서 사용하는 워드의 설명이 옳은 것은?

㉮ G50 내, 외경 황삭 사이클이다.

㉯ T0305에서 05는 공구 번호이다.

㉰ G03는 원호 보간으로 공구의 진행방향은 반시계 방향이다.

㉱ G04 P200은 dwell time으로 공구 이송이 2초 동안 정지한다.

해설 G50 : 공작물 좌표계설정, 최고회전수 설정 T0305에서 05는 공구 보정 번호, G04 P200은 0.2초 동안 정지한다.
합금이 되어 앤드밀, 드릴, 바이트팁 등에 많이 사용

**24** 절삭 가공에서 매우 짧은 시간에 발생, 성장, 분열, 탈락의 주기를 반복하는 현상은?

㉮ 경사면(crater) 마멸

㉯ 절삭속도(cutting speed)

㉰ 여유면(flank) 마멸

㉱ 빌트업 에지(built-up edge)

해설 빌트업 에지(built-up edge)를 구성인선이라 한다.

정답 19. ㉯ 20. ㉱ 21. ㉮ 22. ㉱ 23. ㉰ 24. ㉱

**25** 입도가 작고 연한 숫돌에 적은 압력으로 가압하면서 가공물에 이송을 주고, 동시에 숫돌에 진동을 주어 표면거칠기를 향상시키는 가공법은?

㉮ 배럴(barrel)

㉯ 수퍼피니싱(superfinishing)

㉰ 버니싱(burnishing)

㉱ 래핑(lapping)

**해설** 래핑
랩과 공작물 사이에 랩제를 적용시켜 가공, 정밀도가 높고 매끄러운 다듬질면 가공, 치수정밀도의 기준인 블록 게이지의 다듬질

## 3과목 기계제도

**26** 구멍의 치수가 $\phi 50^{+0.025}_{0}$, 축의 치수가 $\phi 50^{-0.009}_{-0.025}$일 때 최대 틈새는 얼마인가?

㉮ 0.025

㉯ 0.05

㉰ 0.07

㉱ 0.009

**해설** 최대 틈새＝구멍의 최대 허용치수－축의 최소 허용치수＝(＋0.025)－(－0.025)＝0.05

**27** 다듬질 면의 지시기호가 틀린 것은?

㉮ √

㉯ √̌

㉰ √

㉱ ◌√

**해설** ∨ : 제거 가공을 허락하지 않는 것

W∨ : 거친다듬질, X∨ : 보통다듬질

Y∨ : 정밀다듬질, Z∨ : 연마다듬질

**28** 물체가 구의 지름임을 나타내는 치수 보조 기호는?

㉮ SØ

㉯ C

㉰ Ø

㉱ R

**해설** SR은 구의 반지름, SØ는 구의 지름, 모따기 기호 C는 45° 모따기를 말한다. R은 반지름

**29** 치수기입의 원칙에 맞지 않는 것은?

㉮ 가공에 필요한 요구사항을 치수와 같이 기입할 수 있다.

㉯ 치수는 주로 주투상도에 집중시킨다.

㉰ 치수는 되도록 도면사용자가 계산하도록 기입한다.

㉱ 공정마다 배열을 나누어서 기입한다.

**해설** 치수는 되도록 도면사용자가 계산하지 않도록 기입한다.

**30** 그림의 투상에서 정면도로 맞는 것은?

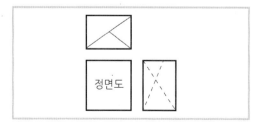

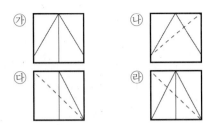

**31** 보기에서 "ⓐ"가 지시하는 선의 용도에 의한 명칭으로 맞는 것은?

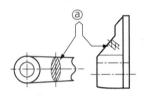

㉮ 회전단면선      ㉯ 파단선
㉰ 절단선      ㉱ 특수지정선

해설 회전단면선은 가는 실선으로 도시한다.

**32** 제도의 목적을 달성하기 위하여 도면이 구비하여야 할 기본 요건이 아닌 것은?

㉮ 면의 표면거칠기, 재료선택, 가공방법 등의 정보
㉯ 도면 작성방법에 있어서 설계자 임의의 창의성
㉰ 무역 및 기술의 국제 교류를 위한 국제적 통용성
㉱ 대상물의 도형, 크기, 모양, 자세, 위치의 정보

해설 도면 작성방법에 있어서 도형과 함께 필요한 크기, 모양, 자세, 위치 정보 등을 포함해야 하며, 면의 표면, 재료, 가공방법 등의 정보가 표시되어야 한다.

**33** 대칭형의 물체를 1/4 절단하여 내부와 외부의 모습을 동시에 보여주는 단면도는?

㉮ 온 단면도      ㉯ 한쪽 단면도
㉰ 부분 단면도      ㉱ 회전도시 단면도

해설 한쪽 단면도는 상하 또는 좌우가 대칭인 물체의 1/4을 절단 제거하여 반을 외형을 반은 단면으로 내부가 나타나도록 그린 단면도이다. 외형을 그린 부분에 숨은선은 그리지 않는다.

**34** 제3각법에서 정면도 아래에 배치하는 투상도를 무엇이라 하는가?

㉮ 평면도      ㉯ 좌측면도
㉰ 배면도      ㉱ 저면도

해설 ① 정면도－물체를 앞에서 바라본 모양
② 평면도－정면도를 위에서 바라본 모양
③ 우측면도－정면도를 오른쪽에서 바라본 모양
④ 좌측면도－정면도를 왼쪽에서 바라본 모양
⑤ 저면도－정면도를 아래에서 바라본 모양
⑥ 배면도－정면도를 뒤쪽에서 바라본 모양

**35** 중간 부분을 생략하여 단축해서 그릴 수 없는 것은?

㉮ 관      ㉯ 스퍼기어
㉰ 래크      ㉱ 교량의 난간

해설 길이가 긴 라운드 바, 앵글, 기차 레일 등의 재료는 중간부분을 생략하여 도시할 수 있다.
복잡한 도형의 기계요소 부품은 중간 부분을 생략할 수 없다.

정답 **31.** ㉮ **32.** ㉯ **33.** ㉯ **34.** ㉱ **35.** ㉯

**36** 일반 치수 공차 기입방법 중 잘못된 기입방법 은?

㉮ $10 \pm 0.1$    ㉯ $10^{+0.1}_{0}$

㉰ $10^{+0.2}_{-0.5}$    ㉱ $10^{-0.1}_{0}$

해설 $10^{0}_{-0.1}$ 허용공차 값을 아래에 기입한다.

**37** 도면을 철하지 않을 경우 A2 용지의 윤곽선은 용지의 가장자리로부터 최소 얼마나 떨어지게 표시하는가?

㉮ 10mm    ㉯ 15mm

㉰ 20mm    ㉱ 25mm

해설 최소 10mm 정도의 여백을 주고, 철을 해야 할 경우 최소 25mm 정도의 여백을 준다.

**38** 다음 표면거칠기의 표시에서 C가 의미하는 것은?

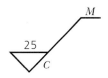

㉮ 주조가공
㉯ 밀링가공
㉰ 가공으로 생긴 선이 무방향
㉱ 가공으로 생긴 선이 거의 동심원

해설 M=가공방법, 25=중심선 평균거칠기의 값
C=줄무늬 방향의 기호

**39** 기하공차 기호에서 다음 중 자세 공차를 나타 내는 것이 아닌 것은?

㉮ 대칭도 공차    ㉯ 직각도 공차
㉰ 경사도 공차    ㉱ 평행도 공차

해설 위치 공차 : 위치도, 동심도, 대칭도
M=가공방법, 25=중심선 평균거칠기의 값
C=줄무늬 방향의 기호

**40** 기하공차에 있어서 평면도의 공차 값이 지정 넓이 75×75mm에 대해 0.1mm일 경우 도시 가 바르게 된 것은?

㉮ | ▱ | 75×75 | 0.1 |

㉯ | ▱ | 0.1/75 |

㉰ | ▱ | 75×75/0.1 |

㉱ | ▱ | 0.1/75×75 |

해설 첫 번째 칸 : 기하공차기호
두 번째 칸 : 허용차 값 / 지정 넓이

**41** 다음은 제3각법으로 정투상한 도면이다. 등각 투상도로 적합한 것은?

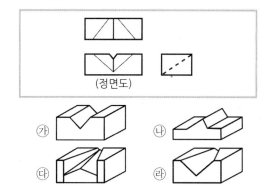

**42** 제도시 선의 굵기에 대한 설명으로 틀린 것은?

㉮ 선은 굵기 비율에 따라 표시하고 3종류로 한다.

㉯ 선의 최대 굵기는 0.5mm로 한다.

㉰ 동일 도면에서는 선의 종류마다 굵기를 일정하게 한다.

㉱ 선의 최소 굵기는 0.18mm로 한다.

**해설** 선의 굵기는 0.18~2mm 까지 도면의 크기에 따라 다양하게 사용할 수 있다.

**43** 최대 허용치수가 구멍 50.025mm, 축 49.975mm이며 최소 허용치수가 50.000mm, 축 49.950mm일 때 끼워맞춤의 종류는?

㉮ 중간 끼워맞춤　　㉯ 억지 끼워맞춤

㉰ 헐거운 끼워맞춤　㉱ 상용 끼워맞춤

**해설** • 구멍 : 최대 허용치수는 50.025, 최소 허용치수는 50.000

• 축 : 최대 허용치수는 49.975, 최소 허용치수는 49.950

구멍의 최대와 축의 최대 허용치수는(50.025－49.975＝0.05), 구멍의 최대와 축의 최소 허용치수는 (50.025－49.950＝0.075)일 때, 축이 구멍보다 0.075~0.05mm 작기 때문에 헐거운 끼워맞춤에 해당된다.

**44** 투상도의 선택 방법에 대한 설명 중 틀린 것은?

㉮ 대상물의 모양이나 기능을 가장 뚜렷하게 나타내는 부분을 정면도로 선택한다.

㉯ 기능을 나타내는 도면에서는 대상물을 사용하는 상태로 놓고 표시한다.

㉰ 특별한 이유가 없는 한 대상물을 모두 세

워서 그린다.

㉱ 비교 대조가 불편한 경우를 제외하고는 숨은선을 사용하지 않도록 투상을 선택한다.

**해설** 투상도는 가공방법이나 조립상태 등을 고려하여 투상도를 배치한다.

**45** 베벨기어 제도시 피치원을 나타내는 선의 종류는?

㉮ 굵은 실선　　㉯ 가는 1점 쇄선

㉰ 가는 실선　　㉱ 가는 2점 쇄선

**해설** 피치원을 나타내는 선은 가는 1점 쇄선으로 도시한다.

**46** 벨트 풀리의 도시법에 대한 설명으로 나타내는 선의 종류는?

㉮ 벨트 풀리는 축 직각 방향의 투상을 주투상도로 할 수 있다.

㉯ 벨트 풀리는 모양이 대칭형이므로 그 일부분만을 도시할 수 있다.

㉰ 암은 길이 방향으로 절단하여 도시한다.

㉱ 암의 단면형은 도형의 안이나 밖에 회전단면을 도시한다.

**해설** 암은 길이 방향으로 절단하지 않는다.

**47** 다음 중 재료의 기호와 명칭이 맞는 것은?

㉮ STC : 기계 구조용 탄소 강재

㉯ STKM : 용접 구조용 압연 강재

㉰ SC : 탄소 공구 강재

㉱ SS : 일반 구조용 압연 강재

**해설** STC : 탄소 공구강

STKM : 기계구조용 탄소강관

SC : 주강

**48** 나사의 종류와 표시하는 기호로 틀린 것은?

㉮ S0.5 : 미니추어나사

㉯ Tr 10×2 : 미터 사다리꼴나사

㉰ Rc 3/4 : 관용 테이퍼 암나사

㉱ E10 : 미싱나사

**해설** E10 : 전구 나사, SM : 미싱나사, S0.5 : 미니추어 나사는 지름 1[mm] 이하의 나사에 이용된다.

**49** 축의 도시방법에 대한 설명으로 틀린 것은?

㉮ 긴 축은 중간 부분을 파단하여 짧게 그리고 실제치수를 기입한다.

㉯ 길이 방향으로 절단하여 단면을 도시한다.

㉰ 축의 끝에는 조립을 쉽고 정확하게 하기 위해서 모따기를 한다.

㉱ 축의 일부 중 평면 부위는 가는 실선의 대각선으로 표시한다.

**해설** 축은 길이 방향으로 절단하지 않는다.

**50** 스퍼기어(spur gear)의 모듈이 2이고, 잇수가 56개 일 때 이 기어의 이끝원 지름은 몇 mm인가?

㉮ 56 ㉯ 112

㉰ 114 ㉱ 116

**해설** 이끝원의 지름($D$)
$= M \times (Z+2) = 2(56+2) = 116$

**51** 다음 기호 중 화살표 쪽의 표면에 V형 홈 맞대기 용접을 하라고 지시하는 것은?

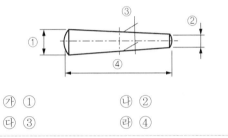

**해설** 숨은선 쪽으로 기호가 기입된 것은 화살표가 지시한 쪽의 반대편을 용접하라는 지시표기이다.

**52** 주어진 테이퍼 핀의 호칭지름으로 맞는 부위는?

㉮ ① ㉯ ②

㉰ ③ ㉱ ④

**해설** 테이퍼 핀의 호칭지름은 가는 쪽의 지름으로 나타낸다.

**53** 나사의 도시에서 완전 나사부와 불완전 나사부의 경계선을 나타내는 선의 종류는?

㉮ 굵은 실선 ㉯ 가는 실선

㉰ 가는 1점 쇄선 ㉱ 가는 2점 쇄선

**해설** 나사 도시방법

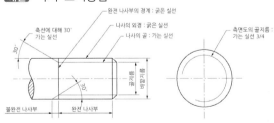

**54** 기계요소 중 캠에 대한 설명으로 맞는 것은?

㉮ 평면 캠에는 판 캠, 원뿔 캠, 빗판 캠이 있다.
㉯ 입체 캠에는 원통 캠, 정면 캠, 직선운동 캠이 있다.
㉰ 캠 기구는 원동절(캠), 종동절, 고정절로 구성되어 있다.
㉱ 캠을 작도할 때는 캠 윤곽, 기초원, 캠 선도 순으로 완성한다.

[해설] 평면 캠에는 원판 캠, 선형 캠, 접선 캠, 정면 캠, 삼각 캠이 있다.
입체 캠에는 단면 캠, 원뿔 캠, 사판 캠, 구면 캠이 있다.
캠을 작도할 때는 기초원, 캠 윤곽, 캠 선도 순으로 한다.

**55** 다음과 같은 배관설비 도면에서 유니온 접속을 나타내는 기호는?

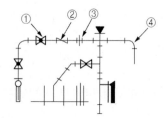

㉮ ① ㉯ ②
㉰ ③ ㉱ ④

[해설] ① 글로브 밸브 ② 체크 밸브
③ 유니온 이음 ④ 앵글 이음

**56** 구름 베어링 호칭 번호의 순서가 올바르게 나열된 것은?

㉮ 형식기호 – 치수계열기호 – 안지름번호 – 접촉각기호
㉯ 치수계열기호 – 형식기호 – 안지름번호 – 접촉각기호
㉰ 형식기호 – 안지름번호 – 치수계열기호 – 틈새기호
㉱ 치수계열기호 – 안지름번호 – 형식기호 – 접촉각기호

[해설] 구름 베어링 호칭 번호의 순서는 형식기호, 치수계열기호, 안지름번호, 접촉각기호

**57** CAD 시스템을 구성하는 하드웨어로 볼 수 없는 것은?

㉮ CAD프로그램 ㉯ 중앙처리장치
㉰ 입력장치 ㉱ 출력장치

[해설] CAD 프로그램은 소프트웨어이다.

**58** CAD의 좌표 표현 방식 중 임의의 점을 지정할 때 원점을 기준으로 좌표를 지정하는 방법은?

㉮ 상대좌표 ㉯ 상대 극좌표
㉰ 절대좌표 ㉱ 혼합 좌표

[해설] • 상대좌표 : 먼저 지정된 점으로부터 해당 축 방향으로 이동한 거리(@X, Y)
• 상대 극좌표 : 먼저 지정된 점과 지정된 점까지의 직선거리 방향은 각도계와 일치(@거리<방향)
• 절대좌표 : 임의의 점을 지정할 때 원점을 기준으로 좌표를 지정(X, Y)

정답 **54.** ㉰ **55.** ㉰ **56.** ㉮ **57.** ㉮ **58.** ㉰

**59** CAD 시스템의 입력장치 중에서 광점자 센서가 붙어있어 화면에 접촉하여 명령어 선택이나 좌표입력이 가능한 것은?

㉮ 조이스틱(joystick)
㉯ 마우스(mouse)
㉰ 라이트 펜(light pen)
㉱ 태블릿(tablet)

**해설** • 조이스틱(joystick) : 컴퓨터에 각도 정보를 입력하는 장치. 360° 회전하는 막대에 의해 주어진 각도 정보를 A–D변환기를 통해서 입력한다.
• 마우스(mouse) : 마우스는 컴퓨터에 명령을 내리게 해 주는 가장 기본적인 장치 중 하나이다.
• 태블릿(tablet) : 그래픽 데이터를 입력하는 장치. XY 그리드 눈금이 새겨진 12인치×17인치 정도의 편평한 판 위에서 철필(Stylus)이나 퍽(puck) 등의 특수 광학 장치를 사용하여 그래픽 커서를 움직이면 그 위치에 해당되는 좌표값이 컴퓨터와 프로그램으로 입력된다. CAD 등의 정밀한 데이터 입력에 많이 사용된다.

**60** CAD 시스템의 3차원 모델링 중 서피스 모델링 일반적인 특징으로 틀린 것은?

㉮ 은선 처리가 가능하다.
㉯ 관성모멘트 등 물리적 성질을 계산할 수 있다.
㉰ 단면도 작성을 할 수 있다.
㉱ NC가공 데이터 생성에 사용된다.

**해설** 관성모멘트 등 물리적 성질을 계산할 수 있는 모델링은 솔리드 모델링에서 가능하다.

# 08 기출실전문제

전산응용기계제도기능사 [2013년 7월 21일]

CRAFTSMAN COMPUTER AIDED MECHANICAL DRAWING

## 1과목 기계재료 및 요소

**01** 구리의 일반적인 특성에 관한 설명으로 틀린 것은?

㉮ 전연성이 좋아 가공이 용이하다.
㉯ 전기 및 열의 전도성이 우수하다.
㉰ 화학적 저항력이 작아 부식이 잘된다.
㉱ Zn, Sn, Ni, Ag 등과는 합금이 잘된다.

**해설** 화학적 성질
① 화학적 저항력이 커서 부식되지 않는다.
② 녹색의 염기성 탄산구리는 인체에 유독하다.
③ 부식률이 낮아 수도관, 물탱크, 열교환기, 선박, 등에 널리 사용됨

**02** 일반적으로 탄소강에서 탄소함유량이 증가하면 용해 온도는?

㉮ 낮아진다.      ㉯ 높아진다.
㉰ 불변이다.      ㉱ 불규칙적이다.

**해설** 탄소강에서 탄소함유량이 증가하면 용해 온도는 낮아진다.

**03** 강재의 크기에 따라 표면이 급랭되어 경화하기 쉬우나 중심부에 갈수록 냉각속도가 늦어져 경화량이 적어지는 현상은?

㉮ 경화능      ㉯ 잔류응력
㉰ 질량효과      ㉱ 노치효과

**해설** 질량효과
강재의 크기에 따라 표면이 급랭되어 경화하기 쉬우나 중심부에 갈수록 냉각속도가 늦어져 경화량이 적어지는 현상

**04** 구리에 니켈 40~50% 정도를 함유하는 합금으로 통신기, 전열선 등의 전기저항 재료로 이용되는 것은?

㉮ 모넬메탈      ㉯ 콘스탄탄
㉰ 엘린바      ㉱ 인바

**해설** 콘스탄탄
• 전기저항이 크고 온도계수가 낮아 통신기기. 저항선, 전열선, 등에 사용됨.
• 열팽창계수가 극히 것이 특징인 인바, 엘린바, 슈퍼인바, 등이 있다.

정답 1. ㉰ 2. ㉮ 3. ㉰ 4. ㉯

**05** 열간가공이 쉽고 다듬질 표면이 아름다우며 특히 용접성이 좋고 고온강도가 큰 장점을 갖고 있어 각종 축, 기어, 강력볼트, 암 레버 등에 사용하는 것으로 기호표시를 SCM으로 하는 강은?

㉮ 니켈 – 크롬강
㉯ 니켈 – 크롬 – 몰리브덴강
㉰ 크롬 – 몰리브덴강
㉱ 크롬 – 망간 – 규소강

해설 SCM은 크롬, 몰리브덴 합금으로, 탄소가 0.15%인 강종이다.

**06** 탄소강의 가공에 있어서 고온가공의 장점 중 틀린 것은?

㉮ 강괴 중의 기공이 압착된다.
㉯ 결정립이 미세화 되어 강의 성질을 개선시킬 수 있다.
㉰ 편석에 의한 불균일 부분이 확산되어서 균일한 재질을 얻을 수 있다.
㉱ 상온가공에 비해 큰 힘으로 가공을 높일 수 있다.

해설 고온가공은 상온가공에 비해 적은 힘으로 가공을 높일 수 있다.

**07** 유리섬유에 합침(合浸)시키는 것이 가능하기 때문에 FRP(Fiber Reinforced Plastic)용으로 사용되는 열경화성 플라스틱은?

㉮ 폴리에틸렌계
㉯ 불포화 폴리에스테르계
㉰ 아크릴계
㉱ 폴리염화비닐계

해설 열경화성 플라스틱 : 성형한 제품은 다시 가열해도 연화하지 않는 플라스틱
열가소성 플라스틱 : 열가소성 플라스틱은 플라스틱 중에서 열을 가하면 녹는 플라스틱이다.

**08** 평 벨트 전동과 비교한 V벨트 전동의 특징이 아닌 것은?

㉮ 고속운전이 가능하다.
㉯ 미끄럼이 적고 속도비가 크다.
㉰ 바로걸기와 엇걸기 모두 가능하다.
㉱ 접촉 면적이 넓으므로 큰 동력을 전달한다.

해설 V벨트는 엇걸기를 하지 않는다.

**09** 주로 강도만을 필요로 하는 리벳이음으로서 철교, 선박, 차량 등에 사용하는 리벳은?

㉮ 용기용 리벳　　㉯ 보일러용 리벳
㉰ 코킹　　㉱ 구조용 리벳

해설 사용 목적에 의한 분류
① 보일러용 리벳
　강도와 기밀을 모두 필요. 보일러, 고압 탱크 등에 쓰인다.
② 저압용 리벳
　기밀을 필요. 저압탱크, 굴뚝 등에 쓰인다.
③ 구조용 리벳
　강도만을 필요. 건축물, 교량, 구조물 등에 쓰인다.

**10** 24산 3줄 유니파이 보통 나사의 리드는 몇 mm인가?

㉮ 1.175　　㉯ 2.175
㉰ 3.175　　㉱ 4.175

**해설** 인치나사리드 $= \dfrac{1인치}{산수} \times 줄수$

$\qquad\qquad = \dfrac{25.4}{24} \times 3 = 3.1749$

## 2과목 기계가공법 및 안전관리

**11** 회전운동을 하는 드럼이 안쪽에 있고 바깥에서 양쪽 대칭으로 드럼을 밀어 붙여 마찰력이 발생하도록 한 브레이크는?

㉮ 블록 브레이크

㉯ 밴드 브레이크

㉰ 드럼 브레이크

㉱ 캘리퍼형 원판브레이크

**해설** 둥근판(디스크) 바깥에 캘리퍼 어셈블리가 장착되어있는 형상이다.
이 캘리퍼 안에는 브레이크 오일에 의해서 작동하는 피스톤이 있고 이때 피스톤의 움직임으로 인해서 디스크패스 사이에 끼여져 있는 디스크를 붙여 마찰로 제동을 하는 원리

**12** 평판 모양의 쐐기를 이용하여 인장력이나 압축력을 받는 2개의 축을 연결하는 결합용 기계요소는?

㉮ 코터 ㉯ 커플링

㉰ 아이볼트 ㉱ 테이퍼 키

**해설** 아이볼트
기계, 가구류 등을 매달아 올릴 때 로프, 체인, 훅 등을 거는데 사용

**13** 단면적이 100mm²인 강재에 300 N 의 전단하중이 작용할 때 전단응력(N/mm²)은?

㉮ 1 ㉯ 2

㉰ 3 ㉱ 4

**해설** 전단응력 $= \dfrac{전단하중}{전단면적} = \dfrac{300}{100} = 3$

**14** 키(key)의 종류 중 페더 키(feather key)라고도 하며, 회전력의 전달과 동시에 축 방향으로 보스를 이동시킬 필요가 있을 때 사용되는 것은?

㉮ 미끄럼 키 ㉯ 반달 키

㉰ 새들 키 ㉱ 접선 키

**해설** 페더 키(Feather key)
미끄럼 키로서, 보스가 축에 고정되어 있지 않고 보스가 축 위를 미끄러질 수 있는 구조로 된 테이퍼가 없는 키를 말한다.

**15** 동력 전달용 기계요소가 아닌 것은?

㉮ 기어 ㉯ 체인

㉰ 마찰차 ㉱ 유압 댐퍼

**해설** 유압 댐퍼
유체의 점성 저항이나 난류 저항을 이용하여 진동을 감쇠시키기도 하고 충격을 완화시키기도 하는 장치

**16** 지름이 100mm인 연강을 회전수 300 r/min ( =rpm), 이송 0.3 mm/rev, 길이 50mm를 1회 가공할 때 소요되는 시간은 약 몇 초인가?

㉮ 약 20초 ㉯ 약 33초

㉰ 약 40초 ㉱ 약 56초

**정답** 11. ㉱ 12. ㉮ 13. ㉰ 14. ㉮ 15. ㉱ 16. ㉯

**해설** 가공소요시간 $T = \dfrac{L}{NS} \times i$ 이다.

$$T = \frac{50}{300 \times 0.3} = 0.555 \times 60 = 33.3s$$

**17** 단단한 재료일수록 드릴의 선단 각도는 어떻게 해 주어야 하는가?

㉮ 일정하게 한다.

㉯ 크게 한다.

㉰ 작게 한다.

㉱ 시작점에서는 작은 각도, 끝점에서는 큰 각도로 한다.

**해설** 단단한 재료일수록 드릴의 선단 각도는 크게 한다.

**18** 밀링 머신의 부속 장치가 아닌 것은?

㉮ 분할대            ㉯ 크로스 레일

㉰ 래크 절삭 장치      ㉱ 회전 테이블

**해설** 밀링 머신의 부속 장치는 분할대, 회전테이블, 슬로팅 장치, 수직 축 장치, 래크절삭 장치, 아버 (arbor)와 바이스(vise) 그리고 콜릿이 있다.

**19** 오차가 +20$\mu$m인 마이크로미터로 측정한 결과 55.25mm의 측정값을 얻었다면 실제값은?

㉮ 55.18mm          ㉯ 55.23mm

㉰ 55.25mm          ㉱ 55.27mm

**해설** 측정시 실제 값보다 0.02가 더 크게 나오기 때문에, 마이크로미터에서 55.25mm로 측정되었다면, 실제로는 0.02가 더 작은 55.23mm가 된다. (실제값＝측정치－오차값)

**20** 연삭숫돌의 기호 "WA 60 K m V"에서 "60"은 무엇을 나타내는가?

㉮ 숫돌입자          ㉯ 입도

㉰ 조직              ㉱ 결합도

**해설**

| WA | 60 | K | m | V |
|----|----|----|----|----|
| 입자 | 입도 | 결합도 | 조직 | 결합제 |

**21** 키 홈, 스플라인 홈, 원형이나 다각형의 구멍들을 가공하는 브로칭 머신은?

㉮ 내면 브로칭 머신

㉯ 특수 브로칭 머신

㉰ 자동 브로칭 머신

㉱ 외경 브로칭 머신

**해설** 내면 브로칭 머신
키 홈, 스플라인 홈, 원형이나 다각형의 구멍들을 가공

**22** CNC 선반의 준비기능에서 "G32" 코드의 기능은?

㉮ 드릴 가공          ㉯ 모서리 정밀 가공

㉰ 홈 가공            ㉱ 나사 절삭 가공

**해설** G32 나사절삭 사이클 (G32 Z−23.5 F1.0;)

**23** 공구에 진동을 주고 공작물과 공구사이에 연삭 입자와 가공액을 주고 전기적 에너지를 기계적 에너지로 변화함으로써 공작물을 정밀하게 다듬는 방법은?

㉮ 래핑              ㉯ 수퍼 피니싱

㉰ 전해 연마          ㉱ 초음파 가공

---

**정답** 17. ㉯ 18. ㉯ 19. ㉯ 20. ㉯ 21. ㉮ 22. ㉱ 23. ㉱

**해설** 초음파 가공(Supersonic Waves Machining)
초음파 진동수로 기계적 진동을 하는 공구와 공작물 사이에 숫돌입자, 물 또는 기름을 주입하면 숫돌 입자가 일감을 때려 표면을 다듬는 방법이다.
- 표면거칠기 : 1m, 10m과 0.2m 이하로 쉽게 가공할 수 있다.
- 공구의 재질 : 황동, 연강, 피아노선, 모넬 메탈(monel metal)
- 정압력의 크기 : 200~300g/mm²

**24** 선반의 척 중 불규칙한 모양의 공작물을 고정하기에 가장 적합한 것은?

㉮ 압축공기 척  ㉯ 연동 척
㉰ 마그네틱 척  ㉱ 단동 척

**해설** 불규칙한 모양의 공작물을 고정에는 단동척을 사용한다.

**25** 절삭제의 사용하는 목적과 관계가 없는 것은?

㉮ 공구의 경도 저하를 방지한다.
㉯ 가공물의 정밀도 저하를 방지한다.
㉰ 윤활 및 세척작용을 한다.
㉱ 절삭작용을 어렵게 한다.

**해설** 절삭유제는 윤활성과 냉각성에 의한 피삭성의 개선과 칩 제거, 가공물의 단기 방청 등에 의한 작업성 개선을 목적으로 사용 된다.

## 3과목  기계제도

**26** 도면에 마련하는 양식 중에서 마이크로필름 등으로 촬영하거나 복사 및 철할 때 편의를 위하여 마련하는 것은?

㉮ 윤곽선
㉯ 표제란
㉰ 중심 마크
㉱ 비교눈금

**해설** 중심 마크는 도면의 보관을 위해 마이크로필름으로 촬영하거나 복사 등에 편의를 제공하기 위하여 그린다. 중심 마크는 재단된 용지의 상하좌우 중앙 4개소에 용지 양쪽 끝에서 윤곽선의 안쪽으로 약 5mm까지 긋고, 0.5mm 이상의 실선을 사용한다.

**27** 대칭인 물체를 1/4 절단하여 물체의 안과 밖의 모양을 동시에 나타낼 수 있는 단면도는?

㉮ 한쪽 단면도  ㉯ 온단면도
㉰ 부분 단면도  ㉱ 회전도시 단면도

**해설**

| 종류 | 특징 |
|---|---|
| 온단면도(전단면도) | 물체의 1/2 절단 |
| 한쪽 단면도(반단면도) | 물체의 1/4 절단 |
| 부분 단면도 | 필요한 부분만을 절단(스플라인이 들어감) |
| 회전 단면도 | 암, 리브 등을 90도 회전하여 나타냄<br>회전도시단면은 가는 실선으로 그린다. |

**28** 투상도의 올바른 선택방법으로 틀린 것은?

㉮ 대상 물체의 모양이나 기능을 가장 잘 나타낼 수 있는 면을 주투상도로 한다.

㉯ 조립도와 같이 주로 물체의 기능을 표시하는 도면에서는 대상물을 사용하는 상태로 그린다.

㉰ 부품도는 조립도와 같은 방향으로만 그려야 한다.

㉱ 길이가 긴 물체는 특별한 사유가 없는 한 안정감 있게 옆으로 누워서 그린다.

**해설** 올바른 투상도 선택방법

① 투상도는 앞에서 설명한 바와 같이 물체의 형상 및 특징이 가장 뚜렷한 부분을 정면도로 하여 꼭 필요한 투상도만을 그리는 것이 바람직하다. 이것을 주투상도라고 한다. 왜냐하면 불필요한 투상도는 시간적 낭비일 뿐만 아니라 보는 사람으로 하여금 혼돈만 줄 뿐이다.

② 주투상도를 선정하는 방법에서 같은 주투상도가 2개일 경우 숨은선이 적은 도면을 선택하는 것이 바람직하다. 그 이유는 숨은선이 많으면 혼돈하기 쉽고 또한 간단한 도면도 복잡해 보이기 때문에 비교적 외형선이 뚜렷한 투상도를 선정하는 것이 올바른 방법이다. 도면은 어느 누가 봐도 이해하기 쉽고 간단명료하게 그려야 한다.

**29** 구멍의 최소치수가 축의 최대치수보다 큰 경우는 무슨 끼워맞춤인가?

㉮ 헐거운 끼워맞춤
㉯ 중간 끼워맞춤
㉰ 억지 끼워맞춤
㉱ 강한 억지 끼워맞춤

**해설** 헐거운 끼워맞춤

구멍의 최소 치수가 축의 최대 치수 보다 큰 경우

**30** 다음의 기하공차 기호를 바르게 해석한 것은?

| // | 0.1 |
|---|---|
| | 0.05/100 |

㉮ 평행도가 전체 길이에 대해 0.1mm, 지정길이 100mm에 대해 0.05mm의 허용치를 갖는다.

㉯ 평행도가 전체 길이에 대해 0.5mm, 지정길이 100mm에 대해 0.1mm의 허용치를 갖는다.

㉰ 대칭도가 전체 길이에 대해 0.1mm, 지정길이 100mm에 대해 0.05mm의 허용치를 갖는다.

㉱ 대칭도가 전체 길이에 대해 0.05mm, 지정길이 100mm에 대해 0.1mm의 허용치를 갖는다.

**해설** 평행도는 지정길이 100mm에 대해 0.05mm의 허용치를, 전체 길이에 대해 0.1mm의 허용치를 갖는다.

**31** KS 부문별 분류 기호에서 기계를 나타내는 것은?

㉮ KS A        ㉯ KS B
㉰ KS K        ㉱ KS H

**해설** KS A : 기본, KS B : 기계
KS K : 섬유, KS H : 식료품

**32** 투상에 사용하는 숨은선을 올바르게 적용한 것은?

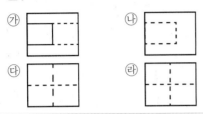

해설 숨은선은 외형선과 연결하여 도시하고 교차되게 도시한다.

**33** 대상물의 가공 전 또는 가공 후의 모양을 표시 하는데 사용하는 선은?

㉮ 가는 1점 쇄선  ㉯ 가는 2점 쇄선
㉰ 가는 실선  ㉱ 굵은 실선

해설 가상선(가는 2점 쇄선)

**34** 치수의 허용 한계를 기입할 때 일반사항에 대 한 설명으로 틀린 것은?

㉮ 기능에 관련되는 치수와 허용 한계는 기능 을 요구하는 부위에 직접 기입하는 것이 좋다.

㉯ 직렬 치수 기입법으로 치수를 기입할 때는 치수 공차가 누적되므로 공차의 누적이 기 능에 관계가 없는 경우에만 사용하는 것이 좋다.

㉰ 병렬 치수 기입법으로 치수를 기입할 때 치수 공차는 다른 치수의 공차에 영향을 주기 때문에 기능 조건을 고려하여 공차를 적용한다.

㉱ 축과 같이 직렬 치수는 괄호를 붙여서 참 고 치수로 기입하는 것이 좋다.

해설 병렬 치수 기입법
• 한 곳을 중심으로 치수를 기입하는 방법
• 각각의 치수공차는 다른 치수의 공차에는 영향 을 주지 않는다. 이 경우 중심되는 위치는 기능, 가공 등의 조건을 고려하여 적절히 선택한다.

**35** 다음 중 재료 기호에 대한 명칭이 잘못된 것은?

㉮ SM20C : 기계 구조용 탄소강재
㉯ BC3 : 황동 주물
㉰ GC200 : 회 주철품
㉱ SC 450 : 탄소강 주강품

해설 BC3 : 청동 주물(청동(BC, LBC)계열)
HBSC : 황동, 고력황동

**36** 다음 그림은 제3각법으로 제도한 것이다. 이 물체의 등각 투상도로 알맞은 것은?

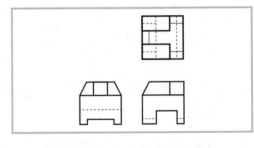

㉮

㉯

㉰

㉱

**37** 구멍의 차수가 $\varnothing 30^{+0.025}_{0}$, 축의 차수가 $\varnothing 30^{+0.020}_{-0.005}$ 일 때 최대 죔새는 얼마인가?

㉮ 0.030 　　　　㉯ 0.025
㉰ 0.020 　　　　㉱ 0.005

**해설** 최대 죔새＝축의 최대 허용 치수－구멍의 최소 허용 치수
최대 죔새＝30.020－30＝0.020

**38** 도면을 그릴 때 가는 2점 쇄선으로 그려야 하는 것은?

㉮ 숨은선 　　　　㉯ 피치선
㉰ 가상선 　　　　㉱ 해칭선

**해설** 가는 2점 쇄선
움직이는 부품의 가동 중의 특정 위치 또는 최대 위치를 나타내는 물체의 윤곽선(가상선)

**39** 다음 등각 투상도에서 화살표 방향을 정면도로 할 경우 평면도로 올바른 것은?

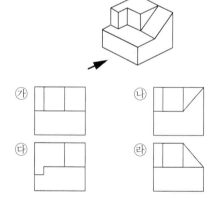

**40** 제3각법으로 그린 투상도의 평면도로 옳은 것은?

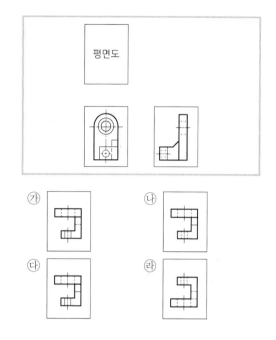

**41** 다음 중 치수 기입방법으로 맞는 것은?

㉮ 길이의 치수는 원칙적으로 밀리미터의 단위로 기입하고, 단위 기호를 붙인다.
㉯ 각도의 치수는 일반적으로 도, 분, 초 등의 단위를 기입한다.
㉰ 관련되는 치수는 나누어서 기입한다.
㉱ 가공이나 조립할 때, 기준으로 하는 곳이 있더라도 상관없이 기입한다.

**해설** 치수 기입방법
㉮ 대상물의 크기, 위치 및 자세를 가장 명확하게 표시할 수 있도록 기입한다.
㉯ 치수는 될 수 있는 대로 주투상도(정면도)에 기입한다.
㉰ 관련된 치수는 가능하면 한곳에 모아서 기입한다.

④ 각 형체의 치수는 하나의 도면에서 한 번만 기입한다.

**42** 기하 공차의 구분 중 모양 공차의 종류에 속하지 않는 것은?

㉮ 진직도 공차　　㉯ 평행도 공차
㉰ 진원도 공차　　㉱ 면의 윤관도 공차

**[해설]** 모양 공차 : 진직도, 평면도, 진원도, 원통도, 선의 윤곽도, 면의 윤관도

**43** 다음의 표면거칠기 기호 중 주조품의 표면 제거 가공을 허락하지 않는 것을 지시하는 기호는?

**[해설]** ▽ : 제거 가공을 허락하지 않는 것

ᵂ▽ : 거친다듬질,　ˣ▽ : 보통다듬질

ʸ▽ : 정밀다듬질,　ᶻ▽ : 연마다듬질

**44** 가공방법의 약호에서 연삭가공의 기호는?

㉮ L　　㉯ D
㉰ G　　㉱ M

**[해설]**

| 가공방법 | 선반 | 드릴 | 밀링 | 연삭 |
|---|---|---|---|---|
| 약호 | L | D | M | G |

**45** 구의 지름을 나타내는 치수 보조기호는?

㉮ ø　　㉯ C
㉰ Sø　　㉱ R

**[해설]** 지름 : ø , 반지름 : R, 구의 지름 : S ø
구의 반지름 : SR, 모따기 : C로 표기한다.

**46** 용접부 표면의 형상에서 동일 평면으로 다듬질함을 표시하는 보조 기호는?

**[해설]** ──── : 평면

⌒ : 기선의 밖으로 향하여 볼록하게 한다.

⌣ : 기선의 밖으로 향하여 오목하게 한다.

**47** 구름 베어링의 호칭 번호가 "6204"일 때 베어링 안지름은 얼마인가?

㉮ 62mm
㉯ 31mm
㉰ 20mm
㉱ 15mm

**[해설]** 베어링의 안지름 번호(KS B 2012)(mm)

| 안지름 번호 | 00 | 01 | 02 | 03 | 04 | 05 | 06 | 07 | 08 | 09 | 10 | 11 |
|---|---|---|---|---|---|---|---|---|---|---|---|---|
| 호칭 안지름 | 10 | 12 | 15 | 17 | 20 | 25 | 30 | 35 | 40 | 45 | 50 | 55 |

베어링 안지름 계산법 : 04부터는 곱하기 5를 하면 안지름을 구할 수 있다.

**48** 축에서 도형 내의 특정 부분이 평면 또는 구멍의 일부가 평면임을 나타낼 때의 도시방법은?

㉮ "평면"이라고 표시한다.
㉯ 가는 파선을 사각형으로 나타낸다.
㉰ 굵은 실선을 대각선으로 나타낸다.
㉱ 가는 실선을 대각선으로 나타낸다.

[해설] 평면으로 가공해야 할 곳은 대각선 방향(X)으로 가는 실선으로 교차하여 표시한다. 치수보조기호는 아니다.

**49** 볼트의 규격 "M12×80"의 설명으로 맞는 것은?

㉮ 미터나사 호칭지름이 12mm이다.
㉯ 미터나사 골지름이 12mm이다.
㉰ 미터나사 피치가 80mm이다.
㉱ 미터나사 바깥지름이 80mm이다.

[해설] 미터나사 볼트 호칭지름이 12mm에 볼트 길이는 80mm이다.

**50** 코일 스프링의 도시방법으로 적합한 것은?

㉮ 모양만을 도시할 때는 스프링의 외형을 가는 파선으로 그린다.
㉯ 특별한 단서가 없는 한 모두 오른쪽 감기로 도시한다.
㉰ 중간 부분을 생략할 때는 생략한 부분을 파단선을 이용하여 도시한다.
㉱ 원칙적으로 하중이 걸린 상태에서 도시한다.

[해설] 스프링 도시법
• 스프링은 무하중 상태에서 도시
• 특별한 도시가 없는 이상 모두 오른쪽으로 감긴

것을 나타내고, 왼쪽으로 감긴 것은 '감긴 방향 왼쪽'이라 표시
• 코일스프링의 중간일부를 생략시 가는 1점 쇄선 또는 가는 2점 쇄선으로 표시
• 스프링 종류 및 모양만을 간략히 그릴 때는 중심선을 굵은 실선으로 표시

**51** 리벳이음의 도시방법에 대한 설명 중 옳은 것은?

㉮ 리벳은 길이 방향으로 절단하여 도시한다.
㉯ 구조물에 쓰이는 리벳은 약도로 표시할 수 있다.
㉰ 얇은 판, 형강 등의 단면은 가는 실선으로 도시한다.
㉱ 리벳의 위치만을 표시할 때는 굵은 실선으로 그린다.

[해설] 리벳은 길이 방향으로 절단하지 않으며, 얇은 판, 형강 등의 단면은 굵은 실선으로 도시한다.

**52** 도면에 "3/8－16UNC－2A"로 표시되어있다. 이에 대한 설명 중 틀린 것은?

㉮ 3/8은 나사의 지름을 표시하는 숫자이다.
㉯ 16은 1인치 내의 나사산의 수를 표시한 것이다.
㉰ UNC는 유니파이 보통나사를 의미한다.
㉱ 2A는 수량을 의미한다.

[해설] 2A는 나사의 등급

정답 48. ㉱ 49. ㉮ 50. ㉯ 51. ㉯ 52. ㉱

**53** 스퍼기어(spur gear)에서 축 방향에서 본 투상도의 이뿌리원을 나타내는 선은?

㉮ 가는 1점 쇄선 ㉯ 가는 실선
㉰ 굵은 실선 ㉺ 가는 2점 쇄선

**[해설]** 기어의 도시방법
• 이끝원은 굵은 실선으로 그린다.
• 피치원은 가는 1점 쇄선으로 그린다.
• 이뿌리원은 가는 실선으로 그린다.
• 잇줄 방향은 보통 3개의 가는 실선으로 그린다.

**54** 스프로킷 휠의 도시방법으로 틀린 것은?

㉮ 바깥지름 – 굵은 실선
㉯ 피치원 – 가는 1점 쇄선
㉰ 이뿌리원 – 가는 1점 쇄선
㉺ 축 직각 단면으로 도시할 때 이뿌리선 – 굵은 실선

**[해설]** 이뿌리원은 가는 실선으로 그린다.

**55** 기어의 요목표에 [기준래크]의 치형, 압력각, 모듈을 기입 한다. 여기서 [기준래크]란 무엇을 뜻하는가?

㉮ 기어 이를 가공할 기계종류를 지정한 것이다.
㉯ 기어 이를 가공할 때 설치할 곳을 지정한 것이다.
㉰ 기어 이를 가공할 공구를 지정한 것이다.
㉺ 기어 이를 검사할 측정기를 지정한 것이다.

**[해설]** 기어에서 [기준래크]는 기어 이를 가공할 공구를 지정한 것이다.

**56** 배관기호에서 온도계의 표시방법으로 바른 것은?

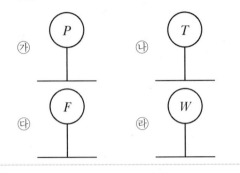

**[해설]** P : 압력, T : 온도, F : 유량 W :

**57** 캐시 메모리(cache memory)에 대한 설명으로 맞는 것은?

㉮ 연산장치로서 주로 나눗셈에 이용된다.
㉯ 제어장치로 명령을 해독하는데 주로 사용된다.
㉰ 중앙처리장치와 주기억장치 사이의 속도 차이를 극복하기 위해 사용한다.
㉺ 보조 기억장치로서 휴대가 가능하다.

**[해설]** 캐시 메모리(cache memory)란 속도가 빠른 장치와 느린 장치 사이에서 속도 차에 따른 병목 현상을 줄이기 위한 범용 메모리를 말하는 것이다.

**58** CAD 시스템에서 사용되는 입력장치의 종류가 아닌 것은?

㉮ 키보드 ㉯ 마우스
㉰ 디지타이저 ㉺ 플로터

**[해설]** 플로터는 도면 출력장치이다.

**정답 53.** ㉯ **54.** ㉰ **55.** ㉰ **56.** ㉯ **57.** ㉰ **58.** ㉺

**59** 3차원 형상을 솔리드 모델링하기 위한 기본요소로 프리미티브라고 한다. 이 프리미티브가 아닌 것은?

㉮ 박스(box)  ㉯ 실린더(cylinder)
㉰ 원뿔(cone)  ㉱ 퓨전(fusion)

**해설** 퓨전은 기본요소가 아니라 여러 가지 기본요소를 합치는 기능

**60** 마지막 입력 점으로부터 다음 점까지의 거리와 각도를 입력하는 좌표 입력방법은?

㉮ 절대좌표 입력
㉯ 상대 자료 입력
㉰ 상대 극좌표 입력
㉱ 요소 투영점 입력

**해설**

| 구분 | 입력방법 | 해설 |
|---|---|---|
| 절대좌표 | X, Y | 원점(0,0)에서 해당 축 방향으로 이동한 거리 |
| 상대극좌표 | @거리<방향 | 먼저 지정된 점과 지정된 점까지의 직선거리 방향은 각도계와 일치 |
| 상대좌표 | @X, Y | 먼저 지정된 점으로부터 해당 축 방향으로 이동한 거리 |

# 09 기출실전문제

전산응용기계제도기능사 [2013년 10월 12일]

CRAFTSMAN COMPUTER AIDED MECHANICAL DRAWING

## 1과목 기계재료 및 요소

**01** 베릴륨 청동 합금에 대한 설명으로 옳지 않는 것은?

㉮ 구리에 2~3%의 Be를 첨가한 석출경화성 합금이다.

㉯ 피로한도, 내열성, 내식성이 우수하다.

㉰ 베어링, 고급 스프링 재료에 이용된다.

㉱ 가공이 쉽게 되고 가격이 싸다.

**해설** 가공이 곤란하고 가격이 비싼 단점이 비싸다.

• 베릴륨 청동 : 구리 합금 중에서 가장 높은 강도와 경도를 가진다. 베어링, 기어, 고급 스프링, 공업용 전극 등에 쓰인다.

**02** 다음 중 로크웰 경도를 표시하는 기호는?

㉮ HBS      ㉯ HS

㉰ HV      ㉱ HRC

**해설** 브리넬 경도(HB) : 브리넬 경도 시험기는 강구의 압자를 일정한 시험하중으로 시편에 압입시켜 이때 생긴 압입 자국의 표면적으로 시편에 가한 하중을 나눈 값이 브리넬 경도 값이다

비커스 경도(HV) : 브리넬 경도와 같은 원리이지만 강 구 대신 다이아몬드 사각뿔을 사용하며, 매우 단단한 강 또는 정밀가공 부품, 얇은 판 등을 시험하는 데 사용된다.

로크웰 경도(HR) : 단단한 재료에는 다이아몬드 원뿔을, 연한 재료에는 강구를 사용한다.(로크웰 경도 B스케일(HRB), 로크웰 경도 C스케일(HRC))

쇼어 경도(HS) : 끝에 다이아몬드 구를 붙인 추를 일정한 높이에서 떨어뜨렸을 때, 그 튀어 오르는 높이에 따라 경도를 정하는 것이며 보통 여러 번의 평균값으로 정한다.

**03** 형상기억합금의 종류에 해당되지 않는 것은?

㉮ 니켈 – 티타늄계 합금

㉯ 구리 – 알루미늄 – 니켈계 합금

㉰ 니켈 – 티타늄 – 구리계 합금

㉱ 니켈 – 크롬 – 철계 합금

**해설** 형상기억합금

재료를 상온에서 다른 형상으로 변형시킨 후 원래의 모양으로 회복되는 온도로 가열하면 원래 모양으로 돌아오는 합금

**04** 열가소성 수지가 아닌 재료는?

㉮ 멜라민 수지      ㉯ 초산비닐 수지
㉰ 폴리에틸렌 수지    ㉱ 폴리염화비닐 수지

**해설** 멜라민 수지는 열경화성 수지다.
열가소성 수지 : 가열하면 소성 변형을 일으키지만 냉각하면 가역적으로 단단해지는 성질을 이용한 것으로, 보통 고체 상태의 고분자물질로 이루어진다.
※결정성 열가소성 수지에는 폴리에틸렌, 나일론, 폴리아세탈 수지 등이 포함되고 유백색이다. 비결정성 열가소성 수지에는 염화비닐수지, 폴리스티렌, ABS 수지, 아크릴 수지 등이 포함되며 투명한 것이 많다.

**05** 주철의 성장 원인 중 틀린 것은?

㉮ 펄라이트 조직 중의 $Fe_3C$ 분해에 따른 흑연화
㉯ 페라이트 조직 중의 Si의 산화
㉰ A1 변태의 반복과정 중에서 오는 체적변화에 기인되는 미세한 균열의 발생
㉱ 흡수된 가스의 팽창에 따른 부피의 감소

**해설** 주철의 성장
주철에 나타내는 $Fe_3C$는 불안정하여 가열하면 Fe와 흑연으로 되고 부피가 커진다. 그러므로 A1(723℃)점 상하(650~950℃)로 가열과 냉각을 반복하면 부피가 늘어나는 현상이 발생하는데 이것을 주철의 성장이라 한다.
① 성장 원인
 • 시멘타이트($Fe_3C$) 분해에 의한 팽창
 • A1 변태에 의한 부피의 팽창
 • 산화에 의한 팽창(Si 산화)
 • 고르지 못한 가열로 갈림(균열)이 생기는 팽창
② 성장 방지법
 • Cr과 같은 C와 결합하기 쉬운 원소를 첨가

(시멘타이트의 분해를 방지)할 것
• 산화하기 쉬운 Si를 적게 쓰고 대신 Ni를 첨가할 것

**06** Al-Cu-Mg-Mn의 합금으로 시효경과 처리한 대표적인 알루미늄 합금은?

㉮ 두랄루민      ㉯ Y-합금
㉰ 코비탈륨      ㉱ 로엑스 합금

**해설** 두랄루민 : 단조용 Al 합금의 대표, Al-Cu-Mg-Mn계, 고온에서 수냉하여 시효경화로 강인성 얻어짐, 풀림상태 : 인장강도 18~25kg/mm², 연신율 10~14%, 경도(HB) 40~60, 시효경화는 인장강도 30~45kg/mm², 연신율 20~25%, 경도(HB) 90~120, 복원현상은 200℃에서 몇 분간 가열하면 다시 연화되어 시효경화 전의 상태로 되는 현상.
Y 합금 : 4%Cu, 2%Ni, 1.5%Mg 함유, 고온강도 우수(250℃에서 상온의 90% 유지), 열팽창계수 작음, 적열 메짐 없음, 실린더, 피스톤

**07** 다이캐스팅용 합금의 성질로서 우선적으로 요구되는 것은?

㉮ 유동성      ㉯ 절삭성
㉰ 내산성      ㉱ 내식성

**해설** 다이캐스팅 제품은 두께가 얇으므로, 필요한 주조 특성 중 특히 금형 충진성을 좋게 하기 위해 유동성이 좋을 것, 응고수축에 대한 용탕 보급성이 좋을 것, 내열간균열성이 좋을 것, 그리고 금형에 용착하지 않을 것 등이 요구된다.

**08** 스프링에서 스프링 상수(k) 값의 단위로 옳은 것은?

㉮ N
㉯ N/mm
㉰ N/mm²
㉱ mm

**해설** 스프링 상수(K) : 훅의 법칙에 의한 스프링의 비례 상수

스프링의 세기를 나타내며, 스프링 상수가 크면 잘 늘어나지 않는다. 스프링 상수는 작용 하중과 변위량의 비이다.

$$스프링 \ 상수(K) = \frac{작용 \ 하중(N)}{변위량(mm)} = \frac{W}{\delta} N/mm$$

**09** 다음 ISO 규격 나사 중에서 미터 보통 나사를 기호로 나타내는 것은?

㉮ Tr
㉯ R
㉰ M
㉱ S

**해설** Tr : 미터 사다리꼴나사
R : 관용 테이퍼 나사 테이퍼 수나사
M : 미터보통나사
S : 미니추어 나사

**10** 하중 3,000N이 작용할 때, 정사각형 단면에 응력 30 N/cm²이 발생했다면 정사각형 단면 한 변의 길이는 몇 mm인가?

㉮ 10
㉯ 22
㉰ 100
㉱ 200

**해설** 압축응력 30N/cm² = $\frac{3,000}{B.H}$ 의 공식이 성립되며,

$\frac{3,000}{100 \times 100}$ = 0.3N/mm이므로 단위를 환산하면 0.3×100으로 하면 30N/cm²이다.

---

**2과목** 기계가공법 및 안전관리

**11** 분할 핀에 관한 설명이 아닌 것은?

㉮ 데이터 핀의 일종이다.
㉯ 너트의 풀림을 방지하는 데 사용된다.
㉰ 핀 한쪽 끝이 두 갈래로 되어 있다.
㉱ 축에 끼워진 부품의 빠짐을 방지하는데 사용된다.

**해설** 분할 핀
빠지는 것을 방지하기 위해 2개로 쪼갤 수 있게 만든 핀. 구멍에 꽂아 넣고 앞끝은 둘로 벌려 둔다. 너트가 볼트로부터 빠져나오지 않게 하려고 할 때 흔히 사용한다.

**12** 축이음 설계시 고려사항으로 틀린 것은?

㉮ 충분한 강도가 있을 것
㉯ 진동에 강할 것
㉰ 비틀림 각의 제한을 받지 않을 것
㉱ 부식에 강할 것

**해설** 축이음 설계시 고려사항
① 중심 맞추기가 완전할 것
② 회전 균형이 잡혀 있을 것
③ 설치, 분해가 용이할 것
④ 소형으로 충분한 전동이 가능할 것
⑤ 회전부에 돌기물이 없도록 할 것
⑥ 전동 토크의 특성을 충분히 고려하여 특성에 맞는 형식으로 할 것
⑦ 진동에 강할 것
⑧ 양축 상호 간의 관계, 위치를 고려할 것

---

**정답** 8. ㉯ 9. ㉰ 10. ㉰ 11. ㉮ 12. ㉰

**13** 모듈이 m인 표준 스퍼기어(미터식)에서 총 이 높이는?

㉮ 1.25m      ㉯ 1.5708m

㉰ 2.25m      ㉱ 3.2504m

해설 H(전체 이 높이)

$M(모듈) \times 2.25 = 0 \times 2.25 = 2.25$

**14** 레이디얼 볼 베어링 번호 "6200"의 안지름은?

㉮ 10 mm      ㉯ 12 mm

㉰ 15 mm      ㉱ 17 mm

해설 세 번째, 네 번째 숫자－안지름 번호
00 : 안지름 10mm, 01 : 안지름 12mm
02 : 안지름 15mm, 03 : 안지름 17mm

**15** 마이크로미터의 구조에서 부품에 속하지 않는 것은?

㉮ 앤빌      ㉯ 스핀들

㉰ 슬리브      ㉱ 스크라이버

해설 스크라이버는 하이트게이지의 부속품이다.

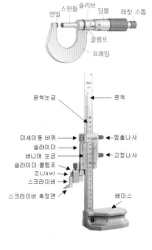

**16** 3줄 나사, 피치가 4mm인 수나사를 1/10 회전시키면 축 방향으로 이동하는 거리는 몇 mm인가?

㉮ 0.1      ㉯ 0.4

㉰ 0.6      ㉱ 1.2

해설 리드(L) ＝ 줄 수(n) × 피치(p) ＝ 3 × 4 ＝ 12/10
＝ 1.2

**17** 드릴링 머신 1대에 여러 개의 스핀들을 설치하고 1개의 구동축으로 유니버설 조인트를 이용하여 여러 개의 드릴을 동시에 구동시키는 드릴링 머신은?

㉮ 직접 드릴링 머신

㉯ 레이디얼 드릴링 머신

㉰ 다축 드릴링 머신

㉱ 다두 드릴링 머신

해설 레이디얼 드릴링머신(Radial drill machine)
고정베이스에 세워진 칼럼에 대하여 상하 이동되고 회전될 수 있는 암(arm)이 설치되어 있으며, 암 위에 암의 반경방향으로 이동될 수 있는 주축대를 가진 드릴링머신이다. 주로 대형공작물의 구멍가공에 이용된다.
다두 드릴링 머신(Multi－head drilling machine)
직접 드릴링 머신의 상부기구를 같은 베드 위에 여러 개 나란히 장치한 것이며, 개개의 스핀들에 드릴과 그 밖의 여러 가지 공구를 장치하여 드릴링 가공, 리밍 가공, 태핑 가공 등을 순서에 따라 연속적이고 능률적으로 작업할 수 있다.

**18** 밀링 머신에서 직접 분할법으로 8등분을 하고자 한다. 직접 분할판에서 몇 구멍씩 이동시키면 되는가?

㉮ 3구멍  ㉯ 5구멍
㉰ 8구멍  ㉴ 12구멍

**해설** 24/3=8

| 분할 방법 | 분할 수 | 분할 예 |
|---|---|---|
| 주축의 앞면에 있는 24구멍의 직접 분할판을 사용하는 방법으로, 웜을 아래로 내려 웜휠과의 물림을 끊고 직접 분할판을 소정의 구멍수만큼 돌린 다음 고정핀을 이 구멍에 꽂아 고정한다. | 24의 인수 (2, 3, 4, 6, 8, 12, 24) | 분할판을 12구멍씩 회전하면 2등분, 8구멍씩 회전하면 3등분, 4구씩 회전하면 6등분 |

**19** 연삭숫돌의 구성 3요소가 아닌 것은?

㉮ 입자  ㉯ 결합제
㉰ 절삭유  ㉴ 기공

**해설** 연삭숫돌 구성의 3요소
입자(숫돌입자), 결합제, 기공
숫돌입자 구성 5요소
숫돌입자, 입도, 결합도, 조직, 결합제

**20** 바이트의 인선과 자루가 같은 재질로 구성된 바이트는?

㉮ 단체 바이트  ㉯ 클램프 바이트
㉰ 팁 바이트  ㉴ 인서트 바이트

**해설** 단체(솔리드, 완성) 바이트 : 바이트의 인선과 자루가 동일 재질로 구성된 바이트
팁 바이트 : 날 부분에만 초경합금 팁을 용접하여 사용하는 바이트
클램프 바이트 : 팁을 용접하지 않고 기계적인 방법으로 클램핑 또는 나사로 고정하여 사용하는 바이트
인서트 바이트 : 팁(tip)을 바이트 홀더(shank)에 장착한 바이트

**21** 선반으로 기어절삭용 밀링커터를 제작하려고 할 때 전면 여유각을 가공하기에 가장 적합한 작업은?

㉮ 모방절삭(copying) 작업
㉯ 릴리빙(relieving) 작업
㉰ 널링(knurling) 작업
㉴ 터렛(turret) 작업

**해설** 나사 탭이나 밀링 커터 등의 플랭크(flank) 절삭에 사용하는 특수 선반으로 릴리프면 절삭 선반(relieving lathe)이라고 한다.

**22** 금속으로 만든 작은 덩어리를 가공물 표면에 투사하여 피로강도를 증가시키기 위한 냉간 가공법은?

㉮ 숏 피닝  ㉯ 액체호닝
㉰ 수퍼 피니싱  ㉴ 버핑

**해설** 수퍼 피니싱(super finishing) : 미세하고 연한 숫돌을 가공면 표면에 가압하고, 공작물에 회전 이송운동, 숫돌에 진동을 주어 0.5mm 이하의 경면(鏡面) 다듬질에 사용.
버핑(buffing) : 직물, 가죽, 고무 등의 유연성이 있는 버프 휠(buffing wheel)의 표면에 바른 미세 숫돌입자의 연삭작용으로 표면을 광택 내는 작업

**23** 내면 연삭 작업 시 가공물은 고정시키고 연삭 숫돌이 회전운동 및 공전운동을 동시에 진행하는 연삭방법은?

㉮ 유성형  ㉯ 보통형
㉰ 센터리스형  ㉴ 만능형

**해설** 내면연삭방식
① 보통형 : 공작물과 연삭숫돌에 회전 운동을 주

**정답** **19.** ㉰ **20.** ㉮ **21.** ㉯ **22.** ㉮ **23.** ㉮

어 연삭하는 방식으로 축 방향의 이송은 연삭 숫돌대의 왕복운동으로 한다.

② 유성형 : 공작물은 정지 시키고 숫돌축이 회전 연삭 운동과 동시에 공전 운동을 하는 방식으로, 공작물의 형상이 복잡하거나 또는 대형이기 때문에 회전 운동을 가하기 어려운 경우에 사용

**24** 여러 가지 종류의 공작기계에서 할 수 있는 가공을 1대의 기계에서 가능하도록 만든 것은?

㉮ 단능공작기계　　㉯ 만능공작기계
㉰ 전용공작기계　　㉱ 표준공작기계

**해설** 단능공작기계 : 치수와 형태가 같은 제품만을 가공하는 공작 기계. 가공 정밀도와 능률이 높아 연속 생산에 효과적이다.
전용공작기계 : 특정 제품을 가공 대상으로 하는 공작기계

**25** 공구와 가공물의 상대운동이 웜과 웜기어의 관계로 기어를 절삭할 수 있는 공작기계는?

㉮ 펠로스 기어 셰이퍼
㉯ 마그 기어 셰이퍼
㉰ 라이네케르 베벨기어 셰이퍼
㉱ 기어 호빙 머신

**해설** 기어 호빙 머신
웜과 웜기어가 맞물려 있는 상태에서 기어 절삭을 한다. 소재는 테이블 중심에 있는 심봉에 끼우고 테이블 밑에 있는 웜에 의해 회전한다. 이 소재에 호브라고 하는 커터를 회전시키면서 눌러 절삭한다. 호브는 외줄 또는 두 줄의 웜으로 그 이가 커터로 되어 있다.

**26** 모양에 따른 선의 종류에 대한 설명으로 틀린 것은?

㉮ 실선 : 연속적으로 이어진 선
㉯ 파선 : 짧은 선을 일정한 간격으로 나열한 선
㉰ 1점 쇄선 : 길고 짧은 2종류의 선을 번갈아 나열한 선
㉱ 2점 쇄선 : 긴선 2개와 짧은 선 2개를 번갈아 나열한 선

**해설** 2점 쇄선
긴선 1개와 짧은 선 2개를 번갈아 나열한 선
실선　　　───────────
파선　　　- - - - - - - - - - - - - - -
1점 쇄선　　─ · ─ · ─ · ─ · ─
2점 쇄선　　─────────

**27** 다음 중 구상흑연 주철품 재질 기호는?

㉮ SC 410　　　㉯ GC 300
㉰ GCD 400 – 18　　㉱ SF 490 A

**해설** SC 410 : 탄소강 주물
GC 300 : 회주철
GCD 400 – 18 : 구상흑연 주철품
SF 490 A : 탄소강 단강품

**28** 기준 A에 평행하고 지정길이 100mm에 대하여 0.01mm의 공차값을 지정할 경우 표시방법으로 옳은 것은?

㉮

| A | 0.01/100 | // |
|---|---|---|

| 나 | // | 100/0.01 | A |
| 다 | A | // | 100/0.01 |
| 라 | // | 0.01/100 | A |

**해설** 데이텀 A에 지정길이 100mm에 대하여 0.01mm 의 공차 값

**29** 투상도의 표시 방법에서 보조 투상도에 관한 설명으로 옳은 것은?

㉮ 복잡한 물체를 절단하여 나타낸 투상도

㉯ 경사면부가 있는 물체의 경사면과 맞서는 위치에 그린 투상도

㉰ 특정 부분의 도형이 작아서 그 부분만을 확대하여 그린 투상도

㉱ 물체의 홈, 구멍 등 특정 부위만 도시한 투상도

**해설** 보조 투상도
주투상도에서 물체의 경사면의 형상이 명확하게 구분되지 않을 경우, 경사면에 평행하면서 주투상도의 시점과 수직인 보조 투상도를 그린다.

**30** 다음 중 치수기입의 원칙 설명으로 틀린 것은?

㉮ 설계자의 특별한 요구사항을 치수와 함께 기입할 수 있다.

㉯ 도면에 나타내는 치수는 특별히 명시하지 않는 한 도시한 대상물의 마무리 치수를 표시한다.

㉰ 치수는 되도록이면 정면도, 측면도, 평면도에 분산하여 기입한다.

㉱ 치수는 되도록이면 계산할 필요가 없도록 기입하고 중복되지 않게 기입한다.

**해설** 치수는 될 수 있는 대로 주투상도(정면도)에 기입한다.

**31** 그림과 같은 단면도(빗금친 부분)을 무엇이라 하는가?

㉮ 회전 도시 단면도

㉯ 부분 단면도

㉰ 온 단면도

㉱ 한쪽 단면도

**해설** 회전 도시 단면도
암, 리브 등을 90도 회전하여 나타냄, 회전 도시 단면은 가는 실선으로 그린다.

**32** 반복도형의 피치를 잡은 기준이 되는 선은?

㉮ 가는 실선

㉯ 가는 파선

㉰ 가는 1점 쇄선

㉱ 가는 2점 쇄선

**해설** 가는 1점 쇄선
도형의 중심을 표시하는 선

**33** 제3각법으로 투상한 그림과 같은 도면에서 누락된 평면도에 가장 적합한 것은?

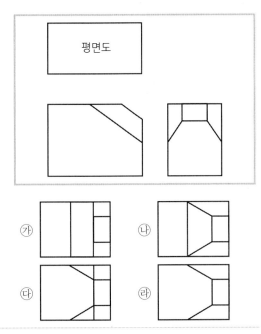

정면도와 평면도를 기준으로 보기의 투상을 연계하면 ㉣가 답이다.

**34** 다음의 내용과 가장 관련이 있는 가공에 의한 커터의 줄무늬 방향 기호는?

> 가공에 의한 커터의 줄무늬가 기소를 기입한 면의 중심에 대하여 거의 방사 모양

㉮ ⊥　　　㉯ X
㉰ M　　　㉱ R

C : 동심원,　M : 교차/무방향
R : 방사상,　X : 교차

**35** 다음 중에서 "제거 가공을 허용하지 않는다"는 것을 지시하는 기호는?

㉮ (기호)　　　㉯ (기호)
㉰ W (기호)　　　㉱ 6.3 (기호)

(기호) : 제거 가공을 허락하지 않는 것
W (기호) : 거친다듬질
X (기호) : 보통다듬질
Y (기호) : 정밀다듬질
Z (기호) : 연마다듬질

**36** 표제란에 기입할 사항으로 거리가 먼 것은?

㉮ 도면 번호　　　㉯ 도면 명칭
㉰ 부품기호　　　㉱ 투상법

표제란은 도면의 특정한 사항(도번<도면 번호>, 도명<도면 이름>, 척도, 투상법, 작성자명 및 일자 등)을 기입하는 곳으로, 그림을 그릴 영역 안의 오른쪽 아래 구석에 위치시킨다.

**37** 다음은 제3각법으로 정투상한 도면이다. 등각 투상도로 맞는 것은 어느 것인가?

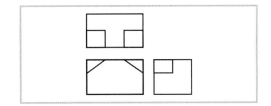

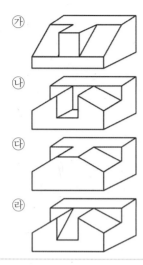

㉮

㉯

㉰

㉱

**해설** 정면도와 평면도, 우측면도를 기준으로 보기의 등각투상도로 투상하면 ㉰가 답이다.

**38** 다음 중 길이 및 허용 한계 기입을 잘못한 것은?

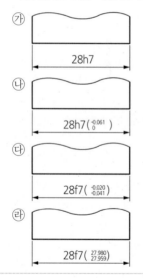

㉮ 28h7

㉯ 28h7($^{-0.061}_{0}$)

㉰ 28f7($^{-0.020}_{-0.041}$)

㉱ 28f7($^{27.980}_{27.959}$)

**해설** $28h7^{\ 0}_{-0.061}$, 공차 값이 큰 것을 위에 써야 한다.

**39** 도면에 나타난 도형의 크기가 치수와 비례하지 않을 때 표시하는 방법 중 틀린 것은?

㉮ 치수 아래쪽에 굵은 실선을 긋는다.

㉯ "비례하지 않음"으로 표시한다.

㉰ NS로 기입한다.

㉱ 치수를 ( ) 안에 넣는다.

**해설** 참고 치수는 (30) 안에 치수를 넣는다.

**40** 다음 그림을 "15H7 – m6"의 구멍과 축에 중간 끼워맞춤을 나타낸 것으로 최대 죔새를 A, 최대 틈새를 B라 할 때 옳은 것은?

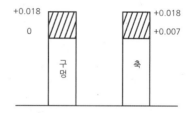

+0.018
0
구멍

+0.018
+0.007
축

㉮ A＝0.018, B＝0.011

㉯ A＝0.011, B＝0.018

㉰ A＝0.018, B＝0.025

㉱ A＝0.011, B＝0.025

**해설** 최대 틈새＝구멍의 최대 허용 치수－축의 최소 허용 치수

0.018－0.007＝0.011 따라서 B＝0.011이고, ㉮번만 B값이 0.011이므로 답은 ㉮번이다.

**41** 단면의 표시와 단면도의 해칭에 관한 설명 중 틀린 것은?

㉮ 일반적으로 단면부의 해칭은 생략하여 도시하고 특별한 경우는 예외로 한다.

**정답** 38. ㉯ 39. ㉱ 40. ㉮ 41. ㉮

④ 인접한 부품의 단면은 해칭의 각도 또는 간격을 달리하여 구별할 수 있다.

⑤ 해칭하는 부분에 글자 등을 기입하는 경우, 해칭을 중단할 수 있다.

⑥ 해칭선의 각도는 일반적으로 주된 중심선에 대하여 45°로 하여 가는 실선으로 등간격으로 그린다.

**[해설]** 일반적으로 단면부의 해칭을 하고 단면부위가 명확한 경우는 생략할 수 있다.

---

**42** 제1각법과 제3각법의 설명 중 틀린 것은?

㉮ 제1각법은 물체를 1상한에 놓고 정투상법으로 나타낸 것이다.

㉯ 제1각법은 눈 → 투상면 → 물체의 순서로 나타낸다.

㉰ 제3각법은 물체를 3상한에 놓고 정투상법으로 나타낸 것이다.

㉱ 한 도면에 제1각법과 제3각법을 같이 사용해서는 안 된다.

**[해설]** 제3각법은 눈 → 투상면 → 물체, 제1각법은 눈 → 물체 → 투상면의 순서로 나타낸다.

---

**43** 기하 공차의 기호와 공차의 명칭이 서로 맞는 것은?

㉮ ─ : 진직도 공차

㉯ ◎ : 위치도 공차

㉰ ○ : 원통도 공차

㉱ ∠ : 동심도 공차

**[해설]** ─ : 진직도 공차, ◎ : 동심도 공차
○ : 진원도 공차, ∠ : 경사도 공차

---

**44** IT공차 등급에 대한 설명 중 틀린 것은?

㉮ 공차등급은 IT기호 뒤에 등급을 표시하는 숫자를 붙여 사용한다.

㉯ 공차역의 위치에 사용하는 알파벳은 모든 알파벳을 사용할 수 있다.

㉰ 공차역의 위치는 구멍인 경우 알파벳 대문자, 축인 경우 알파벳 소문자를 사용한다.

㉱ 공차등급은 IT01부터 IT18까지 20등급으로 구분한다.

**[해설]** 공차역의 위치에 사용하는 알파벳은 모든 알파벳을 사용하지 않는다.

---

**45** 일반적으로 스퍼기어(spur gear)의 요목표에 기입하는 사항이 아닌 것은?

㉮ 치형          ㉯ 잇수

㉰ 피치원 지름    ㉱ 비틀림 각

**[해설]** 비틀림 각은 헬리컬기어 요목표에 기입

---

**46** 컴퓨터 도면관리 시스템의 일반적인 장점을 잘못 설명한 것은?

㉮ 여러 가지 도면 및 파일의 통합관리체계를 구축 가능하다.

㉯ 반영구적인 저장 매체로 유실 및 훼손의 염려가 없다.

㉰ 도면의 질과 정확도를 향상시킬 수 있다.

㉱ 정전 시에도 도면 검색 및 작업을 할 수 있다.

**[해설]** 컴퓨터는 정전 시에는 도면 검색 및 작업을 할 수 없다.(컴퓨터 정전시 필요한 전원 장치로 대비하여야한다. – UPS : 무정전전원장치)

---

**정답** 42. ㉯  43. ㉮  44. ㉯  45. ㉱  46. ㉱

**47** 다음 중 축의 도시방법에 대한 설명으로 틀린 것은?

㉮ 축은 길이 방향으로 절단하여 단면 도시하지 않는다.

㉯ 긴축은 중간 부분을 생략해서 그릴 수 있다.

㉰ 축에 널링을 도시할 때 빗줄인 경우는 축선에 대하여 45°로 엇갈리게 그린다.

㉱ 축은 일반적으로 중심선을 수평 방향으로 놓고 그린다.

해설 축에 있는 널링의 도시는 빗줄인 경우는 축선에 대하여 30°로 엇갈리게 그린다.

**48** 기어의 제도방법 중 틀린 것은?

㉮ 축 방향에서 본 이끝원은 굵은 실선으로 표시한다.

㉯ 축 방향에서 본 피치원은 가는 1점 쇄선으로 표시한다.

㉰ 서로 물려 있는 한 쌍의 기어에서 맞물림 부의 이끝원은 가는 실선으로 표시한다.

㉱ 베벨 기어 및 웜 휠의 축 방향에서 본 그림에서 이뿌리원은 생략하는 것이 보통이다.

해설 서로 물려 있는 한 쌍의 기어에서 맞물림 부의 이끝원은 굵은 실선으로 표시한다.

**49** 볼 베어링 "6203 ZZ"에서 'ZZ'는 무엇을 나타내는가?

㉮ 실드 기호    ㉯ 내부 틈새 기호
㉰ 등급 기호    ㉱ 안지름 기호

해설 62 : 베어링 계열 기호
03 : 안지름번호(17mm)
ZZ : 양쪽 실드 기호

**50** 다음 중 관의 결합방식 표시방법에서 유니언식을 나타내는 것은?

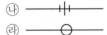

해설
──┼── 일반
──╫── 플랜지식
──╫├── 유니온식

**51** 나사용 구멍이 없고 양쪽 둥근 형 평행 키(key)의 호칭으로 옳은 것은?

㉮ P－A 25 × 90    ㉯ TG 20 × 12 × 70
㉰ WA 23 × 16    ㉱ T－C 22 × 12 × 60

해설 P : 나사용 구멍 없는 평행 키
PS : 나사용 구멍 부착 평행 키,
T : 머리 없는 경사키
TG : 머리붙이 경사키

**52** "좌 2줄 M50x3－6H"는 나사 표시방법의 보기이다. 리드는 몇 mm인가?

㉮ 3    ㉯ 6
㉰ 9    ㉱ 12

해설 리드＝줄 수×피치＝2×3＝6

**53** 벨트 풀리의 도시방법 설명으로 틀린 것은?

㉮ 모양이 대칭형인 벨트 풀리는 그 일부분만을 도시할 수 있다.

㉯ 암은 길이 방향으로 절단하여 그 단면을 도시할 수 있다.

㉰ 암은 단면형은 도형의 안이나 밖에 회전

정답 47. ㉰ 48. ㉰ 49. ㉮ 50. ㉯ 51. ㉮ 52. ㉯ 53. ㉯

단면을 도시할 수 있다.
@ 벨트 풀리의 홈 부분 치수는 해당하는 형
별, 호칭지름에 따라 결정된다.

해설 길이방향으로 절단하지 않는 부품
축, 핀, 볼트, 너트, 와셔, 작은 나사, 세트스크루,
리벳, 키, 테이퍼 핀, 볼 베어링, 원통롤러, 리브,
웨브, 바퀴의 암, 기어의 이 등의 부품

**54** 스프링 제도에 대한 설명으로 맞는 것은?

㉮ 오른쪽 감기로 도시할 때는 "감긴 방향 오
른쪽"이라고 반드시 명시해야 한다.
㉯ 하중이 걸린 상태에서 그리는 것을 원칙으
로 한다.
㉰ 하중과 높이 및 처짐과의 관계는 선도 또
는 요목표에 나타낸다.
㉱ 스프링의 종류와 모양만을 도시할 때에는
재료의 중심선만을 가는 실선으로 그린다.

해설 스프링 도시법
• 스프링은 무하중 상태에서 도시
• 특별한 도시가 없는 이상 모두 오른쪽으로 감긴
것을 나타내고, 왼쪽으로 감긴 것은 '감긴 방향
왼쪽'이라 표시
• 코일스프링의 중간일부를 생략시 가는 1점 쇄선
또는 가는 2점 쇄선으로 표시
• 스프링종류 및 모양만을 간략히 그릴 때는 중심
선을 굵은 실선으로 표시

**55** 다음은 단속 필릿 용접부의 주요 치수를 나타낸
기호이다. 기호에 대한 설명으로 틀린 것은?

㉮ a : 목 두께
㉯ n : 용접부의 개수
㉰ l : 목 길이
㉱ e : 인접한 용접부 간의 간격

해설 ㉰ l : 용접부의 길이를 나타낸 기호다.

**56** 다음 중 육각볼트의 호칭이다. "③"이 의미하
는 것은?

㉮ 강도       ㉯ 부품등급
㉰ 종류       ㉱ 규격번호

해설

| KS B 1002 | 6각볼트 | A | M12×80 | − 8.8 | MFZn2 |
|---|---|---|---|---|---|
| 규격번호 | 볼트종류 | 등급 | 나사호칭×길이 | 강도부분 | 도금재료 |

**57** 그림과 같이 위치를 알 수 없는 점 A에서 점
B로 이동하려고 한다. 어느 좌표계를 사용해야
하는가?

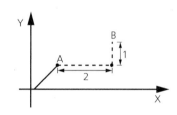

㉮ 상대좌표       ㉯ 절대좌표
㉰ 절대 극좌표       ㉱ 원통좌표

**해설**

| 구분 | 입력방법 | 해설 |
|------|---------|------|
| 절대좌표 | X, Y | 원점(0,0)에서 해당 축 방향으로 이동한 거리 |
| 상대극좌표 | @거리<방향 | 먼저 지정된 점과 지정된 점까지의 직선거리 방향은 각도계와 일치 |
| 상대좌표 | @X, Y | 먼저 지정된 점으로부터 해당 축 방향으로 이동한 거리 |

**58** CAD 시스템의 입력장치에 해당하지 않는 것은?

㉮ 키보드(keyboard)

㉯ 마우스(mouse)

㉰ 디스플레이(display)

㉱ 라이트 펜(light pen)

**해설** 출력장치 : 디스플레이(display)

**59** 3차원 물체의 외부 형상뿐만 아리나 중량, 무게 중심, 관성모멘트 등의 물리적 성질도 제공할 수 있는 형상 모델링은?

㉮ 와이어프레임 모델링

㉯ 서피스 모델링

㉰ 솔리드 모델링

㉱ 곡면 모델링

**해설** 와이어프레임(wire frame)은 물체의 외곽을 선들로만 연결시켜 놓은 상태의 모델로 처리속도가 빠르다.

**60** 중앙처리장치(CPU)와 주기억장치 사이에서 원활한 정보 교환을 위하여 주기억장치의 정보를 일시적으로 저장하는 고속 기억장치는?

㉮ Floppy disk

㉯ CD-ROM

㉰ Cache memory

㉱ Coprocessor

**해설** 중앙처리장치는 주기억장치, 제어장치, 연산장치를 말한다.

# 10 기출실전문제

전산응용기계제도기능사 [2014년 1월 26일]

CRAFTSMAN COMPUTER AIDED MECHANICAL DRAWING

## 1과목 기계재료 및 요소

**01** 황동의 연신율이 가장 클 때 아연(Zn)의 함유량은 몇 % 정도인가?

㉮ 30      ㉯ 40
㉱ 50      ㉰ 60

**해설** 황동과 청동의 구분
① 황동＝구리＋아연(구리 70%, 아연 30%－7.3 황동)
② 청동＝구리＋주석 (주석 비율이 12%이다.)

**02** 구상흑연 주철을 조직에 따라 분류했을 때 이에 해당하지 않는 것은?

㉮ 마텐자이트형
㉯ 페라이트형
㉱ 펄라이트형
㉰ 시멘타이트형

**해설** 구상흑연 주철의 조직은 주조된 상태에서 시멘타이트형, 펄라이트형, 페라이트형으로 분류된다.

**03** 주철의 장점이 아닌 것은?

㉮ 압축강도가 작다.
㉯ 절삭가공이 쉽다.
㉱ 주조성이 우수하다.
㉰ 마찰저항이 우수하다.

**해설** 압축강도가 인장강도에 비하여 3~4배 정도 좋다.

**04** 공구의 합금강을 담금질 및 뜨임 처리하여 개선되는 재질의 특성이 아닌 것은?

㉮ 조직의 균질화    ㉯ 경도 조절
㉱ 가공성 향상    ㉰ 취성 증가

**해설** ① 담금질 : 금속을 가열한 후 물이나 기름에 급속히 냉각시키는 방법으로 공구강이나 재질 조정용 합금강에 사용된다.
　• 장점 : 경도와 강도가 커진다.
　• 단점 : 충격에는 약하고 깨지는 성질이 생긴다.
② 뜨임 : 담금질한 재료는 경도는 좋으나 인성이 부족하여 깨지므로 인성을 증가시키기 위한 방법으로 담금질한 금속을 재가열한 후 공기 중에서 서서히 냉각시키는 방법이다.
　• 장점 : 충격에 강한 인성을 가지게 된다.

**정답** 1. ㉮ 2. ㉮ 3. ㉮ 4. ㉰

**05** 금속재료를 고온에서 오랜 시간 외력을 걸어놓으면 시간의 경과에 따라 서서히 그 변형이 증가하는 현상은?

㉮ 크리프      ㉯ 스트레스
㉰ 스트레인      ㉱ 템퍼링

**해설** 외력이 일정하게 유지되어 있을 때, 시간이 흐름에 따라 재료의 변형이 증대하는 현상을 크리프(creep)라 한다.
템퍼링(tempering)은 A1 변태점 이하의 온도로 재가열하여 주로 경도를 낮추고, 점성(粘性)을 높이기 위한 열처리를 말한다. 뜨임 방법에는 건식, 습식, 직접 뜨임 등이 있다.

**06** 절삭공구류에서 초경합금의 특성이 아닌 것은?

㉮ 경도가 높다
㉯ 마모성이 좋다.
㉰ 압축강도가 높다.
㉱ 고온 경도가 양호하다

**해설** 마모성이 좋으면 바이트로 사용이 곤란하다.
초경합금 : 경도가 매우 높은 탄화텅스텐, 탄화티탄 등의 화합물의 분말과 코발트 등의 금속 분말을 결합제로 사용해 고압으로 압축하고 금속이 용해되지 않을 정도의 고온으로 가열하여 소결, 형성시킨 초고경도의 합금을 말한다.

**07** 인장응력을 구하는 식으로 옳은 것은? (단, A는 단면적, W는 인장하중이다.)

㉮ A × W      ㉯ A + W
㉰ A / W      ㉱ W / A

**해설** 인장응력 $= \dfrac{W}{A}$

**08** 합금의 종류 중 고용융점 합금에 해당하는 것은?

㉮ 티탄 합금
㉯ 텅스텐 합금
㉰ 마그네슘 합금
㉱ 알루미늄 합금

**해설** 텅스텐 합금 중공업 주요 특성
고밀도, 높은 융점, 소량, 우수 경도, 우수한 착용 저항, 높은 최고의 인장강도

**09** 다음 중 구름 베어링의 특성이 아닌 것은?

㉮ 감쇠력이 작아 충격 흡수력이 작다.
㉯ 축심의 변동이 작다.
㉰ 표준형 양산품으로 호환성이 높다.
㉱ 일반적으로 소음이 작다.

**해설** 구름 베어링은 전동체, 궤도면의 정밀도에 의해서 소음이 발생하기 쉽다.

**10** 지름이 50mm 축에 10mm인 성크 키(key)를 설치했을 때, 일반적으로 전단하중만을 받을 경우 키가 파손되지 않으려면 키의 길이는 몇 mm인가?

㉮ 25mm      ㉯ 75mm
㉰ 150mm      ㉱ 200mm

**해설** 전단하중을 받을 경우($L$)
$1.5 \times d = 1.5 \times 50 = 75$

**정답** 5. ㉮ 6. ㉯ 7. ㉱ 8. ㉯ 9. ㉱ 10. ㉯

**11** 기계재료의 단단한 정도를 측정하는 가장 적합한 시험법은?

⑦ 경도시험  ④ 수축시험
④ 파괴시험  ⑤ 굽힘시험

해설 경도시험은 재료의 기계적 성질을 판정하는 방법이며, 경도는 인장시험과 달리 비교하는 척도라 볼 수 있다.

**12** 자동차의 스티어링 장치, 수치제어 공작기계의 공구대, 이송장치 등에 사용되는 나사는?

⑦ 둥근나사  ④ 볼나사
④ 유니파이나사  ⑤ 미터나사

해설 볼나사의 용도
• 자동차의 스티어링부
• 공작기계의 이동나사
• 수치제어 공작기계의 이송나사
• 각종 정밀 기계류

**13** 롤링 베어링의 내륜이 고정되는 곳은?

⑦ 저널  ④ 하우징
④ 궤도면  ⑤ 리테이너

해설 저널
베어링에 접촉된 축 부분

**14** 두 축이 평행하고 거리가 아주 가까울 때 각속도의 변동 없이 토크를 전달할 경우 사용되는 커플링은?

⑦ 고정 커플링(fixed coupling)
④ 플랙시블 커플링(flexible coupling)
④ 올덤 커플링(Oldham's coupling)
⑤ 유니버설 커플링(universal coupling)

해설 커플링의 종류
① 고정 커플링(rigid coupling) : 두 축이 동일선 상에 있는 것
② 플랙시블 커플링(flexible coupling) : 두 축이 가끔 동일 선상에 있는 것
③ 올덤 커플링(Oldham's coupling) : 두 축이 평행하고 조금 처져 있는 것
④ 유니버설 커플링(universal joint coupling) : 두 축이 어떤 각도로 교차하는 것

**15** 모듈 5, 잇수가 40인 표준 평기어의 이끝원 지름은 몇 mm인가?

⑦ 200mm  ④ 210mm
④ 220mm  ⑤ 240mm

해설 이끝원의 지름($D$)
$M \times (Z+2) = 5(40+2) = 210$

**16** 선반가공에서 회전수를 구하는 공식이 N = 1,000V/πD라 할 때 이 공식의 표기가 틀린 것은?

⑦ N = 회전수(r/min = rpm)
④ π = 원주율
④ D = 공작물의 반지름(mm)
⑤ V = 절삭속도(m/min)

해설 D = 공작물의 지름(mm)
$$회전수(N) = \frac{1,000\,V}{\pi D}\,\text{rpm}$$

**17** 드릴링 머신에서 볼트나 너트를 체결하기 곤란한 표면을 평탄하게 가공하여 체결이 잘되도록 하는 것은?

㉮ 리밍　　　　㉯ 태핑
㉰ 카운터 싱킹　㉱ 스폿 페이싱

**해설** 흑피의 부분은 너트와 볼트의 조임을 확실하게 하기 위해 스폿 페이싱을 하는 것이 좋다.

**18** 다음 중 테이블이 일정한 각도로 선회할 수 있는 구조로 기어 등 복잡한 제품을 가공할 수 있는 것은?

㉮ 플레인 밀링 머신(plain milling machine)
㉯ 만능 밀링 머신(universal milling machine)
㉰ 생산형 밀링 머신(production milling machine)
㉱ 플라노 밀러(plano miller)

**해설** 만능 밀링 머신
구조는 수평 밀링 머신과 같으나 새들과 테이블 사이에 회전판이 있어 테이블을 회전시킬 수 있다. 따라서 수평 밀링 머신보다 광범위한 작업을 할 수 있다.
분할대나 헬리컬 절삭장치(테이블을 필요한 각도 만큼 회전)을 사용하면 헬리컬기어 트위스트 드릴(twist drill)의 비틀림 홈, 스플라인(spline)을 가공할 수 있다.

**19** 일반적인 연삭숫돌 검사 방법의 종류가 아닌 것은?

㉮ 초음파 검사　㉯ 음향 검사
㉰ 회전 검사　　㉱ 균형 검사

**해설** 연삭숫돌검사 - 회전시험
대부분의 제품은 회전시키며 사용하는 회전체로써 고속회전시 원심력에 의해 발생될 수 있는 파괴를 사전에 방지할 수 있는 회전 Test는 필수적이다. 일반적으로 회전 Test는 최고사용주속도의 1.5배 이상으로 검사한 후 합격된 제품에 한해 출고가 이루어진다.

**20** 윤활제의 급유 방법이 아닌 것은?

㉮ 핸드 급유법　㉯ 적하 급유법
㉰ 냉각 급유법　㉱ 분무 급유법

**해설** 손 급유법, 적하 급유법, 패드 급유법, 심지 급유법, 분무식 급유법

**21** 절삭공구에서 구성인선의 발생순서로 맞는 것은?

㉮ 발생 → 성장 → 탈락 → 분열
㉯ 성장 → 발생 → 탈락 → 분열
㉰ 발생 → 성장 → 분열 → 탈락
㉱ 성장 → 탈락 → 발생 → 분열

**해설** 구성인선(Built-up edge)
연성이 큰 연강, 스테인리스강, 알루미늄 등과 같은 재료를 절삭할 때
절삭인선에 작용하는 압력, 마찰저항 및 절삭열에 의하여 칩의 일부가 공구선단에 부착한 것

**22** 다음 [그림]과 같은 테이퍼를 선반에서 가공하려고 한다. 심압대를 편위시켜 가공하려면 심압대를 몇 mm 이동시켜야 하는가? (단. 단위는 mm 이다.)

**정답** 17. ㉱　18. ㉯　19. ㉮　20. ㉰　21. ㉰　22. ㉮

㉮ 5  ㉯ 6
㉰ 8  ㉱ 10

해설 심압대 편위량

$$a = \frac{L(D-d)}{2l}$$

$$= \frac{500 \times (44-40)}{2 \times 200} = \frac{2,000}{400} = 5\text{mm}$$

**23** 다음 중 가공물을 양극으로 전해액에 담그고 전기저항이 적은 구리, 아연을 음극으로 하여 전류를 흘려서 전기에 의한 용해작용을 이용하여 가공하는 가공법은?

㉮ 전해연마  ㉯ 전해연삭
㉰ 전해가공  ㉱ 전주가공

해설 전해연마 : 연마하려는 금속을 양극으로 하고, 전해액 속에서 전해하면 금속 표면을 연마할 수 있다.
전해가공 : 전기분해를 응용한 가공법. ECM이라고도 한다. 금속재료의 전기화학적 용해를 할 때, 그 진행을 방해하는 양극 생성물인 금속산화물막이 생기는데, 이를 제거하면서 가공하는 것이 전해가공이다.

**24** 공구 연삭기의 종류에 해당되지 않는 것은?

㉮ 드릴 연삭기  ㉯ 바이트 연삭기
㉰ 초경공구 연삭기  ㉱ 기어 연삭기

해설 기어 연삭기는 기어 가공에 사용되는 마무리단계의 연삭기계

**25** 기어절삭기로 가공된 기어의 면을 매끄럽고 정밀하게 다듬질하기 위해 홈붙이날을 가진 커터로 다듬는 가공방법은?

㉮ 호빙  ㉯ 호닝
㉰ 기어 셰이빙  ㉱ 래핑

해설 기어 가공 공정
기어 셰이빙, 기어 브로칭, 기어 호닝, 기어 연삭, 기어 호차, 기어 측정

## 3과목 기계제도

**26** 다음 중 '가는 선 : 굵은 선 : 아주 굵은 선' 굵기의 비율이 옳은 것은?

㉮ 1 : 2 : 4  ㉯ 1 : 3 : 4
㉰ 1 : 3 : 6  ㉱ 1 : 4 : 8

해설 선의 굵기
아주 굵은 선 : 0.5 이상
가는 선 : 0.2 ~ 0.25

**27** 기하공차의 종류 중 적용하는 형체가 관련 형체에 속하지 않는 것은?

㉮ 자세 공차  ㉯ 모양 공차
㉰ 위치 공차  ㉱ 흔들림 공차

해설 관련 형체 : 자세, 위치, 흔들림 공차
단독 형체 또는 관련 형체 : 모양 공차

**28** 다음은 제3각법으로 그린 정투상도이다. 입체도로 옳은 것은?

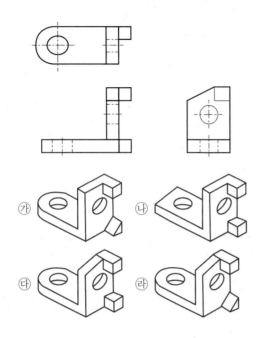

**29** 선의 종류에 따른 용도의 설명으로 틀린 것은?

㉮ 굵은 실선 : 외형선으로 사용한다.
㉯ 가는 실선 : 치수선으로 사용한다.
㉰ 파선 : 숨은 선으로 사용한다.
㉱ 굵은 1점 쇄선 : 단면의 무게 중심선으로 사용한다.

해설 굵은 1점 쇄선은 특수한 가공을 실시하는 부분을 표시하는 선이다.

**30** 도면에 사용한 선의 용도 중 특수한 가공을 하는 부분 등 특별한 요구 사항을 적용할 범위를 표시하는데 쓰이는 선은?

㉮ 가는 1점 쇄선  ㉯ 가는 2점 쇄선
㉰ 굵은 1점 쇄선  ㉱ 굵은 2점 쇄선

해설 굵은 1점 쇄선은 특수한 가공을 실시하는 부분을 표시하는 선이다.

**31** 좌우 또는 상하가 대칭인 물체의 1/4을 잘라내고 중심섬을 기준으로 외형도와 내부 단면도를 나타내는 단면의 도시방법은?

㉮ 한쪽 단면도  ㉯ 부분 단면도
㉰ 회전 단면도  ㉱ 온 단면도

해설 한쪽 단면도는 상하 또는 좌우가 대칭인 물체의 1/4을 절단 제거하여 반을 외형을 반은 단면으로 내부 가 나타나도록 그린 단면도이다. 외형을 그린 부분에 숨은선은 그리지 않는다.

**32** 모양공차를 표기할 때 그림과 같은 공차 기입틀에 기입하는 내용은?

| A | B |
|---|---|

㉮ A : 공차값
B : 공차의 종류 기호
㉯ A : 공차의 종류 기호
B : 테이텀 문자기호
㉰ A : 데이텀 문자기호
B : 공차값
㉱ A : 공차의 종류 기호
B : 공차값

해설 모양공차 표기
A : 공차의 종류 기호, B : 공차값

**33** 투상도의 선택방법에 대한 설명으로 틀린 것은?

㉮ 조립도 등 주로 기능을 나타내는 도면에서는 대상물을 사용하는 상태로 놓고 그린다.

㉯ 부품을 가공하기 위한 도면에서는 가공 공정에서 대상물이 놓인 상태로 그린다.

㉰ 주투상도에서는 대상물의 모양이나 기능을 가장 뚜렷하게 나타내는 면을 그린다.

㉱ 주투상도를 보충하는 다른 투상도는 명확하게 이해를 위해 되도록 많이 그린다.

**해설** 물체의 특징적인 면을 정면도로 선택한다. 대상물의 명확한 이해를 위해 주투상도를 보충하는 다른 투상도를 최소로 중복되지 않게 그린다.

**34** 다음 치수 보조 기호에 관한 내용으로 틀린 것은?

㉮ C : 45°의 모따기

㉯ D : 판의 두께

㉰ □ : 정사각형 변의 길이

㉱ ⌒ : 원호의 길이

**해설** 판의 두께 표기는 t(소문자)로 한다.

**35** 그림과 같은 지시 기호에서 "b"에 들어갈 지시 사항으로 옳은 것은?

**36** 가공방법에 대한 기호가 잘못 짝지어진 것은?

㉮ 가공방법

㉯ 표면 파상도

㉰ 줄무늬 방향 기호

㉱ 컷오프 값·평가 길이

**해설** a 거칠기 값, b 가공방법, c 컷오프 값 d 줄무늬 방향기호, e 다듬질 여유기입

| 선반 | L | 호닝 | GH |
|---|---|---|---|
| 드릴 | D | 액체 호닝 | SPL |
| 보링 | B | 배럴 | SPBR |
| 밀링 | M | 버프 | FB |
| 평삭 | P | 블라스트 | SB |
| 형삭 | SH | 래핑 | FL |
| 브로칭 | BR | 줄 | FF |
| 리머 | FR | 스크레이퍼 | FS |
| 연삭 | G | 테이퍼 | FCA |
| 포연 | GB | 주조 | C |

**36** 가공방법에 대한 기호가 잘못 짝지어진 것은?

㉮ 용접 : W

㉯ 단조 : F

㉰ 압연 : E

㉱ 전조 : RL

**해설** 압연 : R(Rolling)

**37** 기준치수가 30, 최대허용치수가 29.9, 최소허용치수가 29.9일 때 아래치수허용차는?

㉮ −0.1      ㉯ −0.2

㉰ +0.1      ㉱ +0.2

**해설** 아래치수허용차＝최소 허용치수−기준치수
　　　＝29.8−30＝−0.2

---

정답 **33.** ㉱ **34.** ㉯ **35.** ㉮ **36.** ㉰ **37.** ㉯

**38** 다음 중 알루미늄 합금주물의 재료 표시 기호는?

㉮ ALBrC1　　㉯ ALDC1
㉰ AC1A　　㉡ PBC2

**해설**

| 종류 | 기호 | 합금계 | 주형의 구분 | 합금의 특징 | 용도 |
|---|---|---|---|---|---|
| 주물 1종A | AC1A | Al−Cu | 금형, 사형, 셀형 | 기계적 성질이 우수하고, 절삭성이 좋으나, 주조성이 좋지 않다. | 가선부품, 자전거부품, 항공기용 유압부품, 전장품 |

**39** 최대 허용 치수와 최소 허용 치수의 차를 무엇이라고 하는가?

㉮ 치수 공차
㉯ 끼워맞춤
㉰ 실치수
㉡ 기준선

**해설** 치수 공차＝최대 허용치수−최소허용치수

**40** 투상법의 종류 중 정투상법에 속하는 것은?

㉮ 등각투상법
㉯ 제3각법
㉰ 사투상법
㉡ 투시도법

**해설** 정투상법은 제3각법이다.

**41** 도면을 마이크로필름에 촬영하거나 복사할 때의 편의를 위하여 도면의 위치결정에 편리하도록 도면에 표시하는 양식은?

㉮ 재단 마크　　㉯ 중심 마크
㉰ 도면의 구역　　㉡ 방향 마크

**해설** 중심 마크
도면의 위치결정에 편리하도록 도면에 중심 마크를 표시한다.

**42** 도면이 구비하여야 할 기본 요건이 아닌 것은?

㉮ 보는 사람이 이해하기 쉬운 도면
㉯ 그린 사람이 임의로 그린 도면
㉰ 표면정도, 재질, 가공방법 등의 정보성을 포함한 도면
㉡ 대상물의 크기, 모양, 자세, 위치 등의 정보성을 포함한 도면

**해설** 임의로 그린 도면을 작성하지 않으며, 도면을 작성하는 목적은 도면 작성자의 의도를 도면 사용자에게 확실하고 쉽게 전달하는 데 있다.

**43** 지름과 반지름의 표시방법에 대한 설명 중 틀린 것은?

㉮ 원 지름의 기호는 ø로 나타낸다.
㉯ 원 반지름의 기호는 R로 나타낸다.
㉰ 구의 지름은 치수를 기입할 때는 Gø를 쓴다.
㉡ 구의 반지름은 치수를 기입할 때는 SR을 쓴다.

**해설** 지름 : ø, 반지름 : R, 구의 지름 : Sø, 구의 반지름 : SR로 표기한다.

**44** 다음 입체도에서 화살표 방향이 정면일 경우 정투상도의 평면도로 옳은 것은?

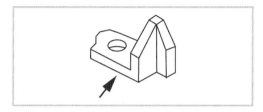

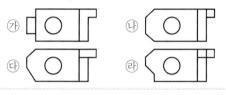

해설 정면도(화살표) 위에서 내려다본 평면도는 ㉞이다.

**45** 끼워맞춤의 표시 방법을 설명한 것 중 틀린 것은?

㉮ ø20H7 : 지름이 20인 구멍으로 7등급의 IT공차를 가짐

㉯ ø20h6 : 지름이 20인 축으로 6등급의 IT 공차를 가짐

㉰ ø20H7/g6 : 지름이 20인 H7 구멍과 g6 축이 헐거운 끼워맞춤으로 결합되어 있음을 나타냄

㉱ ø20H7/f6 : 지름이 20인 H7 구멍과 f6 축이 중간 끼워맞춤으로 결합되어 있음을 나타냄

해설 ø20H7/f6

지름이 20인 H7 구멍과 f6 축이 헐거운 끼워맞춤으로 결합되어 있음을 나타낸다.

**46** 나사의 제도시 불완전 나사부와 완전 나사부의 경계를 나타내는 선을 그릴 때 사용하는 선의 종류는?

㉮ 굵은 파선       ㉯ 굵은 1점 쇄선

㉰ 가는 실선       ㉱ 굵은 실선

해설 나사의 제도시 불완전 나사부와 완전 나사부의 경계는 굵은 실선으로 도시한다.

**47** 기어의 도시방법을 나타낸 것 중 틀린 것은?

㉮ 이끝원은 굵은 실선으로 그린다.

㉯ 피치원은 가는 1점 쇄선으로 그린다.

㉰ 단면으로 표시할 때 이뿌리원은 가는 실선으로 그린다.

㉱ 잇줄 방향은 보통 3개의 가는 실선으로 그린다.

해설 기어의 도시방법

① 이끝원은 굵은 실선으로 그린다.

② 피치원은 가는 1점 쇄선으로 그린다.

③ 이뿌리원은 가는 실선으로 그린다.

④ 잇줄 방향은 보통 3개의 가는 실선으로 그린다.

⑤ 단면으로 표시할 때 이뿌리원은 굵은 실선으로 그린다.

**48** 평행 키 끝부분의 형식에 대한 설명으로 틀린 것은?

㉮ 끝부분 형식에 대한 지정이 없는 경우는 양쪽 네모형으로 본다.

㉯ 양쪽 둥근형은 기호 A를 사용한다.

㉰ 양쪽 네모형은 기호 S를 사용한다.

㉱ 한쪽 둥근형은 기호 C를 사용한다.

평행 키 끝부분 모양

A : 양쪽 둥근형
B : 양쪽 네모형
C : 한쪽 둥근형

**49** 평벨트 풀리의 도시방법이 아닌 것은?

㉮ 암의 단면형은 도형의 안이나 밖에 회전
도시 단면도로 도시한다.

㉯ 풀리는 축직각 방향의 투상을 주투상도로
도시할 수 있다.

㉰ 풀리와 같이 대칭인 것은 그 일부만을 도
시할 수 있다.

㉱ 암은 길이방향으로 절단하여 단면을 도시
한다.

길이방향으로 절단하지 않는 부품

축, 핀, 볼트, 너트, 와셔, 작은 나사, 세트스크루,
리벳, 키, 테이퍼 핀, 볼 베어링, 원통롤러, 리브,
웨브, 바퀴의 암, 기어의 이 등의 부품

**50** 축의 도시방법에 대한 설명으로 틀린 것은?

㉮ 가공 방향을 고려하여 도시하는 것이 좋다.

㉯ 축은 길이 방향으로 절단하여 온 단면도를
표현하지 않는다.

㉰ 빗줄 널링의 경우에는 축선에 대하여 30°
로 엇갈리게 그린다.

㉱ 긴축은 중간을 파단하여 짧게 표현하고,
치수 기입은 도면상에 그려진 길이로 나타
낸다.

축의 도시방법

① 축은 길이 방향으로 단면도시를 하지 않는다.
단, 부분단면은 허용한다.

② 긴축은 중간을 파단하여 짧게 그릴 수 있으며
실제치수를 기입한다.

③ 축 끝에는 모따기 및 라운딩을 할 수 있다.

④ 축에 있는 널링의 도시는 빗줄인 경우는 축선
에 대하여 30°로 엇갈리게 그린다.

**51** 베어링의 안지름 번호를 부여하는 방법 중 틀
린 것은?

㉮ 안지름 치수가 1, 2, 3, 4mm 인 경우 안지름
번호는 1, 2, 3, 4 이다.

㉯ 안지름 치수가 10, 12, 15, 17mm 인 경우
안지름 번호는 01, 02, 03, 04 이다.

㉰ 안지름 치수가 20mm 이상 480mm 이하인
경우 5로 나눈 값을 안지름 번호로 사용한다.

㉱ 안지름 치수가 500mm 이상인 경우 "/안지
름 치수"를 안지름 번호로 사용한다.

베어링의 안지름 번호(KS B 2012)(mm)

| 안지름 번호 | 00 | 01 | 02 | 03 | 04 | 05 | 06 | 07 | 08 | 09 | 10 | 11 |
|---|---|---|---|---|---|---|---|---|---|---|---|---|
| 호칭 안지름 | 10 | 12 | 15 | 17 | 20 | 25 | 30 | 35 | 40 | 45 | 50 | 55 |

베어링 안지름 계산법 : 04부터는 곱하기 5를 하
면 안지름을 구할 수 있다.

**52** 아래 그림이 나타내는 용접 이음의 종류는?

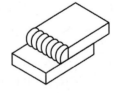

㉮ 모서리 이음 ㉯ 겹치기 이음
㉰ 맞대기 이음 ㉱ 플랜지 이음

(a) 맞대기 이음   (b) 겹치기 이음   (c) 모서리 이음

(d) T 이음   (e) 플랜지형 맞대기 이음   (f) 양면 덮개판 이음

**53** 인치계 사다리꼴나사의 나사산 각도는?

㉮ 29°  ㉯ 30°
㉰ 55°  ㉱ 60°

해설 사다리꼴나사(에크미나사)
• 자동조심 작용 가능
• 강도가 높고, 큰 힘에 견딜 수 있다
• 공작기계의 이송나사로 널리 사용
• 인치계 사다리꼴나사(TW) : 나사산각(2$\beta$)이 29°
• 미터계 사다리꼴나사(Tr) : 나사산각이 30°

**54** 코일 스프링 도시의 원칙 설명으로 틀린 것은?

㉮ 스프링은 원칙적으로 하중이 걸린 상태로 도시한다.
㉯ 하중과 높이 또는 휨과의 관계를 표시할 필요가 있을 때는 선도 또는 요목표에 표시한다.
㉰ 특별한 단서가 없는 한 모두 오른쪽 감기로 도시한다.
㉱ 스프링의 종류와 모양만을 간략도로 도시할 때에는 재료의 중심선만을 굵은 실선으로 그린다.

해설 스프링은 원칙적으로 무하중인 상태로 그린다.

**55** 헬리컬 기어의 제도에서 도시방법에 관한 설명으로 틀린 것은?

㉮ 이끝원은 굵은 실선으로 그린다.
㉯ 피치원은 가는 1점 쇄선으로 그린다.
㉰ 이뿌리원은 가는 실선으로 그린다.
㉱ 잇줄 방향은 보통 3개의 굵은 1점 쇄선으로 그린다.

해설 헬리컬 기어의 잇줄 방향은 3개의 가는 실선으로 기울기 30°, 단면시 가는 2점 쇄선

**56** 다음 관 이름의 그림 기호 중 플랜지식 이음은?

㉮
㉯
㉰
㉱

해설 ㉮ 일반
㉯ 플랜지식
㉰ 유니온식
㉱ 나사박음식 캡/ 나사박음식 플러그

**57** CAD를 2차원 평면에서 원을 정의하고자 한다. 다음 중 특정 원을 정의할 수 없는 것은?

㉮ 원의 반지름과 원을 지나는 하나의 접선으로 정의
㉯ 원의 중심점과 반지름으로 정의
㉰ 원의 중심점과 원을 지나는 하나의 접선으로 정의
㉱ 원을 지나는 3개의 점으로 정의

해설 원의 반지름과 원을 지나는 하나의 접선으로 정의

정답 **53.** ㉮ **54.** ㉮ **55.** ㉱ **56.** ㉯ **57.** ㉮

**58** 다음 중 기계설계 CAD에서 사용하는 3차원 모델링 방법이라고 할 수 없는 것은?

㉮ 와이어프레임 모델링(wire frame modeling)
㉯ 오브젝트 모델링(object modeling)
㉰ 솔리드 모델링(solid modeling)
㉱ 서피스 모델링(surface modeling)

**해설** CAD에서 사용하는 3차원 모델링 방법
와이어프레임 모델링, 솔리드 모델링, 서피스 모델링

**59** 다음 컴퓨터 장치 중 해당 장치가 잘못 연결된 것은?

㉮ 주기억장치 : 하드디스크
㉯ 보조기억장치 : USB 메모리
㉰ 입력장치 : 태블릿
㉱ 출력장치 : LCD

**해설** RAM은 컴퓨터의 주기억장치, 응용 프로그램의 일시적 로딩(loading), 데이터의 일시적 저장 등에 사용된다. 하드디스크(HDD)는 보조기억장치

**60** 스스로 빛을 내는 자기발광형 디스플레이로서 시야각이 넓고 응답시간도 빠르며 백라이트가 필요 없기 때문에 두께를 얇게 할 수 있는 디스플레이는?

㉮ TFT-LCD
㉯ 플라즈마 디스플레이
㉰ OLED
㉱ 래스터스캔 디스플레이

**해설** 유기 발광 다이오드(Organic Light-Emitting Diode, OLED)는 빛을 내는 층이 전류에 반응하여 빛을 발산하는 유기 화합물의 필름으로 이루어진 박막 발광 다이오드(LED)이다.

**정답** 58. ㉯ 59. ㉮ 60. ㉰

## 1과목 기계재료 및 요소

**01** 강의 표면경화법으로 금속 표면에 탄소(C)를 침입 고용 시키는 방법은?

㉮ 질화법  ㉯ 침탄법
㉰ 화염경화법  ㉱ 숏피닝

**[해설]** 질화법 : 합금강을 암모니아($NH_3$)가스 중에서 장시간 가열하면 질소를 흡수하여 강의 표면에 질화물 형성되며 확산되어 경화하는 방법
화염경화법 : 산소-아세틸렌 화염으로 제품의 표면을 가열하여 담금질하는 방법

**02** 비철금속 구리(Cu)가 다른 금속 재료와 비교해 우수한 것 중 틀린 것은?

㉮ 연하고 전연성이 좋아 가공하기 쉽다.
㉯ 전기 및 열전도율이 낮다.
㉰ 아름다운 색을 띠고 있다.
㉱ 구리합금은 철강 재료에 비하여 내식성이 좋다.

**[해설]** 전기 및 열의 전도체는 은(Ag) 다음으로 높다.

**03** 열처리란 탄소강을 기본으로 하는 철강으로 매우 중요한 작업이다. 열처리의 특성으로 잘못 설명한 것은?

㉮ 내부의 응력과 변형을 감소시킨다.
㉯ 표면을 연화시키는등의 성질을 변화시킨다.
㉰ 기계적 성질을 향상시킨다.
㉱ 강의 전기적/자기적 성질을 향상시킨다.

**[해설]** 재료를 단단하게 만들어 기계적, 물리적 성능을 향상시키는 기술로 표면을 경화시키는 등의 성질을 변화시킨다.

**04** 다음 중 플라스틱 재료로서 동일 중량으로 기계적 강도가 강철보다 강력한 재질은?

㉮ 글라스 섬유  ㉯ 폴리카보네이트
㉰ 나일론  ㉱ FRP

**[해설]** F.R.P
유리섬유(fiber glass)를 주보강재로 하여 불포화 폴리에스테르 수지(unsaturated polyester resin)를 함침 가공한 복합 구조재로서 알미늄 보다 가볍고 철보다 강한 내식, 내열 및 내부식성이 우수한, 반영구적인 소재로 매우 큰 강도를 지니고 있으며, 전 산업분야에서 응용분야가 확대되고 있는 신소재 플라스틱 제품

**정답** 1. ㉯ 2. ㉯ 3. ㉯ 4. ㉱

**05** 철과 탄소는 약 6.68% 탄소에서 탄화철이라는 화합물질을 만드는데 이 탄소강의 표준조직은 무엇인가?

㉮ 펄라이트　　　㉯ 오스테나이트
㉰ 시멘타이트　　㉱ 소르바이트

해설 ① Ferrite : α철에 최대 0.025% 까지 탄소가 고용된 고용체이며, α고용체라고도 한다. 극히 연하고 연성이 크나 인장강도는 작고 상온에서 강자성체이다. 파면은 백색을 띠며 순철에 가까운 조직이다.
② Pearlite : 탄소 0.85%의 γ고용체가 723℃에서 분열하여 생긴 ferrite와 cementite의 공석정으로 ferrite와 cementite가 layer상으로 나타나는 강인한 조직이다. 담금질을 해도 경화되지 않고 화학식은 Fe₃C이다.
③ Austenite : 실온에서는 존재하기 힘듦. γ고용체를 뜻함

**06** 5~20% Zn의 황동으로 강도는 낮으나 전연성이 좋고 황금색에 가까우며 금박대용, 황동단추 등에 사용되는 구리 합금은?

㉮ 톰백　　　㉯ 문쯔메탈
㉰ 텔터 메탈　㉱ 주석황동

해설 문쯔메탈
60% Cu-40% Zn 합금으로 상온조직이 상이고 탈아연부식을 일으키기 쉬우나 강도를 요하는 볼트, 너트, 열간 단조품 등에 사용

**07** 일반 구조용 압연강재의 KS 기호는?

㉮ SS330　　　㉯ SM400A
㉰ SM45C　　㉱ SNC415

해설 SM400A : 용접구조용강재
SM45C : 기계구조용강재
SNC415 : 기계 구조 용 니켈-크롬강

**08** 회전체의 균형을 좋게 하거나 너트를 외부에 돌출시키지 않으려고 할 때 주로 사용하는 너트는?

㉮ 캡 너트　　　㉯ 둥근 너트
㉰ 육각 너트　　㉱ 와셔붙이 너트

해설 둥근 너트의 용도·기능은 풀림 방지

**09** 스퍼기어(spur gear)에서 Z는 잇수(개)이고, P가 지름피치(인치) 일 때 피치원 지름(D mm)을 구하는 공식은?

㉮ $D=\dfrac{PZ}{25.4}$　　㉯ $D=\dfrac{25.4}{PZ}$
㉰ $D=\dfrac{P}{25.4}$　　㉱ $D=\dfrac{25.4Z}{P}$

해설 미터 피치원 지름(P.C.D)=M(모듈) X Z(잇수)

**10** 축이음 기계요소 중 플렉시블 커플링에 속하는 것은?

㉮ 올덤 커플링　　㉯ 셀러 커플링
㉰ 클램프 커플링　㉱ 마찰 원통 커플링

해설 플렉시블 커플링 : 두 축 중심이 불일치 할 때 충격이나 진동이 생기기 때문에 탄성체의 부시를 끼워 넣어 연결한 축 이음
• 올덤 커플링은 큰 허용 평행 평심과 뛰어난 내구성을 보유한 고정밀도 플렉시블 커플링 (flexible coupling) 이다.

**2과목** 기계가공법 및 안전관리

**11** 왕복운동 기관에서 직선운동과 회전운동을 상호 전달할 수 있는 축은?

㉮ 직선 축   ㉯ 크랭크 축
㉰ 중공 축   ㉱ 플렉시블 축

해설 플렉시블 축
축의 방향을 자유로이 바꾸어 충격을 완화할 목적으로 휨 능력을 갖도록 한 축

**12** 재료의 안전성을 고려하여 허용할 수 있는 최대응력을 무엇이라 하는가?

㉮ 주 응력   ㉯ 사용 응력
㉰ 수직 응력   ㉱ 허용 응력

해설 수직 응력(normal stress, s)
단면에 수직 방향으로 작용하는 응력

**13** 스프링의 길이가 100mm인 한 끝을 고정하고, 다른 끝에 무게 40N의 추를 달았더니 스프링의 전체 길이가 120mm로 늘어났을 때 스프링 상수는 몇 N/mm인가?

㉮ 8   ㉯ 4
㉰ 2   ㉱ 1

해설 스프링 상수($k$)
$$= \frac{무게(F)}{늘어난길이(\triangle S)} = \frac{40}{120-100} = 2$$

**14** 다음 벨트 중에서 인장강도가 대단히 크고 수명이 가장 긴 벨트는?

㉮ 가죽 벨트   ㉯ 강철 벨트
㉰ 고무 벨트   ㉱ 섬유 벨트

해설 강철 벨트는 강도가 가장 크며 수명도 길다.

**15** 큰 토크를 전달시키기 위해 같은 모양의 키(key) 홈을 등 간격으로 파서 축과 보스를 잘 미끄러질 수 있도록 만든 기계요소는?

㉮ 코터   ㉯ 묻힘 키
㉰ 스플라인   ㉱ 테이퍼 키

해설 스플라인(spline)
축으로부터 직접 여러 줄의 키(key)를 절삭하여, 축과 보스(boss)가 슬립 운동을 할 수 있도록 한 것

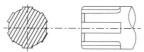

**16** 와이어 컷 방전가공에 대한 설명으로 틀린 것은?

㉮ 복잡한 형상의 절단 작업이 가능하다.
㉯ 장시간 동안 무인으로 작동할 수 있다.
㉰ 경도가 높은 금속도 절단이 가능하다.
㉱ 방전 후 사용한 와이어는 재사용이 가능하다.

해설 와이어 컷 방전에 사용한 와이어는 재사용이 불가능하다.

**17** 다음 중 비절삭작업에 속하지 않는 가공법은?

㉮ 단조   ㉯ 호빙
㉰ 압연   ㉱ 주조

해설 호빙은 홈, 기어의 치형을 깎는 가공

정답 **11.** ㉯ **12.** ㉱ **13.** ㉰ **14.** ㉯ **15.** ㉰ **16.** ㉱ **17.** ㉯

**18** 다음 중 절삭 저항력이 가장 작은 칩의 형태는?

㉮ 열단형 칩  ㉯ 전단형 칩
㉰ 균열형 칩  ㉱ 유동형 칩

해설 ① 연속형(유동형) 칩 : 연하고 인성이 큰 재질을 윗면 경사각이 큰 공구로 절삭하거나 절삭 깊이를 작게 하고 높은 절삭 온도에서 절삭제를 사용하여 가공하는 경우
② 전단형 칩 : 비교적 연한 재질을 작은 윗면 경사각으로 절삭하는 경우
③ 경작형 칩 : 점성이 큰 재질을 작은 경사각의 공구로 절삭하는 경우
④ 균열형 칩 : 주철과 같이 메짐이 큰 재료를 저속 절삭 시 발생한

**19** 연삭숫돌 구성의 3요소에 포함되지 않는 것은?

㉮ 입자  ㉯ 결합제
㉰ 조직  ㉱ 기공

해설 연삭숫돌 구성의 3요소
입자(숫돌입자), 결합제, 기공
숫돌입자 구성 5요소
숫돌입자, 입도, 결합도, 조직, 결합제

**20** 선반 작업의 안전 사항으로 틀린 것은?

㉮ 절삭공구는 가능한 길게 고정한다.
㉯ 칩의 비산에 대비하여 보안경을 착용한다.
㉰ 공작물 측정은 정지 후에 한다.
㉱ 칩은 맨손으로 제거하지 않는다.

해설 선반 바이트(절삭공구)는 가능한 짧게 고정한다.

**21** 수직 밀링머신에서 넓은 평면을 능률적으로 가공하는데 적합한 커터는?

㉮ 더브테일 커터
㉯ 사이트밀링 커터
㉰ 정면 커터
㉱ T 커터

해설 정면밀링커터(face cutter)
지름이 큰 것은 강철제 원판에 초경 합금의 절삭날을 경납 땜 한 것으로, 넓은 평면을 효과적으로 깎을 수 있다.

**22** 미터나사에서 지름이 14mm, 피치가 2mm의 나사를 태핑하기 위한 드릴 구멍의 지름은 보통 몇 mm로 하는가?

㉮ 16  ㉯ 14
㉰ 12  ㉱ 10

해설 탭드릴 지름
지름$(D)$ − 피치$(p)$ = 14 − 2 = 12

**23** 수평형 브로칭 머신의 설명과 가장 거리가 먼 것은?

㉮ 직립형에 비해 가공물 고정이 불편하다.
㉯ 기계의 조작이 쉽다.
㉰ 가동 및 안전성, 기계의 점검 등이 직립형보다 우수하다.
㉱ 직립형에 비해 설치면적이 적다.

해설 직립형에 비해 설치 면적과 세팅 면적이 크고 가공시 브로치가 구부러지기 쉬운 결점이 있지만, 브로치 가공 조작 및 기계 검사가 쉽다.

**24** 두께 30mm의 탄소강판에 절삭속도 20m/min, 드릴의 지름 10 mm, 이송 0.2 mm/rev로 구멍을 뚫을 때 절삭 소요시간은 약 몇 분인가? (단, 드릴의 원추 높이는 5.8 mm, 구멍은 관통하는 것으로 한다.)

ⓐ 0.11      ⓑ 0.28
ⓒ 0.75      ⓓ 1.11

**해설**
$$N = \frac{1000\,V}{\pi D}$$

$$T = \frac{t+h}{NS} = \frac{\pi D(t+h)}{1,000\,VS}$$

$$= \frac{\pi \times 10 \times (30+5.8)}{1,000 \times 20 \times 0.2} = 0.281$$

**25** NC 공작기계의 절삭 제어방식 종류가 아닌 것은?

ⓐ 위치결정 제어
ⓑ 직선절삭 제어
ⓒ 곡선절삭 제어
ⓓ 윤곽절삭 제어

**해설** NC 공작기계의 절삭 제어방식은 위치결정, 직선절삭, 윤곽절삭 제어 방식이다.

**3과목** **기계제도**

**26** 도면 관리에서 다른 도면과 구별하고 도면 내용을 직접 보지 않고도 제품의 종류 및 형식 등의 도면 내용을 알 수 있도록 하기 위해 기입하는 것은?

ⓐ 도면 번호      ⓑ 도면 척도
ⓒ 도면 양식      ⓓ 부품 번호

**해설** 도면 번호
도면 식별을 위해서 설계 기관에 의해 특정 도면에 할당된 번호.

**27** 다음의 평면도에 해당하는 것은? (제3각법의 경우)

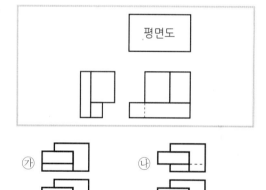

**28** 산술 평균거칠기 표시 기호는?

ⓐ Ra      ⓑ Rs
ⓒ Rz      ⓓ Ru

**해설** Ra : 산술 평균거칠기(중심선 평균거칠기)
Rz : 10점 평균거칠기
Ry : 최대높이 거칠기

정답 **24.** ⓑ **25.** ⓒ **26.** ⓐ **27.** ⓒ **28.** ⓐ

**29** 도면에 치수를 기입 할 때의 주의사항으로 틀린 것은?

㉮ 치수는 정면도, 측면도, 평면도에 보기 좋게 골고루 배치한다.

㉯ 외형선, 중심선, 혹은 그 연장선의 치수선으로 사용하지 않는다.

㉰ 치수는 가능한 한 도형의 오른쪽과 윗쪽에 기입한다.

㉱ 한 도면 내에서는 같은 크기의 숫자로 치수를 기입한다.

**해설** 도면에 치수를 기입할 경우에는 다음에 유의하여 적절히 기입한다.

㉮ 대상물의 크기, 위치 및 자세를 가장 명확하게 표시할 수 있도록 기입한다.

㉯ 치수는 될 수 있는 대로 주투상도(정면도)에 기입한다.

㉰ 관련된 치수는 가능하면 한곳에 모아서 기입한다.

㉱ 각 형체의 치수는 하나의 도면에서 한 번만 기입한다.

**30** 입체도에서 화살표 방향을 정면도로 할 때, 제3각법으로 투상한 것 중 옳은 것은?

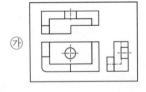

㉮

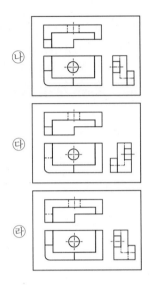

㉯

㉰

㉱

**31** 다음 기하공차의 종류 중 위치공차 기호가 아닌 것은?

㉮ ⊕   ㉯ ⌭

㉰ ═   ㉱ ◎

**해설** 원통도 ⌭ 는 모양공차이다.

**32** 투상도법에서 원근감을 갖도록 나타내어 건축물 등의 공사 설명용으로 주로 사용하는 투상도법은?

㉮ 등각투상도   ㉯ 투시도

㉰ 정투상도   ㉱ 부등각 투상도

**해설** 투시도
눈으로 보는 것과 같은 원근감이 나타나도록 물건 · 구조물 등을 그린 그림. 투시화

**정답** **29.** ㉮ **30.** ㉱ **31.** ㉯ **32.** ㉯

**33** 다음은 KS 제도 통칙에 따른 재료 기호이다. "KS D 3752 SM 45C" 이 기호에 대한 설명 중 옳은 것을 모두 고르시오.

> ㄱ. KS D는 KS 분류기호 중 금속 부문에 대한 설명이다.
> ㄴ. S는 재질을 나타내는 기호로 강을 의미한다.
> ㄷ. M은 기계구조용을 의미한다.
> ㄹ. 45C는 재료의 최저 인장강도가 45(kgf/mm²)를 의미한다.

㉮ ㄱ, ㄴ      ㉯ ㄱ, ㄹ
㉰ ㄱ, ㄴ, ㄷ      ㉱ ㄴ, ㄷ, ㄹ

해설 KS D 3752 SM 45C 이 기호에 대한 설명
SM 45C(KS D3752의 기계구조용 탄소강 강재)
SM → 기계 구조용(Machine Structural Use)강
45C → 탄소 함유량(0.40~0.50의 중간 값)

**34** 아래 도면의 기하공차가 나타내고 있는 것은?

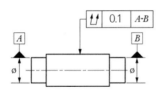

㉮ 원통도      ㉯ 진원도
㉰ 온 흔들림      ㉱ 원주 흔들림

해설 A와 B 데이텀에 원주에 온 흔들림은 0.1로 규제한다.

**35** 조립한 상태의 치수 허용 한계 값을 나타낸 것으로 틀린 것은?

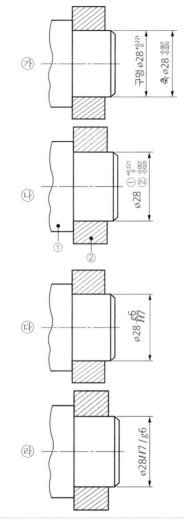

해설 구멍과 축의 끼워맞춤 공차를 기입할 때는 H7/g6으로 표기한다.

**36** 그림과 같은 단면도를 무슨 단면도라 하는가?

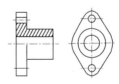

㉮ 회전도시 단면도　㉯ 부분 단면도
㉰ 한쪽 단면도　　　㉭ 온 단면도

**해설** 한쪽 단면도는 상하 또는 좌우가 대칭인 물체의 1/4을 절단 제거하여 반은 외형으로, 반은 단면으로 내부가 나타나도록 그린 단면도이다. 외형을 그린 부분에 숨은선은 그리지 않는다.

**37** 제작 도면으로 사용할 도면의 같은 장소에 숫자와 여러 종류의 선이 겹치게 될 때 가장 우선되는 것은?

㉮ 해칭선　　　　㉯ 치수선
㉰ 숨은선　　　　㉭ 숫자

**해설** ① 외형선(굵은 실선)
② 숨은선(파선)
③ 절단선(가는 1점 쇄선, 절단부 및 방향이 변한 부분을 굵게 한 것)
④ 중심선, 대칭선(가는 1점 쇄선)
⑤ 중심을 이은 선(가는 2점 쇄선)
⑥ 투상을 설명하는 선(가는 실선)

**38** 대상물의 구멍, 홈 등 모양만을 나타내는 것으로 충분한 경우에 그 부분만을 도시하는 그림과 같은 투상도는?

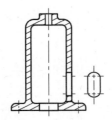

㉮ 회전 투상도　　㉯ 국부 투상도
㉰ 부분 투상도　　㉭ 보조 투상도

**해설** 부분 투상도
주투상도 외에 물체의 일부분만을 나타내어도 충분할 때 그린다.

**39** 가상선의 용도에 대한 설명으로 틀린 것은?

㉮ 인접 부분을 참고로 표시하는데 사용한다.
㉯ 수면, 유면 등의 위치를 표시하는데 사용한다.
㉰ 가공 전, 가공 후의 모양을 표시하는데 사용한다.
㉭ 도시된 단면의 앞쪽에 있는 부분을 표시하는데 사용한다.

**해설** 가상선은 가는 2점 쇄선으로 도시하며, 가동부분을 이동 중의 특장한 위치 또는 이동한계의 위치로 표시, 가상선은 인접하는 부분, 참고를 표시하는데 사용한다. 가동 부분을 이동 중의 특정한 위치 또는 이동 한계의 위치로 표시하는 데 사용

**40** 다음은 그림은 면의 지시기호이다. 그림에서 "M"은 무엇을 의미하는가?

㉮ 밀링 가공　　　㉯ 줄무늬 방향
㉰ 표면거칠기　　　㉭ 선반 가공

**해설** M : 교차/무방향

---

**정답** 37. ㉭　38. ㉯　39. ㉯　40. ㉯

**41** 치수 보조 기호의 설명으로 틀린 것은?

㉮ 구의 지름 – Sø

㉯ 구의 반지름 – SR

㉰ 45° 모따기 – C

㉱ 이론적으로 정확한 치수 – (15)

해설 이론적으로 정확한 치수 $\boxed{40}$, 참고 치수 : (40)

**42** IT기본공차의 등급은 모두 몇 등급으로 되어 있는가?

㉮ 10등급

㉯ 18등급

㉰ 20등급

㉱ 25등급

해설

| 구분 | 초정밀 그룹 | 정밀 그룹 | 일반 그룹 |
|---|---|---|---|
| | 게이지 제작 공차 또는 이에 준하는 제품 | 기계가공품 등의 끼워맞춤 부분의 공차 | 일반 공차로 끼워맞춤과 무관한 부분의 공차 |
| 구멍 | IT1~IT5 | IT6~IT10 | IT11~IT18 |
| 축 | IT1~IT4 | IT5~IT9 | IT10~IT18 |
| 가공 방법 | 래핑 | 연삭(정삭) | 황삭 |
| 공차 범위 | 0.001mm | 0.01mm | 0.1mm |

**43** 중간 끼워맞춤에서 구멍의 치수는 $50^{+0.035}_{\ \ \ 0}$, 축의 치수가 $50^{+0.042}_{+0.017}$일 때 최대 죔새는?

㉮ 0.033

㉯ 0.008

㉰ 0.018

㉱ 0.042

해설 최대 죔새 = 축의 최대 허용치수 – 구멍의 최소허용치수 = 0.042 – 0 = 0.042

**44** 다음 도면의 양식 중에서 반드시 마련해야 하는 양식은?

㉮ 도면의 구역

㉯ 중심 마크

㉰ 비교 눈금

㉱ 재단 마크

해설 도면에는 도면 및 설계자에 대한 정보와 도면 관리에 필요한 것들을 표시할 수 있도록 일정한 양식이 마련되어 있다. 반드시 그려야 할 양식은 윤곽선, 중심 마크, 표제란 등이며, 도면 구역, 재단 마크, 비교 눈금 등은 필요에 따라 그리는 것이 바람직하다.

**45** 다음 그림과 같은 리브 둥글기 반지름이 현저하게 다른 리브를 그릴 때 평면도로 옳은 것은?

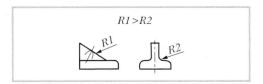

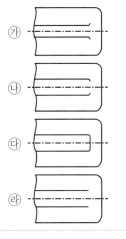

㉮

㉯

㉰

㉱

해설 R1 > R2일 경우는 리브가 바닥면과 만나는 선을 ㉯와 같이 그려야 한다.

**46** 다음 그림은 어떤 기계요소를 나타낸 것인가?

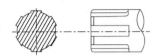

㉮ 원뿔 키     ㉯ 접선 키
㉰ 세레이션     ㉱ 스플라인

[해설] 스플라인(spline)
축으로부터 직접 여러 줄의 키(key)를 절삭하여, 축과 보스(boss)가 슬립 운동을 할 수 있도록 한 것

**47** 수나사 막대의 양 끝에 나사를 깎은 머리 없는 볼트로서, 한끝은 본체에 박고 다른 끝은 너트로 죌 때 쓰이는 것은?

㉮ 관통 볼트     ㉯ 미니추어 볼트
㉰ 스터드 볼트     ㉱ 탭 볼트

[해설] 양쪽 끝 모두 수나사로 되어 있으며, 한쪽 끝에 상대 쪽에 암나사를 만들어 미리 반영구적 나사 박음을 하고, 다른 쪽 끝에 너트를 끼워 죄는 볼트

**48** 베어링 호칭번호가 "7210CDTP5" 다음과 같을 때 이에 대한 설명으로 틀린 것은?

㉮ 베어링 계열 기호는 "72"이다.
㉯ 안지름 번호는 "10"으로 호칭 베어링의 안지름이 50mm이다.
㉰ 접촉각 기호는 "C"이다.
㉱ 정밀도 등급은 "DT"이다.

[해설] P5 : 정밀도 등급 표기

**49** 다음 중 플러그 용접 기호는?

[해설] ㉮ 심 용접 ㉰ 점 용접 ㉱ 맞대기 용접

**50** <보기>의 설명을 나사표시 방법으로 옳게 나타낸 것은?

> • 왼줄나사이며 두 줄 나사이다.
> • 미터 가는 나사로 호칭지름이 50mm, 피치가 2mm이다.
> • 수나사 등급이 4h 정밀급 나사이다.

㉮ L 2줄 M50×2 − 4h
㉯ 왼 2N TM50×2 − 4h
㉰ 2N M50×2 − 4h
㉱ 왼 2줄 M2×50 − 4h

[해설] 왼나사 2줄 미터나사로 호칭지름이 50, 피치는 2에 수나사 등급은 4h인 정밀급 나사

**51** 평 벨트 풀리의 도시방법으로 틀린 것은?

㉮ 벨트 풀리는 축 직각 방향의 투상을 주투상도로 할 수 있다.
㉯ 암은 길이 방향으로 절단하여 단면을 도시하지 않는다.
㉰ 대칭형인 벨트 풀리는 생략하지 않고 되도록 전체를 그려야 한다.
㉱ 암의 테이퍼 부분 치수를 기입할 때 치수 보조선은 경사선에 그어서 치수를 나타낼 수 있다.

[해설] 대칭형인 벨트 풀리는 생략하여 도시할 수 있다.

[정답] 46. ㉱ 47. ㉰ 48. ㉱ 49. ㉯ 50. ㉮ 51. ㉰

**52** 다음 중 센터 구멍이 필요하지 않은 경우를 나타낸 기호는?

 ㉮     ㉯

 ㉰    ㉱

해설 남아있어서는 안 된다.

**53** 스프링의 종류 및 모양만으로 간략도로 도시하는 경우 표시 방법으로 옳은 것은?

㉮ 재료의 중심선을 굵은 실선으로 그린다.
㉯ 재료의 중심선을 가는 2점 쇄선으로 그린다.
㉰ 재료의 중심선을 가는 실선으로 그린다.
㉱ 재료의 중심선을 굵은 1점 쇄선으로 그린다.

해설 재료의 중심선을 굵은 실선으로 그린다.

**54** 배관제도에서 관의 끝부분이 용접식 캡의 경우를 나타내는 그림의 기호는?

㉮ ——||    ㉯ ——|

㉰ ——|)    ㉱ ——→

해설 ㉮ 막힘 플랜지 ㉯ 나사 박음식 플랜지

**55** 모듈 m인 한 쌍의 외접 스퍼기어가 맞물려 있을 때 각각의 잇수를 $Z_1$, $Z_2$라면 두 기어의 중심거리를 구하는 계산식은?

㉮ $\dfrac{(Z_1 + Z_2) \times m}{2}$

㉯ $m \times (Z_1 + Z_2)$

㉰ $\dfrac{m}{2 \times (Z_1 + Z_2)}$

㉱ $2 \times m \times (Z_1 + Z_2)$

해설 중심거리$(C) = \dfrac{1}{2}(D_1 + D_2) = \dfrac{1}{2}m(Z_1 + Z_2)$

**56** 기어의 도시방법으로 옳은 것은? (단, 단면도가 아닌 일반 투상도로 나타낼 때로 가정한다.)

㉮ 잇봉우리원은 가는 실선으로 그린다.
㉯ 피치원을 가는 1점 쇄선으로 그린다.
㉰ 이골원은 가는 2점 쇄선으로 그린다.
㉱ 잇줄 방향은 보통 2개의 굵은 실선으로 그린다.

해설 기어의 도시방법
① 이끝원은 굵은 실선으로 그린다.
② 피치원은 가는 1점 쇄선으로 그린다.
③ 이뿌리원은 가는 실선으로 그린다.
④ 잇줄 방향은 보통 3개의 가는 실선으로 그린다.

**57** 면을 사용하여 은선을 제거시킬 수 있고 또 면의 구분이 가능하므로 가공면을 자동적으로 인식 처리할 수 있어서 NC data에 의한 NC가공 작업이 가능하나 질량 등의 물리적 성질은 구할 수 없는 모델링 방법은?

㉮ 서피스 모델링
㉯ 솔리드 모델링
㉰ 시스템 모델링
㉱ 와이어프레임 모델링

PART **05**

해설 와이어프레임(wire frame)은 물체의 외곽을 선들로만 연결시켜 놓은 상태의 모델로 처리속도가 빠르다.

해설 CAD 좌표계 : 절대좌표계, 절대극좌표계, 상대좌표계, 상대극좌표
절대좌표계 : 위치가 지정된 좌표계. 원점을 기준으로 하여 표현되는 좌표

## 58 다음 중 입력장치로 볼 수 없는 것은?

㉮ 터치패드　　㉯ 라이트펜
㉰ 3D 프린터　　㉱ 스캐너

해설 출력장치이며 3D 프린터는 2D 프린터가 활자나 그림을 인쇄하듯이 입력한 도면을 바탕으로 3차원의 입체 물품을 만들어내는 기계

## 59 컴퓨터에서 중앙처리장치의 구성으로만 짝지어진 것은?

㉮ 출력장치, 입력장치
㉯ 제어장치, 입력장치
㉰ 보조기억장치, 출력장치
㉱ 제어장치, 연산장치

해설 중앙처리장치는 주기억장치, 제어장치, 연산장치를 말한다.

## 60 각 좌표계에서 현재위치, 즉 출발점을 항상 원점으로 하여 임의의 위치까지의 거리로 나타내는 좌표계 방식은?

㉮ 직교좌표계
㉯ 극좌표계
㉰ 상대좌표계
㉱ 원통좌표계

정답 58. ㉰ 59. ㉱ 60. ㉰

## 1과목　기계재료 및 요소

**01** 마텐자이트와 베이나이트의 혼합조직으로 Ms와 Mf점 사이의 염욕에 담금질하여 과냉 오스테나이트의 변태가 완료할 때까지 항온 유지한 후에 꺼내어 공랭하는 열처리는 무엇인가?

㉮ 오스템퍼(austemper)

㉯ 마템퍼(martemper)

㉰ 마퀜칭(marquenching)

㉱ 패턴팅(patenting)

**해설** 항온 열처리

오스템퍼(austemper) : 하부 베이나이트 조직

마템퍼(martemper) : 베이나이트와 마텐자이트의 혼합 조직

마퀜칭(marquenching) : 마텐자이트 조직

타임퀜칭(time quenching), 항온뜨임(isothermal tempering), 항온풀림(isothermal annealing)

**02** 내열용 알루미늄합금 중에 Y합금의 성분은?

㉮ 구리, 납, 아연, 주석

㉯ 구리, 니켈, 망간, 주석

㉰ 구리, 알루미늄, 납, 아연

㉱ 구리, 알루미늄, 니켈, 마그네슘

**해설** Al-Cu-Mg-Ni계 합금

Y합금으로 불리며 우수한 기계적 성질과 절삭성을 갖는 Al-Cu계 합금에 Ni과 소량의 Mg을 첨가하여 300℃에서 약 20kg/mm² 이상의 고강도를 유지할 수 있는 내열성을 부여시킨 합금으로서 열처리에 의해서 기계적 성질을 보다 향상시킬 수 있어 피스톤과 같은 내열성의 부품제조에 널리 사용된다.

**03** 항공기 재료로 가장 적합한 것은 무엇인가?

㉮ 파인 세라믹　　㉯ 복합 조직강

㉰ 고강도 저합금강　㉱ 초두랄루민

**해설** 초두랄루민

알루미늄에 구리·마그네슘 등을 가한 합금. 두랄루민보다 강도가 높으며 항공기의 구조재

**04** 초경공구와 비교한 세라믹공구의 장점 중 옳지 않은 것은?

㉮ 고속 절삭 가공성이 우수하다.

㉯ 고온 경도가 높다

㉰ 내마멸성이 높다.

㉱ 충격강도가 높다.

---

**정답** 1. ㉯ 2. ㉱ 3. ㉱ 4. ㉱

**해설** 세라믹은 경도가 아주 높은 편인데 인장강도는 낮아서 꽤나 쉽게 부러지는 단점이 있다.

**05** 탄소강에 함유된 5대 원소는?

㉮ 황, 망간, 탄소, 규소, 인
㉯ 탄소, 규소, 인, 망간, 니켈
㉰ 규소, 탄소, 니켈, 크롬, 인
㉱ 인, 규소, 황, 망간, 텅스텐

**해설** 탄소강에 5대 원소
탄소(C), 망간(Mn), 황(S), 인(P), 규소(Si)

**06** 황이 함유된 탄소강에 적열취성을 감소시키기 위해 첨가하는 원소는?

㉮ 망간 ㉯ 규소
㉰ 구리 ㉱ 인

**해설** 황(S)은 적열취성의 원인이 되며 이것을 감소시키기 위해 망간(Mn)을 첨가한다.
적열 취성 : 황을 함유한 강이 950℃에서 인성이 저하되는 특성으로 황은 결정립계에 석출되어 취약하고 용융온도가 낮기 때문에 고온 가공성이 저하된다. 망간(Mn)을 첨가하여 방지한다.

**07** 길이가 1m이고 지름이 30mm인 둥근 막대에 30,000N의 인장하중을 작용하면 얼마 정도 늘어나는가?(단, 세로탄성계수는 $2.1 \times 10^5$/$Nmm^2$이다.)

㉮ 0.102mm ㉯ 0.202mm
㉰ 0.302mm ㉱ 0.402mm

**해설** 세로탄성계수$(E) = \dfrac{응력(\sigma)}{변형률(\varepsilon)} = \dfrac{wl}{\lambda A}$에서

늘어난 길이 $\lambda = \dfrac{wl}{EA}$

$= \dfrac{30,000 \times 10,000}{2.1 \times 10^5 \times \left(\dfrac{\pi \times 10^3}{4}\right)} = 0.202mm$

**08** 스프링의 용도에 대한 설명 중 틀린 것은?

㉮ 힘의 측정에 사용된다.
㉯ 마찰력 증가에 이용한다.
㉰ 일정한 압력을 가할 때 사용된다.
㉱ 에너지 저축하여 동력원으로 작동시킨다.

**해설** 용도에 의한 분류
• 스프링은 진동 또는 탄성에너지를 흡수하여 완충, 방진의 작용을 함
• 에너지를 저축하여 놓고 이것을 동력원으로 작동시키는데 사용
• 복원성을 이용, 일정한 압력을 가할 때 사용(스프링와셔, 안전밸브 스프링)
• 힘의 측정에 사용(스프링 거울, 압력 게이지)

**09** 양쪽 끝 모두 수나사로 되어 있으며, 한쪽 끝에 상대 쪽에 암나사를 만들어 미리 반영구적 나사 박음하고, 다른 쪽 끝에 너트를 끼워 죄도록 하는 볼트는 무엇인가?

㉮ 스테이 볼트 ㉯ 아이볼트
㉰ 탭 볼트 ㉱ 스터드 볼트

**해설** 스테이 볼트 : 부품의 간격 유지에 사용

**10** 나사에 대한 설명으로 틀린 것은?

㉮ 나사산의 모양에 따라 삼각, 사각, 둥근 것 등으로 분류한다.

**정답 5.** ㉮ **6.** ㉮ **7.** ㉯ **8.** ㉯ **9.** ㉮ **10.** ㉱

㉯ 체결용 나사는 기계 부품의 접합 또는 위치 조정에 사용 된다.

㉰ 나사를 1회전하여 축 방향으로 이동한 거리를 "리드"라 한다.

㉱ 힘을 전달하거나 물체를 움직이게 할 목적으로 사용하는 나사는 주로 삼각나사이다.

해설 운동용 나사

힘을 전달하거나 물체를 움직이게 할 목적에 이용되는 나사로 사각나사, 사다리꼴나사, 톱니 나사, 볼나사, 둥근 나사 등이 있다.

### 2과목 기계가공법 및 안전관리

**11** 내열성과 내마모성이 크고 온도가 600℃ 정도까지 열을 주어도 연화되지 않은 특징이 있으며, 대표적인 것으로 텅스텐(18%), 크롬(4%), 바나듐(1%)으로 조성된 강은?

㉮ 합금공구강  ㉯ 다이스강
㉰ 고속도공구강  ㉱ 탄소공구강

해설 고속도강(High Speed Steel : HSS)

W계 고속도강이 고속도강의 표준형이며 18-4-1형이 대표적이다. 이 종류는 18% W, 4% Cr, 1% V의 첨가원소로 구성되어 있고 고온경도가 높아 연강을 가공할 때는 30m/min 이상의 절삭속도가 가능하다.

**12** 한중의 작용 상태에 따른 분류에서 재료의 축선 방향으로 늘어나게 하는 하중은?

㉮ 굽힘하중  ㉯ 전단하중
㉰ 인장하중  ㉱ 압축하중

해설 굽힘 하중 : 재료를 굽히려고 작용하는 하중
전단 하중 : 근접한 평행면에 크기가 같고 방향이 반대인 하중
압축 하중 : 작용방향으로 재료를 누르는 하중

**13** 유니버설 조인트의 허용 축 각도는 몇 도(°) 이내인가?

㉮ 10°  ㉯ 20°
㉰ 30°  ㉱ 60°

해설 유니버설 조인트의 허용 축 각도 30°이다.

**14** 기어의 잇수가 40개고, 피치원의 지름이 320mm 일 때 모듈의 값은?

㉮ 4  ㉯ 6
㉰ 8  ㉱ 12

해설 $모듈 = \dfrac{피치원지름}{잇수} = \dfrac{320}{40} = 8$

**15** 깊은 홈 베어링의 호칭번호가 6208 일 때 안지름은 얼마인가?

㉮ 10mm  ㉯ 20mm
㉰ 30mm  ㉱ 40mm

해설 베어링의 안지름 번호(KS B 2012)(mm)

| 안지름번호 | 00 | 01 | 02 | 03 | 04 | 05 | 06 | 07 | 08 | 09 | 10 | 11 |
|---|---|---|---|---|---|---|---|---|---|---|---|---|
| 호칭안지름 | 10 | 12 | 15 | 17 | 20 | 25 | 30 | 35 | 40 | 45 | 50 | 55 |

베어링 안지름 계산법 : 04부터는 곱하기 5를 하면 안지름을 구할 수 있다.

**16** 절삭가공 공작기계에 속하지 않는 것은?

㉮ 선반　　　　　㉯ 밀링머신
㉰ 셰이퍼　　　　㉱ 프레스

**해설** 프레스(Press)
외력을 가해서 판금(板金)에 구멍 또는 무늬를 내거나, 절단 및 소성(塑性) 변형으로 갖가지 형상을 만들어 내는 기계. 또는, 그 가공 작업.

**17** 높은 정밀도를 요구하는 가공물, 정밀기계의 구멍 가공 등에 사용하는 것으로 외부환경 변화에 따른 영향을 받지 않도록, 항온, 항습실에 설치하는 보링머신은 무엇인가?

㉮ 수평형 보링머신
㉯ 수직형 보링머신
㉰ 지그(Jig) 보링머신
㉱ 코어(Core) 보링머신

**해설** 보링은 뚫린 구멍을 깎아 넓히는 것. 코어형은 수평형 보링머신에 속한다.

**18** 밀링의 부속장치 중 분할작업과 비틀림 홈 가공을 할 수 있는 장치는?

㉮ 테이블
㉯ 분할대
㉰ 슬로팅 장치
㉱ 랙밀링 장치

**해설** 분할대(index head)와 같은 부속장치를 사용하여, gear의 치형, 특수나사, cam, drill, reamer, cutter 등도 제작할 수 있다.

**19** 선반가공에서 사용되는 칩 브레이커에 대한 설명으로 옳은 것은?

㉮ 바이트 날 끝각이다.
㉯ 칩의 절단장치이다.
㉰ 바이트 여유각이다.
㉱ 칩의 한 종류이다.

**해설** 절삭가공에서 칩 브레이커의 역할
① 선삭절삭에서 길게 배출되는 칩을 짧게 절단해 주는 역할을 한다.
② 경사각을 크게 하여 절삭저항을 감소시키는 역학을 한다.
③ 칩을 제거하는데 소요되는 비가공시간을 감소시켜준다.

**20** 선반에서 사용하는 부속장치는?

㉮ 방진구　　　　㉯ 아버
㉰ 분할대　　　　㉱ 스로팅 장치

**해설** 방진구는 가늘고 긴 일감이 휘는 것을 방지

**21** 커터의 날 수가 10개, 1날당 이송량 0.14mm, 커터의 회전수는 715rpm으로 연강을 밀링에서 가공할 때 테이블의 이송 속도는 약 몇 mm/min인가?

㉮ 715　　　　　㉯ 1000
㉰ 5100　　　　㉱ 7150

**해설** $f = f_z \times Z \times N$
　　　$= 0.14 \times 10 \times 714 = 1{,}001\,\mathrm{mm/min}$
　　$f_z$(이송량), $Z$(날수), $N$(회전수)

**22** 다음 머시닝센터 프로그램에서 G99가 의미하는 것은?

> G90 G99 G73 Z−25, R5, Q3, F80 ;

㉮ 1회 절삭깊이
㉯ 초기점 복귀
㉰ 가공 후 R지점 복귀
㉱ 절대지령

[해설] G99 : 고정 사이클 R점 복귀

**23** 원통의 내면을 사각 숫돌이 원통형으로 장착된 공구를 회전 및 상·하 운동을 시켜 가공하는 정밀입자 공작기계는 무엇인가?

㉮ 선반  ㉯ 슬로터
㉰ 호닝머신  ㉱ 플레이너

[해설] 보링 또는 연삭기 등으로 내면 연삭한 것을 진원도, 진직도 및 표면 조도를 향상시키기 위해서 숫돌을 장치한 호닝헤드라고 하는 공구를 가공면에 접촉시킨 후 회전운동과 왕복운동을 주어 절삭작업을 하여 정밀경면 다듬질이 가공법을 호닝기, 호닝머신의 호닝(honing) 가공이라 한다. 이러한 정밀다듬질의 호닝가공을 하는 공작기계를 호닝기, 호닝머신이라 한다.

**24** 외측 마이크로미터 "0"점 조정시 기준이 되는 것은?

㉮ 블록 게이지  ㉯ 다이얼 게이지
㉰ 오토콜리메이터  ㉱ 레이저 측정기

[해설] 블록 게이지(게이지 블록)은 1896년 스웨덴의 기술자 칼 에드워드 요한슨에 의해 제작, 발명되었다.
• 산업현장에서 길이의 표준으로 가장 정밀도가 높고 많이 사용되는 표준 길이이다.
• 블록 게이지는 내구성이 우수한 재료(스틸, 초경, 세라믹)로 만든 직사각형 단면의 표준물로써 호칭 치수가 다른 것과 한 조가 되어 있으며, 몇 개의 블록 게이지를 조합하여 필요한 치수를 만들어 길이 측정하는 단도기이다.

**25** 그림과 같이 일감은 제자리에서 회전하고 숫돌이 회전과 전후 이송을 주어 원통의 외경을 연삭하는 방식은?

㉮ 연삭숫돌대 방식
㉯ 플랜지 컷 방식
㉰ 센터리스 방식
㉱ 테이블 왕복식

[해설] 연삭 작업 방식
① 트래버스 컷(treverse cut) 방식 : 공작물 회전과 숫돌이송을 동시에 좌우로 운동하여 연삭
② 플랜지 컷(plunged cut) 방식 : 숫돌절입방식으로 공작물과 숫돌에 이송을 주지 않고 전후(가로)이송으로 연삭
③ 플래너터리(planetary : 유성형) 방식 : 공작물은 정지 숫돌축이 회전 연삭운동과 동시에 공전운동을 하는 방식

## 3과목 기계제도

**26** 선의 종류에서 용도에 의한 명칭과 선의 종류를 바르게 연결한 것은?

㉮ 외형선 – 굵은 1점 쇄선
㉯ 중심선 – 가는 2점 쇄선
㉰ 치수보조선 – 굵은 실선
㉱ 지시선 – 가는 실선

**[해설]** • 굵은 실선 : 외형선
• 가는 실선 : 치수선, 치수보조선, 지시선, 회전단면선
• 파선 : 숨은선
• 가는 1점 쇄선 : 중심선, 기준선, 피치선
• 굵은 1점 쇄선 : 특수지정선
• 가는 2점 쇄선 : 가상선, 무게중심선

**27** 특수한 가공을 하는 부분 등 특별한 요구사항을 적용할 수 있는 범위를 표시하는데 사용하는 선은?

㉮ 굵은 1점 쇄선   ㉯ 가는 2점 쇄선
㉰ 가는 실선   ㉱ 굵은 실선

**[해설]** 굵은 1점 쇄선은 특수한 가공을 실시하는 부분을 표시하는 선이다.

**28** 구멍의 최대 허용치수가 50.025, 최소허용치수가 50.0000이고, 축의 최대 허용치수가 50.050, 최소 허용치수가 50.034일 때 최소 죔새는 얼마인가?

㉮ 0.009   ㉯ 0.050
㉰ 0.025   ㉱ 0.034

**[해설]** 최소 죔새
= 축의 최소 허용치수 – 구멍의 최대 허용치수
= 50.034 – 50.025 = 0.009

**29** 다음 그림에서 도시 치수가 C2일 때 모따기의 각도는?

㉮ 15°   ㉯ 30°
㉰ 45°   ㉱ 60°

**[해설]** 모따기 기호는 C, 각도는 45°이다.

**30** 치수 공차 및 끼워맞춤에 관한 용어의 설명으로 옳지 않은 것은?

㉮ 허용한계치수 : 형체의 실 치수가 그 사이에 들어가도록 정한, 허용할 수 있는 대소 2개의 극한의 치수
㉯ 기준치수 : 위 치수허용차 및 아래 치수허용차를 적용하는데 따라 허용한계치수가 주어지는 기준이 되는 치수
㉰ 치수허용차 : 실제 치수와 대응하는 기준 치수와의 대수차
㉱ 기준선 : 허용한계치수 또는 끼워맞춤을 도시할 때 치수 허용차의 기준이 되는 직선

**[해설]** 치수허용차
허용 한계 치수에서 기준 치수를 뺀 값으로서 허용차라고도 한다.

**31** 치수 보조선에 대한 설명으로 옳지 않은 것은?

㉮ 필요한 경우 치수선에 대하여 적당한 각도로 평행한 치수 보조선을 그을 수 있다.

㉯ 도형을 나타내는 외형선과 치수보조선은 떨어져서는 안 된다.

㉰ 치수보조선은 치수선을 약간 지날 때까지 연정하여 나타낸다.

㉱ 가는 실선으로 나타낸다.

해설 외형선에 치수보조선이 0.5~0.8 떨어지게 보조선을 그린다.

**32** 주로 금형으로 생산되는 플라스틱 눈금자와 같은 제품 등에 제거 가공 여부를 묻지 않을 때 사용되는 기호는?

㉮    ㉯

㉰    ㉱

해설 제거 가공을 허락하지 않는 것

W : 거친다듬질,  X : 보통다듬질

Y : 정밀다듬질,  Z : 연마다듬질

**33** 경사면부가 있는 대상물에 대해서 그 대상면의 실형을 도시할 필요가 있는 경우 그림과 같이 투상도를 나타낼 수 있는데 이 투상도의 명칭은?

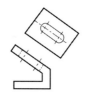

㉮ 부분 투상도    ㉯ 보조 투상도
㉰ 국부 투상도    ㉱ 특수 투상도

해설 보조 투상도 : 주투상도에서 물체의 경사면의 형상이 명확하게 구분되지 않을 경우, 경사면에 평행하면서 주투상도의 시점과 수직인 보조 투상도를 그린다.

**34** 다음 중 모양 공차의 종류에 속하지 않는 것은?

㉮ 평면도 공차
㉯ 원통도 공차
㉰ 평행도 공차
㉱ 면의 윤곽도 공차

해설 평행도 공차는 자세공차이다.

**35** 특별히 연장한 크기가 아닌 일반 A 계열 제도 용지의 세로 : 가로의 비는 얼마인가? (단, 가로가 긴 용지를 기준으로 한다)

㉮ 1 : 1          ㉯ 1 : $\sqrt{2}$
㉰ 1 : $\sqrt{3}$   ㉱ 1 : 2

해설 제도 용지의 세로와 가로의 비는 1 : $\sqrt{2}$ 이다.

**36** 다음 그림을 제3각법(정면도 – 화살표방향)의 투상도로 볼 때 좌측 면도로 가장 적합한 것은?

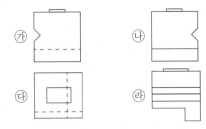

**37** 인쇄, 복사 또는 플로터로 출력된 도면을 규격에서 정한 크기대로 자르기 위해 마련한 도면의 양식은?

㉮ 비교눈금
㉯ 재단 마크
㉰ 윤곽선
㉱ 도면의 구역기호

해설 재단 마크
도면을 규격에서 정한 크기대로 자르기 위해 마련한 도면의 양식

**38** 가공에 의한 커터의 줄무늬 방향이 그림과 같을 때, "(가)" 부분의 기호는?

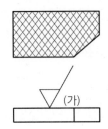

(가)

㉮ X
㉯ M
㉰ R
㉱ C

해설 C : 동심원, M : 교차/무방향
R : 방사상, X : 교차

**39** 다음과 같이 표시된 기하 공차에서 "A"가 의미하는 것은?

| // | 0.011 | A |

㉮ 공차 종류와 기호   ㉯ 데이텀 기호
㉰ 공차 등급 기호   ㉱ 공차

해설 A는 데이텀 기호, 평행도는 0.011mm

**40** 다음 중 회전도시 단면도로 나타내기에 가장 부적절한 것은?

㉮ 리브
㉯ 기어의 이
㉰ 훅
㉱ 바퀴의 암

해설 길이방향으로 절단하지 않는 부품 : 축, 핀, 볼트, 너트, 와셔, 작은 나사, 세트스크루, 리벳, 키, 테이퍼 핀, 볼 베어링, 원통롤러, 리브, 웨브, 바퀴의 암, 기어의 이 등의 부품

**41** 다음 그림은 어떤 물체를 제3각법 정투상도로 나타낸 것이다. 입체도로 옳은 것은?

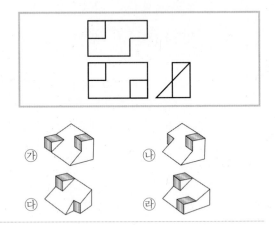

해설 보기의 등각투상을 정투상도와 일치시켜 ㉰를 선택한다.

**42** 물체의 모양을 연필만을 사용하여 정투상도나 회화적 투상으로 나타내는 스케치 방법은?

㉮ 프린트법      ㉯ 본 뜨기법
㉰ 프리핸드법      ㉱ 사진 촬영법

**해설** 프리핸드법 : 자나 컴퍼스를 사용하지 않고 도형을 그리는 방법으로, 척도는 스케치하는 기계나 부품의 크기에 따라 적당히 정한다.
스케치도 그리는 방법 : 부품의 모양을 그릴 때에는 그 부품의 모양에 따라 프리핸드법, 프린트법, 본뜨기법, 사진 촬영법 등을 사용한다.

**43** 다음과 같은 정면도와 우측면도가 주어졌을 때 평면도로 알맞은 것은? (단, 제3각법의 경우)

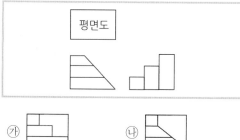

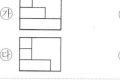 ㉮       ㉯

㉰      ㉱

**해설** 정면도와 우측면도를 기준으로 평면도를 보기를 참조하여 투상하면 ㉮ 평면도이다.

**44** 같은 단면의 부분이나 같은 모양이 규칙적으로 나타난 경우는 그림과 같이 중간 부분을 잘라내어 도시할 수 있다. 이와 같은 용도로 사용하는 선의 명칭은?

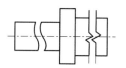

㉮ 절단선      ㉯ 파단선
㉰ 생략선      ㉱ 가상선

**해설** 파단선
불규칙한 파형의 가는 실선 또는 지그재그선, 대상물의 일부를 파단한 경계 또는 일부를 떼어낸 경계를 표시

**45** 롤러 베어링의 안지름 번호가 "03"일 때 안지름은 몇 mm인가?

㉮ 15      ㉯ 17
㉰ 3      ㉱ 12

**해설** 베어링의 안지름 번호(KS B 2012)(mm)

| 안지름 번호 | 00 | 01 | 02 | 03 | 04 | 05 | 06 | 07 | 08 | 09 | 10 | 11 |
|---|---|---|---|---|---|---|---|---|---|---|---|---|
| 호칭 안지름 | 10 | 12 | 15 | 17 | 20 | 25 | 30 | 35 | 40 | 45 | 50 | 55 |

베어링 안지름 계산법 : 04부터는 곱하기 5를 하면 안지름을 구할 수 있다.

**46** 다음 투상도에 표시된 "SR"은 무엇을 의미하는가?

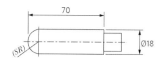

㉮ 원의 반지름      ㉯ 원호의 지름
㉰ 구의 반지름      ㉱ 구의 지름

**해설** SR : 구의 반지름, SØ : 구의 지름

---

**정답** 42. ㉰   43. ㉮   44. ㉯   45. ㉯   46. ㉰

**47** 유체의 종류와 문자 기호를 연결한 것으로 틀린 것은?

㉮ 공기 − A     ㉯ 연료 가스 − G

㉰ 일반 물 − W     ㉱ 증기 − R

해설 증기 : V, 수증기 : S, 유류 : O

**48** 다양한 형태를 가진 면, 또는 홈에 의하여 회전운동 또는 왕복운동을 발생시키는 기구는?

㉮ 캠     ㉯ 스프링

㉰ 베어링     ㉱ 링크

해설 스프링 : 물체의 탄성, 또는 변형에 의한 에너지의 축적 등을 이용하는 것을 주목적으로 하는 기계 요소

베어링 : 회전하고 있는 기계의 축을 일정한 위치에 고정시키고 축의 자중과 축에 걸리는 하중을 지지하면서 축을 회전시키는 역할을 하는 기계요소

**49** 다음 중 운전 중에 두 축을 결합하거나 떼어놓을 수 있는 것은?

㉮ 플렉시블 커플링

㉯ 플랜지 커플링

㉰ 유니버설 조인트

㉱ 맞물림 클러치

해설 축 커플링

두 개의 축을 연결하여 동력을 전달하는 이음쇠

**50** 나사의 도시에 관한 내용 중 나사 각부를 표시하는 선의 종류가 틀린 것은?

㉮ 수나사의 골 지름과 암나사의 골 지름은 가는 실선으로 그린다.

㉯ 가려서 보이지 않는 나사부는 파선으로 그린다.

㉰ 완전 나사부와 불완전 나사부의 경계는 가는 실선으로 그린다.

㉱ 수나사의 바깥지름과 암나사의 안지름은 굵은 실선으로 그린다.

해설 완전 나사부와 불완전 나사부의 경계는 굵은 실선으로 그린다.

**51** 호칭지름 6mm, 호칭길이 30mm, 공차 m6 인 비경화강 평행 핀의 호칭 방법이 옳게 표현된 것은?

㉮ 평행 핀 − 6x30 − m6 − St

㉯ 평행 핀 − 6x30 − m6 − A1

㉰ 평행 핀 − 6m6x30 − St

㉱ 평행 핀 − 6m6x30 − A1

해설 평행 핀의 호칭법

규격번호 또는 명칭, 종류(끼워맞춤), 형식, 호칭지름X길이, 재료

KS B 1320 m6 A6X40 SM25C − Q

평행핀 h7 B8X50 STS303B

**52** 스프로킷 휠의 도시법에 대한 설명으로 틀린 것은?

㉮ 바깥지름은 굵은 실선, 피치원은 가는 1점쇄선으로 도시한다.

㉯ 이뿌리원을 축에 직각인 방향에서 단면 도시할 경우에는 가는 실선으로 도시한다.

㉰ 이뿌리원은 가는 실선 또는 가는 파선으로 도시하나 기입을 생략해도 좋다.

㉱ 항목표에는 원칙적으로 톱니의 특성을 나타내는 사항을 기입한다.

정답 47. ㉱ 48. ㉮ 49. ㉱ 50. ㉰ 51. ㉰ 52. ㉯

**해설** 이뿌리원
가는 실선 (단, 단면을 할 경우 굵은 실선)

---

**53** 스퍼기어 도시법에서 잇봉우리원을 나타내는 선의 종류는?

㉮ 가는 실선　　㉯ 굵은 실선
㉰ 가는 1점 쇄선　㉱ 가는 2점 쇄선

**해설** 잇봉우리원은 이끝원과 같은 말이며, 기어의 이끝원은 굵은 실선으로 그린다.

---

**54** 나사의 호칭에 대한 표시 방법 중 틀린 것은?

㉮ 미터 사다리꼴나사 : R3/4
㉯ 미터 가는 나사 : M8 x 1
㉰ 유니파이 가는 나사 : No.8 − 36UNF
㉱ 관용 평행나사 : G1/2

**해설** 사다리꼴나사는 미터계 30° Tr(TM), 29° 인치계 TW이 있다.

---

**55** 다음 스퍼기어 요목표에서 ㉠의 잇수는?

| 스퍼기어 요목표 | |
| --- | --- |
| 기어치형 | 표준 |
| 치형 | 보통이 |
| 모듈 | 2 |
| 압력각 | 20° |
| 잇수 | ( ㉠ ) |
| 피치원지름 | $\phi100$ |
| 다듬질 방법 | 호브 절삭 |

㉮ 5　　㉯ 20
㉰ 40　　㉱ 50

---

**해설** 잇수 $= \dfrac{\text{피치원지름}}{\text{모듈}} = \dfrac{100}{2} = 50$

---

**56** 용접부의 기호 도시방법에 대한 설명 중 잘못된 것은?

㉮ 용접부 도시를 위해서는 일반적으로 실선과 점선의 2개의 기준선을 사용한다.
㉯ 기준선에서 경우에 따라 점선은 나타내지 않을 수 도 있다.
㉰ 기준선은 우선적으로는 도면 아래 모서리에 평행하도록 표시하고, 여의치 않을 경우 수직으로 표시할 수도 있다.
㉱ 용접부가 접합부의 화살표 쪽에 있다면 용접 기호는 기준선의 점선 쪽에 표시한다.

**해설** 용접부가 접합부의 화살표 쪽에 있다면 용접 기호는 기준선의 실선 쪽에 표시한다.

---

**57** CAD 시스템의 입력장치로 볼 수 있는 것을 모두 고른 것은?

| ㄱ. 태블릿 | ㄴ. 플로터 |
| --- | --- |
| ㄷ. 마우스 | ㄹ. 라이트펜 |

㉮ ㄱ, ㄴ　　㉯ ㄴ, ㄷ, ㄹ
㉰ ㄷ, ㄹ　　㉱ ㄱ, ㄷ, ㄹ

**해설** 출력장치는 플로터

---

**58** 다음 자료의 표현단위 중 그 크기가 가장 큰 것은?

㉮ 비트(bit)　　㉯ 바이트(byte)
㉰ 레코드(record)　㉱ 필드(field)

---

**정답** 53. ㉯ 54. ㉮ 55. ㉱ 56. ㉱ 57. ㉱ 58. ㉰

**해설** 레코드(record)
하나 이상의 관련된 필드가 모여서 구성, 컴퓨터 내부의 자료 처리 단위로서 일반적으로 레코드는 논리 레코드를 의미

**59** 일반적으로 CAD 작업에서 사용되는 좌표계 또는 좌표의 표현 방식과 거리가 먼 것은?

㉮ 원점 좌표  ㉯ 절대좌표
㉰ 극좌표  ㉱ 상대좌표

**해설** CAD 좌표계
절대좌표계, 절대극좌표계, 상대좌표계, 상대극좌표표

**60** CAD에서 기하학적 현상을 나타내는 방법 중 선에 의해서만 3차원 형상을 표시하는 방법을 무엇이라고 하는가?

㉮ Line drawing modeling
㉯ Shaded modeling
㉰ Cure modeling
㉱ Wire frame modeling

**해설** 와이어프레임(wire frame)은 물체의 외곽을 선들로만 연결시켜 놓은 상태의 모델로 처리속도가 빠르다.

## 1과목 기계재료 및 요소

**01** 내식용 Al 합금이 아닌 것은?

㉮ 알민(almin)
㉯ 알드레이(aldrey)
㉰ 하이드로날륨(hydronalium)
㉱ 코비탈륨(cobitalium)

**해설** 코비탈륨은 내열용 알루미늄 합금이다.

**02** 구리 4%, 마그네슘 0.5%, 망간 0.5%, 나머지가 알루미늄인 고강도 알루미늄 합금은?

㉮ 실루민  ㉯ 두랄루민
㉰ 라우탈  ㉱ 로엑스

**해설** 고강도 알루미늄 합금인 두랄루민은 비강도가 연강의 3배나 된다.

**03** 니켈강을 가공 후 공기 중에 방치하여도 담금질 효과를 나타내는 현상은 무엇인가?

㉮ 질량 효과  ㉯ 자경성
㉰ 시기 균열  ㉱ 가공 경화

**해설** 자경성이란 특수 원소의 첨가로 가열 후 공랭하여도 자연히 경화하여 담금질 효과를 얻을 수 있는 성질을 말한다. 이러한 원소에는 Cr, Ni, Mn, W, Mo 등이 있다.

**04** 킬드강에는 어떤 결함이 주고 생기는가?

㉮ 편석증가  ㉯ 내부에 기포
㉰ 외부에 기포  ㉱ 상부중앙에 수축공

**해설** 킬드강
정련된 용강을 Fe−Mn, Fe−Si, Al 등으로 완전 탈산시킨 강이다.

**05** 합금주철에서 0.2~1.5% 첨가로 흑연화를 방지하고 탄화물을 안정시키는 원소는 무엇인가?

㉮ Cr  ㉯ Ti
㉰ Ni  ㉱ Mo

**해설** ① 흑연화를 촉진시키는 원소 : Si, Al, Ni
② 흑연화를 방지하는 원소 : Cr, Mn, S

정답 1. ㉱ 2. ㉯ 3. ㉯ 4. ㉱ 5. ㉮

CRAFTSMAN COMPUTER AIDED MECHANICAL DRAWING

**06** 공구재료의 필요조건이 아닌 것은?

㉮ 열처리가 쉬울 것
㉯ 내마멸성이 작을 것
㉰ 강인성이 클 것
㉱ 고온 경도가 클 것

**[해설]** 내마모성, 강도와 인성이 클 것

**07** 주철의 성질을 가장 올바르게 설명한 것은?

㉮ 탄소의 함유량이 2.0% 이하이다.
㉯ 인장강도가 강에 비하여 크다.
㉰ 소성변형이 잘된다.
㉱ 주조성이 우수하다.

**[해설]** 주철의 탄소 함유량은 2.11~6.68%이다. 주철은 용융 상태에서 유동성이 좋으므로 주조가 용이하다.

**08** 웜 기어의 특징으로 가장 거리가 먼 것은?

㉮ 큰 감속비를 얻을 수 있다.
㉯ 중심거리에 오차가 있을 때는 마멸이 심하다.
㉰ 소음이 작고 역회전 방지를 할 수 있다.
㉱ 웜 휠의 정밀측정이 쉽다.

**[해설]** 웜 기어의 특징
① 작은 용적으로 큰 감속비를 얻을 수 있다.
② 회전이 조용하고 소음이 작다.
③ 역전을 방지할 수 있다.
큰 감속비을 간단하게 얻는 방법은 웜기어가 최적이다.

**09** 한 변의 길이가 20 mm인 정사각형 단면에 4kN의 압축하중이 작용할 때 내부에 발생하는 압축응력은 얼마인가?

㉮ 10 N/mm²  ㉯ 20 N/mm²
㉰ 100 N/mm²  ㉱ 200 N/mm²

**[해설]** $\sigma = \dfrac{W}{A} = \dfrac{4,000}{20 \times 20} = 10 \text{N/mm}^2$

**10** 축의 설계시 고려해야 할 사항으로 거리가 먼 것은?

㉮ 강도  ㉯ 제동장치
㉰ 부식  ㉱ 변형

**[해설]** 축 설계시 고려사항
① 강도(strength)
② 강성(rigidity)
③ 진동(vibration)
④ 열응력(thermal stress) 및 열팽창
⑤ 부식(corrosion)

## 2과목 기계가공법 및 안전관리

**11** 나사의 용어 중 리드에 대한 설명으로 맞는 것은?

㉮ 1회전시 작용되는 토크
㉯ 1회전시 이동한 거리
㉰ 나사산과 나사산의 거리
㉱ 1회전시 원주의 길이

**[해설]** 리드=줄 수×피치

정답 **6.** ㉯ **7.** ㉱ **8.** ㉱ **9.** ㉮ **10.** ㉯ **11.** ㉯

**478** | 전산응용기계제도 기능사 필기

**12** 사용 기능에 따라 분류한 기계요소에서 직접전동 기계요소는?

㉮ 마찰차       ㉯ 로프
㉰ 체인       ㉱ 벨트

**해설** 로프, 체인, 벨트는 두 개의 휠을 연결하는 매개체 역할을 하므로 간접 전동 기계요소이다. 직접 전동 기계요소는 마찰차와 같이 두 개의 휠이 직접 접촉하는 동력 전달 요소이다.

**13** 볼트의 머리와 중간재 사이 또는 너트와 중간재 사이에 사용하여 충격을 흡수하는 작용을 하는 것은?

㉮ 와셔 스프링       ㉯ 토션바
㉰ 벌류트 스프링       ㉱ 코일 스프링

**해설** 스프링 와셔는 충격흡수 및 볼트너트 풀림방지역할

**14** 볼트와 볼트 구멍 사이에 틈새가 있어 전단응력과 휨 응력이 동시에 발생하는 현상을 방지하기 위한 가장 올바른 방법은?

㉮ 와셔를 사용한다.
㉯ 로크너트를 사용한다.
㉰ 멈춤 나사를 사용한다.
㉱ 링이나 봉을 끼워 사용한다.

**해설** 틈새에 링이나 튜브를 끼워 두께를 보강하여 전단 응력과 휨 응력을 방지한다.

**15** 3줄 나사에서 피치가 2mm일 때 나사를 6회전시키면 이동하는 거리는 몇 mm인가?

㉮ 6       ㉯ 12

㉰ 18       ㉱ 36

**해설** 리드＝피치×줄 수, 1회전할 때 6mm 이동하는 나사이므로 6회전할 때 36mm 이동하게 된다.
∴ 리드＝(피치×줄 수)×회전 수
＝(2×3)×6=36mm

**16** 연삭가공에서 결합제의 기호 중 틀린 것은?

㉮ 비트리파이드－V
㉯ 금속결합제－M
㉰ 셸락－E
㉱ 레지노이드－R

**해설** 레지노이드－B

**17** 원통 연삭 작업에서 지름이 300mm인 연삭 숫돌로 지름이 200mm인 공작물을 연삭할 때에 숫돌바퀴의 원주 속도는 1500m/min이다. 이때 숫돌바퀴의 회전수는 약 몇 rpm인가?

㉮ 1,492       ㉯ 1,592
㉰ 1,692       ㉱ 1,792

**해설** $N = \dfrac{1{,}000 \times V}{\pi d} = \dfrac{1{,}000 \times 1{,}500}{3.14 \times 300} = 1{,}592\,\text{rpm}$

**18** 방전가공에서 가공 전극의 구비조건으로 틀린 것은?

㉮ 전기 저항이 크다.
㉯ 전극의 소모가 크다.
㉰ 기계가공이 용이하다.
㉱ 가격이 저렴해야 한다.

**해설** 전기 저항이 낮고 전기 전도도가 클 것

**정답** **12.** ㉮ **13.** ㉮ **14.** ㉱ **15.** ㉱ **16.** ㉱ **17.** ㉯ **18.** ㉮

**19** 진원도 측정법이 아닌 것은?

㉮ 지름법  ㉯ 수평법
㉰ 삼점법  ㉭ 반지름법

**해설** 진원도 측정법 : 직경법, 3점법, 반경 측정법

**20** 선반에서 일감이 1회전 하는 동안, 바이트가 길이 방향으로 이동하는 거리는?

㉮ 회전력  ㉯ 주분력
㉰ 피치  ㉭ 이송

**해설** 선반의 이송 단위 : mm/rev (회전당 이송) : 선반, 드릴

**21** 절삭 저항의 크기를 측정하는 것은?

㉮ 다이얼 게이지(dial gauge)
㉯ 서피스 게이지(surface gauge)
㉰ 스트레인 게이지(strain gauge)
㉭ 게이지 블록(gauge block)

**해설** 스트레인 게이지(strain gauge)를 바이트와 함께 늘어나는 양을 전기 저항의 변화를 측정한다.

**22** 밀링 머신의 부속 장치가 아닌 것은?

㉮ 아버  ㉯ 에이프런
㉰ 슬로팅 장치  ㉭ 회전 테이블

**해설** 선반의 에어프런은 왕복대의 새들에 베드 전면으로 설치되어 있는 구조로, 리드 나사와 이송봉에 연결되는 좌우이송, 전후이송 및 나사절삭 이송장치가 있다. 좌우 및 전후 이송은 수동과 자동모두 가능하다.
• 밀링 머신의 부속 장치는 분할대, 회전테이블, 슬로팅 장치, 수직 축 장치, 래크절삭 장치, 아버(arbor)와 바이스(vise) 그리고 콜릿이 있다.

**23** 호빙 머신으로 가공할 수 없는 기어는?

㉮ 웜기어
㉯ 스퍼기어
㉰ 스파이럴 베벨기어
㉭ 헬리컬기어

**해설** 스파이럴 베벨기어의 치절법은 Gleason과 등고치 방식이 있으며, 이는 치의 넓이(치폭)를 정면에 놓고 보았을 때 치의 높이가 치폭 중앙과 비교해서 치폭의 좌측과 우측의 높이가 같다면 등고치라 하며 틀리다면 Gleason식이다.

**24** CNC 기계의 서보기구에서 피드백 회로가 없는 방식은?

㉮ 반 폐쇄 회로방식(semi−closed loop system)
㉯ 폐쇄 회로방식(closed loop system)
㉰ 개방 회로방식(open loop system)
㉭ 하이브리드 서보방식(hybrid servo system)

**해설** 개방 회로 방식은 피드백 회로가 없으므로 구조는 간단하지만 오차를 보상하지 못한다.

**25** 보링머신에서 이미 뚫은 구멍을 필요한 크기나 정밀한 치수로 넓히는 작업에 사용되는 공구는?

㉮ 면 판  ㉯ 돌리개
㉰ 방진구  ㉭ 보링 바

**해설** 보링은 뚫린 구멍을 깎아 넓히는 것. 코어형은 수평형 보링머신에 속한다.

정답 **19.** ㉯ **20.** ㉭ **21.** ㉰ **22.** ㉯ **23.** ㉰ **24.** ㉰ **25.** ㉭

**26** 단면도를 나타낼 때 길이 방향으로 절단하여 도시할 수 있는 것은?

㉮ 볼트  ㉯ 기어의 이

㉰ 바퀴 암  ㉱ 풀리의 보스

**해설** 길이방향으로 절단하지 않는 부품

축, 핀, 볼트, 너트, 와셔, 작은 나사, 세트스크루, 리벳, 키, 테이퍼 핀, 볼 베어링, 원통롤러, 리브, 웨브, 바퀴의 암, 기어의 이 등의 부품

**27** 줄무늬 방향의 기호에서 가공에 의한 컷의 줄무늬가 여러 방향으로 교차 또는 무방향을 나타내는 것은?

㉮ M  ㉯ C

㉰ R  ㉱ X

**해설** C : 동심원, M : 교차/무방향

R : 방사상, X : 교차

**28** 되풀이 되는 도형을 도시할 때 적용하는 가상선의 종류는?

㉮ 가는 2점 쇄선

㉯ 가는 1점 쇄선

㉰ 가는 실선

㉱ 가는 파선

**해설** 가는 2점 쇄선

움직이는 부품의 가동 중의 특정 위치 또는 최대 위치를 나타내는 물체의 윤곽선(가상선)

**29** 치수 보조 기호에서 이론적으로 정확한 치수를 나타내는 것은?

㉮ ⬛30⬛  ㉯ ②

㉰ <u>30</u>  ㉱ (30)

**해설** ⬛30⬛ : 이론적으로 정확한 치수

<u>30</u> : 비례척이 아님

(30) : 참고치수

**30** 다음 도면과 같이 치수 <u>30</u> 밑에 그은 선이 의미하는 것은?

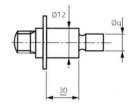

㉮ 다듬질 치수

㉯ 가공 치수

㉰ 기준 치수

㉱ 비례하지 않는 치수

**해설** <u>30</u> : 비례척이 아님

**31** 다음 제3각법으로 나타낸 정투상도 중 틀린 것은?

㉮

㉯

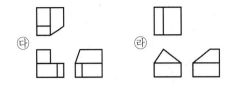

**32** 구멍의 최소치수가 축의 최대치수보다 큰 경우이며, 항상 틈새가 생기는 끼워맞춤으로 직선운동이나 회전운동이 필요한 기계부품의 조립에 적용하는 것은?

㉮ 억지 끼워맞춤
㉯ 중간 끼워맞춤
㉰ 헐거운 끼워맞춤
㉱ 구멍기준식 끼워맞춤

해설 틈새 : 헐거운 끼워맞춤으로 항상 틈새, 조건은 구멍의 최소치수>축의 최대치수

**33** 구멍의 치수 $\varnothing 50^{+0.025}_{+0.005}$ 축의 치수 $\varnothing 50^{+0.033}_{+0.017}$ 의 끼워맞춤에서 최대 죔새는?

㉮ 0.008
㉯ 0.028
㉰ 0.042
㉱ 0.050

해설 • 최대 죔새＝축의 최대치수－구멍의 최소치수
       ＝50.033－50.005＝0.028
• 최소 틈새＝구멍의 최소치수－축의 최대치수
• 최대 틈새＝구멍의 최대치수－축의 최소치수
• 최소 죔새＝축의 최소치수－구멍의 최대치수

**34** 구(sphere)를 도시할 때 필요한 최소의 투상도 수는?

㉮ 1개
㉯ 2개
㉰ 3개
㉱ 4개

해설 구는 1개의 투상도로 표현이 가능하다.

**35** 도면이 구비해야 할 기본 요건으로 가장 거리가 먼 것은?

㉮ 대상물의 도형과 함께 필요로 하는 구조, 조립 상태, 치수, 가공방법 등의 정보를 포함하여야 한다.
㉯ 애매한 해석이 생기지 않도록 표현상 명확한 뜻을 가져야 한다.
㉰ 무역 및 기술의 국제교류의 입장에서 국제성을 가져야 한다.
㉱ 제품의 가격 정보를 항상 포함하여야 한다.

해설 제품의 가격 정보는 포함하지 않는다.

**36** 표면거칠기 기호 중 제거가공을 필요로 하는 경우 지시하는 기호로 맞는 것은?

해설 ![기호] 제거하지 않는다.

**37** 치수 기입의 원칙과 방법에 관한 설명으로 적합하지 않은 것은?

㉮ 치수는 중복기입을 피한다.
㉯ 치수는 되도록 공정마다 배열을 분리하여 기입한다.

정답 **32.** ㉰ **33.** ㉯ **34.** ㉮ **35.** ㉱ **36.** ㉯ **37.** ㉱

㉰ 치수는 되도록 계산하여 구할 필요가 없도록 기입한다.

㉭ 치수는 되도록 정면도, 평면도, 측면도 등에 분산시켜 기입한다.

**해설** 치수는 되도록 정면도에 집중하여 기입한다.

**38** 기계제도 도면에 사용되는 척도의 설명이 틀린 것은?

㉮ 한 도면에서 공통적으로 사용되는 척도는 표제란에 기입한다.

㉯ 도면에 그려지는 길이와 대상물의 실제 길이와의 비율로 나타낸다.

㉰ 척도의 표시는 잘못 볼 염려가 없다고 하여도 반드시 기입 하여야 한다.

㉭ 같은 도면에서 다른 척도를 사용할 때에는 필요에 따라 그림 부근에 기입한다.

**해설** 도면의 척도는 도면에 그려진 도형의 크기는 대상물과 같은 크기로 그리거나 확대 또 는 축소하여 그릴 수 있으며, 크기를 정할 때에는 그리기 쉽거나 읽기 쉽고 도면의 크기에 어울리게 한다.

**39** 그림과 같이 물체를 투상할 때 중심선 또는 절단선을 기준으로 그 앞부분을 잘라내고 남은 뒷부분의 단면 모양을 나타내는 것은?

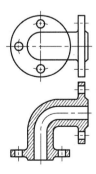

㉮ 한쪽 단면도

㉯ 회전 도시 단면도

㉰ 온 단면도

㉭ 조합에 의한 단면도

**해설** 온단면도는 물체의 기본 중심선에서 반으로 절단하여 물체의 기본적인 특징을 가장 잘 나타낼 수 있도록 단면 모양을 그리는 것. 전단면도라고도 한다.

**40** 다음 중 자세공차에 속하지 않는 것은?

㉮ //

㉯ ⊥

㉰ ▱

㉭ ∠

**해설** ▱ 평면도는 모양공차이다.

**41** 재료기호 SM10C에서 10을 바르게 설명한 것은?

㉮ 탄소강 10번

㉯ 주조품 1종

㉰ 인장강도 10kgf/mm²

㉭ 탄소 함유량 0.08 − 0.13%

**해설** S : 강, M : 기계
10C : 탄소 함유량(탄소 함유량 0.08~0.13의 중간값)

**42** 다음 선의 종류 중 선의 굵기가 다른 것은?

㉮ 해칭선　　㉯ 중심선

㉰ 치수 보조선　　㉭ 특수 지정선

**해설** 가는 실선 : 해칭선, 치수 보조선, 중심선
특수 지정선은 굵은 일점쇄선

**PART**
**05**

**43** 다음은 제3각법으로 도시한 물체의 투상도이다. 이 투상법에 대한 설명으로 틀린 것은? (단, 화살표 방향은 정면도이다.)

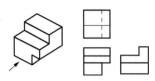

㉮ 눈 → 투상면 → 물체의 순서로 놓고 투상한다.
㉯ 평면도는 정면도 위에 배치된다.
㉰ 물체를 제1면각에 놓고 투상하는 방법이다.
㉱ 배면도의 위치는 가장 오른쪽에 배열한다.

해설 투상도의 투상법은 제3각법이다.

**44** 다음 투상도의 평면도로 가장 적합한 것은? (단, 제3각법으로 도시하였다.)

정면도　　우측면도

㉮ 　㉯

㉰ 　㉱

**45** 길이 치수의 치수 공차 표시 방법으로 틀린 것은?

㉮ $50^{-0.05}_{\ \ 0}$　㉯ $50^{+0.05}_{\ \ 0}$

㉰ $50^{+0.05}_{+0.02}$　㉱ $50 \pm 0.05$

해설 $50^{\ \ 0}_{-0.05}$로 표기하여야 한다.

**46** 축을 제도할 때 도시방법의 설명으로 맞는 것은?

㉮ 축에 단이 있는 경우는 치수를 생략한다.
㉯ 축은 길이 방향으로 전체를 단면하여 도시한다.
㉰ 축 끝에 모따기 치수는 생략하고 기호만 기입한다.
㉱ 단면 모양이 같은 긴 축은 중간을 파단하여 짧게 그릴 수 있다.

해설 축은 길이 방향으로 단면도시를 하지 않는다. 단, 부분단면은 허용한다.
축 끝에는 모따기 및 라운딩을 할 수 있다.

**47** 미터 보통나사 M50 x 2 의 설명으로 맞는 것은?

㉮ 호칭지름이 50mm이며, 나사 등급이 2급이다.
㉯ 호칭지름이 50mm이며, 나사 피치가 2mm이다.
㉰ 유효지름이 50mm이며, 나사 등급이 2급이다.
㉱ 유효지름이 50mm이며, 나사 피치가 2mm이다.

해설 미터나사 호칭지름은 50mm, 피치는 2mm이다.

정답 **43.** ㉰ **44.** ㉯ **45.** ㉮ **46.** ㉱ **47.** ㉯

**48** 모듈 2인 한 쌍의 스퍼기어가 맞물려 있을 때에 감각의 잇수를 20개와 30개라고 하면, 두 기어 의 중심 거리는?

㉮ 20 　　　　㉯ 30
㉰ 50 　　　　㉱ 100

해설　중심거리$(C) = \dfrac{D_1 + D_2}{2} = \dfrac{m(Z_1 + Z_2)}{2}$

$\qquad\qquad = \dfrac{2(20+30)}{2} = 50\,\mathrm{mm}$

**49** 다음 중 복렬 앵귤러 콘택트 고정형 볼 베어링 의 도시 기호는?

 ㉮　　　 ㉯

 ㉰　　　 ㉱

**50** 다음 중 캠을 평면 캠과 입체 캠으로 구분할 때 입체 캠의 종류로 틀린 것은?

㉮ 원통 캠
㉯ 삼각 캠
㉰ 월뿔 캠
㉱ 빗판 캠

해설　평면 캠 : 판 캠, 정면 캠, 직선운동 캠, 삼각 캠
　　　입체 캠 : 원통 캠, 원뿔 캠, 구형 캠, 빗판 캠

**51** 나사를 도면에 그리는 방법에 대한 설명으로 틀린 것은?

㉮ 나사의 골 밑은 가는 실선으로 나타낸다.
㉯ 나사의 감긴 방향이 오른쪽이면 도면에 별 도 표기할 필요가 없다.
㉰ 수나사와 암나사가 결합되어 있는 나사를 그릴 때에는 암나사 위주로 그린다.
㉱ 나사의 불완전 나사부는 필요한 경우 중심축 선으로부터 경사 가는 실선으로 표시한다.

해설　수나사 기준으로 그린다.

**52** 유체를 한 방향으로 흐르게 하기 위해 역류를 방지하는데 사용되는 체크 밸브의 도시 기호 는?

해설　㉮ 체크 밸브　㉯ 안전 밸브
　　　㉰ 글로브 밸브　㉱ 게이트 밸브

**53** 기어의 도시방법에 대한 설명 중 틀린 것은?

㉮ 기어 소재를 제작하는데 필요한 치수를 기 입한다.
㉯ 잇봉우리원은 굵은 실선, 피치원은 가는 1 점 쇄선으로 그린다.
㉰ 헬리컬 기어를 도시할 때 잇줄 방향은 보 통 3개의 가는 실선으로 그린다.
㉱ 맞물리는 한쌍의 기어에서 잇봉우리원은 가는 1점 쇄선으로 그린다.

정답　48. ㉰　49. ㉯　50. ㉯　51. ㉰　52. ㉮　53. ㉱

해설 맞물리는 1쌍의 기어의 간략도는 기어의 윤곽(잇봉우리원)을 나타내는 선을 굵은 실선으로 그린다.

**54** 일반적으로 가장 널리 사용되며 축과 보스에 모두 홈을 가공하여 사용하는 키(key)는?

㉮ 접선 키　　　㉯ 안장 키
㉰ 묻힘 키　　　㉱ 원뿔 키

해설 가장 널리 사용하는 일반적인 키를 묻힘 키, 성크 키라 한다.

**55** 다음 중 평 벨트 장치의 도시방법에 관한 설명으로 틀린 것은?

㉮ 암은 길이 방향으로 절단하여 도시하는 것이 좋다.
㉯ 벨트 풀리와 같이 대칭형인 것은 그 일부만을 도시할 수 있다.
㉰ 암과 같은 방사형의 것은 회전도시 단면도로 나타낼 수 있다.
㉱ 벨트 풀리는 축직각 방향의 투상을 주투상도로 할 수 있다.

해설 암은 길이 방향으로 절단하여 도시하지 않는다.

**56** 그림과 같이 한쪽 면을 용접하려고 할 때 용접 기호로 옳은 것은?

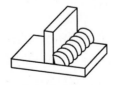

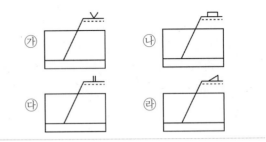

해설 필렛 용접

**57** 컴퓨터가 기억하는 정보의 최소 단위는?

㉮ bit　　　　㉯ record
㉰ byte　　　㉱ field

해설 Bit(Binary digit, 비트) : 0 또는 1을 나타내는 상태로 정보 표현의 최소 단위이다.

**58** 공간상에 구성되어 있는 하나의 점을 표현하는 방법으로서 기준점을 중심으로 2개의 각도 데이터와 1개의 길이 데이터로 해당점의 좌표를 나타내는 좌표계는?

㉮ 직교좌표계　　　㉯ 상대좌표계
㉰ 원통좌표계　　　㉱ 구면 좌표계

해설 구면 좌표계는 2개의 각도와 1개의 길이로 점의 좌표를 표시하는 좌표계이다.

**59** 일반적으로 CAD에서 사용하는 3차원 형상 모델링이 아닌 것은?

㉮ 솔리드 모델링(solid modeling)
㉯ 시스템 모델링(system modeling)
㉰ 서피스 모델링(surface modeling)
㉱ 와이어프레임 모델링(wire frame modeling)

정답 **54.** ㉰ **55.** ㉮ **56.** ㉱ **57.** ㉮ **58.** ㉱ **59.** ㉯

**해설** CAD에서 사용하는 3차원 형상 모델링은 솔리드, 서피스, 와이어프레임 모델링이다.

**60** 다음 CAD 시스템에서 사용하는 장치 중 그 성질이 다른 하나는 무엇인가?

⑦ 마우스      ⓝ 트랙 볼

ⓓ 플로터      ⓡ 라이트펜

**해설** 출력장치 : 플로터

## 1과목 기계재료 및 요소

**01** 주철의 여러 성질을 개선하기 위하여 합금 주철에 첨가하는 특수원소 중 크롬(Cr)이 미치는 영향이 아닌 것은?

㉮ 경도를 증가시킨다.
㉯ 흑연화를 촉진시킨다.
㉰ 탄화물을 안정시킨다.
㉱ 내열성과 내식성을 향상 시킨다.

**해설** 크롬은 흑연화를 방지하는 원소이다.


**02** 가단주철의 종류에 해당하지 않는 것은?

㉮ 흑심 가단주철
㉯ 백심 가단주철
㉰ 오스테나이트 가단주철
㉱ 펄라이트 가단주철

**해설** 가단주철이란 백주철을 풀림 처리하여 가단성을 준 것으로서 백심 가단주철, 흑심 가간주철, 펄라이트 가단주철이 있다.


**03** 비자성체로서 Cr과 Ni를 함유하며 일반적으로 18-8 스테인리스강이라 부르는 것은?

㉮ 페라이트계 스테인리스강
㉯ 오스테나이트계 스테인리스강
㉰ 마텐자이트계 스테인리스강
㉱ 펄라이트계 스테인리스강

**해설** 페라이트계 스테인리스강은 Cr이 13%인 스테인리스강이며, 이것을 담금질하면 마텐자이트 조직이 된다. 18-8 스테인리스강이라고 하는 것은 Cr이 18%, Ni이 8%인 오스테나이트계 스테인리스강을 의미한다.


**04** 8~12% Sn에 1~2% Zn의 구리합금으로 밸브, 콕, 기어, 베어링, 부시 등에 사용되는 합금은?

㉮ 코르손 합금 ㉯ 베릴륨 합금
㉰ 포금 ㉱ 규소 청동

**해설**
• **코르손 합금** : 4% Ni과 1% Si를 첨가한 구리합금으로 통신선, 전화선으로 사용한다.
• **베릴륨 합금** : 2~3% Be을 첨가한 구리합금으로 구리 합금 중 강도가 가장 높으며, 베어링, 고급 스프링 등에 사용된다.
• **규소 청동** : 0.75~3.5% Si를 첨가한 구리합금

**정답** 1. ㉯ 2. ㉰ 3. ㉯ 4. ㉰

으로서 강도가 연강과 비슷하여 저장 탱크, 나사류 등에 사용된다.

**05** 고용체에서 공간격자의 종류가 아닌 것은?

⑦ 치환형      ⑭ 침입형
⑭ 규칙 격자형      ⑭ 면심 입방 격자형

**[해설]** 면심 입방 격자(FCC)는 입방체의 각 꼭지점과 각 면의 중심에 1개씩의 원자가 배열된 결정 구조이다.

**06** 다이캐스팅 알루미늄 합금으로 요구되는 성질 중 틀린 것은?

⑦ 유동성이 좋을 것
⑭ 금형에 대한 점착성이 좋을 것
⑭ 열간 취성이 적을 것
⑭ 응고수축에 대한 용탕 보급성이 좋을 것

**[해설]** 다이캐스팅 재료로 사용되는 알루미늄 합금은 금형에서 쉽게 분리되어야 하므로 점착성이 낮아야 한다.

**07** 탄소강의 경도를 높이기 위하여 실시하는 열처리는?

⑦ 불림      ⑭ 풀림
⑭ 담금질      ⑭ 뜨임

**[해설]**
• 불림 : 결정 조직을 균일하게 한다.
• 풀림 : 재질을 연하게 한다.
• 담금질 : 재료의 경도를 높인다.
• 뜨임 : 담금질로 인한 취성을 제거한다.

**08** 브레이크 드럼에서 브레이크 블록에 수직으로 밀어 붙이는 힘이 1000N 이고 마찰계수가 0.45 일 때 드럼의 접선방향 제동력은 몇 N인가?

⑦ 150      ⑭ 250
⑭ 350      ⑭ 450

**[해설]** $N$ = 힘 × 마찰계수
$= F \times \mu = 1000 \times 0.45 = 450N$

**09** 기어 전동의 특징에 대한 설명으로 가장 거리가 먼 것은?

⑦ 큰 동력을 전달한다.
⑭ 큰 감속을 할 수 있다.
⑭ 넓은 설치장소가 필요하다.
⑭ 소음과 진동이 발생한다.

**[해설]** 기어 전동은 직접 접촉으로 동력을 전달하는 것으로서 두 축 사이가 비교적 짧은 경우에 사용되므로 설치 장소는 넓을 필요가 없다.

**10** 지름 $D_1$ = 200mm, $D_2$ = 300mm의 내접 마찰차에서 그 중심 거리는 몇 mm인가?

⑦ 50      ⑭ 100
⑭ 125      ⑭ 250

**[해설]** 마찰차의 중심거리
$$C = \frac{D_2 - D_1}{2} = \frac{300 - 200}{2} = 50mm$$

**정답** 5. ⑭ 6. ⑭ 7. ⑭ 8. ⑭ 9. ⑭ 10. ⑦

**2과목** 기계가공법 및 안전관리

**2과목** 기계가공법 및 안전관리

**11** 미터나사에 관한 설명으로 틀린 것은?

㉮ 기호는 M으로 표기한다.

㉯ 나사산 각도는 55° 이다.

㉰ 나사의 지름 및 피치를 mm로 표시한다.

㉱ 부품의 결합 및 위치의 조정 등에 사용된다.

**해설** 미터나사의 나사산 각도는 60°이다.

**12** 평벨트의 이용방법 중 효율이 가장 높은 것은?

㉮ 이음쇠 이음

㉯ 가죽 끈 이음

㉰ 관자 볼트 이음

㉱ 접착제 이음

**해설** 평벨트 이음 효율

① 접착제 이음 : 75~90%

② 가죽 끈 이음 : 40~50%

③ 이음쇠 이음 : 40~70%

**13** 축 방향으로 인장하중만을 받는 수나사의 바깥 지름(d)과 볼트재료의 허용인장응력($\sigma_a$) 및 인장하중(W)과의 관계가 옳은 것은? (단, 일반적으로 지름 3mm 이상인 미터나사이다.)

㉮ $d = \sqrt{\dfrac{2W}{\sigma_a}}$

㉯ $d = \sqrt{\dfrac{3W}{8\sigma_a}}$

㉰ $d = \sqrt{\dfrac{8W}{3\sigma_a}}$

㉱ $d = \sqrt{\dfrac{10W}{3\sigma_a}}$

**해설** 나사의 바깥지름

$d(\text{mm})$, 허용인장응력 : $\sigma_a$, 인장하중 : W

**14** 지름이 30 mm인 연강을 선반에서 절삭할 때, 주축을 200 rpm으로 회전시키면 절삭속도는 약 몇 m/min인가?

㉮ 10.54

㉯ 15.48

㉰ 18.85

㉱ 21.54

**해설** $V = \dfrac{\pi DN}{1,000}$

$= \dfrac{3.14 \times 30 \times 200}{1,000} = 18.84\text{m/min}$

**15** 전단하중에 대한 설명으로 옳은 것은?

㉮ 재료를 축 방향으로 잡아당기도록 작용하는 하중이다.

㉯ 재료를 축 방향으로 누르도록 작용하는 하중이다.

㉰ 재료를 가로 방향으로 자르도록 작용하는 하중이다.

㉱ 재료가 비틀어지도록 작용하는 하중이다.

**해설** ① 인장하중 : 축 방향으로 잡아당기는 하중,

② 압축하중 : 축 방향으로 누르는 하중,

③ 비틀림 하중 : 비틀어지도록 작용하는 하중

**16** 밀링 머신의 일반적인 크기 표시는?

㉮ 밀링 머신의 최고 회전수로 한다.

㉯ 밀링 머신의 높이로 한다.

㉰ 테이블의 이송거리로 한다.

㉱ 깎을 수 있는 공작물의 최대 길이로 한다.

**해설** 밀링머신의 규격은 테이블의 크기(길이×폭), 테이블의 이동거리(좌우×전후×상하), 주축 중심에서 테이블 면까지의 최대거리로 크기를 표시한다. 그 중에서 테이블의 이동 거리가 주로 사용된다.

**정답** 11. ㉯ 12. ㉱ 13. ㉮ 14. ㉰ 15. ㉰ 16. ㉰

**17** 베어링의 호칭번호가 6205 인 레이디얼 볼 베어링의 안지름은?

- ㉮ 5 mm
- ㉯ 25 mm
- ㉲ 62 mm
- ㉣ 205 mm

**해설** 베어링의 안지름 번호(KS B 2012)(mm)

| 안지름 번호 | 00 | 01 | 02 | 03 | 04 | 05 | 06 | 07 | 08 | 09 | 10 | 11 |
|---|---|---|---|---|---|---|---|---|---|---|---|---|
| 호칭 안지름 | 10 | 12 | 15 | 17 | 20 | 25 | 30 | 35 | 40 | 45 | 50 | 55 |

베어링 안지름 계산법 : 04부터는 곱하기 5를 하면 안지름을 구할 수 있다.

**18** 여러 개의 절삭 날을 일직선상에 배치한 절삭 공구를 사용하여 1회의 통과로 구멍의 내면을 가공하는 공작 기계는?

- ㉮ 셰이퍼
- ㉯ 슬로터
- ㉲ 브로칭 머신
- ㉣ 플레이너

**해설** 브로칭 머신의 크기는 최대 인장응력과 행정으로서 표시하며, 가공 방식으로는 인발식과 삽입식이 있다.

**19** 선반 작업 중에 지켜야 할 안전사항이 아닌 것은?

- ㉮ 긴 공작물을 가공할 때는 안전장치를 설치 후 가공한다.
- ㉯ 가공물이 긴 경우 심압대로 지지하고 가공한다.
- ㉲ 드릴 작업시 시작과 끝은 이송을 천천히 한다.
- ㉣ 전기배선의 절연상태를 점검한다.

**해설** ㉣는 작업 전에 지켜야 할 사항이다.

**20** 정밀 보링 머신의 특성에 대한 설명으로 틀린 것은?

- ㉮ 고속회전 및 정밀한 이송기구를 갖추고 있다.
- ㉯ 다이아몬드 또는 초경합금 공구를 사용한다.
- ㉲ 진직도는 높으나 진원도가 낮다.
- ㉣ 실린더나 베어링면 등을 가공한다.

**해설** 정밀 보링 머신은 원통 구멍을 높은 진원도로 가공하는 공작기계이다.

**21** 드릴 가공방법에서 구멍에 암나사를 가공하는 작업은?

- ㉮ 다이스 작업
- ㉯ 태핑 작업
- ㉲ 리밍 작업
- ㉣ 보링 작업

**해설** 다이스는 수나사, 리밍 : 끼워맞춤 다듬질 구멍가공
보링 : 내경을 더 크게 다듬질 가공

**22** 연삭숫돌에 눈 메움이나 무딤 현상이 발생하였을 때 숫돌을 수정하는 작업은?

- ㉮ 래핑
- ㉯ 드레싱
- ㉲ 글레이징
- ㉣ 덮개 설치

**해설**
① 래핑 : 랩과 일감 사이에 랩제를 넣어 비벼서 표면을 다듬는다.
② 글레이징 : 연삭숫돌의 자생 작용이 잘 되지 않아 날이 무뎌지는 현상
③ 덮개 설치 : 안전사고를 예방하기 위해서 연삭숫돌에 덮개를 설치한다.

PART
**05**

**23** 선반가공에서 가공면의 미끄러짐을 방지하기 위하여 요철형태로 가공하는 것은?

㉮ 내경 절삭가공　　㉯ 외경 절삭가공
㉰ 널링 가공　　㉱ 보링 가공

해설 널링(knurling)
공구나 계기류 등에서 손가락으로 잡는 부분이 미끄러지지 않도록 가로 또는 경사지게 톱니 모양을 붙이는 공작법

**24** 구성인선의 방지 대책 중 틀린 것은?

㉮ 윤활성이 좋은 절삭 유제를 사용한다.
㉯ 공구의 윗면 경사각을 크게 한다.
㉰ 절삭 깊이를 크게 한다.
㉱ 고속으로 절삭한다.

해설 구성인선(Built-up Edge) 감소방법
① 고속절삭(120m/min 이상)을 한다.
② 윗면 경사각을 크게 한다.
③ 충분한 절삭유를 공급한다.
④ 고온가공(재결정 온도 이상)을 한다.
⑤ 절삭 깊이를 적게 한다.

**25** 전기 도금과는 반대로 일감을 양극으로 하여 전기에 의한 화학적 용해작용을 이용하고 가공물의 표면을 다듬질하여 광택이 나게 하는 가공법은?

㉮ 기계 연마　　㉯ 전해 연마
㉰ 초음파 가공　　㉱ 방전 가공

해설 방전 가공(EDM) : 기계가공이 어려운 합금 또는 다듬질강의 가공
초음파 가공 : 초음파 진동을 에너지원으로 하여 진동하는 공구(horn)와 공작물 사이에 연삭 입자를 공급하여 공작물을 정밀하게 다듬는 방법

**3과목　기계제도**

**26** 다음 도면에서 표현된 단면도로 모두 맞는 것은?

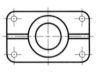

㉮ 전단면도, 한쪽 단면도, 부분 단면도
㉯ 한쪽 단면도, 부분 단면도, 회전도시 단면도
㉰ 부분 단면도, 회전도시 단면도, 계단 단면도
㉱ 전단면도, 한쪽 단면도, 회전도시 단면도

해설 한쪽 단면도 : 물체의 1/4 절단
부분 단면도 : 필요한 부분만을 절단(스플라인이 들어감)
회전도시 단면도 : 암, 리브 등을 90도 회전하여 나타냄, 회전도시단면은 가는 실선으로 그린다.

**27** 치수 배치 방법 중 치수공차가 누적되어도 좋은 경우에 사용하는 방법은?

㉮ 누진 치수 기입법
㉯ 직렬 치수 기입법
㉰ 병렬 치수 기입법
㉱ 좌표 치수 기입법

해설 직렬 치수 기입법은 직렬로 나란히 연결된 개개의 치수에 주어진 공차가 누적되어도 관계없는 경우에 사용한다.

정답 **23.** ㉰ **24.** ㉰ **25.** ㉯ **26.** ㉯ **27.** ㉯

**28** 정투상도 1각법과 3각법을 비교 설명한 것으로 틀린 것은?

㉮ 3각법에서는 저면도는 정면도의 아래에 나타낸다.

㉯ 1각법은 평면도를 정면도의 바로 아래에 나타낸다.

㉰ 1각법에서는 정면도 아래에서 본 저면도를 정면도 아래에 나타낸다.

㉱ 3각법에서 측면도는 오른쪽에서 본 것을 정면도의 바로 오른쪽에 나타낸다.

해설 1각법에서는 투상면이 물체 뒤에 위치하므로 정면도 아래에서 본 저면도는 정면도 위에 나타낸다.

**29** 아래 투상도는 제3각법으로 투상한 것이다. 이 물체의 등각 투상도로 맞는 것은?

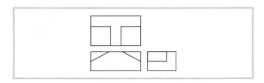

 ㉮       ㉯

㉰      ㉱

**30** 여러 각도로 기울어진 면의 치수를 기입할 때 일반적으로 잘못 기입된 치수는?

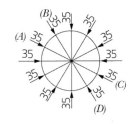

㉮ A          ㉯ B
㉰ C          ㉱ D

해설 수평 방향의 치수는 도면의 밑변 쪽에서 보고 읽을 수 있도록 기입하고, 수직 방향의 치수는 도면의 오른쪽에서 보고 읽을 수 있도록 기입해야 한다.

**31** 기하 공차의 기호 중 진원도를 나타낸 것은?

㉮ ○          ㉯ ◎

㉰ ⊕          ㉱ ⌀

해설

| 모양공차 | 진원도 | 동심도 | 위치도 | 원통도 |
|---|---|---|---|---|
| 기호 | ○ | ◎ | ⊕ | ⌀ |

**32** ⌀50H7의 구멍에 억지 끼워맞춤이 되는 축의 끼워맞춤 공차 기호는?

㉮ ø50js6          ㉯ ø50f6

㉰ ø50g6          ㉱ ø50p6

해설 H구멍에 대해서 f, g는 헐거운 끼워맞춤. js는 중간 끼워맞춤. p는 억지 끼워맞춤이다.

**33** 대상 면을 지시하는 기호 중 제거 가공을 허락하지 않는 것을 지시하는 것은?

㉮ ✓          ㉯ ✓

㉰ ✓          ㉱ ✓

해설 ▽ : 제거 가공을 허락하지 않는 것

$\overset{w}{\nabla}$ : 거친 다듬질, $\overset{x}{\nabla}$ : 보통다듬질

$\overset{y}{\nabla}$ : 정밀다듬질, $\overset{z}{\nabla}$ : 연마다듬질

정답 **28.** ㉰ **29.** ㉯ **30.** ㉯ **31.** ㉮ **32.** ㉱ **33.** ㉰

**34** 스케치도를 작성할 필요가 없는 경우는?

㉮ 제품 제작을 위해 도면을 복사할 경우
㉯ 도면이 없는 부품을 제작하고자 할 경우
㉰ 도면이 없는 부품이 파손되어 수리 제작할 경우
㉱ 현품을 기준으로 개선된 부품을 고안하려 할 경우

**해설** 스케치도는 기존의 도면이 없을 때 그리는 것이다.

**35** 도면에 기입된 공차도시에 관한 설명으로 틀린 것은?

| // | 0.050 | A |
|----|-------|---|
|    | 0.011/200 |  |

㉮ 전체 길이는 200mm이다.
㉯ 공차의 종류는 평행도를 나타낸다.
㉰ 진정 길이에 대한 허용 값은 0.011 이다.
㉱ 전체 길이에 대한 허용 값은 0.050 이다.

**해설** 지정길이 200mm 당 0.011 허용공차, 전체길이에 0.050 공차로 규제한다.

**36** 보조 투상도의 설명 중 가장 옳은 것은?

㉮ 복잡한 물체를 전단하여 그린 투상도
㉯ 그림의 특정 부분만을 확대하여 그린 투상도
㉰ 물체의 경사면에 대향하는 위치에 그린 투상도
㉱ 물체의 홈, 구멍 등 투상도의 일부를 나타낸 투상도

**해설** 보조 투상도란 경사부가 있는 물체를 정투상도로 그리면 경사 부분은 실형으로 나타낼 수 없기 때문에 경사면에 대향하는 위치에 실형으로 그린 투상도를 말한다.

**37** 다음 중 억지 끼워맞춤 또는 중간 끼워맞춤에서 최대 죔새를 나타내는 것은?

㉮ 구멍의 최대 허용 치수 – 축의 최소 허용 치수
㉯ 구멍의 최대 허용 치수 – 축의 최대 허용 치수
㉰ 축의 최소 허용 치수 – 구멍의 최대 허용 치수
㉱ 축의 최대 허용 치수 – 구멍의 최소 허용 치수

**해설** ① 최대 죔새=축의 최대 허용 치수 – 구멍의 최소 허용 치수
② 최소 죔새=축의 최소 허용치수 – 구멍의 최대 허용치수
③ 최대 틈새=구멍의 최대 허용치수 – 축의 최소 허용치수

**38** 치수 기입의 일반적인 원칙에 대한 설명으로 틀린 것은?

㉮ 치수는 되도록 공정하게 배열을 분리하여 기입할 수 있다.
㉯ 관계된 치수를 명확히 나타내기 위해 치수를 중복하여 나타낼 수 있다.
㉰ 대상물의 기능, 제작, 조립 등을 고려하여 필요하다고 생각되는 치수를 명료하게 도면에 지시한다.
㉱ 도면에 나타내는 치수는 특별히 명시하지 않는 한 그 도면에 도시한 대상물의 다듬질 치수를 도시한다.

**해설** 치수는 중복하여 기입하지 않는다.

**39** 가공에 의한 커터의 줄무늬 방향이 다음과 같이 생길 경우 올바른 줄무늬 방향 기호는?

㉮ C            ㉯ M
㉰ R            ㉱ X

**해설** C : 동심원, M : 교차/무방향
R : 방사상, X : 교차

**40** 도면의 양식 중에서 반드시 마련해야 하는 사항이 아닌 것은?

㉮ 표제란        ㉯ 중심 마크
㉰ 윤곽선        ㉱ 비교 눈금

**해설** 도면에는 윤곽선, 표제란, 중심 마크를 반드시 그려 넣어야 한다.

**41** 다음 중 물체의 이동 후의 위치를 가상하여 나타내는 선은?

㉮ ————————
㉯ - - - - - - - - - - - -
㉰ ————————
㉱ —— - —— - ——

**해설** ㉱ 가는 2점 쇄선 : 움직이는 부품의 가동 중의 특정 위치 또는 최대 위치를 나타내는 물체의 윤곽선(가상선) —— - —— - ——

**42** 2개의 면이 교차 부분을 표시할 때 "R1 = 2×R2"인 평면도의 모양으로 가장 적합한 것은?

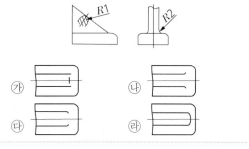

㉮            ㉯
㉰            ㉱

**해설** R1 > R2일 경우는 리브가 바닥면과 만나는 선을 ㉰와 같이 그려야 한다.

**43** 입체도에서 정투상도의 정면으로 옳은 것은?

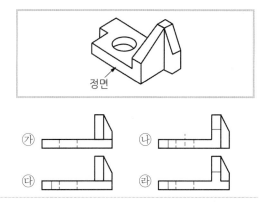

정면

㉮            ㉯
㉰            ㉱

**해설** 화살표 방향을 정면도로 투상하여 보기와 비교하여 답을 정한다.

**44** 파선의 용도 설명으로 맞는 것은?

㉮ 치수를 기입하는데 사용된다.

㉯ 도형의 중심을 표시하는데 사용된다.

㉰ 대상물의 보이지 않는 부분의 모양을 표시한다.

㉱ 대상물의 일부를 파단한 경계 또는 일부를 떼어낼 경계를 표시한다.

**해설** 파선은 숨은선으로 사용된다. 숨은선은 대상물의 보이지 않는 부분의 모양을 표시하는 선이다.

**45** 도면이 구비하여야 할 요건이 아닌 것은?

㉮ 국제성이 있어야 한다.

㉯ 적합성, 보편성을 가져야 한다.

㉰ 표현상 명확한 뜻을 가져야 한다.

㉱ 가격, 유통체제 등의 정보를 포함하여야 한다.

**해설** 대상물의 도형과 함께 필요로 하는 크기, 모양, 자세, 위치 등의 정보를 포함하여야 하며, 필요에 따라서 면의 표면, 재료, 가공방법 등의 정보를 포함하여야 한다.

**46** 축에 빗줄로 널링(knurling)이 있는 부분의 도시방법으로 가장 올바른 것은?

㉮ 널링부 전체를 축선에 대하여 45°로 엇갈리게 동일한 간격으로 그린다.

㉯ 널링부의 일부분만 축선에 대하여 45°로 엇갈리게 동일한 간격으로 그린다.

㉰ 널링부 전체를 축선에 대하여 30°로 동일한 간격으로 엇갈리게 그린다.

㉱ 널링부의 일부분만 축선에 대하여 30°로 엇갈리게 동일한 간격으로 그린다.

**해설** 축에 있는 널링의 도시는 빗줄인 경우는 축선에 대하여 30°로 엇갈리게 그린다.

널링(knurling) : 공구나 계기류 등에서 손가락으로 잡는 부분이 미끄러지지 않도록 가로 또는 경사지게 톱니 모양을 붙이는 공작법

**47** 다음 중 평면 캠의 종류가 아닌 것은?

㉮ 판 캠

㉯ 정면 캠

㉰ 구형 캠

㉱ 직선운동 캠

**해설** 구형 캠은 입체 캠에 속한다.

**48** 스프로킷 휠의 도시방법에 대한 설명 중 옳은 것은?

㉮ 스프로킷의 이끝원은 가는 실선으로 그린다.

㉯ 스프로킷의 피치원은 가는 2점 쇄선으로 그린다.

㉰ 스프로킷의 이뿌리원은 가는 실선으로 그린다.

㉱ 축의 직각 방향에서 단면도를 도시할 때 이뿌리선은 가는 실선으로 그린다.

**해설** 스프로킷의 이끝원은 굵은 실선, 피치원은 가는 1점 쇄선으로 그리고, 축의 직각 방향에서 단면을 도시할 때 이뿌리선은 굵은 실선으로 그린다.

**49** 운전 중 결합을 끊을 수 없는 영구적인 축이음을 아래 단어 중에서 모두 고른 것은?

커플링, 유니버설 조인트, 클러치

㉮ 커플링, 유니버설 조인트

㉯ 커플링, 클러치

㉰ 유니버설 조인트, 클러치

㉱ 커플링, 유니버설 조인트 클러치

**해설** 클러치는 운전 중에 결합을 끊을 수 있는 축 이음이다.

**50** 스퍼기어 표준 치형에서 맞물림 기어의 피니언 잇수가 16, 기어 잇수가 44 일 때 축 중심 간의 거리로 옳은 것은? (단, 모듈이 5 이다.)

㉮ 120 mm  ㉯ 150 mm

㉰ 200 mm  ㉱ 300 mm

**해설** $C = \dfrac{D_1 + D_2}{2}$

$= \dfrac{m(Z_1 + Z_2)}{2} = \dfrac{5(16+44)}{2} = 150\text{mm}$

**51** 미터 사다리꼴나사 [ Tr 40×7 LH ]에서 "LH" 가 뜻하는 것은?

㉮ 피치  ㉯ 나사의 등급

㉰ 리드  ㉱ 왼나사

**해설** Tr : 미터 사다리꼴나사, 40 : 호칭지름
14 : 리드, P7 : 피치, LH : 왼나사

**52** 볼트의 골 지름을 제도할 때 사용하는 선의 종류로 옳은 것은?

㉮ 굵은 실선  ㉯ 가는 실선

㉰ 숨은선  ㉱ 가는 2점 쇄선

**해설** 나사의 골지름은 가는 실선으로 도시한다.

**53** 다음 그림과 같은 용접 점을 용접기호로 바르게 나타낸 것은?

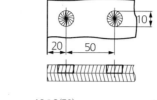

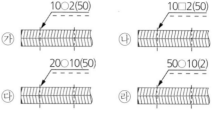

㉮ 10○2(50)  ㉯ 10□2(50)

㉰ 20○10(50)  ㉱ 50○10(2)

**해설** 점 용접으로 10 : 구멍지름, ○ : 용접기호
2 : 용접 구멍 수, (50) : 간격(피치 거리)

**54** "테이퍼 핀 1급 4×30 SM50C"의 설명으로 맞는 것은?

㉮ 테이퍼 핀으로 호칭지름이 4 mm, 길이가 30 mm, 재료가 SM50C 이다.

㉯ 테이퍼 핀으로 최대 지름이 4 mm, 길이가 30 mm, 재료가 SM50C 이다.

㉰ 테이퍼 핀으로 핀의 평균 지름이 40 mm, 길이가 30 mm, 재료가 SM50C 이다.

㉱ 테이퍼 핀으로 구멍의 지름이 4 mm, 길이가 30 mm, 재료가 SM50C 이다.

**해설** 핀의 종류, 호칭, 길이, 재질

**55** 배관을 도시할 때 관의 접속 상태에서 '접속하고 있을 때 – 분기 상태'를 도시하는 방법으로 옳은 것은?

**해설** ㉮와 ㉯는 접속하고 있지 않을 때의 도시방법이고, ㉰는 접속하고 있을 때 교차 상태를 도시한 것이다.

**56** 축에 작용하는 하중의 방향이 축 직각 방향과 축 방향에 동시에 작용하는 곳에 가장 적합한 베어링은?

㉮ 니들 롤러 베어링
㉯ 레이디얼 볼 베어링
㉰ 스러스트 볼 베어링
㉱ 테이퍼 롤러 베어링

**해설** 하중의 작용에 따른 분류
① 레이디얼 베어링 : 하중이 축의 중심에 대하여 직각으로 받는다.
② 스러스트 베어링 : 축의 방향으로 하중을 받는다.
③ 원뿔 베어링 : 합성 베어링이라고도 하며, 하중을 받는 방향이 축 방향과 축의 직각방향의 합성으로 받는다.

**57** 다음 중 주변기기를 기능별로 묶어진 것으로, 그 내용이 잘못된 것은?

㉮ 키보드, 마우스, 조이스틱
㉯ 프린터, 플로터, 스캐너
㉰ 자기디스크, 자기드럼, 자기테이프
㉱ 라이트 펜, 디지타이저, 테이프리더

**해설** 프린터와 플로터는 출력장치이고 스캐너는 입력장치이므로 기능이 다르다.

**58** 서피스(surface) 모델링에서 곡면을 절단하였을 때 나타내는 요소는?

㉮ 곡선　　　　㉯ 곡면
㉰ 점　　　　　㉱ 면

**해설** 서피스 모델링은 두께가 없는 곡면으로 작성된 것이므로 절단하면 곡선이 나타난다.

**59** 컴퓨터의 기억용량 단위인 비트(bit)의 설명으로 틀린 것은?

㉮ Binary digit의 약자이다.
㉯ 정보를 나타내는 가장 작은 단위이다.
㉰ 전기적으로 처리하기가 아주 편리하다.
㉱ 0과 1일 동시에 나타내는 정보 단위이다.

**해설** 비트 : 0과 1 중 하나를 나타낸다.

**60** CAD 시스템에서 마지막 입력 점을 기준으로 다음 점까지의 직선거리와 기준 직교축과 그 직선이 이루는 각도를 입력하는 좌표계는?

㉮ 절대좌표계　　　㉯ 구면 좌표계
㉰ 원통좌표계　　　㉱ 상대 극좌표계

**해설** CAD/CAM 시스템 좌표계
직교좌표계, 극좌표계, 원통좌표계, 구면 좌표계

# 15 기출실전문제

전산응용기계제도기능사 [2015년 4월 4일]

## 1과목 기계재료 및 요소

**01** 금속의 결정구조에서 체심입방격자의 금속으로만 이루어진 것은?

㉮ Au, Pb, Ni
㉯ Zn, Ti, Mg
㉰ Sb, Ag, Sn
㉱ Ba, V, Mo

**해설**
- 체심입방격자(BCC) : Cr, W, Mo, V, Li, Na, Ta, K, $-Fe$, $-Fe$
- 면심입방격자(FCC) : Al, Ag, Au, Cu, Ni, Pb, Ca, Co, $-Fe$
- 조밀육방격자(HCP) : Mg, Zn, Cd, Ti, Be, Zr, Ce

**02** 열처리 방법 및 목적으로 틀린 것은?

㉮ 불림 – 소재를 일정온도에 가열 후 공냉시킨다.
㉯ 풀림 – 재질을 단단하고 균일하게 한다.
㉰ 담금질 – 급냉시켜 재질을 경화시킨다.
㉱ 뜨임 – 담금질된 것에 인성을 부여한다.

**해설** 풀림은 재질을 연하게 하는 열처리 방법이다.

**03** 황동의 합금 원소는 무엇인가?

㉮ Cu – Sn
㉯ Cu – Zn
㉰ Cu – Al
㉱ Cu – Ni

**해설** 황동 : Cu – Zn, 청동 : Cu – Sn

**04** 특수강에 포함되는 특수원소의 주요 역할 중 틀린 것은?

㉮ 변태속도의 변화
㉯ 기계적, 물리적 성질의 개선
㉰ 소성 가공성의 개량
㉱ 탈산, 탈황의 방지

**해설** 특수강의 목적
기계적 성질(강도, 경도, 인성, 내피로성)의 향상, 내식, 내마멸성 증대, 고온에서 경도저하 방비, 결정입자 성장 방지

**05** 초경합금에 대한 설명 중 틀린 것은?

㉮ 경도가 HRC 50 이하로 낮다.
㉯ 고온경도 및 강도가 양호하다.
㉰ 내마모성과 압축강도가 높다.
㉱ 사용목적, 용도에 따라 재질의 종류가 다양하다.

**정답** 1. ㉱ 2. ㉯ 3. ㉯ 4. ㉱ 5. ㉮

**해설** 경도가 HRC 93 이상

**06** 각속도($\omega$, rad/s)를 구하는 식 중 옳은 것은?
(단, N : 회전수(rpm), H : 전달마력(PS)이다.)

㉮ $\omega = (2\pi N)/60$
㉯ $\omega = 60/(2\pi N)$
㉰ $\omega = (2\pi N)/(60H)$
㉱ $\omega = (60H)/(2\pi N)$

**해설** 각속도란, 특정 축을 기준으로 각이 돌아가는 속력을 나타내는 벡터이다.
즉, 1초당 몇 rad 움직였는가를 뜻한다.

**07** 국제단위계(SI)의 기본단위에 해당되지 않는 것은?

㉮ 길이 : m
㉯ 질량 : kg
㉰ 광도 : mol
㉱ 열역학 온도 : K

**해설** 광도 : Cd, 물질량 : mol

**08** 다이캐스팅용 알루미늄(Al) 합금이 갖추어야 할 성질로 틀린 것은?

㉮ 유동성이 좋을 것
㉯ 열간취성이 적을 것
㉰ 금형에 대한 점착성이 좋을 것
㉱ 응고수축에 대한 용탕 보급성이 좋을 것

**해설** 금형 충진성이 좋게 하기 위해 유동성이 좋을 것, 응고수축에 대한 용탕보급성이 좋을 것, 금형에 용착하지 않을 것 등이 요구된다.

**09** 경질이고 내열성이 있는 열경화성 수지로서 전기기구, 기어 및 프로펠러 등에 사용되는 것은?

㉮ 아크릴수지
㉯ 페놀수지
㉰ 스티렌수지
㉱ 폴리에틸렌

**해설** 아크릴수지, 스티렌수지, 폴리에틸렌은 열가소성 수지이다.

**10** 길이 100cm의 봉이 압축력을 받고 3mm만큼 줄어들었다. 이때, 압축 변형률은 얼마인가?

㉮ 0.001
㉯ 0.003
㉰ 0005
㉱ 0.007

**해설** 압축 변형률
변형률$= \dfrac{\triangle l}{l} = \dfrac{3}{1,000} = 0.003$

## 2과목 기계가공법 및 안전관리

**11** 물체의 일정 부분에 걸쳐 균일하게 분포하여 작용하는 하중은?

㉮ 집중하중
㉯ 분포하중
㉰ 반복하중
㉱ 교번하중

**해설** 집중하중 : 재료의 한 점에 집중하여 작용하는 하중
반복하중 : 방향은 변하지 않고 연속 반복적으로 작용하는 하중
교번하중 : 크기와 방향이 주기적으로 변하는 하중

**12** 볼나사의 단점이 아닌 것은?

㉮ 자동체결이 곤란하다.
㉯ 피치를 작게 하는 데 한계가 있다.
㉰ 너트의 크기가 크다.
㉱ 나사의 효율이 떨어진다.

**해설** 단점
① 자동체결이 곤란하다.
② 가격이 비싸다.
③ 피치를 작게 하는 데 한계가 있다.
④ 너트의 크기가 크게 된다.
⑤ 고속으로 회전하면 소음이 발생된다.

**13** 외접하고 있는 원통 마찰차의 지름이 각각 240mm, 360mm일 때, 마찰차의 중심거리는 얼마인가?

㉮ 60mm
㉯ 300mm
㉰ 400mm
㉱ 600mm

**해설** 마찰차의 중심거리

$$C = \frac{D_1 + D_2}{2} = \frac{240 + 360}{2} = 300\text{mm}$$

**14** 가장 널리 쓰이는 키(key)로 축과 보스 양쪽에 키 홈을 파서 동력을 전달하는 것은?

㉮ 성크 키
㉯ 반달 키
㉰ 접선 키
㉱ 원뿔 키

**해설** 반달 키는 테이퍼 축에 접선 키는 중하중에 사용되며, 원뿔 키는 축과 보스에 홈을 파지 않는다.

**15** 축을 설계할 때 고려하지 않아도 되는 것은?

㉮ 축의 강도
㉯ 피로 충격
㉰ 응력 집중의 영향
㉱ 축의 표면조도

**해설** 축을 설계하려면 강도, 강성도, 위험속도 등을 고려해야 한다.

**16** 절삭 공구재료 중에서 가장 경도가 높은 재질은?

㉮ 고속도강
㉯ 세라믹
㉰ 스테라이트
㉱ 입방정 질화붕소

**해설** 입방정 질화붕소(CBN)는 다이아몬드 다음으로 단단한 물질이다.

**17** 선반에서 단동척에 대한 설명으로 틀린 것은?

㉮ 연동척보다 강력하게 고정한다.
㉯ 무거운 공작물이나 중절삭을 할 수 있다.
㉰ 불규칙한 공작물의 고정이 가능하다.
㉱ 3개의 조가 있으므로 원통형 공작물 고정이 쉽다.

**해설** 단동척의 고정 조는 4개이다.
3개의 조가 있으므로 원통형 공작물 고정이 쉬운 척은 연동척이다.

**18** 지름 30mm인 환봉을 318rpm으로 선반가공할 때, 절삭속도는 약 몇 m/min인가?

㉮ 30
㉯ 40
㉰ 50
㉱ 60

PART

05

**해설** 절삭속도 $V = \dfrac{\pi DN}{1,000}$

$$= \dfrac{3.14 \times 30 \times 318}{1,000} = 30\text{m/min}$$

**19** 밀링에서 테이블의 좌우 및 전후이송을 사용한 윤곽가공과 간단한 분할작업도 가능한 부속장치는?

㉮ 슬로팅 장치
㉯ 분할대
㉰ 유압 밀링 바이스
㉱ 회전 테이블 장치

**해설** 분할대는 기어를 깎을 때 치형과 치형 사이의 분할, 또는 헬리컬 리머나 드릴의 홈을 깎을 때 홈 각도 변위, 또는 밀링커터 제작 등에 이용

**20** 기어절삭에 사용되는 공구가 아닌 것은?

㉮ 랙(rack) 커터
㉯ 호브
㉰ 피니언 커터
㉱ 브로치

**해설** 브로치(roaching)
① 브로칭 머신은 다수의 절삭날을 일직선상에 배치한 브로치라는 공구를 사용해서, 공작물 구멍의 내면이나 표면을 여러 가지 모양으로 절삭하는 공작기계를 말한다.
② 브로칭 가공법은 호환성을 필요로 하는 부품의 대량 생산에 매우 효과적이며, 특히 자동차나 전기 부품의 소형 기재 정밀 가공에 적합하다.

**21** 보통 보링머신을 분류한 것으로 틀린 것은?

㉮ 테이블형
㉯ 플레이너형
㉰ 플로형
㉱ 코어형

**해설** 보링은 뚫린 구멍을 깎아 넓히는 것
코어형은 수평형 보링머신에 속하며, 코어 보링머신은 구멍의 중심부는 남기고 둘레만 가공

**22** 선반 바이트 팁을 사용 중에 절삭날이 무디어지면 날 부분을 새것으로 교환하여 날을 순차로 사용하는 것은?

㉮ 클램프 바이트
㉯ 단체 바이트
㉰ 경납땜 바이트
㉱ 용접 바이트

**해설** 클램프(clamped) 바이트 : 초경날을 생크에 삽입(기계적 고정)
단체(solid) 바이트 : 일체형으로 주로 고속도강
팁(welded) 바이트 : 초경날을 생크에 용접

**23** 센터리스 연삭에서 조정숫돌의 역할로 옳은 것은?

㉮ 연삭숫돌의 이송과 회전
㉯ 일감의 고정기능
㉰ 일감의 탈착기능
㉱ 일감의 회전과 이송

**해설** 센터리스 연삭기
• 센터가 필요 없고 중공의 원통을 연삭
• 연속 작업이 가능하여 대량 생산에 용이
• 긴 축 재료 연삭 가능, 연삭 여유가 적어도 됨
• 숫돌바퀴의 나비가 크므로 지름의 마멸이 작고 수명이 김
• 기계의 조정이 끝나면 가공이 쉽고 작업자의 숙련이 필요 없음
• 긴 홈이 있는 일감의 연삭 곤란
• 대형 중량물 연삭 곤란

**24** 다수의 절삭날을 직렬로 나열된 공구를 가지고 1회 행정으로 공작물의 구멍 내면 혹은 외측표면을 가공하는 절삭방법은?

㉠ 호닝　　　　㉡ 래핑
㉢ 브로칭　　　㉣ 액체 호닝

**해설** 브로칭 가공법은 호환성을 필요로 하는 부품의 대량 생산에 매우 효과적이며, 특히 자동차나 전기 부품의 소형 기재 정밀 가공에 적합하다.

**25** 공작물, 미디어(media), 공작액, 컴파운드를 상자 속에 넣고 회전 또는 진동시키면 공작물과 연삭입자가 충돌하여 공작물 표면에 요철을 없애고 매끈한 다듬질 면을 얻는 가공방법은?

㉠ 브로칭　　　㉡ 배럴가공
㉢ 숏피닝　　　㉣ 래핑

**해설** 숏피닝 : 숏피닝은 구형의 재료가 고속으로 부품을 때리는 냉간작업 공정, 응력 부식에 대한 저항성도 증가시킨다.
래핑 : 랩과 공작물 사이에 랩제를 적용시켜 가공, 정밀도가 높고 매끄러운 다듬질면 가공, 치수정밀도의 기준인 블록 게이지의 다듬질

**3과목　기계제도**

**26** 투상도 표시방법 설명으로 잘못된 것은?

㉠ 부분 투상도 : 대상물의 구멍, 홈 등과 같이 한 부분의 모양을 도시하는 것으로 충분한 경우에는 그 필요한 부분만을 도시한다.
㉡ 보조 투상도 : 경사부가 있는 물체는 그 경사면의 보이는 부분의 실제모양을 전체 또는 일부분을 나타낸다.
㉢ 회전 투상도 : 대상물의 일부분을 회전해서 실제 모양을 나타낸다.
㉣ 부분 확대도 : 특정한 부분의 도형이 작아서 그 부분을 자세하게 나타낼 수 없거나 치수 기입을 할 수 없을 때에는 그 해당 부분을 확대하여 나타낸다.

**해설** ㉠는 국부 투상에 대한 설명이다.
부분 투상도 : 주투상도 외에 물체의 일부분만을 나타내어도 충분할 때 그린다.

**27** 다음 중 치수기입 원칙에 어긋나는 것은?

㉠ 중복된 치수 기입을 피한다.
㉡ 관련되는 치수는 되도록 한곳에 모아서 기입한다.
㉢ 치수는 되도록 공정마다 배열을 분리하여 기입한다.
㉣ 치수는 각 투상도에 고르게 분배 되도록 한다.

**해설** 치수는 되도록 주투상도(정면도)에 기입한다.

**28** 다음 중 도면 제작에서 원의 지시선 긋기 방법으로 맞는 것은?

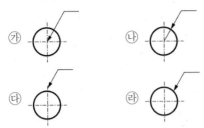

해설 지시선은 구멍 중심 외측에 화살표를 붙이고 60° 가는 실선으로 긋고 치수를 입력한다.

**29** "상하 또는 좌우 대칭인 물체는 1/4을 떼어 낸 것으로 보고, 기본 중심선을 경계로 하여 1/2은 외형을 1/2은 단면으로 동시에 나타낸다. 이때, 중심선의 오른쪽 또는 왼쪽을 단면으로 하는 것이 좋다." 어느 단면도에 대한 설명인가?

㉮ 한쪽 단면도    ㉯ 부분 단면도
㉰ 회전도시 단면도    ㉱ 온 단면도

해설 한쪽 단면도는 반단면도라고도 하며, 대칭형인 물체를 외형도의 절반과 온단면도의 절반을 조합하여 그린다.

**30** 다음 중 2종류 이상의 선이 같은 장소에서 중복될 경우 가장 우선되는 선의 종류는?

㉮ 중심선    ㉯ 절단선
㉰ 치수 보조선    ㉱ 무게 중심선

해설 외형선＞숨은선＞절단선＞중심선＞무게 중심선＞치수 보조선

**31** 다음 중 억지 끼워맞춤인 것은?

㉮ 구멍－H7, 축－g6
㉯ 구멍－H7, 축－f6
㉰ 구멍－H7, 축－p6
㉱ 구멍－H7, 축－e6

해설

| 구분 | 축 기준 | 구멍 기준 |
|------|--------|----------|
| 헐거움 | G, H | g, h |
| 중간 | JS, K, M | js, k, m |
| 억지 | P, R | p, r |

**32** 다음과 같이 지시된 기하 공차의 해석이 맞는 것은?

| ○ | 0.05 | |
|---|------|---|
| // | 0.02/150 | A |

㉮ 원통도 공차값 0.05mm, 축선은 데이텀, 축직선 A에 직각이고 지정길이 150mm, 평행도 공차값 0.02mm
㉯ 진원도 공차값 0.05mm, 축선은 데이텀, 축직선 A에 직각이고 전체길이 150mm, 평행도 공차값 0.02mm
㉰ 진원도 공차값 0.05mm, 축선은 데이텀, 축직선 A에 평행하고 지정길이 150mm, 평행도 공차값 0.02mm
㉱ 원통의 윤곽도 공차값 0.05mm, 축선은 데이텀, 축직선 A에 평행하고 전체길이 150mm, 평행도 공차값 0.02mm

해설 데이텀에 진원도와 평행도를 규제한 기하공차 방식이다.

정답 28. ㉱ 29. ㉮ 30. ㉯ 31. ㉰ 32. ㉰

**33** 다음 중 줄무늬 방향의 기호 설명 중 잘못된 것은?

㉮ X : 가공에 의한 커터의 줄무늬 방향의 기호를 기입한 투상면에 경사지고 두 방향으로 교차

㉯ M : 가공에 의한 커터의 줄무늬 방향의 기호를 기입한 투상면에 평행

㉰ C : 가공에 의한 커터의 줄무늬 방향의 기호를 기입한 면의 중심에 대하여 대략 동심원 모양

㉱ R : 가공에 의한 커터의 줄무늬 방향의 기호를 기입한 면의 중심에 대하여 대략 레이디얼 모양

**해설** = : 가공에 의한 커터의 줄무늬 방향의 기호를 기입한 투상면에 평행
M : 가공에 의한 커터의 줄무늬 방향의 기호를 기입한 투상면에 교차하거나 무방향

**34** 특수한 가공을 하는 부분 등, 특별히 요구사항을 적용할 수 있는 범위를 표시하는데 사용하는 선은?

㉮ 가는 1점 쇄선　㉯ 가는 2점 쇄선
㉰ 굵은 1점 쇄선　㉱ 아주 굵은 실선

**해설** 가는 1점 쇄선 : 도형의 중심을 표시하는 선
가는 2점 쇄선 : 가동 부분을 이동 중의 특정한 위치 또는 이동한계의 위치로 표시

**35** 다음 중 가장 고운 다듬면을 나타내는 것은?

㉮ ∇　㉯ 0.2∇
㉰ 6.3∇　㉱ 25∇

**해설** 25a, 6.3a, 1.6a, 0.2a 수치가 낮을수록 다듬질면이 좋다.

**36** 다음 중 3각 투상법에 대한 설명으로 맞는 것은?

㉮ 눈 → 투상면 → 물체
㉯ 눈 → 물체 → 투상면
㉰ 투상면 → 물체 → 눈
㉱ 물체 → 눈 → 투상면

**해설** 제3각법
눈 → 투상면 → 물체
제1각법 : 눈 → 물체 → 투상면

**37** 다음 중 인접 부분을 참고로 나타내는 데 사용하는 선은?

㉮ 가는 실선　㉯ 굵은 1점 쇄선
㉰ 가는 2점 쇄선　㉱ 가는 1점 쇄선

**해설** 가는 2점 쇄선(가상선)
① 인접부분을 참고로 표시하는 선
② 가동부분을 이동 중의 특정한 위치 또는 이동한계의 위치로 표시

**38** 재료기호 표시의 중간부분 기호 문자와 제품명이다. 연결이 틀리게 된 것은?

㉮ P : 관
㉯ W : 선
㉰ F : 단조품
㉱ S : 일반 구조용 압연재

**해설** P : 판(plate)

**39** ø 35h6에서 위 치수 허용차가 0일 때, 최대 허용한계치수 값은? (단, 공차는 0.016이다.)

㉮ ø34.084　　㉯ ø35.000

㉰ ø35.016　　㉱ ø35.084

**해설** 최대허용한계치수＝위 치수 허용차－기준치수
＝0＋35＝35.000

**40** KS의 부문별 분류 기호로 맞지 않는 것은?

㉮ KS A : 기본　　㉯ KS B : 기계

㉰ KS C : 전기　　㉱ KS D : 전자

**해설** KS D : 금속

**41** 정투상 방법에 따라 평면도와 우측면도가 다음과 같다면 정면도에 해당하는 것은?

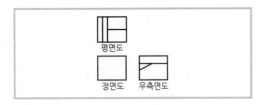

㉮　㉯

㉰　㉱

**42** 도면에서 A3 제도 용지의 크기는?

㉮ 841×1189　　㉯ 594×841

㉰ 420×594　　㉱ 297×420

**해설** 제도 용지의 크기
A0＝841×1189,　A1＝594×841
A2＝420×594,　A3＝297×420
A3＝210×297

**43** 공차 기호에 의한 끼워맞춤의 기입이 잘못된 것은?

㉮ 50H7/g6　　㉯ 50H7－g6

㉰ 50$\frac{H7}{g6}$　　㉱ 50H7(g6)

**해설** 잘못된 표기 : 50H7(g6)

**44** 기하공차의 종류를 나타낸 것 중 틀린 것은?

㉮ 진직도(—)　　㉯ 진원도(○)

㉰ 평면도(▢)　　㉱ 원주 흔들림(↗)

**해설** 평면도 : ▱

**45** 다음의 투상도의 좌측면도에 해당하는 것은? (단, 제3각 투상법으로 표현한다.)

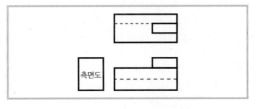

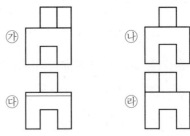

㉮　㉯

㉰　㉱

정답　**39.** ㉯　**40.** ㉱　**41.** ㉮　**42.** ㉱　**43.** ㉱　**44.** ㉰　**45.** ㉯

**46** 베어링의 호칭이 "6026"일 때 안지름은 몇 mm인가?

㉮ 26　　　　　㉯ 52
㉰ 100　　　　 ㉱ 130

해설 베어링의 안지름이 20mm 이상일 때 안지름 번호에 5를 곱한다.
안지름(축 지름)$= 26 \times 5 = 120$mm

**47** 다음 그림이 나타내는 코일 스프링 간략도의 종류로 알맞은 것은?

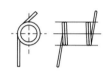

㉮ 벌류트 코일 스프링
㉯ 압축 코일 스프링
㉰ 비틀림 코일 스프링
㉱ 인장 코일 스프링

해설

㉮ 벌류트 코일 스프링
㉯ 압축 코일 스프링
㉰ 인장 코일 스프링

**48** V 벨트의 형별 중 단면의 폭 치수가 가장 큰 것은?

㉮ A형　　　　㉯ D형
㉰ E형　　　　㉱ M형

해설 V벨트의 표준 치수는 M, A, B, C, D, E의 6종류가 있으며, M에서 E쪽으로 가면 단면이 커진다.

**49** 스퍼기어의 요목표에서 잇수는?

| 스퍼기어 | | |
|---|---|---|
| 기어치형 | | 표준 |
| 공구 | 치형 | 보통이 |
| | 모듈 | 2 |
| | 압력각 | 20° |
| 전체 이높이 | | 4.5 |
| 피치원 지름 | | 40 |
| 잇수 | | ( ? ) |
| 다듬질방법 | | 호브 절삭 |
| 정밀도 | | KS B 1328-1, 4급 |

㉮ 5　　　　　㉯ 10
㉰ 15　　　　 ㉱ 20

해설 잇수$=\dfrac{\text{피치원지름}}{\text{모듈}}=\dfrac{40}{2}=20$

**50** 평행 키의 호칭 표기방법으로 맞는 것은?

㉮ KS B 1311 평행 키 10×8×25
㉯ KS B 1311 10×8×25 평행 키
㉰ 평행 키 10×8×25 양 끝 둥금 KS B 1311
㉱ 평행 키 10×8×25 KS B 1311 양 끝 둥금

**51** 용접 지시기호가 나타내는 용접부위의 형상으로 가장 옳은 것은?

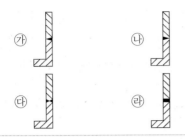

**해설** 지시선의 직선상에 V형 맞대기 용접, 점선상에 이면 용접 기호가 있으므로 지시선의 화살표 쪽에는 V형 맞대기 용접을 하고 반대쪽에는 이면 용접을 해야 한다.

**52** "왼 2줄 M50×2 6H"로 표시된 나사의 설명으로 틀린 것은?

㉮ 왼 : 나사산의 감는 방향
㉯ 2줄 : 나사산의 줄 수
㉰ M50×2 : 나사의 호칭지름 및 피치
㉱ 6H : 수나사의 등급

**해설** 6H는 대문자이므로 암나사의 등급이다. 수나사에 등급은 소문자로 표기한다.

**53** 기어제도 시 잇봉우리원에 사용하는 선의 종류는?

㉮ 가는 실선          ㉯ 굵은 실선
㉰ 가는 1점 쇄선     ㉱ 가는 2점 쇄선

**해설** 잇봉우리원은 이끝원과 같은 말이며, 기어의 이끝원은 굵은 실선으로 그린다.

**54** 나사면에 증기, 기름 또는 외부로부터의 먼지 등이 유입되는 것을 방지하기 위해 사용하는 너트는?

㉮ 나비 너트          ㉯ 둥근 너트
㉰ 사각 너트          ㉱ 캡 너트

**해설** 둥근 너트(circular nut)
너트를 외부에 노출 시키지 않을 때 사용

**55** 관이음 기호 중 유니언 나사이음 기호는?

**해설** ㉮ 유니언 이음
㉯ 관 끝부분 기호
㉱ 플랜지식 관 이음

**56** 운전 중 또는 정지 중에 운동을 전달하거나 차단하기에 적절한 축이음은?

㉮ 외접기어          ㉯ 클러치
㉰ 올덤 커플링     ㉱ 유니버설 조인트

**해설** 클러치는 운전 중에도 동력을 전달하거나 차단할 수 있는 축 이음으로 맞물림 클러치, 마찰 클러치, 원심 클러치 등이 있다. 커플링은 운전 중에 동력을 차단할 수 없다.

**57** 다음 시스템 중 출력장치로 틀린 것은?

㉮ 디지타이저(digitizer)
㉯ 플로터(plotter)
㉰ 프린터(printer)
㉱ 하드 카피(hard copy)

**해설** 디지타이저는 입력장치이다.

---

정답 52. ㉱ 53. ㉯ 54. ㉱ 55. ㉮ 56. ㉯ 57. ㉮

**58** 중앙처리장치(CPU)의 구성 요소가 아닌 것은?

㉮ 주기억장치
㉯ 파일저장장치
㉰ 논리연산장치
㉱ 제어장치

해설

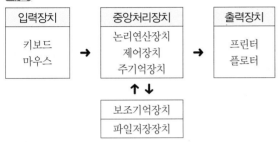

**59** 디스플레이상의 도형을 입력장치와 연동시켜 움직일 때, 도형이 움직이는 상태를 무엇이라고 하는가?

㉮ 드래깅(dragging)
㉯ 트리밍(trimming)
㉰ 셰이딩(shading)
㉱ 주밍(zooming)

해설 셰이딩 : 3D 그래픽 프로그램의 렌더링 기능의 하나로 3차원 오브젝트의 표면을 처리할 때 조명의 위치와 물체의 기울기, 색깔, 밝기에 반응하여 오브젝트에 음영을 주는 것이다
주밍 : 사진을 찍는 동안 줌을 밀고 당기면 나타나는 효과이다.

**60** 다음 중 와이어프레임 모델링(wire frame modeling)의 특징은?

㉮ 단면도 작성이 불가능하다.
㉯ 은선 제거가 가능하다.
㉰ 처리속도가 느리다.
㉱ 물리적 성질의 계산이 가능하다.

해설 와이어프레임 모델링은 면에 관한 정보가 없으므로 단면의 표현이 불가능하다.

PART
**05**

# 16 기출실전문제

전산응용기계제도기능사 [2015년 7월 19일]

CRAFTSMAN COMPUTER AIDED MECHANICAL DRAWING

## 1과목 기계재료 및 요소

**01** 탄소 공구강의 구비 조건으로 거리가 먼 것은?

㉮ 내마모성이 클 것
㉯ 저온에서의 경도가 클 것
㉰ 가공 및 열처리성이 양호할 것
㉱ 강인성 및 내충격성이 우수할 것

**해설** 공구강의 구비조건으로 상온 및 고온에서 경도가 높을 것

**02** 고속도 공구강 강재의 표준형으로 널리 사용되고 있는 18-4-1형에서 텅스텐 함유량은?

㉮ 1%
㉯ 4%
㉰ 18%
㉱ 23%

**해설** 표준고속도강(하이스 : HSS)이라고 하며 600℃ 정도에서 경도변화가 있다.
W(18)>Cr(4)>V(1)

**03** 열처리의 방법 중 강을 경화시킬 목적으로 실시하는 열처리는?

㉮ 담금질
㉯ 뜨임
㉰ 불림
㉱ 풀림

**해설** • 담금질 : 재료의 경도를 높인다.
• 뜨임 : 담금질로 인한 취성을 제거한다.
• 불림 : 결정 조직을 균일하게 한다.
• 풀림 : 재질을 연하게 한다.

**04** 베어링으로 사용되는 구리계 합금으로 거리가 먼 것은?

㉮ 켈밋(kelmet)
㉯ 연청동(lead bronze)
㉰ 문쯔메탈(muntz metal)
㉱ 알루미늄 청동(Al bronze)

**해설** 켈밋(kelmet) : Cu+Pb 30~40%, 고속 고하중용 베어링에 사용
문쯔메탈(6.4황동) : 구리60-아연40, 인장강도 최대, 강도 목적

정답 1. ㉯ 2. ㉰ 3. ㉮ 4. ㉰

**05** 다음 중 알루미늄 합금이 아닌 것은?

㉮ Y 합금
㉯ 실루민
㉰ 톰백(tombac)
㉱ 로엑스(Lo – Ex) 합금

**해설** 톰백(tombac)은 구리 합금으로 8~20% Zn 함유, 색상이 황금빛이며, 연성이 크다.
금대용품, 장식품(불상, 악기, 금박)에 사용

**06** 마우러 조직도에 대한 설명으로 옳은 것은?

㉮ 탄소와 규소량에 따른 주철의 조직 관계를 표시한 것
㉯ 탄소와 흑연량에 따른 주철의 조직 관계를 표시한 것
㉰ 규소와 망간량에 따른 주철의 조직 관계를 표시한 것
㉱ 규소와 Fe2C량에 따른 주철의 조직 관계를 표시한 것

**해설** 마우러 조직도
금속 주철의 조직을 탄소와 규소의 함유량에 따라서 분류한 조직도이다.

**07** 공구용으로 사용되는 비금속 재료로 초내열성 재료, 내마멸성 및 내열성이 높은 세라믹과 강한 금속의 분말을 배열 소결하여 만든 것은?

㉮ 다이아몬드
㉯ 고속도강
㉰ 서멧
㉱ 석영

**해설** 서멧(cermet)
초경합금과 세라믹의 중간 정도의 절삭 속도에 사용하며, Ti에 TiN을 첨가한 것으로 고속 완성 가공용 공구에 적합하다. 세라믹과 금속으로 이루어진 복합 재료. 탄화 텅스텐(WC) 입자를 코발트 입자와 혼합하여 분말 야금 방법으로 제조한다.

**08** 기어에서 이(tooth)의 간섭을 막는 방법으로 틀린 것은?

㉮ 이의 높이를 높인다.
㉯ 압력각을 증가시킨다.
㉰ 치형의 이끝면을 깎아낸다.
㉱ 피니언의 반경 방향의 이뿌리면을 파낸다.

**해설** 기어 이의 높이를 높이면 상대 이와 간섭이 더 생긴다.

**09** 표점거리 110mm, 지름 20mm의 인장시편에 최대하중 50kN이 작용하여 늘어난 길이 △ℓ =22mm일 때, 연신율은?

㉮ 10%  ㉯ 15%
㉰ 20%  ㉱ 25%

**해설** 연신율 $= \dfrac{\text{늘어난 길이}}{\text{원래 길이}} \times 100$

$= \dfrac{22}{110} \times 100 = 20$

**10** 피치 4mm인 3줄 나사를 1회전시켰을 때의 리드는 얼마인가?

㉮ 6mm  ㉯ 12mm
㉰ 16mm  ㉱ 18mm

**해설** 리드 $= N \times P = 3 \times 4 = 12mm$

**정답** 5. ㉰  6. ㉮  7. ㉰  8. ㉮  9. ㉰  10. ㉯

## **2**과목  기계가공법 및 안전관리

**11** 볼트 너트의 풀림 방지방법 중 틀린 것은?

㉮ 로크너트에 의한 방법
㉯ 스프링 와셔에 의한 방법
㉰ 플라스틱 플러그에 의한 방법
㉱ 아이볼트에 의한 방법

**해설** 너트의 풀림 방지법

① 탄성 와셔에 의한 법 : 주로 스프링 와셔가 쓰이며, 와셔의 탄성에 의한다.
② 로크너트에 의한 법 : 가장 많이 사용되는 방법으로서 2개의 너트를 조인 후에 아래의 너트를 약간 풀어서 마찰저항면을 엇갈리게 하는 것
③ 핀 또는 작은 나사를 쓰는 법 : 볼트, 홈붙이 너트에 핀이나 작은 나사를 넣은 것으로 가장 확실한 고정 방법이다.
④ 철사에 의한 법 : 철사로 잡아맨다.
⑤ 자동 죔 너트에 의한 법
⑥ 세트 스크루에 의한 법

**12** 원주에 톱니형상의 이가 달려 있으며 폴(pawl)과 결합하여 한쪽 방향으로 간헐적인 회전운동을 주고 역회전을 방지하기 위하여 사용되는 것은?

㉮ 래칫 휠          ㉯ 플라이 휠
㉰ 원심 브레이크     ㉱ 자동하중 브레이크

**해설** 여러 가지 래칫

마찰래칫    외치래칫    내치래칫

**13** 전달마력 30kW, 회전수 2000rpm인 전동축에서 토크 T는 약 몇 N·m인가?

㉮ 107          ㉯ 146
㉰ 1070         ㉱ 1460

**해설** $T = [\text{kg.f.cm}] = 97{,}400 \dfrac{H[\text{kw}]}{N[\text{rpm}]}$

$$= 97{,}400 \times \frac{30}{2{,}000} = 1{,}461$$

**14** 벨트전동에 관한 설명으로 틀린 것은?

㉮ 벨트풀리에 벨트를 감는 방식은 크로스벨트 방식과 오픈벨트 방식이 있다.
㉯ 오픈벨트 방식에서는 양 벨트 풀 리가 반대방향으로 회전한다.
㉰ 벨트가 원동차에 들어가는 측을 인(긴)장 측이라 한다.
㉱ 벨트가 원동차로부터 풀려 나오는 측을 이완측이라 한다.

**해설** 오픈벨트 방식은 동일 방향이다.

평벨트

**15** 밀링머신의 부속장치가 아닌 것은?

㉮ 아버          ㉯ 래크 절삭장치
㉰ 회전 테이블     ㉱ 에이프런

**해설** 선반의 왕복대에 위치하며 이송이나 나사를 가공할 수 있는 부속장치이다.

**16** 선반에서 ø 40mm의 환봉을 120m/min의 절삭속도로 절삭가공을 하려고 할 경우, 2분 동안의 주축 총 회전수는?

㉮ 650rpm  ㉯ 960rpm
㉰ 1,720rpm  ㉱ 1,910rpm

[해설] $N = \dfrac{1,000\,V}{\pi D} = \dfrac{1,000 \times 120}{3.14 \times 40}$
$= 955.41 \times 2 = 1,910.82\,\mathrm{rpm}$

**17** 축에 키 홈을 가공하지 않고 사용하는 것은?

㉮ 묻힘(sunk) 키  ㉯ 안장(saddle) 키
㉰ 반달 키  ㉱ 스플라인

[해설]

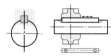  

(a) 성크 키  (b) 미끄럼 키  (c) 반달 키  (d) 평 키  (e) 안장 키

**18** 연삭에서 결합도에 따른 경도의 선정기준 중 결합도가 높은 숫돌(단단한 숫돌)을 사용해야 할 때는?

㉮ 연삭 깊이가 클 때
㉯ 접촉 면적이 작을 때
㉰ 경도가 큰 가공물을 연삭할 때
㉱ 숫돌차의 원주 속도가 빠를 때

[해설] 결합도가 높은 숫돌을 사용하는 경우
• 연질 재료를 연삭할 때
• 숫돌차의 원주 속도가 느릴 때
• 연삭 깊이가 얕을 때
• 접촉면이 작을 때
• 재료 표면이 거칠 때

**19** 4개의 조(jaw)가 각각 단독으로 움직이도록 되어 있어 불규칙한 모양의 일감을 고정하는데 편리한 척은?

㉮ 단동 척  ㉯ 연동 척
㉰ 마그네틱 척  ㉱ 콜릿 척

[해설]

| 단동 척 | 연동 척 (만능 척, 스크롤 척) | 양용 척 | 마그네틱 척 | 콜릿 척 | 공기 척 |
|---|---|---|---|---|---|
| 4개의 조가 각각 단독으로 움직임 | 3개의 조가 1개의 나사에 의해 동시에 움직임 | 단동척+연동척 | 척 내부에 전자석 설치 | 중공관의 한 끝에 3~4개의 홈을 만들고 가운데 공작물을 넣고 외경 쪽으로 조여서 사용 | 공기 압력을 이용하여 일감을 고정 |
| 특징 | 특징 | 특징 | 특징 | 특징 | 특징 |
| 강력 조임, 편심 가공 편리, 중심 잡는 데 시간이 걸림 | 중심잡기 편리, 조임이 약함 | 불규칙한 공작물의 다량 고정시 유용 | 비자성체 고정 불가, 강력절삭 곤란, 가공 후 탈자 | 직경이 적은 일감에 사용 | 조의 개폐 신속, 운전 중에도 작업이 가능 |

**20** 다음 중 고온경도가 높으나 취성이 커서 충격이나 진동에 약한 절삭공구는?

㉮ 고속도강  ㉯ 탄소공구강
㉰ 초경합금  ㉱ 세라믹

[해설] 세라믹
산화알루미늄($Al_2O_3$)을 주성분으로 하는 비금속 산화물계의 분말을 결합제와 혼합 압축성형 소결시킨 것으로 고온경도가 커 300~400m/min의 절삭속도를 가짐. 고속경절삭에 용이하나 충격에는 약하다.

**21** 드릴링 머신 가공의 종류로 틀린 것은?

㉮ 슬로팅
㉯ 리밍
㉰ 태핑
㉱ 스폿 페이싱

해설 슬로팅

수직으로 구멍의 내면이나 곡면, 내접기어, 스플라인, 구멍 등을 가공하는 작업 슬로팅 머신

**22** 선반에서 척에 고정할 수 없는 대형 공작물 또는 복잡한 형상의 공작물을 고정할 때 사용하는 부속장치는?

㉮ 센터
㉯ 면판
㉰ 바이트
㉱ 맨드릴

해설 ① 센터 : center는 보통 강, 센터 끝의 각도는 60°, 대형에는 75°, 90°의 것이 사용된다.
② 면판 : 돌림판과 비슷하지만 돌림판보다 크며, 일감을 직접 또는 angle plate 등을 이용하여 볼트로 고정
③ 맨드릴 : 기어, 벨트풀리 등의 소재와 같이 구멍을 뚫는 일감의 원통 면이나 옆면을 센터 작업할 때 구멍에 맨드릴(mandrel)을 끼우고 고정. 맨드릴을 센터로 지지

**23** 드릴의 구조 중 드릴가공을 할 때 가공물과 접촉에 의한 마찰을 줄이기 위하여 절삭날 면에 부여하는 각은?

㉮ 나선각
㉯ 선단각
㉰ 경사각
㉱ 날 여유각

해설
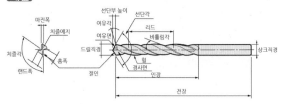

**24** 다음 중 와이어 컷 방전가공에서 전극재질로 일반적으로 사용하지 않는 것은?

㉮ 동
㉯ 황동
㉰ 텅스텐
㉱ 고속도강

해설 동, 텅스텐, 주철 등의 방전 가공용 전극제작에 비교적 많이 사용된다.

**25** 공작물의 외경 또는 내면 등을 어떤 필요한 형상으로 가공할 때, 많은 절삭 날을 갖고 있는 공구를 1회 통과시켜 가공하는 공작기계는?

㉮ 브로칭 머신
㉯ 밀링 머신
㉰ 호빙 머신
㉱ 연삭기

해설 브로치 장점
① 1회의 가공에 의해서 공작물을 여러 가지 복잡한 형상으로 다듬질할 수 있다.
② 제품의 치수정밀도가 높고 쉽다.
③ 다듬질 면이 양호
④ 다량 생산

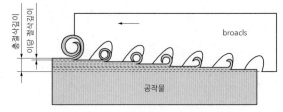

정답 **21.** ㉮ **22.** ㉯ **23.** ㉱ **24.** ㉱ **25.** ㉮

**26** 구의 반지름을 나타내는 치수 보조 기호는?

㉮ ∅  
㉯ S∅  
㉰ SR  
㉱ C  

해설 ∅ : 지름 치수, S∅ : 구의 지름 치수  
SR : 구의 반지름 치수, C : 모따기 치수

**27** 다음 중 가는 2점 쇄선의 용도로 틀린 것은?

㉮ 인접 부분 참고 표시  
㉯ 공구, 지그 등의 위치  
㉰ 가공 전 또는 가공 후의 모양  
㉱ 회전 단면도를 도형 내 그릴 때의 외형선  

해설 가는 2점 쇄선의 용도 (가상선, 무게 중심선)
- 인접 부품의 윤곽을 나타내는 선
- 움직이는 부품의 가동 중의 특정 위치 또는 최대 위치를 나타내는 물체의 윤곽선(가상선)
- 그림의 중심을 이어서 나타내는 선
- 가공 전 물체의 윤곽을 나타내는 선
- 절단면의 앞에 위치하는 부품의 윤곽을 나타내는 선

**28** 다음 기하공차 종류 중 단독 형체가 아닌 것은?

㉮ 진직도  
㉯ 진원도  
㉰ 경사도  
㉱ 평면도  

해설 경사도 : 관련 형체

**29** 도면에서 구멍의 치수가 "∅$80^{+0.03}_{-0.02}$"로 기입되어 있다면 치수 공차는?

㉮ 0.01  
㉯ 0.02  
㉰ 0.03  
㉱ 0.05  

해설 치수공차＝최대 허용치수－최소허용치수  
＝(＋0.03)＋(－0.02)＝0.05

**30** 끼워맞춤에서 축 기준식 헐거운 끼워맞춤을 나타낸 것은?

㉮ H7/g6  
㉯ H6/F8  
㉰ h6/P9  
㉱ h6/F7  

해설

| 구분 | 축 기준 | 구멍 기준 |
|------|---------|-----------|
| 헐거움 | G, H | g, h |
| 중간 | JS, K, M | js, k, m |
| 억지 | P, R | p, r |

**31** 제3각법으로 그린 3면도 투상도 중 틀린 것은?

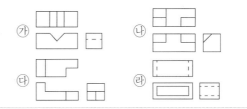

해설 ㉯ 우측면도에서 사선이 반대편에 숨은선으로 투상 되어야 한다.

**32** 다음 중 척도의 기입방법으로 틀린 것은?

㉮ 척도는 표제란에 기입하는 것이 원칙이다.  
㉯ 표제란이 없는 경우에는 부품 번호 또는 상세도의 참조 문자 부근에 기입한다.  

정답 **26.** ㉰ **27.** ㉱ **28.** ㉰ **29.** ㉱ **30.** ㉱ **31.** ㉯ **32.** ㉰

㉑ 한 도면에는 반드시 한 가지 척도만 사용해야 한다.

㉒ 도형의 크기가 치수와 비례하지 않으면 NS 라고 표시한다.

**해설** 한 도면에 한 가지 부품도를 그리지만, 한 도면에 여러 개의 부품을 그릴 때는 다른 척도를 적용할 수 있다

**33** 핸들, 벨트풀리나 기어 등과 같은 바퀴의 암, 리브 등에서 절단한 단면의 모양을 90° 회전 시켜서 투상도의 안에 그릴 때, 알맞은 선의 종류는?

㉮ 가는 실선  ㉯ 가는 1점 쇄선

㉰ 가는 2점 쇄선  ㉱ 굵은 1점 쇄선

**해설** 회전 단면도

**34** 다음 등각투상도의 화살표 방향이 정면도일 때, 평면도를 올바르게 표시한 것은?(단, 제3 각법의 경우에 해당한다.)

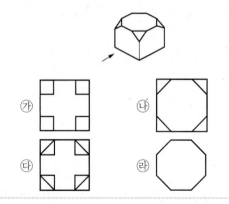

㉮  ㉯
㉰  ㉱

**해설** 평면도를 올바르게 표시한 것은 ㉯이다.

**35** 한국 산업 표준 중 기계부문에 대한 분류 기호는?

㉮ KS A  ㉯ KS B

㉰ KS C  ㉱ KS D

**해설** KS A : 기본,  KS B : 기계
KS C : 전기,  KS D : 금속

**36** 다음과 같이 다면체를 전개한 방법으로 옳은 것은?

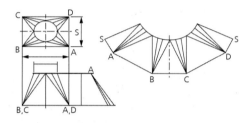

㉮ 삼각형법 전개  ㉯ 방사선법 전개
㉰ 평생선법 전개  ㉱ 사각형법 전개

**해설** • 삼각형을 이용한 전개법 : 물체의 면을 여러 개의 삼각형으로 나누어 그리는 전개 도법

• 삼각전개법 : 입체의 표면을 작은 사각형으로 분할하여 그 삼각형의 실제 모양을 구하여 순차적으로 그러나가 전개하는 방법으로 거의 모든 물체의 전개에 이용된다.

**37** 치수기입에 대한 설명 중 틀린 것은?

㉮ 제작에 필요한 치수를 도면에 기입한다.

㉯ 잘 알 수 있도록 중복하여 기입한다.

㉰ 가능한 한 주요 투상도에 집중하여 기입한다.

㉱ 가능한 한 계산하여 구할 필요가 없도록 기입한다.

**정답** 33. ㉮ 34. ㉯ 35. ㉯ 36. ㉮ 37. ㉯

**해설** 치수는 중복하여 기입하지 않는다.

**38** 다음 중심선 평균거칠기 값 중에서 표면이 가장 매끄러운 상태를 나타내는 것은?

㉮ 0.2a  ㉯ 1.6a
㉰ 3.2a  ㉱ 6.3a

**해설** 중심선 평균거칠기 Ra : 0.2a > 1.6a > 6.3a > 25a

**39** 그림과 같이 경사면부가 있는 대상물에서 그 경사면의 실형을 표시할 필요가 있는 경우에 사용하는 투상도의 명칭은?

㉮ 부분 투상도  ㉯ 보조 투상도
㉰ 국부 투상도  ㉱ 회전 투상도

**해설** 보조 투상도 : 주투상도에서 물체의 경사면의 형상이 명확하게 구분되지 않을 경우, 경사면에 평행하면서 주투상도의 시점과 수직인 보조 투상도를 그린다.
부분 투상도 : 주투상도 외에 물체의 일부분만을 나타내어도 충분할 때 그린다.

**40** 단면도에 관한 내용이다. 올바른 것을 모두 고른 것은?

㉠ 절단면은 중심선에 대하여 45° 경사지게 일정한 간격으로 가는 실선으로 빗금을 긋는다.
㉡ 정면도는 단면도로 그리지 않고, 평면도나 측면도만 절단한 모양으로 그린다.
㉢ 한쪽 단면도는 위, 아래 또는 왼쪽과 오른쪽이 대칭인 물체의 단면을 나타낼 때 사용한다.
㉣ 단면부분에는 해칭(hatching)이나 스머징(smudging)을 한다.

㉮ ㉠, ㉡  ㉯ ㉡, ㉢
㉰ ㉠, ㉡, ㉢  ㉱ ㉠, ㉢, ㉣

**해설** 정면도에 필요하다면 단면도를 나타낼 수 있다.

**41** 치수공차와 끼워맞춤에서 구멍의 치수가 축의 치수보다 작을 때, 구멍과 축과의 치수의 차를 무엇이라고 하는가?

㉮ 틈새  ㉯ 죔새
㉰ 공차  ㉱ 끼워맞춤

**해설** 틈새 : 헐거운 끼워맞춤으로 항상 틈새, 조건은 구멍의 최소치수 > 축의 최대치수

**42** 기계 도면에서 부품란에 재질을 나타내는 기호가 "SS400"으로 기입되어 있다. 기호에서 "400"은 무엇을 나타내는가?

㉮ 무게  ㉯ 탄소 함유량
㉰ 녹는 온도  ㉱ 최저 인장강도

**해설** SS : 일반구조용 압연 강재 (KS D 3503)

**정답** 38. ㉮ 39. ㉯ 40. ㉱ 41. ㉯ 42. ㉱

**43** 도면의 표제란에 사용되는 제1각법의 기호로 옳은 것은?

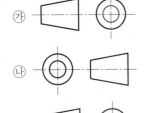

㉮

㉯

㉱

㉰

해설  : 제3각법

**44** 다음 가공방법의 약호를 나타낸 것 중 틀린 것은?

㉮ 선반가공(L)

㉯ 보링가공(B)

㉱ 리머가공(FR)

㉰ 호닝가공(GB)

해설

| 선반 | L | 호닝 | GH |
|---|---|---|---|
| 드릴 | D | 액체호닝 | SPL |
| 보링 | B | 배럴 | SPBR |
| 밀링 | M | 버프 | FB |
| 평삭 | P | 블라스트 | SB |
| 형삭 | SH | 래핑 | FL |
| 브로칭 | BR | 줄 | FF |
| 리머 | FR | 스크레이퍼 | FS |
| 연삭 | G | 테이퍼 | FCA |
| 포연 | GB | 주조 | C |

**45** 기하 공차의 종류 중 모양 공차에 해당되지 않는 것은?

㉮ 평행도 공차    ㉯ 진직도 공차

㉱ 진원도 공차    ㉰ 평면도 공차

해설

| 모양 공차 | 진직도 | 평면도 | 진원도 | 원통도 | 선의 윤곽도 | 면의 윤곽도 |
|---|---|---|---|---|---|---|
| 기호 | — | ▱ | ○ | ⌭ | ⌒ | ⌒ |

**46** 다음 용접 이음의 용접기호로 옳은 것은?

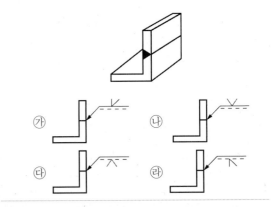

㉮        ㉯

㉱        ㉰

해설

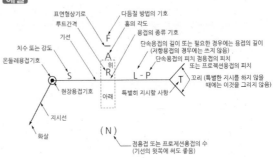

**47** 나사용 구멍이 없는 평행 키의 기호는?

㉮ P        ㉯ PS

㉱ T        ㉰ TG

P : 나사용 구멍 없는 평행 키
PS : 나사용 구멍 부착 평행 키
T : 머리 없는 경사 키
TG : 머리붙이 경사 키

**48** 볼트의 머리가 조립부분에서 밖으로 나오지 않아야 할 때, 사용하는 볼트는?

㉮ 아이볼트
㉯ 나비볼트
㉰ 기초 볼트
㉱ 육각 구멍붙이 볼트

아이볼트 : 기계, 가구류 등을 매달아 올릴 때 로프, 체인, 훅 등을 거는 데 사용
나비볼트 : 손으로 쉽게 돌려 죌 수 있는 볼트이다.
기초 볼트 : 기계 장치를 바닥에 고정시킬 때 사용

**49** "6208 ZZ"로 표시된 베어링에 결합되는 축의 지름은?

㉮ 10mm ㉯ 20mm
㉰ 30mm ㉱ 40mm

안지름(축 지름)=8×5=40mm

**50** 관용 테이퍼 나사 중 테이퍼 수나사를 표시하는 기호는?

㉮ M ㉯ Tr
㉰ R ㉱ S

M : 미터보통나사
Tr : 미터 사다리꼴나사
R : 관용 테이퍼나사
S : 미니추어 나사

**51** 헬리컬 기어, 나사 기어, 하이포이드 기어의 잇줄 방향의 표시 방법은?

㉮ 2개의 가는 실선으로 표시
㉯ 2개의 가는 2점 쇄선으로 표시
㉰ 3개의 가는 실선으로 표시
㉱ 3개의 굵은 2점 쇄선으로 표시

가는 실선을 30°로 3개의 선을 도시한다.

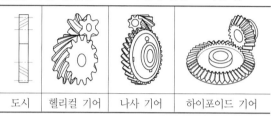

| 도시 | 헬리컬 기어 | 나사 기어 | 하이포이드 기어 |
|---|---|---|---|

**52** 평벨트 풀리의 도시방법에 대한 설명 중 틀린 것은?

㉮ 암은 길이 방향으로 절단하여 단면 도시를 한다.
㉯ 벨트 풀리는 축 직각 방향의 투상을 주투상도로 한다.
㉰ 암의 단면형은 도형의 안이나 밖에 회전 단면을 도시한다.
㉱ 암의 테이퍼 부분 치수를 기입할 때 치수 보조선은 경사선으로 긋는다.

암은 길이 방향으로 절단하지 않는다.

**53** 축의 끝에 45° 모따기 치수를 기입하는 방법으로 틀린 것은?

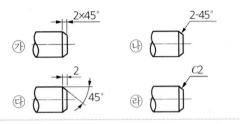

**해설** ㈏는 모따기 변에 대한 치수가 없다.

**54** 기어의 종류 중 피치원 지름이 무한대인 기어는?

㉮ 스퍼기어　　㉯ 래크
㉰ 피니언　　㉱ 베벨기어

**해설** 래크 기어
곧은 막대에 직선상으로 이를 낸 것

**55** 보일러 또는 압력 용기에서 실제 사용 압력이 설계된 규정 압력보다 높아졌을 때, 밸브가 열려 사용 압력을 조정하는 장치는?

㉮ 콕　　㉯ 체크 밸브
㉰ 스톱 밸브　　㉱ 안전 밸브

**해설** 체크 밸브는 유체 (액체 또는 기체)가 일반적으로 한 방향으로만 흐르게 하는 밸브이다.

**56** 스프링 도시의 일반 사항이 아닌 것은?

㉮ 코일 스프링은 일반적으로 무하중 상태에서 그린다.
㉯ 그림 안에 기입하기 힘든 사항은 일괄하여 요목표에 기입한다.

㉰ 하중이 걸린 상태에서 그린 경우에는 치수를 기입할 때, 그 때의 하중을 기입한다.
㉱ 단서가 없는 코일 스프링이나 벌류트 스프링은 모두 왼쪽으로 감은 것을 나타낸다.

**해설** 벌류트 스프링 용도
대형 산업설비의 완충장치, 공간용적비율로 큰 에너지를 흡수할 수 있다. 판과 판의 마찰을 이용하여 진동을 감쇠시킬 수 있다. 철도 혹은 무거운 차량의 현가장치 및 대형 산업설비의 완충장치 등으로 사용된다.

**57** CAD 시스템에서 점을 정의하기 위해 사용되는 좌표계가 아닌 것은?

㉮ 극좌표계　　㉯ 원통좌표계
㉰ 회전 좌표계　　㉱ 직교좌표계

**해설** CAD/CAM 시스템 좌표계
직교좌표계, 극좌표계, 원통좌표계, 구면 좌표계

**58** 컴퓨터가 데이터를 기억할 때의 최소 단위는 무엇인가?

㉮ bit　　㉯ byte
㉰ word　　㉱ block

**해설** Bit(binary digit, 비트) : 0 또는 1을 나타내는 상태로 정보 표현의 최소 단위이다.
Byte(바이트) : 8개의 bit가 모여 1byte를 형성하며, 문자 표현의 최소 단위이다. 숫자나 영문자 한 자를 기억시키려면 1byte, 한글이나 한자 한 글자를 기억시키려면 2byte가 필요하다.

**정답** 53. ㉯ 54. ㉯ 55. ㉱ 56. ㉱ 57. ㉰ 58. ㉮

**59** 다음 중 입출력장치의 연결이 잘못된 것은?

㉮ 입력장치 – 트랙볼, 마우스
㉯ 입력장치 – 키보드, 라이트펜
㉰ 출력장치 – 프린터, COM
㉱ 출력장치 – 디지타이저, 플로터

[해설] 디지타이저는 입력장치, 플로터는 출력장치이다.

**60** 다음 설명에 가장 적합한 3차원의 기하학적 형상 모델링 방법은?

> • Boolean 연산(합, 차, 적)을 통하여 복잡한 형상 표현이 가능하다.
> • 형상을 절단한 단면도 작성이 용이하다.
> • 은선 제거가 가능하고 물리적 성질 등의 계산이 가능하다.
> • 컴퓨터의 메모리량과 데이터 처리가 많아진다.

㉮ 서피스 모델링(surface modeling)
㉯ 솔리드 모델링(solid modeling)
㉰ 시스템 모델링(system modeling)
㉱ 와이어프레임 모델링(wire frame modeling)

[해설] 서피스 모델링은 면을 초합으로 표시, 와이어프레임 모델링은 물체를 선분으로 표시한다.

PART
05

# 17 기출실전문제
## 전산응용기계제도기능사 [2015년 10월 18일]

CRAFTSMAN COMPUTER AIDED MECHANICAL DRAWING

## 1과목 기계재료 및 요소

**01** 다음 중 청동의 합금 원소는?

㉮ Cu+Fe  ㉯ Cu+Sn

㉰ Cu+Zn  ㉱ Cu+Mg

해설 청동(Bronze, 구리와 주석 합금)

넓은 의미에서 황동 이외의 구리합금을 모두 청동이라고 하지만 좁은 의미에선 Cu-Sn합금을 말한다. Sn이 증가할수록 전기전도율과 비중이 감소된다. Sn 17~20%에서 최대 인장강도 값을 가지며 연율은 Sn 4%에서 최대치가 된다. 부식률은 실용 금속 중 가장 낮다.

**02** 일반적인 합성수지의 공통된 성질로 가장 거리가 먼 것은?

㉮ 가볍다.

㉯ 착색이 자유롭다.

㉰ 전기절연성이 좋다.

㉱ 열에 강하다.

해설 합성수지의 일반적 성질

① 합성수지의 열팽창계수는 비교적 크다.

② 일반적으로 열가소성수지가 내충격성이 크다.

③ 합성수지는 열에 약하다.

**03** 다음 비철 재료 중 비중이 가장 가벼운 것은?

㉮ Cu  ㉯ Ni

㉰ Al  ㉱ Mg

해설 Cu : 8.96, Ni : 8.9, Al : 2.7, Mg : 1.74

**04** 탄소강에 첨가하는 합금원소와 특성과의 관계가 틀린 것은?

㉮ Ni-인성 증가

㉯ Cr-내식성 향상

㉰ Si-전자기적 특성 개선

㉱ Mo-뜨임취성 촉진

해설 Mo

뜨임과 메짐 방지, 담금성, 내식성, 크리프 저항성 증가

**05** 철-탄소계 상태도에서 공정 주철은?

㉮ 4.3%C  ㉯ 2.1%C

㉰ 1.3%C  ㉱ 0.86%C

정답 1. ㉯ 2. ㉱ 3. ㉱ 4. ㉱ 5. ㉮

**해설** C4.3% 이하 아공석 주철, C4.3% 공정 주철, C4.3% 이상 과공정 주철

## 06 탄소공구강의 단점을 보강하기 위해 Cr, W, Mn, Ni, V 등을 첨가하여 경도, 절삭성, 주조성을 개선한 강?

㉮ 주조경질합금   ㉯ 초경합금
㉰ 합금공구강   ㉱ 스테인리스강

**해설** 합금공구강(STS)
0.6~1.5%C, Cr, W, Mn, V 첨가 담금질 효과, 고온경도 개선.

## 07 수기가공에서 사용하는 줄, 쇠톱날, 정 등의 절삭가공용 공구에 가장 적합한 금속재료는?

㉮ 주강   ㉯ 스프링강
㉰ 탄소공구강   ㉱ 쾌삭강

**해설** 탄소공구강(STC)
0.6~1.5%C, 300℃이상에서 사용할 수 없음
주로 줄, 정, 펀치, 쇠톱날, 끌 등의 재료에 사용

## 08 베어링의 호칭번호가 6308일 때 베어링의 안지름은 몇 mm인가?

㉮ 35   ㉯ 40
㉰ 45   ㉱ 50

**해설** 베어링의 안지름 번호(KS B 2012)(mm)

| 안지름 번호 | 00 | 01 | 02 | 03 | 04 | 05 | 06 | 07 | 08 | 09 | 10 | 11 |
|---|---|---|---|---|---|---|---|---|---|---|---|---|
| 호칭 안지름 | 10 | 12 | 15 | 17 | 20 | 25 | 30 | 35 | 40 | 45 | 50 | 55 |

베어링 안지름 계산법 : 04부터는 곱하기 5를 하면 안지름을 구할 수 있다.

## 09 2 kN의 짐을 들어 올리는 데 필요한 볼트의 바깥지름은 몇 mm 이상 이어야 하는가? (단, 볼트 재료의 허용인장응력은 400N/cm²이다.)

㉮ 20.2   ㉯ 31.6
㉰ 36.5   ㉱ 42.2

**해설** 허용인장응력

볼트 지름 $d = \sqrt{\dfrac{2W}{\sigma_a}} = \sqrt{\dfrac{2 \times 200,000}{400}}$
$\qquad\qquad = 31.6\text{mm}$

## 10 테이퍼 핀의 테이퍼 값과 호칭지름을 나타내는 부분은?

㉮ 1/100, 큰 부분의 지름
㉯ 1/100, 작은 부분의 지름
㉰ 1/50, 큰 부분의 지름
㉱ 1/50, 작은 부분의 지름

**해설** 테이퍼 핀의 호칭지름은 가는 쪽의 지름으로 나타낸다.

## 2과목 기계가공법 및 안전관리

**11** 직접 전동 기계요소인 홈 마찰차에서 홈의 각도(2α)는?

㉮ 2α = 10~20°  ㉯ 2α = 20~30°

㉰ 2α = 30~40°  ㉱ 2α = 40~50°

**해설** V홈 마찰차 : V자 모양의 홈을 여러 개 원통 표면에 파서 서로 맞물리게 하여 회전력을 전달한다. (홈의 각도는 30~40°)
홈 마찰차는 면적 자체를 늘려 마찰력의 양을 증가시키고 그에 따른 동력효율을 늘리기 위해 만들어졌다.

**12** 나사의 기호 표시가 틀린 것은?

㉮ 미터계 사다리꼴나사 : TM

㉯ 인치계 사다리꼴사사 : WTC

㉰ 유니파이 보통나사 : UNC

㉱ 유니파이 가는나사 : UNF

**해설** 미터계 사다리꼴나사 : TM(30°)
인치계 사다리꼴나사 : TW(29°)

**13** 나사의 피치가 일정할 때 리드(lead)가 가장 큰 것은?

㉮ 4줄 나사  ㉯ 3줄 나사

㉰ 2줄 나사  ㉱ 1줄 나사

**해설** 리드=줄 수(n)×피치(p)

**14** 원통형 코일의 스프링 지수가 9이고, 코일의 평균 지름이 180mm이면 소선의 지름은 몇 mm인가?

㉮ 9  ㉯ 18

㉰ 20  ㉱ 27

**해설** 스프링 재료지름

$$\frac{\text{코일의 평균지름}}{\text{스프링 지수}} = \frac{180}{9} = 20\text{mm}$$

**15** 간헐운동(intermittent motion)을 제공하기 위해서 사용되는 기어는?

㉮ 베벨 기어  ㉯ 헬리컬 기어

㉰ 웜 기어  ㉱ 제네바 기어

**해설** 베벨 기어
원뿔면에 이를 만든 것으로 이가 직선임
웜 기어
큰 감속비를 얻을 수 있음

**16** 선반에서 그림과 같이 테이퍼 가공을 하려 할 때, 필요한 심압대의 편위량은 몇 mm인가?

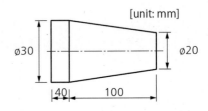

㉮ 4  ㉯ 7

㉰ 12  ㉱ 15

**해설** 심압대 편위량

$$a = \frac{L(D-d)}{2l} = \frac{(40+100)\times(30-20)}{2\times100}$$

$$= \frac{1,400}{200} = 7\text{mm}$$

**17** 머시닝센터의 준비기능에서 X－Y 평면 지정 G 코드는?

㉮ G17  ㉯ G18

㉰ G19  ㉱ G20

해설 G17 : X－Y 평면, G18 : Z－X 평면
G19 : Y－Z 평면, G20 : 인치 입력

**18** 센터리스 연삭기에서 조정숫돌의 기능은?

㉮ 가공물의 회전과 이송

㉯ 가공물의 지지와 이송

㉰ 가공물의 지지와 조절

㉱ 가공물의 회전과지지

해설 센터리스 연삭기
• 센터가 필요 없고 중공의 원통을 연삭
• 연속 작업이 가능하여 대량 생산에 용이
• 긴 축 재료 연삭 가능, 연삭 여유가 적어도 됨
• 숫돌바퀴의 나비가 크므로 지름의 마멸이 작고 수명이 김
• 기계의 조정이 끝나면 가공이 쉽고 작업자의 숙련이 필요 없음
• 긴 홈이 있는 일감의 연삭 곤란
• 대형 중량물 연삭 곤란

**19** 일반적인 보링머신에서 작업할 수 없는 것은?

㉮ 널링 작업  ㉯ 리밍 작업

㉰ 태핑 작업  ㉱ 드릴링 작업

해설 보링 작업의 종류
드릴 가공, 리머 가공, 끝면 가공, 원통 외면 가공, 태핑, 나사깎기
－널링은 선반 작업공정이다.

**20** 선반에서 맨드릴의 종류에 속하지 않는 것은?

㉮ 표준 맨드릴  ㉯ 팽창식 맨드릴

㉰ 수축식 맨드릴  ㉱ 조립식 맨드릴

해설 맨드릴(심봉)
중공의 공작물의 외면가공시 구멍에 끼워 사용하는 것으로 내면과 외면 이 동심원이 되도록 가공하는 것이 주목적

**21** 절삭공구가 회전운동을 하며 절삭하는 공작기계는?

㉮ 선반  ㉯ 셰이퍼

㉰ 밀링머신  ㉱ 브로칭머신

해설 선반은 공작물이 회전하고 공구가 이송하며 원형에 단차가공, 셰이퍼는 공구가 직선 왕복운동, 브로칭머신은 브로치 공구가 1회 직선으로 통과시켜 가공을 한다.

**22** 일반적으로 래핑작업 시 사용하는 랩제로 거리가 먼 것은?

㉮ 탄화규소  ㉯ 산화 알루미나

㉰ 산화크롬  ㉱ 흑연가루

해설 랩제의 종류 : 주철, 구리, 연강 등을 사용하며, 주로 주철을 사용
랩제는 공작물의 재료보다 경도가 낮은 것을 사용한다.

**23** 피니언 커터 또는 래크 커터를 왕복 운동시키고 공작물에 회전운동을 주어 기어를 절삭하는 창성식 기어절삭 기계는?

정답 **17.** ㉮ **18.** ㉮ **19.** ㉮ **20.** ㉰ **21.** ㉰ **22.** ㉱ **23.** ㉰

㉮ 호빙 머신　　　㉯ 기어 연삭

㉰ 기어 셰이퍼　　㉱ 기어 플래닝

**해설** 호빙 머신 : 커터인 호브를 회전시키고, 동시에 공작물을 회전시키면서 축방향으로 이송을 주어 절삭하는 공작기계이다.

기어 연삭 : 연삭 방식은 물체의 표면을 원하는 모양과 치수에 맞춰 다듬질하는 가공법

**24** 밀링머신의 부속장치로 가공물을 필요한 각도로 등분할 수 있는 장치는?

㉮ 슬로팅 장치　　㉯ 래크밀링 장치

㉰ 분할대　　　　㉱ 아버

**해설** 슬로팅 장치 : 슬로팅 절삭장치는 니형 머신의 컬럼면에 설치하여 사용한다. 이 장치를 사용하면 밀링 머신의 주축 회전운동을 공구대의 램의 직선 왕복운동으로 변화시켜 바이트로 밀링 머신에서도 직선운동 절삭가공을 할 수 있다.

래크 밀링 장치 : 래크 절삭장치는 만능 밀링 머신의 컬럼에 부착하여 사용하며, 래크기어를 절삭할 때 사용한다.

아버 : 커터를 고정할 때 사용

**25** 원통 외경연삭의 이송방식에 해당하지 않는 것은?

㉮ 플랜지 컷 방식　　㉯ 테이블 왕복식

㉰ 유성형 방식　　　㉱ 연삭숫돌대 방식

**해설** 외경 원통 연삭기의 종류

1) 트래버스(traverse cut) 연삭방식

　㉮ 테이블 왕복형 : 숫돌은 회전만 공작물이 회전 및 왕복운동

　㉯ 숫돌대 왕복형 : 공작물은 회전만 숫돌이 회전 및 왕복운동

2) 플런지 컷(plunged cut) 연삭방식
숫돌을 테이블과 직각으로 이동시켜 연삭(전체 길이를 동시가공)

## **3과목** 기계제도

**26** 도면의 척도가 "1 : 2"로 도시되었을 때 척도의 종류는?

㉮ 배척　　　　㉯ 축척

㉰ 현척　　　　㉱ 비례척이 아님

**해설**

| 척도의 종류 | 적용 | 척도 값 |
|---|---|---|
| 현척 | 실물과 동일한 크기로 그린다. | 1 : 1 |
| 축척 | 실물보다 작게 그린다. | 1 : 2, 1 : 5, 1 : 10, 1 : 20, 1 : 50 |
| 배척 | 실물보다 크기 그린다. | 2 : 1, 5 : 1, 10 : 1, 20 : 1, 50 : 1 |
| NS | None Scale, 비례척이 아니다. | NS |

**27** 도면 제작과정에서 다음과 같은 선들이 같은 장소에 겹치는 경우 가장 우선하여 나타내야 하는 것은?

㉮ 절단선　　　　㉯ 중심선

㉰ 숨은선　　　　㉱ 치수선

**해설** 겹치는 선의 우선순위
문자(기호) > ①외형선 > ②숨은선 > ③절단선 > ④중심선 > ⑤무게 중심선 > ⑥치수 보조선

**28** 이론적으로 정확한 치수를 나타낼 때 사용하는 기호로 옳은 것은?

㉮ t
㉯ ( )
㉰ □
㉱ △

해설

| 기호 | 뜻 | 기호 | 뜻 |
|------|------|------|------|
| Ø | 지름 | C | 모따기 |
| R | 반지름 | □ | 정사각형 |
| SØ | 구의 지름 | t | 두께 |
| SR | 구의 반지름 | ⌒ | 원호의 길이 |
| NS | 비례하지 않음 | <u>30</u> | 비례척이 아님 |
| 32 | 이론적으로 정확한 치수 | (32) | 참고치수 |

**29** 가공 결과 그림과 같은 줄무늬가 나타났을 때 표면의 결 도시기호로 옳은 것은?

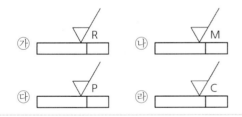

㉮ R
㉯ M
㉰ P
㉱ C

해설 ═ : 평행, ⊥ : 직각, X : 교차
M : 무방향, C : 동심원, R : 방사상(레이디얼)

**30** 다음 등각투상도에서 화살표 방향을 정면도로 할 경우 평면도로 가장 옳은 투상은?

㉮ 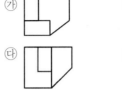 ㉯

㉰ ㉱

해설 화살표 방향에 정면도를 기준으로 평면도를 투상하여 보기를 선택한다.

**31** 제3각법에서 정면도 아래에 배치하는 투상도를 무엇이라 하는가?

㉮ 평면도
㉯ 좌측면도
㉰ 배면도
㉱ 저면도

해설

```
          ┌──────┐
          │ 평면도 │
          └──────┘
┌──────┬──────┬──────┬──────┐
│좌측면도│ 정면도 │우측면도│ 배면도 │
└──────┴──────┴──────┴──────┘
          ┌──────┐
          │ 저면도 │
          └──────┘
```

**32** 우리나라의 도면에 사용되는 길이 치수의 기본적인 단위는?

㉮ mm
㉯ cm
㉰ m
㉱ inch

**해설** 우리나라의 도면에 사용되는 길이 치수의 기본적인 단위
길이 단위 : mm, 도면에는 기입하지 않음
각도 단위 : 도(°), 분('), 초(")

**33** 가는 1점 쇄선으로 표시하지 않는 선은?

㉮ 가상선      ㉯ 중심선
㉰ 기준선      ㉱ 피치선

**해설** 가상선은 가는 2점 쇄선으로 도시한다.

**34** "가" 부분에 나타날 보조 투상도로 가강 적절하게 나타낸 것은?

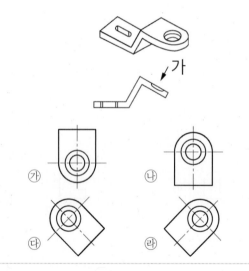

**해설** 보조 투상도
경사면부가 있는 대상물체에서 그 경사면의 실제 모양을 표시할 필요가 있는 경우

**35** 그림과 같이 표면의 결 지시기호에서 각 항목에 대한 설명이 틀린 것은?

㉮ a : 거칠기 값
㉯ c : 가공 여유
㉰ d : 표면의 줄무늬 방향
㉱ f : $R_a$ 가 아닌 다른 거칠기 값

**해설** b는 가공방법 기호, c는 기준길이 값을 기입한다.

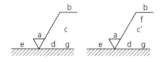

a : 중심선 평균거칠기의 값
b : 가공방법
c : 첫 오프값
c : 기준길이
d : 줄무늬 방향의 기호
f : 중심선 평균거칠기 이외의 표면거칠기의 값
g : 표면 파상도 [KSB 0610(표면 파상도)에 따른다]
e : 다듬질 여유

**36** 재료 기호가 "STS 11"로 명기되었을 때, 이 재료의 명칭은?

㉮ 합금 공구강 강재
㉯ 탄소 공구강 강재
㉰ 스프링 강재
㉱ 탄소 주강품

**해설** • 합금 공구강 : STS
• 탄소 공구강 : STC
• 스프링 강 : SPS
• 탄소 주강품 : SC

**37** 상하 또는 좌우 대칭인 물체의 1/4을 절단하여 기본 중심선을 경계로 1/2은 외부모양, 다른 1/2은 내부모양으로 나타내는 단면도는?

㉮ 전 단면도      ㉯ 한쪽 단면도
㉰ 부분 단면도      ㉱ 회전 단면도

| 해설 | 종류 | 특징 |
|---|---|---|
| | 온단면도(전단면도) | 물체의 1/2 절단 |
| | 한쪽 단면도(반단면도) | 물체의 1/4 절단 |
| | 부분 단면도 | 필요한 부분만을 절단(스플라인이 들어감) |
| | 회전 단면도 | 암, 리브 등을 90도 회전하여 나타낸다.<br>회전도시단면은 가는 실선으로 그린다. |

**38** 다음 기하 공차 중 모양 공차에 속하지 않는 것은?

㉮ ▱  ㉯ ○
㉰ ∠  ㉱ ⌒

해설 ① 모양 공차 : 진직도, 평면도, 진원도, 원통도, 선의 윤곽도, 면의 윤곽도
② 자세공차 : 평행도, 직각도, 경사도

**39** 구멍의 최소 치수가 축의 최대 치수보다 큰 경우로 항상 틈새가 생기는 상태를 말하며, 미끄럼 운동이나 회전운동이 필요한 부품에 적용하는 끼워맞춤은?

㉮ 억지 끼워맞춤
㉯ 중간 끼워맞춤
㉰ 헐거운 끼워맞춤
㉱ 조립 끼워맞춤

해설 끼워맞춤 종류
① 헐거운 끼워맞춤 : 항상 틈새가 생김
② 억지 끼워맞춤 : 항상 죔새가 생김
③ 중간 끼워맞춤 : 틈새 또는 죔새 어느 것이나 적용

**40** 그림의 "b" 부분에 들어갈 기하 공차 기호로 가장 옳은 것은?

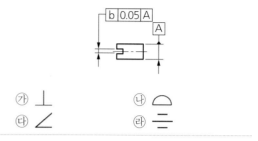

㉮ ⊥  ㉯ ⌒
㉰ ∠  ㉱ ═

해설 대칭(═)

**41** 단면을 나타내는 데 대한 설명으로 옳지 않은 것은?

㉮ 동일한 부품의 단면은 떨어져 있어도 해칭의 각도와 간격을 동일하게 나타낸다.
㉯ 두께가 얇은 부분의 단면도는 실제치수와 관계없이 한 개의 굵은 실선으로 도시할 수 있다.
㉰ 단면은 필요에 따라 해칭하지 않고 스머징으로 표현할 수 있다.
㉱ 해칭선은 어떠한 경우에도 중단하지 않고 연결하여 나타내야 한다.

해설 해칭선은 그림이나 글자에 대하여 중단될 수 있으며 해칭선은 외형선 밖으로 연장되어서는 안 된다.

**42** 다음 중 국가별 표준규격 기호가 잘못 표기된 것은?

㉮ 영국 – BS  ㉯ 독일 – DIN
㉰ 프랑스 – ANSI  ㉱ 스위스 – SNV

해설 미국 ANSI, 프랑스 NF

정답 38. ㉰ 39. ㉰ 40. ㉱ 41. ㉱ 42. ㉰

**43** 제3각법으로 표시된 다음 정면도와 우측면도에 가장 적합한 평면도는?

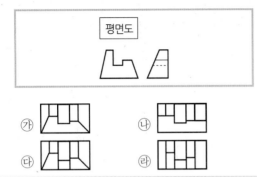

**해설** 보기의 투상을 정면도와 우측면도와 연계하여 그려본다.

**44** 다음 보기에서 각도의 허용한계치수 기입방법으로 틀린 것은?

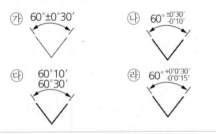

**해설** 기준치수에서 허용한계치수가 작은 치수를 아래에 두고, 큰 허용치수를 위에 기입한다.

**45** 다음 중 스프로킷 휠의 도시방법으로 틀린 것은? (단, 축 방향에서 본 경우를 기준으로 한다.)

㉮ 항목 표에는 톱니의 특성을 나타내는 사항을 기입한다.

㉯ 바깥지름은 굵은 실선으로 그린다.

㉰ 피치원은 가는 2점 쇄선으로 그린다.

㉱ 이뿌리원을 나타내는 선은 생략 가능하다.

**해설** 피치원 : 가는 1점 쇄선

**46** 아래와 같은 구멍과 축의 끼워맞춤에서 최대 죔새는?

| 구멍 : 20 H7 = $20^{+0.021}_{0}$ |
| 축 : 20 P6 = $20^{+0.035}_{+0.022}$ |

㉮ 0.035　　㉯ 0.021

㉰ 0.014　　㉱ 0.001

**해설** 최대 죔새=축의 최대 허용치수－구멍의 최소 허용치수=$(+0.035)-0=0.035$

**47** 기어의 잇수는 31개, 피치원 지름은 62mm 인 표준 스퍼기어의 모듈은 얼마인가?

㉮ 1　　㉯ 2

㉰ 4　　㉱ 8

**해설** $M = \dfrac{D}{Z} = \dfrac{62}{31} = 2$

**48** 배관작업에서 관과 관을 이을 때 이음 방식이 아닌 것은?

㉮ 나사 이음　　㉯ 플랜지 이음

㉰ 용접 이음　　㉱ 클러치 이음

**해설** 관의 이음(접합) 방법
① 나사 이음
② 용접 이음
③ 플랜지(flange) 이음
④ 벤딩

**49** 6각 구멍붙이 볼트 M50 X 2 – 6g에서 6g가 나타내는 것은?

㉮ 다듬질 정도    ㉯ 나사의 호칭지름
㉰ 나사의 등급    ㉱ 강도 구분

해설 M50 : 미터나사 호칭, 2 : 피치

**50** 나사 표기가 "Tr 40×14 (P7) LH"와 같이 나 날 때 설명으로 틀린 것은?

㉮ 호칭지름이 40mm이다.
㉯ 피치는 14mm이다.
㉰ 왼 나사이다.
㉱ 미터 사다리꼴나사이다.

해설 Tr : 미터 사다리꼴나사, 40 : 호칭지름
14 : 리드, P7 : 피치, LH : 왼나사

**51** 구름 베어링 호칭 번호 "6203 ZZ P6"의 설명 중 틀린 것은?

㉮ 62 : 베어링 계열 번호
㉯ 03 : 안지름 번호
㉰ ZZ : 실드 기호
㉱ P6 : 내부 틈새 기호

해설 P6 : 등급 기호 6급

**52** 그림과 같이 가장자리(edge) 용접을 했을 때 용접 기호로 옳은 것은?

㉮    ㉯    ㉰    ㉱

해설 ㉰ ||| (가장자리 이음(Edge Joint)),

**53** 동력을 전달하거나 작용 하중을 지지하는 기능 을 하는 기계요소는?

㉮ 스프링    ㉯ 축
㉰ 키    ㉱ 리벳

해설 스프링 : 완충용 기계요소

**54** 다음 중 키(key)의 호칭 방법을 옳게 나타낸 것 은?

㉮ (종류 또는 기호) (표준번호 또는 키 명칭)
(호칭치수)×(길이)
㉯ (표준번호 또는 키 명칭) (종류 또는 기호)
(호칭치수)×(길이)
㉰ (종류 또는 기호) (표준번호 또는 키 명칭)
(길이)×(호칭치수)
㉱ (표준번호 또는 키 명칭) (종류 또는 기호)
(길이)×(호칭치수)

해설 키(key)의 호칭법
규격번호, 종류, 호칭치수(폭×높이)×길이,
끝부분의 특별지정, 재료
KS B 1311 평행 키 25×14×90
양끝둥금 SM24C－D
KS B 1311 경사키 16×10×56
양끝둥금 SM45C－D

정답 49. ㉰ 50. ㉯ 51. ㉱ 52. ㉰ 53. ㉯ 54. ㉯

**55** 웜의 제도 시 피치원 도시방법으로 옳은 것은?

㉮ 가는 1점 쇄선으로 도시한다.
㉯ 가는 파선으로 도시한다.
㉰ 굵은 실선으로 도시한다.
㉱ 굵은 1점 쇄선으로 도시한다.

**해설** 피치원(피치선)은 가는 1점 쇄선으로 그린다.

**56** 압축 하중을 받는 곳에 사용되며, 주로 자동차의 현가장치, 자전거의 안장 등 충격이나 진동 완화용으로 사용되는 스프링은?

㉮ 압축 코일 스프링
㉯ 판 스프링
㉰ 인장 코일 스프링
㉱ 비틀림 코일 스프링

**해설** 판 스프링(leaf)
부착방법이 간단하고 에너지 흡수 능력이 크며, 구조용 부재로의 성능도 겸할 수 있다. 제조가공이 비교적 용이하다.

**57** CAD 시스템에서 기하학적 데이터의 변환에 속하지 않는 것은?

㉮ 이동(translation)
㉯ 회전(rotation)
㉰ 스케일링(scaling)
㉱ 리드로잉(redrawing)

**해설** 리드로잉(redrawing)
면을 새롭게 재생성하는 것으로 데이터 변환과는 무관하다.

**58** CAD 시스템에서 출력장치가 아닌 것은?

㉮ 디스플레이(CRT)
㉯ 스캐너
㉰ 프린터
㉱ 플로터

**해설** 스캐너 입력장치
기존의 그려진 모형을 그대로 입력하는 장치

**59** 정육면체, 실린더 등 기본적인 단순한 입체의 조합으로 복잡한 형상을 표현하는 방법?

㉮ B−rep 모델링
㉯ CSG 모델링
㉰ Parametric 모델링
㉱ 분해 모델링

**해설** 솔리드 모델의 대표적인 표현형식에 CSG(Constructive Solid Geometry)가 있다. CSG의 장점은 형태의 논리식 만으로 표현되기 때문에 데이터가 비교적 작다는 것이다. 또 프리미티브가 수식으로 나타내기 때문에 확대, 축소 등 변형이 쉽다.

**60** CPU(중앙처리장치)의 주요 기능으로 거리가 먼 것은?

㉮ 제어 기능         ㉯ 연산 기능
㉰ 대화 기능         ㉱ 기억 기능

**해설** 중앙처리장치는 주기억장치, 제어장치, 연산장치를 말한다.

정답   **55.** ㉮   **56.** ㉮   **57.** ㉱   **58.** ㉯   **59.** ㉯   **60.** ㉰

# 18 기출실전문제

## 전산응용기계제도기능사 [2016년 1월 24일]

CRAFTSMAN COMPUTER AIDED MECHANICAL DRAWING

## 1과목 기계재료 및 요소

**01** 주철의 특성에 대한 설명으로 틀린 것은?

㉮ 주조성이 우수하다.
㉯ 내마모성이 우수하다.
㉰ 강보다 인성이 크다.
㉱ 인장강도보다 압축강도가 크다.

**해설** 주철의 특성

주철은 탄소(C)의 함유량이 2.11~6.68%(보통 2.5~4.5% 정도)인 철(Fe) − 탄소(C)의 합금을 말한다. 인장강도가 강에 비하여 작고 메짐성이 크며, 고온에서도 소성변형이 되지 않는 결점이 있으나 주조성이 우수하여 복잡한 형상으로도 쉽게 주조되고 값이 저렴하므로 널리 이용되고 있다.

**02** 접착제, 껌, 전기 절연재료에 이용되는 플라스틱의 종류는?

㉮ 폴리초산비닐계   ㉯ 셀룰로오스계
㉰ 아크릴계          ㉱ 불소계

**해설** 초산비닐수지는 초산비닐모노머를 중합하여 만들어지는 열가소성 수지이다.

**03** Cu 와 Pb 합금으로 항공기 및 자동차의 베어링 메탈로 사용되는 것은?

㉮ 양은(nickel silver)
㉯ 켈밋(kelmet)
㉰ 배빗메탈(babbitt metal)
㉱ 애드미럴티 포금(admiralty gun metal)

**해설** ① 양은(일명 니켈 황동, 양은) : Cu, 10~20% Ni, 15~30% Zn 합금, 스프링 재료, 내식성이 크므로 장식품, 식기류, 가구 재료, 계측기, 의료 기기 등에 사용.

② 켈밋 : Cu, 28~42% Pb(Pb 성분이 증가될수록 윤활 작용이 좋음), 2% 이하 Ni 또는 Ag, 0.8% 이하의 Sn을 함유. 열전도, 압축강도가 크고 마찰 계수가 작다. 고속 고하중의 베어링에 사용

③ 배빗메탈(주석계 화이트 메탈) : 75~90% Sn, 5~7% Sb, 3~5% Cu의 합금. Sn의 함양이 많으면 성능은 우수하지만 가격이 비싸다. 고속 고하중용 베어링 재료

④ 애드미럴티 포금 : 88% Cu, 10% Sn, 2% Zn 합금. 주조성과 내압력성이 좋아, 수압과 증기압에 잘 견디므로 선박 등에 널리 사용

**정답** 1. ㉰  2. ㉮  3. ㉯

**04** 다음 중 표면경화법의 종류가 아닌 것은?

㉮ 침탄법 ㉯ 질화법
㉰ 고주파경화법 ㉱ 심냉처리법

해설 표면경화법 : 침탄법, 질화법, 청화법, 금속 침투법, 화염경화법, 고주파경화법
심냉처리(Sub zero-treatment) : 담금질 후 경도 증가, 시효 변형 방지를 위해 0℃ 이하의 온도로 냉각하면 잔류 오스테나이트를 마텐자이트로 만드는 처리를 심냉처리라고 한다.

**05** 금속이 탄성한계를 초과한 힘을 받고도 파괴되지 않고 늘어나서 소성변형이 되는 성질은?

㉮ 연성 ㉯ 취성
㉰ 경도 ㉱ 강도

해설 취성 : 금속에 힘을 가했을 때 재료가 부스러지는 정도
경도 : 국부적인 소성변형에 대한 재료의 저항성을 표시
강도 : 금속재료가 외부의 작용력에 대한 저항력

**06** 주철의 결점인 여리고 약한 인성을 개선하기 위하여 먼저 백주철의 주물을 만들고, 이것을 장시간 열처리하여 탄소의 상태를 분해 또는 소실시켜 인성 또는 연성을 증가시킨 주철은?

㉮ 보통주철 ㉯ 합금주철
㉰ 고급주철 ㉱ 가단주철

해설 가단주철
• 백심 가단주철(WMC) 탈탄이 주목적 산화철을 가하여 950에서 70~100시간 가열
• 흑심 가단주철(BMC) Fe₃C의 흑연화가 목적
－1단계 (850~950 풀림)유리 Fe₃C 흑연화

－2단계(680~730 풀림)Pearlite 중에 Fe₃C 흑연화
• 고력 펄라이트 가단주철(PMC) 흑심 가단주철에 2단계를 생략할 것
• 가단주철의 탈탄제 : 철광석, 밀 스케일, 헤어 스케일 등의 사화철을 사용

**07** 주조용 알루미늄 합금이 아닌 것은?

㉮ Al-Cu계 ㉯ Al-Si계
㉰ Al-Zn-Mg계 ㉱ Al-Cu-Si계

해설 주물용 알루미늄 합금
Al-Cu계, Al-Mg계의 3대 2원계 합금에 Cu, Si, Mg 및 Ni 등, 이 단독 혹은 복합적으로 첨가된 합금.
Al-Zn-Mg계 (7000계열 : 열처리 합금)
알루미늄합금 가운데 가장 높은 강도를 가지고 있지만, 부식 내구성이 떨어지는 것이 단점. 항공기, 방산소재, 스포츠 용품류에 많이 사용되고 있으며, 고강도 용접구조재(7003 등)의 개발로 차량(철도, 자동차, 이륜차, 농기계 등) 구조재에 많이 이용되고 있다.

**08** 나사가 축을 중심으로 한 바퀴 회전할 때 축 방향으로 이동한 거리는?

㉮ 피치 ㉯ 리드
㉰ 리드각 ㉱ 백래시

해설 리드(L)＝줄 수(n)×피치(P)

**09** 축의 원주에 많은 키(key)를 깎은 것으로 큰 토크를 전달시킬 수 있고, 내구력이 크며 보스와의 중심축을 정확하게 맞출 수 있는 것은?

㉮ 성크 키 ㉯ 반달 키
㉰ 접선 키 ㉭ 스플라인

**해설** 스플라인(spline)
축으로부터 직접 여러 줄의 키(key)를 절삭하여, 축과 보스(boss)가 슬립 운동을 할 수 있도록 한 것

**10** 인장시험에서 시험편의 절단부 단면적이 14mm²이고, 시험 전 시험편의 초기단면적이 20mm²일 때 단면수축률은?

㉮ 70% ㉯ 80%
㉰ 30% ㉭ 20%

**해설** 단면수축률($\phi$)

$$= \frac{\text{시험 후 단면적 차이}(A_0 - A)}{\text{원단면적}(A_0)}$$

$$= \frac{20 - 14}{20} \times 100 = 30(\%)$$

---

**2과목** 기계가공법 및 안전관리

**11** 교차하는 두 축의 운동을 전달하기 위하여 원추형으로 만든 기어는?

㉮ 스퍼기어 ㉯ 헬리컬 기어
㉰ 웜 기어 ㉭ 베벨 기어

**해설** ① 축이 평행한 경우 : 스퍼기어, 헬리컬 기어, 더블 헬리컬 기어, 래크
② 축이 교차하는 경우 : 베벨 기어, 마이터 기어, 스파이럴 베벨 기어
③ 축이 평행하지도 교차하지도 않는 경우 : 웜 기어, 하이포이드 기어

**12** 다음 중 전동용 기계요소에 해당하는 것은?

㉮ 볼트와 너트
㉯ 리벳
㉰ 체인
㉭ 핀

**해설** 전동용 기계요소 : 기어, 마찰차, 축, 체인, 벨트, 로프
체결용 기계요소 : 볼트와 너트, 키, 핀, 코터

**13** 롤러 체인에 대한 설명으로 잘못된 것은?

㉮ 롤러 링크와 판 링크를 서로 교대로 하여 연속적으로 연결한 것을 말한다.
㉯ 링크의 수가 짝수이면 간단히 결합되지만, 홀수이면 오프셋 링크를 사용하여 연결한다.
㉰ 조립시에는 체인에 초기장력을 가하여 스프로킷 휠과 조립한다.
㉭ 체인의 링크를 잇는 핀과 핀 사이의 거리를 피치라고 한다.

**해설** 초기의 장력을 줄 필요가 없으므로 정지 시에 장력이 작용 하지 않고, 베어링에도 하중이 가해지지 않는다.

**14** 나사의 피치와 리드가 같다면 몇 줄 나사에 해당이 되는가?

㉮ 1줄 나사 ㉯ 2줄 나사
㉰ 3줄 나사 ㉭ 4줄 나사

**해설** 리드(L)＝줄 수(n)×피치(P)

---

**정답** 10. ㉰ 11. ㉭ 12. ㉰ 13. ㉰ 14. ㉮

**15** 압축 코일스프링에서 코일의 평균지름이 50 mm, 감김 수가 10회, 스프링 지수가 5일 때, 스프링 재료의 지름은 약 몇 mm인가?

㉮ 5

㉯ 10

㉰ 15

㉱ 20

해설 스프링 재료 지름

$$\frac{\text{코일의 평균지름}}{\text{스프링 지수}} = \frac{50}{5} = 10\,\text{mm}$$

**16** 금속선의 전극을 이용하여 NC로 필요한 형상을 가공하는 방법은?

㉮ 전주 가공

㉯ 레이저 가공

㉰ 전자 빔 가공

㉱ 와이어 컷 방전가공

해설 전자빔 가공(Electron Beam Machining)
진공 중 고온의 텅스텐 필라멘트에서 방출된 열전자 의 흐름을 이용($10^{-4} \sim 10^{-6}$mmHg), 물체 충돌시 전자의 운동에너지가 열에너지 변환, 정밀 구멍뚫기, 홈가공 및 윤곽 절단에 적합
레이저 가공(Laser Beam Machining) : 집속된 레이저의 고에너지 밀도를 이용하여 공작물을 국부적으로 가열, 용융. 기화시키는 열적 제거가공 난가공재의 미세가공에 적합, 작은 직경의 구멍 뚫기와 절단가공, 크기가 작은 용접 등에 이용

**17** 초경합금의 주요 성분으로 거리가 먼 것은?

㉮ 황

㉯ 니켈

㉰ 코발트

㉱ 텅스텐

해설 W, Ti, Ta, Mo, Co가 초경합금의 주요 성분이다.

**18** 이동 방진구의 조(Jaw)는 몇 개인가?

㉮ 5개

㉯ 4개

㉰ 2개

㉱ 1개

해설 방진구
지름에 비해 길이가 긴 재료를 가공시 자중이나 절삭력에 의해 휘는 것을 방지
① 고정방진구 : 베드 위에 고정하며 절삭범위에 제한을 받는다.(조 3개 120° 간격)
② 이동방진구 : 왕복대의 새들에 공정되며, 절삭 범위에 제한 없이 가공(조 2개)

**19** 연한 숫돌에 적은 압력으로 가압하면서 가공물에 회전운동과 이송을 주며, 숫돌을 다듬질할 면에 따라 매우 작고 빠른 진동을 주는 가공법은?

㉮ 래핑

㉯ 배럴

㉰ 액체호닝

㉱ 슈퍼 피니싱

해설 래핑(FL) : 랩 공구와 공작물의 다듬질할 면 사이에 적당한 연삭 입자를 넣고, 공작물과 적당한 압력으로 닿게 하고 상대운동을 시킴으로써 입자가 공작물의 표면에서 아주 작은 양을 깎아내어 표면을 매끈하게 다듬는 가공(치수 정밀도 : 0.0125 $-0.025\mu$)

**20** 작업대 위에 설치하여 사용하는 소형의 드릴링 머신은?

㉮ 다축 드릴링 머신

㉯ 직립 드릴링 머신

㉰ 탁상 드릴링 머신

㉱ 레이디얼 드릴링 머신

해설 다축 드릴링 머신은 동시에 여러 개의 구멍가공,

정답 **15.** ㉯ **16.** ㉱ **17.** ㉮ **18.** ㉰ **19.** ㉱ **20.** ㉰

직립 드릴링 머신은 대형 공작물에, 레이디얼 드릴링 머신은 암과 스핀들을 이동하여 대형공작물에 구멍 공정 작업이 가능하다.

**21** 브로칭 머신의 크기는 어떻게 표시하는가?

㉮ 가공 최대높이
㉯ 브로칭의 최대폭
㉰ 브로칭의 최대길이
㉱ 최대인장력, 최대행정길이

해설 브로칭 가공법은 호환성을 필요로 하는 부품의 대량 생산에 매우 효과적이며, 특히 자동차나 전기 부품의 소형 기재 정밀 가공에 적합하다. 급속 귀환 장치가 있다.
브로칭 머신의 크기는 최대 인장응력과 행정으로서 표시하며, 가공 방식으로는 인발식과 삽입식이 있다.

**22** 지름이 120 mm, 길이 340 mm인 탄소강 둥근 막대를 초경 합금 바이트를 사용하여 절삭속도 150m/min으로 절삭하고자 할 때 회전수는 약 rpm인가?

㉮ 398
㉯ 498
㉰ 598
㉱ 698

해설 $N = \dfrac{1,000 \times V}{\pi d} = \dfrac{1,000 \times 150}{3.14 \times 120} = 398\text{rpm}$

**23** 밀링 분할법의 종류에 해당되지 않는 것은?

㉮ 단식 분할법
㉯ 미분 분할법
㉰ 직접 분할법
㉱ 차등 분할법

해설 직접 분할법, 단식 분할법, 차동 분할법

**24** 연삭숫돌의 결합제 표시기호와 그 내용이 틀린 것은?

㉮ B : 비닐
㉯ R : 고무
㉰ S : 실리케이트
㉱ V : 비트리파이드

해설 ㉮ 레지노이드(B)

**25** 선반의 이송단위 중에서 1회전당 이송량의 단위?

㉮ mm/s
㉯ mm/rev
㉰ mm/min
㉱ mm/stroke

해설 이송량의 단위
① mm/rev(회전당 이송) : 선반, 드릴
② m/mim(분당 이송) : 밀링
③ mm/stroke(왕복당 이송) : 평삭기(셰이퍼, 플레이너)

**26** 왼쪽 입체도 형상을 오른쪽과 같이 도시할 때 표제란에 기입해야 할 각법 기호로 옳은 것은?

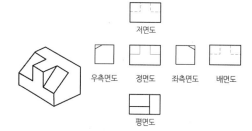

PART
**05**

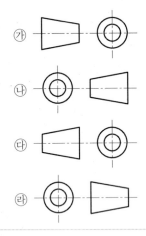

㉑ 대상물의 보이는 부분의 모양을 표시할 때
는 굵은 실선으로 사용한다.

**해설** 무게 중심선을 표시하는 선은 가는 2점 쇄선이다.
굵은 1점 쇄선은 특수한 가공을 실시하는 부분을
표시하는 선이다.

**해설** 제1각법이다.

**29** 어떤 물체를 제3각법으로 다음과 같이 투상했
을 때 평면도로 옳은 것은?

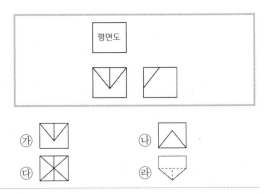

**해설** 정면도와 우측면도를 대비한 보기에 평면도로 투
상하면 ㉮이다

**27** 구멍의 치수가 $\varnothing 30^{+0.025}_{0}$, 축의 치수가 $\varnothing 30^{+0.020}_{-0.005}$
일 때 최대 죔새는 얼마인가?

㉮ 0.030       ㉯ 0.025

㉰ 0.020       ㉱ 0.005

**해설** 최대 죔새
=축의 최대 허용치수−구멍의 최소 허용치수
=(+0.020)−0=0.020

**30** 표면거칠기 지시 기호의 기입 위치가 잘못된
것은?

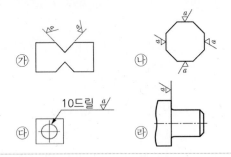

**해설** ㉱는 가공면의 반대편에 표면거칠기 기호를 부착
한 잘못된 표기이다.

**28** 기계제도에서 사용하는 선에 대한 설명 중 틀
린 것은?

㉮ 숨은선, 외형선, 중심선이 한 장소에 겹칠
경우 그 선은 외형선으로 표시한다.

㉯ 지시선은 가는 실선으로 표시한다.

㉰ 무게 중심선은 굵은 1점 쇄선으로 표시한다.

**31** 가공 과정에서 줄무늬가 다음과 같이 나타날 때 표면의 줄무늬 방향 지시기호( * )가 옳은 것은?

← 줄무늬 방향 지시기호

㉮ =                    ㉯ M
㉰ C                    ㉲ R

해설 * 측 기호는 줄무늬 방향 지시기호를 기입하는 곳으로 동심원(C)인 상태로 연삭가공면이다.

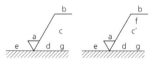

a : 중심선 평균거칠기의 값
b : 가공방법
c : 컷 오프값
c´ : 기준길이
d : 줄무늬 방향의 기호
f : 중심선 평균거칠기 이외의 표면거칠기의 값
g : 표면 파상도 [KSB 0610(표면 파상도)에 따른다]
e : 다듬질 여유

**32** 도면 작성 시 가는 2점 쇄선을 사용하는 용도로 틀린 것은?

㉮ 인접한 다른 부품을 참고로 나타낼 때
㉯ 길이가 긴 물체의 생략된 부분의 경계선을 나타낼 때
㉰ 축 제도 시 키 홈 가공에 사용되는 공구의 모양을 나타낼 때
㉲ 가공 전 또는 후의 모양을 나타낼 때

해설 길이가 긴 물체의 생략된 부분의 경계선은 파단선으로 가는 실선이다.
가는 2점 쇄선 : 움직이는 부품의 가동 중의 특정 위치 또는 최대 위치를 나타내는 물체의 윤곽선 (가상선)

**33** 투상도의 선택방법에 관한 설명으로 옳지 않은 것은?

㉮ 대상물의 모양 및 기능을 가장 명확하게 표시하는 면을 주투상도로 한다.
㉯ 조립도 등 주로 기능을 표시하는 도면에서는 대상물을 사용하는 상태로 투상도를 그린다.
㉰ 특별한 이유가 없는 경우는 대상물을 가로 길이로 놓은 상태로 그린다.
㉲ 대상물의 명확한 이해를 위해 주투상도를 보충하는 다른 투상도를 되도록 많이 그린다.

해설 물체의 특징적인 면을 정면도로 선택한다. 대상물의 명확한 이해를 위해 주투상도를 보충하는 다른 투상도를 최소로 중복되지 않게 그린다.

**34** 다음 중 공차의 종류와 기호가 잘못 연결된 것은?

㉮ 진원도 공차 - ○    ㉯ 경사도 공차 - ∠
㉰ 직각도 공차 - ⊥    ㉲ 대칭도 공차 - //

해설 대칭도 공차 : ═, 평행도 : //

**35** 그림에서 나타난 치수선은 어떤 치수를 나타내는가?

㉮ 변의 길이        ㉯ 호의 길이
㉰ 현의 길이        ㉲ 각도

**해설**
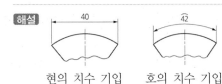

현의 치수 기입          호의 치수 기입

**36** 치수의 배치방법 중 개별 치수들을 하나의 열로서 기입하는 방법으로 일반 공차가 차례로 누적되어도 문제없는 경우에 사용하는 치수 배치방법은?

㉮ 직렬 치수 기입법  ㉯ 병렬 치수 기입법
㉰ 누진 치수 기입법  ㉴ 좌표 치수 기입법

**해설** 병렬 치수 기입법 : 개개의 치수 오차가 다른 치수에 영향을 주지 않을 때 사용
누진 치수 기입법 : 병렬 치수 기입을 간단히 표현한 것으로 치수 공차에 관해서는 병렬 치수와 같은 의미를 가짐
좌표 치수 기입법 : 구멍의 위치나 크기를 좌표로 읽는 방법

**37** 단면을 나타내는 방법에 대한 설명으로 옳지 않은 것은?

㉮ 단면임을 나타내기 위해 사용하는 해칭선은 동일 부분의 단면인 경우 같은 방식으로 도시되어야 한다.
㉯ 해칭 부위가 넓은 경우 해칭을 할 범위의 외형 부분에 해칭을 제한할 수 있다.
㉰ 경우에 따라 단면 범위를 매우 굵은 실선으로 강조할 수 있다.
㉴ 인접하는 얇은 부분의 단면을 나타낼 때는 0.7mm 이상의 간격을 가진 완전한 검은색으로 도시할 수 있다. 단 이 경우 실제 기하학적 형상을 나타내어야 한다.

**해설** 얇은 부분의 단면도
개스킷이나 철판 및 형강 제품같이 극히 얇은 제품의 단면은 투상선을 1개의 굵은 실선으로 표시

**38** 제도의 목적을 달성하기 위하여 도면이 구비하여야 할 기본 요건이 아닌 것은?

㉮ 면의 표면거칠기, 재료선택, 가공방법 등의 정보
㉯ 도면 작성방법에 있어서 설계자 임의의 창의성
㉰ 무역 및 기술의 국제 교류를 위한 국제적 통용성
㉴ 대상물의 도형, 크기, 모양, 자세, 위치의 정보

**해설** 도면 작성방법에 있어서 도형과 함께 필요한 크기, 모양, 자세, 위치정보 등을 포함해야 하며, 면의 표면, 재료, 가공방법 등의 정보가 표시되어야 한다.

**39** 다음 투상도에서 A−A와 같이 단면했을 때 가장 올바르게 나타낸 단면도는?

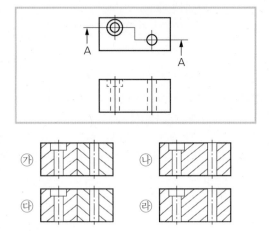

㉮          ㉯
㉰          ㉴

**해설** 단면도에 표시하고 싶은 부분이 일직선상에 있지 않을 때, 절단면이 투상면에 평행 또는 수직으로 계단 형태로 절단된 것을 계단 단면도라 한다.

**40** 치수선에서는 치수의 끝을 의미하는 기호로 단말 기호와 기점 기호를 사용하는데 다음 중 단말 기호에 속하지 않는 것은?

**해설** ㉣는 기점 기호로 누진 치수 기입에 기준으로 사용된다.

**41** 다음 중 재료기호와 명칭이 틀린 것은?

㉮ SM 20C : 회주철품
㉯ SF 340A : 탄소강 단강품
㉰ SPPS 420 : 압력배관용 탄소 강관
㉣ PW − 1 : 피아노 선

**해설** SM20C : 기계구조용 탄소강, 20C는 탄소함유량, 0.15~0.25% 사이 값
회주철품 : GC200

**42** 도면의 촬영, 복사 및 도면 접기의 편의를 위한 중심 마크의 선 굵기는 몇 mm인가?

㉮ 0.1mm    ㉯ 0.3mm
㉰ 0.7mm    ㉣ 1mm

**해설** 중심 마크는 테두리선(윤곽선)의 굵기로 한다.
선 굵기 기준은 0.18, 0.25, 0.35, 0.5, 0.7, 1.0mm

**43** 최대 허용치수가 구멍 50.025mm, 축 49.975 mm이며 최소 허용치수가 구멍 50.000 mm, 축 49.950 mm일 때 끼워맞춤의 종류는?

㉮ 헐거운 끼워맞춤    ㉯ 중간 끼워맞춤
㉰ 억지 끼워맞춤      ㉣ 상용 끼워맞춤

**해설** 헐거운 끼워맞춤=구멍의 최소 치수가 축의 최대 치수보다 클 경우

**44** 스프링의 제도에 관한 설명으로 틀린 것은?

㉮ 코일 스프링은 일반적으로 하중이 걸리지 않은 상태로 그린다.
㉯ 코일 스프링에서 특별한 단서가 없으면 오른쪽으로 감은 스프링을 의미한다.
㉰ 코일 스프링에서 양끝을 제외한 동일 모양 부분의 일부를 생략할 때는 생략하는 부분의 선지름의 중심선을 가는 1점 쇄선으로 나타낸다.
㉣ 스프링의 종류와 모양만을 간략도로 나타내는 경우에는 스프링 재료의 중심선만을 가는 실선으로 그린다.

**해설** 스프링의 간략도는 굵은 실선으로 그린다.

**45** 그림에서 ㉮부와 ㉯부에 두 개의 베어링을 같은 축선에 조립하고자 한다. 이때 ㉮부의 데이텀을 기준으로 ㉯부 기하공차를 적용하고자 할 때 올바른 기하공차 기호는?

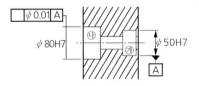

㉮ ◎　㉯ ◻

㉰ ◇　㉱ ⊕

**해설** ㉮의 구멍을 데이텀 A를 기준으로 ㉯의 기하공차 관계가 동심도 공차이다. 두 구멍의 중심이 Ø0.01 공차역 안에서 동심을 이루어야 한다.

**46** 다음과 같이 제3각법으로 그린 정투상도를 등각투상도로 바르게 표현한 것은?

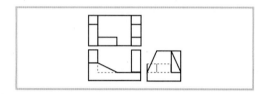

**해설** 보기의 등각투상도를 정투상하여 정면도, 평면도, 우측면도를 비교하여 답을 찾는다.

**47** 구름베어링의 호칭이 "6203 ZZ" 베어링의 안지름은 몇 mm인가?

㉮ 3　㉯ 15

㉰ 17　㉱ 30

**해설** 베어링의 안지름 번호(KS B 2012)(mm)

| 안지름 번호 | 00 | 01 | 02 | 03 | 04 | 05 | 06 | 07 | 08 | 09 | 10 | 11 |
|---|---|---|---|---|---|---|---|---|---|---|---|---|
| 호칭 안지름 | 10 | 12 | 15 | 17 | 20 | 25 | 30 | 35 | 40 | 45 | 50 | 55 |

베어링 안지름 계산법 : 04부터는 곱하기 5를 하면 안지름을 구할 수 있다.

**48** 나사 제도에 관한 설명으로 틀린 것은?

㉮ 측면에서 본 그림 및 단면도에서 나사산의 봉우리는 굵은 실선으로 골밑은 가는 실선으로 그린다.

㉯ 나사의 끝면에서 본 그림에서 나사의 골밑은 가는 실선으로 그린 원주의 3/4에 가까운 원의 일부로 나타낸다.

㉰ 숨겨진 나사를 표시할 때는 나사산의 봉우리는 굵은 파선, 골밑은 가는 파선으로 그린다.

㉱ 나사부의 길이 경계는 보이는 굵은 실선으로 나타낸다.

**해설** 숨겨진 나사를 표시할 때는 숨은선으로 그린다.

**49** 스프로킷 휠의 도시방법에 대한 설명으로 틀린 것은?

㉮ 축 방향으로 볼 때 바깥지름은 굵은 실선으로 그린다.

㉯ 축 방향으로 볼 때 피치원은 가는 1점 쇄선으로 그린다.

㉰ 축 방향으로 볼 때 이뿌리원은 가는 2점 쇄선으로 그린다.

㉱ 축에 직각인 방향에서 본 그림을 단면으로 도시할 때에는 이뿌리의 선은 굵은 실선으로 그린다.

**해설** 축 방향으로 볼 때 이뿌리원은 굵은 실선으로 그린다.

**정답** 46. ㉯　47. ㉰　48. ㉰　49. ㉰

**50** 그림과 같은 용접부의 용접 지시기호로 옳은 것은?

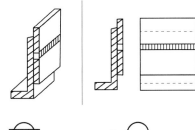

㉮ ⊖   ㉯ ○

㉰ ═   ㉱ ⊔

해설 ㉮ 심 용접   ㉯ 점 용접
㉰ 플러그 용접   ㉱ 표면접합부 기호

**51** 스퍼기어 제도 시 축 방향에서 본 그림에서 이골원은 어느 선으로 나타내는가?

㉮ 가는 실선   ㉯ 가는 파선
㉰ 가는 1점 쇄선   ㉱ 가는 2점 쇄선

해설

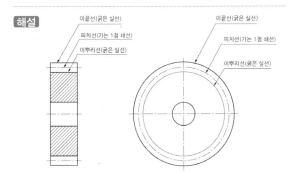

이끝선(굵은 실선)
피치선(가는 1점 쇄선)
이뿌리선(굵은 실선)
이끝선(굵은 실선)
피치선(가는 1점 쇄선)
이뿌리선(굵은 실선)

**52** 다음은 어떤 밸브에 대한 도시 기호인가?

㉮ 글로브 밸브   ㉯ 앵글 밸브
㉰ 체크 밸브   ㉱ 게이트 밸브

해설 ㉮

㉰ ⋈ 또는 ⊳⊲

㉱ ⋈

**53** 축의 도시방법에 대한 설명 중 잘못된 것은?

㉮ 모따기는 길이 치수와 각도로 나타낼 수 있다.
㉯ 축은 주로 길이방향으로 단면도시를 한다.
㉰ 긴축은 중간을 파단하여 짧게 그릴 수 있다.
㉱ 45° 모따기의 경우 C로 그 의미를 나타낼 수 있다.

해설 축은 길이 방향으로 단면도시를 하지 않는다. 단, 부분단면은 허용한다.

**54** 일반적으로 키(key)의 호칭방법에 포함되지 않은 것은?

㉮ 키의 종류   ㉯ 길이
㉰ 인장강도   ㉱ 호칭 치수

해설 호칭은 명칭과 나비×높이×길이로 표시된다.

**55** 나사 표시 기호 중 틀린 것은?

㉮ M : 미터 가는 나사
㉯ R : 관용 테이퍼 암나사
㉰ E : 전구 나사
㉱ G : 관용 평행 나사

해설 R : 관용 테이퍼 수나사

**56** 모듈이 2, 잇수가 30인 표준 스퍼기어의 이끝원의 지름은 몇 mm인가?

㉮ 56  ㉯ 60
㉰ 64  ㉱ 68

해설 피치원 지름＝모듈×잇수＝2×30＝60
이끝원의 지름＝피치원 지름＋(2m)
＝60＋(2×2)＝64

**57** 다음 중 CAD 시스템의 출력장치가 아닌 것은?

㉮ Plotter  ㉯ Printer
㉰ Keyboard  ㉱ TFT－LCD

해설 Keyboard는 입력장치이다.

**58** CAD시스템에서 원점이 아닌 주어진 시작점을 기준으로 하여 그 점과 거리로 좌표를 나타내는 방식은?

㉮ 절대좌표 방식
㉯ 상대좌표 방식
㉰ 직교좌표 방식
㉱ 극좌표 방식

해설 좌표계

| 구분 | 입력방법 | 해설 |
| --- | --- | --- |
| 절대좌표 | X, Y | 원점(0,0)에서 해당 축 방향으로 이동한 거리 |
| 상대극좌표 | @거리 < 방향 | 먼저 지정된 점과 지정된 점까지의 직선거리 방향은 각도계와 일치 |
| 상대좌표 | @X, Y | 먼저 지정된 점으로부터 해당 축 방향으로 이동한 거리 |

**59** CAD 작업시 모델링에 관한 설명 중 틀린 것은?

㉮ 3차원 모델링에는 와이어프레임, 서피스, 솔리드 모델링이 있다.
㉯ 자동적인 체적 계산을 위해서는 솔리드 모델링보다는 서피스 모델링을 사용하는 것이 좋다.
㉰ 솔리드 모델링은 와이어프레임, 서피스 모델링에 비해 높은 데이터 처리 능력이 필요하다.
㉱ 와이어프레임 모델링의 경우 디스플레이된 방향에 따라 여러 가지 다른 해석이 나올 수 있다.

해설 자동적인 체적 계산을 위해서는 솔리드 모델링을 사용한다.

**60** 컴퓨터에서 CPU와 주기억장치 간의 데이터 접근 속도 차이를 극복하기 위해 사용하는 고속의 기억장치는?

㉮ Cache memory
㉯ Associative memory
㉰ Destructive memory
㉱ Nonvolatile memory

해설 캐시 메모리 접근속도 비교
주기억장치보다는 약 5배, 보조기억장치보다는 약 1000배의 성능

정답 56. ㉰ 57. ㉰ 58. ㉯ 59. ㉯ 60. ㉮

# 19 기출실전문제

전산응용기계제도기능사 [2016년 4월 2일]

CRAFTSMAN COMPUTER AIDED MECHANICAL DRAWING

## 1과목 기계재료 및 요소

**01** 구리에 니켈 40~50% 정도를 함유하는 합금으로서 통신기, 전열선 등의 전기저항 재료로 이용되는 것은?

㉮ 인바
㉯ 엘린바
㉰ 콘스탄탄
㉱ 모넬메탈

**해설** ① 인바 : Ni 36%, Fe의 합금. 길이 불변, 측량용 테이프, 미터 표준봉, 지진계, 바이메탈
② 엘린바 : Ni 36%, Cr 12%, Fe의 합금, 탄성불변, 각종 시계의 스프링, 정밀기계부품
③ 모넬메탈 : Ni 65~75%, Cu의 합금. 내열성, 내식성이 우수, 경도 우수, 화학공업용으로 사용

**02** 구리에 아연이 5~20% 첨가되어 전연성이 좋고 색깔이 아름다워 장식품에 많이 쓰이는 황동은?

㉮ 포금
㉯ 톰백
㉰ 문쯔메탈
㉱ 7 : 3황동

**해설** ① 톰백(tombac) : 5~20%의 저 아연합금으로 전연성이 좋고 색이 금에 가까우므로 모조금박으로 금 대용으로 사용

② 문쯔메탈 : 60%Cu－40%Zn 합금으로 상온조직이 $\alpha + \beta$상이고 탈아연 부식을 일으키기 쉬우나 강도를 요하는 볼트, 너트, 열간 단조품 등에 사용

**03** 강재의 크기에 따라 표면이 급랭되어 경화하기 쉬우나 중심부에 갈수록 냉각속도가 늦어져 경화량이 적어지는 현상은?

㉮ 경화능
㉯ 잔류응력
㉰ 질량효과
㉱ 노치효과

**해설** 담금질 질량 효과
재료의 크기에 따라 내·외부의 냉각 속도가 달라져 경도가 차이나는 것. 질량효과가 큰 재료는 담금질 정도가 적다.

**04** 다음 중 합금공구강의 KS 재료기호는?

㉮ SKH
㉯ SPS
㉰ STS
㉱ GC

**해설** 합금공구강(STS)
① 탄소 공구강에 Cr, Ni, W, V, Mo 첨가
② 내마모성 개선, 담금질 효과 개선
③ 결정의 미세화

**정답** 1. ㉰ 2. ㉯ 3. ㉰ 4. ㉰

**05** Fe-C 상태도에서 온도가 낮은 것부터 일어나는 순서가 옳은 것은?

㉮ 포정점 → A2변태점 → 공식점 → 공정점
㉯ 공석점 → A2변태점 → 공정점 → 포정점
㉰ 공석점 → 공정점 → A2변태점 → 포정점
㉱ 공정점 → 공석점 → A2변태점 → 포정점

**해설** A0변태점(자기 변태점)-210℃, A1변태점(공석점)-723℃, A2변태점(자기 변태점)-768℃, 순철의 A3 변태점-910℃, 공정점-1,148℃, 순철의 A4 변태점-1,401℃, 포정점-1,492℃, 순철의 용융점-1,538℃

**06** 다음 중 축 중심에 직각방향으로 하중이 작용하는 베어링을 말하는 것은?

㉮ 레이디얼 베어링(radial bearing)
㉯ 스러스트 베어링(thrust bearing)
㉰ 원뿔 베어링(cone bearing)
㉱ 피벗 베어링(pivot bearing)

**해설** 스러스트 베어링 : 하중이 축 방향으로 작용한다.
원뿔 베어링 : 축선과 축선의 직각방향에 동시에 하중이 작용

**07** 리베팅이 끝난 뒤에 리벳머리의 주위 또는 강판의 가장자리를 정으로 때려 그 부분을 밀착시켜 틈을 없애는 작업은?

㉮ 시밍
㉯ 코킹
㉰ 커플링
㉱ 해머링

**해설** 코킹
① 유체의 누설을 막기 위해 코킹이나 플러링을 하며, 이때의 판 끝은 75~86°로 깎아준다.
② 코킹이나 플러링은 판재두께 5mm 이상시 한다.

**08** 소결 초경합금 공구강을 구성하는 탄화물이 아닌 것은?

㉮ WC
㉯ TiC
㉰ TaC
㉱ TMo

**해설** 초경합금(P강, M스테인리스, K주철)
금속탄화물(TiC, WC, TaC)에 CO분말을 금형에 넣어 압축 성형 소결합금

**09** 다음 중 표면을 경화시키기 위한 열처리 방법이 아닌 것은?

㉮ 풀림
㉯ 침탄법
㉰ 질화법
㉱ 고주파경화법

**해설** 풀림 : 잔류응력 제거와 연화
표면경화법 : 침탄법, 질화법, 청화법, 금속 침투법, 화염경화법, 고주파경화법

**10** 다음 중 하중의 크기 및 방향이 주기적으로 변화하는 하중으로서 양진하중을 말하는 것은?

㉮ 집중하중
㉯ 분포하중
㉰ 교번하중
㉱ 반복하중

**해설** ① 반복하중(repeated load) : 일정한 크기와 방향을 가진 하중이 반복되는 경우
② 교번하중(alternative load) : 하중의 크기와 방향이 변화하면서 상호 연속적으로 반복되는 하중, 양진하중이라고도 한다.

**정답** 5. ㉯ 6. ㉮ 7. ㉯ 8. ㉱ 9. ㉮ 10. ㉰

**11** 외부 이물질이 나사의 접촉면 사이의 틈새나 볼트의 구멍으로 흘러나오는 것을 방지할 필요가 있을 때 사용하는 너트는?

㉮ 홈붙이 너트  ㉯ 플랜지 너트
㉰ 슬리브 너트  ㉱ 캡 너트

해설 ① 홈붙이 너트 : 너트의 위쪽에 분할 핀을 끼워 너트가 풀리지 않도록 한 것
② 플랜지 너트(와셔붙이 너트) : 너트가 풀어지지 않게 와셔를 댄 모양의 너트. 볼트의 구멍이 클 때, 접촉면이 거칠 때, 접촉면의 압력이 클 때 사용
③ 슬리브 너트 : 너트의 머리 밑에 슬리브가 있는 형상으로 수나사 중심선의 편심 방지에 사용된다.

**12** 다음 중 자동하중 브레이크에 속하지 않는 것은?

㉮ 원추 브레이크  ㉯ 웜 브레이크
㉰ 캠 브레이크  ㉱ 원심 브레이크

해설 축 방향으로 밀어붙이는 형식
원판 브레이크, 원추 브레이크

**13** 모듈이 2 이고 잇수가 각각 36, 74 개인 두 기어가 맞물려 있을 때 축간 거리는 약 몇 mm인가?

㉮ 100mm  ㉯ 110mm
㉰ 120mm  ㉱ 130mm

해설 축간 거리$(C) = \dfrac{m(D_1 - D_2)}{2}$

$C = \dfrac{2(36+74)}{2} = \dfrac{2(110)}{2} = 110\,\mathrm{mm}$

**14** 나사에서 리드(lead)의 정의를 가장 옳게 설명한 것은?

㉮ 나사가 1회전 했을 때 축 방향으로 이동한 거리
㉯ 나사가 1회전 했을 때 나사산상의 1점이 이동한 원주거리
㉰ 암나사가 2회전 했을 때 축 방향으로 이동한 거리
㉱ 나사가 1회전 했을 때 나사산상의 1점이 이동한 원주각

해설 리드는 나사의 곡선을 따라 축 방향으로 1회전했을 때 움직이는 거리.
리드(L)＝피치(P)×줄 수(n)

**15** 축에 작용하는 비틀림 토크가 2.5 kN 이고 축의 허용전단응력이 49 MPa일 때 축 지름은 약 몇 mm 이상이어야 하는가?

㉮ 24  ㉯ 36
㉰ 48  ㉱ 64

해설 $d = \sqrt[3]{\dfrac{16\,T}{\pi\tau_a}} = \sqrt[3]{\dfrac{16 \times 2500000}{3.14 \times 49}} = 63.82$

**16** 래크형 공구를 사용하여 절삭하는 것으로 필요한 관계 운동은 변환기어에 연결된 나사봉으로 조절하는 것은?

㉮ 호빙 머신
㉯ 마그 기어 셰이퍼
㉰ 베벨 기어 절삭기
㉱ 펠로스 기어 셰이퍼

PART **05**

**해설** ① 호빙 머신 : 기어를 가공하는 공작기계
② 펠로스 기어 셰이퍼 : 피니언 커터를 사용하여 상하 왕복운동과 회전운동으로 기어를 절삭

**17** 선반에서 절삭저항의 분력 중탄소강을 가공할 대 가장 큰 절삭저항은?

㉠ 배분력　　　㉡ 주분력
㉢ 횡분력　　　㉣ 이송분력

**해설** 주분력(10) > 배분력(2~4) > 이송분력(횡분력)(1~2)

**18** 윤활제의 급유 방법에서 작업자가 급유 위치에 급유하는 방법은?

㉠ 컵 급유법　　　㉡ 분무 급유법
㉢ 충진 급유법　　　㉣ 핸드 급유법

**해설** 손급유(Hand oiling)
작업자가 주유기의 작은 구멍을 통해서 소량을 주유, 윤활부위에 오일을 손으로 급유하는 가장 간단한 방식이다.

**19** 고속회전 및 정밀한 이송기구를 갖추고 있어 정밀도가 높고 표면거칠기가 우수한 실린더나 커넥팅 로드 등을 가공하며, 진원도 및 진직도가 높은 제품을 가공하기에 가장 적합한 보링머신은?

㉠ 수직 보링머신
㉡ 수평 보링머신
㉢ 정밀 보링머신
㉣ 코어 보링머신

**해설** 정밀 보링머신(Fine boring machine)
초경합금의 바이트나 다이아몬드 바이트를 사용하여 매우 정밀한 다듬질 면으로 가공할 수 있는 기계

**20** 수나사를 가공하는 공구는?

㉠ 정　　　㉡ 탭
㉢ 다이스　　　㉣ 스크레이퍼

**해설** 탭 : 암나사(너트), 다이스 : 수나사(볼트)

**21** 구성인선의 생성과정 순서가 옳은 것은?

㉠ 발생 → 성장 → 분열 → 탈락
㉡ 분열 → 탈락 → 발생 → 성장
㉢ 성장 → 분열 → 탈락 → 발생
㉣ 탈락 → 발생 → 성장 → 분열

**해설** 구성 인선의 방지책－30° 이상 바이트의 전면 경사각을 크게 한다. 120m/min 이상 절삭 속도를 크게 한다(임계속도). 윤활성이 좋은 윤활제를 사용한다. 절삭 속도를 극히 낮게 한다. 절삭 깊이를 줄인다. 이송 속도를 줄인다.

**22** 아래 숫돌바퀴 표시방법에서 60이 나타내는 것은?

| WA 60 K 5 V |
|---|

㉠ 입도　　　㉡ 조직
㉢ 결합도　　　㉣ 숫돌 입자

**해설** 연삭숫돌바퀴의 표시
WA(입자) 60(입도) K(결합도) 5(조직) V(결합제)

**23** 구멍이 있는 원통형 소재의 외경을 선반으로 가공할 대 사용하는 부속장치는?

㉮ 면판      ㉯ 돌리개
㉰ 맨드릴      ㉳ 방진구

**해설** ① 돌림판과 돌리개 : 주축의 회전을 일감에 전달하기 위해 사용
② 면판 : 돌림판과 비슷하지만 돌림판보다 크며, 일감을 직접 또는 Angle Plate 등을 이용하여 볼트로 고정
③ 멘드릴 : 기어, 벨트풀리 등의 소재와 같이 구멍을 뚫는 일감의 원통면이나 옆면을 센터작업할 때 구멍에
④ 멘드릴(mandrel)을 끼우고 고정. 맨드릴을 센터로지지
⑤ 방진구(wark rest) : 가늘고 긴 일감이 절삭력과 자중에 의해 휘거나 처짐이 일어나는 것을 방지. 지름보다 20배 긴 공작물

**24** 밀링에서 절삭속도 20m/min, 커터 지름 50mm, 날수 12개, 1날당 이송을 0.2mm로 할 때 1분간 테이블 이송량은 약 몇 mm인가?

㉮ 120      ㉯ 220
㉰ 306      ㉳ 404

**해설** $N = \dfrac{1,000 \times V}{\pi d} = \dfrac{1,000 \times 20}{3.14 \times 50} = 127.3 \text{rpm}$

$f = fz \times Z \times N = 0.2 \times 12 \times 127.3 = 305.5$

$\therefore \ 306 \text{mm}$

**25** 브로칭 머신으로 가공할 수 없는 것은?

㉮ 스플라인 홈
㉯ 베어링용 볼
㉰ 다각형의 구멍
㉳ 둥근 구멍 안의 키 홈

**해설** 브로치(broaching)
① 브로칭 머신은 다수의 절삭날을 일직선상에 배치한 브로치라는 공구를 사용해서, 공작물 구멍의 내면이나 표면을 여러 가지 모양으로 절삭하는 공작기계를 말한다.
② 브로칭 가공법은 호환성을 필요로 하는 부품의 대량 생산에 매우 효과적이며, 특히 자동차나 전기 부품의 소형 기재 정밀 가공에 적합하다.

## **3과목**   기계제도

**26** 기계 제도의 표준 규격화의 의미로 옳지 않은 것은?

㉮ 제품의 호환성 확보
㉯ 생산성 향상
㉰ 품질 향상
㉳ 제품 원가 상승

**해설** 기계 제도의 표준 규격화는 원가 절감과 생산성과 품질향상, 제품의 호환성을 확보할 수 있다.

**27** 가는 1점 쇄선으로 끝부분 및 방향이 변하는 부분을 굵게 한 선의 용도에 의한 명칭은?

㉮ 파단선      ㉯ 절단선
㉰ 가상선      ㉳ 특수 지시선

**해설** 절단선
단면도를 그릴 경우에 그 절단 위치를 나타내는 선(가는 1점 쇄선으로 끝부분 및 방향이 변하는 부분을 굵게 한 것)

**정답** **23.** ㉰ **24.** ㉰ **25.** ㉰ **26.** ㉯ **27.** ㉳

**28** 얇은 부분의 단면 표시를 하는 데 사용하는 선은?

㉮ 아주 굵은 실선

㉯ 불규칙한 파형의 가는 실선

㉰ 굵은 1점 쇄선

㉱ 가는 파선

해설 얇은 부품의 단면 표시는 아주 굵은 실선으로 하며, 굵은 1점 쇄선은 특수 가공을 하는 부분 등 특별한 요구사항을 적용할 범위를 표시하는데 사용. 가는 파선은 대상물의 일부를 파단한 경계, 또는 일부를 떼어낸 경계를 표시하는 선

**29** 다음 기하공차의 기호 중 위치도 공차를 나타내는 것은?

㉮     ㉯

㉰ ⊕    ㉱ ⊗

해설 ⟋ : 원주 흔들림 공차

⟋⟋ : 온 흔들림 공차

⊕ : 위치도 공차

**30** 그림과 같이 표면의 결 도시기호가 지시되었을 때 표면의 줄무늬 방향은?

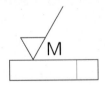

㉮ 가공으로 생긴 선이 거의 동심원

㉯ 가공으로 생긴 선이 여러 방향

㉰ 가공으로 생긴 선이 방향이 없거나 돌출됨

㉱ 가공으로 생긴 선이 투상면에 직각

해설 ⊥ : 직각, C : 동심원, M : 여러 방향으로 교차 또는 무방향

**31** 다음 그림의 치수 기입에 대한 설명으로 틀린 것은?

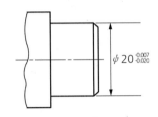

㉮ 기준 치수는 지름 20이다.

㉯ 공차는 0.013이다.

㉰ 최대 허용치수는 19.93이다.

㉱ 최소 허용치수는 19.98이다.

해설 최대 허용치수는 $20 - 0.007 = 19.993$이다.

**32** 다음 중 치수와 같이 사용하는 기호가 아닌 것은?

㉮ S∅    ㉯ SR

㉰ ⊠    ㉱ □

해설 ⊠ : 평면 표시

S∅ : 구의 지름

SR : 구의 반지름

□ : 정사각형

**33** 제도 표시를 단순화하기 위해 공차 표시가 없는 선형 치수에 대해 일반 공차를 4개의 등급으로 나타낼 수 있다. 이 중 공차 등급이 "거"에 해당하는 호칭 기호는?

정답 **28.** ㉮ **29.** ㉰ **30.** ㉯ **31.** ㉰ **32.** ㉰ **33.** ㉮

㉮ c　　　　　　　　　㉯ f
㉰ m　　　　　　　　　㉱ v

해설 c : 거, f : 정밀, m : 중간, v : 매우 거

**34** 투상도를 나타내는 방법에 대한 설명으로 옳지 않은 것은?

㉮ 형상의 이해를 위해 주투상도를 보충하는 보조 투상도를 되도록 많이 사용한다.
㉯ 주투상도에는 대상물의 모양, 기능을 가장 명확하게 표시하는 면을 그린다.
㉰ 특별한 이유가 없는 경우 주투상도는 가로 길이로 놓은 상태로 그린다.
㉱ 서로 관련되는 그림의 배치는 되도록 숨은 선을 쓰지 않는다.

해설 정면을 기준으로 상하좌우에서 본 물체의 투영된 형상을 그린 후 상자를 펼치듯이 배열한다.

**35** 다음 기호가 나타내는 각법은?

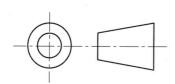

㉮ 제1각법　　　　　㉯ 제2각법
㉰ 제3각법　　　　　㉱ 제4각법

해설 제1각법 기호

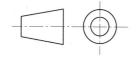

**36** 다음 중 다이캐스팅용 알루미늄 합금 재료 기호는?

㉮ AC1B　　　　　㉯ ZDC1
㉰ ALDC3　　　　㉱ MGC1

해설 AC1B : 알루미늄 합금주물
ZDC1 : 다이캐스팅용 아연합금
ALDC3 : 다이캐스팅용 알루미늄합금
MGC1 : 마그네슘 합금주물

**37** 표면거칠기 지시기호가 옳지 않은 것은?

㉮ ✓　　　　　㉯ ✓
㉰ ✓　　　　　㉱ ✓

해설 ✓ : 제거가공 여부를 문제 삼지 않음
✓ : 제거가공을 허락하지 않음
✓ : 제거가공

**38** 핸들이나 암, 리브, 축 등의 절단면을 90° 회전시켜서 나타내는 단면도는?

㉮ 부분 단면도
㉯ 회전 도시 단면도
㉰ 계단 단면도
㉱ 조합에 의한 단면도

해설 절단할 곳의 앞뒤를 끊어서 그 사이의 절단면을 그린다.

정답 34. ㉮ 35. ㉰ 36. ㉰ 37. ㉱ 38. ㉯

**39** 그림에서 나타난 정면도와 평면도에 적합한 좌측면도는?

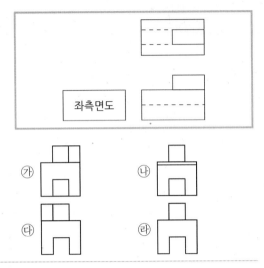

좌측면도

㉮ ㉯ ㉰ ㉱

[해설] 정면도와 평면도를 기준으로 좌측면도를 정면도의 좌측에 투상한다.

**40** 구멍 ø55H7, 축 ø55g6 인 끼워맞춤에서 최대틈새는 몇 μm인가? (단, 기준 치수 ø55에 대하여 H7의 위 치수 허용차는 +0.030, 아래 치수는 허용차는 0이고, g6의 위 치수 허용차는 −0.010, 아래 치수 허용차는 −0.029이다.)

㉮ 40μm  ㉯ 59μm
㉰ 29μm  ㉱ 10μm

[해설] 최대틈새＝구멍의 최대허용치수＋축의 최소허용치수＝(＋0.030)＋(−0.029)＝0.059

**41** 도면 작성 시 선이 한 장소에 겹쳐서 그려야할 경우 나타내야 할 우선순위로 옳은 것은?

㉮ 외형선＞숨은선＞중심선＞무게 중심선 ＞치수선

㉯ 외형선＞중심선＞무게 중심선＞치수선 ＞숨은선

㉰ 중심선＞무게 중심선＞치수선＞외형선 ＞숨은선

㉱ 중심선＞치수선＞외형선＞숨은선＞무게 중심선

[해설] 선의 사용 우선순위
두 종류 이상의 선이 겹칠 경우에는 다음의 우선순위에 따라 그린다.
① 외형선(굵은 실선)
② 숨은선(파선)
③ 절단선(가는 1점 쇄선, 절단부 및 방향이 변한 부분을 굵게 한 것)
④ 중심선, 대칭선(가는 1점 쇄선)
⑤ 중심을 이은 선(가는 2점 쇄선)
⑥ 투상을 설명하는 선(가는 실선)
예외) 조립 부품의 인접하는 외형선은 검게 칠한 얇은 단면

**42** 다음 도면의 제도방법에 관한 설명 중 옳은 것은?

㉮ 도면에는 어떠한 경우에도 단위를 표시할 수 없다.

㉯ 척도를 기입할 때 A : B로 표기하며, A는 물체의 실제 크기, B는 도면에 그려지는 크기를 표시한다.

㉰ 축척, 배척으로 제도했더라도 도면의 치수는 실제치수를 기입해야 한다.

㉱ 각도 표시는 항상 도, 분, 초(°, ′, ″) 단위로 나타내야 한다.

[해설] 현척(1 : 1) 기준으로 실제치수를 기입한다.

**43** 제3각법으로 투상한 그림과 같은 정면도와 우측면도에 적합한 평면도는?

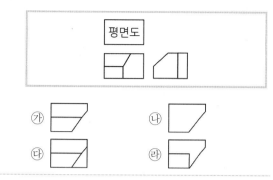

정면도 위에 평면도를 투상한다.

**44** 다음과 같이 도면에 기입된 기하 공차에서 0.011이 뜻하는 것은?

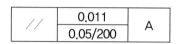

㉮ 기준 길이에 대한 공차 값
㉯ 전체 길이에 대한 공차 값
㉰ 전체 길이 공차 값에서 기준 길이 공차 값을 뺀 값
㉱ 누진치수 공차 값

해설 데이텀 A에 200mm당 0.05의 평행도를 유지하고, 전체에 평행도는 0.011의 값으로 규제한다.

**45** 다음 중 도면에 기입되는 치수에 대한 설명으로 옳은 것은?

㉮ 재료 치수는 재료를 구입하는데 필요한 치수로 잘림 여유나 다듬질 여유가 포함되어 있지 않다.
㉯ 소재 치수는 주물 공장이나 단조 공장에서 만들어진 그대로의 치수를 말하며 가공할 여유가 없는 치수이다.
㉰ 마무리 치수는 가공 여유를 포함하지 않은 치수로 가공 후 최종으로 검사할 완성된 제품의 치수를 말한다.
㉱ 도면에 기입되는 치수는 특별히 명시하지 않는 한 소재 치수를 기입한다.

해설 ① 마지막 다듬질을 한 완성품으로서의 치수로서 다듬질 살(다듬질 여유)은 포함되지 않는다.
② 도면에 기입되는 치수는 이들 중 마무리 치수이다.

**46** 다음 중 파이프의 끝 부분을 표시하는 그림기호가 아닌 것은?

해설 ㉮ 막힘 플랜지
㉰ 용접식 캡
㉱ 나사 박음식 플러그 및 캡

**47** 나사의 도시방법에 관한 설명 중 틀린 것은?

㉮ 수나사와 암나사의 골 밑을 표시하는 선은 가는 실선으로 그린다.
㉯ 완전 나사부와 불완전 나사부의 경계선은 가는 실선으로 그린다.
㉰ 불완전 나사부는 기능상 필요한 경우 혹은 치수 지시를 하기 위해 필요한 경우 경사된 가는 실선으로 표시한다.
㉱ 수나사와 암나사의 측면도시에서 각각의 골지름은 가는 실선으로 약 3/4에 거의 같은 원의 일부로 그린다.

**해설** 완전 나사부와 불완전 나사부의 경계선은 외형선 (굵은 실선)으로 그린다.

**48** 다음에 설명하는 캠은?

> • 원동절의 회전 운동을 종동절의 직선운동으로 바꾼다.
> • 내연기관의 흡배기 밸브를 개폐하는데 많이 사용한다.

㉮ 판 캠  ㉯ 원통 캠
㉰ 구면 캠  ㉱ 경사판 캠

**해설**

요크 캠
판 캠
정면 캠
정면 캠

**49** 그림에서 도시된 기호는 무엇을 나타낸 것인가?

⌐ISO14-6×23F7×26

㉮ 사다리꼴나사  ㉯ 스플라인
㉰ 사각나사  ㉱ 세레이션

**해설** 스플라인을 약식으로 도시도다.
ISO 14−6×23 f 7×26
ISO 14 : 규격번호, 6 : 스플라인 잇수
23f7 : 작은 지름과 공차, 26 : 큰 지름
• 스플라인(Spline) : 축으로부터 직접 여러 줄의 키(key)를 절삭하여, 축과 보스(boss)가 슬립 운동을 할 수 있도록 한 것

**50** 용접기호에서 그림과 같은 표시가 있을 때 그 의미는?

㉮ 현장용접
㉯ 일주 용접
㉰ 매끄럽게 처리한 용접
㉱ 이면판재 사용한 용접

**해설** ⚑ : 전체 둘레 현장용접 기호
○ : 전체 둘레 용접 기호

**51** 스퍼기어의 도시법에 관한 설명으로 옳은 것은?

㉮ 피치원은 가는 실선으로 그린다.
㉯ 잇봉우리원은 가는 실선으로 그린다.
㉰ 축에 직각인 방향에서 본 그림은 단면으로 도시할 때 이골의 선은 가는 실선으로 표시한다.
㉱ 축 방향에서 본 이골원은 가는 실선으로 표시한다.

**해설** 스퍼기어의 도시법
① 잇봉우리원은 굵은 실선으로 표시한다.
② 피치원은 가는 1점 쇄선으로 표시한다.
③ 이골원은 가는 실선으로 표시한다. 다만, 주투상도를 단면으로 도시 할 때에는 굵은 실선으로 도시한다. 또한, 이골원은 생략할 수 있다.

**52** 평행 핀의 호칭이 다음과 같이 나타났을 때 이 핀의 호칭지름은 몇 mm인가?

> KS B ISO 2338−8 m6×30−A1

---

**정답** 48. ㉮ 49. ㉯ 50. ㉮ 51. ㉱ 52. ㉰

㉮ 1mm  ㉯ 6mm

㉰ 8mm  ㉱ 30mm

해설 KS B ISO 2338 : 규격번호/명칭, 8 : 호칭지름, m6 : 공차, 30 : 호칭길이, A1 : 재료

**53** 스프로킷 휠의 도시방법에서 단면으로 도시할 때 이뿌리원은 어떤 선으로 표시하는가?

㉮ 가는 1점 쇄선  ㉯ 가는 실선

㉰ 가는 2점 쇄선  ㉱ 굵은 실선

해설 피치원 : 가는 1점 쇄선

바깥지름 : 굵은실선
이뿌리원 : 굵은실선

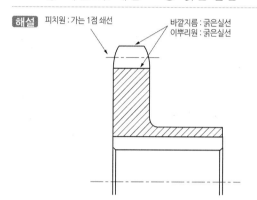

**54** 미터 보통 나사에서 수나사의 호칭지름은 무엇을 기준으로 하는가?

㉮ 유효 지름  ㉯ 골지름

㉰ 바깥지름  ㉱ 피치원 지름

해설 수나사의 호칭지름은 외경(바깥지름)의 측정값이다.

**55** 구름 베어링의 호칭기호가 "6026 P6"와 같이 지시될 때 이 베어링의 안지름은 몇 mm인가?

㉮ 26  ㉯ 60

㉰ 130  ㉱ 300

해설 베어링의 안지름 번호(KS B 2012) (mm)

| 안지름<br>번호 | 00 | 01 | 02 | 03 | 04 | 05 | 06 | 07 | 08 | 09 | 10 | 11 |
|---|---|---|---|---|---|---|---|---|---|---|---|---|
| 호칭<br>안지름 | 10 | 12 | 15 | 17 | 20 | 25 | 30 | 35 | 40 | 45 | 50 | 55 |

베어링 안지름 계산법 : 04부터는 곱하기 5를 하면 안지름을 구할 수 있다.

**56** 표준 스퍼기어(spur gear)에서 모듈이 4이고, 피치원지름이 160mm 일 때, 기어의 잇수는?

㉮ 20  ㉯ 30

㉰ 40  ㉱ 50

해설 기어의 잇수 $= \dfrac{\text{피치원지름}}{\text{모듈}} = \dfrac{160}{4} = 40$

**57** 컴퓨터의 처리 속도 단위 중 ps(피코 초)란?

㉮ $10^{-3}$초  ㉯ $10^{-6}$초

㉰ $10^{-9}$초  ㉱ $10^{-12}$초

해설 $10^{-3}$ : 밀리초(ms), $10^{-6}$ : 마이크로초($\mu$s)
$10^{-9}$ : 나노초(ns), $10^{-12}$ : 피코초(ps)

**58** CAD 시스템의 기본적인 하드웨어 구성으로 거리가 먼 것은?

㉮ 입력장치

㉯ 중앙처리장치

㉰ 통신장치

㉱ 출력장치

해설 컴퓨터의 하드웨어
중앙처리장치, 주/보조기억장치, 입출력장치

정답 **53.** ㉱ **54.** ㉰ **55.** ㉰ **56.** ㉰ **57.** ㉱ **58.** ㉰

**59** 좌표 방식 중 원점이 아닌 현재 위치, 즉 출발점을 기준으로 하여 해당 위치까지의 거리로 그 좌표를 나타내는 방식은?

㉮ 절대좌표 방식     ㉯ 상대좌표 방식
㉰ 직교좌표 방식     ㉱ 원통좌표 방식

**해설** ① 절대좌표 : 모든 위치를 항상 영점에서 시작한다.
② 상대좌표 : 현재 위치를 기준으로 시작한다.
③ 극좌표 : 거리와 각도로 위치를 표현한다.

**60** 다른 모델링과 비교하여 와이어프레임 모델링의 일반적인 특징을 설명한 것 중 틀린 것은?

㉮ 데이터의 구조가 간단하다.
㉯ 처리속도가 느리다.
㉰ 숨은선을 제거할 수 없다.
㉱ 체적 등의 물리적 성질을 계산하기가 용이하지 않다.

**해설** ① 와이어프레임(wire frame)은 물체의 외곽을 선들로만 연결시켜 놓은 상태의 모델을 말한다.
② 와이어프레임 모델링의 일반적인 특징 처리속도가 빠르다.

## 1과목 기계재료 및 요소

**01** 절삭 공구로 사용되는 재료가 아닌 것은?

㉮ 페놀  ㉯ 서멧
㉰ 세라믹  ㉱ 초경합금

**해설** 페놀-열경화성 수지
독성을 지닌 방향족 화합물의 하나로 빛깔이 없는 결정체, 합성수지, 합성섬유, 염료, 살충제, 방부제, 소독제 등 화학제품 연료로 사용

**02** 탄소강에 함유된 원소 중 백점이나 헤어크랙(hair crack)의 원인이 되는 원소는?

㉮ 황  ㉯ 인
㉰ 수소  ㉱ 구리

**해설** 수소(H)
헤어크랙의 원인(강재의 다듬질면에 있어서 미세한 균열로 크기는 모발 정도)
탄소강의 5대 원소
① 황(S) : 적열취성의 원인, 강도, 연율, 충격치 감소
② 인(P) : 상온취성의 원인(상온에서 충격치가 현저히 저하)

③ 망간(Mn) : s의 해를 방지(적열취성 방지), 담금질성 향상
④ 규소(Si) : 항복점, 인장강도가 규소량에 따라 증가하다.
⑤ 탄소(C) : 탄소가 증가하면 항복점, 인장강도, 경도가 증가하며 탄소가 감소하면 연신율과 연성이 커진다.

**03** 냉간가공 된 황동 제품들이 공기 중의 암모니아 및 염류로 인하여 입간 부식에 의한 균열이 생기는 것은?

㉮ 저장 균열  ㉯ 냉간 균열
㉰ 자연 균열  ㉱ 열간 균열

**해설** 자연 균열
담금질 또는 뜨임한 금속재료나 냉간가공 등에 의해 재료의 내부에 생긴 잔류응력 때문에 실온 부근에 방치되어 있는 사이에 발생하는 균열

**04** 6-4 황동에 철을 1~2%를 첨가함으로써 강도와 내식성이 향상되어 광산기계, 선박용 기계, 화학기계 등에 사용되는 특수 황동은?

㉮ 델타 메탈  ㉯ 네이벌 황동
㉰ 쾌삭 메탈  ㉱ 애드머럴티 황동

정답 1. ㉮ 2. ㉰ 3. ㉰ 4. ㉮

**해설** • 델타 메탈(delta metal) : 6 : 4황동에 철 1~2% 를 첨가함으로써 강도와 내식성이 향상되어 광산기계, 선박용 기계, 화학기계 등에 사용되는 특수 황동
• 네이벌 황동 : 6-4황동에 Sn 1%
• 애드머럴티 황동 : 7-3황동에 Sn 1%

## 05 상온이나 고온에서 단조성이 좋아지므로 고온가공이 용이하며 강도를 요하는 부분에 사용하는 황동은?

㉮ 톰백  ㉯ 6-4 황동
㉰ 7-3 황동  ㉱ 함석 황동

**해설** 6 : 4황동(muntz metal) : 상온이나 고온에서 단조성이 좋아지므로 고온가공이 용이하며, 강도를 요하는 부분에 사용
톰백 : 구리와 아연의 합금. 구리가 70~92% 들어 있으며, 금빛을 띠고 늘어나는 성질이 있다. 금의 모조품이나 금박 대용품을 만드는 데 사용

## 06 탄소강에 함유되는 원소 중 강도, 연신율, 충격치를 감소시키며 적열취성의 원인이 되는 것은?

㉮ Mn  ㉯ Si
㉰ P  ㉱ S

**해설** 황(S) : 인장강도, 연신율, 충격치를 감소시키며, 적열취성의 원인이 된다.
적열취성 : 강철이 빨갛게 달았을 때 나타나는 부스러지는 성질을 뜻한다.

## 07 철강의 열처리 목적으로 틀린 것은?

㉮ 내부의 응력과 변형을 증가시킨다.

㉯ 강도, 연성, 내마모성 등을 향상시킨다.
㉰ 표면을 강화시키는 등의 성질을 변화시킨다.
㉱ 조직을 미세화하고 기계적 특성을 향상시킨다.

**해설** 열처리 목적-내부응력 제거 및 변형 방지
내부 응력과 변형을 감소하기 위해 열처리를 하는데 내부 응력 제거를 위해 불림처리를 한다.

## 08 미끄럼 베어링의 윤활 방법이 아닌 것은?

㉮ 적하 급유법  ㉯ 패드 급유법
㉰ 오일링 급유법  ㉱ 충격 급유법

**해설** 윤활법의 종류
적하 급유법, 오일링 급유법, 배스 오일링(유욕법), 강제 급유법, 튀김(비산) 급유법, 패드 급유법, 담금 급유법
① 적하 급유법 : 기름 통에서 일정한 양이 떨어지도록 한 방식으로 비교적 고속회전에 이용
② 패드 급유법 : 기름이 패드에 흡수되어 급유하는 방법
③ 오일링 급유법 : 회전축에 링을 달아 고속 주축의 급유를 균등히 할 목적으로 사용

## 09 체인 전동의 일반적인 특징으로 거리가 먼 것은?

㉮ 속도비가 일정하다.
㉯ 유지 및 보수가 용이하다.
㉰ 진동과 소음이 없다.
㉱ 내열, 내유, 내습성이 강하다.

**해설** 체인의 떨림으로 인해 진동과 소음이 생기기 쉽다.

**10** 일반 스퍼기어와 비교한 헬리컬 기어의 특징에 대한 설명으로 틀린 것은?

㉮ 임의의 비틀림 각을 선택할 수 있어서 축 중심거리의 조절이 용이하다.

㉯ 물림 길이가 길고 물림률이 크다.

㉰ 최소 잇수가 적어 회전비를 크게할 수 있다.

㉱ 추력이 발생하지 않아서 진동과 소음이 적다.

해설 헬리컬 기어는 원활한 전동(진동, 소음 적다), 축 방향으로 추력(반력)이 생긴다.

## 2과목 기계가공법 및 안전관리

**11** 한쪽은 오른나사, 다른 한쪽은 왼나사로 되어 양끝을 서로 당기거나 밀거나 할 때 사용하는 기계요소는?

㉮ 아이볼트      ㉯ 세트스크루

㉰ 플레이트 너트      ㉱ 턴 버클

해설 턴 버클

- 좌우에 나사막대가 있고 나사부가 공통 너트로 연결되어 있다.
- 한쪽의 수나사는 오른나사이고, 다른 쪽 수나사는 왼나사로 되어 있다.
- 암나사가 있는 부분, 즉 너트를 회전하면 2개의 수나사는 서로 접근하고, 회전을 반대로 하면 멀어진다.

**12** 회전체의 균형을 좋게 하거나 너트를 외부에 돌출시키지 않으려고 할 때 주로 사용하는 너트는?

㉮ 캡 너트      ㉯ 둥근 너트

㉰ 육각 너트      ㉱ 와셔붙이 너트

해설 회전체가 중심을 잘 잡으려면 둥근형태가 안정적

**13** 핀(pin)의 종류에 대한 설명으로 틀린 것은?

㉮ 테이퍼 핀은 보통 1/50 정도의 테이퍼를 가지며, 축에 보스를 고정시킬 때 사용할 수 있다.

㉯ 평행 핀은 분해·조립하는 부품의 맞춤면의 관계 위치를 일정하게 할 필요가 있을 때 주로 사용된다.

㉰ 분할 핀은 한쪽 끝이 2가닥으로 갈라진 핀으로 축에 끼워진 부품이 빠지는 것을 막는데 사용할 수 있다.

㉱ 스프링 핀은 2개의 봉을 연결하기 위해 구멍에 수직으로 핀을 끼워 2개의 봉이 상대 각운동을 할 수 있도록 연결한 것이다.

해설 핀(pin)의 종류

① 테이퍼 핀 : 1/50 테이퍼[傾斜]가 달려 있는 핀. 구멍에 박아 부품을 고정시키는 데 사용되며, 크고 작은 여러 종류가 있음

② 평행 핀 : 테이퍼가 붙어 있지 않은 핀. 빠질 염려가 없는 곳에 사용된다. 지름이 1mm인 작은 것에서부터 50mm까지 있음

③ 조인트 핀 : 2개의 부품을 연결할 때 사용되는 핀. 이 핀 부분에서 회전

④ 분할 핀 : 빠지는 것을 방지하기 위해 2개로 쪼갤 수 있게 만든 핀. 구멍에 꽂아 넣고 앞 끝은 둘로 벌려 둔다. 너트가 볼트로부터 빠져나오지 않게 하려고 할 때 흔히 사용

⑤ 스프링 핀 : 스프링 강대를 원통형으로 성형, 종 방향으로 틈새를 부여한 것으로 이것을 핀의 외경보다 약간 작은 구멍경에 삽입함으로써 구멍의 주변에 내압이 작용하여 핀의 이탈방지

**14** 기계의 운동에너지를 흡수하여 운동속도를 감속 또는 정지시키는 장치는?

㉮ 기어 ㉯ 커플링
㉰ 브레이크 ㉱ 마찰차

> [해설] 브레이크는 운동 에너지를 흡수하여 운동속도를 감속시키는 정지장치이다.

**15** 8KN의 인장하중을 받는 정사각봉의 단면에 발생하는 인장응력이 5MPa이다. 이 정사각봉의 한 변의 길이는 약 몇 mm인가?

㉮ 40 ㉯ 60
㉰ 80 ㉱ 100

> [해설] $\sigma(응력) = \dfrac{W(하중)}{A(단면적)}$,
>
> $A(단면적) = a(가로) \times a(세로) = a^2$
>
> $5 = \dfrac{1,800}{a^2}, \ a^2 = \dfrac{8,000}{5}$ 에서
>
> $a = \sqrt{1,600} = 40\text{mm}$

**16** 그림과 같은 환봉의 테이퍼를 선반에서 복식 공구대를 회전시켜 가공하려 할 때 공구대를 회전시켜야 할 각도는?(단, 각도는 아래 표를 참고한다.)

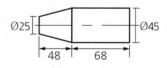

㉮ 3 ㉯ 5°5′
㉰ 11°45′ ㉱ 23°35′

> [해설] 복식 공구대 회전각도

$\tan\theta = \dfrac{D-d}{2L} = \dfrac{45-25}{2 \times 48} = \dfrac{20}{96} = 0.208$

$\therefore \ 11°45′$

**17** 가공할 구멍이 매우 클 때, 구멍 전체를 절삭하지 않고 내부에는 심재가 남도록 환형의 홉으로 가공하는 방식으로 판재에 큰 구멍을 가공하거나 포신 등의 가공에 적합한 보링 머신은?

㉮ 보통 보링머신 ㉯ 수직 보링머신
㉰ 지그 보링머신 ㉱ 코어 보링머신

> [해설] ① 지그(jig) 보링머신 : 높은 정밀도를 요구하는 가공물, 정밀기계의 구멍 가공 등에 사용하는 것으로 외부환경 변화에 따른 영향을 받지 않도록 항온, 항습실에 설치하는 보링머신
> ② 수평 보링머신 : 테이블형, 플레이너형, 플로우형으로 나뉜다.
> ③ 수직 보링머신 : 스핀들이 수직인 구조
> ④ 코어 보링머신 : 구멍의 중심부는 남기고 둘레만 가공

**18** 전해 연마의 특징에 대한 설명으로 틀린 것은?

㉮ 가공 면에 방향성이 없다.
㉯ 복잡한 형상의 제품은 가공할 수 없다.
㉰ 가공 변질 층이 없고 평활한 가공 면을 얻을 수 있다.
㉱ 연질의 알루미늄, 구리 등도 쉽게 광택 면을 가공할 수 있다.

> [해설] 복잡한 모양의 것도 연마할 수 있는 특징이 있다. 전기분해할 때 양극의 금속 표면에 미세한 볼록 부분이 다른 표면 부분에 의해 선택적으로 용해하는 것을 이용한 금속연마법. 복잡하고 정밀한 기계 부품을 가공할 수 있다.

---

정답 **14.** ㉰ **15.** ㉮ **16.** ㉰ **17.** ㉱ **18.** ㉯

**19** 그림과 같이 테이퍼를 가공할 때 심압대의 편위량은 몇 mm인가?

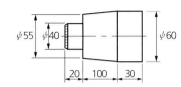

㉮ 3.0        ㉯ 3.25

㉰ 3.75       ㉱ 5.25 3.75

**해설** 심압대 편위량

$$a = \frac{L(D-d)}{2l}$$

$$= \frac{(20+100+30) \times (60-55)}{2 \times 100}$$

$$= \frac{750}{200} = 3.75\,\text{mm}$$

**20** 마이크로미터의 구조에서 구성부품에 속하지 않는 것은?

㉮ 앤빌        ㉯ 스핀들

㉰ 스크라이버     ㉱ 슬리브

**해설** 스크라이버는 하이트게이지의 구성부품
마이크로미터 구조 구성부품 : 앤빌/스핀들/내측 슬리브/외측 슬리브/클램프 레버/프레임/래치 스톱

**21** CNC 선반에서 휴지기능(G04)에 관한 설명으로 틀린 것은?

㉮ 휴지기능은 홈 가공에서 많이 사용된다.
㉯ 휴지기능은 진원도를 향상시킬 수 있다.
㉰ 휴지기능은 깨끗한 표면을 가공할 수 있다.
㉱ 휴지기능은 정밀한 나사를 가공할 수 있다.

**해설** 휴지기능(G04)

① 지령된 시간동안 프로그램의 진행을 정지 시킬 수 있는 기능
② 드릴가공, 홈가공, 모서리 다듬질 가공시 양호한 가공면을 얻기 위해 사용

**22** 금형부품과 같은 복잡한 형상을 고정밀도로 가공할 수 있는 연삭기는?

㉮ 성형 연삭기     ㉯ 평면 연삭기
㉰ 센터리스 연삭기   ㉱ 만능 공구 연삭기

**해설** 성형 연삭기 : 복잡한 형상을 고정밀도로 가공할 때 사용
센터리스 연삭기 : 센터를 사용하지 않고, 연삭용 숫돌차 외에 공작물에 회전과 이송을 주는 조정 숫돌바퀴를 사용하여, 가늘고 긴 환봉을 연삭하는 공작기계
만능공구 연삭기 : 각종 커터, 호브, 리머, 등의 절삭공구의 날을 연삭하는 만능 연삭기

**23** 밀링 가공에서 분할대를 이용하여 원주면을 등분하려고 한다. 직접 분할법에서 직접 분할판의 구멍 수는?

㉮ 12개        ㉯ 24개

㉰ 30개        ㉱ 36개

**해설** 직접 분할법(면판 분할법) : 직접 분할법은 주축의 앞면에 있는 24구멍의 직접 분할판을 사용하여 분할하는 방법이다. 정밀도를 필요로 하지 않는 볼트, 너트의 다각 분이나 키 홈 등 비교적 단순한 분할을 할 때에 사용하는 방법

예제1] 직접 분할법으로 원주를 6등분하시오.
(풀이) x=24/N 에서 x=24/6=4
→ 직접 분할판을 4구멍씩 건너 회전시키면 된다.

**정답** 19. ㉱ 20. ㉰ 21. ㉱ 22. ㉮ 23. ㉯

**24** 윤활의 목적과 가장 거리가 먼 것은?

㉮ 냉각작용　　　㉯ 방청작용
㉰ 청정작용　　　㉴ 용해작용

해설 윤활제(절삭유)의 목적
냉각작용, 윤활작용, 방청 및 세척작용

**25** 기어 절삭기로 가공된 기어의 면을 매끄럽고 정밀하게 다듬질하는 가공은?

㉮ 래핑　　　㉯ 호닝
㉰ 폴리싱　　　㉴ 기어 셰이빙

해설 기어 셰이빙
피니언 커터 또는 랙 커터를 사용하여 기어를 정밀하게 다듬질한다.

## 3과목 기계제도

**26** 다음은 어떤 물체를 제3각법으로 투상한 것이다. 이 물체의 등각 투상도로 가장 적합한 것은?

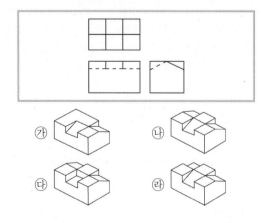

해설 정면도와 평면도, 우측면도에 적합한 보기의 등각 투상을 3각법으로 투상하여 답을 찾는다.

**27** 제품의 표면거칠기를 나타낼 때 표면 조직의 파라미터를 "평가된 프로파일의 산술 평균 높이"로 사용하고자 한다면 그 기호로 옳은 것은?

㉮ Rt　　　㉯ Rq
㉰ Rz　　　㉴ Ra

해설 산술 평균 높이는 Ra, 10점 평균거칠기는 Rz, 최대 높이는 Ry

**28** 가는 실선으로만 사용하지 않는 선은?

㉮ 지시선　　　㉯ 절단선
㉰ 해칭선　　　㉴ 치수선

해설 절단선
가는 1점 쇄선으로 끝부분 및 방향이 변하는 부분은 굵게 처리

**29** 재료의 기호와 명칭이 맞는 것은?

㉮ STC : 기계 구조용 탄소 강재
㉯ STKM : 용접 구조용 압연 강재
㉰ SPHD : 탄소 공구 강재
㉴ SS : 일반 구조용 압연 강재

해설 STC : 탄소 공구 강재, STKM : 기계구조용 탄소 강관, SPHD : 열간압연 강재, SS : 일반 구조용 압연 강재

**30** 도면이 구비하여야 할 구비 조건이 아닌 것은?

㉮ 무역 및 기술의 국제적인 통용성
㉯ 제도자의 독창적인 제도법에 대한 창의성
㉰ 면의 표면, 재료, 가공방법 등의 정보성

정답　24. ㉴　25. ㉴　26. ㉯　27. ㉴　28. ㉯　29. ㉴　30. ㉯

㉢ 대상물의 도형, 크기, 모양, 자세, 위치 등의 정보성

**해설** 제도법을 준수하여 도면을 작성한다.

**31** 투상도를 표시하는 방법에 관한 설명으로 가장 옳지 않은 것은?

㉮ 조립도 등 주로 기능을 나타내는 도면에서는 대상물을 사용하는 상태로 표시한다.
㉯ 물체의 중요한 면은 가급적 투상면에 평행하거나 수직이 되도록 표시한다.
㉰ 물품의 형상이나 기능을 가장 명료하게 나타내는 면을 주투상도가 아닌 보조 투상도로 선정한다.
㉱ 가공을 위한 도면은 가공량이 많은 공정을 기준으로 가공할 때 놓인 상태와 같은 방향으로 표시한다.

**해설** 물품의 형상이나 기능을 가장 명료하게 나타내는 면은 정면도이고, 주투상도라고도 한다.

**32** 다음 내용이 설명하는 투상법은?

> 투사선이 평행하게 물체를 지나 투상면에 수직으로 닿고 투상된 물체가 투상면에 나란하기 때문에 어떤 물체의 형상도 정확하게 표현할 수 있다. 이 투상법에는 1각법과 3각법이 속한다.

㉮ 투시 투상법　㉯ 등각 투상법
㉰ 사투상법　㉱ 정투상법

**해설** 정투상법
투사선이 평행하게 물체를 지나 투상면에 수직으로 닿고 투상된 물체가 투상면에 나란하기 때문에 어떤 물체의 형상도 정확하게 표현할 수 있다.

**33** 아래 그림과 같은 치수 기입방법은?

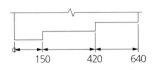

㉮ 직렬 치수 기입방법
㉯ 병렬 치수 기입방법
㉰ 누진 치수 기입방법
㉱ 복합 치수 기입방법

**해설** 치수 기입방법
① 직렬 치수 기입방법

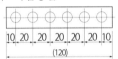

② 병렬 치수 기입방법

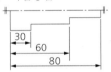

③ 누진 치수 기입방법

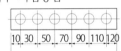

**34** KS 규격에서 규정하고 있는 단면도의 종류가 아닌 것은?

㉮ 온 단면도　㉯ 한쪽 단면도
㉰ 부분 단면도　㉱ 복각 단면도

**해설** 단면도 종류
온 단면도, 한쪽 단면도, 부분 단면도, 회전 도시 단면도, 계단 단면도 등

**35** 기계관련 부품에서 ∅80H7/g6로 표기된 것의 설명으로 틀린 것은?

㉮ 구멍 기준식 끼워맞춤이다.
㉯ 구멍의 끼워맞춤 공차는 H7이다.
㉰ 축의 끼워맞춤 공차는 g6이다.
㉱ 억지 끼워맞춤이다.

해설 ∅80H7/g6은 헐거운 끼워맞춤

**36** 그림에서 기하공차 기호로 기입할 수 없는 것은?

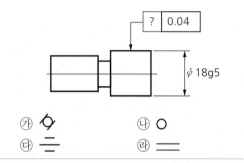

㉮ ◇
㉯ ○
㉰ ═ (중간 기호)
㉱ ═

해설 기하공차에 데이텀이 없으므로 ㉰번 대칭도는 기입할 수 없다.

**37** 모따기를 나타내는 치수 보조 기호는 어느 것인가?

㉮ R
㉯ SR
㉰ t
㉱ C

해설 모따기 기호 C는 45° 모따기를 말한다.
R : 반지름, SR : 구의 반지름, t : 소재의 두께

**38** 도면에서 구멍의 치수가 $\varnothing 50^{+0.05}_{-0.02}$로 기입되어 있다면 치수공차는?

㉮ 0.02
㉯ 0.03
㉰ 0.05
㉱ 0.07

해설 치수공차＝최대허용한계치수－최소허용한계치수
＝50.05－49.98＝0.07

**39** 제3각법으로 그린 투상도에서 우측면도로 옳은 것은?

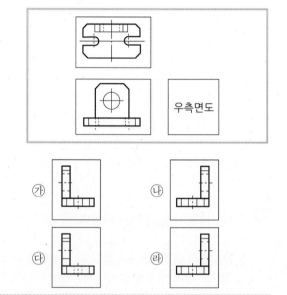

해설 정면도와 평면도를 기준으로 보기의 우측면도를 투상한다.

**40** 열처리, 도금 등 특별한 요구사항을 적용할 수 있는 범위를 표시하는 데 사용하는 특수지정선은?

㉮ 굵은 실선
㉯ 가는 실선
㉰ 굵은 파선
㉱ 굵은 1점 쇄선

해설 ① 굵은 실선 : 물체의 보이는 부분의 형상을 나타
내는 선
② 가는 실선 : 용도에 따라 다르나 보통 치수를
기입하기 위하여 쓰는 선
③ 굵은 파선 : 물체의 보이지 않는 부분을 나타내
는 선
④ 특수 지정선은 굵은 1점 쇄선을 적용한다.

**41** 도면관리에 필요한 사항과 도면내용에 관한 중
요한 사항이 기입되어 있는 도면 양식으로 도
명이나 도면번호와 같은 정보가 있는 것은?

㉮ 재단 마크          ㉯ 표제란
㉰ 비교눈금          ㉱ 중심 마크

해설 표제란
도면번호, 도면 작성 월일, 척도 및 투상도를 기입
한다. 도면 오른쪽 아래에 배치한다.

**42** 기하 공차의 종류와 기호 설명이 잘못된 것은?

㉮ ▱ : 평면도 공차
㉯ ○ : 원통도 공차
㉰ ⊕ : 위치도 공차
㉱ ⊥ : 직각도 공차

해설 ○ : 진원도 공차
◇ : 원통도 공차

**43** 도면을 작성할 때 쓰이는 문자의 크기를 나타
내는 기준은?

㉮ 문자의 폭          ㉯ 문자의 높이
㉰ 문자의 굵기          ㉱ 문자의 경사도

해설 문자의 크기는 높이 2.24, 3.15, 4.5 등 5종류가
원칙이며 루트2씩 증가함을 원칙으로 한다.

**44** 다음 면의 지시기호 표시에서 제거가공을 허락
하지 않는 것을 지시하는 기호는?

㉮ ∀          ㉯ ✓
㉰ ✓          ㉱ ✓

해설 ✓ : 제거 가공의 필요 여부를 문제 삼지 않는
경우

✓ : 제거 가공이 필요로 할 때

∀ : 제거 가공을 해선 안 될 경우

**45** 다음 중 억지 끼워맞춤에 속하는 것은?

㉮ H8/e8          ㉯ H7/t6
㉰ H8/f8          ㉱ H6/k6

해설 ㉮ H8/e8 – 헐거운 끼워맞춤
㉯ H7/t6 – 억지 끼워맞춤
㉰ H8/f8 – 헐거운 끼워맞춤
㉱ H6/k6 – 중간 끼워맞춤

**46** 다음 중 베어링의 안지름이 17mm인 베어링은?

㉮ 6303          ㉯ 32307K
㉰ 6317          ㉱ 607U

해설 베어링의 안지름 번호(KS B 2012)(mm)

| 안지름 번호 | 00 | 01 | 02 | 03 | 04 | 05 | 06 | 07 | 08 | 09 | 10 | 11 |
|---|---|---|---|---|---|---|---|---|---|---|---|---|
| 호칭 안지름 | 10 | 12 | 15 | 17 | 20 | 25 | 30 | 35 | 40 | 45 | 50 | 55 |

정답 **41.** ㉯ **42.** ㉯ **43.** ㉯ **44.** ㉮ **45.** ㉯ **46.** ㉮

베어링 안지름 계산법
04부터는 곱하기 5를 하면 안지름을 구할 수 있다.

**47** 축을 제도하는 방법에 관한 설명으로 틀린 것은?

㉮ 긴축은 단축하여 그릴 수 있으나 길이는 실제 길이를 기입한다.

㉯ 축은 일반적으로 길이 방향으로 절단하여 단면을 표시한다.

㉰ 구석 라운드 가공 부는 필요에 따라 확대하여 기입할 수 있다.

㉱ 필요에 따라 부분 단면은 가능하다.

[해설] 축의 도시방법
① 축은 길이 방향으로 단면하지 않음(부분 단면은 가능)
② 긴축은 중간을 파단하여 짧게 그리며 치수는 실 치수 기입
③ 축의 널링도시는 빗줄인 경우는 축선에 대해 30°로 서로 엇갈리게 그림
④ 축의 끝에는 주로 모따기를 하고, 모따기 치수를 기입

**48** 관의 결합방식 표현에서 유니언 식을 나타내는 것은?

㉮ ——│——     ㉯ ——╫——

㉰ ——╫——     ㉱ ——○——

[해설] ㉮ 일반
㉯ 유니언식
㉰ 플랜지식

**49** 스퍼기어(spur gear)의 도시방법에 대한 설명으로 틀린 것은?

㉮ 축에 직각인 방향으로 본 투상도를 주투상도로 할 수 있다.

㉯ 잇 봉우리원은 굵은 실선으로 그린다.

㉰ 피치원은 가는 1점 쇄선으로 그린다.

㉱ 축 방향으로 본 투상도에서 이골원은 굵은 실선으로 그린다.

[해설] 기어 제도법(스프로킷휠 도시법에 대한 문제도 기어와 동일)
① 이끝원(잇봉우리원) : 굵은 실선
② 피치원 : 가는 1점 쇄선
③ 이뿌리원(이골원) : 가는 실선(단, 단면도시할 경우는 굵은 실선)
※ 이뿌리원(이골원)을 단면 도시할 때 굵은 실선으로 표시하는 경우는 축 직각 방향에서 본 투상도에서이다.

**50** 키(key)의 호칭이 다음과 같이 나타날 때 설명으로 틀린 것은?

> KS B 1311 PS-B 25×14×90

㉮ 키에 관련한 규격은 KS B 1311 에 따른다.

㉯ 평행 키로서 나사용 구멍이 있다.

㉰ 키의 끝부가 양쪽 둥근형이다.

㉱ 키의 높이는 14mm 이다.

[해설] KS B 1311 PS-B 25×14×90
KS B 1311 : 규격번호, PS : 나사용 구멍 부착 평행 키, B : 양쪽 네모형, 25×14×90 : 나비×높이×길이
※ 끝부분형식에 대한 지정이 없는 경우 양쪽 네모형, 양쪽 둥근형-A. 양쪽 네모형-B, 한쪽 둥근형-C

[정답] **47.** ㉯ **48.** ㉯ **49.** ㉱ **50.** ㉰

**51** 스프로킷 휠의 피치원을 표시하는 선의 종류는?

㉮ 굵은 실선　　　　㉯ 가는 실선
㉰ 가는 2점 쇄선　　㉱ 가는 쇄선

**해설** 기어 제도법(스프로킷휠 도시법에 대한 문제도 기어와 동일)
① 이끝원(잇봉우리원) : 굵은 실선
② 피치원 : 가는 1점 쇄선
③ 이뿌리원(이골원) : 가는 실선 (단, 단면도시할 경우는 굵은 실선)

**52** 나사의 제도방법을 바르게 설명한 것은?

㉮ 수나사와 암나사의 골밑은 굵은 실선으로 그린다.
㉯ 완전 나사부와 불완전 나사부의 경계는 가는 실선으로 그린다.
㉰ 나사 끝면에서 본 그림에서 나사의 골밑은 가는 실선으로 원주의 3/4에 가까운 원의 일부로 그린다.
㉱ 수나사와 암나사가 결합되었을 때의 단면은 암나사가 수나사를 가린 형태로 그린다.

**해설** 나사 제도법
① 굵은 실선 도시부분은 수나사의 바깥지름과 암나사의 안지름 완전나사부와 불완전 나사부의 경계선 암나사 탭 구멍 드릴자리 120°로 그린다.
② 수나사와 암나사의 골을 표시하는 선 불완전나사부의 골밑을 나타내는 선은 축선에 대해 30°의 가는 실선
③ 가려서 보이지 않는 나사부의 산봉우리와 골을 나타내는 선은 같은 굵기의 가는 파선
④ 수나사와 암나사의 결합부는 수나사 위주로 표시
⑤ 수나사와 암나사의 측면도시에서 각각의 골지

름은 가는 실선으로 약 3/4 만큼 그린다.
⑥ 단면시 나사부의 해칭은 수나사는 외경, 암나사는 내경까지 해칭한다.

**53** 다음 표준 스퍼기어(spur gear)에 대한 요목표에서 전체 이 높이는 몇 mm인가?

| 스퍼기어 | | |
|---|---|---|
| 기어치형 | | 표준 |
| 공구 | 치형 | 보통이 |
| | 모듈 | 2 |
| | 압력각 | 20° |
| 잇수 | | 31 |
| 피치원지름 | | 62 |
| 전체 이높이 | | |
| 다듬질방법 | | 호브 절삭 |
| 정밀도 | | KS B 1405, 5급 |

㉮ 4　　　　　㉯ 4.5
㉰ 5　　　　　㉱ 5.5

**해설** 이높이 피치원부터 끝까지 1
이골부터 피치원까지 1.25
$= 1 + 1.25 \times$ 모듈 M$= 4.5$
$H$(전체 이높이)$= M$(모듈)$\times 2.25$
　　　　$= 2 \times 2.25 = 4.5$

**54** 스프링 제도에서 스프링 종류와 모양만을 도시하는 경우 스프링 재료의 중심선은 어느 선으로 나타내야 하는가?

㉮ 굵은 실선　　　㉯ 가는 1점 쇄선
㉰ 굵은 파선　　　㉱ 가는 실선

**해설** 스프링 도시법
① 스프링은 무하중 상태에서 도시
② 특별한 도시가 없는 이상 모두 오른쪽으로 감

**정답** 51. ㉯　52. ㉰　53. ㉯　54. ㉮

긴 것을 나타내고, 왼쪽으로 감긴 것은 '감긴
방향 왼쪽'이라 표시
③ 코일스프링의 중간일부를 생략시 가는 1점 쇄
선 또는 가는 2점 쇄선으로 표시
④ 스프링 종류 및 모양만을 간략히 그릴 때는 중
심선을 굵은 실선으로 표시

**55** ISO 규격에 있는 관용 테이퍼 나사로 테이퍼
수나사를 표시하는 기호는?

㉮ R  ㉯ Rc
㉰ PS  ㉱ Tr

해설 R : 관용 테이퍼 수나사
Rc : 관용 테이퍼 암나사
PS : 관용 테이퍼 평행암나사
Tr : 미터사다리꼴나사

**56** 전체 둘레 현장용접을 나타내는 보조 기호는?

㉮ ▶  ㉯ ○
㉰ ◓  ㉱ ⊧

해설 ① 현장용접
② 온둘레 용접(전체 둘레 용접)
③ 온둘레 현장용접(전체 둘레 현장용접)

**57** 다음이 설명하는 3차원 모델링 방식은?

- 간섭 체크를 할 수 있다.
- 질량 등의 물리적 특징 계산이 가능하다.

㉮ 와이어프레임 모델링
㉯ 서피스 모델링
㉰ 솔리드 모델링
㉱ DATA 모델링

해설 솔리드 모델링 방식
• 은선 제거 가능
• 물리적 성질계산 가능
• 간섭 체크가 용이
• Boolean 연산(합, 차, 적)을 통해 복잡한 형상
표현 가능
• 형상을 절단한 단면도 작성이 용이
• 컴퓨터의 메모리량이 많아짐
• 데이터의 처리량이 많아짐
• 이동·회전 등을 통한 정확한 형상파악
• FEM을 위한 메시 자동 분할이 가능하다.

**58** CAD시스템에서 도면상 임의의 점을 입력할
때 변하지 않는 원점(0,0)을 기준으로 정한 좌
표계는?

㉮ 상대좌표계
㉯ 상승 좌표계
㉰ 증분 좌표계
㉱ 절대좌표계

해설 좌표계

| 구분 | 입력방법 | 해설 |
|---|---|---|
| 절대좌표 | X, Y | 원점(0,0)에서 해당 축 방향으로 이동한 거리 |
| 상대극좌표 | @거리<방향 | 먼저 지정된 점과 지정된 점까지의 직선거리 방향은 각도계와 일치 |
| 상대좌표 | @X, Y | 먼저 지정된 점으로부터 해당 축 방향으로 이동한 거리 |

# 01 모의실전문제

전산응용기계제도기능사

CRAFTSMAN COMPUTER AIDED MECHANICAL DRAWING

## 1과목 기계재료 및 요소

**01** 나사의 호칭지름을 무엇으로 나타내는가?

㉮ 피치
㉯ 암나사의 안지름
㉰ 유효지름
㉱ 수나사의 바깥지름

**02** 전달토크가 큰 축에 주로 사용되며 회전방향이 양쪽 방향일 때 일반적으로 중심각이 120° 되도록 한 쌍을 설치하여 사용하는 키(Key)는?

㉮ 드라이빙 키
㉯ 스플라인
㉰ 원뿔 키
㉱ 접선 키

**03** 특수강에 첨가되는 합금원소의 특성을 나타낸 것 중 틀린 것은?

㉮ Ni : 내식성 및 내산성을 증가
㉯ Co : 보통 Cu와 함께 사용되며 고온 강도 및 고온 경도를 저하
㉰ Ti : Si나 V과 비슷하고 부식에 대한 저항 이 매우 큼
㉱ Mo : 담금질 깊이를 깊게 하고 내식성 증가

**04** 한 변의 길이가 2cm 정사각형 단면의 주철제 각봉에 4,000N의 중량을 가진 물체를 올려놓 았을 때 생기는 압축응력(N/mm²)은?

㉮ 10
㉯ 20
㉰ 30
㉱ 40

**05** 조성은 Al에 Cu와 Mg이 각각 1%, Si가 12%, Ni이 1.8%인 Al 합금으로 열팽창 계수가 적어 내연기관 피스톤용으로 이용되는 것은?

㉮ Y 합금
㉯ 라우라
㉰ 실루민
㉱ Lo−Ex 합금

**06** 탄소강의 열처리 종류에 대한 설명으로 틀린 것은?

㉮ 노멀라이징 : 소재를 일정온도에서 가렬 후 유냉시켜 표준화 한다.
㉯ 풀림 : 재질을 연하고 균일하게 한다.
㉰ 담금질 : 급냉시켜 재질을 경화시킨다.
㉱ 뜨임 : 담금질된 강에 인성을 부여한다.

정답 **1.** ㉱ **2.** ㉱ **3.** ㉯ **4.** ㉮ **5.** ㉱ **6.** ㉮

**07** 다음 중 회주철의 재료 기호는?

㉮ GC  
㉯ SC  
㉰ SS  
㉱ SM

**08** 니켈 – 구리합금 중 Ni의 일부를 Zn으로 치환한 것으로 Ni 8~12%, Zn 20~35%, 나머지가 Cu인 단일 고용체로 식기, 악기 등에 사용되는 합금은?

㉮ 베니딕트메탈(benedict metal)  
㉯ 큐프로니켈(cupro – nickel)  
㉰ 양백(nickel silver)  
㉱ 콘스탄탄(constantan)

**09** 주철의 풀림처리(500~600℃, 6~10시간)의 목적과 가장 관계가 깊은 것은?

㉮ 잔류응력 제거  
㉯ 전·연성 향상  
㉰ 부피 팽창 방지  
㉱ 측연의 구상화

**10** 축 방향에 하중이 작용하면 피스톤이 이동하여 작은 구멍인 오리피스(orifice)로 기름이 유출되면서 진동을 감소시키는 완충장치는?

㉮ 토션 바  
㉯ 쇽 업소버  
㉰ 고무 완충기  
㉱ 링 스프링 완충기

## 2과목 기계가공법 및 안전관리

**11** 일반적으로 합성수지의 장점이 아닌 것은?

㉮ 가공성이 뛰어 나다.  
㉯ 절연성이 우수하다.  
㉰ 가벼우며 비교적 충격에 강하다.  
㉱ 임의의 색깔을 착색할 수 있다.

**12** 원동차의 지름이 160mm 종동차의 반지름이 50mm인 경우 원동차의 회전수가 300rpm 이라면 종동차의 회전수는 몇 rpm인가?

㉮ 150  
㉯ 200  
㉰ 360  
㉱ 480

**13** 물체의 단면에 따라 평행하게 생기는 접선응력에 해당되는 것은?

㉮ 전단응력  
㉯ 인장응력  
㉰ 압축응력  
㉱ 변형응력

**14** 회전에 의한 동력전달장치에서 인장측 장력과 이완측 장력의 차이는?

㉮ 초기 장력  
㉯ 인장측 장력  
㉰ 이완측 장력  
㉱ 유효 장력

**15** 금속의 재결정온도에 대한 설명으로 맞는 것은?

㉮ 가열시간이 길수록 낮다.
㉯ 가공도가 작을수록 낮다.
㉰ 가공 전 결정입자 크기가 클수록 낮다.
㉱ 납(Pb)보다 구리(Cu)가 낮다.

**16** 선반에서 다음 테이퍼 공식은 어떤 방법으로 테이퍼를 가공할 때 사용하는 것인가?

$$x = \frac{(D-d)L}{2l}$$

$D$ : 테이퍼의 큰 지름
$d$ : 테이퍼의 작은 지름
$L$ : 공작물의 전체 길이
$l$ : 테이퍼 부분의 길이

㉮ 복식 공구대를 경사시키는 방법
㉯ 테이퍼 절삭장치를 사용한 방법
㉰ 심압대를 편위시키는 방법
㉱ 백오프(bark off) 장치를 이용하는 방법

**17** 하이트 게이지의 사용상 주의사항으로 틀린 것은?

㉮ 스크라이버는 길게 하여 사용한다.
㉯ 정반위에서 0점을 확인한다.
㉰ 슬라이더 및 스크라이버를 확실히 고정한다.
㉱ 사용 전에 정반 면을 깨끗이 닦고 사용한다.

**18** 밀링머신에서 커터의 지름이 100mm 이고, 한 날 당 이송 0.2mm, 커터의 날 수 8개, 커터의 회전수 400rpm 일 때 절삭속도는 약 몇 m/min 인가?

㉮ 80   ㉯ 126
㉰ 175   ㉱ 256

**19** 호닝 작업에서 원통 형태의 숫돌 공구인 혼 (hone)의 가장 올바른 운동 방법은?

㉮ 회전운동
㉯ 곡선 왕복운동
㉰ 회전운동과 곡선 왕복운동의 교대운동
㉱ 회전운동과 축방향의 직선 왕복운동의 합성운동

**20** 선반에서 나사를 절삭하기 위해 나사 이송을 연결 또는 단속시키는 것은?

㉮ 클러치
㉯ 하프너트
㉰ 웜 기어
㉱ 슬라이딩 기어

**21** 화재가 발생하기 위한 연소의 3대 요소에 해당하지 않은 것은?

㉮ 가연성 물질
㉯ 가스
㉰ 산소(공기)
㉱ 점화원

정답 **15.** ㉮ **16.** ㉰ **17.** ㉮ **18.** ㉯ **19.** ㉱ **20.** ㉯ **21.** ㉯

**22** 드릴링 머신으로 드릴의 지름 25mm, 절삭속도를 26 m/min으로 가공할 때, 드릴의 회전수는 약 몇 rpm인가?

㉮ 331  ㉯ 355
㉰ 306  ㉱ 314

**23** 선반작업에서 연하고 인성이 큰 재질을 큰 경사각으로 고속 절삭시 발생되는 형태로 가공 표면이 가장 매끄러운 칩은?

㉮ 유동형 칩  ㉯ 전단형 칩
㉰ 열단형 칩  ㉱ 균열형 칩

**24** 다음 중 공구재료의 구비조건으로 맞는 것은?

㉮ 내마멸성이 작을 것
㉯ 일감보다 단단하고 연성이 있을 것
㉰ 형상을 만들기 쉽고, 가격이 고가일 것
㉱ 높은 온도에서 경도가 떨어지지 않을 것

**25** 영국의 G.A Tomlinson 박사가 고안한 것으로 게이지 면이 크고, 개수가 적은 각도 게이지로 몇 개의 블록을 조합하여 임의의 각도를 만들어 쓰는 각도 게이지는?

㉮ 요한슨식  ㉯ N.P.A식
㉰ 제퍼슨식  ㉱ N.P.L식

## 3과목 기계제도

**26** 다음 투상도에서 대각선으로 그은 가는 실선이 의미하는 것은?

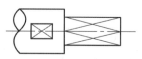

㉮ 열처리 가공 부분  ㉯ 원통의 평면 부분
㉰ 가공 금지 부분  ㉱ 단조 가공 부분

**27** 표면의 결 도시방법 중에서 제거가공을 필요로 한다는 것을 지시할 때에 사용되는 면의 지시 기호는?

㉮  ㉯
㉰  ㉱

**28** 다음은 정투상 방법에 따른 정면도와 우측면도가 주어졌다. 평면도로 바른 것은?

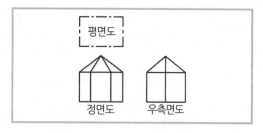

**29** 주조로 제조하는 하우징의 재료로 사용되는 회주철품의 KS 기호는?

㉮ SM40C      ㉯ SS400
㉰ GC250      ㉱ SCN415

**30** 다음은 어떤 제품의 포장지에 부착되어 있는 내용이다. 우리나라의 산업부문에 어디에 해당 하는가?

㉮ 전기      ㉯ 토목
㉰ 건축      ㉱ 조선

**31** 다음 그림 기호는 정투상법의 몇 각법을 나타 내는가?

㉮ 1 각법      ㉯ 등각 방법
㉰ 3 각법      ㉱ 부등각 방법

**32** 치수 기입의 일반적인 원칙으로 틀린 것은?

㉮ 치수는 선에 겹치게 기입해서는 안 된다.
㉯ 치수는 되도록 계산이 필요하게 기입한다.
㉰ 치수는 되도록 정면도에 집중하여 기입한다.
㉱ 치수는 중복 기입을 피한다.

**33** 치수 공차와 끼워맞춤 용어의 뜻이 잘못된 것은?

㉮ 실 치수 : 부품을 실제로 측정한 치수
㉯ 틈새 : 구멍의 치수가 축의 치수보다 작을 때의 치수 차
㉰ 치수공차 : 최대 허용 치수와 최소 허용 치수의 차
㉱ 위 치수 허용차 : 최대 허용 치수에서 기준 치수를 뺀 값

**34** 각도를 가지고 있는 물체의 그 실제 모양을 나타내기 위해 사용하는 그림과 같은 투상도는?

작도시 사용된 선 →

㉮ 부분 투상도      ㉯ 부분 확대도
㉰ 국부 투상도      ㉱ 회전 투상도

**35** 줄무늬 방향의 기호에서 가공에 의한 커터의 줄무늬가 여러 방향으로 교차 또는 무방향을 나타내는 것은?

㉮ M      ㉯ C
㉰ R      ㉱ X

**36** 다음 중 선의 굵기가 가장 굵은 것은?

㉮ 도형의 중심을 나타내는 선
㉯ 지시 기호 등을 나타내기 위하여 사용한 선
㉰ 대상물의 보이는 부분의 윤곽을 표시한 선
㉱ 대상물의 보이지 않는 부분의 윤곽을 나타
내는 선

**37** 다음 중 기준이 되는 데이텀을 바탕으로 허용
값이 정해지는 관련 형체에 적용되는 기하공차
는?

㉮ 진직도 공차　　㉯ 진원도 공차
㉰ 직각도 공차　　㉱ 원통도 공차

**38** 한 쪽 단면도는 대칭 모양의 물체를 중심선을
기준으로 얼마나 절단하여 나타내는가?

㉮ 전체　　　　　㉯ 1/2
㉰ 1/4　　　　　㉱ 1/3

**39** 도면에 표시된 척도에서 비례척이 아님을 표시
하고자 할 때 사용하는 기호는?

㉮ SN　　　　　㉯ NS
㉰ CS　　　　　㉱ SC

**40** 대상물의 일부를 떼어낸 경계를 표시하는 데
사용되는 선의 명칭은?

㉮ 해칭선　　　　㉯ 기준선
㉰ 치수선　　　　㉱ 파단선

**41** 억지 끼워맞춤에서 구멍의 최대허용치수 50.025
mm, 최소허용치수 50.000mm, 축의 최대허
용치수 50.050mm, 최소허용치수 50.034
mm일 때 최소 죔새는 얼마인가?

㉮ 0.025　　　　㉯ 0.034
㉰ 0.050　　　　㉱ 0.009

**42** 치수 기입에서 "(20)"로 표기 되었다면 무엇을
뜻하는가?

㉮ 기준치수
㉯ 완성치수
㉰ 참고치수
㉱ 비례척이 아닌 치수

**43** 다음 투상도에서 ⟦∥│ø0.03│A⟧ 표시에 맞는
설명은?

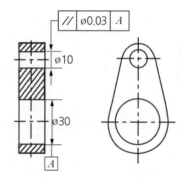

㉮ 데이텀 A에 대칭하는 허용 값이 지름 0.03
의 원통 안에 있어야 한다.
㉯ 데이텀 A에 평행하고 허용 값이 지름 0.03
떨어진 두 평면 안에 있어야 한다.
㉰ 데이텀 A에 평행하고 허용 값이 지름 0.03
의 원통 안에 있어야 한다.
㉱ 데이텀 A와 수직인 허용 값이 지름 0.03의
두 평면 안에 있어야 한다.

정답 **36.** ㉰ **37.** ㉱ **38.** ㉰ **39.** ㉯ **40.** ㉱ **41.** ㉱ **42.** ㉰ **43.** ㉰

**44** 다음 투상도에 표시된 "(SR)"은 무엇을 나타내는가?

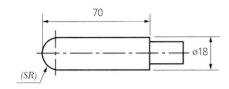

㉮ 구의 반지름　　㉯ 원통의 반지름
㉰ 원호의 지름　　㉱ 구의 지름

**45** 다음 등각 투상도를 보고 제3각 방법으로 도시하였을 때 바르게 도시된 것은?

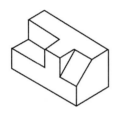

㉮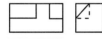

㉯

㉰

**46** 한 쌍의 기어가 맞물려 있을 때 동력을 발생하고 축에 조립되어 회전력을 상대 기어에 전달하는 기어를 무엇이라 하는가?

㉮ 구동 기어　　㉯ 피동 기어
㉰ 링 기어　　　㉱ 유성 기어

**47** 보통의 너트처럼 나사 가공이 되어 있지 않아 간단하게 끼울 수 있기 때문에 사용이 간단하여 스피드 너트(speed nut)라고 하는 것은?

㉮ 캡 너트(cap nut)
㉯ 스프링 판 너트(spring plate nut)
㉰ 사각 너트(square nut)
㉱ 둥근 너트(circular nut)

**48** 축을 도시하는 방법으로 틀린 것은?

㉮ 가공 방향을 고려하여 도시한다.
㉯ 길이 방향으로 절단하여 온 단면도를 표현한다.
㉰ 축의 끝에는 모따기를 할 경우 모따기 모양을 도시한다.
㉱ 중심선을 수평방향으로 놓고 옆으로 길게 놓은 상태로 도시한다.

**49** 키의 호칭 '평행 키 10×8×25'에서 "10"이 나타내는 것은?

㉮ 키의 폭　　　㉯ 키의 높이
㉰ 키의 길이　　㉱ 키의 등급

**50** 다음의 용접 지시기호가 나타내는 용접부위의 형상으로 옳은 것은?

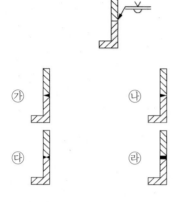

㉮ ㉯

㉰ ㉱

**51** 스프로킷 휠의 피치원 표시하는 선의 종류는?

㉮ 가는 실선
㉯ 가는 파선
㉰ 가는 1점 쇄선
㉱ 가는 2점 쇄선

**52** 배관의 상태를 나타내는 정투상 방법 중 관 "A"가 화면에 직각으로 반대쪽으로 내려가 있는 경우를 나타내는 것은?

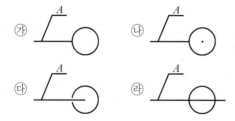

**53** 기어를 그릴 때 부위를 나타내는 선의 종류로 틀린 것은?

㉮ 이끝원은 굵은 실선으로 그린다.
㉯ 피치원은 가는 1점 쇄선으로 그린다.
㉰ 기어를 축 방향으로 단면 하였을 때 이뿌리원은 가는 2점 쇄선으로 그린다.
㉱ 헬리컬 기어의 잇줄 방향은 통상 3개의 가는 실선으로 그린다.

**54** 미터계 사다리꼴나사의 나사산 각도는?

㉮ 29°  ㉯ 30°
㉰ 55°  ㉱ 60°

**55** 스프링의 종류와 모양만을 간략도로 도시할 경우 스프링 재료를 나타내는 선의 종류는?

㉮ 가는 1점 쇄선
㉯ 가는 2점 쇄선
㉰ 굵은 실선
㉱ 가는 실선

**56** 구름 베어링의 호칭번호가 "6203"일 때 베어링의 안지름은?

㉮ 35mm  ㉯ 15mm
㉰ 17mm  ㉱ 20mm

**57** 임의의 점을 지정할 때 현재의 위치를 기준으로 정해서 사용하는 좌표계는?

㉮ 절대좌표계  ㉯ 상대좌표계
㉰ 곡면 좌표계  ㉱ 직교좌표계

**58** 픽셀(pixel)에 대한 설명 중 틀린 것은?

㉮ 각 픽셀은 명칭이나 주소를 가지고 있다.
㉯ 각 픽셀은 사용자가 제어할 수 없는 점이다.
㉰ 각 픽셀에는 위치에 대한 정보, 화소의 명암도, 색도 등 속성에 관한 정도도 기억된다.
㉱ 컴퓨터 그래픽 형상은 픽셀들의 명암도와 색도를 지정함으로써 이루어진다.

**59** CAD 시스템에서 출력장치가 아닌 것은?

㉮ 디스플레이(CRT)
㉯ 스캐너
㉰ 프린터
㉱ 플로터

**60** 일반적인 3차원 기하학적 형상 모델링 기법이 아닌 것은?

㉮ 와이어프레임 모델링
㉯ 랜더링 모델링
㉰ 서피스 모델링
㉱ 솔리드 모델링

# 02 모의실전문제

전산응용기계제도기능사

CRAFTSMAN COMPUTER AIDED MECHANICAL DRAWING

1과목 기계재료 및 요소

**01** 에너지 흡수 능력이 크고, 스프링 작용 외에 구조용 부재기능을 겸하고 있으며, 재료가공이 용이하여 자동차 현가용으로 많이 사용하는 스프링은?

㉮ 공기 스프링  ㉯ 겹판 스프링
㉰ 코일 스프링  ㉱ 태엽 스프링

**02** 자동차용 신소재인 파인 세라믹스(fine ceramics)에 대한 설명 중 틀린 것은?

㉮ 가볍다.
㉯ 강도가 강하다.
㉰ 내화학성이 우수하다.
㉱ 내마모성 및 내열성이 우수하다.

**03** 증기나 기름 등이 누출되는 것을 방지하는 부위 또는 외부로부터 먼지 등의 오염물 침입을 막는데 주로 사용하는 너트는?

㉮ 캡 너트(cap nut)

㉯ 와셔붙이 너트(washer based nut)
㉰ 둥근 너트(circular nut)
㉱ 육각 너트(hexagon nut)

**04** 에너지를 소멸하고 충격, 진동 등의 진폭을 경감시키기 위해 사용하는 장치는?

㉮ 차음재  ㉯ 로프(rope)
㉰ 댐퍼(damper)  ㉱ 스프링(spring)

**05** 나사의 피치가 일정할 때 리드(lead)가 가장 큰 것은?

㉮ 4줄 나사  ㉯ 3줄 나사
㉰ 2줄 나사  ㉱ 1줄 나사

**06** 베어링의 재료가 구비할 성질이 아닌 것은?

㉮ 가공이 쉬울 것
㉯ 부식에 강할 것
㉰ 충격하중에 강할 것
㉱ 피로강도가 작을 것

정답 **1.** ㉯ **2.** ㉯ **3.** ㉮ **4.** ㉰ **5.** ㉮ **6.** ㉱

PART 05 문제은행 | **582**

**07** 항온 열처리 방법에 포함되지 않는 것은?

㉮ 오스템퍼
㉯ 시안화법
㉰ 마퀜칭
㉱ 마템퍼

**08** 주조시 주형에 냉금을 삽입하여 주물 표면을 급냉시켜 백선화 하고 경도를 증가시킨 내마모성 주철은?

㉮ 보통주철
㉯ 고급주철
㉰ 합금주철
㉱ 칠드주철

**09** 가스 질화법으로 강의 표면을 경화하고자 할 때 질화 효과를 크게 하는 원소는?

㉮ 코발트
㉯ 니켈
㉰ 마그네슘
㉱ 알루미늄

**10** 묻힘 키(sunk key)에 관한 설명으로 틀린 것은?

㉮ 기울기가 없는 평행 성크 키도 있다.
㉯ 머리 달린 경사 키도 성크 키의 일종이다.
㉰ 축과 보스의 양쪽에 모두 키 홈을 파서 토크를 전달시킨다.
㉱ 대개 윗면에 1/5정도의 기울기를 가지고 있는 수가 많다.

---

**11** 단면적이 20mm²인 어떤 봉에 100kgf의 인장 하중이 작용할 때 발생하는 응력은?

㉮ $2kgf/mm^2$
㉯ $5kgf/mm^2$
㉰ $20kgf/mm^2$
㉱ $50kgf/mm^2$

**12** 접촉면의 압력을 p, 속도를 v, 마찰계수가 $\mu$일 때 브레이크 용량(brake capacity)을 표시하는 것은?

㉮ $\mu pv$
㉯ $\dfrac{1}{\mu pv}$
㉰ $\dfrac{pv}{\mu}$
㉱ $\dfrac{pv}{\mu}$

**13** 내열강에서 내열성, 내마모성, 내식성 등을 증가시키기 위해 첨가되는 대표적인 원소는?

㉮ 크롬(Cr)
㉯ 니켈(Ni)
㉰ 티탄(Ti)
㉱ 망간(Mn)

**14** 나사산과 골이 같은 반지름의 원호로 이은 모양이 둥글게 되어 있는 나사는?

㉮ 볼나사
㉯ 톱니나사
㉰ 너클나사
㉱ 사다리꼴나사

**15** 탄소강 속에 함유되어 헤어 크랙(hair crack)이나 백점을 발생하게 하는 원소는?

㉮ 규소(Si)
㉯ 망간(Mn)
㉰ 인(P)
㉱ 수소(H)

**PART 06**

---

정답 **7.** ㉯ **8.** ㉱ **9.** ㉱ **10.** ㉱ **11.** ㉯ **12.** ㉮ **13.** ㉮ **14.** ㉰ **15.** ㉱

**16** 일감에 회전 절삭운동을 주어 가공하는 공작기계는?

㉮ 선반
㉯ 드릴링 머신
㉰ 밀링 머신
㉱ 보링 머신

**17** 다음 윤활제 중 비산 및 유출되지 않고, 급유횟수가 적고 경제적이며, 사용온도 범위가 넓고, 장시간 사용에 적합한 것은?

㉮ 극압유
㉯ 그리스
㉰ 기계유
㉱ 스핀들 유

**18** 선반가공에서 테이퍼 절삭 시 복식 공구대의 선회 값은 얼마인가?

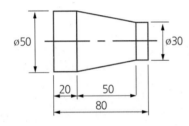

㉮ 3
㉯ 2
㉰ 0.5
㉱ 0.2

**19** 길이가 짧은 가공물을 절삭하기 편리하며, 베드의 길이가 짧고, 심압대가 없는 경우가 많은 선반은?

㉮ 터릿 선반
㉯ 릴리빙 선반
㉰ 정면 선반
㉱ 보통 선반

**20** 선반에서 절삭속도가 20m/min로 지름 30mm의 연강을 가공할 때, 스핀들의 회전수는 몇 rpm 정도인가?

㉮ 132
㉯ 477
㉰ 212
㉱ 666

**21** 버니어 캘리퍼스(vernier callipers)에서 어미자의 한 눈금이 1mm이고, 아들자의 눈금 19mm를 20등분한 경우 최소 측정치는 몇 mm인가?

㉮ 0.01mm
㉯ 0.02mm
㉰ 0.05mm
㉱ 0.1mm

**22** 그림에서 더브테일 Ø10 핀을 이용하여 측정할 때 M의 길이는 약 얼마인가?

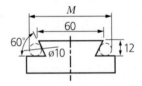

㉮ 45.36mm
㉯ 60.65mm
㉰ 73.46mm
㉱ 94.56mm

**23** 절삭가공을 위하여 기계를 운전하기 전에 점검하여야 할 사항으로 틀린 것은?

㉮ 기계 작동면의 급유 상태
㉯ 백래시와 공작 정밀도 검사
㉰ 볼트, 너트 등의 풀림 상태
㉱ 안전장치와 동력전달장치의 작동 상태

정답 **16.** ㉮ **17.** ㉯ **18.** ㉱ **19.** ㉰ **20.** ㉰ **21.** ㉰ **22.** ㉰ **23.** ㉯

**24** 밀링 절삭조건 중 테이블의 이송속도를 구하는 식은? (단, $f$는 테이블의 이송속도, $f_z$는 커터의 절삭날 1개마다의 이송, $z$는 커터의 날수, $n$은 회전수이다.)

㉮ $f = \dfrac{40}{z}$  ㉯ $f = \dfrac{z \times n}{60 \times 102}$

㉰ $f = f_z \times z \times n$  ㉱ $f = \dfrac{1,000z}{\pi n}$

**25** 래핑(lapping)의 장점에 해당되지 않는 것은?

㉮ 정밀도고 높은 제품을 가공할 수 있다.
㉯ 가공면은 윤활성 및 내마모성이 좋다.
㉰ 작업이 용이하고 먼지가 적다.
㉱ 가공면이 매끈한 거울면을 얻을 수 있다.

**3과목 기계제도**

**26** 아래와 같은 구멍과 축의 끼워맞춤에서 최대 틈새는?

구멍 : $\phi 45H7 = \phi 45^{+\,0.025}_{\quad\ \ 0}$

축 : $\phi 45K6 = \phi 45^{+\,0.025}_{+\,0.002}$

㉮ 0.018  ㉯ 0.023
㉰ 0.050  ㉱ 0.027

**27** 다음 투상방법 설명 중 틀린 것은?

㉮ 경사면부가 있는 대상물에서 그 경사면의 실형을 표시할 때에는 보조투상도로 나타낸다.

㉯ 그림의 일부를 도시하는 것으로 충분한 경우에는 부분투상도로서 나타낸다.
㉰ 대상물의 구멍, 홈 등 한 부분만의 모양을 도시하는 것으로 충분한 경우에는 그 필요한 부분만을 회전 투상도로서 나타낸다.
㉱ 특정 부분의 도형이 작은 이유로 그 부분의 상세한 도시나 치수기입을 할 수 없을 때에는 부분 확대도로 나타낸다.

**28** 다음 중 끼워맞춤에서 치수기입방법으로 틀린 것은?

㉮
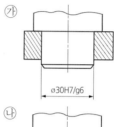
ø30H7/g6

㉯
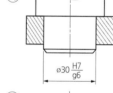
ø30 $\dfrac{H7}{g6}$

㉰
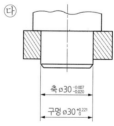
축 ø30 $^{-0.007}_{-0.020}$
구멍 ø30 $^{+0.221}_{0}$

㉱
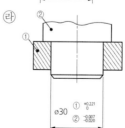
ø30 ① $^{+0.221}_{0}$ ② $^{-0.007}_{-0.020}$

**29** 다음 중 스케치도를 작성하는 방법이 아닌 것은?

㉮ 프리핸드법  ㉯ 방사선법
㉰ 본뜨기법  ㉱ 프린트법

**30** 가공에 사용하는 공구나 지그 등의 위치를 참고로 도시할 경우에 사용되는 선은?

㉮ 굵은 파선  ㉯ 가는 2점 쇄선
㉰ 가는 파선  ㉱ 굵은 1점 쇄선

**31** 다음과 같이 원뿔을 경사지게 자른 경우의 전개 형태로 올바른 것은?

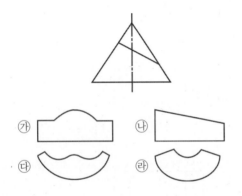

**32** 치수기입 원칙 중 맞지 않는 것은?

㉮ 치수는 되도록 주투상도에 집중한다.
㉯ 치수는 가능한 중복 기입을 한다.
㉰ 관련되는 치수는 되도록 한 곳에 모아서 기입한다.
㉱ 치수와 함께 특별한 제작 요구사항을 기입할 수 있다.

**33** 한국 산업 표준 중 기계부문에 대한 분류 기호는?

㉮ KS A  ㉯ KS B
㉰ KS C  ㉱ KS D

**34** 줄무늬 방향의 기호에서 가공에 의한 커터의 줄무늬가 여러 방향으로 교차될 때 나타내는 기호는?

㉮ R  ㉯ C
㉰ F  ㉱ M

**35** 길이가 50mm인 축을 도면에 5 : 1 척도로 그릴 때 기입되는 치수로 옳은 것은?

㉮ 10  ㉯ 250
㉰ 50  ㉱ 100

**36** 리브(rib), 암(arm) 등의 회전도시 단면을 도형 내의 절단한 곳에 겹쳐서 나타낼 때 사용하는 선은?

㉮ 굵은 실선  ㉯ 굵은 1점 쇄선
㉰ 가는 파선  ㉱ 가는 실선

**37** 축의 끼워맞춤에 사용되는 IT공차의 급수에 해당하는 것은?

㉮ IT 01 ~ IT 4  ㉯ IT 01 ~ IT 5
㉰ IT 5 ~ IT 9  ㉱ IT 9 ~ IT 10

**38** 다음 치수 보조기호 표시 중 의미가 잘못 표시된 것은?

㉮ S∅ : 구의 지름   ㉯ SR : 구의 반지름

㉰ C : 45° 모따기   ㉱ (20) : 완성치수 20

**39** 주로 금형으로 생산되는 플라스틱 눈금자와 같은 제품 등에 제거 가공 여부를 묻지 않을 때 사용되는 기호는?

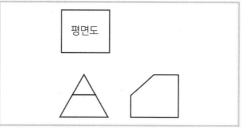

**40** 다음은 어떤 물체를 제3각법으로 투상하여 정면도와 우측면도를 나타낸 것이다. 평면도로 옳은 것은?

**41** 기하 공차의 기호 연결이 옳은 것은?

㉮ 진원도 : ◎   ㉯ 원통도 : ○

㉰ 위치도 : ⊕   ㉱ 진직도 : ⊥

**42** 다음은 제3각법으로 투상한 투상도이다. 입체도로 알맞은 것은? (단, 화살표 방향이 정면도이다.)

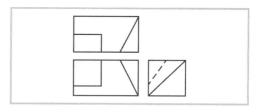

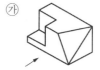

**43** 한국산업표준에서 정한 도면에 사용하는 선 굵기의 기준이 아닌 것은?

㉮ 0.18mm   ㉯ 0.35mm

㉰ 0.75mm   ㉱ 1mm

PART
**06**

**44** 다음 등각 투상도에서 화살표 방향을 정면도로 할 경우 평면도로 올바른 것은?

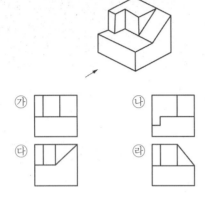

㉮ ㉯ ㉰ ㉱

**45** 다음 공차 기입의 표시방법 중 복수의 데이텀 (datum)을 표시하는 방법으로 올바른 것은?

㉮ | ⊕ | ∅0.05 | A |
| | | B |

㉯ | A | ⊕ | ∅0.05 | B |

㉰ | A | | |
| ⊕ | ∅0.05 | B |

㉱ | ⊕ | ∅0.05 | A | B |

**46** 기어의 도시방법에 대한 설명으로 틀린 것은?

㉮ 기어의 도면에는 주로 기어소재를 제작하는 데 필요한 치수만을 기입한다.
㉯ 피치원 지름을 기입할 때에는 치수 앞에 PCR(Pitch Circle Radius)이라 기입한다.
㉰ 요목표의 위치는 도시된 기어와 가까운 곳에 정한다.
㉱ 요목표에는 치형, 모듈, 압력각 등 이의 가공에 필요한 사항을 기입한다.

**47** 리벳 이음의 제도에 관한 설명으로 바른 것은?

㉮ 리벳은 길이방향으로 절단하여 표시하지 않는다.
㉯ 얇은 판, 형강 등 얇은 것의 단면은 가는 실선으로 그린다.
㉰ 형판 또는 형강의 치수는 "호칭지름×길이 ×재료"로 표시한다.
㉱ 리벳의 위치만을 표시할 때에는 원 모두를 굵게 그린다.

**48** 유체를 한 방향으로만 흐르게 하여 역류를 방지하는 구조의 밸브는?

㉮ 안전 밸브
㉯ 스톱 밸브
㉰ 슬루스 밸브
㉱ 체크 밸브

**49** 다음 중 벨트 풀리의 도시방법으로 틀린 것은?

㉮ 벨트 풀리는 축 직각방향의 투상을 주투상도로 할 수 있다.
㉯ 벨트 풀리는 대칭형이므로 그 일부분만을 나타낼 수 있다.
㉰ 암은 길이 방향으로 절단하여 도시하지 않는다.
㉱ 암의 단면형은 도형의 안이나 밖에 부분단면으로 나타낸다.

**50** 나사의 도시방법에서 가는 실선으로 그려야 하는 것은?

㉮ 완전 나사부와 불완전 나사부의 경계선
㉯ 수나사 및 암나사의 골
㉰ 암나사의 안지름
㉱ 수나사의 바깥지름

**51** 축의 도시방법 중 바르게 설명한 것은?

㉮ 긴 축은 중간을 파단하여 짧게 그릴 수 있으며 치수는 실제의 길이를 기입한다.
㉯ 축 끝의 모따기는 각도와 폭을 기입하되 60° 모따기인 경우에 한하여 치수 앞에 "C"를 기입한다.
㉰ 둥근 축이나 구멍 등의 일부 면이 평면임을 나타낼 경우에는 굵은 실선의 대각선을 그어 표시한다.
㉱ 축에 있는 널링(knurling)의 도시는 빗줄인 경우 축선에 대하여 45°로 엇갈리게 그린다.

**52** 다음 스프링에 관한 제도 설명 중 틀린 것은?

㉮ 코일 스프링에서 코일 부분의 중간 부분을 생략하는 경우에는 생략하는 부분의 선 지름의 중심선을 가는 1점 쇄선으로 나타낸다.
㉯ 하중 또는 처짐 등을 표시할 필요가 있을 때에는 선도 또는 항목표로 나타낸다.
㉰ 도면에서 특별한 지시가 없는 한 모두 오른쪽 감기로 도시한다.
㉱ 벌류트 스프링은 원칙적으로 하중이 가해진 상태에서 그리는 것을 원칙으로 한다.

**53** 미터 사다리꼴나사의 호칭지름 40mm, 피치 7, 수나사 등급이 7e인 경우 옳게 표시한 방법은?

㉮ TM40×7 − 7e
㉯ TW40×7 − 7e
㉰ Tr40×7 − 7e
㉱ TS40×7 − 7e

**54** 주어진 베어링 호칭에 대한 안지름 치수가 틀린 것은?

㉮ 6312 → 안지름 치수 60mm
㉯ 6300 → 안지름 치수 10mm
㉰ 6302 → 안지름 치수 15mm
㉱ 6317 → 안지름 치수 17mm

**55** 스퍼기어에서 피치원의 지름이 160mm이고, 잇수가 40일 때 모듈(module)은?

㉮ 2          ㉯ 4
㉰ 6          ㉱ 8

**56** 다음 입·출력장치의 연결이 잘못된 것은?

㉮ 입력장치 − 키보드, 라이트펜
㉯ 출력장치 − 프린터, COM
㉰ 입력장치 − 트랙볼, 태블릿
㉱ 출력장치 − 디지타이저, 플로터

**57** 다음 그림은 용접부의 기호 표시방법이다. (가)와 (나)에 대한 설명으로 틀린 것은?

그림(가)

그림(나)

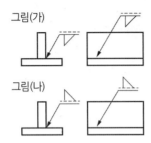

㉮ 그림 (가)의 실제 모양이다. (한쪽 용접)

㉯ 그림 (나)의 실제 모양이다. (양쪽 용접)

㉰ 그림 (가)는 화살표 쪽을 용접하라는 뜻이다.

㉱ 그림 (나)는 화살표 반대쪽을 용접하라는 뜻이다.

**58** CAD시스템에서 마지막 점에서 다음 점까지의 각도와 거리를 입력하여 선긋기를 하는 입력방법은?

㉮ 절대 직교좌표 입력방법
㉯ 상대 직교좌표 입력방법
㉰ 절대 원통좌표 입력방법
㉱ 상대 극좌표 입력방법

**59** 컴퓨터에서 CPU와 주변기기 간의 속도차이를 극복하기 위하여 두 장치 사이에 존재하는 보조 기억장치는?

㉮ Cache memory
㉯ Associative memory
㉰ Destructive memory
㉱ Nonvolatile memory

**60** CAD시스템을 이용한 3차원 모델링 중 체적, 무게중심, 관성 모멘트 등의 물리적 성질을 구할 수 있는 것은?

㉮ 와이어프레임 모델링
㉯ 서피스 모델링
㉰ 솔리드 모델링
㉱ 시스템 모델링

정답 **57.** ㉯ **58.** ㉱ **59.** ㉮ **60.** ㉰

# 03 모의실전문제
전산응용기계제도기능사

CRAFTSMAN COMPUTER AIDED MECHANICAL DRAWING

## 1과목 기계재료 및 요소

**01** 산화물계 세라믹의 주재료는?

㉮ $SiO_2$ ㉯ SiC
㉰ TiC ㉱ TiN

**02** 고강도 알루미늄 합금강으로 항공기용 재료 등에 사용되는 것은?

㉮ 두랄루민 ㉯ 인바
㉰ 콘스탄탄 ㉱ 서멧

**03** 브레이크 재료 중 마찰계수가 가장 큰 것은?

㉮ 주철 ㉯ 석면직물
㉰ 청동 ㉱ 황동

**04** 18−8계 스테인리스강의 설명으로 틀린 것은?

㉮ 오스테나이트계 스테인리스강이라고도 하며 담금질로 경화되지 않는다.

㉯ 내식, 내산성이 우수하며, 상온 가공하면 경화되어 다소 자성을 갖게 된다.

㉰ 가공된 제품은 수중 또는 유중 담금질하여 해수용 펌프 및 밸브 등의 재료로 많이 사용한다.

㉱ 가공성 및 용접성과 내식성이 좋다.

**05** 황동에 첨가하면 강도와 연신율은 감소하나 절삭성을 좋게 하는 것은?

㉮ 납 ㉯ 알루미늄
㉰ 주석 ㉱ 철

**06** 피치원지름 165mm이고 잇수 55인 표준평기어의 모듈은?

㉮ 2 ㉯ 3
㉰ 4 ㉱ 6

**07** 연신율이 20%이고, 파괴되기 직전의 늘어난 시편의 전체 길이가 30cm일 때, 이 시편의 본래의 길이는?

㉮ 20cm ㉯ 25cm
㉰ 30cm ㉱ 35cm

정답 1. ㉮ 2. ㉮ 3. ㉯ 4. ㉰ 5. ㉮ 6. ㉯ 7. ㉯

**08** 나사에서 리드(L), 피치(P), 나사 줄 수(n)와의 관계식으로 바르게 나타낸 것은?

㉮ $L = P$  ㉯ $L = 2P$

㉰ $L = nP$  ㉱ $L = n$

**09** 축에는 키 홈을 가공하지 않고 보스에만 테이퍼 키 홈을 만들어서 홈 속에 키를 끼우는 것은?

㉮ 묻힘 키(성크 키)  ㉯ 새들 키(안장 키)

㉰ 반달 키  ㉱ 둥근 키

**10** 외부로부터 작용하는 힘이 재료를 구부려 휘어지게 하는 형태의 하중은?

㉮ 인장 하중  ㉯ 압축 하중

㉰ 전단 하중  ㉱ 굽힘 하중

**2과목  기계가공법 및 안전관리**

**11** 주조성이 우수한 백선 주물을 만들고, 열처리하여 강인한 조직으로 단조를 가능하게 한 주철은?

㉮ 가단주철  ㉯ 칠드 주철

㉰ 구상 흑연 주철  ㉱ 보통 주철

**12** 짝(Pair)을 선짝과 면짝으로 구분할 때 선짝의 예에 속하는 것은?

㉮ 선반의 베드와 왕복대

㉯ 축과 미끄럼 베어링

㉰ 암나사와 수나사

㉱ 한 쌍의 맞물리는 기어

**13** 강을 Ms점과 Mf 점 사이에서 항온 유지 후 꺼내어 공기 중에서 냉각하여 마텐자이트와 베이나이트의 혼합조직으로 만드는 열처리는?

㉮ 풀림  ㉯ 담금질

㉰ 침탄법  ㉱ 마템퍼

**14** 스프링 상수의 단위로 옳은 것은?

㉮ $N \cdot mm$  ㉯ $N/mm$

㉰ $N \cdot mm^2$  ㉱ $N/mm^2$

**15** 강자성체에 속하지 않는 성분은?

㉮ Co  ㉯ Fe

㉰ Ni  ㉱ Sb

**16** 선반에서 나사가공작업을 할 때 주의사항으로 틀린 것은?

㉮ 완성용 나사가공 바이트의 윗면경사각은 가능한 한 크게 준다.

㉯ 바이트의 각도는 센터게이지에 맞추어 정확히 연삭한다.

㉰ 바이트 팁의 중심선이 나사 축에 수직이 되도록 고정한다.

㉱ 바이트 끝의 높이는 공작물의 중심선과 일치하도록 고정한다.

정답 8. ㉰ 9. ㉯ 10. ㉱ 11. ㉮ 12. ㉱ 13. ㉱ 14. ㉯ 15. ㉱ 16. ㉮

**17** 비교측정에 사용하는 측정기가 아닌 것은?

㉮ 버니어 캘리퍼스

㉯ 다이얼 테스트 인디케이터

㉰ 다이얼 게이지

㉱ 지침 측정기

**18** 숫돌입자가 작은 숫돌로 일감을 가볍게 누르면서 진동을 주어 접촉시키면서 고정 밀도의 표면으로 일감을 다듬질하는 가공법은?

㉮ 호닝

㉯ 래핑

㉰ 브로칭

㉱ 슈퍼피니싱

**19** CNC공작기계의 가공 프로그램의 기호와 그 의미가 잘못 연결된 것은?

㉮ M : 보조 기능

㉯ T : 공구 기능

㉰ S : 절삭 기능

㉱ F : 이송 기능

**20** 숫돌의 입자가 탈락되지 않고 마모에 의해서 납작하게 둔화된 무딤(glazing)의 원인과 거리가 먼 것은?

㉮ 연삭숫돌의 결합도가 필요 이상으로 높다.

㉯ 숫돌입자가 가늘고 조직이 치밀하다.

㉰ 연삭숫돌의 원주 속도가 너무 빠르다.

㉱ 숫돌재료가 공작물 재료에 부적합하다.

**21** 방전 가공에서 가공액의 역할이 아닌 것은?

㉮ 가공열을 냉각시킨다.

㉯ 가공칩의 제거 작용을 한다.

㉰ 가공 부분에 변질층을 제거한다.

㉱ 방전할 때 생기는 용융금속을 비산시킨다.

**22** 현장에서 매일 기계설비를 가동하기 전 또는 가동 중에는 물론이고 작업의 종료시에 행하는 점검은?

㉮ 일상점검

㉯ 특별점검

㉰ 정기점검

㉱ 월간점검

**23** 만능공구 연삭기에서 지름 50mm의 밀링 커터를 연삭할 때, 5°의 여유 각을 갖기 위한 편심거리는 약 몇 mm인가? (단, sin5° = 0.0871로 계산한다.)

㉮ 2.2mm

㉯ 4.4mm

㉰ 8.7mm

㉱ 17.4mm

**24** 밀링 머신에서 테이블의 이송속도($f$)를 나타내는 식으로 맞는 것은? (단, $f$ : 테이블의 이송속도(mm/min), $fz$ : 커터의 날 당 이송량(mm/날), $Z$ : 커터의 날 수, $n$ : 커터의 분당 회전수(rpm)이다.)

㉮ $f = fz \cdot Z \cdot n$

㉯ $f = \dfrac{n}{fz \cdot Z}$

㉰ $f = \dfrac{fz \cdot Z}{n}$

㉱ $f = \dfrac{fz \cdot Z \cdot n}{1,000}$

**25** 고속, 고온 절삭에서 높은 경도를 유지하며, WC, TiC, TaC 분말에 Co를 첨가하고 소결시켜 만들어 진동이나 충격을 받으면 깨지기 쉬운 특성을 가진 공구재료는?

PART **06**

㉮ 주조합금  ㉯ 고속도강
㉱ 합금 공구강  ㉲ 소결 초경합금

**28** 원을 등각 투상법으로 투상하면 어떻게 나타나는가?

㉮ 진원  ㉯ 타원
㉱ 마름모  ㉲ 직사각형

**29** 기하 공차 중 원통도 공차를 나타내는 기호는?

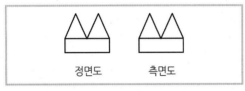

**3과목 기계제도**

**26** 다음 투상도의 평면도로 알맞은 것은? (제3각법의 경우)

정면도   측면도

**30** 도면에 $\phi100^{+0.015}_{-0.005}$로 표시된 것의 공차는 얼마인가?

㉮ 0.005  ㉯ 0.015
㉱ 0.010  ㉲ 0.020

**31** 두 가지의 데이텀 형태에 의해서 설정하는 공통 데이텀을 지시하기 위한 도시방법으로 옳게 표현된 것은?

| ㉮ | | A/B |
| ㉯ | | A-B |
| ㉱ | | A \| B |
| ㉲ | | AB |

**27** 다음 그림에서 면의 지시기호에 대한 각 지시사항의 기입 위치 중 e에 해당되는 것은?

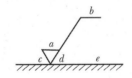

㉮ 컷 오프 값  ㉯ 기준길이
㉱ 다듬질 여유  ㉲ 표면 파상도

**32** IT기본 공차에서 주로 축의 끼워맞춤 공차에 적용되는 공차의 등급은?

㉮ IT01 ~ IT5  ㉯ IT6 ~ IT10
㉱ IT10 ~ IT18  ㉲ IT5 ~ IT9

**33** 단면도를 나타낼 때 긴 쪽 방향으로 절단하여 도시할 수 있는 것은?

㉮ 볼트, 너트, 와셔  ㉯ 축, 핀, 리브
㉰ 리벳, 강구, 키  ㉱ 기어의 보스

**34** 다음 치수기입의 원칙을 설명한 것 중 틀린 것은?

㉮ 특별히 명시하지 않는 한 도시한 대상물의 마무리 치수를 기입한다.
㉯ 서로 관련되는 치수는 되도록 분산하여 기입한다.
㉰ 기능상 필요한 경우 치수의 허용한계를 기입한다.
㉱ 참고치수에 대해서는 수치에 괄호를 붙여 기입한다.

**35** 재료 기호 [ GC200 ]이 나타내는 명칭은?

㉮ 황동 주물  ㉯ 회주철품
㉰ 주강  ㉱ 탄소강

**36** 다음 중 단면 도시방법에 대한 설명으로 틀린 것은?

㉮ 단면 부분을 확실하게 표시하기 위하여 보통 해칭을 한다.
㉯ 해칭을 하지 않아도 단면이라는 것을 알 수 있을 때에는 해칭을 생략해도 된다.
㉰ 같은 절단면 위에 나타나는 같은 부품의 단면은 해칭선의 간격을 달리한다.
㉱ 단면은 필요로 하는 부분만을 파단하여 표시할 수 있다.

**37** 우선적으로 사용하는 배척의 종류가 아닌 것은?

㉮ 50 : 1  ㉯ 25 : 1
㉰ 5 : 1  ㉱ 2 : 1

**38** 투상도 선택 방법에 맞지 않는 것은?

㉮ 도면을 보는 사람이 알기 쉽게 선택한다.
㉯ 제작공정을 쉽게 파악할 수 있도록 한다.
㉰ 제도자 위주로 선택하여 그릴 수 있도록 한다.
㉱ 가공자가 가공과 측정하기 용이하도록 선택한다.

**39** 다음 그림에서 모따기가 C2일 때 모따기의 각도는?

㉮ 15°  ㉯ 30°
㉰ 45°  ㉱ 60°

**40** 다음 제3각법으로 나타낸 정투상도를 입체도로 바르게 나타낸 것은?

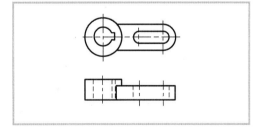

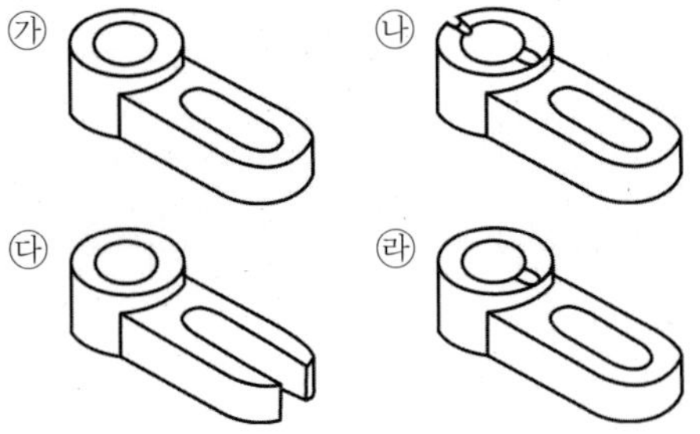


**41** 대상 면을 지시하는 기호 중 제거 가공을 허락하지 않는 것을 지시하는 것은?

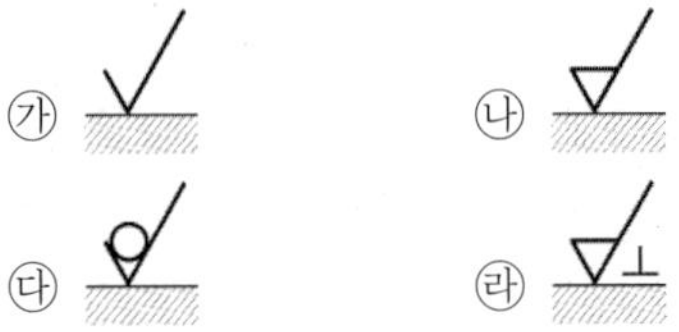


**42** 일반적인 도면의 검사에서 주의할 사항으로 가장 거리가 먼 것은?

㉮ 공차 및 끼워맞춤, 가공기호, 재료선택
㉯ 투상법, 척도, 치수기입
㉰ 요목표 작성, 표제란, 지시사항
㉱ 도면 보관 방법

**43** 다음 중에서 가는 실선으로만 사용하지 않는 선은?

㉮ 지시선　　㉯ 절단선
㉰ 해칭선　　㉱ 치수선

**44** 다음 끼워맞춤을 표시한 것 중 옳지 못한 것은?

㉮ 20H7 − g6　　㉯ 20H7/g6
㉰ $20\frac{H7}{g6}$　　㉱ 20g6H7

**45** 다음 중 완성된 도면에서 서로 겹치는 경우 가장 우선적으로 나타내야 하는 것은?

㉮ 절단선　　㉯ 숨은선
㉰ 치수선　　㉱ 중심선

**46** 기어의 제작상 중요한 치형, 모듈, 압력각, 피치원 지름등 기타 필요한 사항들을 기록한 것을 무엇이라 하는가?

㉮ 주서　　㉯ 표제란
㉰ 부품란　　㉱ 요목표

**47** 코일 스프링에서 양 끝을 제외한 동일 모양 부분의 일부를 생략하는 경우 생략되는 부분의 선지름의 중심선을 나타내는 선은?

㉮ 가는 실선
㉯ 가는 1점 쇄선
㉰ 굵은 실선
㉱ 은선

**48** 관의 접속 표시를 나타낸 것이다. 관이 접속되어 있을 때의 상태를 도시한 것은?

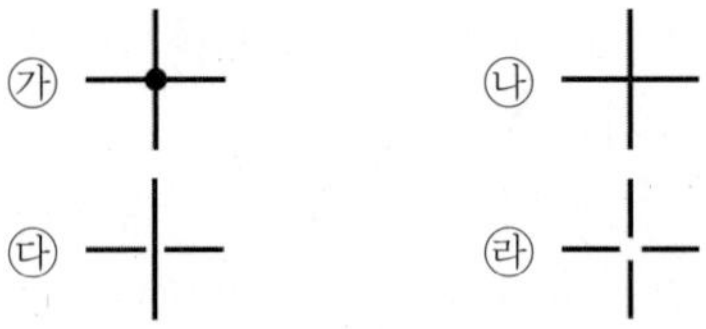


**정답** 41. ㉰ 42. ㉱ 43. ㉯ 44. ㉱ 45. ㉰ 46. ㉱ 47. ㉯ 48. ㉮

**49** 구름 베어링의 호칭번호가 "6202"이면 베어링의 안지름은?

㉮ 5mm  ㉯ 10mm
㉰ 12mm  ㉱ 15mm

**50** 나사 제도에서 완전 나사부와 불완전 나사부의 경계선을 나타내는 선은?

㉮ 가는 실선  ㉯ 파선
㉰ 가는 1점 쇄선  ㉱ 굵은 실선

**51** 주철제 V−벨트 풀리는 호칭지름에 따라 홈의 각도를 달리 하는데, 홈의 각도로 사용되지 않는 것은?

㉮ 34°  ㉯ 36°
㉰ 38°  ㉱ 40°

**52** 용접부 표면의 형상에서 동일 평면으로 다듬질 함을 표시하는 보조 기호는?

㉮ ─  ㉯ ⌒
㉰ ⌣  ㉱

**53** 축의 도시방법에 대한 설명으로 옳은 것은?

㉮ 축은 길이 방향으로 단면 도시를 할 수 있다.
㉯ 축 끝의 모따기는 폭의 치수만 기입한다.
㉰ 긴 축은 중간을 파단하여 짧게 그릴 수 없다.
㉱ 널링을 도시할 때 빗줄인 경우 축선에 대하여 30°로 엇갈리게 그린다.

**54** 다음 그림은 어떤 키(key)를 나타낸 것인가?

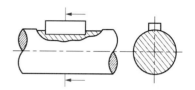

㉮ 묻힘 키  ㉯ 안장 키
㉰ 접선 키  ㉱ 원뿔 키

**55** 스퍼기어의 제도에서 피치원 지름은 어느 선으로 나타내는가?

㉮ 가는 1점 쇄선  ㉯ 가는 2점 쇄선
㉰ 가는 실선  ㉱ 굵은 실선

**56** 나사산의 모양에 따른 나사의 종류에서 삼각나사에 해당하지 않는 것은?

㉮ 미터 나사  ㉯ 유니파이 나사
㉰ 관용 나사  ㉱ 톱니 나사

**57** 서피스 모델링(surface modeling)의 특징으로 거리가 먼 것은?

㉮ NC 가공정보를 얻을 수 있다.
㉯ 은선 제거가 불가능하다.
㉰ 물리적 성질 계산이 곤란하다.
㉱ 복잡한 형상 표현이 가능하다.

**58** 다음 중 CAD 시스템의 출력장치가 아닌 것은?

㉮ 플로터  ㉯ 프린트
㉰ 모니터  ㉱ 라이트 펜

PART **06**

**59** 일반적으로 CAD시스템 좌표계로 사용하지 않는 것은?

㉮ 직교좌표계　　㉯ 극좌표계
㉰ 원통좌표계　　㉱ 기계좌표계

**60** 컴퓨터에서 중앙처리장치의 구성으로만 짝지어진 것은?

㉮ 출력장치, 입력장치
㉯ 제어장치, 입력장치
㉰ 보조기억장치, 출력장치
㉱ 제어장치, 연산장치

# 04 모의실전문제

전산응용기계제도기능사

CRAFTSMAN COMPUTER AIDED MECHANICAL DRAWING

## 1과목 기계재료 및 요소

**01** 재료를 상온에서 다른 형상으로 변형시킨 후 원래 모양으로 회복되는 온도로 가열하면 원래 모양으로 돌아오는 합금은?

㉮ 제진 합금
㉯ 형상기억 합금
㉰ 비정상 합금
㉱ 초전도 합금

**02** 강의 표면경화법에 해당하지 않는 것은?

㉮ 질화법
㉯ 침탄법
㉰ 향온풀림
㉱ 시멘테이션

**03** 주조성이 좋으며 열처리에 의하여 기계적 성질을 개량할 수 있는 라우탈(Lautal)의 대표적인 합금은?

㉮ Al-Cu계 합금
㉯ Al-Si계 합금
㉰ Al-Cu-Si계 합금
㉱ Al-Mg-Si계 합금

**04** 축과 보스의 둘레에 4개에서 수십 개의 턱을 만들어 회전력의 전달과 동시에 보스를 축 방향으로 이동시킬 필요가 있을 때 사용되는 것은?

㉮ 반달 키
㉯ 접선 키
㉰ 원뿔 키
㉱ 스플라인

**05** 두 축이 나란하지도 교차하지도 않는 기어는?

㉮ 베벨 기어
㉯ 헬리컬 기어
㉰ 스퍼기어
㉱ 하이포이드 기어

**06** 오스테나이트계 18-8형 스테인리스강의 성분은?

㉮ 크롬 18%, 니켈 8%
㉯ 니켈 18%, 크롬 8%
㉰ 티탄 18%, 니켈 8%
㉱ 크롬 18%, 티탄 8%

**07** 전자력을 이용하여 제동력을 가해 주는 브레이크는?

㉮ 블록 브레이크
㉯ 밴드 브레이크
㉰ 디스크 브레이크
㉱ 전자 브레이크

정답 1. ㉯ 2. ㉰ 3. ㉰ 4. ㉱ 5. ㉱ 6. ㉮ 7. ㉱

**08** 강판 또는 형강 등을 영구적으로 결합하는데 사용되는 것은?

㉮ 핀  ㉯ 키
㉰ 용접  ㉲ 볼트와 너트

**09** 단조용 알루미늄 합금으로 Al－Cu－Mg－Mn 계 합금이며 기계적 성질이 우수하여 항공기, 차량부품 등에 많이 쓰이는 재료는?

㉮ Y 합금  ㉯ 실루민
㉰ 두랄루민  ㉲ 켈밋 합금

**10** V 벨트 전동의 특징에 대한 설명으로 틀린 것은?

㉮ 평 벨트보다 잘 벗겨진다.
㉯ 이음매가 없어 운전이 정숙하다.
㉰ 평 벨트보다 비교적 작은 장력으로 큰 회전력을 전달할 수 있다.
㉲ 지름이 작은 풀리에도 사용할 수 있다.

## 2과목 기계가공법 및 안전관리

**11** 보통 주철의 특징이 아닌 것은?

㉮ 주조가 쉽고 가격이 저렴하다.
㉯ 고온에서 기계적 성질이 우수하다.
㉰ 압축강도가 크다.
㉲ 경도가 높다.

**12** 물체가 변형에 견디지 못하고 파괴되는 성질로 인성에 반대되는 성질은?

㉮ 탄성  ㉯ 전성
㉰ 소성  ㉲ 취성

**13** 지름 4cm의 연강봉에 5,000N의 인장력이 걸려 있을 때 재료에 생기는 응력은?

㉮ 410 N/cm²  ㉯ 498 N/cm²
㉰ 300 N/cm²  ㉲ 398 N/cm²

**14** 2개의 기계요소가 점 접촉으로 이루어지는 것은?

㉮ 실린더와 피스톤
㉯ 볼트와 너트
㉰ 스퍼기어
㉲ 볼베어링

정답 **8.** ㉰ **9.** ㉰ **10.** ㉮ **11.** ㉯ **12.** ㉲ **13.** ㉲ **14.** ㉲

**15** 그림과 같이 접속된 스프링에 100N의 하중이 작용할 때 처짐량은 약 몇 mm인가? (단, 스프링 상수 $k_1$은 10N/mm, $k_2$는 50N/mm이다.)

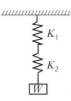

㉮ 1.7　　　　　㉯ 12
㉰ 15　　　　　㉱ 18

**16** 밀링 분할법에서 단식분할이 가능한 등분 수는?

㉮ 60 등분　　　　㉯ 61 등분
㉰ 63등분　　　　㉱ 67 등분.

**17** 절삭유제의 사용목적에 대한 설명으로 틀린 것은?

㉮ 일감의 다듬질 면이 좋아진다.
㉯ 칩과 공구의 마찰력을 높인다.
㉰ 절삭저항을 감소시킨다.
㉱ 공구수명이 연장된다.

**18** 드릴링 머신에서 볼트나 너트를 체결하기 곤란한 표면을 평탄하게 가공하여 체결이 잘되도록 하는 가공법은?

㉮ 리밍　　　　　㉯ 태핑
㉰ 카운터 싱킹　　㉱ 스폿 페이싱

**19** 여러 개의 스핀들에 각종 공구를 꽂아 가공 공정순서에 따라 연속작업을 할 수 있는 드릴링 머신은?

㉮ 레이디얼 드릴링 머신
㉯ 탁상 드릴링 머신
㉰ 직립 드릴링 머신
㉱ 다두 드릴링 머신

**20** 선반에서 세로 이송용 핸들의 눈금이 100 등분되어 있다. 핸들을 1회전하면 리드가 4mm가 될 때 Ø72의 연강봉재를 Ø70mm로 가공하려면 핸들을 몇 눈금 돌려야 하는가?

㉮ 12.5　　　　　㉯ 25
㉰ 50　　　　　㉱ 120

**21** 가죽제 안전화의 구비조건으로 틀린 것은?

㉮ 가능한 가벼울 것
㉯ 착용감이 좋고 작업이 쉬울 것
㉰ 잘 구부러지고 신축성이 있을 것
㉱ 크기에 관계없고 선심에 발가락이 닿을 것

**22** 각도 측정기가 아닌 것은?

㉮ 사인 바　　　　㉯ 수준기
㉰ 오토콜리메이터　㉱ 외경 마이크로미터

**23** 게이지 블록을 다듬질 가공할 때 가장 적합한 방법은?

㉮ 버핑　　　　　㉯ 호닝
㉰ 래핑　　　　　㉱ 수퍼피니싱

정답  15. ㉯  16. ㉮  17. ㉯  18. ㉱  19. ㉱  20. ㉯  21. ㉱  22. ㉱  23. ㉰

**24** 센터, 척 등을 사용하지 않고 가공물 표면을 조정하는 조정숫돌과 지지대를 이용하여 가공물을 연삭하는 기계는?

㉮ 드릴 연삭기   ㉯ 바이트 연삭기
㉰ 만능공구 연삭기   ㉱ 센터리스 연삭기

**25** 측정기의 눈금과 눈의 위치가 같지 않은 데서 생기는 측정 오차(誤差)를 무엇이라 하는가?

㉮ 샘플링 오차   ㉯ 계기 오차
㉰ 우연 오차   ㉱ 시차(視差)

## 3과목 기계제도

**26** IT 기본 공차는 몇 등급으로 구분되는가?

㉮ 12   ㉯ 15
㉰ 18   ㉱ 20

**27** 제도에 대한 설명으로 적합하지 않은 것은?

㉮ 제도자의 창의력을 발휘하여 주관적인 투상법을 사용할 수 있다.
㉯ 설계자의 의도를 제작자에게 명료하게 전달하는 정보전달 수단으로 사용된다.
㉰ 기술의 국제 교류가 이루어짐에 따라 도면에도 국제규격을 적용하게 되었다.
㉱ 우리나라에서는 제도의 기본적이며 공통적인 사항을 제도통칙 KS A에 규정하고 있다.

**28** 제작도면을 그릴 때 서로 겹치는 경우 가장 우선적으로 나타내야 하는 것은?

㉮ 중심선   ㉯ 절단선
㉰ 숫자와 기호   ㉱ 치수보조선

**29** 정투상도에서 제1각법을 나타내는 그림 기호는?

㉮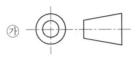

㉯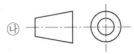

㉰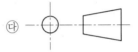

㉱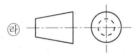

**30** 기하공차 기호의 기입에서 선 또는 면의 어느 한정된 범위에만 공차 값을 적용할 때 한정 범위를 나타내는 선의 종류는?

㉮ 가는 1점 쇄선   ㉯ 굵은 1점 쇄선
㉰ 굵은 실선   ㉱ 가는 파선

**31** 주조, 압연, 단조 등으로 생산되어 제거가공을 하지 않은 상태로 그대로 두고자 할 때 사용하는 지시기호는?

㉮ ㉯ ㉰ ㉱

정답 **24.** ㉱ **25.** ㉱ **26.** ㉱ **27.** ㉮ **28.** ㉰ **29.** ㉯ **30.** ㉯ **31.** ㉰

**32** 다음의 기하 공차는 무엇을 뜻하는가?

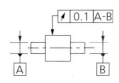

㉮ 원주 흔들림      ㉯ 진직도
㉰ 대칭도      ㉱ 원통도

**33** 치수선과 치수 보조선에 대한 설명으로 틀린 것은?

㉮ 치수선과 치수 보조선은 가는 실선을 사용한다.
㉯ 치수 보조선은 치수를 기입하는 형상에 대해 평행하게 그린다.
㉰ 외형선, 중심선, 기준선 및 이들의 연장선을 치수선으로 사용하지 않는다.
㉱ 치수 보조선과 치수선의 교차는 피해야 하나 불가피한 경우에는 끊임없이 그린다.

**34** 다음 도면은 3각법에 의한 정면도와 평면도이다. 우측면도를 완성한 것은?

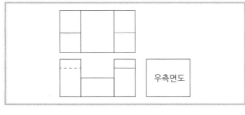

 ㉮       ㉯

 ㉰       ㉱

**35** 2개 이상의 입체 면과 면이 만나는 경계선을 무엇이라고 하는가?

㉮ 절단선      ㉯ 파단선
㉰ 작도선      ㉱ 상관선

**36** 스케치할 때 치수 측정 용구가 아닌 것은?

㉮ 버니어 캘리퍼스
㉯ 서비스 게이지
㉰ 피치 게이지
㉱ 깊이 게이지

**37** 지름, 반지름 치수기입에 대하여 설명한 것으로 틀린 것은?

㉮ 원형의 그림에 지름의 치수를 기입할 때 기호 ∅는 생략할 수 있다.
㉯ 원호는 반지름이 클 경우 중심을 옮겨, 치수선을 꺾어 표시해도 된다.
㉰ 원호의 중심위치를 표시할 필요가 있을 때는 ×자 또는 0로 표시한다.
㉱ 반지름을 표시하는 치수는 R기호를 치수 앞에 붙여서 기입한다.

**38** 단면의 무게 중심을 연결한 선을 표시하는 데 사용되는 선은?

㉮ 굵은 실선      ㉯ 가는 1점 쇄선
㉰ 가는 2점 쇄선      ㉱ 가는 파선

PART
06

**39** 다음 그림에 대한 설명으로 옳은 것은?

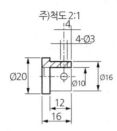

㉮ 실 제품을 1/2로 줄여서 그린 도면이다.
㉯ 실 제품을 2배로 확대해서 그린 도면이다.
㉰ 치수는 실제 크기를 1/2로 줄여서 기입한 것이다.
㉱ 치수는 실제 크기를 2배로 늘려서 기입한 것이다.

**40** 다음 ∅100H7/g6의 끼워맞춤 상태에서 최대 틈새는 얼마인가? (단, 100에서 H7의 IT공차 값＝35μm, g6의 IT 공차값＝22μm, ∅100 의 g축의 기초가 되는 치수 허용차 값＝−12μ m 이다.)

㉮ 0.025     ㉯ 0.045
㉰ 0.057     ㉱ 0.069

**41** 그림과 같이 도형 내의 절단한 곳에 겹쳐서 가는 실선으로 나타내는 데 사용된 단면도법은?

㉮ 부분 단면도     ㉯ 회전도시 단면도
㉰ 한쪽 단면도     ㉱ 온 단면도

**42** 다음 등각 투상도에서 화살표 방향을 정면도로 할 경우 평면도로 옳은 것은?

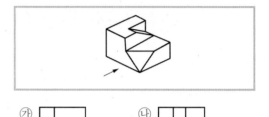

㉮      ㉯
㉰                          ㉱

**43** 길이 치수에서 중요 부위 치수 공차를 기입할 경우 적합하지 않은 것은?

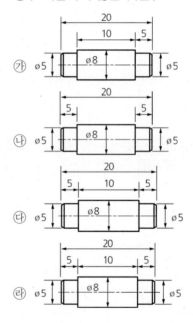

**44** 그림과 같이 부품의 일부를 도시하는 것으로 충분한 경우 그 필요 부분만을 도시하는 투상도는?

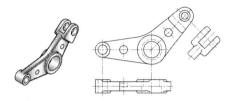

㉮ 회전 투상도  ㉯ 부분 투상도
㉰ 국부 투상도  ㉱ 부분 확대도

**45** 도면에서 표면 상태를 줄무늬 방향의 기호로 표시할 경우 R은 무엇을 뜻하는가?

㉮ 가공에 의한 커터의 줄무늬 방향이 투상면에 평행
㉯ 가공에 의한 커터의 줄무늬 방향이 레이디얼 모양
㉰ 가공에 의한 커터의 줄무늬 방향이 동심원 모양
㉱ 가공에 의한 줄무늬 방향이 경사지고 두 방향으로 교차

**46** 다음은 볼트의 호칭을 나타낸 것이다. 옳게 연결한 것은?

6각 볼트 A M12×80–8 8

㉮ A : 나사의 형식
㉯ M12 : 나사의 종류
㉰ 80 : 호칭길이
㉱ 8.8 : 나사부의 길이

**47** 코일 스프링의 도시방법으로 맞는 것은?

㉮ 특별한 단서가 없는 한 모두 왼쪽 감기로 도시한다.
㉯ 종류와 모양만을 도시할 때는 스프링 재료의 중심선을 굵은 실선으로 그린다.
㉰ 스프링은 원칙적으로 하중이 걸린 상태로 그린다.
㉱ 스프링의 중간부분을 생략할 때는 안지름과 바깥지름을 가는 실선으로 그린다.

**48** 축을 도시할 때의 설명으로 맞는 것은?

㉮ 축은 조립방향을 고려하여 중심축을 수직 방향으로 놓고 도시한다.
㉯ 축은 길이 방향으로 절단하여 온 단면도로 도시한다.
㉰ 축의 끝에는 모양을 좋게 하기 위해 모따기를 하지 않는다.
㉱ 단면모양이 같은 긴축은 중간부분을 생략하여 짧게 도시할 수 있다.

**49** 다음과 같은 배관설비 도면에서 체크 밸브를 나타내는 기호는?

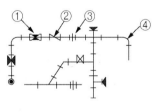

㉮ ①  ㉯ ②
㉰ ③  ㉱ ④

PART
**06**

**50** 기어의 이(tooth) 크기를 나타내는 방법으로 옳은 것은?

㉮ 모듈
㉯ 중심 거리
㉰ 압력각
㉱ 치형

**51** 구름 베어링의 호칭번호가 6206일 때 베어링의 안지름은?

㉮ 5mm
㉯ 20mm
㉰ 25mm
㉱ 62mm

**52** 웜의 제도시 이뿌리원 도시방법으로 옳은 것은?

㉮ 가는 실선으로 도시한다.
㉯ 파선으로 도시한다.
㉰ 굵은 실선으로 도시한다.
㉱ 굵은 1점 쇄선으로 도시한다.

**53** 벨트 풀리를 도시하는 방법으로 틀린 것은?

㉮ 방사형 암은 암의 중심을 수평 또는 수직 중심선까지
㉯ V벨트 풀리의 홈 부분 치수는 호칭지름에 관계없이 일정하다.
㉰ 암의 단면도시는 도형 안이나 밖에 회전단면으로 도시한다.
㉱ 벨트 풀리는 축 직각 방향의 투상을 정면도로 한다.

**54** 용접이음 중 맞대기 이음은 어느 것인가?

 ㉮  ㉯
 ㉰  ㉱

**55** 일반적으로 테이퍼 핀의 테이퍼 값은?

㉮ 1/20
㉯ 1/30
㉰ 1/40
㉱ 1/50

**56** 유니파이 나사에서 호칭치수 3/8인치, 1인치 사이에 16산의 보통나사가 있다. 표시방법으로 옳은 것은?

㉮ 8/3 − 16 UNC
㉯ 3/8 − 16 UNF
㉰ 3/8 − 16 UNC
㉱ 8/3 − 16 UNF

**57** 일반적인 CAD시스템에서 A, B, C에 알맞은 것은?

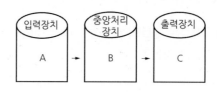

㉮ A : 키보드, B : 플로터, C : 연신장치
㉯ A : 마우스 B : 제어장치, C : 플로터
㉰ A : 그래픽 터미널, B : 보조기억장치, C : 프린터
㉱ A : 라이트 펜, B : 플로터, C : 태블릿

**58** 일반적인 3차원 기하학적 형상모델링의 종류
가 아닌 것은?

㉮ 데이터 모델링
㉯ 서피스 모델링
㉰ 와이어프레이 모델링
㉱ 솔리드 모델링

**59** CAD 시스템에서 그려진 도면요소를 용지에
출력하는 장치는?

㉮ 모니터 　　　㉯ 플로터
㉰ LCD 　　　　㉱ 디지타이저

**60** CAD 시스템에서 점을 정의하기 위해 사용되
는 좌표계가 아닌 것은?

㉮ 극좌표계 　　　㉯ 원통좌표계
㉰ 회전 좌표계 　　㉱ 직교좌표계

PART
06

# 05 모의실전문제

전산응용기계제도기능사

CRAFTSMAN COMPUTER AIDED MECHANICAL DRAWING

## 1과목 기계재료 및 요소

**01** 가장 널리 쓰이는 키(key)로 축과 보스 양쪽에 모두 키홈을 파서 동력을 전달하는 것은?

㉮ 성크 키
㉯ 반달 키
㉰ 접선 키
㉱ 원뿔 키

**02** 스프링을 사용하는 목적으로 볼 수 없는 것은?

㉮ 힘 축적
㉯ 진동 흡수
㉰ 동력전달
㉱ 커머셜 완화

**03** 구리에 아연을 5~20%를 첨가한 것으로 색깔이 아름답고 장식품에 많이 쓰이는 황동은?

㉮ 톰백
㉯ 포금
㉰ 문쯔메탈
㉱ 커머셜 브론즈

**04** 제동장치를 작동부분의 구조에 따라 분류할 때 이에 해당되지 않는 것은?

㉮ 유압 브레이크
㉯ 벤드 브레이크
㉰ 디스크 브레이크
㉱ 블록 브레이크

**05** 기준 랙 공구의 기준 피치선이 기어의 기준 피치원에 접하지 않는 기어는?

㉮ 웜 기어
㉯ 표준 기어
㉰ 전위 기어
㉱ 베벨 기어

**06** 길이가 50mm인 표준시험편으로 인장시험하여 늘어난 길이가 65mm이었다. 이 시험편의 연신율은?

㉮ 20%
㉯ 25%
㉰ 30%
㉱ 35%

**07** 순수 비중이 2.7인 이 금속은 주조가 쉽고 가벼울 뿐만 아니라 대기 중에서 내식력이 강하고 전기와 열의 양도체로 다른 금속과 합금하여 쓰이는 것은?

㉮ 구리(Cu)
㉯ 알루미늄(Al)
㉰ 마그네슘(Mg)
㉱ 텅스텐(W)

정답 1. ㉮ 2. ㉰ 3. ㉮ 4. ㉮ 5. ㉰ 6. ㉰ 7. ㉯

**08** 유체의 유량이 30㎥/s이고, 평균 속도가 1.5m/s일 때 관의 안지름은 약 몇 mm인가?

㉮ 2059  
㉯ 3089  
㉰ 4119  
㉱ 5045

**09** 금속재료 중 주석, 아연, 납, 안티몬의 합금으로 주성분인 주석과 구리, 안티몬을 함유한 것은 베빗메탈이라고도 하는데, 이것은 무엇인가?

㉮ 켈밋  
㉯ 합성수지  
㉰ 트리메탈  
㉱ 화이트메탈

**10** 탄소강의 성질을 설명한 것 중 옳지 않은 것은?

㉮ 소량의 구리를 첨가하면 내식성이 좋아진다.  
㉯ 인장강도와 경도는 공석점 부근에서 최대가 된다.  
㉰ 탄소강의 내식성은 탄소량이 감소할수록 증가한다.  
㉱ 표준상태에서는 탄소가 많을수록 강도나 경도가 증가한다.

**11** 스테인리스강의 종류에 해당되지 않는 것은?

㉮ 페라이트계 스테인리스강  
㉯ 펄라이트계 스테인리스강  
㉰ 마텐자이트계 스테인리스강  
㉱ 오스테나이트계 스테인리스강

**12** 수나사의 크기는 무엇을 기준으로 표시하는가?

㉮ 유효지름  
㉯ 수나사의 안지름  
㉰ 수나사의 바깥지름  
㉱ 수나사의 골지름

**13** 평벨트를 벨트 풀리에 걸 때 벨트와 벨트 풀리의 접촉각을 크게 하기 위해 이완측에 설치하는 것은?

㉮ 림  
㉯ 단차  
㉰ 균형 추  
㉱ 긴장 풀리

**14** 주철의 일반적 설명으로 틀린 것은?

㉮ 강에 비하여 취성이 작고 강도가 비교적 높다.  
㉯ 주철은 파면상으로 분류하면 회주철, 백주철, 반주철로 구분할 수 있다.  
㉰ 주철 중 탄소의 흑연화를 위해서는 탄소량 및 규소의 함량이 중요하다.  
㉱ 고온에서 소성변형이 곤란하나 주조성이 우수하여 복잡한 형상을 쉽게 생산할 수 있다.

정답 **8.** ㉱ **9.** ㉱ **10.** ㉰ **11.** ㉯ **12.** ㉱ **13.** ㉱ **14.** ㉮

**15** 신소재인 초전도 재료의 초전도 상태에 대한 설명으로 옳은 것은?

㉮ 상온에서 자화시켜 강한 자기장을 얻을 수 있는 금속이다.

㉯ 알루미나가 주가 되는 재료로 높은 온도에서 잘 견디어 낸다.

㉰ 비금속의 무기 재료(classical ceramics)를 고온에서 소결 처리하여 만든 것이다.

㉱ 어떤 종류의 순금속이나 합금을 극저온으로 냉각하면 특정 온도에서 갑자기 전기저항이 영(0)이 된다.

**16** 어미자의 눈금이 0.5mm이며, 아들자의 눈금이 12mm를 25등분한 버니어 캘리퍼스의 최소 측정값은?

㉮ 0.01mm      ㉯ 0.02mm

㉰ 0.05mm      ㉱ 0.025mm

**17** 3차원 측정기의 분류에서 몸체구조에 따른 형태에 속하지 않는 것은?

㉮ 이동 브리지형(moving bridge type)

㉯ 캔틸레버형(cantilever type)

㉰ 컬럼형(column type)

㉱ 캘리퍼스형(calipers type)

**18** 연삭숫돌에 눈메움이나 무딤현상이 발생하였을 때 숫돌을 수정하는 작업은?

㉮ 래핑      ㉯ 드레싱

㉰ 글레이징      ㉱ 덮개 설치

**19** 절삭공구 재료의 구비조건에 해당되지 않는 것은?

㉮ 추성이 클 것

㉯ 원하는 형태로 쉽게 만들 수 있을 것

㉰ 피절삭재료 보다는 굳고 인성이 있을 것

㉱ 절삭 가공 중에 온도가 높아져도 경도가 쉽게 저하되지 않을 것

**20** 선반가공시 회전수가 일정할 때 가공물의 지름에 따른 절삭속도는?

㉮ 가공물의 지름과 절삭속도는 관계없다.

㉯ 가공물의 지름이 커질수록 절삭속도는 빨라진다.

㉰ 가공물의 지름이 커질수록 절삭속도는 느려진다.

㉱ 가공물의 지름이 적어질수록 절삭속도는 빨라진다.

**21** 각봉상의 세립자로 만든 공구를 공작물에 스프링 또는 유압으로 접촉시키고 회전운동과 동시에 왕복 운동을 주어 매끈하고 정밀하게 가공하는 기계는?

㉮ 호닝 머신      ㉯ 래핑 머신

㉰ 평면 연삭기      ㉱ 배럴 머신

**22** 공작기계 중 커터는 회전하고 공작물이 이송되며 절삭하는 것은?

㉮ 선반      ㉯ 말랑

㉰ 드릴      ㉱ 슬로터

---

정답 **15.** ㉱ **16.** ㉯ **17.** ㉱ **18.** ㉯ **19.** ㉮ **20.** ㉯ **21.** ㉮ **22.** ㉯

**23** 밀링가공에서 하향절삭에 비교한 상향절삭의 장점에 해당되는 것은?

㉮ 가공면이 깨끗하다.
㉯ 커터의 마모가 적다.
㉰ 공작물의 고정이 간단하다.
㉱ 이송기구의 백래시가 제거된다.

**24** 작업복 착용에 따른 안전사항으로 틀린 것은?

㉮ 신체에 맞고 가벼워야 한다.
㉯ 실밥이 터지거나 풀린 것은 즉시 꿰매도록 한다.
㉰ 작업복 스타일은 착용자의 연령, 직종에 관계없다.
㉱ 더운 계절이나 고온 작업시 작업복을 벗지 않는다.

**25** 정반 위에서 테이퍼를 측정하여 그림과 같은 측정결과를 얻었을 때 테이퍼량은 얼마인가?

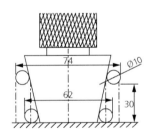

㉮ $\dfrac{1}{2}$       ㉯ $\dfrac{1}{2.5}$

㉰ $\dfrac{1}{5}$       ㉱ $\dfrac{1}{7.5}$

**26** 치수기입시 사용되는 보조기호와 설명이 일치하지 않는 것은?

㉮ □ : 정사각형의 변
㉯ R : 반지름
㉰ ∅ : 지름
㉱ C : 구의 지름

**27** 스케치도를 그리는 방법으로 올바르지 않은 것은?

㉮ 스케치할 물체의 특징을 파악하여 주투상도를 결정한다.
㉯ 스케치도에는 주투상도만 그리고 치수, 재질, 가공법 등은 기입하지 않는다.
㉰ 부품 표면에 광명단 또는 스탬프잉크를 칠한 다음 용지에 찍어 실제 형상으로 모양을 뜨는 방법도 있다.
㉱ 실제 부품을 용지 위에 올려놓고 본을 뜨는 방법도 있다.

**28** 치수 공차의 기입법 중 ∅E8 구멍의 공차역은? (단, IT8급의 기본공차는 0.033mm이고, 25에 대한 E구멍의 기초가 되는 치수 허용차는 0.040mm이다.)

㉮ $\phi 23^{+\,0.073}_{+\,0.040}$       ㉯ $\phi 25^{+\,0.040}_{+\,0.033}$

㉰ $\phi 25^{+\,0.073}_{+\,0.033}$       ㉱ $\phi 25^{+\,0.073}_{+\,0.007}$

**PART 06**

정답 **23.** ㉱ **24.** ㉰ **25.** ㉯ **26.** ㉱ **27.** ㉯ **28.** ㉮

**29** 다음 중 길이 방향으로 절단하여 도시하여도 좋은 것은?

㉮ 축
㉯ 볼트
㉰ 키
㉱ 보스

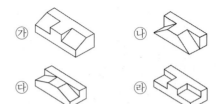

**34** 도면에서 2종류 이상의 선이 같은 장소에서 중복될 경우 선의 우선순위로 옳은 것은?

㉮ 숨은선 → 외형선 → 절단선 → 중심선 → 무게중심선 → 치수보조선
㉯ 외형선 → 숨은선 → 절단선 → 중심선 → 무게중심선 → 치수보조선
㉰ 중심선 → 외형선 → 숨은선 → 절단선 → 무게중심선 → 치수보조선
㉱ 무게중심선 → 치수보조선 → 외형선 → 숨은선 → 절단선 → 중심선

**30** 제도용지의 크기가 297×420mm일 때 도면 크기의 호칭으로 옳은 것은?

㉮ A2
㉯ A3
㉰ A4
㉱ A5

**31** 최대 허용 한계치수에서 기준치수를 뺀 값을 무엇이라 하는가?

㉮ 아래치수 허용차
㉯ 위치수 허용차
㉰ 실치수
㉱ 치수 공차

**32** 기하공차의 구분 중 모양공차의 종류에 해당하는 것은?

㉮ ⬦
㉯ //
㉰ ⊥
㉱ ⌖

**35** 가공에 의한 커터의 줄무늬 방향이 그림과 같을 때, (가)부분의 기호는?

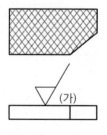

㉮ C
㉯ M
㉰ R
㉱ X

**33** 아래 투상도는 어떤 물체를 보고 제3각법으로 투상한 것이다. 이 물체의 등각 투상도로 맞는 것은?

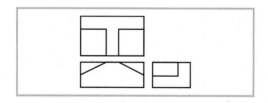

**36** 다음 중 가상선으로 나타내지 않는 것은?

㉮ 물품의 보이지 않는 부분의 모양을 표시하는 경우

㉯ 이동하는 부분의 운동 범위를 표시하는 경우

㉰ 가공 후의 모양을 표시하는 경우

㉱ 물품의 인접부분을 참고로 표시하는 경우

**37** 다음 치수기입방법에 대한 설명으로 틀린 것은?

㉮ 치수의 단위는 mm이고 단위 기호는 붙이지 않는다.

㉯ cm나 m를 사용할 필요가 있을 경우는 반드시 cm나 m 등의 기호를 기입하여야 한다.

㉰ 한 도면 안에서의 치수는 같은 크기로 기입한다.

㉱ 치수 숫자의 단위수가 많은 경우에는 3단위마다 숫자사이를 조금 띄우고 콤마를 사용한다.

**38** 다음 투상도의 설명으로 틀린 것은?

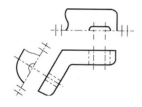

㉮ 경사면을 보조투상도로 나타낸 도면이다.

㉯ 평면도의 일부를 생략한 도면이다.

㉰ 좌측면도를 회전투상도로 나타낸 도면이다.

㉱ 대칭기호를 사용해 한쪽을 생략한 도면이다.

**39** 끼워맞춤 기호의 기입에 대한 설명은?

㉮ 끼워맞춤 방식에 의한 치수 허용차는 기준치수 다음에 끼워맞춤 종류의 기호 및 등급을 기입하여 표시한다.

㉯ IT공차에서 구멍은 알파벳의 소문자로 축은 대문자로 표시한다.

㉰ 같은 호칭치수에 대하여 구멍 및 축에 끼워맞춤 종류의 기호를 치수선 위에 기입한다.

㉱ 구멍 또는 축의 전체길이에 걸쳐 조립되지 않을 경우에는 부분 이외에도 공차를 주도록 한다.

**40** 회전도시 단면도에 대한 설명 중 틀린 것은?

㉮ 암, 리브 등의 절단면은 90° 회전하여 표시한다.

㉯ 절단한 곳의 전후를 끊어서 그 사이에 그릴 수 있다.

㉰ 도형 내 절단한 곳에 겹쳐서 그릴 때는 가는 1점 쇄선을 사용하여 그린다.

㉱ 절단선의 연장선 위에 그릴 수 있다.

**41** 다음은 어떤 물체를 제3각법으로 투상하여 정면도와 우측면도를 나타낸 것이다. 평면도로 옳은 것은?

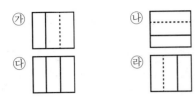

**42** 등각 투상도에 대한 설명으로 틀린 것은?

㉮ 원근감을 느낄 수 있도록 하나의 시점과 물체의 각점을 방사선으로 이어서 그린다.

㉯ 정면, 평면, 측면을 하나의 투상도에서 동시에 볼 수 있다.

㉰ 직육면체에서 직각으로 만나는 3개의 모서리는 120°를 이룬다.

㉱ 한 축이 수직일 때에는 나머지 두 축은 수평선과 30°를 이룬다.

**43** 기하공차 표기에서 그림과 같이 수치에 사각형 테두리를 씌운 것은 무엇을 나타내는 것인가?

| 52 |
|---|

㉮ 데이텀

㉯ 돌출공차역

㉰ 이론적으로 정확한 치수

㉱ 최대 실체 공차방식

**44** KS규격 중 기계 부문에 해당되는 분류기호는?

㉮ KS A  　　㉯ KS B

㉰ KS C  　　㉱ KS D

**45** 표면거칠기의 표시 방법 중 제거가공을 필요로 하는 경우 지시하는 기호로 옳은 것은?

**46** 축의 도시방법을 설명한 것 중 틀린 것은?

㉮ 축은 길이 방향으로 절단하여 온단면을 하여 그린다.

㉯ 단면 모양이 같은 긴 축은 중간을 파단하여 짧게 그릴 수 있다.

㉰ 축의 끝은 모따기를 하고 모따기 치수를 기입한다.

㉱ 축의 키홈 부분의 표시는 부분 단면도로 나타낸다.

**47** 다음 중 나사의 표시 방법으로 틀린 것은?

㉮ 나사산의 감긴 방향이 오른 나사인 경우에는 표시하지 않는다.

㉯ 나사산의 줄 수는 한줄 나사인 경우에는 표시하지 않는다.

㉰ 암나사와 수나사의 등급을 동시에 나타낼 필요가 있을 경우는 암나사의 등급, 수나사의 등급 순서로 그 사이에 사선(/)을 넣는다.

㉱ 나사의 등급은 생략하면 안 된다.

정답 **42.** ㉮ **43.** ㉰ **44.** ㉯ **45.** ㉯ **46.** ㉮ **47.** ㉱

**48** 용접부 표면 또는 용접부 형상의 보조기호 중 영구적인 이면 판재(backing strip) 사용을 표시하는 기호는?

㉮ ──
㉯ ⏌
㉰ |MR|
㉱ |M|

**49** 다음은 냉동관 이음하기의 일부분이다. 도면에서 체크밸브는?

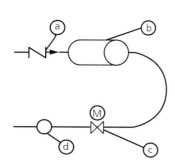

㉮ ⓐ
㉯ ⓑ
㉰ ⓒ
㉱ ⓓ

**50** 베어링 기호 NA4916V의 설명 중 틀린 것은?

㉮ NA : 니들 베어링
㉯ 16 : 치수계열
㉰ 49 : 안지름 번호
㉱ V : 접촉각 기호

**51** 주철재 V-벨트 폴리의 홈부분 각도가 아닌 것은?

㉮ 34°
㉯ 36°
㉰ 38°
㉱ 40°

**52** 보기의 그림은 어떤 키(key)를 나타낸 것인가?

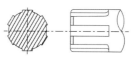

㉮ 묻힘 키
㉯ 접선 키
㉰ 세레이션
㉱ 스플라인

**53** 스퍼기어 제도시 요목표에 기입되지 않는 것은?

㉮ 입력각
㉯ 모듈
㉰ 잇수
㉱ 비틀림각

**54** 다음 중 스프링 제도에 대한 설명으로 틀린 것은?

㉮ 코일 스프링은 원칙적으로 하중이 걸린 상태에서 그린다.
㉯ 겹판 스프링은 원칙적으로 스프링 판이 수평한 상태에서 그린다.
㉰ 그림에 단서가 없는 코일 스프링은 오른쪽으로 감긴 것을 표시한다.
㉱ 코일 스프링이 왼쪽으로 감긴 경우는 "감긴 방향 왼쪽"이라고 표시한다.

**55** 스퍼기어의 도시법에서 피치원을 나타내는 선의 종류는?

㉮ 가는 실선
㉯ 가는 1점 쇄선
㉰ 가는 2점 쇄선
㉱ 굵은 실선

**56** 다음과 같이 표시된 너트의 호칭 중에서 형식을 나타내는 것은?

KS B 1012 6각 너트 스타일1 B M12 – 8 MFZnⅡ – C

㉮ 스타일1  ㉯ B
㉰ M12  ㉱ 8

**57** 일반적인 CAD시스템에서 사용되는 좌표계가 아닌 것은?

㉮ 직교좌표계  ㉯ 타원 좌표계
㉰ 극좌표계  ㉱ 구면 좌표계

**58** 컴퓨터의 중앙처리장치(CPU)의 기능과 관계가 먼 것은?

㉮ 입출력 기능  ㉯ 제어 기능
㉰ 연산 기능  ㉱ 기억 기능

**59** 컬러 디스플레이(color display)에서 표현할 수 있는 색은 3가지 색의 혼합비에 이해 정해지는데, 그 3가지 색에 해당하는 것은?

㉮ 빨강, 노랑, 파랑
㉯ 빨강, 파랑, 초록
㉰ 검정, 파랑, 노랑
㉱ 빨강, 노랑, 초록

**60** CAD시스템을 이용하여 제품에 대한 기하학적 모델링 후 체적, 무게중심, 관성모멘트 등의 물리적 성질을 알아보려고 한다면 필요한 모델링은?

㉮ 와이어프레임 모델링
㉯ 서피스 모델링
㉰ 솔리드 모델링
㉱ 시스템 모델링

정답 **56.** ㉮ **57.** ㉯ **58.** ㉮ **59.** ㉯ **60.** ㉰

# 06 모의실전문제
## 전산응용기계제도기능사

CRAFTSMAN COMPUTER AIDED MECHANICAL DRAWING

## 1과목 기계재료 및 요소

**01** 델타메탈(delta metal)의 성분으로 올바른 것은?

㉮ 6.4황동에 철을 1~2% 첨가
㉯ 7.3황동에 주석을 3% 내외 첨가
㉰ 6.4황동에 망간을 1~2% 첨가
㉱ 7.3황동에 니켈을 3% 내외 첨가

**02** 핀 이음에서 한쪽 포크(Fork)에 아이(Eye) 부분을 연결하여 구멍에 수직으로 평행 핀을 끼워 두 부분이 상대적으로 각운동을 할 수 있도록 연결한 것은?

㉮ 코터
㉯ 너클 핀
㉰ 분할 핀
㉱ 스플라인

**03** 다음 금속 중 비중이 가장 큰 것은?

㉮ 철
㉯ 구리
㉰ 납
㉱ 크롬

**04** 두 축이 교차하는 경우에 동력을 전달하려면 어떤 기어를 사용하여야 하는가?

㉮ 스퍼기어
㉯ 헬리컬기어
㉰ 래크
㉱ 베벨기어

**05** 양끝을 고정한 단면적 2cm²인 사각봉이 온도 −10℃에서 가열되어 50℃가 되었을 때 재료에 발생하는 열응력은? (단, 사각봉의 세로탄성계수는 21000N/mm², 선팽창계수는 0.000012 N/℃ 이다.)

㉮ 25.20N/mm²
㉯ 15.12N/mm²
㉰ 35.80N/mm²
㉱ 29.90N/mm²

**06** 동력전달용 V벨트의 규격(형)이 아닌 것은?

㉮ B
㉯ A
㉰ F
㉱ E

**07** 합성수지의 공통된 성질 중 틀린 것은?

㉮ 가볍고 튼튼하다.
㉯ 전기 절연성이 좋다.
㉰ 단단하며 열에 강하다.
㉱ 가공성이 크고 성형이 간단하다.

정답 1. ㉮  2. ㉮  3. ㉰  4. ㉱  5. ㉮  6. ㉰  7. ㉰

**08** 나사종류의 표시기호 중 틀린 것은?

㉮ 미터 보통 나사 – M
㉯ 유파이 가는 나사 – UNC
㉰ 미터 사다리꼴나사 – Tr
㉱ 관용 평행 나사 – G

**09** 하물(荷物)을 감아올릴 때는 제동 작용은 하지 않고 클러치 작용을 하며, 내릴 때는 하물 자중에 의해 브레이크 작용을 하는 것은?

㉮ 블록 브레이크
㉯ 밴드 브레이크
㉰ 자동하중 브레이크
㉱ 축압 브레이크

**10** 외경이 500mm, 내경이 490mm인 얇은 원통의 내부에 3MPa의 압력이 작용할 때 원주 방향의 응력은 몇 $N/mm^2$인가?

㉮ 75 ㉯ 147
㉰ 222 ㉱ 294

**11** 비중이 8.90이고 용융온도가 1453℃인 은백색의 금속으로 도금으로도 널리 이용되는 것은?

㉮ Cu ㉯ W
㉰ Ni ㉱ Si

**12** 스프링 소재를 기준에 따라 금속 스프링과 비금속 스프링으로 분류할 때 비금속 스프링에 속하지 않은 것은?

㉮ 고무 스프링 ㉯ 합성수지 스프링
㉰ 비철 스프링 ㉱ 공기 스프링

**13** 베어링의 호칭 번호 6304에서 6은?

㉮ 형식기호 ㉯ 치수기호
㉰ 지름번호 ㉱ 등급기준

**14** 일반적으로 탄소강과 주철로 구분되는 가장 적절한 탄소(C) 함량(%) 한계는?

㉮ 0.15 ㉯ 0.77
㉰ 2.11 ㉱ 4.3

**15** 주조용 알루미늄(Al)합금 중에서 Al – Si계에 속하는 것은?

㉮ 실루민 ㉯ 하이드로날륨
㉰ 라우탈 ㉱ 와이(Y)합금

**16** 테이블이나 이송나사의 피치가 6mm인 밀링 머신으로 지름이 40mm인 오른나사 헬리컬 홈을 깎으려고 할 때, 나선 각은 약 몇 도인가?

㉮ 15°　　　　　㉯ 20°

㉰ 28°　　　　　㉳ 32°

**17** CNC선반 프로그래밍에서 각 코드의 기능 설명으로 틀린 것은?

㉮ G : 준비기능　　㉯ T : 절삭기능

㉰ F : 이송기능　　㉳ M : 보조기능

**18** 호닝작업의 특징에 대한 설명으로 맞지 않는 것은?

㉮ 발열이 적고 경제적인 정밀작업이 가능하다.

㉯ 표면거칠기를 좋게 할 수 있다.

㉰ 정밀한 치수로 가공할 수 있다.

㉳ 커터에 의한 가공보다 절삭능률이 좋다.

**19** 원통 연삭 작업에서 테이블의 총 이송길이(가공물 및 연삭숫돌 길이의 합) 100mm, 1회전당 이송량 0.2mm/rev 일 때 가공 시간은?

㉮ 1분　　　　　㉯ 2분

㉰ 3분　　　　　㉳ 4분

**20** 널링 가공방법에 대한 설명이다. 틀린 것은?

㉮ 소성 가공이므로 가공 속도를 빠르게 한다.

㉯ 널링을 하게 되면 지름이 커지게 되므로 도면 치수보다 약간 작게 가공한 후 설정한다.

㉰ 널링 작업을 할 때에는 공구대와 심압대를 견고하게 고정해야 한다.

㉳ 절삭유를 충분히 공급하고 브러시로 칩을 제거한다.

**21** 절삭유의 역할로서 적당한 것은?

㉮ 공구 수명을 단축시킨다.

㉯ 공작물 변형을 일으킨다.

㉰ 마찰과 마모를 증가시킨다.

㉳ 가공면의 표면조도를 향상시킨다.

**22** 선반 작업에 사용되는 센터 중에서 단면을 절삭해야만 할 경우 사용되는 것은?

㉮ 보통 센터

㉯ 초경합금을 경납땜한 센터

㉰ 베어링 센터

㉳ 하프 센터

**23** 스케일(scale)과 베이스(base) 및 서피스 게이지를 하나의 기본 구조로 하는 게이지는?

㉮ 버니어 캘리퍼스　㉯ 마이크로미터

㉰ 블록 게이지　　　㉳ 하이트 게이지

**24** 각도를 측정할 수 있는 측정기는?

㉮ 사인 바　　　　　㉯ 오토 콜리메이터

㉰ 옵티컬 플랫　　　㉳ 하이트 게이지

PART
**06**

**25** 기계·설비의 설계과정에서 안전화 확보에 고려하지 않아도 되는 사항은?

㉮ 외관의 안전화
㉯ 기능의 안전화
㉰ 운전 비용의 안전화
㉱ 구조부분의 안전화

## 3과목 기계제도

**26** 정투상법으로 물체를 투상하여 정면도를 기준으로 배열할 때 제1각법 또는 제3각법에 관계없이 배열의 위치가 같은 투상도는?

㉮ 저면도
㉯ 좌측면도
㉰ 평면도
㉱ 배면도

**27** 투상도의 선택방법으로 맞는 것은?

㉮ 물체의 특징을 가장 잘 나타내는 면을 평면도로 선택한다.
㉯ 선반 가공의 경우, 가공이 많은 쪽이 왼쪽에 있도록 수평 상태로 그린다.
㉰ 길이가 긴 물체는 길이 방향으로 놓은 자연스런 상태로 그린다.
㉱ 정면도를 보충하는 다른 투상도는 되도록 크게 많이 그린다.

**28** 모양에 따른 선의 종류에 대한 설명으로 틀린 것은?

㉮ 실선 : 연속적으로 이어진 선
㉯ 파선 : 짧은 선을 일정한 간격으로 나열한 선
㉰ 1점 쇄선 : 길고 짧은 2종류의 선을 번갈아 나열한 선
㉱ 2점 쇄선 : 긴 선 2개와 짧은 선 2개를 번갈아 나열한 선

**29** 단면도에 대한 설명으로 틀린 것은?

㉮ 개스킷이나 철판과 같이 극히 얇은 제품의 단면표시는 1개의 굵은 일점쇄선으로 표시한다.
㉯ 치수, 문자, 기호는 해칭이나 스머징보다 우선하므로 해칭이나 스머징을 중단하거나 피해서 기입한다.
㉰ 절단면 뒤에 나타나는 숨은선과 중심선은 표시하지 않는 것을 원칙으로 한다.
㉱ 단면 표시는 45도의 가는 실선으로 단면부의 면적에 따라 3~5mm의 간격으로 경사선을 긋는다.

**30** 물체의 가공 전이나 가공 후의 모양을 나타낼 때 사용되는 선의 종류는?

㉮ 가는 2점 쇄선
㉯ 굵은 2점 쇄선
㉰ 가는 1점 쇄선
㉱ 굵은 1점 쇄선

**31** 도면상에 구멍, 축 등의 호칭치수를 의미하는 치수는?

㉮ IT치수
㉯ 실치수
㉰ 허용한계치수
㉱ 기준치수

**32** 물체의 표면에 기름이나 광명단을 칠하고 그 위에 종이를 대고 눌러서 실제의 모양을 뜨는 스케치 방법은?

㉮ 모양뜨기 방법    ㉯ 프리핸드법
㉰ 사진법    ㉱ 프린트법

**33** 치수기입 중 치수의 배치 방법이 아닌 것은?

㉮ 누진치수 기입법    ㉯ 병렬치수 기입법
㉰ 가로치수 기입법    ㉱ 좌표치수 기입법

**34** 18JS7의 공차 표시가 옳은 것은? (단, 기본공차의 수치는 $18\mu$m이다.)

㉮ $18^{+0.018}_{0}$    ㉯ $18^{0}_{-0.018}$
㉰ $18\pm0.009$    ㉱ $18\pm0.018$

**35** 최대높이 거칠기 값이 25S로 표시되어 있을 때 측정값은?

㉮ 0.025mm    ㉯ 0.25mm
㉰ 2.5mm    ㉱ 25mm

**36** 다음 테이퍼 표기법 중 표기방법이 틀린 것은?

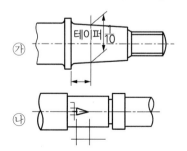

**37** 다음 중 화살표 방향에서 본 그림을 나타낸 것은?

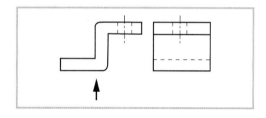

㉮    ㉯
㉰    ㉱

**38** 다음 그림이 뜻하는 기하공차는?

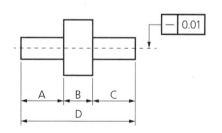

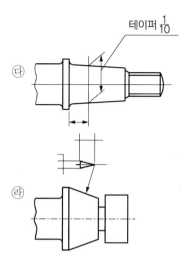

㉮ A부분의 직진도    ㉯ B부분의 직진도
㉰ C부분의 직진도    ㉱ D부분의 직진도

**39** 데이텀이 필요치 않은 기하공차의 기호는?

㉮ ◎

㉯ ⊥

㉰ ∠

㉱ ○

**40** 조립한 상태에서 끼워맞춤 공차의 기호를 표시한 것으로 옳은 것은?

㉮ $\phi30g6H7$

㉯ $\phi30g6 - H7$

㉰ $\phi30g6/H7$

㉱ $\phi30\dfrac{H7}{g6}$

**41** 다음 [그림]의 도면 양식에 관한 설명 중 틀린 것은?

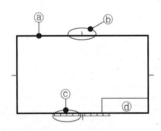

㉮ ⓐ는 0.5mm이상의 굵은 실선으로 긋고 도면의 윤곽을 나타내는 선이다.

㉯ ⓑ는 0.5mm이상의 굵은 실선으로 긋고 마이크로필름으로 촬영할 때 편의를 위하여 사용한다.

㉰ ⓒ는 0.5mm이상의 굵은 실선으로 긋고 출력된 도면을 규격에 맞게 자르는데 사용하는 눈금자이다.

㉱ ⓓ는 표제란으로 척도, 투상법, 도번, 도명, 설계자 등 도면에 관한 정보를 표시한다.

**42** 도면의 변경 방법에 대한 사항으로 틀린 것은?

㉮ 변경 전의 형상을 알 수 있도록 한다.

㉯ 변경된 부분에 수정회수를 삼각형 기호로 표시한다.

㉰ 도면 변경란에 변경이유 및 연월일을 기입한다.

㉱ 변경 전의 치수를 지우고 기입한다.

**43** 정투상 방법에 따라 평면도와 우측면도가 다음과 같다면 정면도에 해당하는 것은?

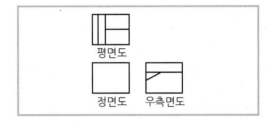

**44** 다음 표면의 줄무늬 방향 기호 R이 뜻하는 것은?

㉮ 가공에 의한 커터의 줄무늬가 기호를 기입한 면의 중심에 대하여 대략 레이디얼 모양임을 표시

㉯ 가공에 의한 커터의 줄무늬 방향이 기호를

기입한 그림의 투상면에 평행임을 표시
ⓒ 가공에 의한 커터의 줄무늬 방향이 기호를
기입한 그림의 투상면에 직각임을 표시
ⓓ 가공에 의한 커터의 줄무늬가 여러 방향으
로 교차 또는 무방향임을 표시

**45** 다음은 어떤 물체를 제3각법으로 투상하여 정
면도와 우측면도를 나타낸 것이다. 평면도로
옳은 것은?

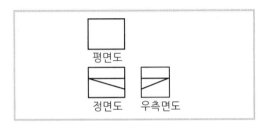

**46** 다음은 축의 도시에 대한 설명이다 맞는 것은?

ⓐ 긴축은 중간부분
을 파단하여 짧게 그리며, 그림의 80은 짧
게 줄인 치수를 기입한 것이다.

ⓑ 축의 끝에는
모따기를 하고 모따기 치수기입은 그림과

같이 기입할 수 있다.

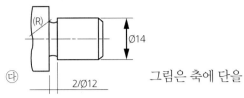

ⓒ 그림은 축에 단을
주는 치수기입으로, 홈의 나비가 12mm이
고 홈의 지름이 2mm이다.

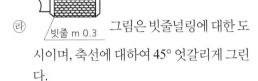

ⓓ 그림은 빗줄널링에 대한 도
시이며, 축선에 대하여 45° 엇갈리게 그린
다.

**47** 기어의 도시방법에 관한 내용으로 올바른 것
은?

ⓐ 이끝원은 가는 실선으로 그린다.
ⓑ 피치원은 가는 1점 쇄선으로 그린다.
ⓒ 이뿌리원은 2점 쇄선으로 그린다.
ⓓ 잇줄 방향은 보통 3개의 파선으로 그린다.

**48** V벨트의 종류 중에서 단면적이 가장 작은 것
은?

ⓐ M형          ⓑ A형
ⓒ C형          ⓓ E형

**49** 나사의 제도방법에 대한 설명으로 옳은 것은?

㉮ 암나사의 안지름은 가는 실선으로 그린다.

㉯ 불완전 나사부와 완전 나사부의 경계선은 가는 실선으로 그린다.

㉰ 수나사와 암나사의 결합부분은 암나사 기준으로 표시한다.

㉱ 단면 시 암나사는 안지름까지 해칭한다.

**50** 평행 키에서 나사용 구멍이 없는 것의 보조기호는?

㉮ P

㉯ PS

㉰ T

㉱ TG

**51** 스퍼기어에서 모듈이 2, 기어의 잇수가 30인 경우 피치원의 지름은 몇 mm인가?

㉮ 15

㉯ 32

㉰ 60

㉱ 120

**52** 배관기호에서 유량계의 표시방법으로 바른 것은?

㉮ (P)

㉯ (T)

㉰ (F)

㉱ (W)

**53** 스프로킷 휠에 대한 설명으로 틀린 것은?

㉮ 스프로킷 휠의 호칭번호는 피치원 지름으로 나타낸다.

㉯ 스프로킷 휠의 바깥지름은 굵은 실선으로 그린다.

㉰ 그림에는 주로 스프로킷 소재를 제작하는 데 필요한 치수를 기입한다.

㉱ 스프로킷 휠의 피치원 지름은 가는 1점 쇄선으로 그린다.

**54** 호칭번호가 6203인 베어링이 있다. 이 베어링 안지름의 크기는 몇 mm인가?

㉮ 3

㉯ 10

㉰ 15

㉱ 17

**55** 규격치수를 사용하지 않고 수나사와 암나사의 약도를 그릴 때, 각부 치수를 결정하는 기준이 되는 것은?

㉮ 수나사의 바깥지름

㉯ 수나사의 골지름

㉰ 암나사의 안지름

㉱ 암나사의 골지름

**56** 스폿 용접 이음의 기호는?

㉮ ○

㉯ ⊖

㉰ △

㉱ ⌐

**57** 서피스 모델링(surface modeling)의 특징을 설명한 것 중 틀린 것은?

㉮ 복잡한 형상의 표현이 가능하다.
㉯ 단면도를 작성할 수 없다.
㉰ 물리적 성질을 계산하기가 곤란하다.
㉱ NC가공 정보를 얻을 수 있다.

**58** 다음은 컴퓨터의 입력장치 중 어느 것에 대한 설명인가?

> 광전자 센서(Sensor)가 부착되어 그래픽 스크린상에 접촉하여 특정의 위치나 도형을 지정하거나 명령어 선택이나 좌표입력이 가능하다.

㉮ 조이스틱(joy stick)
㉯ 태블릿(tablet)
㉰ 마우스(mouse)
㉱ 라이트 펜(light pen)

**59** 그림과 같이 점 A에서 점 B로 이동하려고 한다. 좌표계 중 어느 것을 사용해야 하는가? (단, A, B 점의 위치는 알 수 없다.)

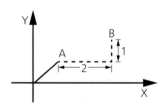

㉮ 상대좌표      ㉯ 절대좌표
㉰ 극좌표        ㉱ 원통좌표

**60** 다음 중 컴퓨터 시스템에서 정보를 기억하는 최소 단위는?

㉮ 비트(bit)        ㉯ 바이트(byte)
㉰ 워드(word)      ㉱ 블록(block)

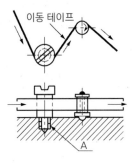
**1과목** 기계재료 및 요소

**01** 열처리에 대한 설명으로 틀린 것은?

㉮ 금속 재료에 필요한 성질을 주기 위한 것
이다.

㉯ 가열 및 냉각의 조각으로 처리한다.

㉰ 금속의 기계적 성질을 변화시키는 처리이
다.

㉱ 결정립을 조대화 하는 처리이다.

**02** 다음 그림 "A"는 반시계 방향으로 회전하는 롤
러를 고정시키기 위한 나사축이다. 이 나사의
종류와 역할로 가장 적합한 것은?

이동 테이프

A

㉮ 오른나사 – 회전원활

㉯ 오른나사 – 풀림방지

㉰ 왼나사 – 회전원활

㉱ 왼나사 – 풀림방지

**03** 축심의 어긋남을 자동적으로 조정하고, 큰 반
지름 하중이외에 양 방향의 트러스트 하중도
받치며, 충격하중에 강하므로 산업기계용으
로 널리 사용되는 베어링?

㉮ 자동조심 롤러 베어링

㉯ 니들 롤러 베어링

㉰ 원뿔 롤러 베어링

㉱ 원통 롤러 베어링

**04** 두께가 3.2mm 강판에 지름 4cm인 구멍을 펀
칭하려면 펀치에 약 몇 kg의 힘을 가해야 하는
가?(단, 전단응력은 3,600kg/cm²이다.)

㉮ 1810  ㉯ 3620

㉰ 7240  ㉱ 14480

정답 1. ㉱  2. ㉱  3. ㉮  4. ㉱

**05** 결정구조를 가지지 않는 아몰퍼스 구조를 하고 있어 경도와 강도가 높고 인성 또한 우수하며, 자기적 특성이 우수하여 변압기용 철심 등에 활용되는 것은?

㉮ 비정질 합금      ㉯ 초소성 합금
㉰ 제진 합금      ㉱ 초전도 합금

**06** 자동하중 브레이크의 종류에 해당되지 않는 것은?

㉮ 나사 브레이크      ㉯ 웜 브레이크
㉰ 원심 브레이크      ㉱ 원판 브레이크

**07** 바탕이 펄라이트로써 인장강도가 350~450 MPa인 이 주철은 담금질이 가능하고 연성과 인성이 대단히 크며, 두께 차이에 의한 성질의 변화가 매우 적어 내연기관의 실린더 등에 사용되는 주철은?

㉮ 펄라이트주철      ㉯ 칠드주철
㉰ 보통주철      ㉱ 미하나이트주철

**08** 회전력의 전달과 동시에 보스를 축 방향으로 이동시킬 때 가장 적합한 키는?

㉮ 새들 키      ㉯ 반달 키
㉰ 미끄럼 키      ㉱ 접선 키

**09** 피치원 지름이 250mm인 표준 스퍼기어에서 잇수가 50개일 때 모듈은?

㉮ 2      ㉯ 3
㉰ 5      ㉱ 7

**10** 구리의 원자기호와 비중으로 옳은 것은?

㉮ Cu − 8.96      ㉯ Ag − 8.96
㉰ Cu − 9.86      ㉱ Ag − 9.86

**2과목 기계가공법 및 안전관리**

**11** 내식용 알루미늄(Al) 합금이 아닌 것은?

㉮ 알민(almin)
㉯ 알드레이(aldrey)
㉰ 하이드로날륨(hydronalium)
㉱ 라우탈(lautal)

**12** 표준형 고속도강의 성분이 바르게 표기된 것은?

㉮ 18% W − 4% Cr − 1% V
㉯ 14% W − 4% Cr − 1% V
㉰ 18% Cr − 8% Ni
㉱ 14% Cr − 8% Ni

**13** 강철 줄자를 쭉 뺏다가 집어넣을 때 자동으로 빨려 들어간다. 내부에 어떤 스프링을 사용하였는가?

㉮ 코일 스프링      ㉯ 판 스프링
㉰ 와이어 스프링      ㉱ 태엽 스프링

PART
**06**

**14** 평벨트 풀리에서 동력을 전달하는 운전 중인 벨트에 작용하는 유효 장력은? (단, Tt는 긴장측 장력, Ts 이완측 장력이다.)

㉮ Tt − Ts      ㉯ Ts − Tt
㉰ Tt / Ts      ㉱ Ts / Tt

**15** 경금속에 속하지 않는 것은?

㉮ 알루미늄      ㉯ 마그네슘
㉰ 베릴륨      ㉱ 주석

**16** 외경 60mm, 길이 100mm의 강재 환봉을 초경 바이트로 거친 절삭을 할 때의 1회 가공 시간은 약 몇 분인가? (단, v = 70m/min, f = 0.2mm/rev 이다.)

㉮ 1.3      ㉯ 2.3
㉰ 3.1      ㉱ 4.1

**17** 연삭가공의 특징을 설명한 내용 중 틀린 것은?

㉮ 경화된 강과 같은 단단한 재료를 가공할 수 있다.
㉯ 표면거칠기가 우수한 다듬질 면으로 가공할 수 있다.
㉰ 칩이 미세하고 정밀도가 높은 가공을 할 수 있다.
㉱ 연삭숫돌의 자생작용을 위해 매회 드레싱을 해야 한다.

**18** 나사 마이크로미터는 무엇의 측정에 가장 널리 사용되는가?

㉮ 나사의 골지름      ㉯ 나사의 유효지름
㉰ 나사의 호칭지름      ㉱ 나사의 바깥지름

**19** 선반가공에서 지켜야 할 안전 및 유의사항으로 틀린 것은?

㉮ 척 핸들은 사용 후 척에서 빼놓아야 한다.
㉯ 공작물을 척에 느슨하게 고정한다.
㉰ 기계조작은 주축이 정지 상태에서 실시한다.
㉱ 작업 중 장갑을 착용해서는 안 된다.

**20** 일감을 회전시키고, 절삭공구를 전후, 좌우로 직선 이동시켜 가공하는 기계는?

㉮ 드릴링 머신      ㉯ 수평 밀링 머신
㉰ 수직 밀링 머신      ㉱ 선반

**21** 선반가공에서 주축 회전수가 1500rpm, 연강봉의 지름이 50mm 일 때 절삭속도는 약 몇 mm/min인가?

㉮ 215      ㉯ 225
㉰ 235      ㉱ 245

**22** 순도가 높은 백색 알루미나의 인조입자를 원료로 하여 만드는 것이며, 주성분인 산화알루미늄의 함유량은 99.5% 이상인 숫돌 입자는?

㉮ A      ㉯ WA
㉰ C      ㉱ GC

정답 14. ㉮ 15. ㉱ 16. ㉮ 17. ㉱ 18. ㉯ 19. ㉯ 20. ㉱ 21. ㉰ 22. ㉯

**23** 일감 표면에 약한 압력으로 숫돌을 눌러대고 일감에 회전운동과 이송을 주며, 숫돌을 다듬질할 면에 따라 매우 작고 빠른 진동을 주는 가공법은?

㉮ 래핑
㉯ 슈퍼피니싱
㉰ 호닝
㉱ 액체호닝

**24** 사인 바(sine bar)로 각도를 측정할 때 몇 도를 넘으면 오차가 많이 발생하게 되는가?

㉮ 10°
㉯ 20°
㉰ 30°
㉱ 45°

**25** 절삭공구 재료 중에서 가장 경도가 높고(HB 7000), 내마멸성이 크며 절삭속도가 빨라 절삭가공이 매우 능률적이나 취성이 크고 값이 고가인 것은?

㉮ 탄소공구강
㉯ 다이아몬드
㉰ 세라믹
㉱ 초경합금

**3과목** 기계제도

**26** 부품을 스케치 할 때의 방법이 아닌 것은?

㉮ 프린트법
㉯ 플로팅법
㉰ 프리핸드법
㉱ 사진촬영법

**27** 도면의 크기 중 420mm×594mm 크기를 갖는 제도용지 규격은?

㉮ A1
㉯ A2
㉰ A3
㉱ A4

**28** 특정 부분의 도형이 작아서 상세한 도시나 치수기입을 할 수 없을 때 사용하는 투상도는?

㉮ 보조 투상도
㉯ 부분 투상도
㉰ 국부 투상도
㉱ 부분 확대도

**29** 모양공차를 표기할 때 그림과 같은 직사각형의 틀(공차기입 틀)에 기입하는 내용은?

| A | B |
|---|---|

㉮ A : 공차값
　 B : 공차의 종류 기호
㉯ A : 공차의 종류 기호
　 B : 데이텀 문자기호
㉰ A : 데이텀 문자기호
　 B : 공차값
㉱ A : 공차의 종류 기호
　 B : 공차값

**정답** 23. ㉯ 24. ㉱ 25. ㉯ 26. ㉯ 27. ㉯ 28. ㉱ 29. ㉱

**30** 구멍과 축의 끼워맞춤 기호에 대한 설명으로 맞는 것은?

㉮ ∅50H7/f6 : 구멍기준식 헐거운 끼워맞춤
㉯ ∅50E7/h6 : 구멍기준식 헐거운 끼워맞춤
㉰ ∅50H7/m6 : 축 기준식 중간 끼워맞춤
㉱ ∅50P7/h6 : 축 기준식 헐거운 끼워맞춤

**31** 치수 보조 기호 중에서 구의 지름을 나타내는 기호는?

㉮ C       ㉯ t
㉰ R       ㉱ S∅

**32** 다음과 같이 어떤 물체를 제3각법으로 작도할 때 평면도로 옳은 것은?

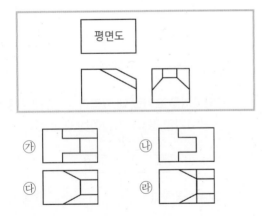

**33** 다음 등각투상도의 화살표 방향을 정면도로 하여 제3각법으로 제도한 것으로 맞는 것은?

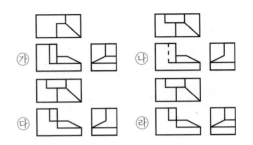

**34** 눈금자와 같이 주로 금형으로 생산되는 플라스틱 제품 등에 가공 여부를 묻지 않을 때 사용되는 기호는?

**35** 다음 중 도면에서 2종류 이상의 선이 같은 장소에서 중복되는 경우 최우선으로 나타내는 것은?

㉮ 치수보조선       ㉯ 숨은선
㉰ 절단선       ㉱ 외형선

**36** 치수의 위치와 기입 방향에 대한 일반적인 설명 중 틀린 것은?

㉮ 치수는 투상도와의 모양 및 치수의 대조 비교가 쉽도록 관련 투상도 쪽으로 기입한다.
㉯ 하나의 투상도인 경우, 수평 방향의 길이 치수 위치는 투상도의 위쪽에서 읽을 수 있도록 기입한다.
㉰ 하나의 투상도인 경우, 수직 방향의 길이 치수 위치는 투상도의 오른쪽에서 읽을 수

정답 **30.** ㉮ **31.** ㉱ **32.** ㉰ **33.** ㉱ **34.** ㉮ **35.** ㉱ **36.** ㉱

있도록 기입한다.
ㄹ 치수 숫자는 치수선의 위쪽 아무 위치나 기입해도 좋다.

**37** IT 기본공차의 등급은 모두 몇 등급으로 구분하는가?

㉠ 17등급  ㉡ 18등급
㉢ 19등급  ㉣ 20등급

**38** 도면에서 가는 실선의 용도에 따른 명칭으로 틀린 것은?

㉠ 치수선  ㉡ 지시선
㉢ 피치선  ㉣ 회전 단면선

**39** 가공에 의한 커터의 줄무늬 방향이 다음과 같이 생길 경우 올바른 줄무늬 방향 기호는?

㉠ C  ㉡ M
㉢ R  ㉣ V

**40** 다음 그림의 단면도 중 종류가 다른 하나는?

**41** 도면에서 구멍의 치수가 $\varnothing 80^{+0.03}_{-0.02}$ 로 기입되어 있다면 치수 공차는?

㉠ 0.01  ㉡ 0.02
㉢ 0.03  ㉣ 0.05

**42** 기하공차의 표시 기호 중 모양 공차에 해당하지 않는 것은?

㉠ ▱  ㉡ //
㉢ ──  ㉣ ○

**43** 일반적으로 기계부품 등의 조립순서나 분해순서를 설명하는 지침서 등에 주로 사용하는 투상도법은?

㉠ 등각 투상법  ㉡ 정투상법
㉢ 사투상법  ㉣ 투시도법

**44** 지름이 일정한 원기둥을 전개하려고 한다. 어떤 전개 방법을 이용하는 것이 가장 적합한가?

㉠ 삼각형법을 이용한 전개도법
㉡ 방사선법을 이용한 전개도법
㉢ 평행선법을 이용한 전개도법
㉣ 사각형법을 이용한 전개도법

PART 06

**45** 한국산업규격(KS)의 부문별 분류기호 연결로 틀린 것은?

㉮ KS A : 기본  ㉯ KS B : 기계

㉰ KS C : 광산  ㉱ KS D : 금속

**46** 다음 밸브 도시법 중 게이트 밸브를 나타내는 기호는?

㉮ ▷◁  ㉯ ▷◁

㉰ ▷◁  ㉱ ▷●◁

**47** 미터 가는 나사의 표시방법으로 맞는 것은?

㉮ 3/8 – 16 UNC  ㉯ M8×1

㉰ Tr 12×3  ㉱ Rp 3/4

**48** 다음 중 플러그 용접 기호는?

㉮ ⊖  ㉯ ⌐

㉰ ○  ㉱ ‖

**49** 다음 그림은 테이퍼 핀이다. 테이퍼 핀의 호칭 지름으로 맞는 부분은?

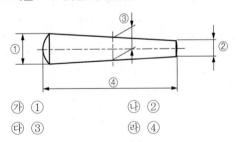

㉮ ①  ㉯ ②

㉰ ③  ㉱ ④

**50** 다음 중 축의 도시방법에 대한 설명으로 틀린 것은?

㉮ 축은 길이 방향으로 절단하여 단면 도시하지 않는다.

㉯ 긴 축은 중간 부분을 생략해서 그릴 수 있다.

㉰ 축에 널링을 도시할 때 빗줄인 경우는 축선에 대하여 30°로 엇갈리게 그린다.

㉱ 축은 중심선을 수직 방향으로 놓고 세워 놓은 상태로 그린다.

**51** 코일 스프링의 종류 및 모양만을 도시할 때, 스프링 재료의 중심을 하나의 선으로 표현하는데 이때 사용되는 선의 종류는?

㉮ 가는 실선

㉯ 굵은 실선

㉰ 가는 1점 쇄선

㉱ 굵은 1점 쇄선

**52** 벨트 풀리의 도시방법으로 틀린 것은?

㉮ 벨트 풀리는 축 직각 방향의 투상을 정면도로 한다.

㉯ 모양이 대칭형인 벨트 풀리는 그 일부분만을 도시할 수 있다.

㉰ 상사형으로 되어 있는 암(arm)은 길이방향으로 절단하여 도시한다.

㉱ 암(arm)의 단면은 도형의 안이나 밖에 회전 단면으로 도시한다.

---

정답  **45.** ㉰  **46.** ㉯  **47.** ㉯  **48.** ㉯  **49.** ㉯  **50.** ㉱  **51.** ㉯  **52.** ㉰

**53** 기어를 그릴 때 각 부위를 나타내는 선의 종류로 틀린 것은?

㉮ 이끝원은 굵은 실선으로 그린다.
㉯ 피치원은 가는 1점 쇄선으로 그린다.
㉰ 이뿌리원은 가는 실선으로 그린다.
㉱ 잇줄 방향은 통상 3개의 굵은 실선으로 그린다.

**54** 맞물려 돌아가는 2개의 표준 스퍼기어의 중심거리가 100 이고, 모듈이 2 일 때, 한쪽 스퍼기어의 잇수가 40 이면 상대 스퍼기어의 잇수는?

㉮ 40      ㉯ 50
㉰ 60      ㉱ 80

**55** 롤링 베어링 호칭번호가 6026 P6일 때 안지름의 값은 몇 mm인가?

㉮ 100      ㉯ 120
㉰ 130      ㉱ 140

**56** 나사의 도시방법 중 틀린 것은?

㉮ 수나사의 바깥지름은 굵은 실선으로 그린다.
㉯ 암나사의 안지름은 굵은 실선으로 그린다.
㉰ 수나사의 골을 표시하는 선은 가는 실선으로 그린다.
㉱ 가려서 보이지 않는 부분의 나사부는 가는 실선으로 그린다.

**57** 일반적으로 CAD작업에서 사용되는 좌표계와 거리가 먼 것은?

㉮ 상대좌표      ㉯ 절대좌표
㉰ 극좌표      ㉱ 원점좌표

**58** 3차원 형상을 모델링하기 위한 기본요소를 프리미티브라고 한다. 이 프리미티브가 아닌 것은?

㉮ 박스(box)      ㉯ 실린더(cylinder)
㉰ 원뿔(cone)      ㉱ 퓨전(fusion)

**59** 컴퓨터의 기억용량 표시가 틀린 것은?

㉮ 1Gbyte = 230 byte
㉯ 1Mbyte = 220 byte
㉰ 1Kbyte = 210 byte
㉱ 1byte = 16bit

**60** 광 점자 센서가 그래픽 스크린 상에서 특정의 위치나 물체를 지정하는 데 사용되는 입력장치는?

㉮ 라이트 펜(light pen)
㉯ 마우스(mouse)
㉰ 컨트롤 다이얼(control dial)
㉱ 조이스틱(joy stick)

# 08 모의실전문제

전산응용기계제도기능사

CRAFTSMAN COMPUTER AIDED MECHANICAL DRAWING

## 1과목 기계재료 및 요소

**01** 벨트 전동장치의 특성에 대한 설명으로 틀린 것은?

㉮ 회전비가 부적황하여 강력 고속전동이 곤란하다.

㉯ 전동효율이 작아 각종 기계장치의 운전이 널리 사용하기에는 부적합하다.

㉰ 종동축에 과대하중이 작용할 때는 벨트와 풀리 부분이 미끄러져서 전동장치의 파손을 방지할 수 있다.

㉱ 전동장치가 조작이 간단하고 비용이 싸다.

**02** 42,500kgf · mm의 굽힘 모멘트가 작용하는 연강 축 지름은 약 몇 mm인가? (단, 허용굽힘 응력은 5kgf/mm²이다.)

㉮ 21      ㉯ 36

㉰ 92      ㉱ 44

**03** 축에 키 홈을 가공하지 않고 사용하는 키(key)는?

㉮ 성크 키      ㉯ 새들 키

㉰ 반달 키      ㉱ 스플라인

**04** 정지상태의 냉각수의 냉각속도를 1로 했을 때 냉각 속도가 가장 빠른 것은?

㉮ 물      ㉯ 공기

㉰ 기름      ㉱ 소금물

**05** 제동장치에 대한 설명으로 틀린 것은?

㉮ 제동장치는 기계 운동부의 이탈방지 기구이다.

㉯ 제동장치에서 가장 널리 사용되고 있는 것은 마찰브레이크이다.

㉰ 용도는 일반기계, 자동차, 철도 차량 등에 널리 사용된다.

㉱ 운전 중인 기계의 운동에너지를 흡수하여 운동 속도를 감소 및 정지시키는 장치이다.

정답 1. ㉯ 2. ㉱ 3. ㉯ 4. ㉱ 5. ㉮

**06** 니들 롤러 베어링의 설명으로 틀린 것은?

㉮ 지름은 바늘 모양의 롤러를 사용한다.

㉯ 좁은 장소나 충격하중이 있는 곳에 사용할 수 없다.

㉰ 내륜붙이 베어링과 내륜 없는 베어링이 있다.

㉱ 축지름에 비하여 바깥지름이 작다.


**07** 일반적으로 리벳작업을 하기 위한 구멍은 리벳 지름보다 몇 mm 정도 커야 하는가?

㉮ 0.5~1.0   ㉯ 1.0~1.5

㉰ 2.5~5.0   ㉱ 5.0~10.0


**08** 구리의 특성 설명으로 틀린 것은?

㉮ 비중이 8.9정도이며, 용융점이 1083℃ 정도이다.

㉯ 전연성이 좋으나 가공이 용이하지 않다.

㉰ 전기 및 열의 전도성이 우수하다.

㉱ 아름다운 광택과 귀금속적 성질이 우수하다.


**09** 특수강 중에서 자경성(self – hardening)이 있어 담금질성과 뜨임효과를 좋게 하며, 탄소와 결합하여 탄화물을 만들어 강에 내마멸성을 좋게 하고 내식성, 내산화성을 향상시켜 강인한 강을 만드는 것은?

㉮ Co강   ㉯ Cr강

㉰ Ni강   ㉱ Si강


**10** 주로 나비가 좁고 얇은 긴 보로서 하중을 지지하는 스프링은?

㉮ 원판 스프링

㉯ 겹판 스프링

㉰ 인장 코일 스프링

㉱ 압축 코일 스프링


**2과목** 기계가공법 및 안전관리

**11** 한 변의 길이가 12mm인 정사각형 단면 봉에 축선 방향으로 144kgf의 압축하중이 작용할 때 생기는 압축응력 값은 몇 kgf/mm²인가?

㉮ 4.75   ㉯ 1.0

㉰ 0.75   ㉱ 12.1


**12** 면심입방격자 구조로서 전성과 연성이 우수한 금속으로 짝지어진 것은?

㉮ 금, 크롬, 카드뮴

㉯ 금, 알루미늄, 구리

㉰ 금, 은, 카드뮴

㉱ 금, 몰리브덴, 코발트


**13** 금속은 전류를 흘리면 전류가 소모되는데 어떤 종류의 금속에서는 어느 일정온도에서 갑자기 전기저항이 '0'이 되는 현상은?

㉮ 초전도 현상   ㉯ 임계 현상

㉰ 전기장 현상   ㉱ 자기장 현상


정답 6. ㉯ 7. ㉯ 8. ㉯ 9. ㉯ 10. ㉯ 11. ㉯ 12. ㉯ 13. ㉮

PART 06

06

**14** 니켈, 크롬, 몰리브덴, 구리 등을 첨가하여 재질을 개선한 것으로 노듈러 주철, 덕타일 주철 등으로 불리는 이 주철은 내마멸성, 내열성, 내식성 등이 대단히 우수하여 자동차용 주물이나 주조용 재료로 가장 많이 쓰이는 것은?

㉮ 칠드주철　　　㉯ 구상흑연주철
㉰ 보통주철　　　㉱ 펄라이트 가단주철

**15** 주조용 알루미늄 합금이 아닌 것은?

㉮ Al－Cu계 합금　　㉯ Al－Si계 합금
㉰ Al－Mg계 합금　　㉱ 두랄루민

**16** 지름이 30mm인 연강을 선반에서 절삭할 때, 주축을 200rpm으로 회전시키면 절삭속도는 약 몇 m/min인가?

㉮ 10.54　　　㉯ 15.48
㉰ 18.85　　　㉱ 21.54

**17** 밀링에서 공작물의 고정과 관계없는 것은?

㉮ 바이스에 의한 고정방법
㉯ 앵글 플레이트에 의한 고정방법
㉰ 지그를 이용한 고정방법
㉱ 아버에 의한 고정방법

**18** 통행시 안전 수칙의 설명으로 틀린 것은?

㉮ 통행시 뛰어 다닐 것
㉯ 한눈을 팔지 말 것
㉰ 윤활 및 세척으로 가공표면을 양호하게 한다.
㉱ 절삭부의 절삭 작용을 쉽게 한다.

**19** 선반작업 중 절삭유제의 사용 목적으로 틀린 것은?

㉮ 가공물을 냉각시켜 정밀도 저하를 방지한다.
㉯ 공구의 인선을 가열시켜 경도 저하를 돕는다.
㉰ 윤활 및 세척으로 가공표면을 양호하게 한다.
㉱ 절삭부의 절삭 작용을 쉽게 한다.

**20** 마이크로미터 스핀들 나사의 피치가 0.5mm이고 딤블의 원주 눈금이 100 등분되어 있으면 최소 측정값은 몇 mm인가?

㉮ 0.05　　　㉯ 0.01
㉰ 0.005　　　㉱ 0.001

**21** 마이크로미터의 종류 중 게이지블록과 마이크로미터를 조합한 측정기는?

㉮ 공기 마이크로미터
㉯ 하이트 마이크로미터
㉰ 나사 마이크로미터
㉱ 외측 마이크로미터

**22** 원통 연삭 방식 중 축방향 이송 연삭 방법을 무엇이라 하는가?

㉮ 플랜지 연삭　　㉯ 트래버스 연삭
㉰ 플래니터리 연삭　㉱ 센터리스 연삭

**23** 공구가 회전운동을 하지 않는 공작기계는?

㉮ 선반　　　㉯ 밀링 머신
㉰ 드릴링 머신　㉱ 보링 머신

---

**정답** 14. ㉯ 15. ㉱ 16. ㉰ 17. ㉱ 18. ㉮ 19. ㉯ 20. ㉰ 21. ㉯ 22. ㉯ 23. ㉮

**24** 초음파 가공에 주로 사용되는 연삭 입자의 재질은?

㉮ 탄화붕소   ㉯ 셀락
㉰ 폴리에스터   ㉱ 구리합금

**25** 탁상 드릴링 머신은 작고 깊이 얕은 구멍을 가공하기 위하여 몇mm 이하의 드릴을 사용하는가?

㉮ 6   ㉯ 8
㉰ 10   ㉱ 13

## 3과목   기계제도

**26** 다음 보기와 같이 치수 40 밑에 그은 선은 무엇을 나타내는가?

㉮ 기준치수   ㉯ 비례척이 아닌 치수
㉰ 다듬질 치수   ㉱ 가공치수

**27** 절단선으로 대상물을 절단하여 단면도를 그릴 때의 설명으로 틀린 것은?

㉮ 절단 뒷면에 나타나는 숨은선이나 중심선은 생략하지 않는다.
㉯ 화살표는 단면을 보는 방향을 나타낸다.
㉰ 절단한 곳을 나타내는 표시문자는 한글 또는 영문자의 대문자로 표시한다.
㉱ 절단면은 가는 1점 쇄선으로 표시하고 절단선의 꺾인 부분과 끝 부분은 굵은 실선으로 도시한다.

**28** 한 도면에 두 종류 이상의 선이 같은 장소에서 겹치는 경우 우선순위가 높은 것부터 올바르게 나열한 것은?

㉮ 외형선, 숨은선, 중심선, 치수 보조선
㉯ 외형선, 해칭선, 중심선, 절단선
㉰ 해칭선, 숨은선, 중심선, 치수 보조선
㉱ 외형선, 치수 보조선, 중심선, 숨은선

**29** ┃↗┃ 0.1 ┃ A ┃ 로 표시된 기하공차 도면에서 "↗"가 의미하는 것은?

㉮ 원주 흔들림 공차   ㉯ 진원도 공차
㉰ 온 흔들림 공차   ㉱ 경사도 공차

**30** 단면도의 해칭에 관한 설명으로 올바른 것은?

㉮ 해칭부분에 문자, 기호 등을 기입하기 위하여 해칭을 중단할 수 없다.
㉯ 인접한 부품의 단면은 해칭선의 방향이나 간격을 변경하지 않고 동일하게 사용한다.
㉰ 보통 해칭선의 각도는 주된 중심선에 대하여 60°로 가는 실선을 사용하여 등간격으로 그린다.
㉱ 단면 면적이 넓은 경우에는 그 외형선의 안쪽 적절한 범위에 해칭 또는 스머징을 할 수 있다.

PART
**06**

**31** 재료 표시기호에서 SF340A로 표시되는 것은?

㉮ 고속도 공구강     ㉯ 탄소강 단강품
㉰ 기계구조용 강     ㉣ 탄소강 주강품

**32** 제도 용지의 세로(폭)와 가로(길이)의 비는?

㉮ $1 : \sqrt{2}$       ㉯ $\sqrt{2} : 1$
㉰ $1 : \sqrt{3}$       ㉣ $1 : 2$

**33** 다음 기하공차 중에서 데이텀이 필요 없이 단독형체로 적용되는 것은?

㉮ 평행도       ㉯ 진원도
㉰ 동심도       ㉣ 대칭도

**34** 다음 중 도형내의 특정한 부분이 평면이라는 것을 나타낼 때 사용하는 선은?

㉮ 2점 쇄선       ㉯ 1점 쇄선
㉰ 굵은 실선       ㉣ 가는 실선

**35** 그림에서 사용된 치수의 배치 방법으로 옳은 것은?

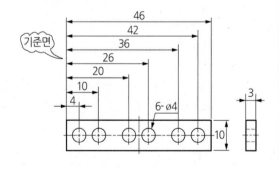

㉮ 직렬 치수 기입     ㉯ 병렬 치수 기입
㉰ 누진 치수 기입     ㉣ 좌표 치수 기입

**36** 다음의 투상도 선정과 배치에 관한 설명 중 틀린 것은?

㉮ 물체의 모양과 특징을 가장 잘 나타낼 수 있는 면을 정면도로 선정한다.
㉯ 길이가 긴 물체는 길이 방향으로 놓은 자연스러운 상태로 그린다.
㉰ 투상도 끼리 비교 대조가 용이하도록 투상도를 선정한다.
㉣ 정면도 하나로 그 물체의 형태를 알 수 있어도 측면이나 평면도를 꼭 그려야 한다.

**37** 다음 중 가장 고운 다듬면을 나타내는 것은?

**38** 다음과 같은 치수가 있을 경우 끼워맞춤의 종류로 맞는 것은?

| | 구멍 | 축 |
|---|---|---|
| 최대허용치수 | 50.025 | 50.050 |
| 최소허용치수 | 50.000 | 50.034 |

㉮ 헐거운 끼워맞춤
㉯ 억지 끼워맞춤
㉰ 중간 끼워맞춤
㉣ 상대 끼워맞춤

---

정답 **31.** ㉯ **32.** ㉮ **33.** ㉯ **34.** ㉣ **35.** ㉯ **36.** ㉣ **37.** ㉯ **38.** ㉯

**39** 가공에 의한 커터의 줄무늬가 기호를 기입한 면의 중심에 대하여 대략 방사상(레이디얼 모양)인 설명도는?

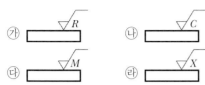

㉮ $\sqrt{R}$    ㉯ $\sqrt{C}$

㉰ $\sqrt{M}$    ㉱ $\sqrt{X}$

**40** 다음 설명과 관련된 투상법은?

> • 하나의 그림으로 대상물의 한 면(정면)만을 중점적으로 엄밀, 정확하게 표시할 수 있다.
> • 물체를 투상면에 대하여 한쪽으로 경사지게 투상하여 입체적으로 나타낸 것이다.

㉮ 사투상법    ㉯ 등각 투상법
㉰ 투시 투상법    ㉱ 부등각 투상법

**41** 도면에서 구멍의 치수가 $\varnothing 50^{+0.05}_{-0.02}$로 기입되어 있다면 치수공차는?

㉮ 0.02    ㉯ 0.03
㉰ 0.05    ㉱ 0.07

**42** 헐거운 끼워맞춤에서 구멍의 최소 허용 치수와 축의 최대허용 치수와의 차이 값을 무엇이라 하는가?

㉮ 최대 죔새    ㉯ 최대 틈새
㉰ 최소 죔새    ㉱ 최소 틈새

**43** 다음 등각 투상도에서 화살표 방향에서 본 투상도는?

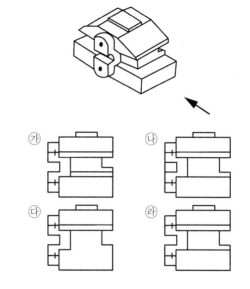

㉮    ㉯
㉰    ㉱

**44** 다음 정면도와 우측면에 알맞은 평면도는?

[ 평면도 ]

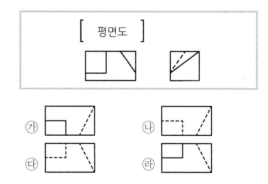

㉮    ㉯
㉰    ㉱

**45** KS 부문별 분류 기호에서 기계를 나타내는 것은?

㉮ KS A    ㉯ KS B
㉰ KS K    ㉱ KS H

**46** 키의 호칭 방법으로 맞는 것은?

㉮ KS B 1311 평행 키 10×8×25 양 끝 둥금 SM45C

㉯ 양 끝 둥금 KS B 1311 평행 키 10×8×25 SM45C

㉰ KS B 1311 SM45C 평행 키 10×8×25 양 끝 둥금

㉱ 평행 키 10×8×25 양 끝 둥금 SM45C KS B 1311

**47** 호칭번호가 62/22인 깊은 홈 볼베어링의 안지름 치수는 몇 mm인가?

㉮ 22          ㉯ 110

㉰ 310         ㉱ 55

**48** 코일 스프링의 제도방법 중 틀린 것은?

㉮ 원칙적으로 무하중 상태로 그린다.

㉯ 그림 안에 기입하기 힘든 사항은 일괄하여 요목표에 표시한다.

㉰ 코일스프링의 중간부분을 생략할 때는 생략부분을 파단으로 긋는다.

㉱ 특별한 단서가 없는 한 모두 오른쪽 감기로 도시한다.

**49** 스프로킷 휠의 도시방법으로 맞는 것은?

㉮ 바깥지름 – 굵은 실선

㉯ 피치원 – 가는 실선

㉰ 이뿌리원 – 가는 1점 쇄선

㉱ 축직각 단면으로 도시할 때 이뿌리선 – 굵은 파선

**50** 다음은 파이프 도시기호를 나타낸 것이다. 파이프 안에 흐르는 유체의 종류는?

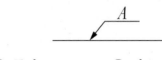

㉮ 공기          ㉯ 가스

㉰ 유류          ㉱ 수증기

**51** 기어의 제도시 잇수(Z)가 20개이고 모듈(M)이 2인 보통치형의 기어를 그리려면 이끝원의 지름은 얼마인가?

㉮ 38mm         ㉯ 40mm

㉰ 42mm         ㉱ 44mm

**52** "M24 – 6H/5g"로 표시된 나사의 설명으로 틀린 것은?

㉮ 미터나사

㉯ 호칭지름은 24mm

㉰ 암나사 5급

㉱ 수나사 5급

**53** 용접부 표면의 형상에서 끝단부를 매끄럽게 함을 표시하는 보조 기호는?

㉮ ——          ㉯ ⌒

㉰ ⌣          ㉱

정답 **46.** ㉮ **47.** ㉮ **48.** ㉰ **49.** ㉮ **50.** ㉮ **51.** ㉱ **52.** ㉰ **53.** ㉱

**54** 다음 중 나사의 도시방법으로 옳은 것은?

㉮ 암나사의 안지름을 표시하는 선은 가는 실선으로 그린다.

㉯ 완전 나사부와 불완전 나사부의 경계선은 가는 실선으로 그린다.

㉰ 수나사와 암나사 결합부 단면은 암나사로 나타낸다.

㉱ 골 부분에 대한 불완전 나사부는 축선에 대하여 30°의 가는 실선으로 나타낸다.

**55** 축의 도시방법에 대한 설명으로 옳은 것은?

㉮ 축은 길이 방향으로 단면 도시를 할 수 있다.

㉯ 축 끝의 모따기는 폭의 치수만 기입한다.

㉰ 긴 축은 중간을 파단하여 짧게 그릴 수 없다.

㉱ 널링을 도시할 때 빗줄인 경우 축선에 대하여 30°로 엇갈리게 그린다.

**56** 베벨기어에서 피치원은 무슨 선으로 표시하는가?

㉮ 가는 1점 쇄선

㉯ 굵은 1점 쇄선

㉰ 가는 2점 쇄선

㉱ 굵은 실선

**57** 다음 중 CAD시스템의 입력장치에 해당되는 것은?

㉮ 라이트펜          ㉯ 플로터

㉰ 프린터            ㉱ 모니터

**58** 컴퓨터의 처리 속도 단위 중 PS(피코 초)란?

㉮ 10 − 3          ㉯ 10 − 6

㉰ 10 − 9          ㉱ 10 − 12

**59** 그림과 같은 정원 뿔을 단면선을 따라 평면으로 절단시킨 경우 구성되는 단면 형태는?

㉮ 쌍곡선          ㉯ 포물선

㉰ 타원            ㉱ 원

**60** 일반적으로 CAD시스템에서 수행되는 3차원 모델링의 종류가 아닌 것은?

㉮ 와이어프레임 모델링

㉯ 서피스 모델링

㉰ 솔리드 모델링

㉱ 시스템 모델링

PART

**06**

한 권으로 끝내는
# 전산응용(CAD) 기계제도 기능사 필기

| | | |
|---|---|---|
| 인 쇄 | 2018년 9월 7일 | |
| 발 행 | 2018년 9월 14일 | |

| | |
|---|---|
| 저 자 | 김화정 \| 한국폴리텍대학 |
| 발 행 인 | 최영민 |
| 발 행 처 | 피앤피북 |
| 주 소 | 경기도 파주시 신촌2로 24 |
| 전 화 | 031-8071-0088 |
| 팩 스 | 031-942-8688 |
| 전자우편 | pnpbook@naver.com |
| 출판등록 | 2015년 3월 27일 |
| 등록번호 | 제406-2015-31호 |

## 정가 : 26,000원

ISBN 979-11-87244-29-5   13550